궁정인 갈릴레오

Galileo, Courtier

궁정인 갈릴레오

Galileo, Courtier

절대주의 문화에서의
과학적 실천

마리오 비아졸리 지음
박초월 옮김

소요서가

낸시에게

일러두기

- 원서의 이탤릭 표기 중 라틴어는 이탤릭으로, 강조는 고딕으로, 도서/논문 등의 제목은 괄호로 표기했다. 괄호의 쓰임은 다음과 같다.
  《 》책 제목, 희곡 제목 등의 작품 이름
  〈 〉논문, 편지, 연설문 등의 글 제목
- 본문 안의 ( ), 인용문의 [ ]는 저자의 부연이며, 옮긴이가 덧붙인 설명은 괄호 안에 *를 표기했다. 각주 또한 옮긴이가 붙인 것은 *표로 구분했다.

차례

감사의 말

이 프로젝트는 수년간 나를 따라다녔다(내가 따라다녔는지도 모르겠다). 이것에 매료된 나는 거의 모든 사람과 대화를 나누었고, 그들은 인내심과 관심을 갖고 토론해 주었다. 그 과정에서 받은 모든 논평과 비판 및 지지에 일일이 감사를 표할 수 없음을 양해 바란다.

데이비드 하든, 존 하일브론, 데이비드 헐, 낸시 샐저, 알버트 판헬던, 리처드 웨스트폴 그리고 한 익명의 (매우 날카로운) 검토자는 책의 원고 전체를 읽고 상세한 논평과 비판을 제시했으며 여러 난처한 오류를 수정해 주었다. 빌 애슈워스, 파울 파이어아벤트, 마우리체 피노키아로, 앤서니 그래프턴, 윌리엄 셰이, 랜디 스탄, 두 익명의 검토자 그리고 특히 로저 한은 초고를 대상으로 똑같은 작업을 해주는 인내심을 보여 주었다. 프니나 아비람, 우고 발디니, 피터 바커, 피터 디어, 오웬 깅거리치, 카를로 진츠부르그, 리처드 골드스웨이트, 키스 허치슨, 니컬러스 자딘, 토머스 쿤, 팀 르누아르, 라우로 마르티네스, 로리 누스도

르퍼, 트레버 핀치, 로이 포터, 로버트 웨스트먼, 노턴 와이즈는 다양한 단계에서 원고를 읽고 향후 발전에 중요하게 기여한 논평을 제공해 주었다. 피에르 부르디외, 이언 버니, 에르네스트 코메, 올리비에 다리골, 마리 뵈르치, 칼 입센, 톰 라큐어, 다니엘 밀로, 피에트로 레돈디, 자크 르벨, 바버라 셔피로는 나에게도 아직 명확하지 않은 상황에서 내가 무엇을 하려 하는지를 놓고 함께 논의했다. UCLA와 스탠퍼드 대학원생들의 '솔직한 비판'은 유용한 의심과 성찰의 재료를 추가로 제공해 주었다. 이 책은 모든 친구와 동료에게 받은 도움에 많은 빚을 지고 있다.

특히 존 하일브론과 랜디 스탄은 저술의 형태를 잡는 것과 관련해 서로 다른 보완적인 방식으로 중요한 역할을 했다. 독자들에게는 두 사람의 영향이 내가 보는 것만큼 분명하진 않을 것이다. 수년간 지속적인 지지와 상세한 비판을 제공해 준 두 사람에게 감사를 표하고 싶다. 그들과 계속 대화를 나누지 않았더라면 이 책은 지금과는 전혀 다른 책이 되었을 것이다.

연구의 주제는 대학원 생활 초기에 떠올랐다. 대학원을 생각하면 달콤쌉쌀한 추억들이 기억나기 마련이다. 처음에는 시각연구 워크숍Visual Studies Workshop에서 그다음에는 UC 버클리에서 대학원 생활을 즐길 만하게, 아니면 더 자주 그랬듯이 그저 견딜 만하게 해준 학우들에게 감사의 말을 전한다. 테드 브라운, 헨리 키버그, 도널드 켈리, 네이선 라이언스는 내가 처음부터 과학사와 과학철학에 대한 관심을 유지하게 해 주었고, 학자가 된다는 것이 아직 낯설었던 내게 그 길을 가도록 격려해 주었다. 이따금 그들의 조언에 (약간은 망설이며) 저주를 퍼붓기도 했지만 궁극적으로는 그들의 조언을 매우 감사하게 생각한다. 알렉상드르 코이레가 우리에게 가르쳐 준 대로 실수는 뜻밖의 보람 있는 결과를 가져다주기도 한다.

나의 친구이자 편집자인 수전 에이브럼스의 아낌없는 조언과 지원에 특별한 감사를 표한다. 스쿠타 헬가슨은 나에게 '사이킥 TV'를 (그리고 그 밖의 다른 것들도) 알려 주었고, 상드 코헨은 남부 지역의 지적 활동을 활성화하는 데 기여했다. 두 사람에게도 특별한 감사의 말을 전한다.

1장부터 4장에 포함된 일부 본문의 초안은 《아이시스Isis》, 《과학사 및 과학철학 연구Studies in History and Philosophy of Science》, 《과학사History of Science》에 실린 것이다. 이전에 출판된 논문들을 이 책에 포함하도록 허락해 준 학술지 발행처에 감사를 표한다. 이 연구가 실질적으로 가능했던 것은 미국 국립과학재단과 UCLA 교수의회, 특히 비아졸리 재단의 연구 보조금 덕분이다.

이 책은 낸시 샐저에게 헌정하고자 한다. 연구의 모든 측면에 대해 낸시와 나눈 광범위하고도 집중적인 논의는 이 책의 내용을 명료화하기 위해 반드시 필요했다. 더 나아가 낸시가 제공한 편집상의 조언은 나의 글을 정합적인 저술이라는 인상을 주는 책으로 바꾸는 데 결정적인 도움을 주었다. 낸시가 한결같이 보내오는 개인적이며 지적인 우정 덕분에 나는 이 프로젝트를 끝까지 해나갈 수 있었다. 헌정은 그저 하나의 몸짓에 불과할지 모르지만, 수년간 내가 낸시에게 받은 모든 것에 대한 깊은 감사가 이 글을 통해 전달되기를 바란다.

벼룩이 의식을 치른다면 그 대상은 개일 것이다.

If fleas had rituals they would be about dogs.

— 루트비히 비트겐슈타인Ludwig Wittgenstein

그것은 당신인가 나인가 아니면 역사인가?

Is it you, is it me, or is it history?

— 사이킥 TV Psychic TV

프롤로그   궁정의 문화와 과학의 정당화

갈릴레오가 원숙기 대부분을 메디치 궁정에서 토스카나 대공의 수학자 겸 철학자의 신분으로 보냈다는 사실은 이미 잘 알려져 있다. 하지만 갈릴레오가 궁정에서 수행한 역할이 그의 과학에서 필수 불가결했다는 점은 여전히 과학사학자와 과학철학자의 관심을 끌지 못하고 있다. 과학자 갈릴레오와 궁정인 갈릴레오를 별개로 보는 경향은 학자들에게만 있는 것은 아니다. 브레히트는 예리하게도 《갈릴레오의 생애》에서 갈릴레오가 사심 없는 '순수'한 과학자는 아니었다고 묘사했지만, 동시에 그에게 궁정인이 아닌 장인의 기풍[1]과 문화를 부여했다. 장인은 진보세력의 상징인 반면 궁정인은 앙시앵 레짐ancien régime의 전형이라고 브레히트는 생각했다. 그에게 앙시앵 레짐은 긍정적·근대적 가치를 잠재한 과학의 특성과 상충하는 문화였다.[2]

---

1   * 'ethos'는 주로 '기풍'으로 옮겼으나 맥락에 따라 다른 단어로 옮기는 것이 적절할 경우는 'ethos'를 병기했다.
2   Bertolt Brecht, *Galileo* (New York: Grove Press, 1966). 갈릴레오의 활동을 두

갈릴레오의 정체성과 그의 과학을 궁정의 가치와 별개의 것으로 재현하려는 이 널리 퍼진 관점은 '과학'과 '사회'가 날카롭게 구분된다고 믿는 일부 저술가들에게서 유래한 것만은 아니다. 근대과학의 발전을 사회의 변화와 연관시키면서도 당시의 궁정은 근대성을 실현할 '좋은' 추동력의 원천이 아니었다고 간주하는 이들도 같은 주장을 했다.

나는 장인 전통과 근대과학의 발전 사이의 관계(특히 에드거 질셀Edgar Zilsel과 파올로 로시Paolo Rossi가 표명한 관계)[3]를 두고 브레히트가 제시한 견해에 꽤 동조하는 편이며, 그의 견해가 과학혁명의 중요한 측면을 가리킨다고도 믿는다. 하지만 그 과정에서 (단순히 귀족 후원자와 과학 종사자scientific practitioner 한 명 한 명이 아니라) 귀족문화 전체가 중대한 역할을 했다는 증거는 충분히 쌓였다고 생각한다.[4] 특히 궁정은 과학 종사자에

고 '과학'이라는 용어를 사용하는 것이 시대착오적임은 알고 있다. 번거롭긴 해도 이 책 전반에서 '자연철학'이나 '수학적 자연철학'처럼 갈릴레오가 속한 역사적 맥락에 한층 더 걸맞은 용어를 쓸 수도 있었을 것이다. 하지만 나는 갈릴레오의 활동을 '과학'으로 약칭하기로 했다. '일단 쓰고 지운 상태로under erasure' 의식적으로 표기했음을 밝힌다.

3　Edgar Zilsel, "The Genesis of the Concept of Scientific Progress", "Origins of Gilbert's Scientific Method", in Philip Wiener, Aaron Noland, eds., *Roots of Scientific Knowledge* (New York: Basic Books, 1957), pp. 219~250, 251~275; Paolo Rossi, *I filosofi e le macchine, 1400-1700* (Milan: Feltrinelli, 1984).

4　이 연관성을 처음 드러낸 문헌으로는 특히 다음을 참고하라. R. J. W. Evans, *Rudolph II and His World* (Oxford: Oxford University Press, 1973); Dario

게 사회적 정당화를 수행할 장소를 제공함으로써 새로운 과학의 인식적 정당성을 확보할 수 있게 했고, 그리하여 각 분과학문discipline의 인식론적 지위를 상승시키는 역할을 했다.

새로운 과학이 펼쳐지는 핵심적 장소가 장인의 작업장에서 군주의 궁정으로 옮겨 갔다는 사실은 의례와 연출, 담화의 작동에 관한 관심이 커졌음을 시사한다(이 관심은 특히 인문학과 사회과학에서 두드러진다). 그 사실은 권력과 지식의 관계에 접근하는 방식이 한층 더 복잡해졌다는 점도 함의한다. 이 책은 권력을 더 물질적인 형태로 국한하지 않을 뿐 아니라 지식 형성 과정의 '외부에 있는 것'으로 다루지도 않을 것이다.[5] 르네상스와 바로크 궁정 그리고 그 문화와 에티켓에 친숙한 독자라면 권력이 예절과 규율, 고상한 담화에 얼마나 깊이 배어들었는지 알고 있을 것이다. 또 권력이 '온화한' 겉모습을 가지고도 개인의 정체성과 행동, 생각을 빚어내는 데 매우 효과적이었다는 사실 또한 알 것이다. 하지만 동시에 권력은 (독립적 원인으로서)

Franchini et al., eds., *La scienza a corte* (Rome: Bulzoni, 1979); Robert S. Westman, "The Astronomer's Role in the Sixteenth Century: A Preliminary Study", *History of Science* 18 (1980): pp. 105~147; Owen Hannaway, "Laboratory Design and the Aim of Science: Andreas Libavius versus Tycho Brahe", *Isis* 77 (1986): pp. 585~610.

5 이 견해에 관한 간략한 서술은 Michel Foucault, "Truth and Power", in Colin Gordon, ed., *Power/Knowledge* (New York: Pantheon, 1980), pp. 109~133 을 참고하라.

이러한 실천들 외부에 존재하지 않았으며, 오히려 그 실천들로 인해 구성되었다.

권력과 지식, 자기형성self-fashioning의 관계에 관한 이 관점은 갈릴레오의 과학 경력을 분석하는 데도 훌륭하게 적용된다. 여러 측면에서 볼 때, 내가 제시할 연구는 과학자들의 자기형성을 탐구하는 것이다. 자기형성은 과학사학자가 흔히 사용하는 종류의 개념은 아니지만, 근대 초기 유럽의 역사와 문학 연구에서는 효과적으로 사용되었다.[6] 내가 이런 방식으로 갈릴레오의 과학 경력에 접근하기로 했다는 것은 그가 거친 사회적 궤적의 특징을 살펴보겠다는 뜻이다. 갈릴레오는 특정한 사회직업적socioprofessional 문화의 구성원, 즉 수학자로 경력을 쌓기 시작했다. 하지만 궁정으로 소속을 옮기는 과정에서 독특한 유형의 철학자, 즉 기존에 확립된 사회적 역할이나 이미지가 없는 새로운 유형의 정체성으로 스스로를 재형성하는 데 성공했다. 어떤 의미에서 갈릴레오는 1610년경 '대공의 철학자 겸 수

6　예시로는 다음 문헌들을 참고하라. Stephen Greenblatt, *Renaissance Self-Fashioning* (Chicago: University of Chicago Press, 1980); Randolph Starn, "Seeing Culture in a Room for a Renaissance Prince", in Lynn Hunt, ed., *The New Cultural History* (Berkeley: University of California Press, 1988), pp. 205~232. 과학사학자들이 등한시해 온 개인의 자기형성이라는 주제에 주목한 예외 사례로는 스티븐 셰이핀의 최근 연구가 있다. 특히 다음을 참고하라. "The House of Experiment in Seventeenth-Century England", *Isis* 79 (1988): pp. 373~404; idem, "A Scholar and a Gentleman", *History of Science* 29 (1991): pp. 279~327.

학자'로 등극하면서 자신을 재발명한 셈이다. 그 과정에서 기존의 사회적 역할과 문화적 규약을 차용하고 그것들과 재교섭하기는 했지만, 그가 스스로 구축한 사회직업적 정체성은 명실공히 독창적이었다. 갈릴레오는 브리콜뢰르bricoleur, 곧 즉흥적 손재주꾼이었다.

우리는 앞으로 갈릴레오가 '새로운 철학자' 혹은 '철학적 천문학자'라는 새로운 사회직업적 정체성을 궁정에 기반하여 확립해 간 과정을 추적하고, 그 정체성과 과학 연구 간의 관계를 분석할 것이다. 이 작업을 위해서 궁정에 적합한 행실에 관한 문화와 규약(갈릴레오의 일상적 실천과 문헌, 그가 본인과 자신의 발견을 내세우고 다른 궁정인, 후원자, 수학자, 철학자와 교류한 방식을 형성한 요소들)의 구조적 특징을 살펴보는 과정을 거칠 것이다. 이 책은 갈릴레오의 활동을 다루는 전기도 아니고 사회사도 아니다. 물론 연도를 건너뛰며 과학 논쟁을 좇아 갈릴레오를 추적하고 그와 관련된 여러 문헌을 분석할 것이다. 하지만 주된 목적은 갈릴레오의 일상 활동과 관심사의 구조를 면밀하게, 때로는 미시적으로 탐구해 그 구조들이 갈릴레오의 과학 경력을 어떻게 형성했는지 들여다보는 것이다. 사실 책의 구성은 갈릴레오의 경력이 전개된 순서를 따르긴 하겠지만 대부분의 분석은 통시적으로 이루어지지 않을 것이다. 각 장을 통과하며 연대를 따라가는 중요한 흐름이 다수 존재하겠지만, 나는 갈릴레오의 과학 경력을 지적 요람기에서 원숙기로의 변화로 제시하지는 않을 것이다. 그리고《두 우주 체계에 관한 대화Dialogo sopra i due massimi sistemi del mondo》(이하《대화》)와《새로운 두 과학에 관한 담화Discorsi e dimostrazioni matematiche intorno a due nuove scienze》(이하《새로운 두 과학》)처럼 흔히 더 중요하다고 여기는 후기의 저작을 특별하게 취급하지도 않을 것이다. 오히려 나는 갈릴레오의 일상과 그의 과학 활동을 빚어내어 오늘날 '갈릴레오의 경력'이라 불리는 역사적 인공물artifact을 수십 년에 걸쳐 만들어 낸 공시적 과정과 조건, 밑천과 제약을 확인하고 탐구하는 데 더 큰 관심이 있다. 이 분석은 궁정문화, 정치적 절대주의, 과학의 정당화, 초창기 과학기관scientific institution의 발전 사이에 이어진 연관성을 고찰하면서 끝맺을 것이다.

갈릴레오의 경력을 이루는 중요한 측면과 사건들은 연구에서 제외할 것이다. 그것들에 관한 참고 문헌들은 이미 많으며 계속 증가하는 추세다. 그러므로 포괄범위는 이 책에서 우선시하지 않으려 한다. 그보다는 갈릴레오의 경력을 이루는 과학 논쟁과 사건들에 기초한 몇 가지 사례연구를 통해 새로운 해석의 틀을 제공하고자 한다. 갈릴레오의 문헌이 너무나 방대하고 복잡한 탓에 불가피하게 일부만을 선별할 수밖에 없었으며, 이 책이 제안하는 틀로 훌륭하게 해석될 수 있었음에도 다루지 못한 문헌들이 있다.[7]

---

7 특히 1612년부터 1613년까지 예수회 수학자 크리스토퍼 샤이너와 벌인 태양 흑점

덧붙여 이 책에서 채택한 관점으로 갈릴레오의 경력과 그와 관련된 문헌 전체를 이해할 수 있다고 주장하고 싶지는 않다. 갈릴레오는 처음부터 궁정인으로서 전문직업적 삶을 시작한 것이 아니라 1610년 마흔여섯에야 궁정인이 되었다. 이 책에서 나는 갈릴레오가 1610년보다 훨씬 전부터 궁정으로 적을 옮기길 원했다고 주장하겠지만, 그의 초기 저작 중에서 궁정문화로 인해 형성되었거나 궁정의 독자를 겨냥한 것은 일부에 불과하다. 마찬가지로 궁정문화는 그의 수많은 과학적 관심에 전부 똑같은 정도로 영향을 미치지 않았다. 천문학 연구와 궁정인으로서의 경력은 밀접한 공생관계로 얽혀 있던 반면, 역학(기계학)에 기울인 관심은 궁정의 환경에 잘 들어맞지 않았다. 마찬가지로 나는 갈릴레오의 사례로 분석한 사회적·인식적 정당화 과정이 새로운 과학과 새로운 우주론을 정당화하는 유일한 전략이었다고 주장하지도 않겠다. 이 책 전반에 걸쳐 갈릴레오의 경험, 그리고 다른 과학 종사자들이 선택하고 경험한 유사한 궁정 및 후원 기반의 정당화 전략 사이에 상동관계가 있다는 견해를 제안하겠지만, 이러한 해석 틀이 과학혁명 전체를 포

논쟁(이 책에서는 간략하게만 다룬다)과 〈크리스티나 대공비에게 보내는 편지〉 그리고 1632년 출간된 《대화》(이 책에서는 1633년 열린 갈릴레오 재판과 관련해서만 다룰 예정이다)를 염두에 둔 언급이다. 이 책의 분석을 확장하여 갈릴레오가 1611년 이후 린체이 아카데미에 관여하게 된 상황까지 더욱 상세히 다룰 수 있었더라면 좋았을 것이다.

괄하다고 보지는 않는다. 오히려 같은 틀을 적용할 수 있는 경계선을 검토하고 후속 연구를 위한 구역을 확인할 것이다. 이를 테면 최근의 역사학historiography은 서로 다른 분과학문이 상이한 국가적·종교적·정치적 맥락에 따라 각기 다른 사회적·인식적 정당화 패턴을 전개했음을 보여 준다. 특히 당시의 '수학적 과학mathematical science' 분과들은 전문적인 문제를 성공적으로 해결한 결과로 신뢰를 획득하게 되었음을 수많은 사례로 보여 준다. 이러한 사건 전개를 이 책에서 논의하지 않는다고 해서 그 중요성을 과소평가한다는 뜻은 아니다. 그저 새로운 과학을 군주와 후원자, 궁정인의 문화에 부합하는 것으로 내세우려 했던 당시의 정당화 과정에 주목하려 할 뿐이다.

'후원'은 나의 연구에서 반복해서 등장하는 주제인 만큼 이 책에서 후원과 입신출세를 향한 갈릴레오의 관심이 그의 연구와 무관하지 않았다는 증거를 제시할 것이다. 궁정후원은 단순히 명민하고 약삭빠른 수완가(브레히트가 묘사했던 갈릴레오)가 활용하는 '밑천'에 불과하지 않았다. 후원은 모든 궁정인의 자기형성 과정에서 핵심을 차지했다. 1장에서 논의하겠지만, 후원은 '벽이 없는 기관institution without wall', 즉 갈릴레오의 과학을 둘러싼 사회적 세계를 구성했던 정교하고도 광범위한 체계였다.[8] 요컨대 이 책에서는 갈릴레오가 후원 체계의 합리적

---

8   * 'institution'은 크게 기관과 제도라는 두 가지 의미를 동시에 가진다. 두 가지 뜻을

조작자였을 뿐만 아니라, 적어도 생의 한 시기에는 후원문화의 영향 안에서 담론과 동기를 결정하고 지적 결정을 내린 인물이었음을 보여 줄 것이다. 갈릴레오의 생활양식은 궁정문화의 깊은 곳에 파고들어 있었다. 그와 동시에 성공한 궁정 가신으로서의 자기형성은 코페르니쿠스주의를 향해 점점 짙어지던 헌신과 상호 의존하는 과정이었다. 책의 뒷부분에 이르렀을 때 이 점이 명확해지길 바란다.

앞서 말한 것처럼 갈릴레오의 과학은 궁정문화와 후원에 쏟은 관심과 서로 무관하지 않았다. 그렇다고 해서 갈릴레오의 과학이 그 관심들로 인해 결정되었다는 뜻은 아니다. 이 책에서 묘사하려는 인물은 '시스템의 노예', 즉 부여받은 역할과 기대에 자신을 끼워 맞춰 정당화를 이루려 했던 인물이 아니다. 권력은 그것과 독립해 존재하는 지식체계를 검열하거나 정당화하는 식으로 작동하지 않는다. 나는 자기형성 과정을 강조함으로써 상이한 환경에 따라 다른 전술을 구사하면서도 한결같이 '신념을 지키는' 기존의 '갈릴레오' 혹은 그를 둘러싼 맥락에 의해 수동적으로 형성되는 갈릴레오라는 인물을 가정하지 않을 것이다. 그보다는 주변 환경에서 인지한 밑천들을 활용하여 자신을 위한 새로운 사회직업적 정체성을 구축하고, 새로운 자연

모두 떠올리는 것이 좋을 경우는 '기관/제도'로, 그 외에는 맥락에 따라 '기관' 혹은 '제도'로 옮겼다.

철학을 제안하며, 궁정에서 자신의 자연철학을 옹호하는 청중을 확보하는 데 성공한 방식을 강조하고 싶다. 군주 레오폴도 데 메디치Leopoldo de' Medici가 1657년부터 1667년까지 치멘토 아카데미Accademia del Cimento를 소집한 사례를 살펴보면 갈릴레오는 1642년에 사망한 후에도 한참 동안 피렌체의 궁정문화에 영향력을 행사했음을 알 수 있다.

물론 그 어떤 자기형성 과정도 긴장 없이 이루어지지 않는다. 갈릴레오는 궁정에서 새로운 사회직업적 정체성을 정당화할 수 있었다. 그러나 그의 특정한 욕구와 충돌하며 그 정당화를 억제한 것 역시도 궁정이었다. 어떠한 맥락에서는 갈릴레오의 연구와 궁정의 담론이 서로 괄목할 만큼 부합했지만, 어느 때에는 후원 전략과 과학자 저자권scientific authorship 간에 해소될 수 없었던 긴장이 발견되기도 한다. 그 긴장은 후원자를 자기편으로 삼아 과학적 주장을 정당화하려 했던 갈릴레오의 시도와 자신의 권력과 위신에 문제가 될 법한 주장과는 거리를 유지함으로써 그것들을 보호하려 했던 군주의 이해관계 사이에서도 발견된다.

이러한 긴장은 책 전반에 걸쳐 거듭 흐르는 주제이며, 결국에는 갈릴레오 재판을 재해석하는 작업과 연결된다. 1633년의 재판에서 분명하게 드러나는 우주론적·신학적 차원을 부정하지 않으면서 궁정의 후원과 문화(그리고 그 안에 내재한 긴장)를 이해한다면 이미 충분히 탐구되었다고 여겨지던 당시의 사건에 관한 새로운 실마리를 찾을 수 있을 것이다. 갈릴레오가 스스로를 출세한 철학자이자 궁정인으로 세워 나갔던 바로 그 과정이 재판의 동역학dynamics을 특징지었을 가능성이 있다.

갈릴레오의 경력과 후원 그리고 궁정문화의 관계는 과학적 전문직업에 관한 역사학이나 사회학의 문제에 그치지 않는다. 코페르니쿠스와 그의 추종자들은 그들 자신의 연구 결과를 단순한 수학적 계산 모형이 아니라 우주의 물리적 표상으로 정당화하는 과정에서 결정적 장애물에 맞닥뜨렸다. 자유학예liberal arts 분과 간에 관행으로 자리잡혀 있던 위계가 바로 그 장애물이었다.[9] 분과학문과 방법론의 특징에 관한 학자들의 견해에 따라 이미 정당화된 위계에 의해 수학은 철학과 신학에 종속되었다. 수학자는 자연현상의 물리적 차원을 다룰 수 있을 것으로 기대되지 않았으며(혹은 허용받지 못했으며), 그런 작업은 변화와 운동의 원인과 더불어 철학자의 영역으로 여겨졌다. 따라서 철학자들은 코페르니쿠스가 단순히 새로운 행성 이론을 제안한 정도를 넘어 그들의 분과학문과 전문직업의 영역을 '침범' 했다고 생각했다. 일반적으로 그러한 침범은 용인되지 않았고, 분과학문에서 수학자보다 고등한 위상을 누리던 철학자들은 그 침범을 통제할 만한 밑천도 지니고 있었다. (분과학문의 위

9   Robert S. Westman, "The Astronomer's Role in the Sixteenth Century: A Preliminary Study", *History of Science* 18 (1980): pp. 105~147.

계를 수용했던 기관에서 특히 잘 작동했던) 통상적인 전략은 수학자들이 하등한 분과학문 출신이라는 점을 내세워 그들 주장의 정당성을 떨어뜨리는 방법이었다.

이른바 '코페르니쿠스 혁명'은 두 혁명이 하나로 통합된 것이었다. 우주론의 극적인 변화가 수용되려면 먼저 우주를 연구하는 분과학문의 체계 자체가 과감하게 재편되어야 했다. 알다시피 이것은 무척이나 오랜 과정이었다. 결국 코페르니쿠스 천문학이 정당화되었다는 것은 자유학예 간의 위계 재편이 성공했음을 의미하며, 그에 따라 수학자의 사회적 지위 또한 상승하기에 이르렀다. 그런 변화는 새롭게 나타난 이론의 강점 때문만이 아니라 대학에서 궁정으로 직을 옮기는 경우와 같은 제도적 이주institutional migration가 원인이 되기도 했다. 분과학문의 전통적 위계는 대학 내에서는 확고하게 수용되었지만 궁정에서는 사정이 달랐다. 궁정은 소속된 분과학문이 아닌 군주의 호의에 따라 지위가 결정되는 곳이었다.

궁정은 수학자들이 높은 사회적 지위와 신뢰를 확보함으로써 그들과 철학자 간에 존재했던 분과학문의 전통적 격차를 메울 수 있는 사회적 공간이었다. 궁정을 기반으로 상승한 수학자들의 사회적·분과학문적 지위는 그들이 새로운 세계관을 정당화하는 데 기여했다. 활동 거점을 중심으로 이른바 과학혁명이라는 사건을 살펴보면, 대학에서 궁정으로, 종국에는 과학 아카데미로 이어진 궤적을 (적어도 유럽 대륙에서는) 발견할 수 있다. 갈릴레오의 경력은 대부분 그러한 사회적·인식적 정당화의 궤적을 뚜렷하게 그려 나간다. 갈릴레오는 대학의 수학자가 된 다음, 궁정의 자연철학자를 거쳐, 흔히 최초의 과학 아카데미로 여겨지는 린체이 아카데미Accademia dei Lincei의 회원이 되었다. 그러한 제도적 이주의 패턴(수학자들이 시각예술가들과, 또 얼마간 문필가들과도 공유했던 패턴)은 이 책을 관통하는 또 하나의 큰 주제이다.

이 책의 논의가 거의 갈릴레오에게만 집중되므로 그의 경력이 다른 수학자들과 근본적으로 다르다는 인상을 받을지도 모르겠다. 내가 다른 글에서 썼듯이, 그렇기도 하고 아니기도 하다.[10] 궁정에서 그의 경력과 '궁정철학자'라는 직함은 당시의 수학자로서는 유례없는 성취였다. 그럼에도 여러 측면에서 갈릴레오는 수학자의 전통적인 사회적 역할에 부합하는 인물이었다. 가령 1610년 이전의 갈릴레오는 교육과 사회적 지위, 경력 패턴의 관점에서 대표적인 이탈리아 수학자들과 그리 다르지 않았다. 유명한 음악가이자 음악이론가였던 아버지 빈첸치오 갈릴레이Vincenzio Galilei는 갈릴레오를 피사 대학으로 보내 의학을 공부하게 했지만(그리하여 가족의 경제적 어려움을 해결하

---

10   Mario Biagioli, "The Social Status of Italian Mathematicians, 1450-1600", *History of Science* 27 (1989): pp. 41~95. 이 논문에서 나는 당시의 문화와 사회적 지위, 경력의 패턴과 기관의 소속, 갈릴레오 이전과 동시대에 활동한 이탈리아 수학자들의 지적 전통을 개괄함으로써 갈릴레오가 취한 전략의 배경을 제공했다.

길 바랐지만) 갈릴레오는 결국 학위도 받지 않고 1585년 피사를 떠났다.[11] 다른 수학자들과 마찬가지로 갈릴레오는 대학에서 수학을 배우지 않았으며 피렌체에서 오스틸리오 리치Ostilio Ricci의 가르침을 받았다. 리치는 디세뇨 아카데미Accademia del Disegno(메디치가에서 후원하던 순수예술 아카데미)의 화가, 조각가, 건축가에게 원근법을 가르치고 피렌체 궁정의 수행원들을 교육하던 응용수학자 겸 군사기술공이었다.[12] 이처럼 갈릴레오는 건축과 역학, 성채축성술과 시각예술이 교차하는 응용수학의 전문직업적 문화 속에서 청년기를 보냈다.

1588년 이후 갈릴레오는 시에나와 피사 그리고 파도바에서 대학 안팎을 넘나들며 수학과 천문학, 역학과 성채축성술을 가르쳤다. 학위가 없었음에도 대학에서 가르칠 자격이 있었다는 사실 자체가 수학이 철학 분과가 아닌 기술 분과에 속했으며 대학의 정식 교육이 아닌 도제 방식으로 가르침을 전수

---

11 갈릴레오의 어린 시절을 다룬 전기는 다음의 책을 참고하라. Stillman Drake, *Galileo at Work* (Chicago: University of Chicago Press, 1978) [* 더 최근의 연구를 반영한 전기로는 John Heilbron, *Galileo* (Oxford: Oxford University Press, 2010)가 있다.]

12 Thomas B. Settle, "Ostilio Ricci, a Bridge between Alberti and Galileo", *Actes du XIIe Congrès International d'Histoire des Sciences* (Paris, 1971): pp. 229~238. 피렌체의 수학자-예술가 문화에 관해서는 같은 저자의 다음 저술을 참고하라. "Egnazio Danti and Mathematical Education in Late Sixteenth-Century Florence", in John Henry, Sarah Hutton, eds., *New Perspectives on Renaissance Thought* (London: Duckworth, 1990), pp. 24~37.

하는 분과였다는 점을 시사한다. 대학에서 수학 교수의 위치는 변두리에 불과했다. 앞서 언급한 철학과의 분과학문적·인식론적 격차도 있었지만, 수학은 다른 학문에 비해서 하등한 기계적 기술mechanical art로 취급받기 일쑤였다(측량술과 역학 및 부기bookkeeping에 사용된다는 이유였다). 그런 연유로 수학 교수의 지위는 그리 높지 않았고, 실제로 수학 교수의 급료는 철학자의 6분의 1에서 8분의 1 수준이었다.[13] 마지막으로, 대학에서 수학자들의 위치가 변두리에서 그쳤다는 사실은 수학이라는 학문에 할당된 교수직이 극소수였다는 점(파도바 대학과 피사 대학에 각각 한 자리, 볼로냐 대학에 두 자리)과 전 교과과정에서 수학의 역할이 부차적이었다는 점에서도 드러난다.

갈릴레오는 1592년에서 1610년까지 파도바 대학에서 수학을 가르치면서 틈틈이 성공적인 기계 발명품을 만들었고(물을 길어 올리는 기계로 특허를 취득했다), 베네치아 조선소에서 고문으로 활동하기도 했다.[14] 교수 재직 중에도 수학과 역학, 특히 성채축성술을 과외로 가르치며 비교적 낮았던 수입을 충당

---

13 Mario Biagioli, "Social Status of Italian Mathematicians", p. 53.

14 Antonio Favaro, "Galileo e Venezia", *Galileo Galilei e lo Studio di Padova* (Florence, 1883; reprint, Padua: Antenore, 1966), vol. 2: pp. 69~102; idem, "Intorno ai servigi straordinari prestati da Galileo Galilei alla Repubblica Veneta", *Atti del Reale Istituto Veneto di Scienze, Lettere e Arti, series 7*, I (1889~1890): pp. 91~109. 조선소에 관해서는 Ennio Concina, *L'Arsenale della Repubblica di Venezia* (Milan: Electa, 1984)를 참고하라.

했고, 학생들 몇몇을 집에서 하숙시키기도 했다. 1599년, 갈릴레오는 마르칸토니오 마촐레니Marcantonio Mazzoleni라는 장인을 숙박을 제공하는 형태로 고용했다. 마촐레니의 주된 업무는 기하학 계산과 군사용으로 쓰일 컴퍼스를 만드는 일이었고, 갈릴레오는 그 계산 기구들을 주로 과외 학생들에게 팔았다.

그때까지 갈릴레오의 경력은 사업가의 수완을 겸비한 유능한 수학자의 전형이었다. 그러나 1610년이 되면서 상황이 급변했다. 갈릴레오가 (네덜란드에서 처음 발명된) 망원경을 개량하여 괄목할 만한 천문학적 발견을 여럿 이뤄낸 뒤, 파도바 대학을 떠나 메디치 궁정으로 소속을 옮겨 대공의 (수학자만이 아니라) 철학자가 된 것이다. 바로 이때부터 갈릴레오의 궤적은 동료 수학자들에게서 벗어나기 시작했다. 갈릴레오의 후반기 경력 대부분을 특징짓는 궁정에서의 수완과 전략은 수학자로는 이례적이었다. 그렇지만 사회적·인식론적 정당화를 향한 갈릴레오의 열망은 그가 동시대 대표적인 수학자들과 공유했던 전문직업적 문화에 여전히 뿌리를 두고 있었다.

이 책은 갈릴레오가 대학에 기반을 두었던 초기 경력단계에서 후원 네트워크를 형성하고 그것을 위한 전략을 도입하던 양상을 분석하면서 시작한다. 하지만 강조점은 1610년에서 1633년 사이의 기간, 즉 메디치 궁정에 도달한 뒤부터 《대화》의 출간에 뒤따른 재판까지에 있다. 서사의 지리적 초점은 시기를 따라 옮겨간다. 책의 앞부분은 피렌체 궁정의 갈릴레오를 다루겠지만 뒷부분은 로마 궁정 및 교황 군주papal prince와 갈릴레오의 상호작용을 살펴볼 것이다.

2장은 갈릴레오가 궁정 입성에 성공했던 과정을 탐구한다. 궁정 입성은 오늘날 갈릴레오의 천문학 연구가 내재한 것으로 여기는 과학적 가치의 결과가 아니라, 그가 새롭게 발견한 목성의 위성을 궁정 담론과 메디치 가문 신화에 들어맞는 것으로 제시하는 데 성공한 결과였다. 3장은 피렌체 궁정에서 이루어진 갈릴레오의 과학 활동에 관한 분석을 이어간다. 특히 1611년부터 1613년까지 피렌체에서 부양성[15]을 둘러싸고 벌어진, 그간 거의 연구되지 않았던 논쟁에 주안점을 둔다. 이 논쟁은 당시 더 고등한 분과 소속으로 여겨지던 아리스토텔레스주의 철학자들과 갈릴레오 사이에서 처음 지속적으로 발생한 충돌이었다. 이 기회를 틈타 갈릴레오는 새로 획득한 철학자 칭호의 분과학문적 특권을 활용하는 데 공을 들였다. 궁정 안에서 과학이 실천되던 장소, 그 장소와 구경거리spectacle의 관계, 그리고 그 장소의 '에티켓'과 관련하여 3장의 사례연구가 제공할 이해도 흥미로울 것이다. 부양성 논쟁은 갈릴레오와 철학자 플라미니오 파파초니Flaminio Papazzoni가 대공의 식탁에서 벌인 논쟁에서 절정에 치닫는다. 추기경 안토니오 바르베리니Antonio Barberini와 페데리코 곤차가Federico Gonzaga까지 휘말

---

15 *buoyancy. 물체가 유체 내부 혹은 표면에서 뜨는 성질.

린 논쟁이었다. 4장은 이 논쟁의 분석에서 더 나아가 자기형성의 동역학과 과학의 사회적·인식적 정당화의 동역학이 과학철학의 중요한 문제에 관한 새로운 이해의 실마리를 던져 준다는 점을 보일 것이다. 이른바 과학 패러다임 간의 공약불가능성incommensurability이라는 문제이다.

이 지점에서 서사는 급격히 전환되고, 이제 책은 로마로 향한다. 갈릴레오의 경력에서 분석할 다음 국면은 1619년부터 1626년까지 예수회 천문학자 오라치오 그라시Orazio Grassi와 다투었던 혜성에 관한 논쟁이다. 갈릴레오가 활동하던 1619년의 배경은 1611년과는 사뭇 달랐다. 1615년 그가 〈크리스티나 대공비에게 보내는 편지〉를 쓴 이후 코페르니쿠스주의 가설을 정당화하는 작업은 갈릴레오의 경력과 연구에서 점점 더 중요해졌다. 이 편지에서 갈릴레오는 신학자들이 성서를 바탕으로 코페르니쿠스의 태양 중심 우주를 향해 쏟아부은 이의 제기를 막아보려 했다. 그러나 그 시도는 실패로 돌아갔다. 1616년 봄, 코페르니쿠스의 《천구의 회전에 관하여De revolutionibus orbium coelestium》는 수정하기 전까지(지구의 운동에 관한 비非 가설적 언급을 전부 삭제하기 전까지) 금서로 지정되었고, 코페르니쿠스주의 천문학과 성서의 화합을 꾀했던 파올로 포스카리니Paolo Foscarini 신부의 최신 저술은 즉각 금지되었다.[16] 금지령

16　1616년에 일어난 사건들과 관련된 모든 문헌은 주해가 포함된 다음 책을 참고하

에 갈릴레오의 이름이 직접 언급되지는 않았지만, 갈릴레오는 로베르토 벨라르미노Roberto Bellarmino 추기경으로부터 코페르니쿠스 학설을 절대적(물리적) 사실이 아닌 가설로만(수학적으로만) 다루라는 명령을 받았다. 코페르니쿠스 천문학의 정당화가 갈수록 어려워지자 갈릴레오는 점차 더 강하게 몰두했고, 그에 따라 로마의 궁정은 그에게 가장 중요한 활동 무대가 되었다.

4장에 뒤따르는 막간극은 로마의 문화적·학문적 환경 그리고 그 환경과 궁정의 관계에 대한 도식을 제공한다. 이 막간극이 보여 줄 로마의 궁정문화와 학문적 문화의 특정 측면들은 갈릴레오의 이후 전략과 그가 겪을 곤경에서 주요한 역할을 하게 된다.

5장은 갈릴레오와 그라시 사이에서 벌어진 혜성 논쟁의 맥락을 분석한다. 논쟁의 중심지가 로마로 옮겨가는 동안 갈릴레오는 《시금자Il Saggiatore》를 출간했다. 이 문헌은 과학적으로 문제가 많은 탓에 갈릴레오 연구자들에게 골칫거리였다. 이 장에서는 두 번째 장이 피렌체를 다룬 것과 비슷한 방식으로 로마를 다룬다. 갈릴레오가 궁정의 담론을 활용하여 혜성에 관한 견해를 정당화하고 스스로를 교양 있는 궁정의 자연철학자로 내세웠던 방식을 분석할 것이다.

라. Richard J. Blackwell, *Galileo, Bellarmine, and the Bible* (Notre Dame: University of Notre Dame Press, 1991).

6장은 갈릴레오 재판을 재해석할 것을 제안한다. 로마 궁정의 독특한 후원 동역학과 세대적 주기를 분석하여 맥락을 설정한 뒤에, 동시대 궁정의 논고들이 묘사한 궁정의 전형적인 사건, 즉 '궁정인의 몰락'을 들여다본다. 그 사건의 몇 가지 측면을 갈릴레오 재판에 적용함으로써, 1633년의 재판이 토마스주의 신학과 근대 우주론 간의 충돌 못지않게 바로크 궁정사회 및 문화의 다양한 동역학과 긴장 사이에서 빚어진 충돌로 인해 발생했다고 주장할 것이다. 요컨대 갈릴레오의 경력과 코페르니쿠스 천문학의 정당화는 그것들을 착수할 수 있게 했던 것과 똑같은 과정 때문에 끝장나고 말았다.

갈릴레오의 후원 전략을 탐구한 리처드 웨스트폴Richard Westfall 그리고 분과학문의 위계와 그것이 함의한 제도적 의미를 다룬 로버트 웨스트먼Robert Westman의 저술은 이 책의 집필에서 중요한 출발점이 되었다.[17] 그 외에도 각주에 기록하기는 곤란하지만 나의 분석에 영향을 준 다른 저술가들도 있다. 노르베르트 엘리아스Norbert Elias의 궁정사회 연구는 피에르 부르디외Pierre Bourdieu의 '문화적 구별짓기cultural distinction' 과정 연구와 마찬가지로 지속적인 참고 문헌이 되었다.[18] '앙시앵 레짐

---

17 Richard S. Westfall, "Science and Patronage: Galileo and the Telescope", *Isis* 76 (1985): pp. 11~30; Robert Westman, "The Astronomer's Role"

18 Norbert Elias, *The Court Society* (New York: Pantheon, 1983); idem, *The History of Manners* (New York: Pantheon, 1982); idem, *Power and*

의 권력 담론'에 관한 미셸 푸코Michel Foucault와 루이 마랭Louis Marin의 분석 그리고 갈릴레오의 '편의주의opportunism'에 대한 파울 파이어아벤트Paul Feyerabend의 논의가 불러일으킨 수많은 고찰은 갖가지 간접적인 형태로 이 책에 흘러들었다.

Civility (New York: Pantheon, 1982); Pierre Bourdieu, *Distinction: A Social Critique of the Judgment of Taste* (Cambridge, Mass.: Harvard University Press, 1984).

1장　　갈릴레오의 자기형성

육체와 분리된 정신들
그리고 무질서하게 상호작용하는 육체들

1610년 5월, 갈릴레오는 메디치 궁정에 임용될 가능성을 상의하기 위해 벨리사리오 빈타Belisario Vinta에게 보낸 편지에서 별것 아닌 일로 높으신 관료의 시간을 빼앗는 것에 양해를 구했다.[1] 그러면서도 그 임용 결정은 자신의 "지위와 존재 전체의"[2] 변화와 관련되어 있으므로 더없이 중요한 문제임을 밝혔다. 갈릴레오의 언명으로 미루어 후원은 단순히 가르칠 의무로부터의

---

[1] 빈타의 직함 '프리모 세그레타리오'를 오늘날의 정치적 역할로 완벽하게 번역할 수는 없다. 왜곡을 최소화한 유사 직함은 '국무장관'일 것이다. 빈타는 1609년 12월 그 관직에 올랐다. [* 'Primo Segretario'는 군국주의 장관이라는 뜻에서 '대신大臣'으로 'Segretario'는 '비서관'으로 옮겼다.]

[2] Galileo Galilei, Antonio Favaro, ed., *Opere*, (Florence: 1890~1909), vol. 10, no. 307, p. 353. (이후 인용 시 *Opere*는 *GO*로 표기한다. 별도의 언급이 없는 한, 이탈리아어의 모든 번역은 저자가 한 것이다.)

자유, 경제적 안락, 적합한 직함과 같은 연구 외부의 조건에 미치는 영향보다 더 큰 의미였음을 알 수 있다. 갈릴레오의 말대로 후원은 그의 경력뿐 아니라 지위와 정체성까지도 형성했다.[3]

이번 장에서는 갈릴레오가 자신을 궁정철학자로 구축한 자기형성의 구조를 틀 지었던 후원 과정을 체계적으로 분석할 것이다. 후원을 '갈릴레오가 과학을 수행하던 일종의 사회체계'로 분석함으로써 이후의 장들을 논의할 틀을 제공한다. 그리고 자기형성 과정에 주목하면 이른바 외적 접근법 대 내적 접근법 논쟁의 교착상태를 우회하는 데 도움이 된다는 점도 보일 것이다. 이 논쟁은 다소 오래전은 물론이고 최근까지도 과학학science studies에서 제기된 논점의 상당 부분을 구조화한 특징이었다.

이 논쟁은 '과학'과 '비과학' 그리고 궁극적으로는 인위적인

---

3   갈릴레오의 후원과 관련된 연구는 다음 문헌들을 참고하라. Paolo Galluzzi, "Il mecenatismo mediceo e le scienze", in Cesare Vasoli, ed., *Idee, istituzioni, scienza, ed arti nella Firenze dei Medici* (Florence: Giunti-Martello, 1980), pp. 189~215; Richard Westfall, "Science and Patronage: Galileo and the Telescope", *Isis* 76 (1985): pp. 11~30; idem, "Galileo and the Accademia dei Lincei", in Paolo Galluzzi, ed., *Novità celesti e crisi del sapere* (Florence: Giunti Barbèra, 1984), pp. 189~200; idem, "Galileo and the Jesuits", "Patronage and the Publication of the *Dialogue*", in *Essays on the Trial of Galileo* (Vatican City: Vatican Observatory, 1989); Michael Segre, "Galileo as a Politician", *Sudhoffs Archiv* 72 (1988): pp. 69~82. 근대 초기 과학 후원에 관한 연구는 지난 몇 년간 더욱 많아졌으므로 이곳에 나열하는 대신 참고 문헌 목록에 포함하겠다.

것nomos과 자연적인 것physis의 구획에 관한 논의에 계보적으로 연결되면서 놀랄 만큼 다양한 형태와 색채, 형식을 띠게 되었다. 과학혁명과 관련해서는 문제가 한층 더 복잡해지는 경향이 있다. 왜냐하면 16~17세기에 일어난 일들은 ('혁명'이라는 용어가 암시하듯) 주로 근대과학과 그 이전에 일어난 다른 무언가를 뚜렷하게 구분하는 표지로 여겨지기 때문이다. 대부분의 과학혁명 역사학은 인류학자들이 '기원 신화myth of origins'라고 부르는 것(서구의 '근대인'이 자신들을 '나머지 사람들'과 구분하는 서사)의 형성과 여러모로 관련이 있다. 과학혁명에 관한 다양한 해석이 '이전'과 '이후'를 구분하며, 이를 기반으로 과학의 변화 안에서도 '과학적' 차원과 '사회적' 차원을 또다시 다양한 방식으로 구분한다는 점을 이곳에 자세히 쓰지는 않겠다. 대신 분석의 출발점이 되는 논쟁을 이해하는 데 도움이 될 만한 두 가지 해석만을 소개하려 한다.

먼저 과학혁명에 대한 관념론적 해석은 심신이원론을 재현하면서 살아 숨 쉬는 '과학자'와 '과학'(혹은 '과학적 정신') 그 자체를 구분해서 보려 한다. 이러한 역사학은 과학의 사회적 차원에는 거의 관심을 기울이지 않았으며, 사회적 차원은 과학자들이 이미 상정된 합리적 규범에서 이탈하는 듯한 현상을 설명할 때나 가끔 도입되었다.[4] 이런 기본 틀로 연구를 수행

---

[4]   갈릴레오의 후원 전략을 다룬 리처드 웨스트폴의 연구는 이러한 부류의 역사학을 반

한 역사학자들이 흥미로운 저술을 수없이 쏟아 냈지만, 이론에 기반을 둔 내적이고 합리적이며 본질적인 과학의 특징과 사회의 영향에 반응하는 외적이고 비합리적이며 부수적인 과학의 차원을 구획한 것은 의문스러운 역전을 반영한다. 즉, 피설명항explanandum이 설명항explanans으로 역전된 것이다. 아리스토텔레스적 본질주의와 몹시 유사하게도, 특정 이론을 향한 과학자의 믿음이 출현하는 사건들은 당시의 맥락 안에서 설명되지 않고 '이론의 힘'으로 인한 '자연스러운' 결과로 당연하게 받아들여졌다. 그런 다음, 이론에 대한 '자연스러운' 믿음은 역시 '자연스러운' 헌신을 일으킨다고 가정되었다.[5] 이런 렌즈로 바라본 후원은 합리적 목표 달성(가령 과학자들의 연구프로그램에 대한 지원 확보)의 수단처럼 보이기도 하고, 과학자의 정신이 훌륭한 이론을 향한 합리적 헌신으로 확립한 올바른 길에서 그의 신체를 이탈시키는 일종의 '육체적 사건'처럼 보이기도 한다.[6]

좀 더 최근의 역사학자들은 로버트 머튼Robert Merton의 '과학사회학'과 토머스 쿤Thomas Kuhn의 '패러다임' 개념, 그리고

영하며, 이는 알렉상드르 코이레Alexandre Koyré와 에드윈 버트의 저술까지 거슬러 올라간다.

5 이러한 역사학 전통은 과학적 합리성에 관한 (아리스토텔레스적 의미에서의) 본질주의적 견해를 따른다. 이와 같은 견해가 그것이 옹호한다고 주장하는 과학적 합리성의 개념과 명백하게 모순된다는 것은 흥미로운 역설이다.

6 이 논점에 관해서는 Mario Biagioli, "Galileo's System of Patronage", *History of Science* 28 (1990): pp. 42~45를 참고하라.

그와 관련된 '과학공동체'와 '전문직업화professionalization' 범주에서 광범위한 영향을 받았다. 그럼으로써 그들은 과학혁명 끝자락에서 보이는 과학자 사회의 발전(그리고 그와 관련된 과학공동체 설립)이 '패러다임 과학'의 시작을 알리는 표시라고 보았다. 패러다임과 전-패러다임의 구분은 근대적 합리성과 그이전 무엇과의 구분보다는 발견법적 측면에서 문제가 덜해 보이지만, 초창기 과학의 대부분을 '무엇이 아닌 것'으로 서술한다는 점에서 여전히 문제의 소지가 있다. 1660년 이전의 과학은 잘 짜인 사회체계, 실제 과학기관, 체계적인 전문직업, 전문가 소통 형식이 결핍되어 있었다. 즉 이런 관점에서 초기의 과학은 여전히 근대과학과는 '다른 것'으로 묘사되었다. 오직 근대과학을 그러한 모습으로 구성한 규정 인자가 무엇인지에 대한 생각만 서로 달랐을 뿐이다.

이와 같은 관점을 채택한다면 어떤 역사학자든 '패러다임'을 사용하여 과학의 사회체계가 지닌 구조 및 동역학과 과학의 변화를 연관시키는 작업이 어렵다는 점을 깨닫게 될 것이다. 실제로는 이렇다 할 만한 과학의 사회체계가 존재하지 않았기 때문이다. 또 그런 관점을 가진 역사학자는 후원을 근대 초기 과학의 사회체계로 인식하지 않는 경향이 있다. 잘 짜인 과학자 공동체와 과학 패러다임이 서로 결합해 있어야 한다는 근본적인 가정에 어긋나기 때문이다.

요컨대, 관념론적 역사학이 과학자의 정신과 육체를 구분함으로써 역사학자들이 과학의 변화에서 사회적 차원을 분석하는 작업을 단념하게 했다면(혹은 사회적 차원의 맥락화 작업을 제한했다면), 사회적·지적 차원을 통합하기 위해 도입된 더 최근의 역사학 범주('패러다임', '과학공동체', '과학기관')는 대부분의 초기 과학에는 적용되지 못할 것으로 보인다.[7] 정리하자면, 이 시기를 두고 관념론자들은 육체와 분리된 정신이 자리잡고 있었다고 본 반면, 기관/제도 중심의 역사학자들은 육체들이 상호작용하며 무질서한 패턴을 빚었다고 볼 것이다.

후원이라는 개념을 정교하게 명료화하는 데 성공한다면 근대 초기 과학의 사회적·개념적 차원을 더욱 잘 통합할 수 있을 것이다.[8] 이 프로젝트의 첫 단계는, 후원을 그저 과학자들이 경

---

[7]   기관/제도는 역사학자에게 든든한 연구대상이다. 왜냐하면 건축물(그리고 건축물 도판), 규정, 미출간 사료archive, 간행물, 토론 및 수상 기록을 남겼기 때문이다. 하지만 역사학의 범주에서 기관/제도가 거둔 성과는 실제 역사와의 관련성은 물론이고 기록의 차원에서도 두드러진 '존재감'을 반영한다는 점을 잊어서는 안 된다. 최근의 역사학을 사로잡은 기관/제도의 매력은 물신숭배적fetishistic 특징까지도 지닌다. 물론 역사학자들은 기관/제도 덕분에 무척 생생한 방식으로 과거와 '접촉'할 수 있다. 그러나 이와는 대조적으로, 후원(건축물이나 규정 같은 가시적인 '사물'이 아닌 에티켓에 얽매인 의례로 이루어진 '벽이 없는 기관')은 수많은 근대 초기 과학 연구자들의 손아귀를 빠져나갔다.

[8]   이러한 후원 개념은 과학의 사회체계가 지닌 전근대적 형태 이상의 의미가 있다. 과학의 근대적 사회체계에서 비근대적nonmodern 차원을 드러내고, 근대과학에 관한 기관 기반 역사학의 주장을 일부 수정할 수 있기 때문이다. 이를테면 다음의 저술은 과학기관을 후원 네트워크가 발전한 틀로 간주하면서, 근대 초기 과학과 근대과학의 사회체계 간에 연속성이 있었다고 주장한다. Dorinda Outram, *Georges Cuvier* (Manchester: Manchester University Press, 1984).

력을 쌓아 나가는(연구에 필요한 돈, 권력, 여가를 확보하는) 합
리적 전략과 교섭의 집합으로만 보지 않는 것이다. 후원을 경
제적 문제로만 고려한다면, 우리는 피후원자[9]가 연구프로그램
에 전념하려는 목적으로 후원 체계를 능숙하게 조작하려 한 합
리적인 개인이었다고 믿는 데서 그칠 것이다. 그러나 '목적'과
'수단'이라는 범주는 그것들을 이루는 자기형성 과정의 바깥에
있지 않다. 결과적으로, 우리는 후원을 (경제적 문제의 해결책으
로 여기기보다는) 후원자와 피후원자의 자기형성이라는 사회
적 과정에 연결함으로써 문화적 산물과 사회적 맥락을 연관시
킬 것이다.[10] 그렇게 한다면 패러다임을 찾아보는 대신 피후원
자의 정체성을 모든 사회문화적 측면에서 연구할 수 있을 뿐만
아니라 그러한 정체성이 형성되는 과정을 면밀하게 조사하는
작업에도 집중할 수 있을 것이다.

사실 정체성 형성의 과정이 반드시 과학공동체나 과학기관
처럼 뚜렷한 전문직업 집단에서만 이루어지라는 법은 없다. 누
군가가 과학공동체나 사회집단으로 사회화되면서 발달시킨 전
문직업적 정체성에 토머스 쿤이나 로버트 머튼의 역사학이 부
여한 근대과학의 사회학적·개념적 차원은, 반드시 근대 초기
과학자들이 후원 관계와 네트워크로 진입하며 경험했던 자기

---

9 * 'client'는 맥락에 따라 '피후원자' 혹은 '가신'으로 옮겼다.

10 당시의 자기형성에 관해서는 Stephen Greenblatt, *Renaissance Self-Fashioning*이 표준 전거locus classicus가 된다.

형성의 과정에서 물색해야 한다. 그렇다고 해서 후원이 과학공동체와 유사한 초기 집단이라고 주장하는 것은 아니다. 나의 주장은 후원이 정체성과 지위의 형성과정을 이해하는 핵심이라는 것이며 또한 그러한 형성과정이 과학자들의 지적 태도와 그들이 경력을 쌓아나간 전략을 동시에 이해하는 데 핵심이 된다는 것이다.

후원, 지위 그리고 신뢰

갈릴레오의 문헌과 서신에서 나타나는 후원제도의 구조는 이탈리아 바로크 예술가와 시인, 궁정인의 전기와 서신으로 재구성되는 구조와 다르지 않다.[11] 후원은 근대 초기 유럽에서 널리 퍼진 사회 제도였으며, 오늘날에도 지중해 연안에서 여전히 강력한 힘을 발휘하고 있다. 키케로Cicero는 로마 피호제[12]의 기원이 너무나 오래된 나머지 로물루스가 직접 로마에 도입한 것이

---

11 이를테면 다음의 문헌들을 참고하라. Benvenuto Cellini, *The Autobiography of Benvenuto Cellini*, trans. John Addington Symonds (New York: Doubleday, 1961); Giambattista Marino, *Lettere* (Turin: Einaudi, 1966); Giorgio Vasari, *Vita di Michelangelo*, Paola Barocchi, ed. (Milan-Naples: Ricciardi, 1962), vol. 1.

12 *clientela*. 고대 로마에 존재했던 후원자와 피후원자 사이의 사회적 의존 관계를 말한다.

틀림없다고 생각했다.[13]

최근의 근대 초기 유럽 역사학은 후원을 사회적 결속과 위계 조직의 기본 형태로 본다. 그리고 당시 후원 동역학의 범위에 오늘날의 공적 영역과 사적 영역이 포함된다고도 본다. 이를테면 개인의 정체성에 후원의 유대가 너무도 깊이 뿌리박혀서 가족관계와 후원 관계의 구분이나 교우 관계와 후견 관계clientelism의 구분이 흐려지는 경우도 빈번했다.[14] 르네상스 시기 피렌체의 경우, 후원은 시민사회의 의례적 상호작용, 세습에 대한 감각, 혈연과 교우 관계의 유대, 정치적·경제적 활동을 분석하는 표준 역사학 범주가 되었다. 이와 마찬가지로, 근대 초기 유럽인들이 궁정 에티켓 및 자기형성과 공생했다는 관점에서 후원 동역학을 연구하는 것은 근대 초기 궁정의 문화와 정치, 구조를 이해하는 핵심이 되었다. 그렇게 후원에 관한 연구는 적용 범위를 성공적으로 넓혀 왔다. 자금을 댄 사람이 누구인가 하는 기초적인 조사를 훌쩍 넘어, 근대 초기 유럽에서 사회문화적 정체성과 위계가 발전하고 유지되는 과정까지 탐구하기에 이르렀다.[15]

---

13 Cicero, *De re publica*, ii.16, in Ronald Weissman, "Taking Patronage Seriously", in F. W. Kent, Patricia Simons, J. C. Eade, eds., *Patronage, Art and Society in Renaissance Italy* (Oxford: Oxford University Press, 1987), p. 33.

14 Ronald Weissman, "Taking Patronage Seriously", esp. pp. 27~30.

15 르네상스 시기 피렌체의 후원을 복잡한 사회 제도로 다룬 역사학 저술의 사례는 다

음 문헌들을 참고하라. Richard Trexler, *Public Life in Renaissance Florence* (New York: Academic Press, 1980); F. W. Kent, *Household and Lineage in Renaissance Florence* (Princeton: Princeton University Press, 1977); Ronald Weissman, *Ritual Brotherhood in Renaissance Florence* (New York: Academic Press, 1982); Christiane Klapisch-Zuber, "Kin, Friends, and Neighbors", in *Women, Family, and Ritual in Renaissance Italy* (Chicago: University of Chicago Press, 1985), pp. 68~93. 근대 초기 이탈리아의 후원을 탐구한 논문은 Kent, Simons, Eade, *Patronage, Art and Society in Renaissance Italy*에서 찾아볼 수 있다. 근대 초기 유럽의 후원에 관한 더 전통적인 견해는 다음의 저술들을 참고하라. Stephen Orgel, eds., *Patronage in the Renaissance* (Princeton: Princeton University Press, 1981), Yves Durand, ed., *Hommage à Roland Mousnier: Clienteles et fidélités en Europe à l'époque moderne* (Paris: PUF, 1981). 근대 초기 프랑스의 후원과 귀족문화를 다룬 저술로는 다음의 것들이 유용하다. Sharon Kettering, *Patrons, Brokers and Clients in Seventeenth-Century France* (Oxford: Oxford University Press, 1986); idem, "Gift-Giving and Patronage in Early Modern France", *French History* 2 (1988): pp. 131~151; idem, "The Patronage Power of Early Modern French Noblewomen", *The Historical Journal* 4 (1989): pp. 817~841; idem, "The Historical Development of Political Clientelism", *Journal of Interdisciplinary History* 3 (1988): pp. 419~447; Mark Greengrass, "Noble Affinities in Early Modern France: The Case of Henri I de Montmorency, Constable of France", *European History Quarterly* 16 (1986): pp. 275~311; Kristen B. Neuschel, *Word of Honor* (Ithaca: Cornell University Press, 1989). Renata Ago, *Carriere e clientele nella Roma barocca* (Bari: Laterza, 1990)는 17세기 말 로마에서 후원이 정체성과 경력을 형성한 방식을 살펴보는 탁월한 연구이다. 지중해 연안의 후원을 사회조직의 형태로 본 연구로는 다음을 참고하라. J. Pitt-Rivers, *Mediterranean Countrymen* (Paris: Mouton, 1963); Ernest Gellner, John Waterbury, eds., *Patrons and Clients in Mediterranean Societies* (London: Duckworth, 1977). 후원에 관한 사회인류학적 관점은 다음 문헌들을 참고하라. J. Boissevain, *Friends of Friends* (Oxford: Oxford University Press, 1974); S. N. Eisenstadt, L.

당시 사람들에게 후원이 '선택 사항'이었다고 여겨서는 곤란하다. 후원 관계의 복잡한 네트워크에 진입하지 않고서는 직업과 신분의 이동이 불가능했다. 특히 상류층에 속해 있거나 속하길 바란다면 더욱 그러했다. 후원은, 그것에 참여하지 않으면 사회적 자살을 하는 것과 다름없다는 좁은 의미에서만 자발적 활동이었다. 후원자와 피후원자는 이따금 후원 관계의 밑바탕을 이루는 공동의 이해관계를 부인하고 사심 없는 자발적 선택으로 맺은 관계인 척하기도 했다. 그러나 보이는 그대로 받아들여선 안 된다. 후원자는 '기꺼이' 봉사 받는 인물로, 피후원자는 '기꺼이' 봉사하는 인물로 스스로 내세웠던 것은 인류학자들이 전통사회의 선물교환gift-exchange 맥락에서 목격했던 '사심 없음'[16] 주장과 유사하다. 마르셀 모스Marcel Mauss는 선물을 주고받은 이들이 겉으로는 자신들의 행동을 자발적인 것으로 표현했을지라도 실제로는 강력한 사회적 의무를 느끼며 처신했던 것임을 보여주었다.[17] 공동체의 구성원은 선물을 주고받는 과정을 통해 지위와 권력을 획득하거나 유지하려 한다. 선물 주고받기가 강제임을 시인하려는 사람은 아무도 없다. 자신

Roniger, *Patrons, Clients and Friends* (Cambridge: Cambridge University Press, 1984); S. W. Schmidt, L. Guasti, C. H. Lande, J. C. Scott, *Friends, Followers and Factions* (Berkeley: California University Press, 1977).

16 * 'disinterestedness'는 문맥에 따라 '사심 없음' 혹은 '불편부당不偏不黨'으로 옮겼다.

17 Marcel Mauss, *The Gift* (New York: Norton, 1967), pp. 6~16.

의 권력과 자율의 한계를 인정하는 꼴이 되기 때문이다. 선물 교환(혹은 후원 관계)을 자유롭고 사심 없는 활동으로 표현하는 것은 그러한 게임에 뛰어드는 참여자를 정당화하기 위한 몸짓gesture인 셈이다.

앞서 말했듯이 후원은 일반적인 근대 초기 역사적 행위자의 행동을 해석하는 작업에 실마리를 제공한다. 그런데 그 틀로 과학자의 삶을 분석할 때 후원은 한층 더 강력한 도구가 된다. 인식론적 신뢰와 사회적 지위와의 밀접한 관계는 근대 초기 유럽의 특징이다. 피터 디어Peter Dear는 런던 왕립학회가 관찰자의 사회적 지위에 민감하게 연계된 증거 평가 기준을 가졌다고 주장했다. 관찰자의 고귀함nobility과 신뢰가 서로 관련되어 있다고 인식한 것이다. 왕립학회는 수많은 성직자와 귀족을 회원으로 삼음으로써 "그 자체가 증거상의 이점으로 전환될 수 있는 사회적 특권을 확보"했다.[18] 스티븐 셰이핀Steven Shapin과 사이먼 섀퍼Simon Schaffer 또한 보고자나 목격자의 사회적 계급과 그들이 관찰하고 보고한 내용의 신뢰도 사이에 유사한 관계가 있음을 발견했다.[19] 사회적 지위는 신뢰를 규정할 뿐만 아니라

---

18 Peter Dear, "*Totius in Verba*: Rhetoric and Authority in the Early Royal Society", *Isis* 76(1985): p. 156.

19 Steven Shapin and Simon Schaffer, *Leviathan and the Air Pump* (Princeton: Princeton University Press, 1985), esp. pp. 58~59, 66. 사회적 지위와 신뢰의 관계는 다음 논문에서도 다루었다. Steve Shapin, "The House of Experiment in Seventeenth-Century England", *Isis* 79 (1988): pp.

의사소통의 허용 여부에도 영향을 미쳤다. 일례로 17세기 베네치아에서 인구조사를 담당하던 사제들은 자신의 교구에 속한 가구를 조사하러 순회할 때 늘 귀족과 동행해야 했다. 귀족 신분의 주민이 한낱 성직자인 사제의 질문에 답변하지 않으려 하는 경우를 대비하기 위해서였다.[20]

지위와 신뢰의 사회적 분류 체계는 자유학예 분과학문의 위계적 질서에도 반영되었다. 사회적 구별 및 지위에 관한 당대의 가정이 분과학문과 교과 내용, 방법론에 투영되었던 것이다. 갈릴레오가 활동한 시대의 사회적 위계를 고려하면, 신학이 '만학의 여왕'으로 불렸다는 사실도 전혀 놀랍지 않다. 그에 반해 수학은 권위적인 아리스토텔레스주의 철학의 주변부적 역할을 떠맡았고 역학과 같은 하등 기술에 사용된다는 이유로 비교적 낮은 사회적·인식적 지위를 부여받았다.[21] 웨스트먼은 천문학과 광학, 역학과 같은 복합 수학의 낮은 분과학문적 지위(특히 철학과 신학에 비해서)가 코페르니쿠스주의 천문학의 인식론적 정당화 과정에서 가장 심각한 장애물이었을 것이라는 주장을

373~404. Steven Shapin, "The Invisible Technician", *American Scientist* 77 (November-December 1989): pp. 554~563을 참고하라.

20 Peter Burke, "Classifying the People: The Census as Collective Representation", *The Anthropology of Early Modern Italy* (Cambridge: Cambridge University Press, 1987), p. 29.

21 Mario Biagioli, "The Social Status of Italian Mathematicians, 1450-1600", pp. 41~95.

처음으로 제기했다.[22] 이러한 분과학문의 위계를 재편하지 않는다면 수학자가 제시하는 새로운 세계관은 철학자와 신학자에 의해 시작부터 배척당했을 것이다. 철학자와 신학자들 쪽에서는 그저 교과 내용과 방법론, 분과학문의 사회인식적 지위라는 통념적 구분을 들먹이기만 하면 될 일이었다.

요컨대, 새로운 과학의 정당화에는 인식론적 논쟁 이상의 의미가 담겨 있다. 새로운 세계관은 그것을 옹호하는 종사자들과 그들이 속한 분과학문의 사회인식적 정당화가 성공해야만 수용되었다. 복합 수학은 철학의 인식론적 지위를 확보해야 했다. 사회적 지위와 신뢰 간의 밀접한 관계를 고려할 때, 높은 사회적 지위는 인식적 정당화로 진입하는 암호였고, 후원은 사회적 지위와 신뢰를 얻게 해줄 제도였으며, 궁정은 가장 강력한 후원 관계를 구축할 수 있는 장소였다.[23] 토르콰토 타소Torquato

---

22 Robert Westman, "The Astronomer's Role in the Sixteenth-Century", pp. 105~147. 웨스트먼은 후속 연구에서 초기 논문의 여러 요소를 발전시켰다. "The Copernicans and the Churches", in David C. Lindberg, Ronald L. Numbers, eds., *God and Nature* (Berkeley: University of California Press, 1986), pp. 76~113; idem, "Proof, Poetics, and Patronage: Copernicus's Preface to *De revolutionibus*", in David C. Lindberg and Robert S. Westman, eds., *Reappraisals of the Scientific Revolution* (Cambridge: Cambridge University Press, 1990), pp. 167~205. 이탈리아의 사례는 Mario Biagioli, "Social Status of Italian Mathematicians, 1450-1600"을 참고하라.

23 새로운 분과학문을 정당화하기 위해 귀족 출신의 종사자를 끌어모으는 것은 페데리코 체시가 린체이 아카데미에서 의도적으로 도입한 전략이었다(*GO*, vol. 11, no. 874, p. 507). 사회적 지위와 인식적 정당성의 관계는 구이도발도 델 몬테, 튀코 브

Tasso가 《일 말필리오 Il Malpiglio》에 썼듯, "예술품은 아무리 보잘 것없어도 궁정에 가면 우수하고 고상한 것이 되었다."[24] 갈릴레 오가 1610년 메디치 궁정에서 대공의 '철학자' 칭호를 받은 사 건은 후원을 기반으로 한 사회적·인식적 정당화의 경로를 상징 적으로 보여 준다.

갈릴레오가 다른 수학자들과 교류하고 소통하고 논쟁하고 주장을 제시하고 또 그 주장을 정당화하려 했던 방식을 이해하 려면, 지위와 명성의 문제 그리고 그것들이 후원 동역학을 따라 발전하고 때로는 붕괴했던 방식에 주안점을 두어야 한다. 갈릴 레오가 지위 상승을 위해 궁정에서 취했던 행실과 전략이 자세 히 기록되었을 궁정 교본은 지금 남아 있지 않다. 따라서 나는

라헤, 로버트 보일과 같은 저술가들의 사회적 영향력이 얼마나 중요했는지 보여 준다. 과학적 성취뿐만 아니라 이견이 없는 귀족의 지위를 통해서도 그들은 새로운 과학적 실천과 방법론, 세계관을 정당화했다. 예수회 로마 대학도 비슷한 역할을 했다. 물론 예수회 구성원들은 반드시 귀족 출신일 필요가 없었고, 일반적으로 뛰어난 수학자도 아니었다. 그럼에도 신분의 고귀함을 어느 정도는 확보했다. 궁정에서 수도회원을 받아들인 점에서 알 수 있듯이, 그들은 교회의 '신성함'을 공유하고 있다고 여겨졌다. 대사가 자신이 대표하는 국가의 신성함을 나눠 받은 것과 마찬가지다(ASF, "Miscellanea medicea 447" ["Cerimoniale della Real Corte di Toscana"], pp. 443~444). 수도회 소속의 과학자들이 달성한 높은 사회적 지위에 관해서는 Bernard de Fontenelle, "Eloge de Monsieur Cassini", *Eloges des académiciens* (La Haye: Kloot, 1740), 1: p. 287을 참고하라.

24 Torquato Tasso, *Il malpiglio, o vero de la corte*, reprinted in Cesare Guasti, eds., *I dialoghi di Torquato Tasso* (Florence: Le Monnier, 1901), 3: p. 10.

갈릴레오가 1589년부터 1613년까지 주고받은 서신들을 바탕으로 그의 행실과 전략을 연구할 것을 제안한다. 이 시기는 임의로 선택하지 않았다. 서신들에 기록된 갈릴레오의 경칭이 변하는 양상으로 판단하면, 그의 사회적 위치는 이 시기에 놀랄만큼 빠르게 가속했다.[25] 1580년대와 1590년대에 걸쳐 갈릴레오가 받은 편지에서 그는 주로 "매우 위대한Molto Magnifico"으로 불렸다("위대한Magnifico"은 신사보다 낮은 일반인을 가리켰다).[26] 반면 1600년대 편지에서는 "고명한Illustre"으로, 그다음에는 "매우 고명한Molto Illustre"으로 불렸다("고명한"은 신사를, "매우 고명한"은 저명한 신사와 기사에게 사용하는 경칭이었다).[27] 그리고 1610년 대공의 수학자 겸 철학자로 등극한 후에는 주로 "매우 고명하며 매우 훌륭한Molto Illustre et Molto Eccellente"으로 불렸다 (혹은 "더없이 훌륭한Eccellentissimo"으로 불리기도 했다. "훌륭한"

---

25 별도의 언급이 없는 한, 경칭의 체계는 다음 문헌이 제공하는 분류를 따랐음을 밝힌다. Panfilo Persico, *Del segretario libri quattro* (Venice: Damian Zenaro, 1629), pp. 163~165. 이것은 군주의 비서관이 참고하던 표준 안내서였다.

26 스테파노 구아초에 따르면, "매우 위대한"은 상인에게 사용했으며 "위대한"은 외과의사와 공증인에게 사용했다. Stefano Guazzo, *Dialoghi piacevoli* (Venice: Bertano, 1585), pp. 94~95.

27 이러한 경칭의 변화는 생각보다 훨씬 더 중요한 문제였다. 알레산드로 데스테 추기경의 가신 아고스티노 마스카르디는 후원자가 자신을 전처럼 "고명한"이 아닌 "매우 위대한"이라 불렀을 때, 자신의 지위가 하락한 것을 눈치챘다(Francesco Luigi Mannucci, "La vita e le opere di Agostino Mascardi", *Atti della Società Ligure di Storia Patria* 42 [1908], p. 89).

은 오늘날의 '박사'와 유사한 경칭이며, "매우 훌륭한"이나 "더없이 훌륭한"은 법학과 의학, 철학에서 특히 뛰어난 성취를 거둔 박사를 칭할 때 사용되었다).[28]

이제부터 갈릴레오가 주고받은 편지들에서 발견되는 특유의 서신용 의례 장치들을 해석할 것이다. 나의 해석은 그 의례 장치들이 후원자와 피후원자가 직접 만나서 취하는 상호작용의 형식과 상동관계에 있다고 간주한다. 말하자면 '서한 인류학epistolary anthropology'을 통해 후원 상호작용의 에티켓을 재구성할 것이다.[29]

---

[28] 베네데토 카스텔리가 갈릴레오에게 보낸 편지에서 경칭이 격상된 과정을 관찰하면 이러한 패턴이 드러난다. 1607년 카스텔리는 갈릴레오를 "저의 더없이 훌륭한 선생님Eccellentissimo Signor mio"이라 불렀다. 1610년에는 (갈릴레오가 천문학적 발견을 이룩한 뒤) 신사의 어감을 더해 "고명하며 더없이 훌륭한 선생님"으로, 1613년에는 "매우 고명하며 더없이 훌륭한 선생님"으로 높여 불렀다. 1610년대 말이 되자 "더없이 존경하는 주군Padrone Colendissimo"이라는 경칭을 덧붙이기 시작했고 1620년대와 1630년대는 일상적으로 사용했다. 하지만 경칭은 발신인과 수신인의 지위에 따라 변동하므로, 이 패턴과 다른 예외가 여럿 있을 수 있다. 실제로 대공이 사용한 경칭에서 알 수 있듯이, 군주는 수신인의 경칭에 훨씬 더 보수적이었다(*ASF*, "Miscellanea medicea 415").

[29] 비슷한 접근으로는 다음 문헌들을 참고하라. Kristen B. Neuschel, *Word of Honor*, esp, pp. 72~78; Sharon Kettering, "Gift-Giving and Patronage in Early Modern France", pp. 138~143.

후원의 미시물리학

권력은 사물이 아닌 과정이며, 후원자는 피후원자에게 무언가를 해줄 수 있는 사람이다.[30] 후원자에게 권력이 있다는 것은 그가 권력을 순환시키고 그럼으로써 이익을 얻는다는 뜻이다. 따라서 근대 초기에는 중개인, 즉 위대한 후원자와 같은 더 높은 권력의 원천과 피후원자를 연결하는 가교 구실을 하는 이들이 후원자가 되기도 했다. 피후원자가 후원자에게 접근하는 문제는 적절한 방법을 찾기만 하면 되는 기술적 수준의 문제가 아니었다. 후원으로 접근하는 일은 전화번호부에서 정보를 뒤지는 식의 문제가 아니었던 것이다. 후원자와 피후원자의 위계는 지위의 위계를 반영했다. 사회적 구조가 그대로 투사된 거울이었던 셈이다. 그러므로 모든 피후원자가 모든 종류의 후원을 누릴 수 있는 것은 아니었으며 신분이 비천한 피후원자는 큰 영향력을 가진 후원자에게 직접 접근할 수 없었다.

경력 초기의 갈릴레오 역시 군주 코시모 데 메디치에게 직접 서신을 보낼 수 있는 지위가 아니었다. 1605년에 이르러 충분한 지위를 확보한 다음에야 자신이 지위상의 중대한 경계를 넘어가는 중이라는 사실을 깨달았다. 그는 먼저 후원 에티켓을 위

---

30 이러한 권력 개념은 대체로 권력 메커니즘에 관한 푸코의 분석에서 기인한다. 이 쟁점에 관한 푸코의 견해는 다음 저술에 간략하게 쓰여 있다. Michel Foucault, "Truth and Power", pp. 109~133.

반할지도 모를 위험성을 조금씩 완화하는 일에 공을 들였다.

지금까지 거룩하신 전하께 서한을 보내게 되는 순간을 고대했지만, 소인이 주제넘거나 오만하게 보이지 않을까 하는 조심스러운 걱정에 주저했습니다. 사실 소인은 친분이 두터운 벗과 후견인을 통해 마땅한 존경의 뜻을 전하께 보인 적이 있습니다. 밤의 어둠에서 벗어난 즉시 전하의 앞에 나타나 한창 떠오르는 거룩한 태양 빛의 눈을 바라보는 것은 불손한 짓이므로, 소인을 부차적인 반사광에 노출시켜 마음을 강건히 하며 안도해야 했기 때문입니다.[31]

이 편지를 보면, 중개인이 단순히 권력과 특권을 유통하는 역할에만 그치지 않았다는 사실이 확연히 드러난다. 중개인은 사회적 구조와 경계를 보존하는 역할도 했다. 만일 중개인이 그런 역할을 하지 않았다면 후원 관계를 구축하려는 이런저런 시도들에 뒤따르는 부적절한 접촉들로 그 구조와 경계가 훼손될 수 있었다.[32]

---

31 *GO*, vol. 10, no. 131, pp. 153~154.
32 위계를 근간으로 조직된 사회계급들 사이의 매개자로서 중개인의 역할을 해석하는 관점을 염두에 둔 언급이다. 이것은 사회적 경계의 유지와 오염과 관련된 위협에 관한 메리 더글러스의 인류학적 분석에 따른 해석이다. Mary Douglas, *Purity and Danger* (London: Routledge, 1966). 근대 초기 중개인들은 어떤 의미에서 오염 관리자이기도 했다.

중개인의 역할은 갈릴레오의 서신에서 발견되는 또 다른 권력 의례와도 연관된다. 대공과 같은 위대한 후원자는 공식적인 후원 관계를 궁정 외부에서 맺는 것을 피했다. 궁정 외부 후원의 불안정함을 강조하고 피후원자가 자신에게 정기적으로 후원을 '다시 구하도록' 한 것은 군주가 권력을 과시하고 강화하는 전략이었다. 1624년에 마테오 펠레그리니Matteo Pellegrini가 궁정에 관한 논고에서 언급했듯, "모든 사람을 공포와 희망 사이에서 머물게 하는 것이 군왕의 이익이 되었"다.[33]

일례로 갈릴레오가 1605년 처음으로 얻게 된 어린 군주 코시모(*코시모 2세)[34]의 수학 교사라는 지위는 영구적이지도 공식적이지도 않았다. 파도바에서 학생들을 가르치다가 여름이 되면 피렌체로 내려가 군주를 가르치면 된다는 계약이 있었던 것은 아니었다. 대신 불안한 마음으로 매년 피렌체 궁정에서의 지위를 확인하는 편지를 쓰며 메디치 가문이 여전히 자신의 보필에 관심을 두고 있는지 점검해야 했다.[35] 게다가 이 과정은 중개인을 통해 이루어져야만 했다.

반대도 마찬가지였다. 영향력이 큰 후원자 쪽도 지위가 낮

33 Matteo Pellegrini, *Che al savio è convenevole il corteggiare libri IIII* (Bologna: Tebaldini, 1624), p. 57. 이 책은 1년 뒤 *Il savio in corte* (Bologna: Mascheroni, 1625)로 재출간되었다.

34 *Cosimo II de' Medici (1590~1621).

35 *GO*, vol. 10, no. 120, p. 144; no. 138, p. 160; no. 190, pp. 210~213; no. 192, pp. 214~215.

은 피후원자에게 봉사를 직접 요구할 수 없었다. 만약 피후원자 측에서 제안을 거절해 버린다면 후원자의 위신이 손상될 것이었기 때문이다. 이럴 때도 중개인은 후원자의 위신이 손상되지 않을 방법을 찾아 그의 요구를 전달함으로써 후원 체계에서 핵심적인 역할을 담당했다. 예를 들어 추기경들은 갈릴레오에게 직접 망원경을 요구하는 일은 거의 없었고 서로를 아는 인맥을 이용해 갈릴레오에게 성능 좋은 망원경을 보낼 것을 권하게 했다.[36] 이와 마찬가지로, 토스카나의 대공 페르디난도 1세[37]가 갈릴레오의 파도바 대학 봉급 인상을 지원했을 때도 베네치아 당국을 직접 압박하지 않고 베네치아 주재 외교관 아스드루발레 다 몬타우토를 거쳤다.[38] 갈릴레오가 전해 듣기로, 베네치아 공화국 시민들은 군주의 직접적인 압박을 좋아하지 않는다는 대공의 생각 때문이었다. 이렇게 페르디난도는 그럴듯한 말을 꾸며내어 갈릴레오의 봉급과 같은 하찮은 문제로 위험을 무릅쓰고 싶지 않다는 의도를 전달했다. 게다가 혹시라도 베네치아가 비협조적으로 반응하는 성가신 결과가 닥칠지도 모르니 미리 몸을 사린 것이었다.

갈릴레오의 경력에서 첫 번째 목표는 대학의 교수직이었다.

---

36 앞의 책, no. 232, pp. 254~255; no. 309, p. 354; no. 320, p. 361; no. 349, p. 388; no. 373, pp. 420~421; vol. 11, no. 831, pp. 463~464.

37 * Ferdinando I de' Medici (1549~1609).

38 *GO*, vol. 10, no. 126, p. 148.

마침내 그는 1589년 피사 대학에서, 1592년 파도바 대학에서 교수직을 차지했다. 두 번째 목표는 후원을 좇아 메디치 궁정 혹은 곤차가 궁정에서 지위를 얻는 것이었는데, 이를 위한 노력은 1600년경 시작되어 1604년 이후 더욱 체계화되었다.[39] 두 목표 모두 메디치가의 권력 네트워크에 크게 의존했지만, 정작 그 과정은 서로 다른 중개인과 후원자 집단에서 이루어졌다. 갈릴레오 경력의 첫 번째 단계는 구이도발도 델 몬테Guidobaldo del Monte와 맺은 후원/중개 관계를 통해 실현되었다. 이와 대조적으로, 궁정직에 임명된 1610년의 사건은 갈릴레오가 장기간에 걸쳐 어린 군주 코시모를 중심으로 펼친 후원 전략에서 비롯된 행운의 결과로 볼 수 있다. 그 전략 덕에 피후원자인 갈릴레오뿐만 아니라 후원자인 코시모까지도 '동반성장' 할 수 있었다. 이때 갈릴레오는, 구이도발도에 비하면 영향력이 크지 않지만 오히려 이 일에 더 적합한 다른 중개인들을 통해 후원 전략을 전개했다.

궁정인과의 중개 인맥을 발전시키는 일은 결코 쉽지 않았다(가령 지롤라모 메르쿠리알레, 치프리아노 사라치넬리와 페르디난도 사라치넬리[삼촌과 조카], 빈첸치오 주니와 니콜로 주니[아버지와 아들], 코시모 콘치니, 조반 바티스타 스트로치, 알레산드

39 앞의 책, no. 97, pp. 106~107; no. 99, p. 109; no. 131, pp. 154~155; no. 190, pp. 210~213; no. 209, pp. 231~234; no. 211, p. 235.

로 데스테, 바초 발로리, 안토니오 데 메디치, 실비오 피콜로미니
와 에네아 피콜로미니). 인맥의 상당수는 집안의 자산이었다. 아
버지 빈첸치오는 아들 갈릴레오에게 인맥을 물려주었고, 아버
지가 된 갈릴레오 또한 아들에게 그것을 물려주었다.[40]

40 후원 인맥이 집안의 자산으로 남성 구성원에게 넘겨졌다는 사실은, 갈릴레오의 후
원자와 중개인(사라치넬리, 주니, 피콜로미니) 중에 아버지/아들, 삼촌/조카로 이루
어진 쌍이 있다는 점으로도 알 수 있다. 갈릴레오 또한 메디치 궁정과 연결된 자신만
의 '후원 일족'을 확장했다. 가족 구성원을 궁정 행정직에 배치했고, 아들을 적출자
로 만들어 우르바노 8세를 통해 명예직에 앉힌 뒤 제리 보키네리Geri Bocchineri(메
디치 관료 계급으로 당시 빠르게 부상한 가문의 구성원)의 딸과 혼인시켰다[* 갈릴레
오는 아내 마리나 감바Marina Gamba와 정식으로 혼인하지 않았다. 엄밀히 말해 둘
의 아들은 사생아였다]. 그 결과 특정한 전문직업적 활동의 측면에서 갈릴레오와 아
버지, 아들 빈첸치오와 남동생 미켈란젤로 사이의 연속성은 없거나 미미했지만, 사
회적 역할의 측면에서는 강한 연속성이 있었다. 그들 모두 궁정에 연줄이 닿아 있었
거나 관직을 지냈다. 그리고 갈릴레오가 여동생의 결혼 지참금을 책임져야 했다는
사실은 그가 '일개 구성원'이 아닌 일족의 수장이었음을 시사한다. 갈릴레오가 빈곤
한 일족의 수장 역할을 떠맡았다는 사실은 그가 (슬하에 자녀가 셋이나 있었음에도)
마리나와 결혼하지 않았다는 사실과 나중에 두 딸을 수녀원에 보내버렸다는 사실
에 관해 어떤 시사점이 될 수도 있다. 1610년대 초의 갈릴레오는 더는 가난하지 않았
다. 하지만 그 당시 자신이 확보한 사회적 지위와 비등한 집안과 두 딸을 혼인시킬 만
큼 돈이 많지는 않았던 것 같다. 이런 것들은 이미 잘 알려진 사실이지만, 모두 종합
하여 갈릴레오를 기존의 해석과는 다른 인물로 본다면 흥미로울 수 있다. 단순히 자
신의 발견을 메디치가에 헌정하고 궁정에서 훌륭한 경력을 쌓은 수학자가 아니라,
본인만이 아닌 부계 일족을 위해 궁정과 연결된 후원 자산을 최대로 활용한 피렌체
일족의 수장으로 보는 것이다. 갈릴레오가 가족과 관련하여 도입한 전략의 초기 단
계는 다음 문헌들에서 추적해 볼 수 있다. *GO*, vol. 10, no. 65, p. 74; no. 163, pp.
180~181; no. 202, p. 225; no. 206, pp. 227~228; no. 290, pp. 312~314; vol.
11, no. 497, p. 71; no. 522, pp. 95~97. 이런 가족 출세 전략은 다음 책에서 논의되
었다(시각예술가의 사례). Peter Burke, *Culture and Society in Renaissance*

어린 코시모의 조력을 얻기 위한 갈릴레오의 전략은 독창적인 것은 아니었다. 어린 군주의 개인 교사가 되는 것은 피후원자가 강력한 후원자와 관계를 맺는 표준적인 수단 중 하나였다. 제자가 성숙해지고 권력이 강해짐에 따라 제자와 교사의 연줄도 강력해지리라는 희망에 기반한 전략이었다.[41] 갈릴레오는 코시모가 열한 살이던 1601년 봄부터 이 전략에 돌입했다. 갈릴레오에게 조언한 사람은 피사 대학의 의학 교수이자 대공의 주치의였던 메르쿠리알레였다. 그는 갈릴레오에게 완벽한 중개인이었다. 메르쿠리알레는 갈릴레오의 지적 자산을 높이 평가했고 메디치가와 매우 가까이 지냈으므로 갈릴레오의 자산이 궁정 후원의 관심을 끌 방법을 모색할 수 있었다.

1601년, 메르쿠리알레는 파도바에 있던 갈릴레오에게 편지로 어린 군주가 수학을 공부할 나이가 되었음을 알렸다. 그리고 "선생의 재능을 증명할 기회가 올 것이라 믿습니다. 어쩌면 그 기회가 선생에게 행운을 가져다줄지 모릅니다"라고 덧붙였다.[42] 마찬가지로 같은 편지에서 그는 갈릴레오가 메디치 가문에 군용 컴퍼스를 보여 주거나 헌정하고 싶어질 상황까지 염두에 두

Italy 1420-I540 (New York: Scribner's, 1972), pp. 247~249.

41 유명한 사례로는 올리바레스 백작Count Olivares 이 펠리페 왕자(훗날 스페인 국왕 펠리페 4세)의 총애를 얻으려고 취했던 전략이 있다. John H. Elliott, *Richelieu and Olivares* (Cambridge: Cambridge University Press, 1984), p. 36.

42 *GO*, vol. 10, no. 73, p. 84(강조는 저자의 것).

고, 컴퍼스를 완성하여 피렌체로 들고 오라고 조언하며 메디치
가와의 가교 구실을 자청했다. 메르쿠리알레의 계획은 예상만
큼 빠르게 실현되지는 않았지만, 그래도 훌륭한 조언이었다. 갈
릴레오가 군용 컴퍼스 소책자를 헌정하면서 어린 코시모와 그
의 영향력 있는 어머니 크리스티나 대공비와의 후원 관계가 강
화되었기 때문이다.

갈릴레오는 어린 코시모에게 컴퍼스를 헌정할 때 메르쿠리
알레의 중개를 통하지는 않았으며(그는 1606년 사망했다) 다
른 중개인들을 통해 메디치가에 접근했다. 주니, 사라치넬리,
피콜로미니 가문을 통해 컴퍼스 헌정을 제안했고, 메디치가와
의 관계를 타진했으며, 궁정에서 직위를 얻을 가능성을 가늠했
다. 또 메디치 가문이 파도바 대학 교수직의 봉급 인상 건을 지
지해 줄 수 있는지 문의했고, 매부 베네데토 란두치Benedetto
Landucci가 자신에게 건 소송의 진행 상황을 물어 보았으며, 대
공이 다가오는 여름에도 어린 코시모에게 수학을 가르치도록
허락할 의사가 있는지를 확인했다.[43]

입수 가능한 증거에 따르면, 갈릴레오는 1605년 말이 되어
서야 처음으로 중개인을 우회해 어린 코시모에게 직접 편지를
썼다. 갈릴레오는 코시모에게 구체적인 사항을 알리거나 요구

---

43 앞의 책, no. 120, p. 144; no. 126, p. 148; no. 129, pp. 150~151; no. 133, pp.
155~156; no. 134, pp. 156~157; no. 136, pp. 158~159; no. 138, p. 160.

하는 대신, 군주를 기쁘게 할 수 있다면 무엇이든 함으로써 섬기고 싶다고 선언했다.[44] 이 편지는 일종의 통과 의례로 기능했다. 이 편지로 갈릴레오는 군주에게 직접 편지를 보낼 정도로 친밀한 인물로 자신을 내세웠을 뿐만 아니라, 코시모가 더는 소년이 아니며 독립적인 청년으로 대해도 될 만큼 성장했음을 인식하게 되었다. 둘 모두가 이제 후원계의 어른이 된 셈이었다.

갈릴레오의 초기 중개인들은 그의 후기 경력에도 여전히 중요한 역할을 담당했지만, 갈릴레오가 메디치의 대신 벨리사리오 빈타와 교류하게 되면서 중개인의 역할은 점차 정보제공자에 그치게 되었다.[45] 이것은 갈릴레오의 경력에서 결정적

44 앞의 책, no. 208, pp. 230~231. 갈릴레오는 이 일을 한동안 계획했으며, 코시모에게 편지를 쓰기 직전에 중개인에게 조언을 구한 것으로 보인다(앞의 책, no. 129, p. 151).

45 갈릴레오가 주고받은 서한에 따르면, 그는 유사 중개인들(가령 피렌체의 세르티니, 로마의 치골리, 요하네스 파베르Johannes Faber)의 도움도 많이 받았다. 그들은 '정보제공자'로 불리는 것이 적절했다. 특권보다는 정보를 다루었기 때문에 특별한 상황에서 중개인으로 활용되지는 못했다. 그들에게는 특정한 사회적 특징이 있었던 듯하다. 세르티니와 치골리는 영향력이 크지는 않았으나 권력자에게 접근할 수 있는 위치였다. 그래서 특별히 애쓰지 않아도 정보를 보고 들을 수 있었다. 두 사람 모두 갈릴레오에게 중요한 존재였다. 강력한 후원자가 부차적인 문제에 관한 견해를 갖지 않거나 내보이지 않은 탓에 중개인을 통해 정보를 얻지 못할 경우, 이들이 갈릴레오에게 대신 정보를 전해 주었기 때문이다. 치골리가 사망한 후에 갈릴레오가 혜성 논쟁에서 위기감을 느끼는 동안 구이두치를 자신의 로마 '스파이'로 삼은 것을 보면, 치골리의 정보는 매우 중요했음이 틀림없다. 파베르는 로마에서 마르크 벨저와 같은 역할을 담당했던 것으로 보인다(Giuseppe Gabrieli, "Vita romana del 600 nel carteggio inedito di un medico tedesco in Roma", *Atti del primo Congresso*

인 전환점이었다. 코시모 2세를 위해 조반프란체스코 사그레도Giovanfrancesco Sagredo의 자철광[46]을 사들이는 문제를 두고 메디치의 대신과 협상하는 동안, 갈릴레오는 궁정의 직위를 가져다줄 수도 있는 특정한 후원 전략을 시험했다. 갈릴레오는 빈타를 통해 코시모 2세를 향한 자신의 영향력을 강화할 수 있었다. 그 일을 마친 뒤로는, 못생긴 어린 군주가 강력한 대공으로 변신하기를 기다리기만 하면 되었다.

메디치의 후원을 얻기 위한 갈릴레오의 초기 전략은 겉보기엔 단편적이지만, 우리는 그 이면에서 체계적인 패턴을 발견하게 된다. 갈릴레오는 권력자가 될 운명인 후원자에게 투자한 다음, 그와 더 가까운 곳에 있는 강력한 중개인들에게 의존해 후원자와의 관계를 신중히 증진해 나갔다. 중개인 중에서 최상위 권력자는 어린 코시모의 어머니 크리스티나 대공비Granduchessa Cristina였다. 갈릴레오의 다른 궁정 중개인들(메르쿠리알레, 사라치넬리, 피콜로미니)도 어린 코시모와 밀접하게 연결되어 있었다. 그들 모두 코시모의 교육을 계획하고 관리하는 일에 관여하고 있었던 것이다.[47]

Nazionale di Studi Romani [Rome: Istituto di Studi Romani, 1929], 1: pp. 813~827).

46 *lodestone, 자연적으로 자성을 띠게 된 광물. 자연철학자 윌리엄 길버트가 자세하게 연구했으며, 갈릴레오도 그의 영향을 받아 1600년부터 1609년까지 연구한 바 있다.

47 GO, vol. 10, no. 129, pp. 150~151; no. 133, pp. 155~156; no. 136, pp.

청년 시절의 갈릴레오는 궁정의 권력 네트워크 변두리에만 머물렀으며 대체로 궁정에 걸맞지 않은 수학 같은 기술만을 보유했었다. 하지만 1609년과 1610년에 걸쳐 천문학적 발견을 이룬 후에 비로소 최상위 궁정 피후원자가 되었다. 훗날 갈릴레오의 친구이자 후원자가 된 조반니 참폴리Giovanni Ciampoli와 비교하자면 차라리 스무 살의 참폴리가 마흔 살의 갈릴레오보다 궁정에 더 긴밀하게 연결되어 있었을 것이다. 1610년 이전에 갈릴레오가 인식한 자신의 가치는 궁정 시장에서의 실제 가치와 큰 격차가 있었다. 아마도 그 격차는 미래의 대공에게 충실할 때만(그리고 그의 취향을 길들일 때만) 메울 수 있었을 것이다. 입지가 확고한 궁정인이었다면 어린 군주 코시모를 신경 쓰지 않고도 아버지(페르디난도 1세)의 후원을 목표로 삼았을 것이다. 그리고 어린 군주의 후원은 때가 되면 자연스럽게 확보되었을 터다. 갈릴레오는 후원 선택지가 훨씬 빈약했음에도 그것들을 알맞게 활용했다. 목성의 네 위성, 즉 '메디치의 별'의 발견에 뒤따른 그의 경력은 우연의 산물이 아니었다. 전형적인 패턴과 전략에 따라 초기부터 후원 관계를 체계적으로 엮어 낸 결실이었다. 신중하게 맺은 관계가 없었다면, 메디치의 별은 갈

158~159; no. 143, pp. 161~162; no. 164, p. 181; no. 223, pp. 246~247; no. 240, pp. 258~259; no. 281, p. 305. 치프리아노 사라치넬리는 어린 코시모의 개인교사pedagogy였다. Gaetano Pieraccini, *La stirpe dei Medici di Cafaggiolo* (Florence: Nardini, 1986), 2: p. 327.

릴레오에게 명성을 안겨 주지 않았을 것이다.

하지만 피후원자가 위대한 후원자를 향해 상승한 것은 혼자만의 업적이 아니었다. 중개인은 성장 가능성이 있는 피후원자를 찾아 자신의 인맥을 투자하는 인재 발굴자talent scout이기도 했다. 갈릴레오와 같은 피후원자가 코시모처럼 어린 군주에게 판돈을 걸었듯이 중개인들은 갈릴레오 같은 피후원자에게 판돈을 걸었다. 권력은 일종의 과정이기에, 중개인은 권력을 키우고 유지하려면 권력을 행사해야 했다. 후원자와 중개인은 더 많은 돈을 벌기 위해 돈을 빌려주려 하고 또 빌려줘야 했던 금융업자와 마찬가지였다. 이를테면, 빈타는 궁정에서 갈릴레오의 지위가 상승한 것을 알아차린 다음 그의 단독 중개인이 되고자 최선을 다했다. 1608년 가을, 메디치 궁정을 떠나 파도바로 돌아가는 갈릴레오에게 빈타는 말했다. "필요한 것이 있다면 다른 사람이 아닌 저에게 연락하십시오."[48]

중개인은 어떤 피후원자가 가치 있다고 생각되면 그에게 압박을 가했다. 1601년, 메르쿠리알레는 단순히 궁정에서 취할 수 있는 선택지에 대한 정보를 제공하는 데 그치지 않고 군용 컴퍼스에 관한 저술을 완성해서 메디치가에 헌정하도록 갈릴레오를 북돋웠다. 갈릴레오의 초기 피렌체 중개인들이 가한 압박은 1620년 이후 린체이 아카데미가 갈릴레오에게 《시금자》의 집필

---

[48] *GO*, vol. 10, no. 277, p. 301.

과 출간을 압박한 것과 그리 다르지 않았다(갈릴레오 경력의 한 부분인 이 사건은 5장에서 분석할 것이다). 후원은 단순히 피후원자에게 사후 보상을 지급하기만 한 것이 아니라 피후원자를 자극하고 재촉해서 언제나 행복하지만은 않은 결말로 내몰았다.

갈릴레오에게 공식 후원을 제안하는 편지에서 흔히 발견되는 우정amicizia의 표현은 이러한 맥락에서 독해할 필요가 있다. 중개인과 후원자가 사용했던 "선생에게 나의 분부를 따를 것을 청합니다"라는 언급, 혹은 후원자를 위해 기꺼이 "봉사"하겠다는 갈릴레오의 의례적인 확정의 표현을 바로크 시대 특유의 무의미한 형식적 행위로 보아서는 안 된다. 그것들은 의례로 굳어진 통지의 형식이었다. 후원자와 피후원자의 이익이 상호 의존했다는 사실은 갈릴레오가 후원자에게 보낸 승진 축하 편지에서 가장 명확하게 드러난다. 이런 편지는 후원자의 권력이 강화된 것을 축하하는 동시에 자신을 향한 후원 요청을 상기시키는 행위이기도 했다. 이러한 행위는 서간문의 한 유형에 해당했으며 판필로 페르시코Panfilo Persico의《비서관에 대하여 Del Segretario》와 같은 궁정 서간문 안내서에서 하나의 장이 별도로 할애될 만큼 보편적이었다. 페르시코가 주목했듯, "모든 사람은 번영이 보이는 곳으로 달려가고, 그렇게 [축하 편지를 씀으로써] 기쁨을 드러낸"다.[49] 갈릴레오의 서재에 페르시코의 책은

---

[49]   Panfilo Persico, *Del segretario libri quattro*, p. 316.

없었지만 그와 유사한《모든 군주의 비서국에서 사용하는 다양한 서간 견본》이라는 책은 소장되어 있었다.[50]

위대한 후원자들은 갈릴레오의 편지(구이도발도의 동생 프란체스코 마리아 델 몬테Francesco Maria del Monte가 추기경으로 임명되었을 때나 코시모의 아버지가 서거하여 코시모가 아버지를 계승하게 되었을 때 보낸 축하 편지)[51]를 고맙게는 생각했으나 그것으로 후원을 명확하게 약속하지는 않았다. 위대한 후원자는 본인에게 피후원자가 필요하다는 사실을 인정하지 않으려 했다. 반면 영향력이 적은 후원자는 새롭게 얻은 권력을 후원 관계를 통해 작동시키려는 욕구를 더 분명히 드러내는 경향이 있었다. 갈릴레오는 사그레도의 친구 프란체스코 모로시니Francesco Morosini가 사비아토[52]에 선출된 것을 축하한 적이 있었다. 모로시니는 "중대한 일이 생길 때마다"[53] 갈릴레오를 후원하고 싶다는 열망을 드러냈는데, 여기서 "중대한 일"은 모로시니의 확장된 권력뿐만 아니라 그가 갈릴레오를 위해 확보할 수 있는 특권의 수준을 나타낸다. 모로시니와 함께 사비아토에 선출된 세바스티아노 베니에르Sebastiano Venier는 갈릴레

---

50 *Idea di varie lettere usate nella segreteria di ogni principe.* 이 문헌은 Antonio Favaro, "La libreria di Galileo Galilei", *Bullettino di bibliografia e storia delle scienze matematiche e fisiche* 19 (1886): pp. 273~275에 있다.

51 *GO*, vol. 10, no. 23, p. 39; no. 208, pp. 230~231.

52 *Saviato di Terra Ferma, 파도바 대학을 관장하던 베네치아 행정관.

53 앞의 책, no. 90, pp. 101~102.

오의 아침 편지를 받고 "친구의 열망을 지원할 수 있기에"[54] 승진은 크게 환영할 만한 일이라고 화답했다. 알레산드로 데스테Alessandro d'Este와 로렌초 마갈로티Lorenzo Magallotti 또한 추기경직에 오른 후 갈릴레오의 축하를 받자 비교적 덜 명시적이긴 해도 비슷한 전언으로 화답했다.[55]

페르시코는 자신도 오르시니 추기경의 비서관이었던 경험이 있어 이런 의례가 위대한 후원자와 신분이 낮은 피후원자 양쪽에 어떻게 이익이 되는지 잘 이해하고 있었다.

누군가 추기경으로 승진하면, 그 기회와 구실이 어떤 것이든 사람들은 부류와 신분을 막론하고 그로부터 승진 당사자와 친척, 가신과 친구에게 편지로 축하할 핑계를 확보하며 그것으로 이득 보기를 희망한다. 막대한 재산을 가진 후원자조차도 수많은 가신과 궁정인을 거느릴 목표가 있다면 하등한 신분의 사람들을 축하할 기회를 놓치지 않는다. 모든 우정은, 특히 잘 구축될 경우 언젠가 유용하기 마련이다.[56]

페르시코가 주목한 것처럼 중개인과 후원자는 피후원자를 필요로 했다. 적어도 후원자가 인맥을 활발하게 유지하고 필요

54 앞의 책, no. 91, p. 102.
55 앞의 책, no. 62, pp. 72~73; vol. 13, no. 1685, p. 231.
56 Panfilo Persico, Del segretario libri quattro, p. 317.

할 때마다 권력을 시험해 보려면 피후원자는 반드시 있어야 했다. 구이도발도는 갈릴레오에게 대학교수직을 확보해 주고 어떤 보답도 바라지 않았다. 하지만 그는 (갈릴레오에게 일자리를 구해 주려는) 자신의 의지가 존중받길 바라는 마음을 몇 번이고 표현했다. 이것은 구이도발도가 갈릴레오를 후원함으로써 피렌체와 파도바, 베네치아에서 자신의 권력을 시험했다는 점을 시사한다. 구이도발도가 자기 뜻이 진지하게 받아들여졌음을 확인하는 데 성공한다면, 그것은 그의 자존심에 대한 보상일 뿐 아니라 권력의 수준을 보여 주는 경험적 지표가 된다. 피후원자를 후원 네트워크의 '탐침'으로 사용하는 관행은 위대한 후원자에게만 해당하지 않았다. 갈릴레오 자신도 1606년부터 같은 전략을 활용했다. 대공의 주치의 메르쿠리알레가 사망하자 후임으로 아콰펜덴테 출신의 요한네스 파브리치우스Johannes Fabricius를 추천한 것이었다. 갈릴레오는 크리스티나에게 보낸 편지에서 파브리치우스를 언급하며 대공비와의 관계를 확인했고, 훗날 자신을 위해 요청할 것과 비슷한 사회직업적 역할에 메디치 가문이 후원할 의사가 있는지 시험해 보았다. 파브리치우스를 추천하는 편지를 쓸 즈음에는, 이미 궁정에서 한자리를 차지하고 싶다는 갈망을 표현했지만 성공하지 못한 상태였다.[57]

---

[57] *GO*, vol. 10, no. 131, pp. 153~154; no. 146, pp. 164~166.

[*파브리치우스는] 부와 명성에서 이룰 수 있는 모든 것을 이루었습니다. 하지만 수많은 친구와 후원자를 만족시키기 위해 받아들여야 하는 지속적인 임무를 견디는 것에 싫증이 났지요. 나이가 들었기 때문입니다. 이제는 건강을 관리하고 저술을 마무리하고자 여가를 고대하고 있습니다. 그러한 열망을 충족시키려면 동류의 전문가들이 올랐던 직함과 직위를 확보하는 수밖에 없습니다. 오직 위대하고 절대적인 군주께서만이 선사하실 수 있는 것이지요. 소인은 그가 매우 기뻐하며 거룩하신 대공비 전하를 모시리라 믿어 의심치 않습니다.[58]

갈릴레오가 크리스티나에게 파브리치우스의 사정과 열망을 표현한 사례를 1609년 익명의 궁정인("S. Vesp"라고 적혀 있다)과 1610년 빈타에게 보낸 편지에서 본인의 사정과 열망을 드러냈던 사례와 비교하면 유사성이 두드러진다. 이런 사실은, 갈릴레오가 파브리치우스의 중개인으로 활동하면서 자신의 경력을 위한 전략의 성공 가능성과 자기 후원자와의 관계를 시험하고 있었음을 시사한다.[59]

후원자와 피후원자는 이러한 서간문 에티켓을 활용해 후원 관계를 확고하게 다지고 유지하는 문제에 대한 상대방의 의

---

58 앞의 책, no. 146, p. 165.
59 앞의 책, no. 209, pp. 231~234; no. 307, pp. 348~353.

중을 시험해 볼 수 있었다. 갈릴레오의 서신에서 언급되는 예의cirimonie는 바로 그런 목적의 장치였다. 갈릴레오 같은 피후원자는 후원자 혹은 중개인의 활용 가능성을 시험하고 싶을 때면 일부러 과장된 아첨 편지를 보낸 뒤 반응을 살폈다. 자신의 예의를 친밀하게 거부하는 답신이 온다면, 그것은 '친밀한' 피후원자(그 모든 예의가 불필요한 피후원자)로 받아들여졌다는 뜻이었다. 다른 모든 피후원자와 마찬가지로, 갈릴레오 역시 "이제 그만해도 좋다"라는 말을 들을 때까지 예의 차린 표현을 계속 전해야 했다. 예의의 거부는 그 자체로 의례였다. 이는 갈릴레오의 지위가 후원 관계를 맺기 충분함을 인정한다는 뜻이었다. 예의를 전하는 행위와 그것을 거부하는 답신은 서한식 통과 의례에 해당했다.[60] 역사학자 리처드 트렉슬러Richard Trexler가 14세기의 상인 프란체스코 다티니와 피렌체의 공증인 라포 라체이가 주고받은 서신들로 예절cortesi과 우정의 수사적 표현을 분석한 것을 봐도 후원 의례가 17세기 피렌체의 궁정문화에서만 통용된 것은 결코 아니었음을 알 수 있다.[61]

갈릴레오는 새로운 후원 인맥을 구축할 때만이 아니라 한동안 뜸했던 기존의 후원 인맥을 시험할 때도 예의 차린 표현을

---

60 갈릴레오와 구이도발도 델 몬테가 주고받은 편지들은 예의의 전달과 거부에 관한 좋은 사례이다. 앞의 책, no. 10, pp. 25~26; no. 27, p. 41.

61 Richard Trexler, *Public Life in Renaissance Florence* (New York: Academic Press, 1980), p. 135.

사용했다. 오랫동안 연락이 끊겼던 친구 사그레도에게 편지를 보낼 때도 마찬가지였다. 갈릴레오의 예의는 거부되었다. "자네가 나에게 쓴 예의 차린 말에는 답하지 않을 걸세. ⋯ 시간도 없을뿐더러 자네가 앞으로 이런 불필요한 일에 빠져서는 안 되기 때문이야."[62] 마찬가지의 이유로 갈릴레오는 메르쿠리알레를 상대로도 "불필요한 일"을 했다. 메르쿠리알레는 이렇게 답했다. "오직 확실성만을 다루는 수학자가 달변으로 사람들을 현혹하는 일에 전념하는 줄은 미처 몰랐군요. 선생의 편지를 받고 제 생각이 바뀌었습니다."[63] 이와 비슷하게 갈릴레오는 사라치넬리 가문(메디치 궁정의 중요한 두 중개인)을 상대로도 후원자로 계속 이용할 수 있을지 시험하기 위해 예의 차린 말들을 퍼부었다.[64] 예의의 부재 혹은 의례적 거부와 후원 관계 구축 사이의 관련성은 갈릴레오의 피렌체 동료이자 이후 그의 피후원자가 된 알레산드로 세르티니Alessandro Sertini에게서 가장 명확

---

62 *GO*, vol. 10, no. 246, p. 261.

63 앞의 책, no. 46, p. 54.

64 앞의 책, no. 133, pp. 155~156. 페르디난도 사라치넬리는 갈릴레오의 편지에 이렇게 답했다. "저의 삼촌 치프리아노는 천성적으로 매우 진실한 사람입니다. 친구들과 간결하고 솔직하게 그 어떤 의례도 없이 소통하지요(물론 선생께서도 친구에 포함될 것임이 확실합니다). 선생에게서 받은 훌륭한 편지에 답장할 때도 삼촌은 의례를 사용하지 않았던 것 같습니다. 그러니 삼촌이 (선생께서 저에게 보내신 편지를 읽고) 놀라움을 금치 못한 것도 당연한 일이지요. 선생께서 삼촌의 편지에 감사를 표해야 한다고 생각하셨다는 사실에 놀랐던 겁니다." 그럼에도 갈릴레오는 훗날 더 많은 의례를 사용한 것으로 보인다(앞의 책, no. 155, p. 178).

하게 드러난다. 세르티니는 파도바에 있던 갈릴레오에게 다음과 같이 편지를 보냈다. "만일 저희가 서로 알지 못하는 사이였다면, 저는 선생님께 수많은 핑계와 예의의 말을 굳이 늘어놓았을 겁니다."[65]

이런 점들을 고려하면, 후원은 사적이고 자발적인 관계들의 무질서한 집합이 아니라, 권력을 얻거나 유지하기 위해 권력을 순환시켜야 한다는 필요성을 매개로 후원자와 중개인, 피후원자를 함께 묶어 놓는 특정한 구조적 특징과 논리를 가졌음을 알 수 있다. 적절한 경계와 통과 의례가 그 순환을 통제하는 동안, 후원자와 피후원자 그리고 중개인은 후원 관계를 맺어가는 과정에서 각자의 지위가 적합한지, 그리고 상대의 관심사가 어떠한지를 의례를 이용해 안전하게 확인할 수 있었다.

하지만 후원이 가장 대표적인 신분 이동 수단이었다고 해서 모든 후원 관계가 똑같은 신분 상승과 사회적 정당화의 가능성을 제공한 것은 아니었다. 사회적 신분의 큰 도약은 수많은 하급 후원자의 혼합된 후원이 아니라 위대한 후원자 단 한 명의 후원으로 이루어졌다. 이런 사실은 군주의 궁정이 사회직업적 정체성을 정당화하는 가장 강력한 기관이었던 이유를 설명한다. 궁정은 절대군주의 공간, 즉 가장 위대한 후원자의 공간이었던 것이다.

---

65 앞의 책, no. 229, p. 251(강조는 저자의 것).

갈릴레오는 후원자의 등급에 따라 사회적 정당화 수준이 달라진다는 점을 잘 이해하고 있었다. 빈타에게 말했듯, 베네치아 같은 공화국(일종의 귀족 단체)은 그가 바라는 유형의 정당성을 제공하지 못했다. 갈릴레오가 여러 명의 하급 후원자보다 단 한 명의 군주 후원자를 섬기고 싶다고 자주 언급했다는 사실은 지금까지 대체로 연구하기에 충분한 여가와 고액의 봉급을 얻어 내려는 시도로 해석되었다.[66] 어느 정도는 맞는 해석이다. 하지만 이 해석은 궁정으로 소속을 옮기려는 열망의 중요한 차원, 즉 단일한 군주 후원자를 섬김으로써 얻을 수 있는 사회적 지위에 관한 것을 간과하고 있다.[67]

1609년 초 갈릴레오는 피렌체 궁정에 편지를 보내면서 궁정직을 향한 열망을 표출했다.[68] 갈릴레오는 그 직책의 봉급이 아니라 궁정에서 맡게 될 업무의 유형에 관심이 있다고 단언했다.

일상적인 직무와 관련하여 말씀드리자면, 소인은 고객이 제멋

---

66 앞의 책, no. 146, p. 165; no. 209, p. 233; no. 307, p. 351.

67 물론 그렇다고 해서 갈릴레오가 하급 후원자에게서 도움과 지원을 받지 않았다는 뜻은 아니다. 이는 1610년 대공의 철학자 겸 수학자가 된 후로도 마찬가지다. 하지만 갈릴레오는 그러한 후원자들(살비아티, 체시, 오스트리아의 레오폴트, 마르실리 등)에게서 **보상**을 받지는 않았으며, 메디치 대공의 가신으로 소개되고 교류했다.

68 이 편지의 내용과 골자는 갈릴레오가 천문학적 발견을 이룩한 뒤에 피렌체 궁정직 임명을 두고 빈타와 협상하던 편지를 상기시킨다.(앞의 책, no. 307, pp. 348~353, esp. pp. 350~351.)

대로 정한 가격에 맞추어 노동을 제공해야 하는 매춘과 같은 일만을 꺼립니다. 그 대신 군주나 훌륭한 귀족, 또는 그분께 의지하는 이들을 섬기는 일은 결코 경시하지 않을 것입니다. 오히려 소인은 항상 그러한 직무를 맡기만을 바랄 것입니다.[69]

갈릴레오는 위대한 후원자와의 후원 관계가 '순결함'(즉 높은 지위)을 가져다준다는 점을 이해하고 있었다. 왜냐하면 그 관계는 '일부일처제'와 같고 독점적이며 정기적인 수입을 보장해 주기 때문이었다. 다수의 하급 후원자를 섬기며 보수를 조금씩 받는 것은 그에게 매춘servitù meretricia과 같은 일이었다. 피후원자는 위대한 후원자와 독점의 전속 관계를 발전시킴으로써 '고귀함'을 나누어 받게 되었다. 다시 말해, 사회적 정체성을 그의 분과학문 혹은 활동으로 전환할 수 있는 높은 지위를 거머쥐게 된 것이다. 그리고 앞서 언급했듯, 갈릴레오가 확보한 것과 같은 높은 사회적 지위는 기존의 위계에 따라 정당성이 폄하되었던 분과학문과 방법론의 인식론적 지위를 확보하는 데 도움이 되었다.[70]

마지막으로, 갈릴레오처럼 성공한 피후원자들은 사회 계층의 사다리를 오르며 점점 더 높은 권력을 가진 적은 수의 후원자

69 앞의 책, no. 209, p. 233.

70 Robert Westman, "Astronomer's Role in the Sixteenth Century"; Mario Biagioli, "Social Status of Italian Mathematicians".

와 인맥을 다짐으로써, 본인의 아래로도 다른 피후원자들의 피라미드를 쌓아 갔다. 일례로 1610년 무렵이 되자 갈릴레오에게 후원 요청이 쇄도했다.[71] 이것을 단순히 발견자로서의 명성 덕이라고 보는 것은 잘못된 해석이다. 발견자는 오직 발견을 정당화하는 기관/제도를 통할 때만 발견에서 권력을 얻을 수 있었다. 갈릴레오가 피렌체 궁정의 유명인이 되면서 얻은 권력은 베네치아 공화국의 대학교수로서 얻을 수 있었거나 이미 얻은 권력보다 훨씬 더 강력했다. 갈릴레오는 파도바에 머물 때도 몇 번의 후원 요청을 받기는 했지만, 그 어떤 것도 성사되지 못한 것으로 보인다. 하지만 1610년 이후로는 다수의 수학자와 철학자(베네데토 카스텔리[72], 보나벤투라 카발리에리[73], 니콜로 아준

---

71 1610년 이전에는 단 세 명의 피후원자에게 네 번의 후원 요청을 받았다(GO, vol. 10, nos. 98, 100, 179, 229). 반면 1610년부터 1612년에는 아홉 명의 피후원자에게 열한 번의 요청을 받았다(앞의 책, nos. 386, 441, 444, 445, 448; vol. 11, nos. 469, 473, 474, 488, 577, 726).

72 *Benedetto Castelli (1578~1643). 갈릴레오의 가장 충실한 추종자로, 파도바 대학에서 갈릴레오에게 수학을 배운 후 수력학, 광학, 천문학 등을 연구했다. 에반젤리스타 토리첼리Evangelista Torricelli를 비롯한 제자들과 함께 '갈릴레오 학파'를 만들어 갈릴레오의 과학 연구를 널리 퍼뜨렸다. 카스텔리의 경력과 갈릴레오 학파에 관해서는 다음을 참고하라. Michael Segre, In the Wake of Galileo (New Brunswick: Rutgers University Press, 1991), pp. 52~55.

73 *Bonaventura Cavalieri (1598~1647). 갈릴레오를 추종한 수학자들 중 한 명으로, 스승 카스텔리의 소개로 갈릴레오와 관계를 맺었다. 갈릴레오가 남겨둔 미해결 문제 가운데 주로 '기하학적 연속성'에 대한 문제를 탐구했다. 카발리에리의 경력에 대한 간략한 내용은 앞의 책, pp. 56~60을 참고하라.

티[74], 파파초니)를 피사, 로마, 볼로냐 대학교수직에 앉힐 수 있었다. 이처럼 후원 동역학을 좀 더 섬세하게 독해하면, 갈릴레오가 메디치 궁정에서 여가만이 아니라 훨씬 더 많은 목표를 추구했음을 알 수 있다.

경이로운 맞물림과 시기적절한 죽음

근대 초기 유럽 피후원자의 삶에서 반복되는 특징을 꼽는다면 후원 관계의 종결에 뒤따르는 단절과 붕괴였다. 종결의 원인은 주로 후원자의 사망이었다. 피후원자들이 지나는 경로는 늘 완만한 곡선이 아니라 후원과 관련된 중대한 국면마다 구불구불 꺾이는 궤적이었다. 페데리코 코만디노Federico Commandino, 고트프리트 빌헬름 라이프니츠Gottfried Wilhelm Leibniz, 존 디[75], 요하네스 케플러Johannes Kepler, 튀코 브라헤Tycho Brahe, 그리고 갈릴레오의 경력은 이런 동역학의 사례이다.

---

74 * Niccolò Aggiunti (1600~1635). 역시 갈릴레오의 추종자이다. 1626년, 갈릴레오의 추천으로 카스텔리의 뒤를 이어 피사 대학의 수학 교수가 되었다.

75 * John Dee (1527~1608 또는 1609). 16세기 잉글랜드의 수학자이자 점성술사 겸 연금술사. 헨리 빌링슬리가 영어로 번역한 유클리드 《원론》 서문에서 수학이야말로 과학의 근간이라고 주장했다.

갈릴레오의 전기에 따르면, 갈릴레오 경력의 전환점은 메디치의 별, 〈크리스티나 대공비에게 보내는 편지〉, 혜성 논쟁과 《시금자》, 1633년의 재판, 철학자 포르투니오 리체티Fortunio Liceti와의 마지막 논쟁과 같은 발견 및 논쟁과 관련되어 있다. 이러한 전환점과 후원 관계를 연대순으로 나열해 비교하면 또 하나의 패턴이 드러난다.

갈릴레오는 경력의 첫 국면에서 구이도발도 델 몬테에게 많은 도움을 받았다. 갈릴레오의 후원자 겸 중개인이었던 구이도발도를 통해 1589년 피사 대학, 1592년 파도바 대학 교수직에 올랐던 것이다. 사실 갈릴레오의 경력에서 이 사건들은 메디치가의 페르디난도 1세가 1587년 사망한 형 프란체스코 1세[76]를 계승한 일의 간접적인 결과였다. 당시 페르디난도는 추기경이었고 메디치가에 그 직위를 계승할 다른 구성원이 없어서 1588년까지 추기경 직함을 유지했다. 그리고 1588년 12월, 그는 가신 프란체스코 마리아 델 몬테를 '메디치 추기경'으로 임명했다.[77] 그때까지 구이도발도는 거의 1년간 갈릴레오의 후원자로서 동생 프란체스코 마리아(당시에는 일반 신부monsignore에 불과했다)를 통해 갈릴레오의 직위를 확보해 주려 했지만 모든

---

[76] *Francesco I de' Medici (1541~1587).

[77] Ugo Barberi, *I Marchesi Bourbon del Monte Santa Maria di Petrella e di Sorbello* (Città di Castello: Tipografia Unione Arti Grafiche, 1943), pp. 64~65.

시도가 수포로 돌아갔다.[78] 하지만 프란체스코 마리아가 추기경에 오른 1588년 말부터 상황이 급변하기 시작했다. 이듬해 가을, 갈릴레오는 피사 대학의 교수가 되었다. 갈릴레오는 프란체스코 마리아의 권력이 강해지면서 새로운 가능성이 열렸음을 알아차린 것으로 보인다. 1588년 12월 동생의 승진을 경축하는 편지를 구이도발도에게 보낸 것을 보면 그렇다.[79] 갈릴레오의 전망은 적중했다.

구이도발도는 1588년 12월 23일 대공에게 보낸 편지에서 동생 프란체스코 마리아가 추기경에 오른 경사에 대해 (매우 결연한 어투로) 기쁨과 감사의 말을 전했다.[80] 구이도발도는 피렌체로 가서 직접 감사의 표현을 하고 싶다며, 프란체스코 마리아가 로마로 돌아오는 즉시 찾아뵙겠다는 말로 편지를 끝맺었다. 아마도 델 몬테 형제가 함께 방문했던 이 기간에 갈릴레오의 교수직 임명이 실현되었을 것이다(이 기간은 페르디난도와 크

---

[78] 구이도발도는 1588년 5월부터 갈릴레오의 직위를 마련해 주려고 동생을 압박했다. 구이도발도의 목표는 피사 대학교수직과 한때 이냐치오 단티가 맡았던 피렌체 대중 강사직이었다(GO, vol. 10, no. 17, pp. 33~34; no. 18, pp. 34~35; no. 20, pp. 36~37; no. 21, pp. 37~38). 1588년 7월, 갈릴레오는 이미 누군가가 피사 대학교수직을 차지했다며 이제 가능해 보이는 남은 자리는 디세뇨 아카데미의 대중 강사직뿐이라고 구이도발도에게 편지를 썼다(앞의 책, no. 19, p. 36). 하지만 갈릴레오는 결국 피사 대학교수직에 올랐다. 누군가가 이미 차지한 줄로만 알았던 자리였다.

[79] GO, vol. 10, no. 23, p. 39.

[80] ASF, "Mediceo principato 802", fol. 500(쪽 번호가 '50'으로 잘못 표기되어 있다). 내가 아는 한, 이 편지는 과학사학자들의 주목을 받은 적이 없다.

리스티나의 5월 결혼식과 겹쳤을 수 있다). 페르디난도가 결혼식 축제를 기념해 두 가신에게 작은 선물을 내렸을 가능성이 크다. 갈릴레오는 7월 말 이미 구이도발도에게 피사 대학교수직 임명에 대한 감사 편지를 쓰고 있었다.[81]

갈릴레오가 파도바의 영향력 있는 후원자, 빈첸치오 피넬리Vincenzio Pinelli를 소개받은 것 또한 구이도발도를 비롯한 델몬테 가문을 통해서였다. 피넬리는 1601년 사망했지만, 그 무렵 갈릴레오가 베네치아 귀족의 후원을 받도록 인도해 주었다. 베네치아에서는 사그레도가 몇 년간 갈릴레오의 중요한 후원자가 되었다. 1607년 구이도발도가 사망할 즈음 갈릴레오는 그의 보호와 지원이 더는 필요하지 않았다.[82] 마찬가지로 1608년 사그레도가 베네치아 대사가 되어 시리아로 떠났을 때도 베네치아에서 갈릴레오의 지위는 손상을 입지 않았다. 베네치아와 파도바에 걸쳐 피에트로 두오도Pietro Duodo, 모로시니, 안토니오 프리울리Antonio Priuli, 파올로 구알도Paolo Gualdo, 베니에르와 같은 강력한 후원자들과 많은 관계를 구축해 놓았기 때문이다. 이 시기 후원의 유동성은 갈릴레오가 의존하던 후원자들의 유

---

81 *GO*, vol. 10, no. 27, p. 41.
82 두 사람이 주고받은 편지가 1600년 이후로는 드물다는 점으로도 알 수 있는 사실이다. 물론 오늘날로 전해지는 과정에서 편지들 사이에 공백이 생겼을 수는 있지만, 입수 가능한 문헌에 따르면 1597년 이후 구이도발도가 쓴 편지는 없으며 갈릴레오가 쓴 편지는 1602년 12월이 마지막이다.

형에서 비롯된 특징이기도 했다.

갈릴레오가 피렌체로 돌아간 것에 실망을 표한 사그레도의 편지에서 알 수 있듯이, 갈릴레오가 베네치아에 남겨둔 지위는 안전했다. 갈릴레오의 어린 귀족 후원자들은 성장하면서 영향력이 점점 강해지고 있었다. 당연히 갈릴레오의 영향력도 그들과 함께 강해졌을 것이다. 이제 갈릴레오는 베네치아에서 변덕스러운 어린 군주들의 일시적인 호의에 전전긍긍하지 않아도 되었다. 사그레도는 베네치아에 비해 불확실한 피렌체의 상황을 두고 이렇게 말했다. "시기에 가득 찬 악랄한 자들의 협잡으로 세상사는 더욱 복잡해지기 마련인데, 그 헤아릴 수 없는 무수한 세상사가 어떤 일로 이어질지 누가 미리 알겠는가? 그들은 군주의 마음속에 거짓되고 해로운 생각을 심고 자라나게 해서 군주의 정의와 덕을 이용해 그 어떤 신사든 파멸에 이르게 할 수 있단 말일세."[83]

사그레도가 말한 궁정생활과 후원의 위험은 기본적으로 정확했다. 다만 그는 갈릴레오가 베네치아에서 무엇을 추구할 수 없는가 하는 문제는 은근슬쩍 넘겨 버렸다. 물론 베네치아 공화국의 후원 네트워크는 단일한 절대군주 후원자에게 집중되어 있지 않았으므로, 갈릴레오와 같은 피후원자는 대공국의 피후원자들처럼 후원자의 죽음이나 퇴위 또는 취향의 변화로 인한

---

83 *GO*, vol. 11, no. 569, p. 171.

지위의 붕괴를 그리 걱정할 필요가 없었다. 갈릴레오 본인도 잘 알았듯이, 파도바에서 학생들을 가르치고 있는 한 그는 "불멸과 불변의 군주"(즉 공화국 자체)의 영향 아래 있을 것이었다.[84] 이처럼 위대한 후원자가 부재한 피후원자의 삶은 안전하긴 하겠지만 사회적 지위(더 나아가 인식적 지위)를 크게 도약시킬 기회가 축소되는 것도 사실이었다.

갈릴레오 경력의 두 번째 국면은 그가 1609년 망원경을 제작하면서 시작되었으며, 새로운 후원자의 등장과 기존 후원자의 배제가 특징이다. 1609년부터 1610년까지 갈릴레오가 이룩한 혁명적인 천문학적 발견은 후원 관계의 혁명과도 긴밀하게 맞물려 있었다. 코시모 2세의 후원을 확보한 갈릴레오는 베네치아 후원자들과 우정의 계약을 확정하고 강화한 직후였음에도 그 계약을 파기해 버리고 말았다. 그들이 놀라움을 금치 못하며 매우 씁쓸해했음은 물론이다. 후원의 국면이 중요하게 요동쳤던 1587년과 마찬가지로, 갈릴레오의 지위는 죽음과 연관된 후원 가능성의 변화 덕분에 크게 상승했다.

1587년에 프란체스코 마리아 델 몬테가 (페르디난도와 구이도발도를 통해) 갈릴레오의 강력한 후원자가 된 것은 프란체스코 데 메디치의 죽음이 원인이었다. 그리고 1609년 페르디난도의 죽음은 갈릴레오의 제자였던 어린 군주 코시모의 대공 즉위

---

84 *GO*, vol. 10, no. 350, p. 350.

로 이어졌다. 갈릴레오가 천문학적 발견을 이루기 불과 몇 달 전이었다. 프란체스코와 페르디난도는 갈릴레오의 직접적인 후원자는 아니었다. 갈릴레오의 메디치 후원을 유지해 주던 주요 중개인은 크리스티나 대공비와 벨리사리오 빈타였다. 하지만 정작 갈릴레오의 경력에 결정적으로 기여한 것은 두 메디치 대공의 죽음이었다.

1609년 코시모의 즉위는 갈릴레오의 경력에 특히 도움이 되었는데, 자신만의 이미지를 추구하려는 어린 군주는 새롭고 논란을 일으킬 만한 생각을 지지할 가능성이 컸기 때문이다. 하지만 갈릴레오가 적절한 시기에 적절한 후원자를 찾게 된 것이 우연이라고 말한다면 사태를 지나치게 단순하게 보는 것이다. 후원 네트워크가 건설적으로 발전한 중대 국면과 천문학적 발견 사이의 괄목할 만한 동시성과 관련해 우연이 중요한 역할을 하긴 했지만, 우리는 그러한 맞물림conjuncture이 1600년대 초부터 갈릴레오가 끈질기게 추진해 왔던 후원 전략 덕분에 가능했다는 점을 잊어서는 안 된다.[85] 그리고 그 맞물림은 경력 초반에 이루어지지도 않았다. 대공의 철학자 겸 수학자가 되어 피

---

[85] 후원의 중대 국면은 이따금 갈릴레오의 과학 및 저술 활동의 전환점과 일치할 뿐 아니라 그 원인이 되기도 했다. 이를테면 1615년에 쓰인 〈크리스티나 대공비에게 보내는 편지〉는 대체로 후원 동역학의 결과였다. 실제로 갈릴레오는, 일각에서 독실한 권력자 크리스티나의 귀에 종교적 정통성에 관한 의심을 은근히 주입하여 자신의 메디치 후원 관계를 붕괴하려는 시도에 대응해야 했다.

렌체로 갈 때 갈릴레오의 나이는 마흔여섯이었다.

갈릴레오를 로마의 궁정으로 몰아간 마지막 경력 국면에서는 앞선 국면들에서와 똑같이 새로운 후원자가 등장한다. 페데리코 체시Federico Cesi(그리고 일부 린체이 아카데미 회원)와 교황 우르바노 8세로 선출된 마페오 바르베리니[86]이다. 갈릴레오의 경력에서 로마의 후원이 점차 중요해지던 이번 국면은 피렌체 후원 밑천[87]의 힘이 약해지던 상황과 거의 일치했다. 갈릴레오의 오랜 동료이자 후원자였던 안토니오 데 메디치Antonio de' Medici와 코시모 2세가 1621년 사망했고, 필리포 살비아티Filippo Salviati와 벨리사리오 빈타도 이미 1614년, 1613년에 유명을 달리했다. 코시모가 남긴 청년기의 아들은 1628년까지 대공으로 군림하지 못했다.[88]

---

86 *Urbano VIII (Maffeo Barberini), 재위 1623~1644년.

87 여기서 '밑천'이란 재정적 자원을 의미하지 않는다. 갈릴레오는 1610년부터 1642년에 사망할 때까지 대공에게서 봉급을 받았기 때문이다. 갈릴레오가 1610년 이룩한 천문학적 발견은 대공의 지지에 크게 힘입었던 반면 훗날의 코페르니쿠스 정당화 시도는 교황의 권력에 달려 있었다는 것이 내가 말하고자 한 바이다.

88 갈릴레오가 후원 네트워크의 중심지를 피렌체에서 로마로 옮긴 것은 매우 강력한 영향력을 가진 후원자와 관계를 유지해야 했던 상황과 관련이 있다. 갈릴레오는 오직 그런 계획에서만 지위와 정당성을 유지하고 높일 수 있었다. 그리고 코시모 2세(병치레가 잦아 늘 쇠약했던 창백한 군주)는 사실상 허울뿐인 군주였다. 더군다나 코시모가 서거한 1621년 이후 갈릴레오는 궁정철학자 겸 수학자로 매우 많은 봉급을 받았지만, 실제 군주는 사라진 뒤였다. 점을 깨달았다. 코시모의 아들 페르디난도 2세가 18세가 되는 1628년(그때 대공으로 즉위했다)까지 갈릴레오의 전략은 오랫동안 로마에 집중되어 있었다.

갈릴레오의 과학적 산물과 계속 이어지는 후원의 중대 국면 사이에서는 또 다른 동시성의 사례가 발견된다. 교황 그레고리오 15세[89]였던 알레산드로 루도비시가 사망하고 마페오 바르베리니가 우르바노 8세로 교황직에 선출된 바로 그때, 갈릴레오가 우르바노에게 헌정한 《시금자》가 인쇄되고 있었다.[90] 그레고리오의 서거는 갈릴레오의 경력에서 세 번째로 시기적절한 죽음이 되었다. 13년 전의 코시모 2세와 마찬가지로, (코시모의 경우처럼 갈릴레오가 수년간 관계를 다져 온) 새로운 후원자는 갑자기 영향력 있는 지위에 오른 후 새로운 이미지를 구축할 요량으로 갈릴레오의 도발적인 견해를 기꺼이 지지했다. 후원의 측면에서 보자면, 《별의 전령 Sidereus nuncius》과 코시모 2세 즉위 사이의 관계는 《시금자》와 우르바노 8세 집권 사이의 관계와 동일하다. 갈릴레오가 이런 놀라운 동시성을 "경이로운 맞물림 una mirabil congiuntura"이라고 부른 것은 전적으로 옳은 표현이었다.[91]

---

89 * Gregorio XV (Alessandro Ludovisi), 재위 1621~1623년.

90 《시금자》는 1623년 5월에 인쇄를 시작했고, 마페오 바르베리니는 8월 6일에 교황 우르바노 8세로 선출되었으며, 《시금자》는 10월에 인쇄를 마치고 우르바노에게 헌정되었다.

91 "저는 문필공화국에서 중요한 사건들을 숙고하고 있습니다. 만일 그 사건들이 경이로운 맞물림 속에서 일어나지 않는다면, (개인적인 생각입니다만) 다시는 이런 기회를 바라지 못할 것입니다." 갈릴레오는 이 편지를 1623년 10월 9일 체시에게 보냈다(GO, vol. 13, no. 1581, p. 135). 체시는 사건의 전개가 정말로 "훌륭한 맞물림"이었다는 갈릴레오의 말에 동의했다(앞의 책, no. 1588, p. 140). 이 시기와 관련해서

갈릴레오의 경력에서 죽음의 '시기적절함'을 강조하는 것은 비뚤어진 희열을 느끼자는 의도가 아니다. 앞으로 알게 되겠지만, 위대한 후원자의 죽음(특히 교황과 같은 세습 직위가 아닌 군주의 죽음)은 그 시대를 살던 이들에게 후원과 관련된 중대 국면으로 인식되었다. 그런 일들이 생길 때마다 누군가의 경력이 갑작스럽게 구축되기도 했고 파괴되기도 했다. 비르지니오 체사리니Virginio Cesarini와 조반니 참폴리(우르바노 8세의 가신이자 갈릴레오의 조력자)가 느닷없이 로마 궁정의 정상에 오른 사례에서 알 수 있듯이 새로운 교황과 함께 새 간부단이 선출되어 정권을 장악하곤 했다.[92] 심지어 비非로마인들도 권력의 진정한 중심을 향한 순례길에 올라 로마로 향하여 교황에게 경의를 표함으로써 새로운 후원 체제를 이용하려고 시도했다. 갈릴레오 역시 1623년부터 1624년까지 후원 순례길에 동참했다. 피렌체의 시인 야코포 솔다니Jacopo Soldani는 우르바노가 선출되기 불과 몇 년 전 나타났던 혜성을 언급하면서, 피후원자들의 순례를 동방박사가 아기 예수에게 경의를 표하러 떠난 여정에

는 다음의 글을 참고하라. Pietro Redondi, "The 'Marvelous Conjuncture'", *Galileo Heretic* (Princeton: Princeton University Press, 1987), pp. 68~103.

[92] 우르바노가 선출되기 전에 참폴리는 교황 비서관Secretario Apostolico 또는 소칙서 비서관Secretario dei Brevi 이었으며, 비르지니오 체사리니는 교황 시종관Cameriere Secreto 이었다. 우르바노가 선출되면서 참폴리는 기존의 소칙서 비서관에 더해 교황 시종관 직무도 겸하게 되었고, 체사리니는 교황 궁무처장Maestro di Camera에 올랐다(*GO*, vol. 13, no. 1564, p. 121).

비유했다.[93] 갈릴레오가 새로운 교황에게 바친 선물은 바로《시금자》였다.

갈릴레오가 로마에서 달성한 성공의 결과는 1633년 재판으로 대표되며, 이 사건 또한 후원 동역학으로 형성되었다고 볼 수 있다. 수학자 페데리코 코만디노의 사례처럼, 후원 체계를 뒤흔드는 지진은 로마 궁정에서 뛰어난 경력을 쌓을 지반을 닦아 주기도 하지만 그 경력을 붕괴하기도 했다.[94] 마찬가지로, 1621년 코시모 2세가 사망하자 갈릴레오는 불안정한 후원 상황에 놓였으며 그로 인해 궁정직의 안위를 걱정해야 하는 처지가 되었다.[95]

---

93 "다른 이들은 로마를 향해 나아간다/교황의 성좌에 오른 새로운 우르바노를 맞이하러/무겁고 호화로운 짐을 가득 안고/그러고는 손을 뻗는다/나부끼는 앞머리를 움켜쥐려고/하지만 그녀[* 행운과 운명의 여신 포르투나]는 달아나고 그들은 그녀를 다시 보기만을 헛되이 기다린다"(Jacopo Soldani, "Contro i Peripatetici", reprinted in Nunzio Vaccalluzzo, *Galileo Galilei nella poesia del suo secolo* [Milan: Sandron, 1910], p. 20).

94 Bernardino Baldi, "Vita di Federico Commandino", in Filippo Ugolini and Filippo Polidori, eds., *Versi e prose scelte di Bernardino Baldi* (Florence: Le Monnier, 1859), pp. 513~537; Paul L. Rose, *The Italian Renaissance of Mathematics* (Geneva: Droz, 1975), pp. 185~221; C. Bianca, "Federico Commandino", *Dizionario biografico degli italiani* (Rome: Istituto della Enciclopedia Italiana, 1982), 26: pp. 602~606.

95 실제로 갈릴레오는 1621년 4월 레오폴트 대공작에게 이렇게 말했다. "거룩하신 전하께서 소인에게 거듭 보내 주시는 애정을 전하의 거룩하신 누이 대공비[사망한 코시모 2세의 부인]께서 언젠가 알게 되신다면, 소인으로서는 성은이 망극할 것입니다. 전하의 애정은 소인의 비천한 공덕으로는 결코 가 닿지 못할 방식으로 대공비의

이런 패턴은 당시에도 이미 잘 알려져 있었다. 마드리드에서 1587년 발행된 〈궁정인의 철학〉(오늘날의 '모노폴리'와 비슷한 궁정 게임)에는 말이 43번 칸("당신의 후원자가 사망했다")에 도달하면 출발점으로 되돌아가야 한다는 규칙이 있을 정도였다.[96] 이와 마찬가지로, 갈릴레오의 1633년 유죄판결은 그와 (그리고 동료 참폴리와) 우르바노 8세의 관계에 영향을 미친 후원의 중대 국면과 분리해서 생각할 수 없다.[97] 당시 갈릴레오가 처했던 곤경에 앞서 두 명의 중요한 후원자였던 추기경 델 몬테와 군주 체시 또한 각각 1626년과 1630년에 사망했다. 체시가 사망하자(게다가 1624년 체사리니도 이미 사망한 터라) 갈릴레오의 지지 기반은 로마 궁정에 거의 남지 않았다. 그러므로 갈릴레오의 유죄판결은《대화》의 특정한 신학적 함의로 인해 촉발된 결과이기도 하지만 동시에 일반적 패턴의 사례이기도 하다. 이 사건은 후원과 관련하여 피후원자의 경력이 종결되는 전형적 사례이다.

갈릴레오가 마지막으로 겪은 철학자 리체티와의 논쟁은 갈릴레오가 자신을 찬양하는 어린 군주 레오폴도(훗날 치멘토 아

은총을 저에게 내려 주실 것입니다"(*GO*, vol. 13, pp. 60~61). 갈릴레오의 이러한 움직임은 같은 책, pp. 64, 70에서도 발견된다.

96 Alonso de Barros, *The Courtier's Philosophy* (Madrid, 1587); Geoffrey Parker, *Philip II* (London: Hutchinson, 1979), p.170에서 재인용.

97 이 점에 관해서는 웨스트폴의 "Patronage and the Publication of the *Dialogue*"도 참고하라.

카데미를 창설한다)를 통해 메디치가의 지원을 회복하려 한 최종 시도였다. 갈릴레오의 시도는 코시모를 상대로 했던 더 성공적이었던 전략을 떠올리게 하는데, 이번에는 동료이자 중개인이었던 야코포 솔다니의 중개를 통해 이루어졌다. 메디치 궁정에서 솔다니의 역할은 갈릴레오가 코시모의 후원을 얻을 때 도움을 준 중개인의 역할과 다르지 않았다. 실제로 솔다니는 레오폴도의 아이오Aio, 즉 수석 고문이자 개인 교사였다. 이는 피콜로미니와는 같고 사라치넬리, 메르쿠리알레와는 비슷한 직위였으며, 어떤 의미에서는 크리스티나 대공비와도 유사했다.[98] 그러나 갈릴레오는 새로운 후원 인맥의 잠재력을 시험해 볼 만큼 오래 살지 못했다.

갈릴레오 저작의 출판과 후원의 중대 국면이 연대순으로 일

---

[98] 야코포 솔다니는 1630년부터 메디치 궁정 명부에 "아이오 델 세레니시모 프린치페Aio del Serenissimo Principe"로 등재되었다(*ASF*, "Manoscritti 321", p. 522). 솔다니의 고액 봉급(1년에 600스쿠디)을 고려하면, 그는 단순히 가정교사라기보다 '지도원big brother' 같은 역할이었던 듯하다(레오폴도는 고아였다). 솔다니는 1637년 상원의원으로 선출되었고(*ASF*, "Manoscritti 320", p. 255), 1639년에는 궁정 고위직인 공무 집행관이 되었다(*ASF*, "Miscellanea medicea 438", fol. 212v). 또 훗날 치멘토 아카데미를 창설할 레오폴도가 과학적 관심을 함양하는 데에도 기여했으며 이는 레오폴도와 솔다니가 1640년부터 주고받은 편지에서 확인된다. 그 편지들은 갈릴레오와 리체티의 논쟁과 관련되어 있었으며, 안토니오 파바로Antonio Favaro의 국가 발행본Edizione Nazionale에는 포함되지 않았다(*ASF*, "Mediceo principato 5550", fols. 261, 271, 272, 274, 278, 291, 310). 해당 편지들은 Mario Biagioli, "New Documents on Galileo", *Nuncius* 6 (1991): pp. 157~169에 수록되었다.

치하는 것은 잇따른 우연의 일치 이상의 의미가 있다. 후원은 비록 완벽하게 예측할 수 있는 과정은 아니었지만 그렇다고 무질서하지도 않았다. 예측이 가능하여 지능적으로 판돈을 걸 만한 자체적인 논리와 에티켓 그리고 세대적 주기에 맞는 간헐적 중대 국면의 특징이 있었기 때문이다. 성공적인 경력은, 후원 네트워크를 확장하여 자신들의 문화적 생산물을 후원 주기에 맞춤으로써 우연의 장난을 "경이로운 맞물림"[99]으로 변모시킨 피후원자들의 것이었다.

후원의 논리, 선물교환

갈릴레오의 서신을 통해 우리는 값을 매길 수 없는 보필과 특권 그리고 선물이 후원 관계를 명확히 하고 유지한 매개체였음을 알 수 있다. 갈릴레오가 메디치 궁정에서 1,000스쿠디라는 놀라운 봉급을 받았을 때처럼 거액의 돈이 등장할 때조차, 1,000스쿠디의 의미를 오늘날의 자본주의적 관점을 적용하여

---

99 "맞물림"이라는 표현을 갈릴레오가 처음 쓴 것은 아니다. 이 표현은 행운의 작용과 관련해 궁정문학에서 빈번하게 쓰였다. 호세 안토니오 마라바José Antonio Maravall는 《바로크의 문화Culture of the Baroque》(Minneapolis: University of Minnesota Press, 1986)에서 다음과 같이 주장했다. "이 단어[맞물림]는 17세기에 매우 빈번하게 사용되었다. 그라시안 혹은 세스페데스의 작품에서 그 용례를 적어도 50가지는 쉽게 찾아 볼 수 있을 것이다"(p.191).

오직 '구매력buying power'으로만 축소해서는 안 된다. 그것의 상징적인 차원도 마찬가지로 중요하다. 말하자면, 소득은 지위의 표시이자 지위의 질료인material cause이었다.

갈릴레오는 봉급을 정식으로 협상하지 않았다. 메디치가의 후원을 안정적으로 확보하는 일에 전력을 기울였을 뿐이다. 마침내 자신의 바람이 이루어진 후에도 그저 빈타에게 자신이 파도바에서 벌었던 금액을 알려 주었을 뿐, 봉급의 최종 결정은 대공의 관대함에 맡겼다. 갈릴레오의 봉급은 그의 가치와 대공의 '노블레스 오블리주noblesse oblige'가 합쳐진 결과였다. 이 보수는 천문학적 발견의 헌정이라는 갈릴레오의 후한 선물을 받은 메디치 가문이 적절한 보답을 하사한 것으로, 코시모의 관대함과 권력의 표시가 되었다. 갈릴레오의 봉급은 단순히 메디치의 임금 지불 장부에 기록된 숫자가 아니라 국정 홍보의 일환이었다. 당시 피렌체 편년사編年史에는 메디치의 별 헌정에 보답하고자 대공이 갈릴레오를 피렌체로 불러 고액의 봉급을 내렸다는 기록이 있다.[100] 이와 마찬가지로, 어떤 아비소Avviso(로마

---

[100] *ASF*, "Manoscritti 132" ("Diario fiorentino del Settimanni", vol. 7, 1608~1620), fol. 39r: "1610년 7월, 갈릴레오 갈릴레이 공은 목성 주위를 도는 네 개의 별을 새롭게 발견하여 메디치의 별과 행성으로 이름 붙인 뒤에 거룩한 메디치 명문가에 헌정했다. 거룩하신 대공께서는 감사의 표시로 직접 서한을 보내어 파도바에서 (대중 강사였던) 갈릴레오 공을 불러들이셨다. 그리고 공의 보필에 대한 보답으로, 강의나 주재의 의무가 없는 피사 대학의 수석 원외 수학자와 거룩하신 전하의 수석 철학자 겸 수학자라는 직함을 내리시며 나무랄 데 없는 봉급을 하사하셨다."

의 정치 소식과 가십을 보도하던 신문의 원시 형태)는 1611년 4월 로마에서 열린 갈릴레오의 망원경 공개 시연을 설명하면서, 갈릴레오가 "현시점에 1,000스쿠디 봉급을 받으며 대공 전하께 고용되어 있다"라는 정보를 포함했다.[101] 갈릴레오의 봉급은 대중을 향한 몸짓public gesture이었던 것이다.[102] 만일 메디치 가문이 갈릴레오에게 인색하게 굴었다면 자연히 대중은 '메디치의 별'의 중요성도 하찮게 보았을 것이다. 갈릴레오의 봉급은 자유 시장 경제에서 작동하는 수요와 공급 동역학의 산물이 아니라, 지위가 수반된 선물교환이 특징인 명예 경제economy of honor 동역학의 산물이었다.

심지어 후원 관계는 금전을 주고받을 때조차 선물교환 동역학을 반영했다. 마르셀 모스가 분석한 아메리카 북서부 선주민의 포틀래치potlatch처럼, 선물교환은 권력을 행사하는 행위였다.[103] 근대 초기 유럽에서 후원은 사회적 차별화를 위한 경쟁

101 J. A. F. Orbaan, *Documenti sul barocco in Roma* (Rome: Società Romana di Storia Patria, 1920), 2: p. 283.

102 코시모 2세가 구축한 예술가와 과학자의 후원자라는 이미지에 관해서는 피에트로 아콜티Pietro Accolti가 작성한 코시모의 추도사 "Delle lodi di Cosimo II, Granduca di Toscana", in Carlo Dati, ed., *Raccolta di prose fiorentine* (Florence: Stamperia di SAR, 1731), vol. 6, part 1, p. 119를 참고하라.

103 Marcel Mauss, *The Gift*, pp. 31~45. 선물교환을 다룬 문헌들은 매우 많아졌다. 가장 유용하게 참고할 만한 저술들은 다음과 같다. Pierre Bourdieu, *Outline of a Theory of Practice* (Cambridge: Cambridge University Press, 1977); idem, *The Logic of Practice* (Stanford: Stanford University Press, 1990), pp.

의 과정이었는데, 영향력 있는 후원자들이 서로의 소비력에 대한 도전에 응수하면서 시행되었다. 이를테면 루이 14세는 반항적인 프랑스 귀족사회 통제의 일환으로 궁정에서 과시적 소비라는 도전을 촉발함으로써 그들의 힘을 소진시켰다.[104] 16세기

98~101; Marilyn Strathern, *The Gender of the Gift* (Berkeley: University of California Press, 1988); Bronislaw Malinowski, "Kula: The Circulating Exchange of Valuables in the Archipelagoes of Eastern Guinea", *Man*, series 1, pp. 19~20 (1920): pp. 97~105; Natalie Zemon Davis, "Beyond the Market: Books as Gifts in Sixteenth-Century France", *Transactions of the Royal Historical Society* 33 (1983): pp. 69~88; Marshall Sahlins, *Stone-Age Economics* (New York: Aldine de Gruyter, 1972), 특히 pp. 149~275; Sharon Kettering, "Gift-Giving and Patronage in Early Modern France", *French History* 2 (1988): pp. 131~151; Georges Bataille, *The Accursed Share* (New York: Zone Books, 1988), vol. 1, 특히 pp. 63~77; Carlo Zaccagnini, *Lo scambio dei doni nel Vicino Oriente durante i secoli XVIII-XV* (Rome: Centro per le Antichità e la Storia dell'Arte del Vicino Oriente, 1973); "Le don perdu et retrouvé", special issue of *La revue de Mauss* 12 (1991); Claude Lévi-Strauss, *The Elementary Structures of Kinship* (Boston: Beacon Press, 1969), pp. 52~68.

[104] Norbert Elias, "The Sociogenesis of French Court Society", *The Court Society* (New York: Pantheon, 1983), pp. 146~213. 과학의 사회체계와 관련하여 선물교환 개념을 사용한 다른 사례로는 다음을 참고하라. Warren Hagstrom, *The Scientific Community* (New York: Basic Books, 1965), pp. 12~23; idem, "Gift Giving as an Organizing Principle in Science", in Barry Barnes, David Edge, eds., *Science in Context* (Cambridge, Mass.: MIT Press, 1982), pp. 21~34. 워런 핵스트롬Warren Hagstrom은 논문의 저자가 본인의 발견을 (연구 논문의 형식으로) 과학공동체에 기증하고 그 답례로 인정을 받는 과정을 논의하는 데 한해서만 선물증여 개념을 사용한다. 더 정확히 말하면, 핵스트롬은 선물교환을 '합리적인' 경제 활동의 바다에 반드시 있어야 하는 도덕경제의 섬

말과 17세기 초 잉글랜드에서도 비록 덜 두드러지긴 하지만 비슷한 패턴이 발견된다. 절대권력자의 궁정 생활양식에 따른 과시적 소비로 여러 귀족 가문이 몰락에 이르렀던 것이다.[105] 메디치 가문 또한 그와 비슷한 전략을 성공적으로 도입하여 기존의 정치적 경쟁자들을 고분고분한 궁정 귀족으로 변모시켰다. 1619년에 피렌체를 방문한 루카 공화국 대사들은 피렌체 귀족 계급이 궁정생활에 사용되는 막대한 비용 때문에 쇠락하는 광경을 목격했다.[106]

어떤 의미에서 궁정생활과 에티켓은, 군주의 과시적 소비(포틀래치)에 대항하는 귀족사회의 체제 전복적 도전을 규율하여

으로 간주하며, 이것이 과학이 가진 사회체계의 특징이라고 본다. 선물교환은 경제 활동의 합리성을 축소하여 특수주의적 의무particularistic obligation를 형성한다는 점에서 매우 중요하다. 경제적 합리성이 완화되지 않는다면 과학자가 '더 높은' 가치에 따라 행동하지 않고 세속적인 이익을 따르는 인물로 인식되리라는 것이 핵스트롬의 주장인 것으로 보인다. 대신 과학자는 자신의 발견을 공동체에 '기증'함으로써 마치 '순수한' 인정으로 보답받는 '순수한' 사람인 듯 행동한다. 근대 초기 유럽에서 선물교환의 역할은 다음 문헌들에서도 논의되었다. Paula Findlen, "The Economy of Scientific Exchange in Early Modern Italy", in Bruce Moran, ed., *Patronage and Institutions* (Rochester, NY: Boydell, 1991), pp. 5~24; idem, *Possessing Nature: Museums, Collecting and Scientific Culture in Early Modern Italy* (Berkeley: University of California Press, 1996).

[105] Lawrence Stone, *The Crisis of the Aristocracy*, 1558-1641 (Oxford: Oxford University Press, 1967), pp. 86~88, 249~267.

[106] Amedeo Pellegrini, ed., *Relazioni inedite di ambasciatori lucchesi alle corti di Firenze, Genova, Milano, Modena, Parma, Torino* (Lucca: Marchi, 1901), p. 141.

군주의 승리를 보장하려는 의례 집합체로도 볼 수 있다. (노르베르트 엘리아스의 용어인) 이러한 "문명화과정 civilizing process"으로 귀족들이 하루아침에 모든 것을 잃지는 않았다. 이는 마르셀 모스가 연구한 일부 틀링깃 Tlingit족의 사례와는 대조적이다. 귀족의 부와 권력은 절대군주의 위대함 magnificentia에 오래도록 빛을 드리울 목적으로 통제된 '연쇄반응'을 따라 서서히 타들어 갔다.

선물증여 gift-giving가 항상 도전의 형식을 띠었던 것은 아니지만, 경쟁이라는 숨은 의미는 언제나 존재했다. 후원자와 피후원자 관계의 특징을 꼽자면, 후원자는 피후원자가 답례할 수 있는 것보다 많은 것을 증여할 수 있는 권력을 가졌다는 것이다. 이와 같은 선물증여 권력의 불균형은 의존의 상태를 확인해 보는 방법으로 강조되었다. 후원자에게 선물을 받은 후 답례하지 않는(더는 반격하지 않는) 피후원자는 '패배'를, 즉 의존 상태를 인정하는 꼴이 되었다.

피후원자가 후원자에게 절대 선물을 주지 않았다고 말하는 것이 아니다. 이와 정반대로, 후원자의 흥미를 끌 만한 선물을 주지 못하는 피후원자는 출세하지 못했다. 갈릴레오의 동료 참폴리는 로마 궁정을 고찰하면서 다음과 같이 주장했다. "세상 어디에서나 유효한 진리가 있다. 권력자에게 선물을 바쳐야 donare 한다는 것이다. … 선물을 바쳐서 출세를 앞당길 수 있는 사람들은 축복받은 자들이다!"[107]

또 다른 궁정인 아고스티노 마스카르디Agostino Mascardi는 피후원자가 후원자에게 선물을 바쳐야 하는 상황이 궁정사회의 근본적인 역설이라고 생각했다. 궁정인은 "부유해지기 위해 자신을 빈곤에 빠트리고, 받기 위해 주어야" 한다는 것이다.[108] 마테오 펠레그리니가 쓴 궁정에 관한 논고 또한 궁정의 선물교환 관행 기저에 깔린 역설을 지적했다(이번에는 상당히 비판적이었다).[109] 카를로 차카니니Carlo Zaccagnini는 고대 근동 왕국(기원전 15세기부터 13세기까지)의 궁정 선물교환에 관한 놀라운 연구에서 유사한 관행을 발견했다. "계급이 다른 신하들 사이에서 [선물증여의] 동기는 자연스럽게 낮은 계급의 신하에게 속했다."[110]

갈릴레오의 중개인들은 그가 피렌체를 방문하러 갈 때마다 '새로운 것'을 가지고 가라고 재차 알려 주었다. 피후원자에게서 선물을 받은 후원자는 (피후원자의 지위가 아닌) 자신의 지위

---

107 Giovanni Ciampoli, "Discorso di monsignor Ciampoli sopra la corte di Roma", in Marziano Guglielminetti, Mariarosa Masoero, "Lettere e prose inedite (o parzialmente edite) di Giovanni Ciampoli", *Studi secenteschi* 19 (1978): p. 232.

108 Agostino Mascardi, *Prose vulgari* (Venice: Baba, 1653), p. 20.

109 Matteo Pellegrini, *Che al savio è convenevole il corteggiare libri IIII*, p. 38.

110 Carlo Zaccagnini, *Lo scambio dei doni nel Vicino Oriente durante i secoli XVIII-XV*, p. 40.

에 걸맞은 보답을 해야 했기에 선물증여는 피후원자가 할 수 있는 최고의 투자였다. 계급이 높은 후원자는 주로 선물을 도전으로 인식했다. 도전에 응한 후원자는 마치 결투를 받아들이듯, 즉 '영웅답게' 행동할 수밖에 없었다. 1604년, 갈릴레오는 곤차가에게 1,340리라에 상당하는 황금 메달과 사슬 한 개, 은 접시 두 개를 받았다. 군용 컴퍼스를 선물하며 그 사용법을 알려 준 것에 대한 보답이었는데, 갈릴레오가 파도바의 학생을 상대로 약 200리라를 청구하던 때였다.[111] 피후원자가 바친 선물의 가치가 배가되어 돌아오는 상황은 갈릴레오가 메디치의 별을 헌정한 대가로 메디치 궁정에서 후한 봉급을 받은 사례로도 알 수 있다.

후원 관계를 종결하지 않으면서도 후원자가 피후원자의 물질적 선물을 거부한 예시가 있긴 하지만, 그렇다고 해서 선물증여가 후원의 매개체였다는 나의 주장이 논박되지는 않는다. 예를 들어 구이도발도는 갈릴레오가 파도바 대학교수가 되도록 도운 뒤 다음과 같이 말했다. "파도바 대학교수직과 관련해서 선생이 나에게 의무감을 느낄 필요는 없습니다. 나는 그 일과 관련이 없기 때문입니다."[112] 구이도발도는 자신의 후원에 대한 보답으로 '지적 선물'(당시의 경력 수준에서 갈릴레오가 줄 수 있는 유일한 선물)을 받을 만큼 갈릴레오와의 후원 관계를 물질적

---

111 *GO*, vol. 19, pp. 147~158.
112 *GO*, vol. 10, no. 45, p. 54.

수준 이상으로 끌어올렸다. 그러나 구이도발도가 선물의 물질적 가치에 '사심 없음'을 내세운 것은 귀족 정체성의 의례적 표현이었다. 첫째로, 그것은 구이도발도가 선물의 '비물질적 가치'를 알아보는 고결한 정신을 가진 인물로 보이게 해주었다. 둘째로, 자신이 분배한 특권의 대가를 받을 필요가 없다는 것을 보여 주었다. 구이도발도는 '노블레스 오블리주'의 정신으로 베풀었던 셈이다.

하지만 갈릴레오의 대학교수직 임용으로 구이도발도 또한 얻은 것이 있었다. 그는 갈릴레오에게 "그들이 선생에게 봉급을 얼마나 주는지"를 물었는데, "선생이 나의 열망과 선생의 가치에 걸맞게 대우받는 것을 보고 싶기 때문"이었다.[113] 이전의 편지에서도 같은 언급이 거의 동일한 형식으로 발견된다. "선생의 봉급이 올랐는지 알고 싶습니다. 그 봉급에 나의 열망과 선생의 가치가 반영되기를 바라기 때문입니다."[114] 구이도발도가 "열망"을 언급한 것은 그가 피후원자를 통해 자신의 권력을 시험해 보았다는 뜻이다. 구이도발도는 자신의 열망과 권력을 갈릴레오의 가치와 명확히 분리했다. 구이도발도가 보기에 갈릴레오의 봉급은 자신의 후원 네트워크를 활용해 갈릴레오에게 줄 수 있는 '선물'이었다. 그렇다면 그 '선물'은 갈릴레오의 가

---

113 앞의 책, 같은 쪽(강조는 저자의 것).
114 앞의 책, no. 33, p. 45(강조는 저자의 것).

치에 걸맞으면서 동시에 자신의 권력을 반영해야 했다. 갈릴레오가 파도바에서 턱없이 적은 봉급을 받게 된다면 자신의 위신도 실추될 것이었기 때문이다. 갈릴레오가 대공의 철학자로서 너무 적은 봉급을 받는다면 그 일이 메디치 가문의 오명으로 인식되는 것과 같은 이치다.

틀링깃족과 근대 초기 유럽 궁정인들 사이에서 과시적 선물 증여는 증여하는 쪽이 그 선물의 가치에 무심하다는 표시였다. 그것은 '영웅성'을 상징했다. 선물과 결투의 논리는 비슷했다. 중요한 선물을 기꺼이 주는 후원자 혹은 대담하게 분쟁을 일으키는 당사자는 도전자, 즉 귀족적인 사람으로 인식되었다. 선물은 탐침으로 기능했다. 선물을 받은 이가 높은 지위일 경우, 그는 선물을 명예로운 도전으로 인식했다. 반대로, 받은 이가 답례할 수 없는 경우, 선물은 증여하는 쪽인 후원자의 권력을 강조하는 온정주의적 몸짓으로 기능했다. 이런 경우 선물은 후원자에게 일종의 기념물, 즉 물신fetish이 되었다. 내가 보기에 이것은 왜 그토록 많은 공식 선물에 후원자의 형상이 새겨져 있는지를 설명한다(가령 갈릴레오는 처음에는 곤차가 가문에서, 그 다음엔 메디치 가문에서 후원자의 형상이 새겨진 황금 메달을 받았다). 그런 선물은 후원자가 피후원자를 '소유'한다는 증표였다.[115] 마치 편리하게 탈부착할 수 있는 상표와 같았다. 결과적

---

115 마빈 B. 베커Marvin B. Becker는 다양한 계층의 잉글랜드 귀족이 몸담았던 후원 동

으로 후원과 선물증여의 의미는 경제적 교환 이상이었다. 지위와 정체성, 신뢰를 만들어 냈던 것이다.

갈릴레오의 서한들은 선물(기구, 책, 접대, 소개 편지, 포도주, 개, 그림, 사냥물, 진귀한 식물, 연회와 의식 초청, 중요한 단체로의 접근 기회, 보필, 특권)과 관련된 사적인 선물교환 의례의 풍부한 증거를 제공한다. 다른 선물, 특히 군주가 하사하는 선물은 궁정에서 표준화된 접대와 답례 에티켓의 일부였다.[116] 16세기 말에는 선물의 상징적·경제적 차원이 더욱 뚜렷해지고 그 경제적 가치도 점차 정량화된 것으로 보인다. 예컨대 황금 메달

역학을 논의하면서 이렇게 말했다. "토착귀족에게 종속되었던 소작인들 외에도, 신분이 낮은 영주들 또한 영토 유력자에게 얽매여 있었다. 그들은 주로 일종의 유니폼(제복)과 배지를 받아 착용하면서 자신이 피후원자임을 표시했다."(*Civility and Society in Western Europe, 1300-1600* [Bloomington: Indiana University Press, 1988], p. 85) 집에 후원자의 문장을 전시하고 초상화를 수집하는 관행은 (메달이나 배지를 걸어두는 것과 마찬가지로) 피후원자로서 자기형성을 하는 행위의 일환이라고 볼 수도 있겠다. 후원자에게서 딱히 인상적이지 않은 표본을 받은 근대 초기 수집가들이 그것을 자연사 박물관에 전시했던 행위에도 이러한 고찰을 적용할 수 있을 것이다.

116 Marcello Fantoni, "Feticci di prestigio: Il dono alla corte medicea", in Sergio Bertelli, Giuliano Crifò, eds., *Rituale, cerimoniale, etichetta* (Milan: Bompiani, 1985), pp. 141~161. 접대 선물은 Zaccagnini, *Lo scambio dei doni nel Vicino Oriente durante i secoli XVIII-XV*의 중심 주제다. 의례적인 선물교환은 *Diari di etichetta of the Medici court* (ASF, "Diari di etichetta di guardaroba", nos. 1~7)에서 자주 나타난다. 선물교환은 외국 고위관료의 접대 의례에서도 근본적인 역할을 했다. *ASF*, "Carte strozziane", series 1, 30, fols. 127~144 ("Donativi")도 참고하라.

과 사슬은 표준적인 선물이 되었고, 군주는 피후원자가 자신의 위신이 반영된 황금 메달은 간직하여 "짐을 기억하길per ricordo mio" 바라면서도 그러한 표식이 없는 황금 사슬은 "필요에 따라per i bisogni vostri" 팔아 쓰는 것을 허락했다.[117] 황금 사슬의 크기는 200스쿠디나 300스쿠디 또는 400스쿠디와 같은 식으로 표준적인 현금가치에 맞추어 정해졌다.

선물교환은 갈릴레오의 공적 접촉과 사적 친교 둘 다의 구조적 특징이었다. 예를 들어 갈릴레오는 절친했던 사그레도와는 금전 거래를 하지 않았던 것으로 보인다(두 사람의 친교와는 무관한 것으로 여겨졌던 부채는 예외다). 갈릴레오는 사그레도가 로비를 통해 파도바 대학의 봉급 인상을 달성하도록 압박하는 일을 주저하지 않았다. 사그레도 또한 갈릴레오의 장인에게 무보수로 기구 수리와 제작을 요청하거나, 갈릴레오에게 몬테 아르토네Monte Artone 성모의 샘에서 물을 길어 베네치아로 보내달라고 부탁하거나, 시리아로 가져갈 "시칠리아산 상처 치료용

---

117 Marcello Fantoni, "Feticci di prestigio", p.143. 황금 사슬은 일종의 과도기 단계 선물이었으며, 이후 보상은 더욱 정량화되고 현금성이 강해졌다. 판토니가 나열한 다양한 사례로만 알 수 있는 사실은 아니다. 갈릴레오가 곤차가와 메디치 가문에게서 받은 황금 사슬 두 개의 가치가 명시된 기록이 황금 사슬과 메달을 받은 다른 궁정 가신을 언급한 갈릴레오의 서한에서 발견된다(GO, vol.11, no.838, p.473). 아콰펜덴테의 파브리치우스가 피렌체를 방문하여 메디치 가문에게서 받은 사슬의 사례도 마찬가지다. 메디치 궁정의 의전 일지에는 "일본 대사에게 400스쿠디 상당의 목걸이를 선물로 주었다"라고도 기록되어 있다(ASF, "Miscellanea medicea 447", p.328).

기름"을 한 병 구해달라고 하거나, 자기 편각 바늘[118]을 요청하거나, 피렌체로 이사한 갈릴레오에게 이국풍의 개 한 쌍을 찾아서 (역시 무상으로) 보내 달라고 부탁하는 일을 서슴지 않았다.[119] 이런 요청 외에도 갈릴레오는 포도주, 사냥물, 송로버섯 같은 자잘한 선물을 자주 보냈고, 사그레도는 그 보답으로 시리아에서 더 많은 포도주나 "특별한" 멜론 씨앗 따위를 보냈다.

사그레도와 갈릴레오가 격의 없이 빈번하게 선물을 주고받은 것을 보면 이 모든 과정이 그저 우정의 표현이었다고 오해할 수도 있다. 하지만 갈릴레오 시대에 우정은 매우 구체적인 의미를 띠었다. 최근의 역사학이 수없이 보여 준 것처럼, 우정은 표현의 의례가 허물없었을 뿐이지 계약 관계나 다름없었다.[120] 사그레도는 갈릴레오와의 우정이 가진 계약적 차원에 관해 몇 번이고 상세히 설명했다. 1602년 8월, 사그레도는 갈릴레오에게 다음과 같이 말했다.

---

118 *declinatorium*, 자기 편각(지구의 진북극과 자북극 사이의 각) 측정 기구의 구성 요소로 자철광에 의해 회전하는 철 조각을 가리킨다.

119 *GO*, vol. 10, no. 75, p. 86; no. 82, p. 90; no. 85, p. 95; no. 87, p. 96; no. 89, p. 100; no. 187, p. 208; 갈릴레오와 사그레도의 더 많은 선물교환 사례는 다음을 참고하라. *GO*, vol. 12, no. 1188, p. 246; no. 1198, p. 258; no. 1219, p. 273; no. 1224, p. 278; no. 1230, p. 286; no. 1255, p. 317; no. 1275, pp. 343~344; no. 1281, p. 349; no. 1287, p. 355; no. 1310, p. 376; no. 1341, p. 407.

120 이를테면 Richard Trexler, *Public Life in Renaissance Florence*, pp. 131~159 를 참고하라.

베니에르 선생과 나는 이번 10월에 카도레로 짧은 여행을 가려 한다네. 하지만 멋진 곳으로의 여정도 자네가 동행하지 않는다면 지루해질 거야. 그러니 자네에게 미리 알려 주기로 했네. 우리의 부탁을 들어줌으로써 우리 둘을 기쁘게 하도록 일정을 조정할 수 있게끔 말이야. 그렇다면 자네가 어떤 노력을 기울이든 우리는 자네의 확답 편지에 똑같이 보답할 걸세.[121]

선물교환의 호혜성을 드러내는 이 노골적인 태도는 갈릴레오가 주고받은 다른 서한에서도 발견된다. 1604년 6월 안토니오 데 메디치는 갈릴레오에게 이렇게 썼다. "선생이 갖고 계신 공에 관한 소문을 들었습니다. 물속에 던져 넣으면 두 종류의 물 사이에서 뜰 수 있다더군요. 저에게 하나 보내 주시길 부탁드립니다. … 그렇다면 저는 그것을 매우 특별한 호의로 여겨 선생의 존중이 보답받으리라 장담합니다."[122] 몇 년 뒤 안토니오 데 메디치는 갈릴레오에게 망원경 한 개를 요청할 때도 비슷한 표현을 사용했다.

부탁드립니다. … 한 개를 제작해 저에게 보내 주시기를 바랍니

---

[121] *GO*, vol. 10, no. 82, p. 91(강조는 저자의 것).

[122] 앞의 책, no. 101, pp. 110~111(강조는 저자의 것). 하나의 구sphere가 서로 섞이지 않는 두 액체 사이에서 평형에 도달하는 현상을 말한다. 두 액체는 각각 구보다 높고 낮은 비중을 가진다.

다. 저는 그것을 정말로 특별한 호의로 여길 겁니다. 선생께서 보여 주실 선의에 제가 얼마나 고마워하는지가 증명되겠지요. … 마땅히 그 호의에 동등하게 갚음은 물론이고, 앞으로 영원토록 선생께 도움을 드릴 기회를 살피겠습니다.[123]

안토니오 데 메디치의 사례처럼, 영향력 있는 유럽 귀족과 고위 성직자 중에서 갈릴레오에게 망원경을 받고 값을 지불한 사람은 아무도 없었다. 그렇기는커녕 갈릴레오가 추후 받게 될 호의(답례counfortgift)를 상기시켰을 뿐이다. 추기경 시피오네 보르게세Scipione Borghese의 중개인 역할을 하던 안드레아 라비아Andrea Labia는 갈릴레오와 친분이 없었음에도 다음과 같이 편지를 보냈다. "그 기구는 전하[보르게세]께 매우 중요하다는 점을 아셨으면 합니다. 전하께서 기구를 받으신다면 … 선생의 호의에 단지 편지로만 감사를 표하시진 않을 겁니다. 머지않아 선생의 표현이 얼마나 큰 보상으로 돌아올지 알게 되실 겁니다."[124] 갈릴레오는 파올로 조르다노 오르시니Paolo Giordano Orsini 공작의 편지도 받았다. "망원경이 있으면 즐거울 것 같군요. … 선생의 손에 쥔 망원경을 나도 하나 원합니다. 가급적 빠른 시일 내에 그것을 내게 보내는 호의를 보여 주기를 바라오. 그렇다면 선

---

123 앞의 책, no. 238, p. 257(강조는 저자의 것).
124 앞의 책, no. 320, p. 361(강조는 저자의 것).

생이 나에게 바라는 것이 있거나 나를 필요로 할 때마다 선생에게 마찬가지로 신속히 호의를 베풀 용의가 있소."[125]

몇 년 뒤, 추기경 알레산드로 데스테는 갈릴레오에게 태어난 일시를 알려주며 점성술로 운을 점쳐달라고 요청했다. 알레산드로 데스테는 이 기밀한 사안을 갈릴레오에게 맡기는 것이 그의 미덕을 향한 자신의 신뢰를 증명하는 것이며, "선생이 원하는 어떤 것으로든, 호의를 답례해야contracambiarle" 할 때가 오면 자신이 갈릴레오에게 얼마나 큰 의무감을 느끼고 있었는지 깨닫게 될 것이라면서 편지를 끝맺었다.[126]

후원자들이 갈릴레오에게 망원경값을 지급하지 않은 것을 그들의 인색함 탓으로 여기면 곤란하다. 갈릴레오 역시 그들에게 대가를 바라지 않았다. 그가 만약 대가를 요구했다면 그의 신분은 신사에서 장인으로 강등되었을 것이다. 스페인 국왕 펠리페 4세가 (적절한 수의 중개인을 통해) 갈릴레오에게 망원경을 요청하며 대가를 지급하고 싶다는 의사를 내비쳤을 때, 갈릴레오는 망원경 하나를 마드리드로 보내며 "저는 절대 기구를 팔지 않습니다. 지금이든 나중이든 그럴 생각은 추호도 없답니다"라고 중개인에게 말했다.[127] 갈릴레오가 도달하려 한 지위를

---

[125] *GO*, vol. 13, no. 1526, p. 91(강조는 저자의 것). no. 1527, p. 92도 참고.

[126] *GO*, vol. 12, no. 1308, p. 375. 갈릴레오와 추기경 파르네세 사이의 답례에 관한 또 하나의 사례는 *GO*, vol. 10, no. 371, p. 411을 참고하라.

[127] *GO*, vol. 14, no. 1967, pp. 52~53. 이 교환 사례는 Richard Westfall, "Galileo

고려하면, 앞으로 견고해질 후원 인맥들을 대가를 주고받는 거래로 현금화하기보다는 기대할 만한 답례로 쌓아두는 편이 나았다. 그러므로 사그레도, 안토니오 데 메디치, 라비아, 오르시니 공작, 추기경 파르네세가 언급한 답례는 형식적인 표현이나 예외 사례가 아닌 후원의 근본적 특징을 나타내며, 이는 무엇이 교환되는지와는 거의 무관했다.[128]

사그레도는 갈릴레오와 우정으로 맺은 계약의 의무를 알고 있었고, 갈릴레오는 이것을 사그레도에게 자주 상기시켰다. 갈릴레오가 사그레도에게 부탁한 답례 중에는 무엇보다 파도바 대학 교수직 임용 확정과 그가 재차 요청한 봉급 인상을 위한 적극적인 로비가 있었다. 1599년, 갈릴레오를 위해 베네치아 관료와 여러 차례 논의하고 돌아와 지쳐 버린 사그레도는 자신이 우정의 규약을 준수했다고 썼다. "자네와 맺은 우정은 이미 더없이 충족시키고도 남았다네. 내가 받아들인 의무감은 물론이고, 진정한 신사라면 비르투오소[129]들에게 마땅히 내밀어야

and the Jesuits", p. 35에서 언급되었다.

128 이를테면 샤론 케터링Sharon Kettering은 17세기 프랑스의 정치적 후원에 관한 연구에서 이와 유사한 선물 및 답례 동역학을 설명했다("Gift-Giving and Patronage in Early Modern France", *French History* 2 [1988]: pp. 131~151). 파울라 핀들렌Paula Findlen은 "The Economy of Scientific Exchange in Early Modern Italy"에서 이와 놀랍도록 비슷한 패턴을 밝혀냈다.

129 *virtuoso, 학식이나 기술이 놀랍도록 뛰어난 학자 또는 예술가를 부르는 경칭으로, 16세기 이탈리아에서 쓰이기 시작했다. 17세기와 18세기를 거치면서 주로 음악가의 칭호로 사용되었다.

할 호의와 도움도 마찬가지로 충족시켰지. … 이제 나는 그만두 어야겠네. 매우 훌륭한 자네도 단념하는 게 좋을 거야."[130] 이처 럼 사그레도와 갈릴레오처럼 격식 없고 친밀한 우정 관계조차 선물교환 의례로 유지되었다.

갈릴레오가 파도바를 떠났을 때 베네치아인들이 표출했 던 분노 또한 선물교환 의례, 더 정확히는 선물과 관련된 금 기taboo 위반의 관점에서 이해할 수 있다. 1609년 8월, 갈릴 레오는 베네치아 상원에 망원경을 선물했다. 베네치아의 총 독doge 레오나르도 도나Leonardo Donà에게 전한 소개장에는 심 지어 망원경 제작의 권리를 포기한다고 쓰여 있었다. 갈릴레오 는 거기서 그치지 않고, 답례로는 파도바 대학 종신교수직이 적 절하리라는 뜻을 내비치기까지 했다.[131] 요청했던 답례를(그리 고 그 이상을) 받은 갈릴레오는 베네치아 공화국의 가신으로 남 아야 하는 명예에 얽매여 있었다.[132]

---

130 *GO*, vol. 10, no. 68, pp. 77~78(강조는 저자의 것). 선물교환의 이러한 의례적 특 성은 리처드 웨스트폴이 "Science and Patronage", p. 13에서 주목한 바 있다.

131 "전하의 뜻에 따라 선생이 전하를 섬기며 여생을 보내는 것이 주님과 전하를 기쁘게 해드린다면 … "(*GO*, vol. 10, no. 228, pp. 77~78).

132 1614년 9월 베네치아 작업장의 예산 총액이 (모든 봉급과 기타 지출액을 비롯 해) 15,542두카트 남짓이었다는 점을 고려하면, 상원이 갈릴레오의 봉급으로 약 속한 1,000두카트는 **놀랄 만큼** 큰 금액이었다(*Relazioni dei rettori veneti di terraferma, vol.4, Podestaria e capitanato di Padova* [Milan: Giuffrè, 1975]). 그렇다고 해서 갈릴레오의 봉급이 전례가 없는 액수였던 것은 아니다. 갈릴레오의 동료이자 적이었던 철학자 체사레 크레모니니의 파도바 대학 봉급은 2,000두카트

메디치가에 (앞서 상원에 기증했던 것과 같은 기구로 발견한) 목성 위성을 헌정하고 파도바 대학 종신직이라는 관대한 보상을 포기할 때 갈릴레오는 명예 규율code of honor을 위반했다. 갈릴레오가 본인이 요청했던 관대한 선물을 받은 다음 되돌려 준 것은 베네치아인에게 모욕이 되었다. 갈릴레오가 더한 짓을 저질렀다는 증거도 있다. 본인이 받은 선물, 즉 파도바 대학 종신 재직권의 공식적인 포기를 관례적인 에티켓에 맞춰 표명하지도 않았던 것이다.[133] 그러니 1612년 말까지도 사그레도가 여전히 이렇게 말한 것은 놀랍지 않다. "자네의 사임이 불러일으킨 혐오감, 특히 자네가 떠난 것을 두고 사람들이 말하는 방식이 초래한 혐오감이 이렇게 크다니 도저히 믿을 수가 없네."[134] 베니에르처럼 갈릴레오의 좋은 동료였던 사람들도 사그레도에게 계속 갈릴레오와 서신을 주고받는다면 관계를 끊어 버리겠다고 위협할 만큼 모욕감을 느꼈다.[135]

로 교수 중 가장 높았다. 새롭게 책정된 갈릴레오의 봉급에는 "향후 인상될 수 없다"라는 조항이 달려 있었다.

[133] 종신직은 매우 드문 특권이었을 뿐만 아니라 안전한 직업이라는 의미 이상의 중요한 상징적 의미가 있었다. 베네치아 공화국은 그런 특권을 갈릴레오에게 부여함으로써 외부인이었던 그를 그들의 일가에 가까운 일생의 가신으로 받아들였다.

[134] *GO*, vol. 11, no. 813, p. 447.

[135] 앞의 책, no. 569, p. 172. 베니에르는 1년 이상 지나서야 갈릴레오와의 관계를 회복했다. 갈릴레오에게 보낸 편지에서 그는 갈릴레오의 사임이 베네치아와 파도바의 수많은 사람을 불쾌하게 만들었고 그 사람들은 갈릴레오가 그 특별한 선물을 받아들이거나 "다른 몸짓을 취하는 것으로" 감사를 표해야 했다고 생각한다고 썼다. 그리고

그러나 갈릴레오의 선물교환 윤리 위반은 베네치아 공화국 후원 관계의 끝을 의미하는 동시에 코시모 2세와 새로운 후원 관계의 시작을 의미하기도 했다. 새로운 관계 역시 선물증여 의례를 중심으로 형성되었다. 갈릴레오는 코시모를 비롯한 유럽의 많은 군주와 추기경들이 메디치의 별을 볼 수 있도록 선물한 ("막대한 비용과 노동을 들여 만든") 망원경의 제작비용과《별의 전령》인쇄비용을 전부 사비로 부담했다.[136] 갈릴레오는 메디치 외교 네트워크를 통해 망원경과《별의 전령》사본을 배포함으로써, 즉 그것들의 출처가 메디치 가문인 것처럼 보이게 함으로써 코시모가 자신에게 빚을 지도록 했던 것으로 보인다. 갈릴레오는 자신의 한계 안에서 코시모를 포틀래치로 끌어들이려 했던 것이다.

갈릴레오는《별의 전령》의 더욱 호화로운 두 번째 판 제작 비용에 출자를 언급하기도 했다(라틴어가 아닌 피렌체 지방어

"권력자들(더없이 현명한 분들)은 그 일[갈릴레오의 사임]을 두고 마치 먼 나라에서 일어난 사소한 사건인 듯 일언반구도 하지 않는다"라고도 적었다(앞의 책, no. 591, pp. 215~216).

[136] *GO*, vol. 10, no. 277, p. 298. 메디치 가문은 망원경을 추가로 제작하고《별의 전령》의 새로운 판본을 인쇄할 비용으로 갈릴레오에게 200스쿠디를 주었지만, 이 자금은 갈릴레오가 대공의 궁정직 제공 의사를 들은 **뒤에야** 출자되었다. 실제로 빈타가 200스쿠디를 언급한 편지는 갈릴레오에게 가르칠 의무가 없는 적절한 직함을 부여하며 그를 다시 피렌체로 초청한다는 대공의 뜻을 확정하는 편지와 동일했다. 요컨대, 갈릴레오가 돈을 받은 것은 포틀래치가 끝난 다음이었다(앞의 책, no. 311, p. 356).

로 바꿀 생각이었다). 그는 빈타에게 "두 번째 판에는 가신의 미약함보다는 후원인의 위대함을 담아야 한다"라고 말했다.[137] 메디치의 별과《별의 전령》은 말 그대로 코시모를 위한 선물이었으므로 처음에는 그 대가를 한 푼도 받지 않았다. 더군다나 갈릴레오는 메디치 가문의 이름으로 유럽의 왕족과 고위 성직자에게 선물을 보내는 일에도 무던히 공을 들였다.《별의 전령》은 의뢰를 받아서 만든 작품이 아니었다. 그것은 '순수한' 선물이었다. 그러므로 메디치가는 적절한 답례로 보상해야 했다.

갈릴레오-코시모 후원 관계의 시작을 알리는 선물이 또 하나 있었다. 군용 컴퍼스와 그 설명서 Istruzioni였다. 앞서 살펴보았듯, 갈릴레오는 컴퍼스 선물의 답례로 여름철 개인 수학 교사가 되면서 군주와 접촉할 수 있었다. 메디치가는 갈릴레오의 선물에 현금으로 보답하지 않았다. 대신 여름철 그가 코시모를 가르치러 궁정에 와 있는 동안 검은 호박단,[138] 황금 메달, 400스쿠디 값어치의 황금 사슬, 궁정에서의 접대, 식료품을 선사했으며 또한 갈릴레오의 파도바 대학 봉급 인상과 매부 베네데토 란두치의 구직을 돕는 방식으로 답례했다.[139] 사실상 펠리페 4

---

137 앞의 책, no. 277, p. 299.
138 * taffeta, 견직물의 일종.
139 앞의 책, no. 142, p. 161; no. 295, p. 318. 갈릴레오는 여름철 피렌체에서 어린 군주 코시모에게 수학을 가르치는 동안 보수 대신 궁정의 접대를 받았다. 1605년 8월 메디치가의 집사 조반니 델 마에스트로 Giovanni del Maestro 는 갈릴레오를 프라톨리노 별장 Villa di Pratolino (궁정의 여름 별장 중 하나)으로 초대하면서 크리스티나 대공

세에게 망원경을 주었던 때와 똑같이, 당시 여름의 갈릴레오에게는 돈을 받지 않는 것이 중요했다. 덕분에 그는 자신을 신사로 내세울 수 있었다. 메디치가의 후원 관계는 호혜적 선물교환에 기초하여 자발적 행위로 제시된 것이었다.

갈릴레오가 메디치 가문과의 후원 관계를 발전시키는 데 결정적이었던 두 가지 선물교환 사례에서도 비슷한 패턴을 찾아볼 수 있다. 메디치 가문이 컴퍼스와 설명서 헌정에 대한 답례로 갈릴레오에게 준 선물은 값진 물건이 아니었다. 망토용 검은 호박단을 받긴 했지만 이것은 갈릴레오가 메디치 가문에 바친 선물의 가치에 걸맞지 않았다. 하지만 메디치가는 그에게 더욱 가치 있는 선물, 즉 군주를 가르칠 기회를 하사했다. 갈릴레오의 선물이 더 개인적인 후원 관계의 구축이라는 보답으로 돌아온 것이다. 1610년에도 매우 유사한 일이 벌어졌다. 갈릴레오가 코시모에게 메디치의 별을 헌정하자, 코시모는 우선 별의 가

비가 그에게 "훌륭한 방과 적절한 식탁, 좋은 침대와 무료 양초"를 제공하라고 했다고 전하면서도 금전적 보상은 전혀 언급하지 않았다(앞의 책, no. 122, p. 146). 메디치 가문이 이와 같은 환대를 선물, 즉 갈릴레오의 보필에 대한 보상으로 베풀었다는 점은 갈릴레오가 궁정에 머물지 않을 때는 식료품을 선물로 받았다는 사실로도 확인된다. 일례로 1605년 7월, 궁정인들이 아직 피렌체에 있고 갈릴레오는 매부의 집에 머물고 있을 때 크리스티나는 조반니 델 마에스트로에게 "갈릴레이 선생은 그의 매부 베네데토 란두치 선생의 집에 머물고 있으니 … 송아지 고기 한 덩이, 식용 수탉 두 마리, 닭 여섯 마리, 포도주 네 병을" 보내라고 명했다(*ASF*, "Carte Strozziane", series 1, 30, fol. 134v). 갈릴레오의 매부가 메디치 가문의 행정직에 오르도록 크리스티나가 중개한 일에 관해서는 *GO*, vol. 10, no. 205, p. 227을 참고하라.

치에 비하면 비교적 보잘것없는 황금 메달과 사슬이라는 선물로 보답했다.[140] 하지만 코시모의 진짜 보상은 갈릴레오를 수석 수학자 겸 철학자로 임명하여 특권적 후원 관계를 구축한 것이었다.

이 증거들로 판단할 때, 위대한 후원자와 맺는 영구적인 후원 관계의 시작점은 후원자가 가신의 선물에 감사를 표하면서도 그에 보답하지 않는 것이었다. 이런 방식으로 후원자는 일종의 빚을 받아들였는데, 그 빚을 한 번에 *una tantum* 갚지 않고 마치 봉급처럼 시간을 두고 다양한 특권을 정기적으로 분배하며 갚아 나갔다. 이 경우 피후원자의 선물은 투자로 기능했다. 후원자의 가장 돋보이는 선물은 긴밀한 후원 관계에 진입하지 않을 때 사용된 것으로 보인다. 예를 들어 1604년 가을에 카를로 데 메디치 Carlo de' Medici의 질환으로, 1614년 코시모 2세의 질환으로 의견을 모으고자 소환된 의사들은 피렌체에 머무는 동안 외국의 귀족과 같은 대우를 받았으며 선물(주로 황금 사슬)이 실린 마차를 타고 집으로 돌아갔다.[141] 갈릴레오의 동료 아콰펜덴

---

140 사실 대공이 갈릴레오에게 선사한 것은 메디치가의 예술가들이 메달(한 면에 코시모의 형상이, 다른 면에 메디치의 별이 새겨진 메달)을 제작하도록 하는 영광이었던 것으로 보인다. 하지만 메달에 필요한 금은 갈릴레오가 제공했다(*GO*, vol. 10, no. 326, p. 368). 어떤 의미에서 코시모가 갈릴레오에게 하사한 선물은 귀족들이 피후원자가 (사비를 들여서) 후원자의 문장을 집에 걸어놓을 수 있도록 허락한 것과 다르지 않았다. 각주 115번 또한 참고하라.

141 *ASF*, "Diari di etichetta di guardaroba 1", fol. 180: "1604년 9월 1일. 아콰펜덴

테의 파브리치우스 또한 두 번의 소환에 모두 응하여 메디치가로부터 호화로운 보상을 받았지만, 1607년 갈릴레오를 통해 요청하기 전까지는 메디치 가문의 주치의 자리에 오를 수 없었다.

관대한 선물은 불연속적인 후원 관계에서 드러나는 특징이었다. 실제로 메디치 가문이 (1610년 이전의) 갈릴레오와 왕진 의사들에게 주었던 모든 선물은 방문객 접대를 규정하는 궁정 에티켓에 따른 것이었다.[142] 심지어 고상하고 값비싼 작품을 만들던 메디치가의 장인 작업장은 메디치 외교·정치 네트워크를 통해 또는 피렌체 궁정을 방문한 고위 관료를 통해 유럽 군주들에게 배포할 선물을 제조하는 공장이었다고도 볼 수 있다.[143]

테 출신의 파브리치우스 선생은 돈 카를로 전하를 치료하러 파도바에서 온 의사이시다. 국고로 궁전에 모셨는데, 식탁에서 시종 셋을 곁에 두고 하인 둘을 거느리며 종복 둘의 시중을 받으셨다. 이튿날에는 포조[이탈리아의 마을 포조 아 카이아노로] 가서 오찬을, 빌라 페르디난다로 가서 만찬을 하셨다. 나흘째 되는 날에는 가마 한 대와 노새 두 마리, 마차용 말을 끌고 파도바로 돌아가셨고, 부인을 모시는 하인 알레산드로 베르기가 파도바까지 동행하였다. 값비싼 목걸이, 양모, 검은 공단, 값어치 있는 장식품도 선물로 받으셨다." 파브리치우스는 1614년에도 코시모 2세를 치료하기 위해 다른 의사들과 함께 피렌체로 초청되었다. 그들이 누린 접대와 대우, 선물은 1604년에 받은 것에 필적했다(ASF, "Miscellanea medicea 437", fols. 34~35).

[142] Marcello Fantoni, "Feticci di prestigio"; Giacomina Calligaris, "Viaggiatori illustri ed ambasciatori stranieri alla corte sabauda nella prima metà del Seicento: Ospitalità e regali", *Studi piemontcsi* (1975): pp. 151~163.

[143] Paola Barocchi, "Introduzione" to the reprint of Giovanni Maggi, *Bichierografia* (Florence: SPES, 1977), 1: pp. i~xiv; Sir Robert Dallington, *Descrizione dello Stato del Granduca di Toscana nell'Anno di Nostro Signore 1596* (Florence: All'Insegna del Giglio, 1983), p. 70.

갈릴레오가 메디치 외교 네트워크를 통해 망원경을 여러 개 배포한 사례 또한 같은 범주에 속한다.[144] 가신의 산발적 선물과 그에 응하는 군주 후원자의 답례는 방문에 관한 의례를 구성했다. 갈릴레오는 일 년에 한 번 여름철에 (선물을 들고) 메디치가를 방문하는 유목 가신nomadic client인 셈이었다. 이와 마찬가지로, 곤차가 가문의 호화로운 선물도 갈릴레오가 만토바를 방문했을 때 주어졌다.

후원의 논리에서 선물이 차지하는 위치는 갈릴레오의 경력에서 그의 과학적 산물이 맡은 구경거리의 역할을 설명한다. 갈릴레오는 후원자에게 선물로 바칠 만한 것을 만들거나 발견해야 했다. 메디치의 별이 그 완벽한 사례다. 하지만 메디치의 별이 갈릴레오의 경력에서 단연 두드러진다고 해서 그가 만들고 배포한 다른 수많은 선물을 간과해서는 안 된다. 메디치 궁정의 중개인들은 그가 피렌체를 방문할 때마다 "새로운 보여 줄 것들"을 가져와야 한다고 상기시켰고,[145] 갈릴레오 또한 가져갈 새로운 소식들을 편지로 예고하며 그들의 관심을 붙들어 놓느라 애를 썼다.[146] 안토니오 데 메디치가 요청했던 두 액체 사

144 Richard Westfall, "Galileo and the Jesuits", in *Essays on the Trial of Galileo* (Vatican City: Vatican Observatory, 1989), p. 35.

145 *GO*, vol. 10, no. 73, p. 84; no. 119, pp. 142~143.

146 "그리고 이번 6월에 방문할 때는 이 문제에 관한 더없이 놀라운 소식을 대공 전하께 전할 것입니다."(앞의 책, no. 277, p. 302); "[다음번에 피렌체를 방문할 때는] 몇 가지 문제를 개선한 망원경과 함께 다른 발명품도 가져갈 예정입니다."(앞의 책, no.

이에 뜨는 공, 코시모를 위한 강화자철광[147], 수수께끼 형식으로 배포한 여러 천문학적 발견(수수께끼는 말 그대로 도전 의식을 불러일으키는 선물로 여겨졌다), 군용 컴퍼스, 불가사의한 형광을 뿜는 '볼로냐의 돌Bologna stone', 다양한 주제를 다룬 저술들 그리고 망원경과 현미경이 사실상 선물로 제시되었다. 심지어 갈릴레오의 편지조차 때로는 선물로 수신되고 배포되었는데, 오늘날의 출판 전 논문이나 논문 별쇄본과 다르지 않다.

선물교환의 패턴이 덜 산발적으로 바뀌었다는 것은 후원 관계가 더욱 개인적으로 변했다는 뜻이었다. 궁정의 후원을 예로 들자면, 이런 일은 가신이 간혹 찾아오는 방문객에서 궁정인, 즉 군주의 식솔familia이 되는 상황에서 일어났다. 이 경우, 군주 후원자는 가신의 선물에 값진 물건이 아닌 계약과 봉급으로 답례했다. 마스카르디와 참폴리가 주장했듯, 중요한 선물을 줌으로써 후원을 장기적인 관계로 끌어들이려 하는 쪽은 가신이었다(물론 항상 성공하지는 않았다). 이 과정은 칭호를 매매하는 것과 비슷했다. 조건만 맞았다면 양쪽 모두에게 최고의 선택이었을 것이다.

메디치 가문 쪽에서는 갈릴레오에게 선물로 답례하는 것보다 그가 그토록 원한 철학자 칭호와 연봉 1,000스쿠디를 주는

257, p. 271)

147 * armed lodestone, 철 덮개를 씌워 자기력을 강화한 자철광.

편이 더 편리했을 것이다. 그에게 선물을 준다면 무엇을 줄 수 있었겠는가? 당시 중요하게 여겨지던 유럽 국가들 모두 갈릴레오의 발견과 그 발견이 메디치가에 헌정되었다는 사실을 알고 있었다. 그리고 영향력 있는 수많은 저명인사 또한 갈릴레오가 메디치 외교 네트워크로 배포한 망원경과 《별의 전령》 사본을 이미 입수해서 그의 발견을 직접 확인한 터였다. 어떤 의미에서 갈릴레오는 메디치가를 통제된 포틀래치로 서서히 끌어들인 셈이었다. 갈릴레오가 헌정한 메디치의 별에 코시모가 감사를 표하자, 코시모의 관대함과 고귀함은 갈릴레오에게 망원경을 선물 받은 모든 왕과 왕비, 공작, 추기경의 '감시'를 받게 되었다. 따라서 코시모는 적절한 답례를 떠올리기가 쉽지 않았을 것이다.

이와 같은 유형의 후원은 갈릴레오가 궁정철학자라는 직위와 칭호(코페르니쿠스주의와 수학적 물리학을 정당화하는 데 필요한 결정적인 밑천)를 확보하게 해 줌으로써 그의 경력에서 핵심 역할을 했지만, 그런 후원에 접근할 수 있는 가신은 극히 소수였다. 절대군주라는 특별한 지위와 명성 때문에 후원을 확보하기가 어려웠을 뿐만 아니라 그 후원을 받기 위해 지켜야 할 다른 규칙들도 있었다. 한낱 신민의 선물에 감사를 표할 필요가 없다는 점이 일반적인 군주와 절대군주의 결정적인 차이였다.

마테오 펠레그리니는 1624년 출간한 궁정 논고에서 이 특별한 형태의 선물교환이 지닌 흥미로운 특징, 즉 정치적 절대주의 정당화와 바로크 궁정 후원 동역학의 핵심에 대해 논했다.

전하의 존귀함에는 신민에 대한 의무감이 뒤따르지 않는다. 위대한 군주가 받는 것은 호의favore라고 부른다. 신민들을 향한 군주의 애정은 은총gratia이라고 부르는데, 그들에게 감사해서가 아니라 그 애정이 의무감에 구애받지 않고 자유롭게 전해지기 때문이다. 권력자는 부당하다는 말을 들을까 두려워하지 않고도 수천 명의 노고를 무시할 수 있다.[148]

절대군주는 무소불위의 권력 덕분에 명예를 더럽히지 않고도 포틀래치에서 발을 뺄 수 있었다. 설령 그 판에 남기로 결정하더라도 그것이 자유로운 선택이라고 주장할 수 있었다. 어떤 의미에서 절대군주는 이전의 모든 포틀래치에서 승리를 거두었으므로(그는 군주이므로 역사적으로 그럴듯하다) 앞으로도 결코 패배하지 않을 인물로 스스로를 내세울 수 있었다. (신민을 향한) 무소불위 권력의 정당성은 이렇게 미묘하고도 극단적인 형태의 귀납에 뿌리를 두었다. 말하자면, 과거의 무패 전적이 존재론적 무패로 둔갑한 것이다. 이것이 일반적인 군주와 절대군주를 구분하는 비약적 차이였다.[149]

---

148 Matteo Pellegrini, *Che al savio è convenevole il corteggiare libri IIII*, pp. 2~3.

149 여기서 명확하게 말하긴 어렵지만, 절대군주 담론에 관한 여러 고려사항은 Louis

이런 가정을 전제해야만 군주는 오명을 입을 두려움 없이 도전을 거부할 수 있었다. 군주는 도전이 제기되었을 때 그것을 깔보거나 무례한 행위로 여겨 무시할 수 있었다. 흥미롭게도, 정치적 절대주의가 발전하면서 결투에 관한 글을 쓰던 작가들은 군주를 향한 도전이 더는 정당하지 않다고 주장하기 시작했다.[150] 군주는 이제 일인자 귀족이 아니었다. 기사의 명예 규율에 묶이지도 않았다. 군주는 그 이상의 존재였다. 군주를 향한 도전은 이제 귀족의 표시가 아닌 불경죄lèse-majesté가 되었다.[151] 절대군주의 독특한 조건에 관한 이러한 관념에는 권력 담론 수준에서 특정한 사회역사적 변화가 반영되었을 가능성이 있다. 정치적 중앙집권화 과정에 대항하는 위대한 봉건영주와 토착귀족magnate의 도전은, 전쟁터에서 무산되거나 궁정의 과시적 소비를 거치며 좌절되었듯이 궁정 담론 수준에서도 배

Marin, *Portrait of the King* (Minneapolis: Minnesota University Press, 1988)의 영향을 받았다.

150 Giancarlo Angelozzi, "Cultura dell'onore, codici di comportamento nobiliari e stato nella Bologna pontificia: Un'ipotesi di lavoro", *Annali dell'Istituto Storico Italo-Germanico in Trento8* 8 (1982): pp. 314~315.

151 일반적인 결투에 관해 거듭 제시되었던 주장이 또 있다. 결투는 더 이상 귀족 명예 규율의 표현이 아니라 절대주의 군주와 국가의 권력에 대한 모독이 되었다는 것이다(Richard Herr, "Honor Versus Absolutism: Richelieu's Fight Against Dueling", *The Journal of Modern History* 27 [1955]: pp. 281~285). 이 문제에 관한 프랜시스 베이컨Francis Bacon의 견해는 Francois Billacois, *The Duel* (New Haven: Yale University Press, 1990), p. 32를 참고하라.

제되었다. 절대권력자를 향한 저항은 그 종류와 무관하게 절대주의 궁정 담론에 의해 '범죄화'되었다.

이러한 담론적 전회는 또 다른 근본적인 역전과 밀접하게 연관된다. 군주의 권력은 신민에게 받은 '선물'에 결정적으로 뿌리를 두었음에도 정작 그 채무의 방향은 거꾸로 뒤집혀 있었다. 군주는 신민에게 아무런 채무가 없는 반면 신민은 그에게 모든 것을 빚진 상태로 간주되었다.[152] 신민은 절대군주에게 선물을 바칠 의무가 있었다. 하지만 펠레그리니가 지적했듯 그런 선물은 도전으로(즉, 응답할 만한 가치가 있는 것으로) 여겨지지 않았으며[153] 오직 일방적인 헌정으로 받아들여졌다.

위대한 군주는 모든 것을 가진 듯 행동한다. 다른 사람들이 군주를 위해 하는 일은 선의beneficio가 아닌 충직한 의무라고 말

---

[152] 절대군주와 신민 사이에서 나타나는 이 흥미로운 선물교환 변칙은 또 다른 주목할 만한 역전을 가능하게 한다. 군주는 자신이 가신으로 받아들인 사람에게 (선물로) 빚을 지고 그 대가로 장기적인 특권의 가능성을 제공하면서 권위를 유지했다는 것이다. 비록 차이점은 있겠지만, 이 상황은 공공부채public debt로 운영하며 통치권을 유지하는 근대국가를 떠올리게 한다. 군주에게 충분히 바친(혹은 충분히 투자한) 가신은 연간 '배당금'이나 직함(아니면 둘 다)을 받게 되었다. 이와 비슷한 과정인 위임delegation과 권력부여empowerment의 상징적 차원에 대한 견해는 Pierre Bourdieu, "Delegation and Political Fetishism", *Language and Symbolic Power* (Cambridge, Mass.: Harvard University Press, 1991), pp. 203~219을 참고하라.

[153] 펠레그리니는 이런 선물을 "호의"라고 부르면서 군주가 피후원자에게 받는 다른 선물들과 구분한다.

한다. 그것에 고마움을 표현하는 것은 채무가 아닌 은총의 표시이다. 신민들은 바칠 때 관대하나, 군주는 받을 때조차 관대하다. 위대한 군주에게 바치는 봉사의 중요성이 클수록, 군주가 그 봉사를 인정할 경우 돌아오는 은총 또한 커진다. … 아, 이토록 배은망덕한 운명이라니! 군주를 섬긴다는 것은 군주에게 의무를 다하는 것이다. 군주를 향한 신민의 관대함은 바치는 자에게만 의무를 지우며, 군주는 그들의 관대함을 그저 만족스럽게 받아들인다.[154]

절대군주는 신을 닮았다. 더 정확하게 말하자면, 개신교의 신을 닮았다. 권력은 무한하고 위대하므로 속세의 가신은 군주를 기쁘게 하고자 기꺼이 한 일에 군주가 어떻게 반응할지 예상할 수 없다. 이것으로 우리는 펠레그리니와 많은 궁정 논고의 저술가들이 은총이라는 용어를 사용하여 완벽한 궁정인의 특성을 기술한 이유를 알 수 있다. 실제로 궁정인이 군주에게서 보상을 받는 것은 그리스도교인이 신에게 은총을 받는 것과 구조적으로 비슷하다. 두 경우 모두 그 사람의 행위가 은총의 성

---

154 Matteo Pellegrini, *Che al savio è convenevole il corteggiare libri IIII*, pp. 27~28. 펠레그리니는 일반적인 가신과 후원자 그리고 절대군주 사이의 또 다른 중요한 차이점을 설명한다. 신민은 군주에게 "명예"를 안길 수 없다. 지위의 측면에서 군주는 가신이나 신분이 낮은 후원자와 비교 자체가 불가능했다. 신민은 절대적 후원자에게 봉사할 수만 있다. 군주는 (**호의**를 베풀면서) '**명예**'를 내리지만 봉사하지는 않는다(앞의 책, p. 32).

취를 보장하지 않는다는 점에서 유사함이 성립된다. 궁정인이 할 수 있는 것이라곤 자신이 '선택받았다'는 것을 외관상 과시 하기 위해 마치 은총을 입은 듯 행동하는 것뿐이었다.[155] 그것 이 바로 궁정인다운 무심함, 즉 스프레차투라sprezzatura가 의미 하는 것이다. 어떤 경우에도 궁정인의 '구원'은 오직 군주에게 만 달려 있었다.

다른 맥락이긴 하지만 루이 마랭의 논의에 따르면, 바로크 궁정 담론에서 종교적 은유를 사용하게 된 것은 절대권력자의 권력 정당성이 해명 대신 '신비mystery', 즉 국가의 신비로 바뀌 었음을 시사한다.[156] 신민의 선물에서 직접 도출되는 군주의 권 력이 어째서 무소불위의 성격을 갖는지를 묻고 그것에 답하는 방식은 종교인이 신의 본성에 관한 의문을 처리하는 방식과 궤 를 같이한다. '우리의 이해를 벗어난 신비'라는 답을 내미는 것 이다. 절대군주에게 도전하는 것이 불경죄라면, 권력의 원천에 관한 의문은 그 원천을 성스러운 신비로 제시함으로써 회피할 수 있다. 군주가 무소불위의 권력을 지닌 이유를 신민이 이해하

---

155 이것이 군주에게 사회적·문화적 통제를 위한 매우 강력한 도구였음은 분명하다. 군 주는 가신들에게 굳이 보상하지 않고도 그들을 순응하게 할 수 있었다.

156 Louis Marin, *Portrait of the King*; Ernst Kantorowicz, "Mysteries of State: An Absolutist Concept and its Late Medieval Origins", *The Harvard Theological Review* 48 (1955): pp. 65~91. 물론 이것은 공식적 혹은 의례적 표 현에 해당한다. 궁정인의 일지나 정치평론가들의 보고에서 묘사된 군주의 권력은 훨 씬 덜 종교적이다.

지 못한다고 해도 그것은 군주의 문제가 아니다. 신민은 그저 그 놀라운 신비를 숙고하면서 자신의 하찮음을 느낄 뿐이다. 그러지 않는 자는 이단자, 즉 군주의 권력에 감히 도전하는 범죄자와 다름없다.

이런 고찰을 통해, 동시대 궁정 논고에서 수없이 등장함에도 파악하기 어려웠던 스프레차투라의 의미를 흥미로운 각도에서 바라볼 수 있다. 궁정인다움의 '정수essence'인 스프레차투라는 궁극적으로 언어로 설명할 수 없는 것으로 제시되어야 했다. 그것이 불명료한 개념으로 남아 있어야 했던 이유는 군주의 권력과 그 권력으로 형성된 궁정인의 정체성에 대한 '신비'를 완벽하게 상징하는 개념이었기 때문이다. 실제로 군주는 권력의 정당성에 대한 규명을 피하는 데 성공하는 한에서만 권력을 유지할 수 있었다. 군주의 권력은 그것의 본질과 정당성이 규명될 때가 아니라 궁정의 행실과 문화로 표출될 때 유효할 수 있었다. 그러므로 군주의 권력이 논증을 통해 규명되는 것을 막으려면 스프레차투라의 불명료함과 권력의 원천에 관한 '신비'가 반드시 필요했다.

앞으로 살펴보겠지만, 정치적 절대주의의 권력 담론은 갈릴레오가 메디치 가문의 권력 담론을 활용해 과학적 발견과 사회직업적 정체성을 정당화하는 전술을 수립하는 데 근본적인 영향을 미쳤다. 특히 갈릴레오가 코시모 2세에게 《별의 전령》을 헌정하면서 목성의 위성이라는 이례적인 발견의 저자권을 지운 당혹스러운 사건은 동일한 담론 구조를 반영한다고 볼 수 있다. 갈릴레오는 본인을 저자가 아닌 메디치의 별과 코시모를 잇는 가교로 내세웠는데(그에 따르면 별들은 늘 하늘에 뜬 채로 언제나 메디치가에 속해 있었다), 이를 통해 우리는 가신이 절대군주를 끌어들이는 유일한 방법이 군주에게 훌륭한 것을 주면서도 보상을 바라지 않는 척하는 것이었음을 알 수 있다. 펠레그리니가 주목했듯, 위대한 군주가 받는 것은 무엇이든 필연적으로 이미 그의 소유였거나 군주 자신 덕분에 받은 것이었다. 그러므로 가신은 절대군주에게 기증한 것을 스스로 만들었다고 말할 수 없었다.

이러한 '자기 지우기self-effacement' 담론이 갈릴레오에게만 국한된 것은 아니다. 치멘토 아카데미 회원들은 《자연 실험에 관한 소론들Saggi di natumli esperienze》(이하 《소론들》)을 페르디난도 2세[157] 대공에게 헌정하면서 다음과 같이 말했다.

소인들은 오로지 전하의 소유가 아닌 것을 드릴 수 있기를 바랄 뿐입니다. 그리하여 전하께 소소하게 보답하고, 전적으로 전하의 소유는 아닌 혹은 전하께서 필요로 하시지 않는 감사의 표시를 저희 스스로가 선택하여 전해 드렸다고 자부하고 싶습니다. 하지만 부득이하게도 소인들은 그러한 마땅하고도 적절한 기

---

157 * Ferdinando II de' Medici (1610~1670).

분을 마음속 깊이 간직함에 만족합니다. 이 새로운 철학적 고찰의 결실은 전하의 보호에 깊이 뿌리를 두고 있기에, 오늘날 아카데미가 이루어 낸 성과는 물론이고 유럽 전역의 뛰어난 학교들에서 경지에 도달한 모든 것이 … 역시 전하께서 베풀어 주신 자비의 선물이기에 마땅하게도 전하 덕분에 가능했기 때문입니다.[158]

만일 갈릴레오가(혹은 치멘토 아카데미가) 저자권이나 비범한 발견자의 역할을 강조했다면 선물은 역효과를 낳았을 것이다. 역설적이게도 가신은 뛰어난 가신으로 인정받기 위해 절대 군주에게 비범한 선물을 기증해야 했지만 실제로는 그 선물을 자신의 결실로 제시할 수 없었다. 그러한 몸짓은 군주에게 용인하지 못할 '도전'으로 받아들여져 후원과 정당성 및 신뢰로 향하는 길이 자칫 위태로워질 수 있었기 때문이다. 만일 가신이 그런 짓을 저지른다면 원래부터 군주의 소유가 아니었던 것은 아무도 그에게 선물할 수 없다는 점을 망각할 정도로 교만해진 하찮은 존재로 보였을 것이다.[159] 그러므로 궁정의 후원 체계

---

158 *Saggi di naturali esperienze fatte nell'Accademia del Cimento* (Florence: Cocchini, 1667), pp. 3~4, as translated in W. E. Knowles Middleton, *The Experimenters* (Baltimore: Johns Hopkins University Press, 1971), p. 87.

159 케플러는 《육각 눈송이에 관하여》를 신성로마제국 황제 루돌프 2세가 아닌 조언자 존 매슈 웨이커John Matthew Wacker에게 헌정했고, 자신의 발견이 후원자 덕분에 가능했다는 사실을 부인하지 않았다. 하지만 그러면서도 그 선물의 '무상함'(그리고 극

안에서는 오로지 저자 개인의 목소리를 지우는 방법으로만 과학 저자의 정당성을 확보할 수 있었다. 저자로서 정당성을 확보한다는 것은 군주의 '대리인'(어쩌면 '예언자')을 자칭한다는 뜻이었다.

저자인 자신을 지우는 것, 그리고 동시에 자신의 저술과 발견이 코시모와 같은 절대군주의 인정과 감사를 받을 만큼 독보적인 가치의 선물임을 암시하는 것, 이 사이에서 줄타기를 하려면 대단한 기술이 필요했다. 갈릴레오가 이런 궁정 곡예에서 상당한 기술을 보여 주긴 했지만, 절대군주 담론은 갈릴레오 같은 과학자에게 축복이면서도 저주였다. 절대군주 담론은 저자권을 가져다줄 만한 다른 수단들로는 확보할 수 없는 사회적·인식적 정당성을 제공했던 반면, 과학 저자의 정체성이 형성되는 방식에 중대한 제약을 가하기도 했다. 토르콰토 타소가 궁정에 관한 대화편에서 쓴 표현을 빌리자면 "강의 존재 여부가 샘에 달렸듯" 궁정인의 명예와 평판은 군주에게 달렸다.[160] 달리 말해, 바로크 궁정은 근대적 개인주의와 저자권을 위한 장소가 아니었다.[161] 권력의 영역에 대한 펠레그리니의 언급을 저자권의

도의 덧없음) 역시 강조했다. 케플러는 다음과 같이 말했다. "선물이 무상함에 가까울수록 더 환영받고 더 잘 받아들여질 것임을 쉽게 짐작하고 있습니다"(Johannes Kepler, *On the Six-Cornered Snowflake*, [Oxford: Clarendon Press, 1966], p. 3).

160 Torquato Tasso, *Il malpiglio*, 13.

161 나는 이 현상의 역사적 특수성을 강조하고 싶다. 르네상스 궁정의 경우는 저자가 처

영역까지 확장한다면, 궁정의 저자는 궁극적으로 단 한 명만 존재했다는 것이 분명해진다. 그 저자는 바로 군주였다.

후원과 과학자 네트워크

남아 있는 갈릴레오의 편지들 가운데 가장 이른 날짜는 1588년 1월 8일이다. 예수회 로마 대학의 수석 수학자 크리스토퍼 클라비우스Christopher Clavius에게 보낸 이 편지는 갈릴레오의 피렌체 후원자 코시모 콘치니를 통해 전달되었다. 콘치니는 두 대신[162]의 아들이자 조카이며 또한 마리아 데 메디치Maria de' Medici 왕비의 총신 콘치노 콘치니Concino Concini의 형이었다. 당시 콘치니는 교황 클레멘스 8세[163]의 젊은 교회 관료였다. 갈릴레오는 클라비우스가 콘치니를 통해 답신을 보낸다면 편지가 피렌체로 무사히 도착할 뿐만 아니라 자신을 향한 후원자의 신용이 향상될 것이라고 클라비우스에게 말했다. 실제로 예수회 고위직이 갈릴레오에게 보낸 편지를 콘치니가 받는다면, 콘치

한 상황이 달랐던 것으로 보인다. (본인의 지적 자산과 스스로의 관계를 밀접하게 유지했던 미켈란젤로의 능력에서 볼 수 있듯이) 르네상스 궁정에서 몇 안 되는 예외적인 가신들은 정당한 저자로 보이기 위해 자신의 이름을 수사적으로 지울 필요가 없었다.

162 * 오늘날의 국무장관. 39쪽 각주 1번을 참고하라.

163 * Clemente VIII (Ippolito Aldobrandini), 재위 1592~1605년.

니는 피후원자의 인맥이 얼마나 대단한지 깨달을 것이었다.[164] 클라비우스는 콘치니를 통해 피렌체로 답신을 보내지는 않았지만, 콘치니에게 그들의 우정을 꼭 전하겠다고 갈릴레오에게 말했다.[165] 단순히 고체의 무게중심에 관한 의견을 주고받은 이 초기 문헌에서조차 후원자와 피후원자 그리고 서로 다른 후원자들이 지위 표시를 교환하며 상호작용을 했던 것이다.[166]

이 예시는 결코 이들만의 독자적인 사례가 아니다. 1600년

---

[164] *GO*, vol. 10, no. 8, pp. 22~23. 코시모 콘치니에 관해서는 Paolo Malanima, "Cosimo Concini", *Dizionario biografico degli italiani*, 27: pp. 730~731을 참고하라.

[165] *GO*, vol. 10, no. 9, pp. 24~25.

[166] 클라비우스가 갈릴레오에게 호의적이었던 이유는 무엇일까? 이 편지 교환과 관련하여 '후원의 미시물리학'의 잠정적인 해석을 제시하자면 다음과 같다. 콘치니는 꽤 중요한 교회 관료였다. 만일 갈릴레오가 클라비우스의 동료라는 사실에 콘치니가 '감명'을 받는다면, 그것은 콘치니가 클라비우스의 높은 지위를 인정한다는 뜻이 된다. 그리고 콘치니가 클라비우스의 높은 지위를 인정하는 행위 자체가 (콘치니의 관점에서) 그 지위를 증명한다. 나는 이 상징 교환에서 클라비우스가 얻은 '이득'이 바로 이것이라고 생각한다. 하지만 콘치니도 자신의 몫을 얻었을 것이다. 클라비우스 같은 고위직 인사가 콘치니의 가신(즉, 콘치니보다 지위가 낮은 사람)과의 우정을 명시적으로 인정할 때 콘치니의 지위는 증명된다(혹은 더 향상된다). 이러한 상징 교환의 결과, 갈릴레오의 지위는 클라비우스에 대해서는 적어도 증명되는 정도이고 콘치니에 대해서는 확실하게 향상된다. 갈릴레오가 얻은 '이득'은 클라비우스에게 보낸 편지의 내용과 관련이 있다. 갈릴레오는 전문적인 내용(원뿔곡선을 회전했을 때 얻어지는 물체의 무게중심에 관한 정리)을 논하면서도 클라비우스를 일종의 심판관으로 추대하며 그의 결정에 자발적으로 따를 것이라 말했다. 자발적인 판단 위임이라는 행위 자체가 선물이었고, 클라비우스는 갈릴레오가 콘치니를 상대로 신용 쌓는 일을 돕는 방식으로 보답했다.

5월, 당시 메디치의 프라하 대사로 루돌프 2세[167]의 궁정에 머물던 콘치니는 갈릴레오가 "실력은 뛰어나지만 잘 알려지지 않은 이탈리아 수학자"라고 튀코 브라헤에게 말했다. 마침 튀코는 이탈리아 수학자와 인맥을 쌓는 일에 개인적인 관심이 있었다.[168] 하지만 튀코와 같은 거만한 귀족이 갈릴레오에게 "우정의 토대를 다지리라"[169]라고 말한 이유는 분명히 콘치니가 갈릴레오를 매우 유능한 인물로 칭찬했기 때문일 것이다. 그 과정에서 단순한 천문학자들 간의 접촉 이상의 시도가 이루어지고 있었다. 정작 갈릴레오는 후원자 콘치니에게 자신을 튀코에게 소개해 달라고 부탁한 적이 없었다. 아마도 콘치니 본인이 튀코에게 그토록 뛰어난 젊은 수학자가 자신의 가신임을 과시하고 싶었을 것이다.

갈릴레오의 서한들은 과학자 간의 소통이 구축되거나 유지되는 데 후원자가 적극적인 역할을 했던 또 다른 사례를 제공한다. 과학자들의 교류는 지위 향상이라는 더욱 일반적인 과정의 일환으로 나타났으며, 이 과정은 후원자와 피후원자 모두에

---

167 * Rudolf II (1576~1612), 신성로마제국의 황제.

168 그 무렵 튀코는 자신을 기념하는 전기를 써 줄 사람을 찾고 있었다. 아마도 이를 활용하여 황제 루돌프 2세를 상대로 위상을 높이고자 했을 것이다(Stillman Drake, *Galileo at Work*, [Chicago: University of Chicago Press, 1978], p. 50). 바로 이것이 튀코가 콘치니의 제안을 받아들이고 갈릴레오와 우정을 다지려 한 이유 중 하나로 보인다.

169 *GO*, vol. 10, no. 70, p. 79.

게 영향을 미쳤다. 그리고 프라하의 콘치니 사례처럼 반드시 갈릴레오가 전략의 주동자라는 법은 없었다. 과학자들의 교류는 대개 후원자에 의해 이루어졌으며, 겉으로는 가신을 위하는 듯 행세하더라도 실제로는 후원자 자신의 위신을 위해서였다. 앞서 언급했듯, 중개인은 네트워크를 유지하거나 확장하기 위해서라면 가신을 몰아세우기도 했다.

과학 논쟁을 촉발하고 주관한 것도 후원자가 유사한 의도로 벌인 일이었다. 도전받을 만하다는 것은 근대 초기 유럽에서 고귀함의 상징이었다(비유럽 사회에서도 마찬가지였다).[170] 도전은 선물의 한 형태였으며 그 반대도 마찬가지였다. 이왕이면 결투에서 승리하는 편이 패배보다는 나았지만, 중요한 것은 도전받았다는 사실 자체였다. 도전받을 만한 지위를 인정받았다는 의미였기 때문이다. 결투 중에 죽는 것조차 명예로운 죽음으

170 Pierre Bourdieu, "The Sentiment of Honour in Kabyle Society", in J. G. Peristiany, ed., *Honour and Shame* (Chicago: University of Chicago Press, 1966), pp. 191~241; Pierre Bourdieu, *Outline of a Theory of Practice* (Cambridge: Cambridge University Press, 1977), pp. 1~29. 발리 닭싸움의 사회적 의미에 관한 클리퍼드 기어츠Clifford Geertz의 분석은 내기가 일종의 결투(사람이 아닌 닭이 죽임을 당하는 결투)로서 공동체의 지위 패턴 유지를 위해 일상적으로 수행되었음을 시사한다. 여기서 나의 논점과 관련된 것은 기어츠의 다음 주장이다. 기어츠에 따르면 사실 승리는 중요치 않았으며(대체로 대등한 수준에서 내기가 이루어졌기 때문이다), 내기를 한다는 것, 즉 '도전을 받아들이는 것'(자신을 '도전받을 만한' 사람이라고 규정하는 것)을 널리 알리는 일이 중요했다(Clifford Geertz, "Deep Play: Notes on the Balinese Cockfight", *The Interpretation of Cultures* [New York: Basic Books, 1973], pp. 412~453).

로 여겨졌다. 결과적으로 결투는(그리고 과학 논쟁은) 사회에서
명예와 지위의 경제를 이루는 한 부분이었다.[171] 그리고 과학적
교류와 도전(즉 논쟁)의 차이를 가르는 경계선이 매우 모호할
때도 있었다.[172]

후원자의 주관으로 촉발된 과학적 대화의 다른 사례는 파도
바 시기 갈릴레오의 주요 귀족 후원자였던 사그레도의 편지에
서도 발견된다. 1602년 12월 20일, 사그레도는 갈릴레오에게
자신의 가문이 의원으로 있던 베네치아 상원이 잉글랜드에 관
료를 보낼 예정이라고 알렸다. 그리고 베네치아 관료를 통해 유
명한 자연철학자 윌리엄 길버트William Gilbert에게 서신을 전할
생각이니 길버트의《자석에 관하여De magnete》에 관해 궁금한
것이 있다면 편지에 포함해 주겠다고 덧붙였다. 사실 갈릴레오
가 편지 작성에 참여한다면 특히나 환영할 만한 일이었다. 사그
레도는《자석에 관하여》를 매우 잘 알지는 못한다고 시인했기

---

171 앞서 인용한 결투에 관한 저술 이외에도 Francesco Erspamer, *La biblioteca
    di Don Ferrante: Duello e onore nella cultura del Cinquecento* (Rome:
    Bulzoni, 1982)를 참고하라.

172 이 주제에 관해서는 다음 문헌들을 참고하라. Steven Shapin, "A Scholar and a
    Gentleman", *History of Science*, 29 (1991): pp. 279~327; idem, *A Social
    History of Truth: Civility and Science in Seventeenth-Century England*
    (Chicago: University of Chicago Press, 1994); Mario Biagioli, "Scientific
    Revolution, Social Bricolage, and Etiquette", in Roy Porter, Mikulas
    Teich, eds., *The Scientific Revolution in National Context* (Cambridge
    University Press, 1992), pp. 11~54.

때문이다.[173] 갈릴레오를 길버트와 연결해 주면서 실제로는 피후원자의 능력을 이용해 자신을 과시하려 한 것이다. 효과는 있었다. 1603년 2월, 길버트는 친구 윌리엄 발로에게 다음과 같이 말했다.

지혜롭고 학식 있는 베네치아 비서관이 있는데, 당국에서 보낸 모양이야. 전하의 명예로운 환영을 받았다네. 그 사람이 한 베네치아 신사의 라틴어 편지를 내게 전해주었는데, 학식이 높은 요한네스 프랑키스쿠스 사그레두스[*사그레도]라는 신사라네. 그는 자석에 관해 상당히 잘 알고 있어. 베네치아의 지식인들, 파도바의 교수들과 함께 논의했다고 썼더군.[174]

한편 메디치의 대사들은 유럽 전역에 《별의 전령》 사본과 망원경을 배포하는 작업에서 일정 부분 역할을 맡았는데, 이는 후원이 과학자들의 소통 확장에 기여한 또 다른 사례가 된다. 전반적으로 볼 때 갈릴레오의 책은 대사와 군주, 추기경들

173 GO, vol. 10, no. 89, p. 101.
174 Antonio Favaro, "Adversaria galileiana, serie quarta: Giovanfrancesco Sagredo e Guglielmo Gilbert", Atti e memorie della R. Accademia di Scienze Lettere ed Arti in Padova, new series, 35 (1918-1919): pp. 12~15 에 인용되었다. 비슷한 정보가 Edgar Zilsel, "Origins of Gilbert's Scientific Method", in P. P. Wiener, A. Noland, eds., Roots of Scientific Thought (New York: Basic Books, 1957), p. 247, note 36에도 등장한다.

에게 먼저 도달한 다음, 의견을 구한다는 요청이 덧붙여진 채 수학자들에게 전해졌다. 케플러는 메디치의 프라하 대사에게서《별의 전령》을 입수했고, 천문학자 요하네스 추크만Johannes Zugmann은 쾰른의 선제후[175]인 후원자가 소유한 사본을 읽었으며, 천문학자 일라리오 알토벨리Ilario Altobelli는 추기경 콘티에게서 사본을 받았다.[176] 갈릴레오의 다른 저술에도 유사한 논의를 적용할 수 있다. 1619년, 예수회 사제 크리스토퍼 샤이너Christopher Scheiner는 갈릴레오와 마리오 구이두치Mario Guiducci가 집필한《혜성에 관한 담화Discorso delle Comete》사본을 갈릴레오의 주요 후원자인 오스트리아의 레오폴트를 통해 입수할 수 있었다.[177] 갈릴레오의 망원경 배포 또한 유사한 패턴을 따랐다. 케플러의 사례와 마찬가지로, 대부분의 경우 망원경은 천문학자에게 곧장 전해지지 않고 귀족 후원자의 손에 먼

---

175 * elector, 신성로마제국에서 황제를 선출하던 귀족 집단.

176 케플러가 메디치의 프라하 대사에게서《별의 전령》을 입수한 사례에 관해서는 GO, vol. 10, no. 296, pp. 318~319을 참고하라. 추크만이 그의 후원자인 쾰른의 선제후에게서 사본을 받은 사례는 앞의 책, no. 303, pp. 344~345, 알토벨리의 사례는 앞의 책, no. 294, p. 317을 참고하라.

177 GO, vol. 12, no. 1418, p. 489. 갈릴레오는 레오폴트를 통해서 레모의 혜성 논고를 입수했고[* 여기서 레모는 독일의 천문학자이자 점성술사였던 요한네스 레무스 퀴에타누스를 언급하는 것으로 보인다], 케플러의《코페르니쿠스 천문학 요약서Epitome Astronomiae Copernicanae》사본 또한 레오폴트에게 요청해서 받을 수 있었다. 케플러의 책은 1616년의 칙령 이후 이탈리아에서 금서로 지정되었다(앞의 책, no. 1403, p. 469; no. 1413, p. 481; no. 1417, pp. 484, 488).

저 들어갔다.[178]

케플러가 《별의 전령과 나눈 대화Dissertatio cum Nuncio Sidereo》를 줄리아노 데 메디치Giuliano de' Medici(프라하에 있던 콘치니가 스페인 궁정으로 파견된 후 그를 대신해 프라하에 머물게 된 메디치 대사)에게 헌정한 사례는 과학자 네트워크가 귀족 후원 네트워크에 뿌리를 둔 방식을 이해하는 데 도움이 되는 흥미로운 단서를 제공한다. 우선 케플러는 자신이 줄리아노 데 메디치에게서 《별의 전령》 사본을 받았음을 인정한 바 있다. 또 프라하의 메디치 궁정으로 불려 갔을 때 《별의 전령》에 대한 응답을 요구하는 갈릴레오의 요청서에 관해서도 들었다고 시인했는데, 그 요청을 받아들여야 할 필요성은 대사의 "직접적인 권고"로 강화되었다.[179] 중요한 점은 케플러가 갈릴레오의 편지를 직접 받지는 못했고 메디치 대사가 케플러에게 읽어 주었다는 사

---

[178] 갈릴레오가 쾰른의 선제후에게 보낸 망원경을 케플러가 사용한 것에 관해서는 GO, vol. 10, no. 386, p. 427을 참고하라. 훗날 케플러는 성능이 개선된 황제의 망원경을 사용하기 시작했다. 이러한 배포의 패턴은 리처드 웨스트폴의 "Galileo and the Jesuits", p. 35과 알버트 판헬던의 《별의 전령》 영역본 Galileo Galilei, *Sidereus Nuncius, or The Sidereal Messenger* (Chicago: University of Chicago Press, 1989), p. 92에도 언급된다.

[179] Edward Rosen, ed., *Kepler's Conversation with Galileo's Sidereal Messenger* (New York: Johnson, 1965), pp. 3~4. 여기서 흥미로운 점이 하나 있다. 케플러가 그의 글에서 주장한 것과 달리, 당시의 갈릴레오는 (메디치가의 공식적인 가신이긴 했으나) 메디치가에 고용되기 전이었다는 것이다. 이것은 갈릴레오가 메디치 네트워크를 활용해 망원경과 《별의 전령》 사본을 배포함으로써 자신의 입지를 공식화하는데 성공했다는 의미일 수 있다.

실이다. 갈릴레오와 케플러의 사적 교류, 그리고 메디치 가문이 황실수학자에게 보낸 공식 요청 사이에는 무언가 놓여 있었다. 갈릴레오와 케플러가 나눈 대화가 메디치와 합스부르크의 관계로 매개되고 정당화되고 있었다는 추론은 갈릴레오를 "메디치가의 고용인"이라고 한 케플러의 언급으로 더욱 굳어진다. 그리고 케플러가 《별의 전령과 나눈 대화》를 "그 자신도 태생부터 메디치가 출신인, 메디치의 군주 토스카나 대공의 대사"이자 "소인에게 봉사를 요구하셨던" 인물에게 헌정했다는 점 또한 그 사실을 뒷받침한다.[180] 한번은 메디치 가문이 《별의 전령》에 쏟아진 의심을 빈타를 통해 갈릴레오에게 교묘하게 전달한 일이 있었다. 그러자 갈릴레오는 1610년 봄의 발견에 대한 국제적 인정의 증거로 케플러의 《별의 전령과 나눈 대화》를 활용했는데, 그때도 케플러를 그의 이름으로 부르지 않고 "황제의 수학자"라고 칭했다.[181]

---

180 앞의 책, p. 4.
181 *GO*, vol. 10, no. 307, p. 349. 빈타 또한 케플러를 이름이 아닌 "황제의 수학자"로 칭했다. 갈릴레오가 자신의 발견을 최종적으로 정당화하기 위해 1611년 초로 계획한 로마 출장의 필요성을 두고 빈타와 논의할 때였다. 빈타는 케플러의 전문성보다는 직함이 갈릴레오에게(그리고 메디치의 별에) 신뢰를 부여하리라는 점을 인식하고 있었다(*GO*, vol. 11, no. 464, p. 28). 마찬가지로, 빈타는 예수회 사제들의 신뢰가 교황의 "케플러들Keplers"이라고 할 만한 지위와 밀접하게 연결되어 있다고 생각했다. 그에 따라 빈타는 갈릴레오의 로마 출장을 그의 발견에 담긴 이단적 함의에 대한 소문을 종식할 수단이 아니라 단순히 발견의 경험적 지위를 정당화하는 수단으로 보았다(앞의 책, no. 464, pp. 28~29).

양측에서 드러난 형식적 의례는 갈릴레오와 케플러의 교류에 코시모 2세와 루돌프 2세가 관여했다는 증거가 된다. 더 나아가 루돌프 2세의 궁정인 마르틴 하스달레[182]가 갈릴레오에게 보낸 편지를 보면, 황제 자신이 케플러에게 《별의 전령》에 대한 의견을 표명해달라고 요청한 것임을 알 수 있다(루돌프는 메디치 대사에게서 《별의 전령》을 입수했다).[183] 1618년 12월에도 유사한 패턴이 나타났다. 프랑스 국왕은 그의 수학자 자크 알룸Jacques Aleaume에게 당시 나타난 혜성을 관측하라고 명했다. 알룸은 자신의 망원경은 그 임무를 수행하기에 성능이 부족하다며 왕이 대공에게 요청하는 편이 좋겠다는 식으로 답했다. 대공만이 갈릴레오를 통해 그 의문에 답할 수 있다는 이유에서였다.[184]

케플러와 갈릴레오는 각각 황제와 대공의 가신으로서(그리고 그들의 대리인으로서) 소통한 것이지, 독자적인 과학자로서 소통한 것이 아니었다. 마찬가지로 갈릴레오는 윌리엄 길버트에게 단순히 편지만 썼던 것이 아니다. 갈릴레오가 전한 메시지

---

[182] *Martin Hasdale, 황제 루돌프 2세의 궁정인이자 칼뱅주의자로, 1610년 4월부터 12월까지 갈릴레오와 케플러의 서신 교류를 중개했다. 《별의 전령》이 프라하에서 널리 인정받는 데 큰 역할을 했으나 인물 자체에 대해 알려진 것은 거의 없다. Massimo Bucciantini, "Prague 1610: Galileo, Kepler, Hasdale", *Giornale Critico Della Filosofia Italiana* 8(2) (2012): pp. 234~247.

[183] *GO*, vol. 10, no. 291, p. 314.

[184] *GO*, vol. 12, no. 1362, p. 428.

는 그것이 무엇이었든 간에 사그레도와 베네치아 상원을 거쳐 길버트에게 도달했다. 요컨대, 갈릴레오와 케플러의 교류는 후원자에 의해 정당화되기도 하고 때로는 촉진되기도 했다.[185] 앞으로 태양 흑점 논쟁에서 살펴보겠지만, 갈릴레오와 샤이너도 직접 소통하지 않고 두 명의 고위 귀족(마르크 벨저Mark Welser와 그보다는 덜 관여했던 체시)을 통해 소통했다. 콘치니, 줄리아노 데 메디치, 사그레도, 체시, 벨저는 우편배달부가 아니었으며, 갈릴레오 또한 단순히 실용과 편의를 이유로 기존의 외교 또는 귀족 네트워크를 활용한 것이 아니었다.

근대 초기 유럽처럼 고도로 위계화된, 지위에 얽매인 사회에서는 지위와 신뢰 사이에 경계선을 그을 수 없다. 갈릴레오는 외교적 인맥, 즉 군주의 지위를 대리하는 외교관을 활용하여 신뢰를 획득했다.[186] 그리고 콘치니, 사그레도, 줄리아노 데 메디

---

185 과학자들 간의 소통 촉진에서 군주가 맡은 역할에 관해서는 다음 문헌들도 참고하라. Bruce Moran, "Science at the Court of Hesse-Kassel: Informal Communication, Collaboration, and the Role of the Prince Practitioner in the Sixteenth Century" (Ph.D. diss., University of California, Los Angeles, 1978); idem, "Wilhelm IV of Hesse-Kassel: Information Communication and the Aristocratic Context of Discovery", in Thomas Nickles, ed., *Scientific Discovery: Case Studies* (Dordrecht: Reidel, 1980), pp. 67~96; idem, "Privilege, Communication, and Chemistry: The Hermetic-Alchemical Circle of Moritz of Hesse-Kassel", *Arnbix* 32 (1985): pp. 110~126.

186 *GO*, vol. 10, no. 277, pp. 298~299, 301; no. 284, p. 308.

치와 같은 외교관들에게는 후원을 통해 접근했다. 근대과학에서 과학적 신뢰의 문제는 단지 동료의 인정과 관련되었다고 간주하는 것이 다소 순진한 견해라면, 그러한 견해에 기반해 근대 초기 과학의 과학적 공로와 정당성 확보를 해석하는 것 역시 심각한 오해로 이어질 수 있다. 갈릴레오와 케플러, 클라비우스가 단순하게 우수한 과학의 업적 덕에 직함을 얻었으리라는 '자연스러운' 믿음은 잠시 접어두고, 그들이 직함과 후원자 덕에 과학적 신뢰를 얻은 측면도 있다고 보는 것이 유용하다고 생각된다. 이런 신뢰와 지위 간의 관계 혹은 후원 인맥들 간의 관계는 튀코가 크리스토프 로트만[187]을 "방백작[188]의 수학자"라 부르며 그의 신뢰도를 강조했다는 점으로도 뒷받침된다(튀코는 자신의 관측을 입증하는 증거로 로트만의 '별의 위도변화 관측 자료'를 인용했다).[189]

이러한 후원 네트워크를 그저 영리한 가신이 목적을 이루고자 활용한 '밑천' 정도로만 취급한다면 그 또한 단순한 견해일 것이다. 증거들로 알 수 있듯, 가신은 스스로 네트워크를 동원한 만큼 네트워크에 의해 동원되고 형성되었다. 특히 브뤼노

---

[187] Christoph Rothmann, (1550년경~1600년경). 독일 헤센-카셀의 초대 방백작 빌헬름 4세의 궁정수학자. 16세기에 코페르니쿠스를 지지한 몇 안 되는 천문학자 중 한 명이었다.

[188] *Landgraf, 신성로마제국의 귀족 작위로 공작에 준하는 높은 신분.

[189] Victor E. Thoren, *The Lord of Uraniborg* (Cambridge: Cambridge University Press, 1990), p. 293, note 113(강조는 원본의 것).

라투르Bruno Latour와 미셸 칼롱Michel Callon의 연구 덕분에, 실험실을 중심으로 한 네트워크가 근대과학 동역학의 중요한 해석 범주로 떠올랐다.[190] 물론 네트워크에 관한 나의 분석은 단순히 밑천이 아닌 자기형성의 제도로 간주한다는 점에서 라투르의 분석과 다르다. 하지만 과학 활동에 대한 집단 기반 관점에서 벗어나, 과학적 신뢰를 권력/지식 네트워크 속 행위자의 위치와 연관된 것으로 이해하려 하는 라투르의 목표는 나 또한 공유하고 있다. 특히 후원과 서신 네트워크 분석에 따르면, 실험실과 과학적 기관/제도가 없던 시대(박물관, 식물원, 해부학 극장은 예외)의 과학자 네트워크는 후원 및 외교 네트워크와 맞물려 있었다. 이 네트워크의 권력 마디power node들은 실험실이 아닌 궁정 또는 체시와 벨저, 니콜라-클로드 파브리 드 페이레스크[191] 같은 귀족 후원자를 중심으로 뻗어 나갔다.[192]

---

190 Bruno Latour, *Science in Action* (Cambridge, Mass.: Harvard University Press, 1987), esp. pp. 179~257.

191 *Nicolas-Claude Fabri de Peiresc, 파도바에서 수학한 프랑스의 박식가로, 갈릴레오가 아르체트리에 가택 연금되었을 때 그를 석방시키려 노력했다.

192 17세기 서신 네트워크에 관한 '라투르식' 분석은 다음 문헌을 참고하라. Robert Iliffe, "'In the Warehouse': Privacy, Property and Priority in the Early Royal Society", *History of Science* 30 (1992): p. 29~68, idem, "Author-Mongering: the 'Editor' Between Producer and Consumer" (1995). 16세기와 17세기 이탈리아의 편지 쓰기 관행과 편지의 분량에 관해서는 Amedeo Quondam, ed., *Le Carte Messaggiere* (Rome: Bulzoni, 1981)를 보라. Lisa T. Sarasohn, "Nicolas-Claude Fabri de Peiresc and the Patronage of New Science in the Seventeenth Century", *Isis* 84 (1993)도 참고하라.

후원 그리고 과학 논쟁의 에티켓

앞서 설명한 사회적 지위와 명예, 신뢰의 관계는 사실상 결투를 닮은 근대 초기 과학 논쟁의 동역학을 설명해 준다.[193] 이 주장의 근거는 갈릴레오의 경력만이 아니다. 일례로, 튀코 행성계 모형의 저자권을 둘러싼 튀코와 레이마루스 우르수스Reimarus Ursus의 격렬한 논쟁은 튀코가 개인적인 도전과 과학 논쟁을 뚜렷하게 구분하지 않았음을 시사한다.[194]

튀코는 이 사안을 '우선권 논쟁'으로 보지 않았으며, 대신 귀족으로서 지켜야 했던 명예 규율에 따라 응수해야 할 명백한 모욕으로 간주했다. 우르수스가 소작농이 아닌 귀족 출신이었다면 튀코는 이 일을 결투로 매듭지으려 했을 것이다. 훗날 군

---

[193] 명예를 기반으로 하는 과학 논쟁의 더 최근 사례는 다음 문헌을 참고하라. David Harley, "Honour and Property: The Structure of Professional Disputes in Eighteenth-Century English Medicine", in Andrew Cunningham, Roger French, eds., *The Medical Enlightenment of the Eighteenth Century* (Cambridge: Cambridge University Press, 1990), pp. 138~164.

[194] 이 논쟁에 관한 자세한 분석은 이미 니컬러스 자딘과 에드워드 로즌이 제시했으며, 최근에는 오웬 깅거리치와 로버트 웨스트먼이 새로운 중요 증거를 발견했다. Nicholas Jardine, *The Birth of History and Philosophy of Science* (Cambridge: Cambridge University Press, 1984); Edward Rosen, *Three Imperial Mathematicians* (New York: Abaris Books, 1986); Owen Gingerich, Robert Westman, "The Wittich Connection: Conflict and Priority in Late Sixteenth-Century Cosmology", *Transactions of the American Philosophical Society* 78 (1988), part 7.

용 컴퍼스 발명을 둘러싸고 벌어진 갈릴레오와 발다사레 카프라Baldassarre Capra의 논쟁, 또는 니콜로 타르탈리아Niccolò Tartaglia와 루도비코 페라리Ludovico Ferrari가 도전장을 주고받은 사례와 마찬가지로, 이 경우도 '과학적 신뢰'보다는 '명예'가 걸려 있었다.[195]

수년 전 케플러에게 받은 아첨 편지를 우르수스가 출판해 버리는 바람에 케플러는 튀코-우르수스 논쟁에 곤혹스럽게 연루되었고, 결국 후원자 튀코에게 들볶이다 못해 그의 명예를 회복해 주고자 우르수스의 주장을 반박하게 되었다. 처음에 케플러는 이 사안을 아예 무시하는 편이 차라리 고귀함을 더 드러내는 방법이라고 튀코에게 말하며 성가신 일을 피하려 했다.[196] 이런 케플러의 주장은 기회주의적 태도일 수도 있지만, 사실 일

---

195 갈릴레오의 서한에서 '오노레honore'는 과학적 신뢰와 명예라고 할 만한 것을 모두 지칭하는 데 체계적으로 사용되었다. 이는 과학자의 뚜렷한 사회직업적 정체성이 아직 발달하지 않았음을 의미한다. 이를테면 *GO*, vol. 10, no. 23, p. 9을 보라. 오노레에 대한 언급은 갈릴레오가 카프라와 논쟁을 벌이는 동안 (때로는 파마fama [* 명성]와 번갈아) 상당히 빈번하게 등장했다(앞의 책, no. 154, p. 172; no. 156, p. 174; no. 160, pp. 177~178; no. 162, p. 179). Enrico Giordani, ed., *I sei cartelli di matematica disfida di Lodovico Ferrari coi sei contro-cartelli in risposta di Nicolò Tartaglia* (Milan: Luigi Ronchi, 1876)도 참고하라.

196 케플러는 메스틀린에게 보내는 편지에서 튀코-우르수스 논쟁을 언급했다. "이러한 비방에 격렬하게 화를 내는 것은 튀코 선생의 위상에 걸맞지 않아 보입니다."(Nicholas Jardine, *Birth of History and Philosophy of Science*, 19). 그러나 튀코는 케플러의 생각에 동의하지 않았다. "나의 지위에 걸맞지 않게 그 어리석은 자를 신경 쓰고 있다는 건 사실이 아닐세."(앞의 책, p. 23)

리가 있었다. 당시의 명예 규율에 따르면 튀코 측에서 어떤 형식으로 답하든 암묵적으로 우르수스의 도전을 받아들인다는 뜻으로 인식되었을 것이다. 이것은 우르수스에게는 과분한 인정일 터였다.

튀코는 케플러에게 자신의 사회적·천문학적 명예를 복원하는 과업을 위임한 것을 넘어 우르수스를 고발하려 했다. 단순히 '지식재산권'을 침해한 혐의로만 본 것은 아니었다. 자신의 명예를 훼손한 죄로 사형에 처해야 한다고까지 생각했던 것으로 보인다.[197] 튀코는 황제 루돌프 2세를 설득해(튀코는 황제의 수학자였다) 법률가 두 명과 남작 두 명으로 위원회를 구성하여 우르수스의 죄를 심리하게 했다. 공교롭게도 심리가 끝나기도 전에 우르수스가 사망하는 바람에 어떤 판결이 내려졌을지 알 수 없게 되었다. 그럼에도 우르수스의 책은 몰수되어 공개 소각되었다.

튀코의 사례는 그의 성마르고 결투를 좋아하는 유명한 성격 탓으로 여겨 가볍게 무시할 만한 것이 아니다.[198] 수학자 니콜로 타르탈리아와 지롤라모 카르다노Girolamo Cardano가 1547년부터 1548년까지 루도비코 페라리를 통해 총 여섯 부의 "수학적 도전장cartelli di matematica disfida"을 주고받은 사건은 튀코-

---

197 앞의 책, note 47.
198 알려진 대로, 튀코는 1566년 12월의 결투에서 코의 상당 부분을 잃었다(Victor E. Thoren, *Lord of Uraniborg*, pp. 22~24).

우르수스 논쟁과 비슷하다. 타르탈리아는 카르다노에게 선물한 '3차 방정식의 해'에 보답받지 못하자 자신의 명예가 손상되었다고 생각했고, 1546년《다양한 문제와 발명Quesiti et inventioni diverse》을 출간해 그를 비난했다. 더 높은 사회직업적 지위를 갖춘 카르다노는 도전을 받아들이는 대신 그 도전을 '자신의 케플러', 즉 페라리에게 넘겨주었다.[199] 첫 번째 도전장에서 페라리는 가신으로서 후원자의 명예를 보호한다는 의무를 명확히 밝혔다. "나는 당신의 기만 또는 악의에 찬 본성을 폭로하기로 결심했다. 진리를 옹호하기 위해서만이 아니라, 지위로 인해 제약을 받고 계신 각하의 가신으로서 의무를 지키기 위해서이다."[200] 수학 논쟁과 결투의 상동관계는 첫 번째 도전장에 서명한 페라리 측 증인의 이름으로도 명확하게 확인된다. 무티오 유

199 Mario Biagioli, "Social Status of Italian Mathematicians", 55; Ettore Bortolotti, "I cartelli di matematica disfida e la personalità psichica e morale del Cardano", *Studi e ricerche sulla storia della matematica in Italia nei secoli XVI e XVII* (Bologna: Zanichelli, 1944); idem, "Le matematiche disfide e la importanza che esse ebbero nella storia delle scicnze", *Atti della Società Italiana per il Progresso della Scienza* 15 (1927): pp. 163~180.

200 Enrico Giordani, *I sei cartelli di matematica*, 2. 페라리가 카르다노를 위대한 수학자로 소개하면서도 전문가로 일컫지 않은 점 또한 흥미롭다. 타르탈리아와 달리, 카르다노는 생계를 위해서가 아니라 오로지 "일종의 놀이처럼 기분 전환과 즐거움을 위해서" 수학을 했다(p. 1). 요컨대 그는 '기계 따위를 다룰 만한 사람'이 아니었다. 타르탈리아가 카르다노에게만 말을 걸며 페라리는 그저 그의 "가신creato"이라고만 언급한 것도 주목할 만하다.

스티노폴리타노Mutio Iustinopolitano라는 이름이다.[201] 이 이름은 지롤라모 무치오Girolamo Muzio의 별칭으로, 명예와 관련된 결투와 각종 문제를 해결하는 일에는 이탈리아에서 제일가는 전문가였다. 그가 집필한 《결투Il duello》는 수많은 이탈리아 판본으로 인쇄되었고 스페인어로 번역되었으며 세 종류의 프랑스 판본으로도 출간되었다.[202] 최근에 한 역사학자는 무치오의 책이 결투에 관한 논고 중에서 "가장 유명한" 책이었다고 말하기도 했다.[203] 증인 가운데에 무치오가 있었다는 사실은, 카르다노와 페라리가 타르탈리아의 공격에 명예롭게 대응하는 방법을 그에게서 자문받았을 가능성을 시사한다.

카르다노가 페라리를, 그리고 튀코가 케플러를 활용한 것은 이례적인 일이 아니었다. 실제로 페데리코 코만디노가 톰마소 레오나르디Tommaso Leonardi를 활용해 타르탈리아를 비판한 것도 귀족인 그의 지위와 타르탈리아의 낮은 지위 사이의 격차 때문이었다고 볼 수 있다.[204] 피에르 부르디외는 북아프리

---

201 앞의 책, p. 4.

202 지롤라모 무치오와 무티오 유스티노폴리타노의 정체성은 François Billacois, *The Duel* (New Haven: Yale University Press, 1990), p. 251; Angelozzi, "Cultura dell'onore", p. 308, note 7을 참고하라.

203 V. G. Kiernan, *The Duel in European History* (Oxford: Oxford University Press, 1988), p. 48.

204 Mario Biagioli, "Social Status of Italian Mathematicians", p. 64; Paul L. Rose, "Letters Illustrating the Career of Federico Commandino", *Physis* 15 (1973): pp. 401~410.

카 카빌Kabyle 사회의 귀족 가문이 "비천한 자"를 집에 들여 하층계급의 도전을 떠맡겼던 사실을 발견했다.[205] 도전에 응수하는 과업을 하층계급 피후원자에게 맡기는 것은 단순히 상대방의 낮은 지위에 격을 맞추는 방법일 뿐만 아니라 의도적으로 모욕감을 주는 방법이기도 했다. 볼테르가 귀족 슈발리에 드 로앙Chevalier de Rohan에게 도전했다가 하인들에게 구타를 당한 일이 바로 이런 경우였다.[206]

갈릴레오의 경력에도 비슷한 사례가 있다. 후원자들과 동료들은 갈릴레오가 도전에 즉각 응하기를 바라면서도 그들의 투사champion가 낮은 지위에 있는 자들과 과학 결투를 벌이는 것은 원하지 않았다. 1612년 10월 치골리는 갈릴레오의 부양성 저작에 가해진 비난을 두고 "젊은 사람 혹은 적어도 그쯤 되어 보이는 누군가가 답할 만한 사안"이라는 의견을 전했다.[207] 체시도 치골리와 같은 의견이었다. "나는 선생이 그런 상대들에게 답해서는 안 된다고 늘 생각했습니다. 대신 젊은 사람에게 답변을 맡겨 그들에게 교훈을 주는 편이 낫지요. 답변을 맡은 사람은 [우리가 제공하는] 지침의 일부나 전부를 따를 수 있고, 아니면 [우리가 미리 작성한] 답변을 채택할 수도 있겠습니

205 Pierre Bourdieu, "Sentiment of Honour in Kabyle Society", p. 206.
206 V. G. Kiernan, *Duel in European History*, p. 98.
207 *GO*, vol. 11, no. 778, p. 410.

다."²⁰⁸ 《물속 물체에 관한 담화Discorso intorno alle cose che stanno in su l'acqua》(이하《담화》)에 가해진 몇몇 비판에 대한 공들인 긴 답변을 젊은 피후원자 베네데토 카스텔리의 이름으로 1615년에 출간한 것을 보면, 갈릴레오는 그들의 조언을 받아들였음이 분명하다. 마찬가지로, 갈릴레오는 혜성 논쟁에도 간접적으로만 끼어들기로 결정했다. 마리오 구이두치를 통해 아카데미 강연에서 자신의 견해를 선보인 후 강연 내용을 엮은《혜성에 관한 담화》를 구이두치의 이름으로 1619년에 출간하게 한 것이다. 갈릴레오의 논적 그라시 또한 로타리오 사르시Lotario Sarsi라는 가상의 인물을 제자로 내세워 추가 답변을 작성해 같은 전략으로 상대했다.

과학적 에티켓과 명예의 문제는 갈릴레오와 예수회 사제 오라치오 그라시가 벌인 혜성 논쟁의 후반부에서 훨씬 더 복잡해졌다. '로타리오 사르시'라는 가명을 내세운 그라시는 '린체이 아카데미 회원'을 언급하며 갈릴레오를 우회적으로 상대하려 했다. 이런 경우 누구의 명예가 걸린 것인지, 어떤 인격persona과 어떤 형식으로 대응할지를 두고 갈릴레오와 린체이 동료들 그리고 후원자들 사이에서 복잡한 논의가 전개되었다.²⁰⁹ 명예의 문제를 염려한 것은 린체이만이 아니었다. 사

---

208 앞의 책, no. 777, p. 409.
209 *GO*, vol. 12, no. 1429, pp. 498~499; vol. 13, no. 1433, p. 11; no. 1441, pp. 20~21; no. 1446, p. 23; no. 1448, p. 24; no. 1450, p. 25; no. 1456, pp.

르시라는 가명을 사용하기로 한 그라시의 결정은, 논쟁에 연루되어 문제가 될 수 있는 예수회의 명예를 보호하려는 분명한 목적이 있었다. 이것은 예수회 사제들이 일반적으로 따르던 정책이었다. 크리스토퍼 샤이너는 태양 흑점 논쟁에서 '아펠레스Apelles'라는 가명을 사용했는데, 자신의 견해가 틀릴 경우 예수회의 신용이 떨어질 것을 염려한 상급자가 시킨 일이었다고 나중에 주장했다.[210] 가명을 쓰거나 피후원자에게 도전을 떠맡기는 것은 가면을 쓰는 것과 다르지 않았다. 이 모든 장치는 각기 다른 방식으로 누군가의 명예(혹은 그 후원자의 명예)를 보호하는 방패가 되었다. 발다사레 카스틸리오네Baldassarre Castiglione가 《궁정론II Cortegiano》에서 언급했듯, 신사라면 지위가 손상될 만한 일에는 오직 '가면무도회'로만 관여할 수 있었다.[211]

그러나 가명의 사용으로 역풍을 맞을 수도 있었다. 그라시는 '로타리오 사르시'라는 가명 뒤에 숨어 본인의 진짜 신분과 집단의 지위를 감추는 데 성공했다고 생각했다. 그러나 금세 발각

30~31; no. 1466, pp. 37~38; no. 1467, pp. 38~39; no. 1474, pp. 43~44; no. 1476, pp. 46~47. 하지만 그라시는 갈릴레오가 먼저 《혜성에 관한 담화》에서 구이두치를 방패막이로 썼기 때문에 자신도 가명을 사용했을 뿐이라고 주장했다.

210 William Shea, "Galileo, Scheiner, and the Interpretation of Sunspots", *Isis* 61 (1970): pp. 498~499.

211 Baldassare Castiglione, *The Book of the Courtier* (New York: Anchor, 1959), p. 103.

되었고, 가명은 그가 하등한 지위의 인물, 즉 신사의 명예 규율과 교양civility에 걸맞지 않은 인물로 보일 여지를 주었을 뿐이었다.[212] 이것으로 1621년 예수회 총장이 사제들에게 익명 혹은 가명 출간을 금지한 이유가 설명된다.[213]

그라시가 '가면을 쓰지' 않았다면 갈릴레오가 자신과 린체이의 명예를 수호하기 위해《시금자》에서 선택한 특히 공격적이고 '카니발적인'[214] 문체는 용납되지 않았을 것이다.

사실은 그를 무명인으로 대하는 것이 저의 주장을 더욱 명확히 하고 생각을 더욱 자유롭게 설명할 수 있는 더 넓은 지평을 확보하는 방법이라고 생각합니다. 저는 지금 가면을 쓰는 작자들

212 그럼에도 린체이는 갈릴레오가 사르시의 가면 공격에 직접 관여해서는 안 된다고 생각했다. 그러다가 어느 시점에 갈릴레오 역시 가면 뒤에 숨는 편이 낫겠다고 여겼다. 결국 린체이는 가면은 사용하지 않고, 대신 다른 동료들의 권유로 어느 한 동료에게 편지를 보내는 듯한 형식으로 《시금자》를 쓰게 하기로 결정했다. 갈릴레오의 '가면'에 관해서는 *GO*, vol. 13, no. 1450, p. 25; no. 1456, pp. 30~31을 참고하라.

213 1621년 이후 그라시는 로마가 아닌 파리에서 출간한 책(《천문학적 저울추와 소형 저울추의 비교》)에서만 로타리오 사르시라는 가명으로 갈릴레오에게 답변했는데, 그 이유가 바로 예수회의 금지령 때문이었는지도 모른다(*ARSI*, ROM 19, fol. 247). 무치오 비텔레스키Muzio Vitelleschi의 금지령은 다음 문헌을 참고하라. Ugo Baldini, "Una fonte poco utilizzata per la storia intellettuale: Le 'censurae librorum' e 'opinionum' nell'antica Compagnia di Gesù", *Annali dell'Istituto Storico Italo-Germanico in Trento* II (1985): p. 37, note 43.

214 *carnevalesque, 일반적으로 기존의 지배적 양식 또는 체계를 전복하고 그로부터 벗어나는 특징을 말한다.

을 말하고 있는 것입니다. 대개 그들은 신사들과 학자들 사이에서 존경을 받고 어떤 목적으로든 고귀함에 뒤따르는 품위를 활용하고자 변장을 시도하는 하층계급입니다. 아니면 가면을 씀으로써 본인의 계급에 걸맞은 정중한 예의는 제쳐놓은 채 (많은 이탈리아 도시의 관습처럼) 모든 사람과 무엇이든 터놓고 제멋대로 이야기하면서 존중 없는 야유와 다툼 속에서 누구 못지않게 즐거움을 얻는 신사일지도 모르지요. … 결과적으로 그가 이렇게 알려지지 않은 채로 저의 면전에서는 하지 못할 말을 늘어놓은 만큼, 제가 가면무도회에서만 허용되는 특권을 활용해 그를 자유롭게 대하더라도 불쾌하게 받아들여지지 않으리라 믿습니다.[215]

갈릴레오는 샤이너-아펠레스에 대해서도 똑같이 생각했다. 《흑점에 관한 편지Istoria e Dimostrazioni intorno alle Macchie Solari》는 《시금자》에 비하면 덜 공격적이었지만, 그것은 논쟁에서 벨저가 맡은 역할에 신경을 썼기 때문이다. 갈릴레오가 체시에게 말했듯, 흑점에 관한 세 번째 편지가 생각보다 집필이 오래 걸린 이유 또한 아펠레스가 제기한 주장의 어리석음을 폭로하면

---

215 Stillman Drake and C. D. O'Malley, trans., *The Controversy on the Comets of 1618* (Philadelphia: University of Pennsylvania Press, 1960), p. 170.[*《시금자》는 갈릴레오가 후원자 비르지니오 체사리니에게 보내는 편지 형식으로 쓰였기 때문에 그에 맞게 서간체로 옮겼다.]

서도 벨저에게 모욕감을 주는 일은 피하고 싶었기 때문이다.[216] 갈릴레오가 에티켓과 관련해 중점적으로 우려한 대상은 논적이 아니라 후원자 쪽이었다.

에티켓과 지위 동역학은 과학 논쟁이 수행되는 방식의 특징이었을 뿐만 아니라 그 존재 이유 raison d'être의 핵심이기도 했다. 논쟁 역시 (선물 경쟁처럼) 자기형성의 한 과정이었다. 예를 들어 치골리는 갈릴레오의 부양성 견해가 공격받은 또 다른 이유가 그의 높은 지위 때문이라고 주장했다. "그 추한 새들은 자신의 가치에 따라서가 아니라 상대를 고르는 방식으로 이름을 떨치고 싶어 합니다."[217] 치골리의 생각은 결투에 대한 당대의 신조를 반영한다. 1583년, 결투 전문가 로도비코 카르보네 Lodovico Carbone는 "젊은 사람들이 무례한 것은 … 그들이 다른 이들의 명예를 침해함으로써 영광을 추구하기 때문이다."라고 썼다.[218] 도메니코 모라 Domenico Mora도 1589년 《기사॥ cavaliere》에서 "모든 이들은 차별화를 추구한다. 그 특징 중 하

---

216 "… 저는 예수회가 이 사안을 다루는 어리석음을 폭로하고 싶습니다. 이 분노를 떳떳이 드러내고 싶지만, 벨저 각하를 모욕하지 않고서 그리하고 싶은 마음에 적지 않은 어려움이 따르고 있지요. 그래서 늦어지는 겁니다"(GO, vol. 11, no. 792, p. 426).

217 앞의 책, no. 573, p. 176. 풀젠치오 미칸치오(파올로 사르피의 동료)는 샤이너가 1630년에 《곰의 장미 Rosa ursina》에서 갈릴레오를 공격했던 숨은 이유를 추측하며 이와 매우 비슷한 견해를 내세웠다(GO, vol. 14, p. 299).

218 Lodovico Carbone, *De pacificatione et dilectione inimicorum* … (Florence: Sermartelli, 1583); Frederick R. Bryson, *Point of Honor in Sixteenth-Century Italy*, p. 29에서 재인용.

나는 감히 모욕을 주는 것이다"라고 명시했다.[219] 갈릴레오의 로마 옹호자 조반니 바티스타 아구키Giovanni Battista Agucchi는 1613년 7월 "도전을 받지 않으면 명예를 얻을 수 없습니다. 명성은 대립을 통해 쌓이는데, 특히 결투에서 승리를 거둘 때 그렇습니다"라고 적었다.[220]

당시의 과학 논쟁과 결투(더 정확하게는 궁정의 마상 창시합처럼 결투와 유사한 도전)에서 발견되는 구조적 유사성은 갈릴레오의 또 다른 가면 쓴 논적, 즉 부양성 논쟁에서 그와 대립했던 익명의 아카데미 회원과의 논쟁에서도 확인된다. 갈릴레오의 《담화》에 대한 답변에서 익명의 회원은 "그와 결투를 벌이는 즐거운 경기를 거절할 사람은 없다"라며 그 논쟁을 마치 즐거운 시합인 듯 말했다. 또 갈릴레오가 내세운 주장의 논리적 구조에 대한 자신의 비판을 "논리적 거짓 폭로mentita loicale"로 제시하기도 했는데, 여기서 '멘티타(거짓 폭로)'는 상대방의 주장을 부정하고 결투를 유발하는 관행적 수단이었다.[221]

갈릴레오의 동료들과 후원자들은 재빠른 반격riposte의 에티켓만이 아니라 시기의 적절함을 정하는 데도 신경을 썼다. 도전

219 Frederick R. Bryson, *Point of Honor in Sixteenth-Century Italy*, p. 28에서 재인용.

220 *GO*, vol. 11, p. 532.

221 *GO*, vol. 4, p. 171; '멘티타mentita'에 관해서는 Scipione Maffei, *Della scienza chiamata cavalleresca libri tre* (Rome: Gonzaga, 1710), pp. 58~70을 참고하라.

에 대한 응답이 약간 늦어지는 것은 이해할 만한 일인 동시에 흥분을 일으키기도 했다. 청중의 기대를 끌어올리는 데 도움이 되었기 때문이다.[222] 하지만 갈릴레오는 의도했든 부득이했든 간에 응답에 걸리는 시간과 동료의 인내심 모두 용납될 만한 한계를 넘어서게 하곤 했다.[223] 1612년 10월, 예수회 사제 샤이너가 쓴 〈흑점에 관한 세 번째 편지〉에 대한 갈릴레오의 답장을 기다리던 치골리는 갈릴레오에게 이렇게 말했다. "선생이 아직 답변을 하지 않았다면 서두르십시오. 선생의 모든 친구가 그것들[흑점에 관한 편지들]이 되도록 빨리 모습을 드러내야 한다고 믿고 있기 때문입니다. 그러니 어서 진척을 이루어 선생이 바라는 게 무엇이든 후작[체시]께 보내십시오. 후작께서 배포자에게 전할 수 있도록 말입니다."[224] 갈릴레오가 답변을 쓰지 못한 채 또 한 달이 지나자 이번에는 안달이 난 체시가 "어서 계속하십시오. 아펠레스[예수회 사제 샤이너]가 기회를 가로채도록 두는 것은 현명하지 못한 처사입니다. 그는 선생의 두 번째

---

222 이 특징은 선물과 도전의 구조적 유사성을 뒷받침한다. 피에르 부르디외가 지적했듯이, 선물은 그 몸짓이 효과적이려면 너무 빠르지도 너무 늦지도 않게 되돌려주어야 했다.

223 린체이와 갈릴레오의 로마 옹호자들은 불규칙한 달 표면에 대한 의문부터 태양 흑점의 발견과 '메디치의 별' 주기 계산에 대한 쟁점과 관련하여 그가 받은 다양한 도전에 답할 것을 재촉했다. 또 우선권에 의문이 제기될 것을 우려하여 갈릴레오에게 답변을 출간하라고 다그치기도 했다(GO, vol. 11, no. 572, p. 175; no. 573, p. 176; no. 587, p. 212; no. 788, p. 419).

224 앞의 책, no. 786, p. 418.

편지를 읽고 밤을 새우고 있을 게 뻔합니다"라고 말했다.[225]

재빠른 반격에는 시기적절함 말고도 더 많은 것이 필요했다. 후원자와 중개인은 피후원자들이 논쟁에 참여하기를 바라며 그들이 '영웅답게', 즉 대담하고 노련하게 대응하기를 기대했다. 그렇게만 한다면 피후원자는 자신의(그리고 중개인과 후원자의) 명예와 지위를 끌어올릴 것이었기 때문이다. 이러한 후원 동역학의 맥락 속에서 보면, 공격적이고 빈정대는 갈릴레오의 문체는 더 이상 개인의 특징이라고만 볼 수 없다.[226]

과학 시합에 대한 후원자와 중개인의 관심은 《시금자》의 출간으로 이어진 갈릴레오와 로마 옹호자의 서신 왕래에서 특히 분명하게 드러난다.[227] 1620년 5월, 참폴리는 체시와 체사리니를 대변해 갈릴레오에게 말했다. "애정을 다해 선생의 명성을 우려하는 우리 셋이 보았을 때, 재빠른 반격이 필요하며 가능한

225 앞의 책, no. 790, pp. 422~423.

226 리처드 웨스트폴은 갈릴레오의 '자기중심적 성향'을 후원 체계의 동역학과 관련짓기도 했다. "Galileo and the Jesuits", p. 39.

227 '결투 광란duel frenzy'이 점차 확장된 과정을 추적하려면 다음 편지들을 차례로 읽어보라. *GO*, vol. 12, no. 1429, pp. 498~499; vol. 13, no. 1433, p. 11; no. 1441, pp. 20~21; no. 1446, p. 23; no. 1448, p. 24; no. 1450, p. 25; no. 1456, pp. 30~31; no. 1466, pp. 37~38; no. 1467, pp. 38~39; no. 1474, pp. 43~44; no. 1476, pp .46~47; no. 1477, p. 47; no. 1501, pp. 68~69; no. 1512, p. 79; no. 1513, p. 79; no 1514, p. 80; no. 1516, p. 82; no. 1518, p. 84; no. 1520, p. 86; no. 1523, p. 89; no. 1524, p. 90; no. 1536, p. 99.

한 빨리 전해져야 할 것 같습니다."²²⁸ 그러나 오랜 투병으로 지친 갈릴레오는 답장을 쓰지 못한 채 또 일 년을 보냈다. 1621년 6월, 체사리니는 그를 더 압박했다. "그러니 나는 선생이 악의에 찬 사람들의 무지한 거짓말로부터 빛나는 영광을 수복하는 일을 더 이상 지체하지 않기를 진심으로 권하는 바입니다. 선생의 침묵은 부득이한 것이겠지만, 거짓되고 허영심 강한 문필가들에게 승리를 가져다주게 될 겁니다."²²⁹ 11월이 되어 참폴리는 또다시 편지를 보냈다. "비르지니오 각하와 저는 혜성에 관한 담화를 들을 수 있기를 무한히 열망하고 있습니다. 그러니 우리가 타는 목마름에 시달리지 않도록 부디 필경사에게 쓰게 하여 우리에게 호의를 베풀어 주시길 바랍니다."²³⁰ 린체이 아카데미까지 갈릴레오에게 단호한 권고를 전하며 그와 아카데미의 명예 수호를 위해 응수할 필요를 상기시켰지만 재빠른 반격은 결국 이루어지지 않았다.²³¹ 다음 해 5월, 근심이 늘어가던 체사리니는 다음과 같이 썼다. "선생이 사르시를 상대로 한 재빠른 반격을, 즉 많은 면에서 선생이 세상에 빚을 진 그것의 출간을 감히 요청해야겠습니다. 무엇보다 그 무식한 자에게서 승

---

228 *GO*, vol. 13, no. 1467, p. 39.

229 앞의 책, no. 1501, p. 68.

230 앞의 책, no. 1513, p. 79.

231 앞의 책, no. 1476, pp. 46~47; no. 1501, pp. 68~69; no. 1516, p. 82; no. 1518, p. 84; no. 1520, p. 86; no. 1523, p. 89; no. 1524, p. 90.

리의 주장을 빼앗아 오시기를 청합니다."[232] 10월이 되어서야 린체이의 우려와 "타는 목마름"은 끝이 났다.[233] 얼마 지나지 않아《시금자》가 인쇄되기 시작했던 것이다. 하지만 린체이가 재촉해 겨우 얻어 낸 그라시를 향한 극적인 공격은 문제를 매듭짓지 못했다.《시금자》는 명예의 수복에 대한 갈릴레오의 후원자들과 동료들의 기대에는 부응했을지 모르지만, 예수회 측의 추가적인 결투(혹은 앙갚음vendetta)를 초래했기 때문이다.

요컨대 후원은 과학 종사자들의 교류를 촉진하고 정당화하여 그들이 지위와 신뢰를 확보하도록 해주는 사회체계였지만, 그 동역학은 나중에 제도화된 과학에서 발견되는 유형의 대화에 반드시 도움이 되지는 않았다. 훗날의 과학이 대체로 더 고상했다는 뜻은 아니다. 과학자들은 여전히 격렬한 논쟁에 말려들었지만, 과학적 기관/제도가 과학 지식의 논의와 정당화를 위한 국제 토론장으로 발전함에 따라 공동체가 자체적으로 규제할 수 있는 상호작용 및 소통의 규약protocol이 정교하게 구축되기에 이르렀다. 과학자들은 여전히 교전하고 있었겠지만, 갈등을 해소하는 일종의 '외교술' 역시 발전하고 있었다. 새로운 '외교술'의 출현은 특정한 환경 전환과 직접적인 관련이 있었다고 생각된다. 후원자가 과학적 상호작용의 관리자였던 환경

---

232 앞의 책, no. 1523, p. 89.
233 앞의 책, no. 1536, p. 99.

에서, 과학 종사자들이 점차 상호의존성을 높여가다 결국 자기 규제 집단이 되는 환경으로 전환된 것이다.

갈릴레오가 예수회 사제 그라시와 맞서도록 린체이 아카데미가 부추긴 사례에서 알 수 있듯, 후원자와 특히 중개인은 그들의 지위와 위신을 향상시키기 위해 과학 논쟁을 일으키곤 했다. 때로는 수학자가 후원자의 투사로 소환되기도 했다. 앞서 본 과학자들의 소통 사례에서처럼, 눈에 띄는 도전들은 주로 과학자들 사이에서 직접 일어나지 않고 과학자들이 후원자의 대리인으로 교류하면서 일어났다.[234]

갈릴레오의 초기 서신들은 후원자가 논쟁을 촉발하고 주관한 수많은 사례를 보여 준다. 태양 흑점 논쟁은 마르크 벨저에 의해 시작되었고 린체이 아카데미의 주관으로 전개되었으며, 부양체 논쟁은 코시모 2세가 주관했다. 마찬가지로, 크리스티나 대공비는 갈릴레오의 피후원자 카스텔리를 통해 그에게 코페르니쿠스주의 천문학과 성경의 관계에 대한 의문을 제기했고, 갈릴레오는 답변으로 〈크리스티나 대공비에게 보내는 편지Lettera a Madama Cristina di Lorena Granduchessa di Toscana〉를 작

---

234 타르탈리아와 페라리의 사례처럼 도전이 과학자들 사이에서 직접 전개되었을 때도, 도전자는 굳이 도전장을 인쇄하여 저명인사, 상대방의 후원자, 유명한 수학자에게 보내 상대방이 응답하거나 아니면 명예라도 훼손되도록 했다. 페라리는 첫 번째 도전장 끄트머리에 그가 '증인'으로 채택한 스물세 명의 이름을 전부 인쇄하기도 했다 (Giordani, *I set cartelli di matematica disfida*, pp. 5~6). 만일 고위직 후원자가 직접 논쟁을 촉발하고 관리했다면 이런 절차는 불필요했을 것이다.

성했다.[235] 이보다는 덜 직접적이지만, 1624년에 쓰인 〈인골리에 대한 답변〉 역시 후원 동역학의 산물이었다. 실제로 이 문헌은 프란체스코 인골리Francesco Ingoli의 의문에 대한 갈릴레오의 긴 답변이었고, 그 의문은 1615년부터 1616년까지 갈릴레오가 로마에 머무는 동안 로마 살롱에서의 공개 논쟁 도중 후원자들 앞에서 제기된 것이었다.[236]

이런 동역학이 갈릴레오의 경력에만 적용되는 것은 아니다. 갈릴레오의 서신에는 앞선 예시들보다는 덜 두드러진 혹은 더 단순한 과학 논쟁이 기록되어 있다. 1608년 봄에 사그레도가 '그의 수사'(파올로 사르피Paolo Sarpi로 추정)와 페라라 출신의 예수회 사제 로코 베를린초네Rocco Berlinzone(가명) 사이에서 일으키려 했던 논쟁이 한 예시이다.[237] 마찬가지로, 사그레도는 샤이너(그리고 다른 여러 수학자)에게 오늘날 '시간대time zone'라고 부를 만한 것에 대한 수학 문제를 도전으로 제기할 때도 그에게 직접 보내지 않고 그의 후원자 벨저를 통해 전달했다. 그러다가 예절을 차리지 않은 샤이너의 무지한 행동에 짜증이

235 이 '편지'의 내용과 수사적 구조에 관한 분석은 Janet Dietz-Moss, "Galileo's 'Letter to Christina': Some Rhetorical Considerations", *Renaissance Quarterly* 36 (1983): pp. 547~576을 참고하라.

236 "Galileo's Reply to Ingoli", in Maurice Finocchiaro, *The Galileo Affair* (Berkeley: University of California Press, 1989), pp. 154~197. 인골리의 첫 번째 소논문은 *GO*, vol. 5, pp. 403~412에 수록되었다.

237 *GO*, vol. 10, nos. 185, 186, pp. 203~204.

났을 때조차 사그레도는 예수회 사제 본인이 아닌 그의 후원자에게 자신의 실망감을 표출했다.[238]

태양 흑점 논쟁을 들여다보면 과학적 교류에서 후원자가 맡은 역할의 다른 측면들이 드러난다. 논쟁의 배후에는 마르크 벨저라는 세력이 있었다. 그는 1610년 10월 갈릴레오에게 처음으로 보낸 편지에 갈릴레오가 달의 산맥을 설명한 것에 관한 아우크스부르크의 의사 게오르기우스 브렝거Georgius Brengger의 비판을 동봉했다.[239] 벨저는 귀족이자 아우크스부르크의 주요한 예술 후원자이며 정치인이었다. 또 케플러와 서신을 주고받는 사이였고, 클라비우스를 비롯한 예수회 사제들과도 친분을 유지했으며, 황제 루돌프 2세의 중요한 자금 제공자이기도 했다.[240] 벨저는 메디치가와도 우호적인 관계를 맺었는데, 아마도

---

238 *GO*, vol. 11, no. 826, p. 459. 사그레도의 응답은 *GO*, vol. 12, no. 993, pp. 45~46에 있다.

239 *GO*, vol. 10, no. 420, p. 460.

240 벨저에 관해서는 다음 문헌들을 참고하라. R. J. W. Evans, "Rantzau and Welser: Aspects of Later German Humanism", *History of European Ideas* 5 (1984): pp. 257~272; Antonio Favaro, "Sulla morte di Marco Velsero e sopra alcuni particolari della vita di Galileo", *Bullettino di bibliografia e storia delle scienze matematicbe e fisiche 17*(1884): pp. 252~270; Giuseppe Gabrieli, "Marco Welser Linceo augustano", *Rendiconti della Reale Accademia Nazionale dei Lincei*, Classe di Scienze Morali, Storiche e Filologiche, serie VI, 14 (1938): pp. 74~99. 황제 루돌프가 거액의 대출금을 상환하지 않아 벨저는 결국 파산한 것으로 보인다(*GO*, vol. 20, pp. 556~557).

그의 정치적·재정적 지위 때문이었을 것이다. 벨저가 갈릴레오에게 보낸 이 첫 번째 편지는 메디치가의 비서관이자 벨저의 절친한 벗이었던 쿠르치오 피케나Curzio Picchena가 전했다. 이 것은 과학 네트워크와 정치·외교 네트워크가 중첩된 또 하나의 사례이다.[241]

어떤 의미에서 브렝거와 갈릴레오는 후원자들(벨저와 메디치가)을 거쳐서 논쟁에 관여한 셈이었다. 갈릴레오는 알프스 북부까지 전해진 자신의 명성에 걸맞은 답례를 해야 했으므로 브렝거의 편지에 답할 수밖에 없었다. 실제로 벨저는 브렝거의 《별의 전령》 비판을 갈릴레오에게 선물로 준 것이었다.

기꺼이 내 동료의 열망에 따라 논설을 동봉하여 선생에게 보냅니다. 알프스 너머 이곳에서도 선생의 책이 큰 관심 속에서 읽히고 있으며, 이견의 존재 자체가 바로 그 증거임을 알게 되는 것도 … 불쾌한 일이 아니리라 생각했기 때문입니다.[242]

갈릴레오 본인도 브렝거의 비판을 벨저에게 받는 선물로, 즉 갈릴레오가 직접 말했듯 자신을 벨저의 피후원자로 만들어 줄 선물로 인지했다.

---

241 *GO*, vol. 10, no. 424, p. 466.
242 앞의 책, no. 420, p. 460(강조는 저자의 것).

저는 늘 각하의 위대한 미덕을 위해 헌신할 기회를 노리고 있었습니다. 그러므로 제일 학식 있는 브렝거 선생의 비판을 각하께서 전해 주시다니 더없이 큰 기쁨입니다. 실제로 제가 선생의 비판에 반론을 펴지 못하더라도, 진리보다는 제 저작의 오류에 더욱 기뻐할 것입니다. 제가 오류를 저지른 덕분에 위대한 후원자를 얻게 되었으니 말입니다.[243]

이런 반응이 전형적 패턴이라는 점은 갈릴레오가 1640년 3월 레오폴도 데 메디치에게 보냈던 편지로도 뒷받침된다.《리테오스포루스, 즉 볼로냐의 돌에 관하여 Litheosphorus, sive de lapide Bononiensi》에서 철학자 포르투니오 리체티는 갈릴레오가 《별의 전령》에서 언급한 달의 광휘luminosity에 관한 몇몇 구절에 이의를 제기했고, 레오폴도는 그 비판에 대해 갈릴레오의 의견을 요청했다.

소인은 [리체티 선생의] 반박과 반대를 무시한 채 대답 없이 방치해야 한다고 생각하지 않습니다. 오히려 높이 평가하고 존중할 만한 가치가 있으며 그럴듯하다고 생각하지요. 왜냐하면 거룩하신 전하께서 보내주신 자비롭고 정중한 서한만큼이나 명

---

243 앞의 책, no. 424, p. 465(강조는 저자의 것).

예롭고 빛나는 풍요로움을 가져다주었기 때문입니다.[244]

이처럼 후원 관계는 도전이라는 선물로 맺어졌고, 갈릴레오
는 그 제안을 거절할 수 없었다. 군주 레오폴도와 마찬가지로
벨저는 무시할 만한 후원자가 아니었다. 그는 경제적·정치적
권력이 막대했을 뿐만 아니라 클라비우스를 비롯한 예수회 사
제들과도 인맥을 잘 다져놓은 인물이었다. 체시가 얼마나 열정
적으로 벨저를 린체이에 영입하려 했는지(그리고 갈릴레오가
얼마나 신속하게 그를 크루스카 아카데미Accademia della Crusca에
선출했는지)를 통해 알 수 있듯, 벨저는 어느 누구도 적이 되기
를 원하지 않는 인물이었다.[245]

---

244 *GO*, vol. 18, no. 3982, p. 166. 레오폴도의 편지는 앞의 책, no. 3981, p. 165을
보라. 여기서 쟁점이 되는 책은 다음과 같다. Fortunio Liceti, *Litheosphorous,
sive De lapide Bononiensi, lucem in se conceptam ab ambiente claro
mox in tenebris mire conservante* (Udine: Schiratti, 1640). 이 논쟁에 관해서
는 야코포 솔다니와 군주 레오폴도가 주고받은 그동안 알려지지 않았던 편지를 참고
하라. Mario Biagioli, "New Documents on Galileo", *Nuncius* 6 (1991): pp.
157~169.

245 체시는 벨저를 린체이에 영입하여 린체이 독일 지부를 발전시키려는 열망을 품고 있
었다. 이에 관해서는 다음 문헌을 참고하라. *Il Carteggio Linceo*, (이하 *CL*), pt.
2, sect. 1, published as *Memorie della Reale Accademia Nazionale dei
lincei*, Classe di Scienze Morali, Storiche, Filologiche, series 6,7(1939),
no. 132, p. 242; no. 136, p. 245; no. 140, p. 250; no. 147, p. 258; no. 238, p.
353; no. 257, pp. 372~373; no. 259, p. 375. 벨저는 1613년 11월 4일 크루스
카 아카데미에 선출되었다(Severina Parodi, *Catalogo degli Accademici dalla
Fondazione* [Florence: Sansoni, 1983], p. 56). 벨저의 선출에 갈릴레오와 살비

갈릴레오와 벨저는 일 년쯤 지난 1612년 1월에도 비슷한 선물교환 의례를 거쳤다. 벨저는 갈릴레오에게 또다시 편지를 보내 피후원자인 예수회 사제 수학자 샤이너의 태양 흑점 관측에 대해 알려 주었다. 샤이너는 아펠레스라는 가명으로 작성한 세 통의 편지로 벨저에게 발견을 전달했고, 후원자 벨저는 그 편지들을 모아 출간했다.[246] 그 후로 벨저를 거쳐 갈릴레오와 아펠레스의 서신 교류가 이루어졌다. 갈릴레오가 개입한 후에 작성한 세 통의 편지는 린체이 아카데미에서 출간되었다.[247]

아티가 담당한 역할은 *CL*, pt. 2, sect. 1, no. 275, p. 390; no. 284, p.396; no. 291, p. 402을 보라.

[246] Christopher Scheiner, *Tres epistolae de maculis solaribus scriptae ad Marcum Velserum* (Augustae Vindelicorum, 1612); reprinted in *GO*, vol. 5, pp. 23~32. 같은 해 말, 아펠레스는 더욱 긴 분량의 판본을 출간했다. *De maculis solaribus et stellis circa Iovem errantibus, accuratior disquisitio ad Marcum Velserum*, pp. 35~70.

[247] *GO*, vol. 11, no. 667, p. 289; no. 672, p. 293; no. 683, pp. 303~304; no. 741, p. 374; no. 771, pp. 402~403; no. 776, pp. 407~408; no. 794, pp. 427~428; no. 799 pp. 433~434; no. 806, p. 440; no. 817, p. 452; no. 832, pp. 464~465; no. 851, p. 486; no. 884, pp. 516~517; no. 938, pp. 587~588; no. 959, pp. 609~610. 샤이너와 갈릴레오의 교류는 다음 문헌들을 참고하라. Antonio Favaro, "Oppositori di Galileo III: Cristoforo Scheiner", *Atti del Reale Istituto Veneto di Scienze, Lettere ed Arti* 78 (1918~1919): pp. 1~107; Bellino Carrara, S.J., "L'Unicuique Suum' nella scoperta delle macchie solari", *Memorie della Pontificia Accademia Romana dei Nuovi Lincei* 23 (1905): pp. 191~287; 24 (1906): pp. 47~127; William R. Shea, "Galileo, Scheiner, and the Interpretation of Sunspots", *Isis* 61 (1970): pp. 498~519. [* 갈릴레오와 샤이너가 벨저를 거쳐 주고받은 편지 전문의 영역본은

아펠레스의 관측은 갈릴레오에게 흑점 발견의 우선권과 그 해석 능력에 대한 도전으로 제시되었다. 그런데도 그 도전은 격렬한 비난이 아닌 갈릴레오의 명성을 향한 선물 또는 찬사로 여겨졌다. 벨저는 갈릴레오가 천문학적 발견으로 선취점을 올렸다며, 독일 수학자들이 그 도전을 받아들이지 않는다면 비겁한 짓이라고 단언했다.[248] 갈릴레오의 발견은 선물이자 도전이며 그 두 속성이 결합하여 갈릴레오의 명예를 드높였다는 것이 벨저의 생각이었다. 갈릴레오가 아펠레스에게 보낸 비판적 답변을 감사의 표시로 받아들이기도 했다. 벨저는 갈릴레오의 답변 중 하나가 "아주 훌륭하고 탄탄한 근거로 쓰였으며 매우 적절하게 설명되었으므로, 아펠레스는 (선생의 의견과 대부분 모순되긴 하지만) 몹시 영광스럽게 생각해야 할 것"이라고 보았다.[249]

"Galileo Galilei and Christoph Scheiner", *On Sunspots*, trans., intro. by Eileen Reeves, Albert van Helden (Chicago: University of Chicago Press, 2010)에 수록되어 있다. 흑점 논쟁은 비아졸리의 다른 책 "Between Risk and Credit", *Galileo's Instruments of Credit: Telescopes, Images, Secrecy* (Chicago: University of Chicago Press, 2007)에 과학적 발견과 회화적 재현, 공로의 관계를 중심으로 분석되어 있다. 흑점 논쟁의 핵심 쟁점은 태양의 자전 여부였다. 갈릴레오는 흑점을 태양 대기의 한 부분으로 보고 흑점의 움직임을 태양의 자전으로 해석했다. 반면 샤이너는 흑점이 사실 태양 주위를 도는 위성이라면서 태양 자전의 증거로 볼 수 없다고 주장했다. 흑점 논쟁이 전개된 양상과 갈릴레오의 태양 자전 논증은 역자의 논문 〈갈릴레오의 흑점 연구와 태양 자전 논증〉(2020, 한국과학사학회, 제42권 1호)을 참고하라.]

248 *GO*, vol. 11, no. 637, p. 257.

249 앞의 책, no. 683, pp. 303~304(강조는 저자의 것).

갈릴레오와 벨저의 이 의례적 교류를 들여다보면 과학 논쟁의 촉발과 주관에서 후원자가 맡은 결정적 역할이 드러난다. 갈릴레오는 브렝거와 샤이너의 비판을 그들이 아닌 벨저에게서 받은 선물로 여겼다. 브렝거와 샤이너 또한 갈릴레오의 '선물'을 직접 받지 않고 벨저를 통해 받았다. 벨저는 단순한 가교 이상의 존재였다. 벨저의 권력(그리고 두 논쟁자가 그의 피후원자였다는 사실)은 교류의 정당성을 보장해 주었다. 다른 상황이었다면 무절제한 공격으로 보일 수 있었겠지만 그들의 논쟁은 결투와 유사한 교류라는 정당한 지위를 부여받았다. 실제로 소통과 신뢰가 후원 네트워크를 통해 구축되던 환경에서는 정당한 내부자 혹은 배척할 만한 외부자('미개한 공격'을 가하는 사람)이라는 지위가 네트워크 속 위치에 따라 달라졌다.

갈릴레오는 루도비코 델레 콜롬베Ludovico Delle Colombe, 마르티누스 호르키Martinus Horky, 프란체스코 시치Francesco Sizzi의 《별의 전령》비판에는 응수하지 않았다. 다시 말해, 공동체에서 배척당할 만하다고 여겨지거나(가령 시치) 자신이 무시할 수 없는 후원자가 관심을 기울이며 보호하는 저술이 아닌 것은 전부 외면했다.[250] 다음 사실에도 주목할 필요가 있다. 델레 콜롬

---

250 시치의 저술은 케플러, 로마 예수회 사제, 잠바티스타 델라 포르타Giambattista della Porta에게도 단박에 외면당했다(*GO*, vol. 11, no. 517, pp. 90~91; no. 559, p. 157). 갈릴레오가 시치(피렌체 신사이자 파리에서 좋은 지위를 누린 궁정인)에게 자비로운 반응을 보였다는 점은 Stillman Drake, "A Kind Word for Sizzi", *Isis* 49 (1958):

베는《지구의 움직임에 대한 반론Contro il moto della terra》이 갈릴레오에게 외면당한 것을 확인하자 불규칙한 달 표면에 관한 자신의 견해로 클라비우스의 지지를 받은 다음 그것을 교회의 고위 관료들(추기경 드 주아이외즈François de Joyeuse처럼 갈릴레오가 무시할 수 없는 후원자들)에게 회람시키는 방법으로 갈릴레오를 달 표면 논쟁에 끌어들이려 했다.[251] 로마의 철학자 줄리

pp. 155~165을 참고하라.

251 *GO*, vol. 11, no. 534, p. 118. 델레 콜롬베에 따르면 클라비우스는 그의 견해에 일부 동조했다. 언뜻 보기에 델레 콜롬베의 전략은 어느 정도 성공할 가능성이 있었던 것으로 보인다. 6개월이 지나서야 클라비우스가 델레 콜롬베의 편에서 논쟁에 개입해주지 않으리라는 것이 분명해졌기 때문이다(앞의 책, no. 602, pp. 228~229). 하지만 델레 콜롬베의 전략은 추기경 드 주아이외즈와 그의 행정관 갈란초니를 상대로는 더 성공적이었다. 실제로 추기경은 델레 콜롬베가 클라비우스에게 보낸 편지 사본을 읽은 뒤 갈란초니를 시켜 갈릴레오에게 답변을 요구하는 편지를 보내게 했다(앞의 책, no. 546, pp. 131~132). 드 주아이외즈는 머지않아 장문의 답장을 받았다(앞의 책, no. 555, pp. 141~155). 갈릴레오는 갈란초니와 추기경 드 주아이외즈(전하mio Padrone)에게 보내는 사적인 편지의 형식을 선택했다. 만일 델레 콜롬베가 갈릴레오에 대한 비판을 클라비우스가 아닌 추기경에게 직접 보냈다면 드 주아이외즈는 그 서신을 출간할 필요를 느꼈을 수도 있다. 하지만 추기경이 그를 알지 못했기 때문에 델레 콜롬베는 추기경에게 직접 편지를 보낼 수 없었을 것이다. 델레 콜롬베는 빈약한 후원 인맥 탓에 또 한 번 실패를 맛보았다.

그럼에도 델레 콜롬베의 편지(갈릴레오의 달 산맥 견해에 관한 브렝거의 비판으로도 뒷받침되었다)는 적어도 촉매 역할을 했다는 의미에서 어느 정도 영향력을 행사했다. 실제로 갈릴레오의 서신들을 살펴보면 1611년 후반 로마에서 불규칙한 달 표면에 관한 논의가 자주 오갔던 것으로 보인다. 논쟁의 패턴은 상당히 혼란스러웠는데, 대부분 논점에 대해 잘 알지 못하는 구경꾼의 의견과 복잡한 서신 교환으로 진행되었기 때문이다. 게다가 달 표면 논쟁은 피렌체의 부양성 논쟁이 몰고 온 여진이 한창이던 때와 흑점 논쟁이 시작되던 시기와도 겹쳤다(앞의 책, no. 534, p. 118; no. 541,

오 체사레 라갈라Giulio Cesare Lagalla도 유사한 전략을 취했다. 후원자 체시를 통해 갈릴레오가 《별의 전령》의 비판(《달의 천구의 현상에 관하여De phoenomenis in orbe lunae》)에 답하도록 한 것이다. "라갈라 선생은 회신을 원하고 있습니다. 이 사안에 관해 선생이 답장을 보내게 해달라고 나를 보채더군요. … 자신이 충분히 만족할 수 있도록 말입니다."[252] 이와 마찬가지로, 수학자 요한 레무스 퀴에타누스Johann Remus Quietanus는 갈릴레오와 공유한 두 후원자, 오스트리아의 레오폴트와 체시의 중개로 갈릴레오에게 접근했다.[253] 라이프니츠가 뉴턴에게 접근하기 위해 웨일스의 공주 카롤리네에게 편지를 보내서 《라이프니츠와 클라크의 서간집》이 쓰인 것도 이와 유사한 후원 의존적 전술이 반영된 결과일 수 있다.[254]

pp. 126~127; no. 545, pp. 130~131; no. 546, pp. 131~132; no. 550, p. 137; no. 555, pp. 141~155; no. 560, p. 158; no. 568, p. 169; no. 572, pp. 174~175; no. 573, p. 176; no. 576, pp. 178~208; no. 584, pp. 210~211; no. 585, p. 211; no. 587, p. 212; no. 588, pp. 213~214; no. 597, p. 223; no. 599, p. 226; no. 602, pp. 228~229; no. 612, p. 237; no. 625, p. 248; no. 632, p. 253; no. 651, pp. 268~269; no. 654, pp. 272~274; no. 665, p. 285). 달 표면 논쟁은 결국 1612년 더욱 극적이었던 흑점 논쟁이 로마의 환경에서 관심을 독점하면서 자리를 내어준다. 결과적으로 델레 콜롬베는 논쟁을 촉발하는 데에는 주된 역할을 했을 수 있지만, 로마 환경과의 후원 관계가 약했기에 그의 이름을 논쟁과 결부시키지 못했다.

252 앞의 책, no. 665, p. 285.
253 GO, vol. 12, no. 1368, p. 433; no. 1374, p. 439; no. 1406, p. 471; no. 1417, p. 484.
254 H. G. Alexander, ed., The Leibniz-Clarke Correspondence (Manchester:

후원자는 단순히 과학 논쟁을 정당화하는 데 그치지 않고 경쟁자들이 논쟁에 참여하게 하기도 했다. 논쟁에 참여하지 않는 사람들은 (명예가 있으면서도) 선물에 보답하지 않거나 결투 도전을 받아들이지 않는 사람들과 같은 수준으로 여겨졌을 것이다. 다시 말해, 그런 이들은 지위와 신뢰를 부여하던 후원 네트워크에서 이탈해 후원자만이 아니라 체면까지 잃고 결국 '실종'되었을 것이다.

어떤 의미에서 후원자의 높은 지위는 당시의 사회 구조 속에서 개인의 자격으로 도전할 수 있을 만큼의 지위와 명예를 갖지 못했던 수학자들에게로 옮겨 갔다고 볼 수 있다. 가신은 후원자의 명예를 옮겨 받았으므로 도전에 응해야만 했다. 그것은 개인이었다면 반드시 준수할 필요는 없는 윤리의 문제였다.[255] 예를 들어 사그레도에 따르면 그가 '그의 수사'와 로코 베를린초네 사이에서 추진한 '결투'는 결국 성사되지 못했는데, 베를린초네가 이단인 수사와의 결투는 명예롭지 않고 도전할 가치도 없다고 주장하면서 (자신의 명예를 잃지 않기 위해) 사양했기

Manchester University Press, 1956); Steven Shapin, "Of Gods and Kings: Natural Philosophy and Politics in the Leibniz-Clarke Dispute", *Isis* 72 (1981): pp. 187~215. 논쟁을 주관했던 후원자의 역할에 관한 또 다른 사례는 사그레도가 후원자 벨저를 통해 아펠레스에게 도전했던 일이다(*GO*, vol. 11, no. 826, p. 459).

255 하지만 가신을 명예로운 대결의 의무에 속박해 놓은 후원자 본인은 정작 '결투'를 관망하기만 할 뿐이었다.

때문이다.[256]

이를 통해 보면 후원의 환경에서 특정한 논쟁으로 쓰인 글이 주로 후원자에게 헌정된 것은 놀라운 일이 아니다. 후원자가 논쟁을 촉발해 헌정을 받거나, 자신의 주장이 진지하게 받아들여져 상대방이 응답하기를 바라던 과학 종사자들이 후원자에게 글을 헌정하거나, 둘 중 하나였다. 1611년부터 1613년까지 메디치 궁정에서 부양성 논쟁에 참여했던 경쟁자들은 모두 메디치가의 가신들이었다. 갈릴레오는《담화》를 코시모 2세에게 헌정했고, 갈릴레오를 비판에 끌어들이려 애쓰던 논적들은 그들의 답변을 메디치 가문의 다른 구성원들에게 헌정했다. 1659년부터 1660년까지 코시모 2세의 아들 군주 레오폴도가 토성의 겉모습에 관한 논쟁의 중심에 놓였을 때도 논쟁에 참여한 이들(크리스티안 하위헌스Christiaan Huygens, 에우스타키오 디비니Eustachio Divini, 오노레 파브리Honoré Fabri)은 레오폴도에게 저술을 헌정했다.[257]

---

[256] "페라라의 로코 베를린초네 선생에게서 짧은 답장을 받았다네. 나의 수사와 논쟁하고 싶지 않다고 하더군. 수사가 신앙심이 깊지 않고 이단으로 보인다면서 사양한 걸세." <사그레도가 갈릴레오에게 보낸 편지>, 1608년 4월 22일(*GO*, vol. 10, no. 185, p. 203). 로버트슨 브라이슨의《16세기 이탈리아에서 명예가 걸린 문제Point of Honor in Sixteenth-Century Italy》(pp. 25~26)에 따르면, 이단이란 명예를 갖지 못했다는 뜻이었으며 "누군가를 이단이라 부르는 것은 말로 할 수 있는 가장 강력한 모욕"이었다. (p. 37)

[257] Albert Van Helden, "Eustachio Divini Versus Christiaan Huygens: A Reappraisal", *Physis* 12 (1970): pp. 36~50; idem, "The Accademia del

후원자의 중립적 태도와 끝나지 않는 논쟁

귀족과 군주의 후원 네트워크는 근대 초기 과학적 삶에서 결정적인 역할을 했다. 과학자들의 소통을 가능하게 했고, 그들의 사회직업적 기풍을 형성했다. 또한 정당한 종사자와 그렇지 않은 종사자를 구분하는 기준을 제공했고, 종사자들이 사회적 지위와 신뢰에 접근할 수 있게 했으며, 논쟁을 촉진하고 널리 알리며 정당화했다.[258] 이처럼 후원 체계는 과학 종사자들이 정당하게 활동하는 사회체계를 제공하는 동시에, 현재의 잣대를 들이대면 제한으로 보일 만한 방식으로 그들의 전략과 담론을 제약하기도 했다. 일반적으로 후원자는 논쟁 중인 주장에 대해 중립적인noncommittal 태도를 취했기 때문에, 후원은 과학 논쟁을 반드시 종결closure에 이르게 하는 사회체계가 아니었다. 후원은 명예와 지위에 기반한 사회체계였으므로 후원자는 한 논쟁자의 편에 서서 자신의 명예를 걸 수 없었다.

여기서는 우선 후원자가 가신의 주장에 보인 중립적 태도의 예를 몇 가지 든 다음, 그 현상의 사회적 근원에 대한 해석을 제안하려 한다.

Cimento and Saturn's Ring", *Physis* 15 (1973): pp. 237~259.

258 분명하게 말하지만, 나는 정당한 종사자와 그렇지 않은 종사자를 대상으로 후원 체계가 도입한 구획을 옹호하지 않는다. 그저 그러한 구획이 후원 체계에서 비롯되었으며 과학적 실천의 운영에 영향을 미쳤다는 점을 지적할 따름이다.

메디치 가문은 갈릴레오를 후원한다고 해서 그의 의견이나 발견을 언제나 덮어놓고 옹호하지는 않았다. 위대한 후원자에게 가신의 승리는 패배보다는 분명 반가운 일이었지만, 자신의 가신이 도전을 받은 것만으로도 이미 명예로웠다. 그것은 가신의 명성을 통해 후원자의 지위가 인정받는 일종의 선물이었다. 후원자들은, 특히 영향력 있는 후원자일수록 논쟁의 결과를 통계적 관점으로 보았던 듯하다. 가신이 어느 한 시합에서 이기지 못하더라도 다음 시합에서는 이기리라 예상한 것을 보면 그렇다.[259] 앞서 언급했듯이, 후원자가 가신에게 관심을 갖는 일반적인 이유 중 하나는 후원 네트워크를 유지하기 위해서였다. 이와 비슷한 이유에서 후원자들은 적어도 주변에서 '사건이 계속 벌어지도록' 하기 위해 (설령 이기지 못하더라도) 호전적인 가신이 필요했을 것이다. 때로는 그러한 일이 실제로 벌어지기도 했는데, 후원자의 궁정이나 살롱, 정찬실에서 논쟁이 이루어졌기 때문이다.

---

259 발리 닭싸움의 사회적 의미에 관한 기어츠의 분석은 이 논점과도 관련이 있다. 기어츠는 경기를 둘러싼 두 가지 내기 구조를 파악했다. 하나는 훨씬 덜 정당한 구조인데, 승률이 상당히 높은 상황에서 적은 돈을 거는 것이다. 사람들은 돈을 벌기 위해 이런 식으로 내기를 한다. 하지만 한층 더 두드러지고 정당한 내기는 돈을 목적으로 하지 않는다. 계급이 높은 공동체 구성원은 지역 의식civic ritual을 치러 그들의 지위를 확인하려는 듯이 내기를 한다. 이런 종류의 내기에서 승률은 기본적으로 양측이 동등하므로 누군가의 승리 여부는 중요하지 않다. 장기적으로는 결국 승리와 패배의 비율이 균등해지기 때문이다.

결국 후원자의 관심을 끌었던 것은 피비린내 나는 결말보다는 '결투' 와중에 돋보이는 '훌륭한 승부 정신good sportsmanship'이었다.[260] 갈릴레오와 그라시의 혜성 논쟁에서 교황이 보인 행동은 이 점을 잘 보여 준다. 우르바노 8세는 식사 중에 《시금자》를 낭독하게 했는데, 전문적인 논점이 아닌 '소리의 우화'로 알려진 부분의 재치 있는 문체에 매혹되었다.[261] 우르바노는 특히 편협한 태도로 독단적인 주장을 고집하다 자연 탐구('철학 경기philosophical sport')의 즐거움을 망쳐버리는 독단적인 철학자들을 갈릴레오가 조롱한 것을 높이 평가했다. '훌륭한 경기'에

---

260 (고대와 중세 봉건시대의 미적 감각을 대표하는) 피 튀기는 결투와 구경거리 중심에서, 결과보다는 과정('경기')이 더 중요하게 여겨지는 통제된 경기로의 전환은 궁정 문화와 근대성의 발전에서 핵심적인 측면이다. 근대의 예의범절과 에티켓의 발전을 '문명화과정'의 일환으로 연구하는 역사학자와 사회학자들은 바로 여기에 중점을 두었다. 노르베르트 엘리아스의 저술은 이 지향성을 보여주는 사례이다. 여우 사냥의 사회적 기원에 관한 엘리아스의 연구가 특히 잘 부합한다. 여우 사냥에 참여하는 신사는 여우를 죽이는 것이 아닌 찾아내고 추적하는 경기를 즐기는데, 죽이는 것은 사실상 사냥개의 몫이다. 마찬가지로, 바로크의 후원자는 여우를 죽이는 것, 즉 누군가의 패배를 선언하는 것이 부적절하다고 생각했을 수 있다. 나는 여기서 '바로크의baroque'라는 형용사를 강조하고 싶다. 더 앞선 시기의 후원자는 도전자를 '지적으로 살해하는 것'에서 즐거움을 찾았을 수 있다. 튀코의 공격성은 아마도 바로크 시대보다 더 오래된, 봉건시대의 윤리와 미적 감각이 반영된 결과일 것이다(Norbert Elias, "An Essay on Sport and Violence", in Norbert Elias, Eric Dunning, *Quest for Excitement* (Oxford: Blackwell, 1986), pp. 150~174).

261 *GO*, vol. 13, no. 1593, p. 145; no. 1594, p. 146. 로버트 웨스트먼은 1990년 7월 옥스퍼드 키블 대학 과학혁명 학술대회에서 《시금자》 낭독의 의미를 분석한 논문을 발표했다.

대한 후원자의 미적 감각aesthetic은 궁정에서 펼쳐진 과학 논쟁의 '연극'과도 같은 특성에도 반영되어 있다. 일례로 바르베리니와 곤차가 추기경은 1611년 메디치 궁정에서 벌어진 부양성 논쟁에 직접 참여했다. 바르베리니는 갈릴레오의 편을, 곤차가는 철학자 파파초니의 편을 들었다.[262] 이 논쟁에 관한 보고들은 논란이 되는 주장들의 진릿값이 아닌 갈릴레오와 파파초니가 펼쳐 보인 논쟁의 형식과 재치 그리고 우아함에 집중되었다.

이런 측면에서 과학 논쟁은 문학 아카데미나 귀족의 살롱에서 일어나는 일들과 다를 바 없었다. 리미니 출신의 인문주의자 조반니 아우렐리오 아우구렐리Giovanni Aurelio Augurelli는 살롱에서 상징이 담긴 회화의 의미를 두고 벌어졌던 토론을 이처럼 설명했다. "모두의 의견이 다르고, 아무도 동의하지 않는다. 그림 자체보다 이것이 즐거움을 준다."[263] 후원자는 논쟁의 내용보다는 형식에 더 관심이 있었다. 코시모 2세는 부양성 논쟁의 전문적이고 세부적인 사항에 관해서는 갈릴레오와 논의한 적이 없으며, 단순히 논쟁의 첫 번째 부분에서 그가 적절한 에티켓을 지키지 않았다고 나무랐을 뿐이다.[264]

---

262 *GO*, vol. 11, no. 684, p. 304; no. 699, p. 326.

263 Salvatore Settis, *Giorgione's Tempest* (Chicago: University of Chicago Press, 1990), p. 128(강조는 저자의 것). 인용문이 시사하듯, 상징은 그 자체로 흥미로운 '지적 도전'의 한 형태였다.

264 Galileo Galilei, *Discourse on Bodies in Water*, trans. Thomas Salisbury (London: Leybourn, 1663); reprint, Stillman Drake, ed., (Urbana, Ill.:

후원자가 주장의 인식론적 지위보다 그 주장이 펼쳐지던 과정의 미적 감각을 우선시했다는 점을 고려하면, 1611년부터 1613년까지 메디치 궁정에서 진행된 부양성 논쟁과 같은 일련의 논쟁들이 승패가 정해지지 않은 채 끝나버린 이유를 이해하는 데 도움이 된다. 논쟁이 좋은 구경거리를 계속 공급하기만 한다면 후원자는 그것을 끝내는 일에는 별 관심이 없었다. 반면 후원자의 관심을 끌지 못하는 논쟁은 경기 참가자 중 아무도 승리의 왕관을 쓰지 못한 채 흐지부지 끝나기도 했다. 요컨대, 논쟁의 중심에 후원자가 있었지만(또 그러한 경우에만 논쟁이 정당화될 수 있었지만) 그는 반드시 저울의 바늘처럼 한쪽을 정확히 가리킬 필요가 없었다. 후원자는 반박하거나 반박당한 글을 기꺼이 헌정 받았지만, 어느 한쪽의 주장을 옹호해야 한다는 의무는 느끼지 않았다. 입장을 정해야 할 상황(하위헌스가 군주 레오폴도 데 메디치를 '토성의 고리에 관한 가설'의 심판으로 추대했을 때처럼)에 처했을 때도 최대한 고상하게 빠져나가려 했다.[265] 싸움닭에 돈을 거는 사람은 닭이 죽어도 보복하지 않는다. 마찬가지로, 코시모 2세의 식탁에서 벌어졌던 부양체 논쟁에서 바르베리니와 곤차가 추기경은 각각 한쪽의 편을 들긴 했지만, 경기가 끝난 뒤에도 갈릴레오나 그의 논적 파파초니에 대

University of Illinois Press, 1960), pp. 2~3.

[265] Van Helden, "Accademia del Cimento and Saturn's Ring", pp. 242~244.

한 지지를 이어가지는 않았다.

갈릴레오가 내세운 주장의 진릿값에 벨저가 모호한 태도를 보인 것도 이러한 패턴에 부합한다. 벨저는 갈릴레오와 서신으로 교류하기 전에도 그의 천문학적 발견을 흥분과 회의가 뒤섞인 감정으로 지켜보았으며 클라비우스에게 여러 번 의견을 구하기도 했다. 그러나 벨저가 갈릴레오의 발견에 관한 서신을 클라비우스와 교환할 때 보인 신중함은 결정을 내리기 위해 증거를 신중하게 평가하는 태도처럼 보이지 않는다(원적 문제[266]를 해결하기 위한 새로운 수학 체계와 1604년 관측된 새로운 별에 대해 논의할 때도 마찬가지였다). 벨저는 입장을 정하지 않은 채 클라비우스에게 받은 의견을 중계하는 식으로, 동료들과의 토론을 그저 즐기기만 하는 지적 중개인처럼 행동했다.[267] 태양 흑점 논쟁뿐 아니라 볼로냐의 형광돌 그리고 갈릴레오가 달의 산맥을 주제로 브렝거에게 보낸 초기 답변과 관련해서도 벨저는 똑같이 신중하고 중립적인 태도를 유지했다.[268] 그는 갈릴레

---

266 * 원의 면적과 동일한 넓이의 정사각형을 작도하는 문제.

267 벨저가 클라비우스에게 보낸 1602년 10월 25일, 1603년 10월 31일, 1608년 10월 10일, 1608년 12월 5일, 1609년 8월 14일, 1610년 3월 12일, 1611년 1월 7일, 1611년 2월 11일의 편지를 참고하라. 이 편지들은 우고 발디니와 피에르 다니엘레 나폴리타니Pier Daniele Napolitani가 편집한 클라비우스 서간집에 수록되었다(편지들은 교황청에서 설립한 그레고리오 대학교 기록보관소에서 보관 중이다). 편지의 전사본을 제공해 준 우고 발디니에게 감사를 표한다.

268 브렝거에게 보낸 갈릴레오의 답변은 GO, vol. 11, no. 452, p. 14; no. 453, p. 14을 보라. '볼로냐의 돌'에 관해서는 앞의 책, no. 549, p. 136; no. 554, p. 140을, '태양

오의 답변을 반드시 참이라고 칭송하지 않았다. 그저 논증이 잘되었고 매우 설득력이 있으며 설명이 명확하고 몹시 재미있다고 칭찬했을 뿐이다.[269]

이와 같은 '훌륭한 경기'의 미적 감각은 벨저의 언급에서 특히 두드러질 뿐만 아니라 갈릴레오의 다른 편지들에서도 발견된다. 1612년 6월, 바르베리니 추기경은 갈릴레오가 최근에 수행한 흑점 관측과 그에 관한 해석을 장문의 편지로 보내 준 것에 감사를 표했다. 바르베리니는 갈릴레오의 독창성을 칭송하면서도 그의 주장을 옹호하지는 않았다. 자신이 사교 행사에서 그 논쟁에 관해 능란하게 말할 수 있도록 앞으로도 계속 통보해 달라고 요구하며 편지를 끝맺었을 뿐이다.[270] 며칠 뒤 갈릴레오가 더 중요한 편지를 보내자, 추기경은 또다시 감사를 표하며 말했다. "선생이 새롭고 흥미로운 주제들을 확실하게 다룬 것을 보았습니다. 그리고 흔치 않은 독창성을 발휘해 그토록 단기간에 적은 관찰로 최선의 이해에 도달한 것도 보았지요."[271]

흑점'에 관해서는 앞의 책, no. 637, p. 257; no. 638, pp. 257~258; no. 662, pp. 281~282; no. 771, p. 402을 참고하라. 벨저는 주로 시치와 같은 갈릴레오의 극단적인 논적에게서 저술을 넘겨받아 배포하는 역할을 했다(앞의 책, no. 503, p. 77).

269 앞의 책, no. 683, pp. 303~304; no. 775, p. 407; no. 776, p. 408. 마찬가지로, 부양성 논쟁에서 갈릴레오의 편을 들던 동료 참폴리조차 갈릴레오와 파파초니의 궁정 논쟁을 "우아한 논쟁quelle gratiose dispute"이라고 표현했다.

270 앞의 책, no. 690, p. 318.

271 앞의 책, no. 697, p. 325.

그러나 바르베리니는 자신의 칭송이 논쟁 및 관측의 현 상황과 관련하여 어디까지나 조건부의 태도임을 명시했을 뿐만 아니라, 갈릴레오에게 "어쨌든 이 문제의 판단은 내가 아니라 사안에 더 적임인 사람이 맡아야 합니다"라고 말하기도 했다.[272]

더 완고한 중립적 태도의 사례는 로마의 궁정인 안토니오 퀘렌고Antonio Querengo가 추기경 알레산드로 데스테에게 보낸 갈릴레오의 1616년 로마 방문에 관한 보고서에서 발견된다. 퀘렌고는 갈릴레오가 로마 살롱에서 보인 뛰어난 상연[273](놀라운 담화discorsi stupendi)[274]에 대한 언급으로 글을 시작했다.

전하[*알레산드로 데스테]께서 열다섯 혹은 스무 명쯤 되는 논적들이 무참하게 공격을 퍼붓는 와중에 갈릴레오 선생이 논쟁하는 것을 들으신다면 큰 기쁨을 느끼실 것입니다. … 선생은 마치 요새에 있는 듯 그곳에 머물며 논적들을 조롱하고, 그들이 선생을 물리치려고 동원하는 주장 대부분이 무의미함을 증명해 낸답니다. (비록 선생의 참신한 학설은 설득력이 없긴 하지만 말입니다.) 월요일에 … 선생의 상연은 훌륭했습니다. 그리고 무엇보다 제가 가장 마음에 들었던 점은 (논적들의 주장에 대답하기 전

---

272 앞의 책, 같은 쪽.
273 *여기서 '상연'은 'performance'를 옮긴 것이다. 저자는 3장에서 갈릴레오의 과학과 무대 상연의 공통점을 지적하며 그의 과학을 "상연적 과학"이라고 부른다.
274 *GO*, vol. 12, no. 1156, p. 212.

에) 몹시 강력한 증거로 그들의 주장을 보충하고 보강해 준 다음에 결국 그 입장을 논파하여 … 논적들이 더 우스꽝스럽게 보이도록 만들었다는 것입니다.[275]

하지만 학설의 참됨이 아닌 갈릴레오의 논쟁 솜씨에 대한 퀘렌고의 흥미는 그리 오래가지 않았다. 두 달 후 코페르니쿠스주의 서적은 금서로 지정되었고, 독실했던 퀘렌고는 알레산드로 데 스테에게 편지를 보냈다.

> 검사성성Holy Office이 그 견해[코페르니쿠스주의]의 옹호가 절대적인 교리에 명백히 위배된다고 선고한 뒤로, 갈릴레오 선생의 논쟁은 연금술의 증기처럼 사라졌습니다. 저희는 머릿속 팽이가 돌지 않도록 함으로써 공중에 뜬 풍선 위의 개미들처럼 지구와 함께 날아다니지 않고 … 제자리에 가만히 있을 수 있다는 믿음을 굳건히 하고 있습니다.[276]

벨저와 바르베리니 추기경의 사례처럼, 퀘렌고는 갈릴레오의 코페르니쿠스주의 우주론을 옹호하지 않았다. 그저 훌륭한 경기를 제공하면 그 점을 높이 평가했을 뿐이다. 하지만 퀘렌고의

---

275 앞의 책, no. 1170, pp. 226~227(강조는 저자의 것).
276 앞의 책, no. 1186, p. 243.

태도를 단순히 기회주의적이라거나 가식으로 보아서는 안 된다. 심지어 갈릴레오를 옹호하던 이들도 좀 더 소박하긴 했지만 비슷한 태도를 보였으며 구체적인 주장보다는 논증의 기술과 철학의 형식을 높이 평가했다.

혜성 논쟁에서 그라시에게 답하라며 갈릴레오를 강하게 부추겼던 참폴리는 《시금자》의 철학적 우아함에는 열광하면서도 갈릴레오가 내세운 경험적 주장의 진릿값은 지지하지 않았다. 갈릴레오가 다양한 혜성 현상을 간단하게 설명했다는 점은 칭송하면서도 마무리는 다음처럼 했을 뿐이다. "하지만 거의 이해하지 못한 저로서는 논쟁을 벌이기보다는 감탄할 뿐입니다."[277] 참폴리가 높이 평가한 것은 갈릴레오의 철학적 무심함과 독창성, "새로운 것들", "역설적 명제들", "귀중한 보석들"이었다.[278]

참폴리는 갈릴레오가 1612년 메디치 궁정에서 파파초니와 상연한 "물에 관한 우아한 논쟁"에 대해서도 비슷한 태도를 보였다. 아리스토텔레스주의자들의 "우연적으로*per accidens*, 잠재적으로*secundum potentiam*, 관점에 따라*secundum quid*"와 같은 "융통성 없는 구분"에 기초한 답변들보다 갈릴레오의 "날카로운 경험적 지식"에 훨씬 더 감명받았음을 인정하면서도, 논쟁

---

277 앞의 책, no. 1399, p. 466(강조는 저자의 것).

278 앞의 책, no. 1429, p. 499[* 철학적 무심함과 보석의 의미는 책의 '막간극'에서 자세히 논의한다].

의 구체적인 경험적 차원에 대해 평가하기보다는 개인적 취향에 따라 판단을 피하고자 한다는 입장을 명백히 드러냈다. 참폴리의 말대로, 그는 "어떤 이유에서든qual se ne sia la cagione" 갈릴레오의 상연을 더 선호했지만, 자신이 갈릴레오를 높이 평가한다고 해서 그것이 파파초니를 향한 비판depressione으로 보여선안 된다고 강조했다.[279] 하지만 참폴리의 의도와 달리, 그의 말을 확인한 파파초니는 자신을 향한 공격으로 받아들여 그와 대립하려 들었다.

흥미롭게도 참폴리의 변론을 통해 우리는 철학 논쟁을 대하던 관객들의 태도를 알 수 있다. 파파초니의 의심에 맞닥뜨린 참폴리는 "두 박사 간의 논쟁을 지켜보는 사람들이 '내가 보기에 이 박사가 더 낫소. 다른 박사가 내놓은 대답이 나의 취향에 맞지 않기 때문이오'라고 말하지 못하게 하려면 이탈리아의 독창적인 지식인들에게 어떤 [논쟁의] 관행을 새롭게 도입해야 하는지" 묻는 것으로 대처했다.[280] 파파초니는 만일 대학의 학생이 그런 발언을 했다면 신경도 쓰지 않았을 것이라고 답변했다. 그가 상처받은 이유는 "위대한 추기경과 군주에게 큰 존경을 받으며" 그와의 대화는 "유일무이하게 사려 깊다"라고 추앙받는 참폴리 같은 지위의 사람이 그렇게 발언했기 때문이었

---

279 *GO*, vol. 11, no. 820, pp. 453~455.
280 앞의 책, p. 454.

다.[281] 이는 궁정인들이 누가 옳고 누가 그른지 말하지 않기 위해 얼마나 신중해야 했는지를 보여 준다. 갈릴레오가 생각을 전개하는 '구경거리'를 놓고 논평하는 일은 경험적 주장을 평가하는 일보다 더 보람 있었다. 전자는 유쾌한 궁정의 대화로 이어졌다(구경꾼들은 논쟁자의 궁정인다운 기술을 논평하는 것으로 본인의 기술을 뽐낼 수 있었다).[282] 반면 후자는 아무도 즐겁지 않았으며 끝내 누군가의 명예가 위축되거나 손상되는 불쾌한 논쟁으로 이어지고 말았다.

갈릴레오의 저술에 대한 참폴리의 태도는 특이한 것이 아니었다. 체시 또한 참폴리처럼 갈릴레오가 철학하는 방식은 굳건하게 옹호하면서도 경험적 주장을 반드시 지지하지는 않았다.

---

281 앞의 책, p. 455.

282 궁정의 과학과 대화 기술 간의 관계는 제이 트리비가 17세기 이탈리아와 프랑스의 궁정인들과 신사들의 과학을 연구하며 처음으로 탐구했다. 이 주제에 관해서는 다음 문헌들을 살펴보라. Jay Tribby, "Of Conversational Dispositions and the *Saggi*'s Proem", in Elizabeth Cropper, ed., *Documentary Culture: Florence and Rome from Grand Duke Ferdinand I to Pope Alexander VII* (Florence: Olschki, 1992); idem, "Stalking Civility: Conversing and Collecting in Early Modern Europe", *Rhetorica* (1992); idem, "Cooking (with) Clio and Cleo: Eloquence and Experiment in Seventeenth-Century Florence", *Journal of the History of Ideas* 52 (1991): pp. 417~439. Denise Aricò, "Retorica barocca come comportamento: Buona creanza e civil conversazione", *Intersezioni*, 1 (1981): esp. pp. 338~339, 342; Giorgio Patrizi, ed., *Stefano Guazzo e la civil conversazione* (Rome: Bulzoni, 1990).

체시의 옹호는 '자유로운 사상'에 대한 공통된 헌신에 뿌리를 두었을 뿐이었다. 체시의 경우, 그러한 헌신은 인식론적 측면만이 아니라 사회적 측면에서 비롯한 것이기도 했다. 1611년 7월 갈릴레오에게 보낸 편지에서 체시는 로마의 아리스토텔레스주의 철학자 라갈라를 비판했는데, 스콜라철학의 사고방식에서 벗어나지 못했다는 이유였다. 흥미롭게도 체시는 라갈라의 "철학적 감옥"이 인식적으로 해로울 뿐만 아니라 사회적으로도 혐오감을 일으킨다고 보았다. "품위 있는 지성은 자유롭기 마련"이라는 것이 그의 생각이었다.[283] 고귀한 정신이란 그 자체로 자유로우며, 어느 한 철학 체계에 얽매인다면 자신이 지적으로 종속된 처지임을 보일 따름이라는 것이었다. 귀족과 신사가 그들의 사회적 지위에 부합하는 방식으로 사유하길 원한다면 자유사상가free-thinker가 되어야 했다. 즉, '자유로운 정신은 자유로운 신체에 있다Mens libera in corpore libero'는 것이다. 체시는 분명 갈릴레오의 저술을 '고귀한 사상', 즉 자신이 린체이 아카데미에 구현하려 했던 철학적 지향(체계가 아닌)의 상징으로 생각했을 것이다.

체시가 자유로운 사상에 헌신했다는 점은 파올로 안토니오 포스카리니의 《피타고라스학파와 코페르니쿠스의 의견에 관한 서한Lettera sopra Vopinione de' Pittagoriei e del Copernico》을 두고

---

283 *GO*, vol. 11, no. 560, p. 158.

보인 반응에서 가장 잘 드러난다. 그 편지에서 포스카리니는 가르멜회 수사로서 코페르니쿠스주의 천문학과 성경의 양립 가능성을 옹호했다.[284] 그러자 체시는 1615년 3월 갈릴레오에게 편지를 보내 "이 저자는 우리의 동료[린체이]를 전부 코페르니쿠스주의자로 여기고 있습니다. 그것은 사실이 아닌데도 말이지요. 우리가 단체로서 헌신하는 것은 오로지 자연철학의 자유뿐입니다"라고 항변했다.[285] 체시가 갈릴레오에게 코페르니쿠스주의자가 되어서는 안 된다고 한 것은 아니었다. 자유로운 사상이라는 것이 굳건한 믿음을 지닐 수 없음을 의미하지는 않았다. 체시가 말하고자 한 바는 린체이 집단 전체가 코페르니쿠스주의자로 보여선 안 된다는 것일 뿐이었다. 각자가 추구하는 개인적 신념을 자유롭게 전개할 수는 있지만, 그러한 신념이 예속적인 독단설로 변해서는 안 된다는 것이 체시의 생각이었다. 만일 그런 일이 발생한다면 협의를 통해 주장을 수용하거

---

284 Paolo Antonio Foscarini, *Lettera del R.P.M. Paolo Antonio Foscarini Carmelitano sopra l'opinione de' Pittagorici e del Copernico della mobilità della terra e stabilità del sole e del nuovo Pittagorico sistema del mondo* (Naples: Scoriggio, 1615). 포스카리니에 관해서는 다음 문헌들을 참고하라. Stefano Caroti, "Un sostenitore napoletano della mobilità della terra: Il padre Paolo Antonio Foscarini", in Fabrizio Lomonaco, Maurizio Torrini, eds., *Galileo e Napoli* (Naples: Guida, 1987), pp. 81~121; Bruno Basile, "Galileo e il teologo 'Copernicano' Paolo Antonio Foscarini", *Rivista di letteratura italiana* 1 (1983): pp. 63~96.

285 *GO*, vol. 12, no. 1089, p. 151.

나 거부할 여지가 남지 않을 터였다.[286] 사이먼 섀퍼와 스티븐 셰이핀이 연구한 로버트 보일Robert Boyle과 토머스 홉스Thomas Hobbes의 논쟁을 통해서도 알 수 있듯이 독단주의는 문필공화 국republic of letters에서 이루어지던 대화와 사교의 전반에도 잠재적 위협으로 간주되었다.[287] 더군다나 독단주의는 가신의 주장에 후원자의 명예를 거는 태도이기에 후원자로서는 용인할 수 없었다고 덧붙일 수도 있겠다.

후원자가 명시적이든 암시적이든 중립의 태도를 취한 이유는 지위의 동역학에서 찾을 수 있다. 후원자의 가장 큰 자산은 명예였다(영향력 있는 군주일수록 더욱 그러했다). 그러나 명예는 불분명한 범주였으며, 그것이 사회적 영향력을 발휘하려면 당연히 그래야 했다. 누구도 명예의 '본질'을 파악할 수는 없었다. 수많은 궁정 논고를 통해서 알 수 있듯이, 명예(혹은 스프레차투라)의 본질이란 말로 환원될 수 없는 것이었다. 그런데도 사람들은 명예를 어떻게 획득하고 상실하는지 이미 알고 있었다. 그들은 귀족들이 유구한 가문의 역사를 거치며 명예를 얻지만 눈 깜짝할 사이 모든 것을 잃을 수 있다는 점에 동의했다. 위

---

286 이를테면 체시는 갈릴레오가 《담화》에서 마치 전문가 같은 목소리를 냈다고 비판하면서 앞으로는 좀 더 부드러운 형식을 채택하라고 권유했다(아마도 《흑점에 관한 편지들》을 염두에 두었던 것으로 보인다)(*GO*, vol. 11, no. 737, p. 370). 흥미롭게도 체시의 경고는 갈릴레오가 내세운 주장의 신학적 함의를 우려해서가 아니었다. 갈릴레오의 부양성 논고는 성경과 관련된 함의와는 거리가 멀었기 때문이다.

287 Simon Schaffer, Steven Shapin, *Leviathan and the Air Pump*, pp. 23~109.

대한 명예란 몹시 민감한 명예를 뜻하기도 하며, 한 줄기 바람에도 뒤집힐 수 있었다. 위대한 후원자들은 강력한 동시에 그만큼 취약했다.[288] 누군가가 살짝이라도 무례한 발언을 하거나 은근히라도 비판을 제시한다면, 위대한 후원자가 보기에(혹은 그의 주변 사람들이 보기에) 재빠르게 반격해야 할 모욕으로 읽힐 수 있었다. 그러므로 논쟁에서 편을 드는 것은 도전에 응하는 서막이었으며, 명예의 민감한 특성으로 인해 위대한 후원자는 '결투'에 휘말리기 매우 쉬웠다.

위대한 후원자가 도전으로부터 자신을 보호해야 했던 것도 그들이 도전에 매우 민감했기 때문이다. 후원자는 과학 논쟁에 '참가'할 경우에도 중립적 태도를 취함으로써 자신을 보호했다. 위대한 후원자는 인습을 고수하는 인물이었지, 논리적인 경험주의자가 아니었다. 이러한 거리두기 장치는 위대한 후원자와 군주의 삶 모든 영역에서 활용되었다. 바로크 궁정의 복잡한 에티켓은 절대군주, 귀족, 하층계급의 치열한 상호작용을 잘 관리하면서도, 적절한 거리를 유지하고 '오염'을 막으려는 필요에서 비롯되었다.[289] 알려진 대로 에티켓 실수는 주로 개인적인 모욕

---

288 역설적이게도, 권력과 취약함은 본질적으로 관련되어 있다. 강력한 권력은 곧 취약함을 의미했고, 취약함은 또한 강력한 권력을 의미했다. 달리 말하면, 강력한 권력을 가졌다는 것은 잃을 게 많다는 뜻이었다.

289 이와 마찬가지로, 어빙 고프먼은 현대 사회의 존대deference와 처신demeanor에 관한 연구에서 "계층이 높을수록 접촉에 대한 금기는 확장되고 정교해진다"는 점을 파악했다(Erving Goffman, "The Nature of Deference and Demeanor",

으로 받아들여졌다.[290] 후원자의 명예가 도전받지 않은 채 존재
해야만 과학 논쟁이 정당화될 수 있었던 것처럼, 군주의 권력
(혹은 명예)은 '건드리지 않아야' 효과를 발휘했다. 권력을 건드
리는 것은 시스템 전체를 단락시키는 것이나 다름없었다.[291] 그
러한 행위는 후원자나 군주의 명예를 더럽힐 뿐만 아니라 정당
화 과정 전체를 기반부터 파헤치는 꼴이 될 터였다.[292]

American Anthropologist 58 [1956]: p. 481).

290 하지만 이러한 지위와 명예의 경제에서 중요한 예외 사례가 있었다. 지위가 높다고
해서 항상 본인이나 다른 이들의 말과 행동으로 명예가 손상될 위험에 처하는 것은
아니었다. 예를 들어, 귀족은 축제 기간에 가면을 쓰고 원래라면 용인되지 않았을 방
식으로 행동할 수 있었다. 궁정광대 또한 그러했는데, 애매한liminal 위치 덕에 다른
사람들은 하지 못하는 말들을 할 수 있었다(게다가 그에 대한 보상까지 받았다). 이와
마찬가지로, 본심을 말하거나 무례하게 행동하며 에티켓 규칙을 위반하는 귀족과 군
주가 이따금 눈에 띄기도 한다. 이 같은 예외 사례는 패턴을 위배하기보다는 오히려
확인해 준다. 실제로 이렇게 행동하는 이들은 누가 보아도 애매한 존재들(가령 광대,
'늙은 공작', '괴짜 왕대비')이거나, 권력을 증명하기 위해 노골적으로 규칙을 위반하
는 존재들이었다. 이것들은 '제멋대로 구는' 예외 사례가 아니라 (적절한 사람에게 혹
은 적절한 시기에 시행하기만 한다면) 에티켓 규칙을 유지하고 발전시키는 역할을 했
다. 물론, 논쟁 도중에 가명을 쓰거나 허구적 문학 장르를 통해 특정한 견해를 전달하
는 것(가령 갈릴레오의 《대화》) 또한 비슷한 전략을 반영한다.

291 권력을 건드리는 행위는 말 그대로 군주가 가진 권력의 공허함을 드러냈을 것이다.
어떤 의미에서 군주의 권력이란 오직 패를 들키지 않는 한에서만 (모든 게임 참가자
에게) 효과가 있는 '허세bluff'와도 같았다.

292 군주 후원자의 중립적 태도가 단순히 우연이 아니며 자연철학에 국한되지 않았다
는 사실은 후원자가 가신에게 일상적으로 받는 요청을 다루며 흔히 보여주었던 유
사한 태도를 통해 알 수 있다. 생시몽 공작이 주목했던 것처럼, 루이 14세는 누군가가
탄원할 때 "한번 살펴보겠노라" 이상의 말을 하는 경우가 드물었다(Norbert Elias,
Court Society [New York: Pantheon, 1983], p. 131에서 재인용). 마찬가지로, 교

반면 하층계급은 그런 곤경을 겪지 않았다. 카르보네가 언급한 젊은 사람들과 치골리가 거론한 애매한 철학자들에게 도전은 오히려 합리적 투자였다. 그들은 도전을 통해 잃을 것보다 얻을 것이 훨씬 많았다. 진지하게 받아들여지는 것, 그것이 그들의 주된 관심이었다. 그렇다고 해서 이런 동역학이 명예를 얻어 입신출세하려는 자들의 과감한 공격에 권력자가 매번 무방비로 당하는 상황으로 이어지지는 않았다. 앞서 본대로 절대권력자는 신하들을 '문명화'함으로써 도전으로부터 자신을 보호하는 데 성공했다. 궁정사회, 에티켓, 군주를 향한 도전을 '범죄화'하는 담론은 모두 노르베르트 엘리아스가 "문명화과정"이라 정의한 것의 일환이었으며 정치적 절대주의의 확립과도 맞물렸다.

이러한 명예와 권력, 도전과 결투 그리고 그에 대한 회피의 동역학을 통해, (코시모 2세부터 체시와 우르바노 8세에 이르는) 후원자들이 갈릴레오에게 주장보다는 가설로 논증하고, 논설

황의 단순 의약물 전문가이자 린체이 아카데미 회원이었던 요하네스 파베르는 사피엔차 대학에서 교수직을 구하는 문제에 관하여 교황 우르바노가 명확한 입장을 밝히도록 설득하지 못했다. 교황은 누가 옳고 누가 그르다고 말하지 않은 채 자상하지만 모호한 태도로 파베르를 안심시키기만 했고, 파베르는 중개인을 통해 기대할 만한 말을 전달받는 선에서(그리고 그 기대가 사라지는 것을 보는 정도에서) 그쳤다(CL, pt. 2, sect. 2, no. 696, p. 828; no. 714, pp. 842~843; no. 721, p. 850). 인식론적 주장에 대해서와 마찬가지로, 위대한 후원자들은 신분과 지위를 유지하는 데 중요한 사안이 아니라면 그 어떤 사안에도 입장을 정하려 하지 않았다.

보다는 대화편을 쓰고, 가정적 방법ex suppositione을 사용하라고 거듭 권했던 맥락을 파악할 수 있다. 이 동역학은 후원자들이 주로 갈릴레오의 실황 논쟁을 마치 연극과 같은 행사로 취급했던 이유 또한 설명해 준다. 가신의 주장을 가설이나 허구로 만들려 한 군주 후원자의 시도는, 절대군주의 명예와 권력이 다양한 도전으로 손상되는 것을 막으려 했던 시도와 구조적으로 동일한 담론을 반영한다. 갈릴레오가 코페르니쿠스 천문학을 가설인 듯 취급하며 글을 쓰고 대화편이라는 '가벼운' 장르를 선택해야 했던 것은 '교황 군주'의 권력 이미지를 보존하기 위한 훨씬 더 광범위한 '지우기 담론discourse of effacement'의 한 사례로 볼 수 있다.[293]

293 군주의 권력을 위협하지 않는, 국가이성과 과학 담론의 관계는 페데리코 체시의 〈알고자 하는 본능적 욕구와 이를 충족하기 위한 린체이 기관〉에 설명되어 있다. 체시는 이 논고에서 아카데미의 계획을 개괄했다. 논고는 다음 문헌에 수록되어 재간행되었다. Gilberto Govi, "Intorno alla data di un discorso inedito pronunciato da Federico Cesi fondatore dell'Accademia de' Lincei e da esso intitolato: Del natural desiderio di sapere et Istituzione de' Lincei per adempimento di esso", *Memorie della Reale Accademia dei Lincei*, Classe di Scienze morali, storiche e filologiche, series 3, 5 (1879~1880): pp. 244~261; 국가이성에 관한 언급은 p. 257을 보라. 이와 매우 유사한 논점은 *Praescriptiones Lynceae Academiae Curante Joanne Fabro Lynceo Bambergensi* (Terni: Guerrero, 1624), p. 7에서도 제시되었다. 로마에서 가장 영향력 있는 문학 아카데미였던 우모리스티 아카데미Accademia degli Umoristi의 정관에도 명시된 것을 보면, 국가이성에 관한 우려가 당시 아카데미들에 널리 퍼져 있었음이 분명하다(Piera Russo, "L'Accademia degli Umoristi, fondazione, strutture e leggi: Il primo decennio di attività", *Esperienze letterarie* 4 [1979]: p. 59).

그럼에도 갈릴레오처럼 출세 지향성이 강한 가신은 군주 후원자의 '지우기 담론'을 반드시 공유하지는 않았다. 오히려 그는 (달리 강요받지 않는 한) 주장의 진릿값을 강조하는 경우가 많았다. 카르보네가 언급한 결투 지향적인 젊은이들처럼, 갈릴레오는 사회적 계급 상승을 꾀하고 철학자가 되어 지위와 신뢰를 확보하고 그것으로 그의 새로운 세계관을 정당화하려면 상대방에게 '공격'을 가함으로써 자신의 주장을 가설이나 허구가 아닌 참된 것으로 제시해야 했다. 갈릴레오의 신분은 매 단계 자신의 명예(그리고 상대방의 명예)를 걸며 상승해 갔다. 하지만 갈릴레오가 정당성을 확보하기 위해 활용했던 권력과 명예를 모두 갖춘 군주 후원자(메디치 가문과 교황)는 대체로 가신의 도전에 힘입어 권력을 향상할 필요가 없었으며, 도리어 권력이 시험대에 오르는 일을 피함으로써 권력을 유지하고자 했다. 갈릴레오의 후기 경력을 틀 지은 것은 바로 이 해소할 수 없는 긴장이었다.[294] 어쩌면 1633년의 재판은 이 동역학에서 비롯된

---

[294] 주장의 '사실성'이나 '허구성'을 평가하는 엄격한 규약은 없었던 듯하다. 갈릴레오의 《대화》에 대한 우르바노 8세의 반응에서 알 수 있듯이, 사실적 주장과 허구적·가설적 주장의 경계에 대한 후원자의 인식은 맥락에 따라, 또 권력을 인식하는 정도에 따라 달랐다. 후원자가 가신의 주장을 가설이라고 **믿어야만** 그 주장을 즐길 수 있었다고 보지는 않는다. 그들에게는 단순히 특정한 맥락에서 주장을 가설로 표현할 수 있는 것만으로도 충분했다. 토르콰토 아체토의 1614년 논고가 보여 주듯이, '시치미 떼기'는 바로크 궁정에서 죄악이 아니었다(Torquato Accetto, *Della dissimulazione onesta*, in S. Caramella, B. Croce, eds., *Politici e moralisti del Seicento* [Bari: Laterza, 1930]). 궁정에서의 시치미 떼기는 이미 Stefano Guazzo, *La civil*

예측 가능한 결과였을 수 있다.

끝으로, 논쟁자의 주장에 후원자가 결단력 있는 태도를 보이지 않은 것은 본질적으로 그들이 지닌 권력의 결과였음에도, 주로 객관성의 표시로 제시되었다는 점을 주장하고자 한다.[295] 예를 들어 서로 경합하던 가신들과 벨저의 사회적 지위 차이(벨저는 그 차이 탓에 어느 한쪽을 선택하는 결단을 내릴 수 없었다)는 불편부당함으로 드러났다. 즉 사회적 지위의 거리(즉 '명예'상의 거리)가 객관성을 가능하게 하는 거리두기로 나타난 것이다. 어떤 의미에서 후원자는 독특한 유형의 노블레스 오블리주 때문에 '객

---

conversazione (Brescia: Bozzola, 1574)에서 논의되어 확인된 바 있다. 예를 들어 갈릴레오는 《시금자》에서 자신이 실제 인물이 아닌 정체를 알 수 없는 가면 쓴 사람을 공격할 뿐이라고 주장하며 지나치게 공격적인 문체에 대한 변명을 내놓았다. 하지만 책의 독자들은 로타리오 사르시라는 인물이 실제로는 오라치오 그라시이며 따라서 갈릴레오의 글이 그 예수회 사제를 향한 인신공격임을 완벽하게 알고 있었다. 요컨대, 모든 구경꾼은 《시금자》가 실제로는 참가자의 명예가 걸린 사적인 결투의 일부라는 것을 알면서도 그 결투가 품위 있는 멋진 시합인 척할 수 있었다. 《시금자》는 교황에게 헌정되었지만, 교황의 명예는 책과 결부되지 않았다.

가신이 내세운 주장의 '허구성'을 두고 시치미를 떼는 행위는 이중적인 의미를 만들어 냈는데, 그 의미는 후원자와 가신 둘 모두에게 어느 정도 효과가 있었다. 가신은 경기에 응하기만 하는 척하면서 본격적인 공격을 가할 수 있었다. 이를 통해 자신을 기꺼이 높이 평가할 만한 사람들 앞에서 기술과 논쟁을 선보일 수 있었고, 동시에 후원자의 명예를 '문 닫힌 결투장' 밖으로 빼낼 수 있었다. 후원자 역시 '위험한'(따라서 더 즐겁고 '독특한') 구경에 비교적 안전하게 동참할 수 있었다. 실제로 우르바노 8세의 경우처럼, 상황이 통제를 약간만 벗어나도 후원자는 가신이 적절한 담론적 경계를 넘어섰다고 비난할 수 있었다.

295 *GO*, vol. 11, no. 554, p. 140; no. 771, p. 402; no. 776, p. 408.

관적'일 수밖에 없었던 셈이다. 심지어 참폴리나 바르베리니 추기경과 같은 후원자가 본인의 역량 부족을 핑계로 결단을 사양했을 때조차, 그들의 진술은 겸손함이 아닌 사회적 경계를 반영한 것이었다. 역량을 갖추었다는 것은 전문직업을 지녔다는, 즉 전문성이 있다는 의미이다. 그러나 후원자는 전문가가 아닌 신사 혹은 귀족이었다. 그러므로 후원자의 불편부당은 실제로는 사회적 경계의 표현이었으며, 이것은 어겨서는 안 되는 금기와도 같았다.

위대한 후원자 그리고 객관적이라는 주장

후원자, 그중에서도 특히 군주는 가신의 주장에 명예를 거는 행위에 대단히 신중했다. 그러나 이러한 관례에는 드물지만 유익한 예외가 있다. 메디치가는 결국 갈릴레오의 목성 위성 발견을 옹호하게 되었는데, 가장 큰 이유는 갈릴레오가 그것을 메디치 가문의 상징으로 제시했기 때문이었다. 갈릴레오의 선물이 그들의 이미지를 향상시켰기 때문에 메디치가는 기꺼이 위험을 감수하려 했다. 하지만 후원자의 옹호를 받는 것이 가신의 입장에서 인식적 정당성을 확보하는 유일한 방법은 아니었다. 가신은 영향력이 큰 후원자와 후원 관계를 맺는 것만으로도 지위와 신뢰를 향상할 수 있었다. 이번 절에서는 몇 가지 예시를 통해 가신과 위대한 후원자의 상호작용을 들여다봄으로써 그 과정의 구체적인 메커니즘을 고찰하고자 한다.

피에르 부르디외와 장클로드 파세롱Jean-Claude Passeron은 프랑스의 대학 체계를 단순한 교육기관이 아닌 사회계급 재생산기관으로 다루었고, 그 틀 안에서 학문 지식의 자율성 신화에 관한 사회적기원을 연구했다. 그들에 따르면, "교육 체계의 절대적 자율성이라는 환상"은 교수들이 더는 학생들로부터 그때그때 보수를 받지 않고 오직 국가에 의존하는 조직적인 전문직업 단체가 되었을 때 가장 강력해진다.[296] '불편부당의 이념'은 바로 그런 환경에서 가장 잘 발전하며 교수와 국가 모두에게 활용된다. 교수들은 그들의 문화적 산물이 완전한 자율성을 갖추었다고 주장함으로써 지식을 '순수'하고 '불편부당'한 것, 따라서 임의적이지 않으며 정당한 것으로 제시한다. 교수들이 (심지어 국가를 상대로) 자율성을 강조할수록, 교수들은 국가의 이익에 더 많은 기여를 하게 된다. 국가가 대학 자체와 대학이 재생산하는 문화를 활용하여 사회의 구조와 위계를 재생산하기 때문이다. 하지만 그러한 재생산은 그것이 '순수'한 문화의 교육으로 제시되는 한 눈에 띄지 않는다. 간단히 말해, '순수성'은 교수의 후원자가 개별 학생에서 국가로 대체되면서 생겨난다.

---

296 Pierre Bourdieu, Jean-Claude Passeron, *La reproduction: Éléments pour une théorie du système d'enseignement* (Paris: Minuit, 1970), p. 82.

알랭 비알라Alain Viala는 17세기 프랑스에서 문학 작가가 정당한 사회적 역할로 부상한 현상을 연구하면서 후원 관계의 계급을 클리앙테리슴clientélisme과 메세나mécénat로 구분했다.[297] 클리앙테리슴은 대체로 영향력이 적은 후원자 주위에서 형성된다. 피후원자(개인교사 혹은 역사가)들은 일상적이고 돈보이지 않는 임무를 수행하며 주로 그때그때 보수를 받았다. 그들은 위험이 적고 경력이 더디게 쌓이는 전략을 채택하는 경향이 있었다. 후원자와 피후원자의 결속은 대체로 느슨했고, 피후원자는 수많은 후원 관계를 동시에 맺곤 했다. 이런 관계에서 비롯되는 저술은 대개 주류를 따랐다. 피후원자의 충성에 대한 기대는 애초부터 없었다.

반면, 메세나는 클리앙테리슴과 매우 달랐고 훨씬 드물었다. 위대한 후원자(프랑스의 군사 지휘관 콩데Condé 같은 '위대한 인물'이나 왕)는 뛰어나고 논쟁적이며 눈에 잘 띄고 '품위 있는 작가écrivain galant'에게 관심이 있었다. 그런 작가들은 보수를 급여로 받지 않았고, 특정한 임무를 처리하라는 요구도 받지 않았다. 대신 그들은 "망극함gratification"을 얻었고, 후원자에게 충성을 다해야 했다.[298] 그들은 후원자의 투사가 되어 큰 위험을 감

---

297 Alain Viala, *Naissance de lécrivain* (Paris: Minuit, 1985), pp. 51~84.

298 근대 초기의 귀족사회를 연구한 논문 〈근대 초기 프랑스의 선물증여와 후원Gift-Giving and Patronage in Early Modern France〉에서 샤론 케터링은, 비알라가 "망극함"의 선물과 같은 특성(pp. 140~141)과 충성(p. 137)을 설명하면서 지적한 것과 똑같

수하는 대가로 빠르게 승진하며 경력을 쌓아갔다. 그리고 마치 귀족의 지위를 가진 듯 인식되었는데, 그들의 문화적 '공격성'이 귀족의 윤리와 미적 감각에 부합하기 때문이기도 했다. 비알라는 이렇게 말했다. "실제로 우리는 문학적 영웅주의literary heroism에 관해 적절하게 말할 수 있다. 작가로서의 영광은 그에게 고귀함을 부여했는데, 과거에 군사로서의 공적이 자유인을 기사로 만들었던 것과 똑같은 방식이었다."[299]

부르디외와 파세롱이 다룬 대학교수의 사례와 비슷하게, 비알라가 연구한 작가 또한 수많은 하급 후원자가 아닌 한 명의 위대한 후원자에게만 봉사했고 그에 따르는 문화적 관습을 받아들임으로써 고귀하고 불편부당한 인물로 인식되었다. 위대한 후원자들은 자신의 가신을 귀족으로 묘사할 필요가 있었다. 그 후원자들 또한 귀족의 신분이었기에 가신에게 보수를 지불하는 행위로 자신의 지위를 확인하는 것처럼 보여서는 안 되었기 때문이다. 조반니 델라 카사Giovanni della Casa의 표준 에티켓 안내서《갈라테오Galateo》는 가신들을 향해 후원자에게 봉사하면서도 너그러움liberality의 분위기를 형성하라고 가르친다. "의무로 행한 일은 후원자에게 의무로 인식되므로 결과적으로 후원자는 가신에게 거의 고마워하지 않는다. 그렇게 하지 않고 의무

은 패턴에 주목했다.

299 Alain Viala, *Naissance de l'écrivain*, p. 222. (번역은 저자의 것)

를 넘어서 수행하는 가신은 스스로 베푸는 것으로 인식되어 사랑을 받고 자비로운 자로 여겨진다."[300] 위대한 후원자와 가신 모두 그들의 관계가 실리주의적 관계가 아닌 자발적인 관계로 보이기를 원했다. 대학교수와 국가의 관계와 마찬가지로, 비알라가 다룬 후원자와 작가의 상호 이익은 후원 관계에서 경제적 차원이 지워지거나 부정될 때 오히려 더 원활하게 추구되었다.

미켈란젤로[301]는 일평생 작업장을 차리지 않았고 늘 궁정에서 일했으며, 영향력이 적은 여러 후원자가 아닌 군주 후원자단 한 명만을 섬겼음을 자랑스럽게 여겼다(이는 갈릴레오가 빈타에게 보낸 편지를 떠올리게 한다).[302] 마찬가지로 미켈란젤로는 자신이 도시 길드와 연관된 화가나 조각가도 아니라고 주장했다. 자신의 사회직업적 지위와 특별한 독립성을 강조하면서 화가가 물감공급자에게 갖는 의무와 자신이 후원자(교황 율리우스 2세)에게 갖는 의무가 같은 정도라고 어느 볼로냐 화가에

---

[300] Giovanni della Casa, *Galateo* (Venice, 1558; reprint Turin: Einaudi, 1975), p. 34.

[301] *Michelangelo Buonarroti (1475~1564).

[302] "나는 작업을 목적으로 작업장을 차리는 자들과 같은 화가나 조각가가 아니었어. 아버지와 형제를 존경하는 마음에서 항상 그러한 일을 삼갔지"(Michelangelo, letter of 2 May 1548; Peter Burke, *Culture and Society in Renaissance Italy 1420-1540* [New York: Scribner's, 1972], p. 69에서 재인용). "작업장 차리기|aver bottega"가 함의한 기계적 작업과의 연관성은 화가 조르조 바사리에게서 확인된다. 그는 이류 화가에 대해 "공개 작업장을 유지하고 대중 앞에 서서 온갖 종류의 기계적 작업을 하는 부류"라고 말했다(앞의 책, 69).

게 말하기도 했다.[303] 판매원 같은 취급을 받길 원하지 않았던 비알라의 품위 있는 작가들과 '철학자'라는 칭호를 요구했던 갈릴레오처럼, 미켈란젤로 역시 자신의 특별함을 강조하려 했다. 미켈란젤로는 그저 미켈란젤로라고 말이다.

'신적인 존재'로 불릴 정도로 최고의 지위를 성취한 르네상스 예술가가 당시 영향력이 가장 큰 마이케나스Maecenas(문학과 예술의 후원자)였던 교황 율리우스 2세와 변증법적 후원 관계[*대립과 긴장 속에서 형성된 후원 관계]를 맺고, 작품 활동의 실리적 동기를 부정하면서 예술가로서의 독립성을 거듭 강조한 것은 우연이 아니다.[304] 교황 바오로 3세[305]의 재위 기간에 성 베드로 성당의 건축을 맡았을 때도 미켈란젤로는 "경제적 보상이 아닌 신을 향한 사랑으로" 일하겠다는 내용을 계약서에 포함해 줄 것을 교황에게 요청했다.[306] 미켈란젤로의 '신성'을 중심으로 발전한 예술가 신화는 (학문의 '자율성'과 작가

---

303 "당신이 물감을 파는 약종상에게 가진 것과 같은 의무를 저는 [조각상에 필요한 청동을] 제공하시는 율리우스 교황께 가지고 있답니다"(Giorgio Vasari, *Vita di Michelangelo*, ed. Paola Barocchi [Milan-Naples: Ricciardi, 1962], 1: p. 34에서 재인용).

304 미켈란젤로와 율리우스 2세 그리고 율리우스 2세를 따르는 여러 교황과의 긴장 관계는 앞의 책, pp. 28, 31~34, 38~41, 52~53, 55, 71~72, 74, 92~93을 보라.

305 *Paulus III, 재위 1534~1549년.

306 앞의 책, p. 84. 바사리에 따르면, "[교황께서] 작업에 대한 보수로 여러 번 돈을 보내셨지만 그는 결코 받으려 하지 않았다." 비슷한 사례를 같은 책 pp. 97~98에서도 확인할 수 있다.

의 '고귀함'을 중심으로 발전한 다른 신화들과 마찬가지로) 예술 자체의 격을 높였을 뿐만 아니라 예술이 더욱 권위 있는 지위의 상징이 되게 만듦으로써 예술가와 후원자 모두에게 이익이 되었다. 그러므로 갈릴레오가 피렌체에 이끌린 이유 또한 상식 수준의 해석으로 떠올릴 만한 것들, 즉 그 장소가 불러일으키는 향수와 높은 봉급, 가르칠 의무로부터의 자유 때문만은 아니었다. 바로 '철학자'(수학의 미켈란젤로)가 될 특별한 기회 때문이기도 했다. 하지만 이 과정에서 가장 흥미로운 측면은 갈릴레오가 몸담은 분과학문의 지위와 관련된 것이다.

갈릴레오는 명성 높은 가신과의 경제적·실리적 관계까지도 억누를 수 있을 만큼 지위가 높은 후원자를 찾아냄으로써 자기 자신과 연구 방법, 그리고 분과학문을 '사심 없는', 즉 '객관적'인 것으로 제시할 수 있었다.[307] 그리하여 그는 수학이 역학을 비롯한 실용적인 분과학문들과의 연관성때문에 열등하게 여겨지던 사회적 함의에서 벗어날 수 있었다. 갈릴레오는 (코시모가 명예 때문에 얽매여 있던) 후원의 실리적 차원을 억누름으로써 자신을 사심 없고 객관적인 인물로 내세울 수 있었고, 그에 따라 자신의 발견 또한 참된 것으로 제시할 수 있었다. 갈릴레오가 그의 방법과 주장을 객관적인 것으로 제시했다는 점은 미켈

---

[307] 앞서 말했듯 갈릴레오의 많은 봉급은 당시 널리 알려진 사실이었다. 하지만 그것은 갈릴레오의 헌신에 대한 대가라기보다는 대공의 불편부당한 관대함과 권력의 징표로 제시되었다.

란젤로의 '신성'을 형성한 것과 똑같은 후원 동역학의 결과였다. 이런 사례들은 또 다른 유의미한 공통점이 있다. 그것들 모두 후원 동역학이 새로운 사회직업적 정체성의 정당화를 가능하게 한 사례라는 것이다.

특히 갈릴레오와 미켈란젤로에게서 이런 유사성(그리고 후대의 아카데미 일원들이 그들의 이미지를 활용한 사례들의 유사성)이 두드러진다. 피렌체 예술가들은 미켈란젤로의 '신성'을 제도적으로 전용하여 미켈란젤로를 그들이 종사하던 전문직업의 수호성인으로 변모시켰다. 예술가로서 미켈란젤로가 획득한 특별한 지위는 예술가라는 전문직업 전체를 (이전에는 갖지 못했던) 높은 사회적 지위로 제시하는 데 중요한 역할을 했다. 1564년 피렌체에서 치뤄진 미켈란젤로의 장례식은 당시 막 창립한 디세뇨 아카데미(최초의 공식 순수예술 아카데미)가 기획하고 연출했다.[308] 미켈란젤로는 더없이 좋은 시기에 사망했다. 그의 죽음은 이제 막 제도화된 시각예술을 정당화하는 데 결정적 밑천으로 활용되며 '경이로운 맞물림'을 실현했다. 바사리Giorgio Vasari의 말대로, "아카데미가 창립하기 전에 미켈란젤로가 서거하지 않은 것이 크나큰 다행"이었다.[309]

가설이기는 하나, 갈릴레오 사망 직후 그의 지지자들이 산타

---

308 장례식에 관한 묘사는 Giorgio Vasari, *Vita di Michelangelo*, 1: pp. 132~191, esp. pp. 135~149, 174~179, 185을 보라.
309 앞의 책, p. 185.

크로체 성당에 세우려 한 장례기념물이 이와 유사한 목적이었을 수 있다(끝내 건립하지는 못했다).[310] 갈릴레오는 새로운 유형의 수학자, 즉 '철학적 수학자'의 '수호성인'이 되어야 했다. 미켈란젤로의 '신성'이 기존의 화가, 건축가, 조각가들이 (근대적 의미의) '예술가'가 되는 데 도움이 되었던 것과 같은 방식으로, 갈릴레오가 수학자로서 확보한 특별한 지위 또한 수학자들의 지위를 향상시키는 데 기여했을 것이다. 더 나아가 세 가지 디세뇨 예술(회화, 조각, 건축)에 전부 능했던 미켈란젤로처럼, 갈릴레오도 대부분의 수학 분야(천문학, 역학, 광학, 축성술, 수력학)에 통달했고 전통적인 철학도 잘 알았으며 새로운 자연철학까지 도입했다. 요컨대, 미켈란젤로와 갈릴레오는 각자의 분과학문에 완벽한 수호성인이었다. 갈릴레오와 미켈란젤로의 무덤이 현재 같은 교회에서 서로 마주 보고 있으며 두 무덤의 지상 조형물이 모두 전문직업에 대한 기념물인 것도 흥미롭다. 미켈란젤로는 건축, 회화, 조각(세 가지 디세뇨 예술)을 상징하는 뮤즈들에게 둘러싸여 있고, 갈릴레오는 그가 철학의 지위로 끌어올린 '수학적 과학'을 상징하는 더 많은 뮤즈에게 에워싸여 있다.

사회적 정당화라는 선택권은 명성 높은 가신과 위대한 후원

---

[310] *GO*, vol. 18, no. 4194, p. 378; no. 4196, p. 379; no. 4197, pp. 379~380; no. 4202, p. 382; Giovanni Battista Nelli, *Vita e commercio letterario di Galileo Galilei* (Lausanne, 1793), 2: pp. 874~885.

자가 맺은 후원 관계에서만 주어졌다. 이 특별한 형태의 후원에 진입하려는 가신은 반드시 무척 새롭고 드물며 논쟁에 휘말릴 만한 것을 제시해야 했다('도전자', 자유사상가, 철학의 전통에 의존하지 않는 인물이라는 자격을 갖춰야 했기 때문이다). 게다가 위대한 후원자가 (혈연처럼 가까운) '자발적인' 관계를 맺으려 할 정도로 '고귀한' 자로 인식되려면, 가신은 '가치 있는' 사람들의 수없이 많은 도전을 받아 내야 했다. 이런 점을 고려하면 갈릴레오는 확실히 자격을 갖춘 인물이었다. 그는 메디치 가문의 '명예', 즉 메디치의 별과 관련된 쟁점으로 도전을 받기도 했다. 어떤 의미에서 코시모는 갈릴레오의 헌정을 선물로 받아들여 그를 메디치가의 수호자로 변모시킨 것이나 다름없다.[311]

갈릴레오는 군주의 명예를 수호해야 했으며 최선의 방법으로, 즉 눈에 띄게 성공적으로 그 임무를 수행했다. 그리하여 갈릴레오는 코시모에게서 '과학적 기사', 즉 "토스카나 대공의 수석 철학자 겸 수학자Filosofo e Matematieo Primario del Granduca di Toscan"라는 일종의 '작위'를 부여받았다.[312] 이런 의미에서 갈

---

311 갈릴레오가 메디치가에 위성을 헌정한 것을 두고 빈타가 "관대하고 **영웅**다운" 선물이라 한 발언은 의미심장하다(*GO*, vol. 10, no. 266, p. 284[강조는 저자의 것]). 갈릴레오 또한 자신의 발견과 헌정을 "영웅다움"이라 평한 빈타에게 동조했다(앞의 책, no. 277, p. 298). (앞서 체시의 정신ethos과 관련해 논의했듯이) 갈릴레오의 "영웅다움"은 또한 당시의 궁정이 '쉽게 종속되지 않는 기질'을 높이 평가했다는 사실과 잘 부합한다.

312 갈릴레오가 메디치가에 위성을 헌정한 후부터(*GO*, vol. 10, no. 265 [1610년 2월 13

릴레오의 임명은 (그가 결투 중에 '사망'하지만 않는다면) 코시모가 헌정을 받아들인 시점에 이미 암시되어 있었다. 그리고 코시모가 헌정을 받아들인 이유는 갈릴레오의 발견이 가진 구경거리로서의 특성 혹은 코페르니쿠스주의라는 함의 때문이 아니라 당시 생겨나기 시작한 메디치 가문 신화에서 목성이 맡은 근본적인 역할 때문이었다. 다음 장에서 살펴보겠지만, 목성은 메디치 가문의 시조인 코시모 1세[313]를 상징했고, 목성의 위성인 '메디치의 별'은 코시모 1세의 자손들을 상징하는 것으로 제시되었다. 즉 목성과 그 위성들은 메디치 가문 통치의 자연스러움을 확인해 주는 증표가 되었다.

갈릴레오의 입장에서는 이 같은 상호정당화 게임으로 끌어들이기에 메디치 가문만큼 쉬운 후원자는 없었다. 메디치 같은 군주 후원자는 결단을 피하는 경향이 있기는 했지만, 이번에는

일]) 대공의 공식 심의(앞의 책, no. 359 [1610년 7월 10일], pp. 400~401)가 끝나기까지 다섯 달이 걸렸다. 갈릴레오가 부활절 휴가로 피사의 궁정을 방문하는 동안, 빈타는 메디치 궁정직의 임명 가능성에 관해 그에게 몇 가지를 암시해 주었다. 그 몇 달간, 갈릴레오는 메디치의 별이 실제로 존재하는지를 두고 가해진 공격들에 자신이 어떻게 대응했는지 빈타에게 알려 주었다(앞의 책, no. 307, pp. 348~353). 하지만 메디치가는 헌정은 기꺼이 받아들이면서도 갈릴레오를 궁정으로 데려오는 일에는 열의를 보이지 않았다. 후원자의 전형적인 중립적 태도도 한몫했겠지만, 아마도 논쟁이 어떻게 전개되는지 지켜본 듯하다. 갈릴레오는 메디치 가문이 취한 거리가 조금 지나치다고 생각했고, 그들 측에서 자신을 더 강하고 신속하게 지지해야 논쟁 해결에 도움이 되리라고 여겼다(앞의 책, no. 307, p. 349; no. 339, p. 379).

313 * Cosimo I de' Medici (1519~1574).

갈릴레오의 '고귀함'과 사심 없음을 강조할 만한 강력한 동기가 있었다. 메디치가는 갈릴레오의 발견을 정당화하는 데 도움을 줌으로써, 가문의 이미지를 정당화하는 과업에서 중요하게 여겨진 갈릴레오의 공헌을 정당하고 자연스럽게 만들 수 있었을 것이다. 이 사례의 공생관계는 부르디외와 파세롱이 분석한 공생관계(사회 구조와 위계의 재생산에 대한 국가의 관심, 그리고 자신들의 문화를 '자율'로 제시하려는 교수들의 열망 사이의 공생관계)와 매우 유사해 보인다.

갈릴레오는 코시모 2세보다 지위가 낮은 후원자에게서는 자신이 원했던 '작위'를 얻어 낼 수 없었다. 바로 이 점이, 갈릴레오가 빈타에게 설명했던 베네치아 공화국의 고용조건에 대한 불만의 핵심이었다. 갈릴레오가 보기에 이것은 베네치아에만 국한된 문제가 아닌 일반적인 공화국의 문제였다. 갈릴레오보다 앞서 수많은 시각예술가도 같은 결론에 도달했다.[314] 갈릴레오가 메디치 가문에게서 받은 고용조건에는 원시과학자proto-scientist가 아닌 귀족의 생활양식이 기술되어 있었다. 그가 더 이상 학생들을 가르치고 싶지 않았던 것은 단순히 연구에 집중할 여유를 원했기 때문만은 아니었다. 갈릴레오는 지위의 문제 또한 언급했다. 자신을 기계나 다룰 법한 사람으로 보이게 하는, 즉 의무적으로 일해야 하는 신분은 바라지 않았다. 그리고 다수

의 평범한 학생이 아닌, 자신의 가르침을 통해 이득을 얻고자 하는 신사들만 가르치길 원했다. 갈릴레오가 관심을 기울인 쪽은 클리앙테리슴이 아닌 메세나였다.

실제로 갈릴레오는 (철학자라는 칭호에 더해) 궁정 신사의 지위까지 확보하는 데 성공했다. 그가 예술가, 건축가, 기타제작자altri manifattori의 범주(예술가, 장인, 기술공, 건축가, 수학 교사, 지리학자)가 아니라 무급식솔familiari senza provisione(궁정에 완전한 접근권한을 허용받지만 궁정 근로자로서 급여를 받지는 않는 귀족 지위의 사람들)의 범주에 포함된 것을 보면 그렇다.[315]

위대한 후원자, 높은 명성, 논쟁적인 가신, 가신의 문화적 산물에 결부된 사심 없음(혹은 객관성) 사이의 연관성에 주목하면 갈릴레오가 훗날 당대 최고의 위대한 후원자인 교황과 후원

---

[315] ASF, "Depositeria generale 389", fol. 89r.; ASF, "Guardaroba medicea 309", fol. 38v. 갈릴레오의 봉급은 메디치가의 국고(일반 금고Depositeria generale)가 아니라 피사 대학의 자금에서 지급되었다. 이것은 두 가지로 이해할 수 있다. 메디치 가문은 궁정 예산으로 그와 같은 고액 봉급에 대한 부담을 지지 않기를 바랐을 수 있다. 또는 (갈릴레오가 실제로 궁정에서 일하지 않았고 구체적인 임무도 없었다는 점을 고려한다면) 메디치 가문이 실제로는 그를 궁정의 "무급신사gentiluomo non provvisionato"로 두고 일종의 대학 명예직으로 간주하여 피사 대학의 자금에서 봉급을 지급했을 가능성도 있다. 두 번째 해석은 비알라가 프랑스에서 관찰한 것으로 뒷받침된다. 프랑스에서 '위대한 인물'은 급여 기금이 아니라 급여와는 거리가 있는 다른 자금원에서 출자하여 최고위 가신에게 보수를 주었다. '망극함'으로 불리던 위대한 가신의 보수는 "특별한 예산 부문une rubrique budgétaire spéciale"에서 확보되었고, 영향력이 적은 가신의 봉급은 단순하게 "보통 수당émoluments ordinaires "으로 불렸다(Alain Viala, Naissance de l'écrivain, pp. 56~57).

관계를 맺으려 할 때 보였던 관심이 설명된다. 하지만 1633년의 재판으로 알 수 있듯이, 더 높은 정당성을 확보하려 했던 갈릴레오는 희망을 실현하지 못했다.

후원 그리고 이론을 향한 헌신

후원 체계의 분석을 마쳤으니 이 장을 시작하며 제기했던 논점 중 하나로 돌아가자. 나는 후원이 갈릴레오의 과학적 관심과 헌신, 선택의 외부적 요소로 취급되어서는 안 된다는 주장을 제시하고자 한다. 나중에 더 자세히 분석하겠지만, 일단 여기서는 후원 동역학을 이해하면 갈릴레오가 1609년과 1610년의 천문학적 발견을 방어하고 본격적인 코페르니쿠스주의자가 되어 간 과정을 더 종합적인 관점에서 볼 수 있음을 보일 것이다.

코페르니쿠스주의자 갈릴레오와 궁정인 갈릴레오, 그 둘은 별개의 인격이 아니었다. 마찬가지로 코페르니쿠스 천문학을 향한 갈릴레오의 헌신을 그의 과학적 삶의 원동력으로 여기고 후원을 향한 관심은 장애물로만 본다면 그리 얻을 게 없을 것이다. 후원 동역학과 궁정 담론이 (태양 중심 우주에 대해서만이 아니라) 일반적으로 강경한 주장을 제시하는 가신에게 심각한 제한을 가했던 것은 사실이다. 하지만 그러한 제한이 있었다고 해서 후원이 단지 과학을 검열하기만 했다고 주장할 수는 없다.

오히려 후원은 생산적인 체계였다. 후원 체계는 가신들을 부추겼고, 그들 간의 소통과 논쟁을 촉진하고 조직했으며, 새로운 발견에 보상을 지급했다. 또 후원이 없었더라면 수용되지 않았을 지식 주장을 정당화했고 비전통적인 사회직업적 정체성을 정당화할 밑천을 제공했다. 분명 그러한 체계는 정당한 담론의 형태를 규정하는 나름의 인자들과 규칙들을 갖추고 있었다. 그 규정 인자들은 오늘날의 과학을 규정하는 것과는 달랐다. 결과적으로 (특정한 유형의 담론만 이러한 해석 틀에 포함되긴 하겠지만) 갈릴레오의 '과학'에 대한 관심과 '궁정'에 대한 관심 사이의 긴장은 서로 조화될 수 없는 두 '세계'의 충돌이 아닌 동일한 체계의 두 측면 사이에 존재하는 근본적인 긴장으로 보아야 한다.

이 같은 관점에서 갈릴레오가 1609년과 1610년의 천문학적 발견을 방어하던 상황을 분석해 보면, 그가 자신의 발견을 그토록 열정적으로 방어한 주된 원동력이 1609년 이전까지 갖고 있던 코페르니쿠스를 향한 믿음이었다고 단정할 수는 없다. 오히려 당시 갈릴레오가 코페르니쿠스 천문학에 갈수록 헌신하게 된 것은 후원 동역학이 갈릴레오로 하여금 자신의 발견을 지지하고 그보다 더한 것들을 이루도록 부추긴 결과였을 수 있다.[316] 갈릴레오의 코페르니쿠스주의 문제를 다룬 대부분의 역

---

[316] 코페르니쿠스주의를 갈릴레오의 경력 전체를 설명하는 범주로 삼은 분석에 비판적인 입장을 취한 문헌은 다음을 참고하라. Maurice Finocchiaro, "Galileo's Copernicanism and the Acceptability of Guiding Assumptions", in

사 연구는 갈릴레오가 저술과 육필문서, 편지에서 코페르니쿠

Arthur Donovan, Larry Laudan, Rachel Laudan, eds., *Scrutinizing Science* (Dordrecht: Kluwer, 1988), pp. 49~67; Stillman Drake, "Galileo's Steps to Full Copernicanism and Back", *Studies in History and Philosophy of Science* 18 (1987): pp. 93~105. 드레이크와 피노키아로는 갈릴레오의 코페르니쿠스주의 문제에 매우 다른 방식으로 접근한다. 피노키아로는 주로 갈릴레오가 코페르니쿠스주의에 헌신하게 된 경로를 천문학적 사상을 들여다보는 방식으로 추적하는 반면, 드레이크는 갈릴레오의 역학(중립운동에 대한 개념)과 조수潮水 이론을 실마리로 코페르니쿠스 천문학에 대한 그의 입장을 따라간다[* 갈릴레오의 중립운동 개념은 이 책의 409쪽을 참고하라]. 갈릴레오가 코페르니쿠스주의에 갈수록 헌신하게 된 과정에 대한 나의 사회학적 설명은 대체로 피노키아로의 내적인 분석과 잘 부합하지만 드레이크의 서사와는 상충한다. 드레이크의 설명에는 문제가 있다. 첫째, 소극적 근거[* 거짓으로 증명되지 않는 명제를 근거로 다른 명제의 참을 주장하는 것]에 근거했고 임시방편의 가설을 도입하여 논지를 반증하지 못하게 만들었다. 둘째, 갈릴레오를 변호하려는 의제가 드레이크 서사의 특징으로 보인다. 기본적으로 드레이크는 역사학자들이 갈릴레오를 부당하게 비판했다고 보고 그들을 논박하는 쪽에 더 관심이 있는 듯하다. 역사학자들이 1632년의 갈릴레오가 단순히 그럴듯한 논거만으로 태양 중심 천문학을 사실로 제시하려 했다고 본다는 것이다. 당시의 갈릴레오는 더는 온전한 코페르니쿠스주의자가 아니었으며 교회가 명령을 내린 1616년 이후로는 코페르니쿠스주의 천문학을 그럴듯한 가설 정도로 여겼다는 것이 드레이크의 주장이다. 드레이크의 주장은 다음 논지를 따른다. 1590년에서 1595년 사이에 갈릴레오는 코페르니쿠스 천문학을 가설로만 받아들이는 입장에서 그것이 우주에 관한 참된 설명이라는 관점으로 옮겨 갔다. 하지만 갈릴레오는 코페르니쿠스주의를 오롯이 믿기에는 결정적인 증거가 없다는 점을 매우 잘 알고 있었다. 따라서 1616년 교회의 경고를 받은 후, 1590년대의 가설적 입장으로 기꺼이 물러나 죽을 때까지 그 견해를 고수했다. 요컨대 드레이크가 보기에는 1616년 교회로부터 코페르니쿠스주의를 가설로 취급하라는 명령을 받았을 때 갈릴레오는 자신의 실제 믿음을 감춘 게 아니었다. 그는 오히려 실재론적 주장을 뒷받침하는 데 필요한 증거가 없음을 깨달은 훌륭한 과학자였다. 그러므로 1633년의 사건은 갈릴레오를 상대로 날조된 사기였다. 갈릴레오는 실제로 코페르니쿠스주의를 가설로 취급했지만, 종교재판소는 "그들 관료들이 지적이고 논리적이며 합법적인 결정을 내렸음에도 그 판단을 기각했다"(p. 105). 드레이크가 더욱 심각하게 본 것은 과학사학자들과

스에 관해 진술한 것만을 살펴보았고, 그로 인해 쟁점을 보는 관점을 과도하게 좁혀 놓았다. 갈릴레오는 1590년대 이후로 코페르니쿠스주의자였다고 묘사되거나, 더 그럴듯하게는 오랫동안 잠재적인 코페르니쿠스주의자였던 것으로 묘사되고 있다. 단순히 코페르니쿠스주의를 지지할 만한 증거가 쌓임에 따라 가능태에서 현실태로 향하는 과도기를 겪었다고 말이다. 즉 갈릴레오의 코페르니쿠스주의는 '자연스러운' 결과로, 때로는 목적론적인 결과로 제시된다. 이런 관점은 갈릴레오가 더 많은 발견을 달성하여 그 일부를 코페르니쿠스주의 가설을 지지하는 데 사용하도록 이끈 동인에, 후원을 향한 그의 관심 또한 포함된다는 사실을 간과한다. 마찬가지로, 위의 관점은 갈릴레오와 논적들의 상호작용이 그의 지적 헌신 형성에 미친 영향에는 거의 주목하지 않는다.

갈릴레오가 이미 1609년 무렵 사적인 편지에서 코페르니쿠스주의에 동조했으며 훗날에도 천문학적 발견의 물리적 실재성을 매우 활발하게 옹호했던 것은 사실이다. 그런데도 그의 발견에 담긴 코페르니쿠스주의와 관련된 함의는 《별의 전령》을

과학철학자들이 1633년의 사기 사건을 여전히 잘못 해석한다는 것이다. 드레이크가 보기에 그들은 갈릴레오가 그럴듯하기만 한 논지를 참된 것으로 제시했다며 그를 부당하게 비판했다. 갈릴레오가 1595년에 완전한 코페르니쿠스주의자였다가 1616년에는 가설적 입장으로 후퇴했다는 사실을 입증함으로써 드레이크는 "오늘날의 재판관들은 그를 이단으로 선고한 사람들보다 조금도 더 현명하지 않다"는 점을 보이고 싶어 했다(p. 105).

둘러싼 논쟁의 초기 국면에서 주요한 역할을 하지 않았다(갈릴레오는 그 책에서 코페르니쿠스주의를 명시적으로 지지하지 않았다).[317]

사실 갈릴레오의 발견이 아리스토텔레스주의 철학자들의 믿음과 배치된 부정했다고 해서 그것을 반드시 코페르니쿠스주의 가설에 대한 증거로 받아들일 필요는 없다. 1611년 5월까지도 파올로 구알도는 갈릴레오에게 보낸 편지에서 그의 발견을 단순한 관찰로 여기는 입장과 코페르니쿠스주의 가설을 뒷받침할 증거로 받아들이는 입장을 뚜렷하게 구분했다. "선생은 인간의 지성과 정신적 성향에 반하는 견해를 옹호하지 않고서도 달과 네 개의 행성,[318] 또 이와 비슷한 것들을 관측하여 이미 영광을 얻으신 것 같습니다."[319]

청중은 그들의 사회직업적 정체성에 따라 갈릴레오의 발견

---

317 명시적이든 암시적이든 태양중심설의 믿음과 관련된 구절들은 다음을 참고하라. Galileo's *Sidereus nuncius*, trans. Albert Van Helden (Chicago: University of Chicago Press, 1989), pp. 31, 36, 84. 그 구절들을 직접적인 코페르니쿠스주의의 의제로 보는 관점에 이의를 제기하는 해석으로는 다음 문헌들이 있다. Maurice Finocchiaro, "Galileo's Copernicanism and the Acceptability of Guiding Assumptions", pp. 57~58; Stillman Drake, *Telescope, Tides, and Tactics* (Chicago: University of Chicago Press, 1983), p. 223, note 5; Wade L. Robinson, "Galileo on the Moons of jupiter", *Annals of Science* 31 (1974): pp. 165~169.

318 * 갈릴레오는 목성의 네 위성을 지칭할 때 '행성'과 '별'이라는 용어를 혼용했다. 당시의 아리스토텔레스 우주론에 따르면 둘 다 맞는 명칭이었다.

319 *GO*, vol. 11, no. 526, pp. 100~101.

을 다르게 인식했다. 아리스토텔레스주의자들은 그 발견이 철학에 위협을 가한다고 여겼던 반면, 전문 천문학자들은 그다지 크게 동요하지 않았다. 초기에 갈릴레오를 공격했던 조반니 마지니Giovanni Magini 같은 천문학자들은 다소 성가셔하긴 했다. 그 이유는 메디치의 별 때문이 아니라 갈릴레오가 갑작스럽게 얻은 명성 탓이었다. 철학적 문제에 관여해선 안 되는 전문 천문학자들은 갈릴레오의 발견이 철학자들의 믿음을 훼손하는 상황에 (적어도 원칙적으로는) 신경 쓰지 않았다. 그들은 갈릴레오의 새로운 발견들을 프톨레마이오스의 수학적 틀에 끼워 맞췄을 뿐만 아니라, 지구를 우주의 중심에 그대로 둔 튀코의 체계를 도입해 금성의 위상 변화(갈릴레오의 발견 중 하나)를 설명하기도 했다. 예를 들어 독일의 천문학자 지몬 마리우스Simon Marius는 자신이 갈릴레오와 동시에 목성 위성들을 발견했다고 주장하면서 자신의 발견이 튀코의 틀에 부합하는 것으로 보았다.[320] 이탈리아의 수학자 조반니 바티스타 발리아니Giovanni Battista Baliani도 1614년 1월 갈릴레오에게 보낸 편지에서 비슷한 의견을 내보였다. "선생께서는 코페르니쿠스

---

320 Simon Marius, *Mundus iovialis* (Nuremberg: Laur, 1614); translated by A. O. Prickard in "The 'Mundus Jovialis' of Simon Marius", *The Observatory* 39 (1916): pp. 367~381, 403~412, 443~452, 498~503. 마리우스가 자신을 튀코 체계의 옹호자라고 밝히는 구절은 pp. 372, 376, 379, 그리고 특히 p. 447을 참고하라.

의 견해에 동의하시는 것 같군요. 그러나 저는 망원경으로 금성과 메디치의 별, 흑점을 관측한 결과가 천상계 물질의 유체성fluidity[321]을 입증한다고, 따라서 튀코 선생이 제기한 의견의 개연성이 더욱 높아진다고 생각합니다."[322]

마찬가지로, 예수회 사제들은 코페르니쿠스주의자가 아니었음에도 결국 갈릴레오의 망원경 관측 결과에 매우 강력한 지지를 보냈다.[323] 1611년 봄, 벨라르미노 추기경이 갈릴레오의 다양한 발견에 대한 공식적인 평가를 요청하자 그들은 두 가지 사소한 사항만 평가를 유보했으며 금성의 위상관측 결과의 정확성에 대해 "금성이 달처럼 차고 이지러지는 것은 더할 나위 없는 사실입니다"[324]라고 강조하기도 했다. 심지어 금성의 위상은 아리스토텔레스 철학에 심각한 악영향을 미칠 만한 발견이

---

[321] * 천상계 물질이 (단단한 수정구가 아닌) 유체로 이루어져 있다는 '유체 우주설'은 비록 주류는 아니었으나 17세기 초부터 지지 기반을 얻기 시작했다. 가장 강력한 옹호자는 튀코였으며, 갈릴레오 또한 일부 수용했던 것으로 보인다. 유체 우주설에 관해서는 역자의 논문 〈갈릴레오의 흑점 연구와 태양 자전 논증〉(2020, 한국과학사학회, 제42권 1호)의 14~15쪽에 간략하게 정리되어 있다.

[322] *GO*, vol. 11, no. 973, p. 21.

[323] 앞의 책, no. 437, pp. 484~485. 물론 예수회 사제들은 처음에는 갈릴레오의 주장을 옹호하는 데 주저함을 보였다. 하지만 내가 보기에 그것은 철학 및 우주론과 관련된 보수적 태도가 아닌 경쟁심의 표현으로 해석할 수 있다. 갈릴레오의 발견에 자극받은 많은 수학자가 그의 발견을 거부하거나 자신이 먼저 발견했다고 주장하려 했다.

[324] *GO*, vol. 11, no. 520, p. 93(강조는 저자의 것). 두 가지 유보조항은 달의 불규칙한 외관과 토성의 형태에 대한 (관측이 아닌) 해석과 관련된 것이다. 예수회 사제들은 토성을 세 개의 물체가 아니라 하나의 타원형으로 보았다.

었는데도 그러했다.

예수회 사제들은 갈릴레오의 발견을 위협으로 여기지 않았던 것으로 보인다. 몇 년 뒤에 그랬듯이 그 발견을 튀코 체계에 부합하는 것으로 보았기 때문이다.[325] 예수회 사제들은 갈릴레오의 발견에 대한 그의 해석을 길들이려 하기는 했지만, 그 해석이 철학을 상대로 수학의 정당성을 확보하는 작업, 즉 클라비우스가 예수회 내부에서 수십 년간 분투한 싸움에 중요한 밑천이 되리라 생각했을 것이다.[326] 예수회 수학자들이 갈릴레오의

---

[325] 실제로 예수회 사제들은 갈릴레오의 발견이 이루어진 직후 튀코 체계를 선호하기 시작했다. 샤이너는 1612년 클라비우스의 고전적 저술 《사크로보스코의 천구에 대한 주해In sphaeram ionnis de Sacrobosco commentarius》의 1611년 판을 언급하면서 다음과 같이 썼다. "클라비우스 선생은 최근에 발견된 현상에 감화되어 이제 다른 우주 체계를 생각해 볼 때라고 천문학자들에게 권고하셨습니다"(Christopher Scheiner, *De maculis solaribus et stellis circa lovem errantibus, occuratior disquisitio ad Marcum Velserum* [GO, vol. 5, pp. 68~69], as translated in William Shea, "Galileo, Scheiner, and the Interpretation of Sunspots", p. 502.

[326] Peter Dear, "Jesuit Mathematical Science and the Reconstruction of Experience in the Early Seventeenth Century", *Studies in History and Philosophy of Science* 18 (1987): pp. 133~175; Ugo Baldini, "La nova del 1604 e i matematici e filosofi del Collegio Romano", *Annali dell'Istituto e Museo di Storia della Scienza di Firenze* 6 (1981): pp. 63~98; idem, "Additamenta Galilaeana I: Galileo, la nuova astronomia e la critica dell'aristotelismo nel dialogo epistolare tra Giuseppe Biancani e i revisori romani della Compagnia di Gesù", *Annali dell'Istituto e Museo di Storia della Scienza di Firenze* 9 (1984): pp. 13~43; William A. Wallace, *Galileo and His Sources* (Princeton: Princeton University Press, 1984),

발견을 열성적으로 확인하고 1611년 봄 로마에서 그의 공식적인 승리를 앞다투어 공표한 것은, 갈릴레오의 발견이 코페르니쿠스주의를 암시했기 때문이 아니라, 철학자들을 상대로 수학자들의 인식적 주장을 뒷받침했기 때문이었다. 그것은 분과학

pp. 126~148; Alistair C. Crombie, "Mathematics and Platonism in the Sixteenth-Century Italian Universities and in Jesuit Educational Policy", in Y. Maeyama, W G. Saltzer, eds., *Prismata* (Wiesbaden: Steiner Verlag, 1977), pp. 63~94; Adriano Carugo and A. C. Crombie, "The Jesuits and Galileo's Idea of Science and Nature", *Annali dell'Istituto e Museo di Storia della Scienza di Firenze* 8 (1983): pp. 3~68. 예수회 사제들과 갈릴레오의 의제가 일부 겹친다는 사실로 훗날 둘 사이에 나타난 긴장이 일부 설명된다. 예수회 사제들은 새로운 발견을 옹호하여 단체 내부에서 입지를 정당화할 수 있었지만, 제도적 제약 탓에 갈릴레오가 원했던 만큼 코페르니쿠스주의를 완전히 지지하지는 못했다. 그들은 갈릴레오가 코페르니쿠스주의를 발전시키는 것을 지지하지 못했을 뿐만 아니라, 되려 튀코를 옹호하여 상황을 악화시키고 갈릴레오를 더 급진적 입장으로 몰아갔을 수 있다. 실제로 예수회 사제들은 튀코주의자가 되어 새로운 발견을 이해함으로써 스콜라 철학자들을 과하게 뒤흔들지 않고도 독립성을 확보할 수 있었다. 그러므로 예수회 사제들이 갈릴레오의 발견을 튀코주의로 길들인 것은 전통적인 철학자들이 그의 발견을 노골적으로 반대한 것보다 훨씬 교묘한 행위였다. 갈릴레오의 발견은 프톨레마이오스에게는 엄청난 충격이었겠지만 튀코에게는 그렇지 않았다. 이것은 《시금자》에서 튀코 모형을 일종의 우주 체계로 보는 입장에 대해 갈릴레오가 배척하는 태도를 보인 이유를 설명해 준다. 튀코 모형을 '주요한 우주 체계'에서 제외한 갈릴레오의 입장은 《대화》에서 더욱 분명하게 드러난다. 요컨대, 갈릴레오가 예수회 사제들을 향한 적대감을 높여 갔던 이유는 그들의 입장에 동의하지 않았을 뿐만 아니라 그들이 자신의 발견을 더 전통적으로 해석함으로써 자신의 계획을 방해할 만한 의제를 갖고 있었기 때문이다. 갈릴레오는 또한 '제품 차별화' 문제에 맞닥뜨리기도 했다. 그가 튀코주의자가 될 수 없었던 이유 중 하나는 그렇게 되면 본인의 독창성이 손상될 것이기 때문이었다. 그 대신 갈릴레오는 철학적 천문학자로 인정받기를 원했다.

문의 정당성을 확보하기 위한 투쟁의 일환이었고, 이는 갈릴레오와 예수회 수학자들이 공유하던 인식이었다.[327]

갈릴레오의 발견과 코페르니쿠스의 관계는 필연이 아니었다. 그 발견에 담긴 코페르니쿠스적 측면은 누군가의 믿음, 사회직업적 정체성, 후원에 대한 전망에 따라 정당성이 강조되기도 하고 지워지기도 했다. 더군다나 이토록 다양한 해석은 고요한 철학적 사색이 아닌 격렬한 논쟁 속에서 나타났다. 논쟁자들의 의견은 서로 갑론을박하는 동안 점점 바뀌었고, 그에 따라 그들의 입장도 바뀌어 갔다. 이 같은 정세는 갈릴레오의 발견이 다양한 방식으로 도전받은 상황에 반영되어 있다. 각기 다른 논쟁자들이 나름의 밑천과 의제를 품고 그의 관측 결과를 공격하고 방어하는 동안 관측의 의미는 변화했다.

초기에 제기된 이의들과 그에 대한 갈릴레오의 반응은 사실

---

327 이 사건을 로마의 한 아비소가 보도한 전문이 다음 문헌에 인용되어 있다. J. A. F. Orbaan, *Documenti sul barocco in Roma* (Rome: Società Romana di Storia Patria, 1920), 2: p. 284. 갈릴레오의 발견을 기념하는 예수회 사제들의 태도는 1604년 수많은 천문학자를 환호하게 했던 것과 동일한 분과학문적 긴장감을 반영한 것이다. 당시에 발견된 새로운 별은 프톨레마이오스 천문학 보다는 아리스토텔레스 우주론에 도전을 제기했다. 예컨대 갈릴레오의 동료였던 점성술사 알토벨리는 그 신성이 "반쪽짜리 철학자들"의 믿음을 무너뜨린다고 보았다. "선생께서도 하늘에 새롭게 나타난 괴물을 보셨다니 기쁩니다. 그것 때문에 소요학파[* 아리스토텔레스주의자들]는 미쳐버릴 노릇일 겁니다. 아직 그들은 그 새롭고 경이로운 별, 즉 운동도 시차도 보이지 않는 그 별을 두고 난무하는 거짓말을 믿고 있더군요"(*GO*, vol. 10, no. 106, p. 117). 알토벨리는 그 후에 보낸 편지에서도 "반쪽짜리 철학자들"을 향한 비난을 멈추지 않았다(앞의 책, no. 107, pp. 118~120).

코페르니쿠스주의와 관련된 의미보다는 갈릴레오가 관측했다고 주장했던 대상 자체에 집중되었다. 《별의 전령》이 출간된 직후 갈릴레오의 논적들이 노린 표적과 그가 응답한 논제는 코페르니쿠스 우주 체계의 철학적·신학적 개연성보다는 망원경의 신뢰도였다.[328] 《별의 전령》을 비판한 인쇄물과 그 책에 대한 갈릴레오의 서신들로 판단하건대, 코페르니쿠스주의가 쟁점으로 떠오른 시점은 1611년 초 갈릴레오와 논적들이 공개적인 논쟁을 벌인 다음부터였다.[329] 마르티누스 호르키는 《별

---

[328] 1610년 1월부터 12월까지 갈릴레오가 주고받은 450통의 서신을 읽어보면 이를 뒷받침하는 근거가 확인된다. 대부분의 서신이 천문학적 발견의 일부 측면을 다루지만, 갈릴레오가 줄리아노 데 메디치, 카스텔리, 클라비우스에게 코페르니쿠스주의에 대한 믿음을 드러낸 것은 12월에 금성의 위상 변화를 발견한 뒤였다. 그해 갈릴레오가 받은 무수한 편지들 가운데 단 여섯 통만이 코페르니쿠스를 언급했다(그중 네 통은 케플러와 하스달레에게서 받은 것이다). 갈릴레오에게 보낸 것은 아니지만 그를 언급한 편지 중에서는 오직 두 통(케플러와 메스틸린)만이 그의 발견과 코페르니쿠스를 연관지어 논의했다. 요컨대, 갈릴레오는 심지어 사적인 편지에서조차 코페르니쿠스에 대한 의견을 개진하는 데 매우 신중했던 것으로 보이며, 망원경을 사용한 첫 발견 이후 약 1년이 흘러 금성의 위상 변화를 발견한 뒤에야 태도를 바꿨다. 더군다나 갈릴레오의 발견을 코페르니쿠스주의와 연관 지었던 사람들은 대부분 처음부터 코페르니쿠스주의자였다. 이 같은 사실은 갈릴레오의 청중 대다수가 그의 발견에 함의된 코페르니쿠스적 의미를 알아차리지 못했거나 아예 신경 쓰지 않았음을 시사한다. 《별의 전령》이 불러일으킨 반응을 조사한 문헌으로는 알버트 판헬던의 《별의 전령》 영역본에 실린 "Conclusion", pp.87~113을 참고하라.

[329] 신학적 논증을 펼치기 위해 신학에 기반하여 갈릴레오를 비판한 첫 번째 인쇄물은 시치의 《천문학 추론Dianoia astronomica》이었다. 하지만 이 책자 또한 갈릴레오의 발견이 암시한 코페르니쿠스적 의미에 이의를 제기하지는 않았다. 오히려 시치는 존재하는 행성의 수에 관한 성경 구절을 바탕으로 목성 위성들의 존재에 대한 반증을 펼

의 전령을 향한 간단한 비판-Brevissima peregrinatio contra nuncium sidereum》을 출간하여 갈릴레오가 1610년 여름에 발견한 내용을 인쇄물로는 제일 먼저 (다소 신랄하게) 공격했다. 하지만 갈릴레오의 경험적 주장이 유지될 수 없다고 비판하면서도 코페르니쿠스주의 문제는 제기하지 않았다.[330]

갈릴레오의 발견에서 코페르니쿠스주의와 관련된 측면이 뒤늦게 떠올랐다는 사실에 놀랄 필요는 없다. 코페르니쿠스적 함의를 향한 비판은 갈릴레오의 망원경이 신뢰성을 인정받은 다음에야 가해지기 시작했다. 어떤 의미에서, 갈릴레오의 코페르니쿠스주의가 비판을 받았다는 것은 논적들이 그의 망원경과 발견을 진지하게 받아들였다는 확실한 징후였다. 하지만 기구와 발견의 정당성이 논쟁을 다음 단계로 끌어갈 수 있었던 힘은 후원 동역학에 의해 형성되었다(여기서 '다음 단계'란 코

첬다. 최초의 신학적 비판은 루도비코 델레 콜롬베의 〈지구의 움직임에 대한 반론〉이었다. 하지만 델레 콜롬베의 소논고는 인쇄되지 않았고 주로 피렌체에서 필사본으로만 유통되었다. 그러므로 갈릴레오의 발견에 담긴 코페르니쿠스적 차원에 대한 인식은 일반적이지 않았으며, 저명한 철학자나 신학자로부터 제기된 것도 아니었다. 《별의 전령》과 관련된 다른 논쟁들은 달의 불규칙한 표면과 그것이 내포한 반-아리스토텔레스적 의미에 대한 갈릴레오의 해석에 집중되었다. 하지만 심지어 그 경우에도 철학자들은 대체로 갈릴레오의 발견이 뒷받침할지 모를 코페르니쿠스주의 천문학을 공격하기보다는 그의 발견이 가하는 충격적인 영향으로부터 아리스토텔레스 체계를 보호하는 데 급급했다.

[330] 호르키의 소책자는 *GO*, vol. 3, pp. 129~145에 재발행되었다.

페르니쿠스주의를 향한 철학적·신학적 논증의 전개를 말한다).³³¹ 다음 장에서 살펴보겠지만, 갈릴레오는 망원경이 관찰자의 눈을 속이지 않는다는 것을 증명하려고 광학적 원리를 설명해 가며 청중을 포섭하지 않았다. 또 기구를 매개로 얻은 감각 정보를 정당화하려고 아리스토텔레스의 인식론을 대체할 만한 완전한 인식론을 도입하려 하지도 않았다.³³² 오히려 갈릴레오가 망원경의 신뢰도 논쟁을 종결하고자(사회학자들의 표현을 빌리자면 망원경을 '블랙박스'로 만들고자) 활용한 방법은 메디치가

331 하지만 갈릴레오의 발견을 두고 수학자와 철학자가 다르게 반응했다는 사실을 알아두는 것이 중요하다. 철학자들과 신학자들은 코페르니쿠스주의에 중점을 두고 갈릴레오를 비판하는 경향이 있었는데, 그가 자연철학의 영역을 침범한다고 생각했기 때문인 듯하다. 반면 수학자들은 처음에는 망원경의 신뢰도에 의문을 제기했다가 망원경의 신뢰성이 확보되자 비판을 단념하는 경향이 있었다. 흥미로운 사례로 마지니를 들 수 있다. 그는 초반에 갈릴레오의 발견에 거침없이 대항했으나 나중에는 태도를 바꾸었고, 심지어 갈릴레오의 후원 전략을 똑같이 도입하기도 했다. 실제로 갈릴레오의 망원경이 성공적인 후원 확보로 이어진 것을 목격한 마지니는 광학 기구들이 궁정에서 경이로운 물건으로 여겨짐과 동시에 발명가의 지위를 향상시킬 수 있음을 깨달았다. 흥미롭게도 마지니는 입장을 전환한 뒤에 갈릴레오에게 쓴 편지에서 자신이 큰 오목거울을 황제에게 보냈고 매매 협상을 벌였다고 빈번히 언급했다. 마지니가 거래의 세부 내용을 강조한 것을 보면 자신도 그런 경이로운 물건을 생산하고 보상을 받을 수 있음을 갈릴레오에게 알리려 한 듯하다(GO, vol. 10, no. 400, pp. 437~438; no. 404, pp. 442~443; no. 408, p. 446; no. 444, p. 496). 간단히 말해, 수학자들과 철학자들은 갈릴레오의 발견에 초반부터 반응했다는 점은 같았지만 얼마 지나지 않아 태도가 서로 달라졌다. 두 집단의 상이한 반응은 수학과 철학의 분과학문적 차이로 설명할 수 있다.

332 이 문제에 대해서는 Paul Feyerabend, *Against Method* (London: Verso, 1975), pp. 99~143을 참고하라.

의 이미지를 그의 발견과 연결하고 가문이 구축해 둔 외교 네트워크를 통해 가용한 밑천을 동원하는 것이었다.[333] 이 지점에서 우리는 갈릴레오의 발견에 관해 케플러에게 의견 표명을 요청한 사람들이 황제와 메디치 대사였음을 기억할 필요가 있다. 마찬가지로, 갈릴레오가 메디치 가문의 외교 네트워크를 통해 군주들과 추기경들에게 배포한 모든 망원경과 《별의 전령》 사본은 '중요한 사람들'이 목성의 위성을 보게끔 의도한 것이었다. 흥미롭게도 갈릴레오는 망원경을 요청하지 않은 이들에게도 (메디치가의 승인을 받고) 자발적으로 보내기도 했는데, 유럽의 군주들을 자신의 진영으로 영입하려는 영리한 시도였다.[334] 드디어 유럽의 궁정 사교계monde가 메디치의 별을 관찰하기 시작하자 그는 자신의 발견을 비판한 호르키와 시치, 델레 콜롬베의 소책자 따위는 걱정할 필요가 없다고 생각했다.[335]

---

[333] 갈릴레오가 전통적인 철학자들을 설득하기보다는 자신의 발견과 자연철학의 대안적 청중을 확보하려 했다는 생각은 파이어아벤트가 이미 강조한 바 있다(앞의 책, pp. 141~143). 과학 논쟁의 종결과 관련된 기구의 "블랙박스화blackboxing"는 Harry M. Collins, *Changing Order* (London: Sage, 1985); Bruno Latour, *Science in Action*을 참고하라.

[334] *GO*, vol. 10, no. 277, p. 301.

[335] 이 시기에 갈릴레오가 보낸 서신을 보면, 그가 메디치 가문의 이름을 붙인 행성의 실재성에 대해 코시모 2세가 의구심을 갖지 않도록 하는 것이 방어의 주된 목표였음을 알 수 있다(*GO*, vol. 10, no. 307, p. 349; no. 339, pp. 379~382). 메디치 가문이 유럽의 중요한 군주들에게 《별의 전령》 사본과 망원경을 수없이 배포한 상황에서 그 행성들이 거짓으로 밝혀진다면 전 세계에 수치였을 것이다. 갈릴레오에게 그것은 경력의 파국을 의미했다. 그러한 상황이 되어 버린다면 파도바로 되돌아갈 수도 없었

예컨대 프라하 황실에 있던 마르틴 하스달레는 1610년 7월 갈릴레오에게 편지를 보내 갈릴레오의 발견에 쏟아지는 의혹 때문에 "불쌍한 케플러"가 거의 압도당할 지경이라고 말했다(갈릴레오가 볼로냐에 방문했을 때 마지니를 비롯한 이들을 설득하지 못했다는 보고가 의혹을 부채질했다). 하지만 다행히도 황제가 갈릴레오의 주장을 편든 덕분에 논적들의 기세는 훨씬 수그러들었다.[336] 하스달레의 편지는 갈릴레오의 주장에 대한 논쟁을 종식한 것이 마지니의 회의나 케플러의 지지보다는 황제 루돌프의 옹호였다는 점을 시사한다.[337] 갈릴레오가 망원경을

을 것이다.

[336] *GO*, vol. 10, no. 360, p. 401. 황제는 자신의 지위 때문에 갈릴레오에 대한 옹호를 문서로 남길 수 없었다. 그러므로 황제의 지지는 대체로 국소적인 영향만을 미쳤다. (궁정이라는 국소적 맥락에 한정되긴 했지만) 황제 루돌프가 갈릴레오의 관측을 기꺼이 지지한 것은 갈릴레오의 주장에 걸린 것이 자신의 명예가 아닌 메디치가의 명예였다는 사실과도 관련이 있었으리라 생각된다. 루돌프는 망원경 접안렌즈를 들여다본 뒤로 갈릴레오의 혁명적 발견을 흔쾌히 인정했는데, 전통과는 거리가 먼 그의 철학적 취향이 한몫했을 가능성이 있다.

[337] 케플러는 비트겐슈타인과 쿤이 후에 "실물지시"라고 칭한 것을 제공함으로써 루돌프가 목성의 위성들을 '보는' 데 결정적인 역할을 했다고 생각된다[* 실물지시에 관한 자세한 내용은 본문 486쪽을 참고하라]. 실제로 초창기 망원경 사용자들이 맞닥뜨린 문제들(좁은 시야, 여러 종류의 왜곡, 기구가 매개된 증거라는 비정통적 특성)에 더해 주장 자체의 성격도 혁명적이었던 탓에, 갈릴레오의 발견을 받아들이려는 사람들은 개념적·지각적 범주 목록을 확장하고 재교섭해야만 했다. 기존에 해오던 것과 다른 방식으로 '잡음' 속에서 '신호'를 솎아 내야 했던 것이다. 이 같은 과정에서 실물지시가 필요했을 것이다. 갈릴레오 자신도 실물지시가 도움이 된다는 것을 알았다. 그래서 처음으로 망원경을 피렌체로 보냈을 때 갈릴레오는 에네아 피콜로미니(동료이자 옹호자)에게 실제로 망원경을 들여다보도록 했다. 1610년 부활절 기간을 피사

블랙박스로 만들어 관측에 기반한 주장을 내세운 것은, 메디치 외교 네트워크를 통해 자신을 사회적 권력 계층과 연결하고 그럼으로써 자신에게 이의를 제기할 만한 전문직업 공동체(철학자들과 일부 수학자들)를 우회하거나 압도하는 능력을 갖게 된 결과이기도 했다. 갈릴레오의 망원경이 만들어 낸 유형의 증거는 군주 지향적 전략이 성공하는 데도 결정적으로 작용했다. 갈릴레오의 주장이 갖춘 구경거리로서의 성격과 망원경의 '진귀한' 특성 덕에 군주들은 앞다투어 망원경을 들여다보았다. 그 기구가 제공한 시각적 증거는 군주들도 이해할 만큼 충분히 비전문적이었다. 심지어 군주들이 철학과 광학을 잘 알지 못한 덕

에서 보내는 동안 코시모에게 직접 위성을 보여 주기도 했다. 마찬가지로 1610년 5월 마테오 카로시오에게 보낸 편지에서는 목성의 위성들을 직접 보여 줄 수만 있다면 발견이 참임을 설득하는 것은 문제도 아니라고 단언했다(GO, vol. 10, no. 313, p. 357). 갈릴레오의 관측을 재현한 사람들은 그의 과학적 의제를 공유했거나(케플러와 예수회 사제들), 그의 발견을 이미 지지하고 있었던 누군가(가령 케플러)를 통해 실물지시를 경험했거나, 갈릴레오가 권위 있는 종사자들에게서 끌어낸 지지나 우정, 지위 때문에 그를 신뢰했던 것으로 보인다. 물론 이 가설은 과학자들이 지각을 개념과 연결하는 과정에서 "암묵지tacit knowledge"의 역할을 강조한 쿤의 주장과, "솜씨skill"의 전수를 통해 실험 재현이 이루어진다는 최근 문헌(가령 해리 콜린스의 《변화하는 질서Changing Order》와도 잘 맞아떨어진다. 이 쟁점들에 대해서는 알버르트 판헬던이 갈릴레오의 "훈시적 접근didactical approach"을 논의한 "Telescope and Authority from Galileo to Cassini", Osiris, vol. 9, no. 1, pp. 8~29, 그리고 판헬던과 내가 곧 출간할, 태양 흑점 논쟁을 다룬 책을 참고하라[* 이 책은 저자의 사정으로 다른 공저자로 바뀌어 출간되었다. Galileo Galilei, Christoph Scheiner, On Sunspots, trans., intro. by Eileen Reeves, Albert van Helden].

분에 갈릴레오의 주장을 신뢰하게 되었다고 말할 수도 있다.[338]

갈릴레오는 후원을 통해 명성과 지위를 새롭게 획득했다. 하지만 그것들은 발견의 실재성에 가해진 공격을 막는 데 중요하게 사용할 밑천이 되었을 뿐만 아니라, 공격을 끌어내는 데도 결정적이었다. 갈릴레오가 공격당한 이유는 그가 코페르니쿠스주의자였기 때문이 아니라, (그 자신과 발견의) 명성이 극한으로 치솟고 그가 대공의 수학자 겸 철학자가 되는 데 성공했기 때문이었다. 지위를 추구하는 사람들은 높은 지위를 가졌다고 여겨지는 이들을 공격했다. 마찬가지로, 과학사학자 알버르트 판헬던Albert Van Helden은 망원경의 품질을 놓고 제기된 여러 의혹에 갈릴레오가 관여한 상황을 논의하면서 논쟁들의 과학적 의제가 아닌 '정치적' 의제에 주목했다. 특히 판헬던은 망원경과 관련된 모든 사안에 권위자로서의 지위를 유지하고 강화하려 했던 시도로 갈릴레오의 행동을 이해할 수 있다고 주장했다. 그것은 메디치 궁정에서 눈에 띄는 위치에 오른 데 따른 직접적

---

338 망원경이 제공한 증거가 '자명했다'고 주장하는 것은 아니다. 그렇게 된 것은 망원경이 '블랙박스'가 된 후였다. 증거가 '비전문적'이었다는 말의 의미는 '철학적 사고방식'에 얽매이지 않은 대부분의 군주와 같은 사람들은 갈릴레오가 발견했다고 주장하는 물체를 '보기' 위해 수반해야 했던 지각적·개념적 범주의 재조정이 훨씬 수월했다는 뜻이다. 갈릴레오가 천문학에서 사용한 시각적 증거는 Albert Van Helden, Mary Winkler, "Representing the Heavens: Galileo and Visual Astronomy", *Isis* 83 (1992): pp. 195~217을 참고하라.

인 결과로 갈릴레오가 감당해야 했던 역할이었다.[339]

실제로 갈릴레오와 논적들은 서로 비슷한 전술을 따랐고, 그로 인해 도전과 반격의 되먹임 고리feedback loop에 서로를 묶어 놓게 되었다. 갈릴레오는 자신의 발견을 주류 철학의 '명예'를 향한 도전으로 제기함으로써 철학자의 지위와 명성을 달성하려 했다. 이와 반대로, 새롭게 확보한 지위(대공의 철학자 겸 수학자로서 기필코 지켜야 했던 지위)는 경쟁심 강한 동료 수학자들은 물론이고 세계관 및 사회직업적 역할과 관련해 갈릴레오에게 도전을 받았던 철학자들에게서 또 다른 도전들을 유발했다.

갈릴레오는 후원 전술로 확보한 높은 지위 탓에 오히려 더 취약해졌지만 대신 공격에 대항할 밑천도 얻게 되었다. 그는 강력해진 동시에 취약해졌다. 되먹임 고리는 갈릴레오의 명성을 드높였을 뿐만 아니라 논적들의 계급과 공격의 교묘함 또한 향상시켰다. 갈릴레오가 후원 인맥으로 획득한 밑천을 동원하여 도전에 응함으로써 지위를 높이고 망원경을 정당화할수록, 경쟁자들은 그 밑천만으로는 통제할 수 없는 상황에 기반하여 그를 더 거세게 공격해 왔다.[340] 망원경을 신뢰할 수 없다는 주장

---

339 Albert Van Helden, "Galileo and the Telescope", in Paolo Galluzzi, ed., *Novità celesti e crisi del sapere* (Florence: Giunti Barbèra, 1984), pp. 156~157.

340 심지어 갈릴레오가 1611년 로마에서 거둔 '승리' 또한 메디치 가문과의 연줄이라는 측면에서 이해할 수 있다. 갈릴레오는 메디치가의 공식 사절로 로마에 파견되었다. 메디치가는 그의 경비를 지원했을 뿐만 아니라 로마 상류 사회에서 도움이 될 만

정도는 그것을 즐겁게 사용한 유럽 군주를 여럿 데려다 놓으면 반박할 수 있었다. 하지만 갈릴레오가 그의 발견으로 성경의 가르침을 논박하려 한다는 공격은 메디치 가문이나 루돌프 2세가 '갈릴레오는 훌륭한 가톨릭 신자'라고 말해주는 정도로는 반박할 수 없었다. 갈릴레오의 발견이 함축한 코페르니쿠스적 의미(이후에는 신학적 의미가 되었다)에 공격이 가해졌다는 것은, 다른 빌미에 근거한 공격들에는 갈릴레오가 성공적으로 대응했다는 방증이기도 하다. 어떤 의미에서, 갈릴레오의 코페르니쿠스주의는 그가 논적들을 처리하는 데 성공했기 때문에 전면에 드러난 것으로 볼 수 있다. 그리고 논적들을 처리하는 일은 그가 후원 상황을 전략적으로 활용했기 때문에 불가피하게 맡아야 했던(동시에 후원 덕분에 할 수 있었던) 과업이기도 했다.

달리 말하면, 갈릴레오는 새로운 사회직업적 위치로 인한 압박감 속에서 금성의 위상 변화(프톨레마이오스와 아리스토텔레스를 반박할 결정적인 정보)와 '세 개의 물체'로 구성된 토성[341]

한 소개장도 여럿 제공했다. 그러므로 갈릴레오가 받은 따뜻한, 때로는 호화로웠던 환영은 그가 '과학 대사'로서 대표하는 메디치 가문을 향한 찬사로도 보아야 한다. 그리고 갈릴레오는 휴가 삼아 로마를 방문한 것이 아니었다. 빈타는 갈릴레오의 로마 방문과 발견의 정당화 간의 관계를 매우 분명히 했다(*GO*, vol. 11, no. 464, pp. 28~29).

[341] *1610년 7월, 망원경으로 토성의 형태를 관측한 갈릴레오는 토성이 세 물체로 이루어져 있다고 보았다. 갈릴레오가 작성한 흑점에 관한 첫 번째 편지에서 마치 얼굴에 귀가 달린 듯한 토성 그림을 볼 수 있다. Galilei and Scheiner, *On Sunspots*, 102.

과 같은 더 많은 발견을 이루어 내야 했고, 결국 태양 흑점 논쟁에 진입하게 되었다.[342] 새로운 발견이 이루어지고 논쟁이 벌어짐에 따라 망원경의 신뢰도가 확정되었고, 자극받은 논적들이 코페르니쿠스주의 의제를 책잡아 갈릴레오에게 반격을 가했다. 갈릴레오 또한 발견과 논쟁으로부터 그 공격들에 대처할 밑천을 더 많이 쌓아 갔다. 그 과정에서 경력 초기의 갈릴레오가 코페르니쿠스 천문학에 대해 가졌던 개념적 동조는 후원이 추동한 추가적인 발견으로 더 강화되었다. 결과적으로 코페르니쿠스주의는 그의 전문직업적 정체성에 통합되어 향후 행보에서 갈수록 중요해졌다. 갈릴레오는 새롭게 확보한 명예를 방어하는 과정에서 완전한 코페르니쿠스주의자가 되었던 것이다.

또 후원 체계의 전형적인 명예 동역학의 분석에서 알 수 있듯, 1610년 무렵의 갈릴레오에게 코페르니쿠스주의를 포기하는 것은 현실적인 선택이 아니었다. 물론 그가 코페르니쿠스 천문학에 동조한 것은 맞지만, 이제 막 궁정직에 오른 갈릴레오는 새로운 철학적 주장을 제시하고 떠들썩한 논쟁에 참여함으로써 세간의 이목을 지속할 것이라는 기대감을 받고 있었다. 코

---

342 예컨대 스틸먼 드레이크의 해석에 따르면, 갈릴레오가 금성의 위상 변화를 발견한 것은 반드시 코페르니쿠스의 견해를 입증하려 했기 때문이 아니라, 베네치아 상인 안토니오 산티니와 클라비우스 그리고 케플러가 기구의 품질을 빠르게 향상해 자신보다 먼저 업적을 차지할까 봐 걱정했기 때문이다(Stillman Drake, "Galileo, Kepler, and Phases of Venus", *Journal of the History of Astronomy* 15 [1984]: pp. 198~208).

페르니쿠스주의를 포기한 갈릴레오는 대담하지 못한 '평범한' 인물에 지나지 않을 것이었다. 더 중요한 점은, 코페르니쿠스의 저술을 실재론적으로 독해함으로써 그가 그토록 바라 마지않던 칭호, 즉 철학자라는 칭호에 걸맞게 살 수 있었다는 것이다.[343]

앞서 분명히 말했듯이, 천문학적 발견을 이루었을 당시의 갈릴레오가 코페르니쿠스주의자가 아니었다고 주장하는 것이 아니다. 그보다는 '코페르니쿠스주의자'와 '코페르니쿠스주의'라는 범주 자체를 문제로 삼자는 것이 나의 주장이다.[344] 1597년 갈릴레오가 케플러, 야코포 마츠니Jacopo Mazzoni와 주고받은

---

[343] 코페르니쿠스의 우주 체계와 달리 튀코의 우주 체계로는 철학적 자기형성의 기회를 획득할 수 없었다. 튀코의 체계는 대부분 수학적 모형이었으므로 그것을 지지한다고 해서 '철학자'의 정체성을 형성할 만한 강력한 밑천을 확보하지는 못했다(튀코의 체계를 물리적으로 해석하는 것은 악몽이나 다름없었을 것이다). [* 저자가 튀코 체계의 물리적 해석이 악몽이나 다름없었을 것이라고 말하는 이유는 이렇다. 우주의 중심에 태양이나 지구가 있고 나머지 행성은 차례로 그 중심을 도는 프톨레마이오스나 코페르니쿠스의 동심원 체계와 달리, 튀코의 체계는 중심에 태양이 있고 지구가 그 주위를 돌며 다시 지구를 중심으로 나머지 행성들이 회전하는 독특한 구조였기 때문이다. 당시의 주류 학설대로 튀코의 체계를 단단한 수정 천구로 해석하기란 굉장히 어려웠을 것이다. 물론 앞서 말했듯 천구가 유체로 이루어져 있다는 유체 우주설로 튀코 체계를 정당화하려는 움직임이 일긴 했지만 지배적인 학설이 되지는 못했다.]

[344] Richard Westfall, "Science and Patronage", 특히 pp. 26~29을 참고하라. 갈릴레오의 코페르니쿠스주의에 대한 웨스트폴의 견해를 비평한 문헌으로는 Mario Biagioli, "Galileo's System of Patronage", pp. 42~45를 보라. 또 다른 방식으로 코페르니쿠스주의를 문제로 삼은 문헌은 Robert Westman, "The Melanchthon Circle, Rheticus, and the Wittenberg Interpretation of the Copernican Theory", *Isis* 66 (1975): pp. 165~193이 있다.

편지들에 따르면, 당시 그는 코페르니쿠스주의에 동조하기는 했지만 아직 코페르니쿠스 가설을 헌신적으로 옹호하는 정도는 아니었다.[345] 일부 역사학자들은 갈릴레오가 한동안 코페르니쿠스 이론을 믿었다고 케플러에게 말한 편지에 중점을 두는 경향이 있다. 하지만 그들은 케플러가 일종의 '코페르니쿠스 십자군'에 영입하려 했던 후속 편지에 갈릴레오가 답장하지 않은 사실에는 관심을 그만큼 기울이지 않는다.[346] 코페르니쿠스 체계에 개념적 매력을 느끼는 것과 코페르니쿠스적 대의의 헌신적인 옹호자가 되는 것은 다른 문제다. 1615년 〈크리스티나 대공비에게 보내는 편지〉를 쓸 당시의 갈릴레오는 완전한 코페르니쿠스주의자였다고 생각되지만, 그러한 헌신을 끌어낸 과정이 후원에 기대어 있었음을 잊어서는 안 된다.[347] 코페르니쿠스주의와 후원 그리고 철학적 자기형성은 긴밀하게 맞물려 있었다. 적어도 그 중대한 시기에는 그러했다.

---

345 Galileo's letter to Mazzoni is in *GO*, vol. 2, pp. 197~202, p. 198. 갈릴레오는 이 편지에서 "지구의 운동과 위치에 관하여 피타고라스주의자들과 코페르니쿠스주의자들이 내세운 의견이 … 아리스토텔레스와 프톨레마이오스의 견해보다 훨씬 더 그럴듯하다고 생각합니다"라고 말했다.

346 *GO*, vol. 10, no. 57, pp. 67~68; no. 59, pp. 69~71.

347 갈릴레오는 〈크리스티나 대공비에게 보내는 편지〉를 쓰기 전인 1614년 3월에도 조반니 바티스타 발리아니에게 편지를 보내 코페르니쿠스를 지지한다는 의견을 강하게 표출했다(*GO*, vol. 12, pp. 34~35).

2장 발견과 에티켓

1610년 봄, 프랑크푸르트 도서박람회 카탈로그에 실린 철학 부문 출품작 중에서 가장 길고 거창한 소개글은 다음과 같이 시작한다.

《별의 전령》에서 위대하고 경이로운 광경이 펼쳐진다. 피렌체의 귀족이자 파도바 대학의 공인 수학자 갈릴레오 갈릴레이가 최근에 고안한 망원경으로 관측한 것들을 모든 이들에게 선보인다. 달의 표면과 무수한 붙박이별[*항성]부터 은하수와 성운 그리고 무엇보다 주피터의 별[*목성] 주위를 제각기 다른 간격과 주기로 놀랍도록 빠르게 도는 네 개의 행성[위성]까지, 저자는 지금껏 어느 누구에게도 알려지지 않았던 것들을 최근 들어 처음으로 발견했다.[1]

---

[1] *Catalogus universalis pro nundinis Francofurtensibus vernalibus de anno MDCX* (Frankfurt: Latomi), C3v. ('C'는 '쪽carta'이 아닌 카탈로그의 'C' 부문을 지칭하며 쪽 번호는 표기되지 않았다). 이 소개글은 대부분 갈릴레오 책에 있

노골적인 홍보문으로 포장된 이 얇은 책은 짧지만 놀랄 만한 역사를 품고 있었다. 그리고 이 책이 출간되면서 갈릴레오의 삶과 과학 경력은 근본적인 변화를 겪었다.

1609년 여름, 파도바 대학의 수학 교수였던 갈릴레오는 기존에 북유럽에서 만들었던 망원경보다 성능이 훨씬 뛰어난 망원경을 제작하는 데 성공했다. 갈릴레오가 이 새로운 기구로 이루어 낸 수많은 천문학적 발견은 당시 주류였던 아리스토텔레스 우주론에 이의를 제기하고 코페르니쿠스주의자들의 주장을 뒷받침하는 데 쓰일 수 있었다. 이 유례없는 발견들은 1610년 봄 《별의 전령》으로 출간되었고, 갈릴레오는 이 책을 토스카나의 대공 코시모 2세 데 메디치에게 헌정했다. 갈릴레오는 철학자들의 주장과 달리 달의 표면은 결코 매끈하지 않으며 기존에 믿어 왔던 것보다 별들의 수가 훨씬 많다고 선언했다. 또 주류 우주론자들에게 알려진 적 없는 행성이 네 개나 더 있으며, 그 '메디치의 별'들은 지구가 아닌 목성 주위를 돌고 있다는 충격적인 주장도 내놓았다. 《별의 전령》은 갈릴레오에게 국제적 명성을 안겨 주었고 메디치 가문의 후원으로 향하는 문을 열어

던 권두삽화의 글을 옮겨 적은 것이다. 아주 사소한 수정만 제외하면 번역은 다음 문헌의 것을 사용했다. Galileo Galilei, *Sidereus nuncius*, trans. Albert Van Helden (Chicago: University of Chicago Press, 1989), p. 26. [* 알버르트 판 헬던의 《별의 전령》 영역본은 2015년 새로운 서문을 포함한 두 번째 판본으로 재출간되었다.]

주었다. 1610년 9월 피렌체로 돌아가는 갈릴레오에게는 더 이상 학생을 가르칠 의무가 없었으며 대신 연봉 1,000스쿠디라는 엄청난 혜택이 손에 쥐어 있었다.

메디치 궁정의 주요 예술가와 관료들의 봉급을 생각해 보면 1,000스쿠디는 매우 이례적인 보상이었다. 궁정인의 실제 수입은 일반적으로 봉급을 초과했기 때문에 정확하게 비교하기는 어렵지만[2] 갈릴레오의 봉급은 고소득 예술가 혹은 기술공에 비하면 3배 이상, 벨리사리오 빈타와 쿠르치오 피케나 같은 대신들에 비하면 1.5배 많았던 것으로 보인다. 최고위급 궁정 관료 마조르도모 마조레[3]와 비슷한 수준이었다. 심지어 17세기 초 피렌체에서 가장 유명한 메디치 예술가이자 두 황제에게 연이어 환심을 샀던 조각가 잠볼로냐Giambologna가 1606년에 받은 급료도 갈릴레오가 몇 년 후에 받은 액수의 절반에도 미치지 못했다.[4] 갈릴레오의 봉급은 당시 토스카나 대공국에서 열

---

2 일부 궁정인은 봉급 이외에도 식료품과 목재, 양초와 말과 같은 상여를 받았기 때문이다(*ASF*, "Despositeria generale 389", pp. 5, 11). 갈릴레오와 국가 관료의 봉급을 비교하고 관료 소득의 다양한 출처를 분석한 문헌으로는 R. Burr Litchfield, *Emergence of a Bureaucracy: The Florentine Patricians, 1530-1790* (Princeton: Princeton University Press, 1986), pp. 190~200을 참고하라.

3 * Maggiordomo Maggiore, 궁정의 모든 관료(비서관, 시종관, 수행원, 말 사육 담당관 등)를 총지휘하는 관직.

4 Hugh Trevor-Roper, *Princes and Artists* (London: Thames and Hudson, 1976), pp. 109~112, 130. 잠볼로냐는 1602년 연봉으로 300스쿠디를 받았고(*ASF*, "Miscellanea medicea 474", fol. 3), 1606년에도 마찬가지였다(*ASF*,

손가락 안에 들었다.[5]

현대의 우리는 1609년과 1610년에 갈릴레오가 천문학에서 이룬 발견의 과학적 중요성을 당연한 것으로 받아들인 이후의 문화에서 사회화되었으므로, 메디치 가문이 그에게 그토록 아낌없는 보상을 지급한 것이 당연하다고 생각하기 마련이다. 하지만 갈릴레오가 대공의 철학자 겸 수학자가 된 것은 코페르니쿠스 가설 증명에 기여했기 때문이 아니었다. 메디치 궁정은 노벨상위원회의 원시적 형태가 아니었으며 코시모 2세 또한 코페르니쿠스주의자가 아니었다. 웨스트폴의 정확한 지적대로,

---

"Guardaroba medicea 279", fol. 13). 그는 1602년과 1606년의 궁정 명부에서 가장 많은 급여를 받은 예술가였던 것으로 보인다.

5 1588년에 궁정에서 가장 많은 봉급을 받은 인물은 마조르도모 마조레였던 오라치오 루첼라이로 연봉 1,000스쿠디를 받았다(*ASF*, "Depositeria generale 389", p. 1). 당시 세그레타리오(비서관)였던 벨리사리오 빈타는 연봉으로 480스쿠디를 받았으며(앞의 책, p. 5), 궁정수학자 오스틸리오 리치는 144스쿠디를 받았다(앞의 책, p. 9). 루첼라이는 1599년에도 여전히 제일 많은 봉급을 받았다(*ASF*, "Guardaroba medicea 255", fol. 2r). 1609년에 두 번째로 높은 봉급을 받은 인물은 마조르도모였던 이아코포 데 메디치로 600스쿠디를 받았다(*ASF*, "Guardaroba Medicea 301", fol. 1r). 1624년에 최고액을 기록한 인물은 새로운 마조르도모 마조레로 선출된 피에로 구이차르디니였으며, 연봉 1,000스쿠디를 받았다(*ASF*, "Depositeria generale 396", fol. 36). 궁정 소속 세계지학자 마테오 네로니는 120스쿠디를 받았고(앞의 책, fol. 115), 토스카나의 보병대와 포병대, 기병대를 지휘하는 총사령관의 연봉은 1,000스쿠디에서 2,500스쿠디 정도였다("Relazione delli Clarissimi Signori Giovanni Michiel et Antonio Tiepolo Cavalieri ritornati Ambasciatori dal Granduca di Toscana alli 9 novembre 1579", in Arnaldo Segarizzi, ed., *Relazioni degli ambasciatori veneti al Senato* (Bari: Laterza, 1916), 3: pp. 256~259, 269).

메디치 가문이 갈릴레오에게 발견에 대한 보상을 후하게 지급한 이유는 그 발견이 기술적으로 유용했거나 과학적으로 중요했기 때문이 아니라 구경거리, 즉 진귀한 경이를 선사했기 때문이다.[6] 메디치 가문은 목성의 위성들을 유난히 특별한 경이로 인식했던 것이 분명하다. 메디치 궁정으로 적을 옮기려는 갈릴레오의 시도가 1610년 이전에는 번번이 좌절되었으나 목성의 위성을 발견한 이후 신속하고 관대한 환영을 받았기 때문이다. 동시대 수학자들과 철학자들이 그 발견의 과학적 중요성을 높이 평가했다는 것만으로는 이처럼 유례없는 보상을 설명하기 어렵다. 그 대신 전혀 다른 유형의 청중, 즉 메디치의 궁정인들을 살펴보고 갈릴레오가 그의 발견을 궁정 담론에 부합하도록 재현한 과정을 들여다보면 코시모 2세가 갈릴레오를 다시 피렌체로 불러들인 이유를 이해할 수 있다.

궁정인들은 대체로 천문학과 수학의 전문적 내용에 익숙하지 않았다. 하지만 갈릴레오가 1604년부터 대학을 떠나 궁정으로 가려는 시도를 반복했던 것을 보면, 궁정이 중요한 연구 공간이라고 생각했음이 분명하다.[7] 갈릴레오를 유혹했던 것은 높

---

[6] Richard Westfall, "Scientific Patronage: Galileo and the Telescope", *Isis* 76 (1985): pp. 11~30; idem, "Galileo and the Accademia dei Lincei", in Paolo Galluzzi, ed., *Novità celesti e crisi del sapere* (Florence: Giunti Barbèra, 1984), p. 199.

[7] *GO*, vol. 10, no. 97, pp. 106~107; no. 99, p. 109; no. 131, pp. 154~155; no. 190, pp. 210~213; no. 209, pp. 231~234; no. 211, p. 235. Richard Westfall,

은 급여와 가르칠 의무로부터의 자유만이 아니었다. 궁정으로 적을 옮김으로써 분과학문적 위계의 제약에서 벗어나기를 소망했다. 수학자들은 대학 특유의 위계에 따라 전문직업적 지위나 급여 면에서 철학자들에게 종속된 처지에 불과했다.[8] 당시의 정설에 따르면, 철학은 자연현상의 실제 원인을 다루었던 반면 수학은 '우연적 속성', 즉 양적인 측면만을 다룰 수 있었다. 그러므로 수학자들은 자연현상에 대한 정당한 물리적 해석을 제시할 자격을 갖지 못했다.[9]

"Scientific Patronage", pp. 13~17도 참고하라.

8 이러한 패턴은 다음 문헌에서도 확인된다. Robert S. Westman in "The Astronomer's Role in the Sixteenth Century: A Preliminary Study", *History of Science* 18 (1980): pp. 105~147. 더욱 정교화된 논의는 웨스트먼의 다른 저술을 살펴보라. "The Copernicans and the Churches", in David C. Lindberg and Ronald L. Numbers, eds., *God and Nature* (Berkeley: University of California Press, 1986), pp. 73~113. 이탈리아의 상황은 Mario Biagioli, "The Social Status of Italian Mathematicians, 1450~1600", *History of Science* 27 (1989): pp. 41~95을 참고하라. 철학자라는 칭호에 대한 갈릴레오의 관심과 수학적 물리학을 철학으로 정당화하는 시도 사이의 연관성 또한 다음 문헌들에서 논의된 바 있다. Eugenio Garin, "Galileo the Philosopher", *Science and Civic Life in the Italian Renaissance* (New York: Anchor, 1969), pp. 123~125, Michael Segre, "Galileo as a Politician", *Sudhoffs Archiv* 72 (1988): p. 75.

9 Peter Dear, "Jesuit Mathematical Science and the Reconstruction of Experience in the Early Seventeenth Century", *Studies in History and Philosophy of Science* 18 (1987): pp. 133~175; Nicolas Jardine, *The Birth of History and Philosophy of Science* (Cambridge: Cambridge University Press 1984), pp. 225~257; Robert S. Westman, "Kepler's Theory of

수학자들은 그들이 수학자인 이상 대학에서 철학자가 될 수 없었지만, 궁정에서라면 가능했다. 궁정의 사회적·인식적 지위는 분과학문의 위계보다는 군주의 호의에 따라 결정되었기 때문이다. 로마 궁정의 속설에 따르면, 궁정인은 오직 군주에 의해 교환가치가 결정되는 화폐와도 같았다.[10] 결과적으로 궁정이야말로 갈릴레오가 철학자의 칭호를 얻고 그로부터 코페르니쿠스 이론의 철학적 의미와 자연현상의 수학적 분석을 정당하게 변호할 지위를 확보할 수 있는 사회적 기관이었다.

맥락 속의 별들

메디치 가문이 목성의 위성에 관심을 가진 이유를 이해하기는 어렵지 않다. 갈릴레오가 《별의 전령》 헌사에서 단언했듯, 새로운 행성들은 메디치 가문 신화를 위한 기념물이었다.[11] 더군다나 좋은 망원경을 가진 관중이라면 누구나 세상의 어떤 기념물보다 오래 존속할 그 기념물을 전 세계 어디서든 볼 수 있었다. 하지만 메디치 가문이 갈릴레오의 발견에 열광한 이면에는 또

Hypothesis and the 'realist dilemma'", *Studies in History and Philosophy of Science* 3 (1972): pp. 233~264.

10 Francesco Liberti, *Il perfetto Maestro di Casa* (Rome: Bernabò, 1658), p. 9.

11 Galilei, *Sidereus nuncius*, pp. 29~33.

다른 이유가 있었다. 그 이유는 오직 메디치 가문 신화, 즉 16세기 중엽 코시모 1세가 가문을 부흥시킨 이래 메디치 가문이 확고하게 다져 온 신화에 친숙한 피렌체 관중에게만 명백했다. 그 신화에서 코시모는 우주와 동일시되었고, 가문을 일으킨 공적으로 '메디치의 신들' 가운데서도 으뜸이 된 코시모 1세는 꾸준히 주피터와 연결되었다.[12] 따라서 갈릴레오는 새롭게 발견한 행성을 어떤 후원자에게든 헌정할 수 있었지만, 이 발견의 신화적 의미를 충분히 인식하고 그에 합당한 보상을 줄 수 있는 적절한 후원자는 바로 메디치 가문이었다.

메디치가는 사실상 15세기부터 피렌체 공화국의 통치가문으로 군림했지만 공국 자체는 훨씬 이후에 생겨났다. 코시모 1세가 피렌체 공작이 되었을 때는 1537년이었고, 토스카나 대공의 자리에 오른 것도 1569년이 되어서였다. 코시모 1세는 1540년대에 걸쳐 신흥 국가의 정치 및 행정 체계를 만드는 작업과 더불어 메디치의 통치를 안정화하고 가문의 신화로 내세울 만

12 Giorgio Vasari, *Ragionamenti di Giorgio Vasari sopra le invenzioni da lui dipinte in Firenze nel Palazzo di loro Altezze Serenissime con lo Illustrissimo ed Eccellentissimo Don Francesco de' Medici* (published posthumously by Vasari's nephew in 1588), in Gaetano Milanesi, ed., *Le opere di Giorgio Vasari* (Florence: Sansoni, 1882), 8: p. 85. 메디치 가문 신화에서 코시모와 주피터의 연관성이 존재했다는 사실은 다음 문헌에서 무시되었다. Michael Shank, "Galileo's Day in Court", *Journal of the History of Astronomy* 25 (1994): pp. 236~242. 이에 대한 나의 응답은 "Playing with the Evidence", *Early Science and Medicine* 1 (1996): pp. 70~105에 있다.

한 새로운 정치적 신화를 창조해야 했다.[13] 피렌체의 공작이 된 코시모는 거의 아무것도 없는 상태에서 궁정을 건립할 수밖에 없었다. 피렌체의 강력했던 가문들은 정치지도자에서 온순한 궁정 귀족이 되어야 했고, 공작의 통치를 자연스럽고 불가피한 것으로 내세울 새로운 신화가 이들이 떠맡을 새로운 역할을 제시해 주어야 했다.[14]

코시모의 전략은 메디치가의 통치를 피렌체의 명백한 운명으로 표현하는 것이었다. 중세 이래 점성술 도구로 흔히 사용되던 피렌체의 천궁도[15]를 표준화하여, 점성술을 통해 메디치 가

---

13 이 시기를 다룬 표준적 저술은 다음과 같다. Riguccio Galluzzi, *Istoria del granducato di Toscana sotto il governo della Casa Medici* (Florence: Cambiagi, 1781); Furio Diaz, *Il Granducato di Toscana: I Medici* (Turin: UTET, 1976); Giorgio Spini, ed., *Architettura e politica da Cosimo I a Ferdinando I* (Florence: Olschki, 1976).

14 R. Burr Litchfield, *Emergence of a Bureaucracy: The Florentine Patricians 1530-1790* (Princeton: Princeton University Press, 1986). 피렌체의 궁정사회를 일별할 만한 문헌으로는 다음을 살펴보라. P. F. Covoni, *Don Antonio de' Medici al Casino di San Marco* (Florence: Tipografia Cooperativa, 1892); Gaetano Pieraccini, *La stirpe dei Medici di Cafaggiolo* (Florence: Nardini, 1986); Graziella Silli, *Una corte alla fine del Cinquecento* (Florence: Alinari, 1927); Gaetano Imbert, *La vita fiorentina nel Seicento* (Florence: Bemporad, 1906); Angelo Solerti, *Musica, ballo e drammatica alla corte medicea dal 1600 al 1637* (Florence: Bemporad, 1905). 솔레르티의 책에는 대부분의 공식 궁정일지 필사본이 전재되어 있다.

15 *누군가의 생일과 같은 특정한 사건이 벌어진 날의 태양과 달, 행성들의 위치를 표시한 도표. 도시의 창건일을 기준으로 천궁도를 만들어 별점을 치기도 했다.

문의 통치가 피렌체의 역사와 운명에 불가피하게 결부되었음이 입증되도록 했다.[16] 메디치를 중심으로 역사가 새롭게 쓰였고, 메디치에 어울리도록 고대 신화들이 재해석되었으며, 메디치와 관련된 회화적 형상들이 피렌체 예술에 도입되었다.[17] 가장 중요한 것은 메디치 가문이 이 문화프로그램을 운영하기 위해 아카데미, 특히 피오렌티나 아카데미Accademia Fiorentina와 디세뇨 아카데미를 직접 설립하고 관리했다는 점이다.[18]

[16] 코시모 1세까지 메디치 가문의 운명과 피렌체 천궁도 사이의 관계는 Janet Cox-Rearick, *Dynasty and Destiny in Medici Art* (Princeton: Princeton University Press, 1984)에서 정교하게 분석했다. 르네상스 초기 피렌체의 도시 천궁도에 관해서는 Richard Trexler, *Public Life in Renaissance Florence* (New York: Academic Press, 1980), pp. 73~84을 참고하라.

[17] 대표적인 사례는 Benedetto Varchi, *Storia fiorentina*, ed. Gaetano Milanesi (Florence: Le Monnier, 1857~1858), 3 vols.일 것이다. 메디치의 회화적 형상은 Cox-Rearick, *Dynasty and Destiny*, p. 231을 참고하라.

[18] 1540년 설립된 피오렌티나 아카데미는 메디치 가문이 후원하고 운영한 최초의 아카데미였다. 언어적 정체성을 축으로 삼아 피렌체의 문화를 표준화하여 코시모 1세의 문화정치를 관장했다. Sergio Bertelli, "Egemonia linguistica come egemonia culturale e politica nella Firenze Cosimiana", *Bibliothèque d'Humanisme et Renaissance* 38 (1976): pp. 249~283; Cosimo di Filippo Bareggi, "In nota alla politica culturale di Cosimo I: L'Accademia Fiorentina", *Quaderni storici* 23 (1973): pp. 527~574. 1564년 설립된 디세뇨 아카데미는 코시모가 임명한 총장이 운영했다. 역시 코시모 문화 체계의 한 부분이었던 디세뇨 아카데미의 주된 기능은 메디치 가문을 위해 일하는 시각예술가들의 작품 활동을 관장하고 메디치 문화 정치의 규약이 지켜지는지 확인하는 것이었다. 실제로 디세뇨의 예술가들은 결혼식과 장례식부터 국외 고위인사 방문까지 대규모 정치 행사를 관리했다. 디세뇨 아카데미는 메디치 궁정의 '홍보부'였던 셈이다. 참고문헌 목록은 이 장의 각주 25번을 참고하라.

코시모는 가문의 역사를 그리스식 '신들의 계보' 형태로 표현하라고까지는 지시하지 않았지만, 그리스 로마 신들의 계보를 은유적으로 재해석하여 메디치 가문의 역사와 비슷하게 만들도록 했다. 이러한 신화프로그램은 훗날 베키오궁Palazzo Vecchio이라는 이름으로 알려질, 메디치의 첫 번째 궁전인 시뇨리아궁Palazzo della Signoria의 프레스코화에 뚜렷하게 반영되어 있다. 화가 조르조 바사리가 '원소들의 거처Quartiere degli Elementi'와 '레오 10세의 거처Quartiere di Leone X'에 그려 넣은 그림들이다.[19]

프로젝트의 기본 계획은 매우 분명했다. 원소들의 거처는 일종의 올림포스였고, 거처에 위치한 각각의 방은 태초의 '원소들'처럼 본질적으로 신성한 실체들이나 특정한 신들(헤르쿨레스, 주피터, 옵스, 케레스, 사투르누스)에게 바치는 공간이었다(그림1). 올림포스인 원소들의 거처 바로 아래층에는 메디치가의 판테온인 '레오 10세의 거처'가 있다. 그곳의 방들은 가문을 창건하는 데 주된 역할을 한 메디치 가문 일원들에게 헌정되었다(그림2).

바사리에 따르면, '레오 10세의 거처'에서 메디치가에 헌정

---

19 Ettore Allegri, Alessandro Cecchi, *Palazzo Vecchio e i Medici* (Florence: SPES, 1980), pp. 55~182. 코시모의 인문주의 자문관들과 바사리가 각 방의 도상학과 상징을 논의한 편지는 다음 문헌에 수록되어 있다. Karl Frey, ed., *Il carteggio di Giorgio Vasari* (Munich: Muller, 1923), vol. 1, no. 220, pp. 409~412; no. 221, pp. 412~414; no. 232, pp. 436~437; no. 234, pp. 438~441; no. 236, pp. 446~450.

된 각 방은 바로 위층의 '원소들의 거처'에서 신들에게 헌정된 각 방과 수직으로 대응한다. 아래층 방들의 프레스코화는 각 방이 받드는 메디치 일원의 신화화된 역사를 나타낸다. 그 역사들은 각기 대응하는 신들의 고전적인 계보를 최대한 밀접하게 반영하도록 만들어졌다. 만물을 형성한 태초의 실체를 반영하는 원소들의 방은 메디치 가문을 부상시킨 메디치 출신 교황 레오 10세의 방과 위아래로 마주한다. 바사리의 말처럼, "아래층 그

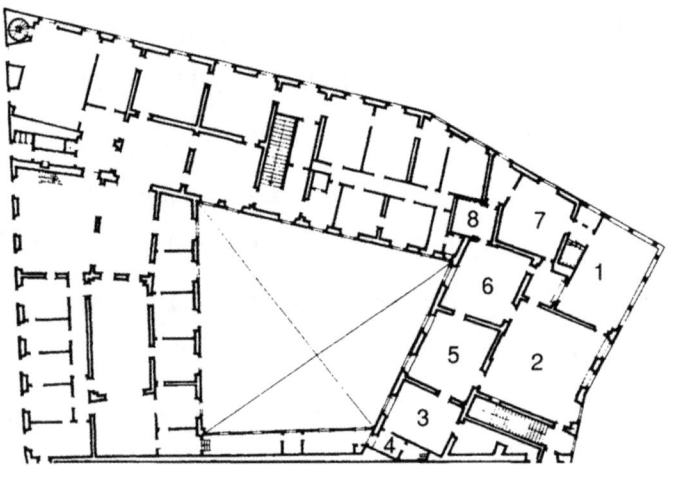

그림 1 〈원소들의 거처〉, Ettore Allegri, Alessandro Cecchi, 《Palazzo Vecchio e i Medici》, (Florence: SPES, 1980), p. xxv 를 변형하여 전재함.

1 사투르누스의 테라스
2 원소들의 방
3 케레스의 방
4 칼리오페의 서재
5 옵스의 방
6 주피터의 방
7 헤르쿨레스의 방
8 주노의 테라스

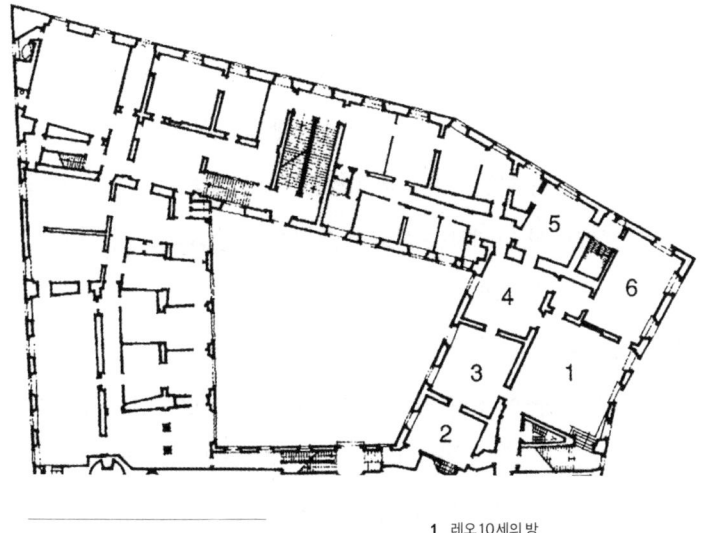

그림 2 〈레오 10세의 거처〉, 같은 책,
p. xxi을 변형하여 전재함.

1 레오 10세의 방
2 코시모 일 베키오의 방
3 로렌초 일 마니시코의 방
4 코시모 1세의 방
5 조반니 멜레 반데 네레의 방
6 클레멘스 7세의 방

림은 예외 없이 위층 그림과 대응"한다.[20] 천상의 질서는 지상
의 질서를 정당화하고 그 질서가 자연의 이치를 따르도록 했으
며, 그에 걸맞은 우아한 층계가 두 층의 소통을 보장한다.

바사리는 프레스코화로 표현된 메디치 신화 전체의 복잡한
내용을 자세히 설명해 두었다.[21] 우리가 여기서 살펴봐야 할 것

---

20 Giorgio Vasari, *Ragionamenti*, p. 85.
21 앞의 책, 같은 쪽.

은 주피터(가장 위대한 신)와 코시모 1세(토스카나 대공국의 건국자)의 특정한 대응관계이다. 바로 그 신화적 관계가 갈릴레오의 후원 전술에서 결정적인 역할을 했기 때문이다.

주피터의 방과 코시모 1세의 방 사이의 대응관계는 두 거처의 모든 그림이 전개하는 신화적 서사에서 중심축을 이룬다. 주피터의 방에서 그의 어린 시절을 표현하는 그림은 실제로 코시모와도 관련이 있다. 옵스와 사투르누스 사이에서 태어난 주피터는 어머니 옵스가 크레타섬 동굴에 숨긴 덕분에 아버지의 잔학 행위로부터 살아남았다(사투르누스는 자식들을 먹어 치우려 했다). 갓난아이였던 주피터는 두 님프의 보살핌을 받았다. 그중 염소로 표현된 아말테아는 신의 섭리에 대한 은유이며, 또 다른 님프 멜리사는 신의 지식에 대한 은유이다. 말 그대로 코시모가 어렸을 때부터 그러한 덕을 흡수했다는 의미가 된다. 주피터는 아말테아를 기리기 위해 황도십이궁에 염소자리를 추가했다. 염소자리를 이루는 일곱 개의 별은 각기 일곱 가지 덕을 상징하는데 그중 셋은 신이 내린 덕이며 나머지 넷은 도덕과 관련된다. 마침 우연히도 코시모의 별자리가 염소자리였던 덕에 최초의 대공과 주피터가 하나로 묶일 운명임이 확증되었다. 그렇게 코시모는 주피터에게서 신의 섭리와 지식을, 염소자리로부터 일곱 가지 덕을 부여 받았다.

갈릴레오는 코시모 2세에게 바치는 《별의 전령》 헌사에서 메디치의 별을 코시모 1세의 덕에 비유했는데, 일부는 도덕에

관한 것이었고 나머지는 '아우구스투스적'[22]인 것이었다. 갈릴
레오는 코시모 2세 또한 같은 덕을 가졌으며(갈릴레오에 따르면
코시모는 언제나 덕을 발휘했다), 그가 태어나는 순간 지평선 바
로 위에 있던 주피터(목성)로부터 직접 부여받은 것이라고 주장
했다. 그러한 덕은 네 개의 별에서 '유출'된 것으로, 마치 선천적
인 덕인 듯 목성에 딱 붙어 돌며 목성을 절대 떠나지 않았다. 갈
릴레오는 주피터와 코시모 1세의 관계를 고려한 결과 코시모 1
세가 메디치의 별을 통해 그와 주피터의 덕을 후계자들에게 물
려준 것임이 분명하다고 주장했다. 그리고 갈릴레오 자신이 그
별들을 드러냄으로써 가문의 점성술적 만남에서 산파의 역할
을 했다고 덧붙였다. 메디치의 별과 네 가지 도덕적 덕의 대응
관계는 메디치가의 인문주의 자문관들에게 받아들여졌고, 특히
네 가지 도덕적 덕은 갈릴레오가 유죄판결을 받은 후에도 30년
동안 회화에서 네 별의 은유적 표현으로 사용되었다.

　이러한 신화적 요소들은 메디치 가문이 상상으로 거짓을 꾸
며 냈다는 흔적 외에도 다른 많은 의미를 담고 있다. 신화로 구
성된 '거대서사master narrative'는 공식적인 정치행사와 기념제

22　*로마 제국의 초대 황제 아우구스투스가 갖추었던 덕을 말한다.《별의 전령》헌사
에서 해당 부분을 옮기면 다음과 같다. "너그러움, 온화한 마음씨, 상냥한 태도, 찬
란한 왕의 혈통, 행동에서 드러나는 위엄, 남을 복종케 하는 권위와 통치의 범위." 앞
의 세 덕은 도덕과 관련된 것이고, 뒤의 세 덕은 '아우구스투스적'인 것이다. Galileo
Galilei, *Sidereus Nuncius, or The Sidereal Mesenger*, trans. Albert Van
Helden 2nd edition (Chicago: University of Chicago Press, 2015), p. 33.

는 물론이고 궁정의 시와 연극, 회화, 오페라의 소재로 쓰일 형상을 제공했다.[23] 신화적 요소들은 궁정문화의 틀을 형성했다. 신화적 형상은 필요할 때마다 상징의 번역을 통해 확장될 수 있었으며, 그 번역은 편리하게도 파올로 조비오Paolo Giovio, 안드레아 알차티Andrea Alciati, 체사레 리파Cesare Ripa의 저술과 같은 16세기 상징 카탈로그와 사전에 수록되었다.[24] 문화의 틀 전체는 피오렌티나 아카데미와 디세뇨 아카데미 같은 메디치 운영기관에 의해 유지되었고 더 견고해졌다.[25]

---

23 신들의 계보는 통치 가문을 기념하는 데 흔히 사용되는 장르였다. 이 장르가 극장에서 쓰인 사례는 Cesare Molinari, *Le nozze degli dei* (Rome: Bulzoni, 1968)를 참고하라. 피렌체의 시민 야외극에 사용된 신화적 형상과 상징은 다음 문헌들을 살펴보라. Annamaria Petrioli Tofani, Giovanna Gaeta Bertelà, *Feste e apparati medicei da Cosimo I a Cosimo II* (Florence: Olschki, 1969); Arthur R. Blumenthal, *Theater Art of the Medici* (Hanover: University Press of New England, 1980); David Moore Bergeron, *English Civic Pageantry 1558-1642* (London: Arnold, 1971); Roy Strong, *Art and Power: Renaissance Festivals 1450-1650* (Berkeley: University of California Press, 1984); Randolph Starn, Loren Partridge, *Arts of Power* (Berkeley: University of California Press, 1992).

24 Paolo Giovio, *Dialogo dell'imprese militari e amorose* (Rome, 1551); Andrea Alciati, *Emblematum liber*(Augsburg: Steyner, 1531); Cesare Ripa, *Iconologia* (Rome: Gigliotti, 1593; Lepiolo Facis, 1603 [삽화가 포함된 첫 번째 판본]). 표준이 되는 2차 문헌으로는 다음을 보라. Mario Praz, *Studies in Seventeenth-Century Imagery* (Rome: Edizioni di Storia e Letteratura, 1964); Peter M. Daly, *Literature in the Light of the Emblem* (Toronto: University of Toronto Press, 1979).

25 디세뇨 아카데미에 관해서는 다음 문헌들을 참고하라. Zygmunt Wazbinski,

이러한 신화적 요소는 코시모 1세 시대부터 궁정문화에 스며들어 있었다. 그것에 정통했던 궁정인들과 피렌체 상류층은 메디치 가문 행사나 다른 정치 기호에서 나타난 상징적 서사를 해석하는 게임에 참여하곤 했다.[26] 발다사레 카스틸리오네의 《궁정론》, 스테파노 구아초 Stefano Guazzo의 《유쾌한 대화 Dialoghi piacevoli》, 토르콰토 타소의 《문장에 대하여 De l'imprese》에서 알 수 있듯이, 상징해석 emblematics 기술은 궁정생활을 원하는 이들이 필수로 갖춰야 할 도구였다.[27] 카스틸리오

L'Accademia medicea del Disegno a Firenze nel Cinquecento (Florence: Olschki, 1987), 2 vols.; Karen-edis Barzman, "Liberal Academicians and the New Social Elite in Grand Ducal Florence", in Irving Lavin, ed., *World of Art: Themes of Unity and Diversity* (University Park: Pennsylvania State University Press, 1989), 2: pp. 459~463; Mary and Jack, "The Accademia del Disegno in Late Renaissance Florence", *Sixteenth Century Journal* 7 (1976): pp. 3~20; 피오렌티나 아카데미에 관한 참고 문헌은 각주 18번을 참고하라.

26 Annamaria Petrioli Tofani, "Contributi allo studio degli apparati e delle feste medicee", *Firenze e la Toscana nell'Europa del' 500* (Florence: Olschki, 1983), 2: pp. 645~661; Annamaria Petrioli Tofani, Giovanna Gaeta Bertelà, *Feste e apparati medicei da Cosimo I a Cosimo II* (Florence: Olschki, 1969); Benedetto Betti, *Ordine dell'apparato fatto da' Giovani della Compagnia di San Gio. Evangelista* (Florence: Giunti, 1574); Alois Maria Nagler, *Theatre Festivals of the Medici 1539-1637* (New Haven, Conn.: Yale University Press, 1964); Roy Strong, *Art and Power*, pp. 3~74, 126~152; David Cannadine, Simon Price, eds., *Rituals of Royalty* (Cambridge: Cambridge University Press, 1987); Sean Wilentz, ed., *Rites of Power* (Philadelphia: University of Pennsylvania Press, 1985).

27 Stefano Guazzo, *Dialoghi piacevoli* (Venice: Bertano, 1585); Torquato

네는 "때로는 다양한 주제로 토론이 이어지기도 하고 날카로운 반박이 빠르게 오가기도 한다. 요즘 말로 '상징'을 고안하는 경우도 많은데, 그것에 대해 논의할 때면 놀랍도록 즐겁다"[28]라고 말했다. 궁정인들은 상징해석학을 단순한 응접실 게임으로 즐기는 데 그치지 않고 강력한 자기형성 도구로 삼기도 했다.[29] 하층계급은 공개 행사에 구경꾼으로 참여하면서도 그 의미를 완전히 이해하지는 못했으므로 궁정사회는 자신들의 집단을 하층계급과 차별화하는 방법으로 사회적 정체성을 확고히 했다.[30] 상징해석과 궁정 구경거리와의 관계는 에티켓과 궁정식

Tasso, *Il conte, o vero de l'imprese* (1594), reprinted in Cesare Guasti, ed., *I dialoghi di Torquato Tasso* (Florence: Le Monnier, 1901), 3: pp. 361~444. 상징해석 기술은 상류 문화에 깊게 자리 잡았는데, 예수회가 수사학 과정에 포함하여 가르쳤을 정도였다(Jennifer Montagu, "The Painted Enigma and French Seventeenth-Century Art", *Journal of the Warburg and Courtauld Institutes* 31 [1986]: pp. 307, 312).

28 Baldassarre Castiglione, *Book of the Courtier*, trans. Charles Singleton (Garden City, N.Y.: Anchor Books, 1959), p. 17.

29 상징해석을 응접실 게임으로 즐긴 사례는 Thomas Frederick Crane, "Parlor Games in Italy in the Sixteenth Century", *Italian Social Customs of the Sixteenth Century* (New Haven, Conn.: Yale University Press, 1920), pp. 263~322을 참고하라.

30 많은 저자들이 기호학적 통제 과정에 주목했다. 로이 스트롱은 1566년 코시모 1세의 결혼식에 참석한 구경꾼들이 형상의 복잡함을 두고 불평을 늘어놓았다고 말한다(Roy Strong, *Art and Power*, p. 27). 1630년 이후 피렌체 궁정사회가 사회적·공간적으로 궁정 바깥과의 접촉이 줄어들자 궁정 구경거리에 활용된 은유는 덜 모호해졌다(앞의 책, pp. 31~32). 바사리의 《추론Ragionamenti》에 따르면 심지어 돈 프란체스코 데 메디치(토스카나의 두 번째 대공)조차 바사리가 제시한 형상의 의미가 모

행실의 관계와 같았다. 상징해석은 의미에 대한 접근을 통제함으로써 특정 사회집단을 차별화하고 사회적 위계를 강화했던 것이다.[31]

메디치 궁정사회와 문화를 형성한 신화적 상징은 갈릴레오가 천문학적 발견을 메디치 가문의 상징으로 재현할 수 있었던 배경이었다. 수학처럼 지위가 낮은 분과학문의 종사자들로부터 자신을 차별화하여 궁정인이 되고자 한다면, 궁정사회가 궁정인이 아닌 무리로부터 차별되기 위해 받아들였던 규약을 갈릴레오 역시 능숙하게 다룰 수 있어야 했다.[32]

호하다고 언급했다. "군주: 조르조, 오늘 그대는 내가 이러한 색과 모습으로 생각해본 적도 없는 것들을 들려주는군"(p. 22). 바사리에 의해 쓰인 대화라는 점을 감안하면, 이 진술은 바사리가 자신의 형상이 모호하게 인식되는 것을 일종의 칭찬, 즉 가문 형상의 규약을 다루는 기술에 대한 칭찬으로 받아들였음을 의미한다.

31 에티켓의 발전에 대해서는 다음 문헌들을 참고하라. Norbert Elias, *The History of Manners* (New York: Pantheon, 1982); *Power and Civility* (New York: Pantheon, 1982); idem, *The Court Society* (New York: Pantheon, 1983).

32 마리아 루이사 알티에리 비아지Maria Luisa Altieri-Biagi에 따르면, 갈릴레오는 본인이 종사한 분과학문의 기계적 함의에 복합적인 태도를 보였다. 한편으로는 기계적 함의를 경시하거나 아예 거부하기도 했다(*Galileo e la terminologia tecnico-scientifica* [Florence: Olschki, 1965]). 예를 들어 갈릴레오는 1638년 출간한 《새로운 두 과학》의 제목을 인쇄업자 엘제비르가 변경한 것에 극도의 거부반응을 보였는데, 책의 "고귀한" 이미지가 훼손되고 "저속한" 책으로 전락하리라는 우려 때문이었다(앞의 책, pp. 22~23). 다른 한편으로는 아리스토텔레스주의자들과 예수회 사제들이 철학 용어를 사용하는 것을 고루하게 여기고 그들을 조롱하려고 일부러 기술공들의 용어나 대중적인 용어를 쓰기도 했다(앞의 책, p. 34). 앞으로 알게 되겠지만, 이런 양면성은 갈릴레오가 새롭게 확보한 사회직업적 역할의 전형적 특징이었다.

궁정인, 규칙맹종자, 수학자

갈릴레오가 궁정의 문화적 맥락을 이해한 수준은 당시 대부분의 이탈리아 수학자들과 확실히 차별화되는 지점이었다. 갈릴레오의 이례적인 경력과 그가 거쳐 온 사회인식론적 정당화 경로는 (수학자로서는 흔치 않은) 문화적 배경 그리고 그와 결부된 후원 체계에 대한 인식과도 관련되어 있다.

궁정직을 확보하려면 전문직업적 역량보다 훨씬 많은 것이 필요했다. 적절한 후원 인맥이 필요했을 뿐만 아니라 궁정인답게 사는 기술, 즉 적당한 사교 기술도 습득해야 했다.[33] 궁정 에티켓을 다루는 가신의 역량은 갈릴레오의 서신을 비롯한 당대의 문헌들에서 흔하게 언급되는 문제였다. 갈릴레오는 메디치가의 비서관 쿠르치오 피케나에게 의사 톰마소 미나도이에 관한 질문을 받자, "예의 바르고 정직한 태도와 성품을 지녔으며 강의실 못지않게 궁정에서도 잘 처신할 수 있을 것"이라고 답했다.[34] 마찬가지로, 갈릴레오는 피사 대학의 철학 교수직에 관심이 있는 철학자 파파초니를 위해 빈타에게 보낸 편지에서도 그가 "예의 바르고 대화도 점잖게 나눈다"라면서 피사 대학의

---

[33] 상류 계급의 생활양식과 문화를 받아들이는 것은 예술가들이 사회적 지위와 정당성을 확보하기 위한 전제 조건이었다. Francis Haskell, *Patrons and Painters* (New Haven, Conn.: Yale University Press, 1980), pp. 18~19.

[34] *GO*, vol. 10, no. 150, p. 168.

수석 교수로서 자주 접하게 될 궁정의 환경에서도 수월하게 지 낼 것이라고 넌지시 말했다.[35]

궁정의 삶과 문화 속에서 잘 처신하는 역량이 의사나 철학자에게 당연한 것이 아니었다면, 수학자가 그런 역량을 발휘한 것 또한 상당히 이례적인 일이었을 것이다. 예컨대 지롤라모 루나도로Girolamo Lunadoro는 1611년 로마 궁정에 관해 서술하면서 별안간 조반니 바티스타 라이몬디Giovanni Battista Raimondi를 칭찬하는 데 두 쪽이나 할애했다. 라이몬디는 유클리드와 아르키메데스의 저술을 번역하고 주석을 남긴 수학자이자 박식가였다. 루나도로의 글에서 라이몬디는 수학과 철학의 심오한 전문 지식을 가진 동시에 사교에도 능숙한 나이 든 현자로 묘사된다. "철학자들에게서 흔히 볼 수 없는 깔끔하고 단정한 옷차림"을 하고 있으며, 무엇보다 대화를 나눌 때도 예의 바르다고 말이다. 라이몬디는 학식을 과시하지 않았고 남을 다그치지도 않았다. 수학이나 철학 또는 신학을 주제로 대화할 때도 명쾌하고

---

35 *GO*, vol. 11, no. 461, p. 27. 갈릴레오는 파도바 대학 교수직 후보로 나선 피후원자 니콜로 아준티를 위해 추천장을 쓰면서, 아준티가 "수학 교육은 물론이고 베네치아 귀족들이 특히 높게 평가하는 인문학에 대한 탁월한 지성으로" 베네치아인을 기쁘게 할 것이라고 말했다. 또 "저의 판단으로는 [아준티가] 해당 분야에서 누구에게도 뒤지지 않으며, 산문과 운문 모두에 탁월한 재능을 지닌 작가인 동시에 그 어떤 고위직 인사도 예우할 만큼 훌륭한 웅변술과 기민한 재치를 지녔다고 생각됩니다"라고도 덧붙였다. 이 편지는 *GO*에 포함되지 않았고, 마리아 프란체스카 티에폴로Maria Francesca Tiepolo가 출간한 "Una lettera inedita di Galileo", *La cultura* 17 (1979): p. 60에 수록되었다.

점잖으며 우아했다.[36]

라이몬디의 특출함에 대한 루나도로의 평가는 수학자들, 때로는 철학자들도 궁정인다운 특징을 갖추지 못했다는 문화적 가정을 보여 준다. 이러한 가정은 계층과 분과학문에 대한 편견을 반영하며 경험적 증거들 또한 어느 정도 뒷받침한다.[37] 하지만 우리는 대학과 궁정의 사회적 경계를 넘나들며 사회적·인식론적 정당성을 확보하는 능력을 당연히 갖출 수 있는 것으로 보아서는 안 된다. 갈릴레오의 아버지는 유명한 궁정음악가이자 유서 깊은 가문의 일원으로 르네상스 초기에 어느 정도 고귀함과 정치적 명성을 누렸다. 그런 아버지의 아들이라는 사실은 갈릴레오가 사회적 경계를 넘는 데 분명히 도움이 되었을

---

36 Girolamo Lunadoro, *Relatione della corte di Roma* (Rome: Frambotto, 1635), pp. 63~65. 루나도로의 글은 1611년 1월에 완성되었다. 라이몬디가 수학자일 뿐만 아니라 신사로도 인식되었다는 사실은 메디치가의 급여 지급 명부에 기록된 지위로도 확인된다(그는 메디치가의 로마 고용인이었다). 라이몬디는 1610년 7월 명부에 궁정신사로 분류되어 있는데, 훗날 갈릴레오도 같은 범주에 포함되었다(*ASF*, "Depositeria generale 389", fol. 82r).

37 Mario Biagioli, "Social Status of Italian Mathematicians"; Harcourt Brown, *Scientific Organizations in Seventeenth-Century France* (Baltimore: Johns Hopkins University Press, 1934), p. 87; Steven Shapin, "Who Was Robert Hooke?", in Michael Hunter and Simon Schaffer, eds., *Robert Hooke: New Studies* (Woodbridge, Suffolk: Boydell, 1989), pp. 253~285; Robert Iliffe, "'In the Warehouse': Privacy, Property and Priority in the Early Royal Society", *History of Science* 30 (1992): pp. 29~68.

것이다. 실제로 이탈리아 궁정에서 철학자 칭호를 얻은(혹은 사용한) 수학자는 갈릴레오와 조반니 바티스타 베네데티Giovanni Battista Benedetti 단 두 명이었고, 이들이 그나마 고귀함을 드러낼 수 있는 신분이었다는 사실은 우연이 아닐 것이다.[38]

갈릴레오는 부유하지 않았어도 본인을 신사gentiluomo로 내세울 줄 알았다. 또 조반니 델라 카사의 표준 에티켓 안내서《갈라테오》를 잘 알았으며 수사학과 작문법을 다룬 책도 여러 권 소장하고 있었다.[39] 심지어 '대공의 철학자 겸 수학자'가 되기 전부터 자신의 책 권두삽화에서 스스로 "피렌체의 귀족"이라 칭하기도 했다. 라틴어를 우아하게 구사할 줄도 알았고 피렌체 지방어 문체의 수준 또한 놀라웠다. 갈릴레오는 궁정의 독자를

---

[38] 이 문제에 관해서는 다음 문헌들을 참고하라. Mario Biagioli, "Social Status of Italian Mathematicians", pp. 49~50; Paul Lawrence, *The Italian Renaissance of Mathematics* (Geneva: Droz, 1975), p. 155.

[39] 갈릴레오는 델라 카사의 저술을 숙지했다. 〈타소에 관한 고찰Considerazioni al Tasso〉에서 델라 카사를 인용하기도 했다(*GO*, vol. 9, p. 133). 갈릴레오의 서재에는 상당수의 수사학 및 작문법 책은 물론이고《모든 군주의 사무국에서 사용하는 다양한 서간 견본》과 같은 궁정인을 위한 '실용서'도 있었다 (Antonio Favaro, "La libreria di Galileo Galilei", *Bullettino di bibliografia e storia delle scienze matematiche e fisiche* 19 [1886]: pp. 219~293, esp. pp. 273~275). 그는 수사학도 꽤 배웠는데, 관련해서는 다음 문헌들을 보라. Maurice Finocchiaro, *Galileo and the Art of Reasoning* (Dordrecht: Reidel, 1980); Janet Dietz-Moss, "The Rhetoric of Proof in Galileo's Writings on the Copernican System", in William A. Wallace, ed., *Reinterpreting Galileo* (Washington, D.C.: Catholic University of America Press, 1986), pp. 179~204.

상대로 글 쓰는 방법을 알고 있었다. 1640년 군주 레오폴도에게 보낸 편지에서 말했듯이, 갈릴레오는 다음과 같은 사람들에게는 동의하지 않았다.

그자들은 철학적 학설을 제한된 공간에 쑤셔 넣길 바라며, 경직되고 간결한 방식, 즉 우아함과 꾸밈이라고는 전혀 없는 방식을 매일같이 사용합니다. 꼭 필요하지 않은 단어는 단 하나도 쓰지 않는 순수한 기하학자들에게는 일반적인 방식이지요. 정반대로, 특정한 주제에 천착하는 논문이 그 밖의 소재들을 여럿 다루더라도 (그 소재들이 주제와 아예 무관하거나 주요 논점과 모순되지만 않는다면) 소인은 그것을 문제로 보지 않을뿐더러 사실 높게 평가하고 있습니다. 고귀함과 위대함과 장엄함. 우리의 행동을 경이롭고 탁월하게 해주는 그 특징들은 필수적인 것이 아니라(물론 그게 없다면 가장 큰 결점이겠지요) … 반드시 필수적이지는 않은 것으로 이루어져 있답니다.[40]

갈릴레오는 모욕과 거의 구분되지 않는 비꼼과 조롱이 특징인 라블레풍[41] 혹은 루잔테풍Ruzantian의 문체를 구사하기도 했

---

40 "Lettera al Serenissimo Principe Leopoldo di Toscana", in *GO*, vol. 8, p. 491.

41 *Rabelaisian, 르네상스 시대 프랑스 인문주의 작가 프랑수아 라블레François Rabelais 특유의 문체를 말한다. 라블레는 중세의 스콜라주의를 비판하고 권력을 남

는데, 그것은 그가 낮은 계급의 출신이라는 의미가 아니다. 그는 단지 '개천에서 용이 되어' 궁정에서 성공을 거둔 영리한 사람이 아니었다. 앞서 루잔테[42]가 그랬듯이, 갈릴레오는 '대중문화'를 다루는 법, 즉 갈수록 엄격해지는 궁정 에티켓에 피로를 느끼던 고급문화의 청중을 순발력과 꾸밈없는 재치로 사로잡는 법을 알았다. 갈릴레오의 다소 거친 문체는 동네시장에서 만나는 이들이 아닌 상류층 독자를 대상으로 한 것이었다. 궁정인들은 과도한 스프레차투라(무심함)를 요구받아 지나친 규칙 맹종pedantry에 얽매이곤 했는데, 갈릴레오의 문체는 그에 대한 해독제로 기능했다. 예컨대 스틸먼 드레이크가 갈릴레오의 저술로 추정하는(나도 동의한다)《체코 디 론키티의 대화Dialogo de Cecco di Ronchitti》는 통속적인 파도바 지방어로 쓰였지만, 파도바에서 영향력이 컸던 예술후원자 안토니오 퀘렌고에게 헌정된 것을 보면 상류층 독자를 상대로 쓴 것이 분명하다.[43]

갈릴레오가 소요학파를 공격할 때 거친 문체를 구사한 이유

용하는 군주와 교황을 풍자했다.

42 극작가 루잔테Ruzzante(본명은 안젤로 베올코Angelo Beolco)는 결코 하층계급이 아니었다. 그의 저속한 시비조 말투와 지방어는 동네시장이 아닌 상류층을 위한 상품이었다(Ludovico Zorzi, "Introduzione", in Ruzante, *L'anconitana* [Turin: Einaudi, 1965], pp. v~xi). 갈릴레오의 '루잔테풍' 문체와 통속어의 관계는 각주 32번을 참고하라.

43 *Dialogo de Cecco di Ronchitti da Bruzene in perpuosito de la Stella nova* (Padua: Tozzi, 1605), translated in Stillman Drake, *Galileo Against the Philosophers* (Los Angeles: Zeitlin and Ver-Brugge, 1976), pp. 33~53.

는 규칙맹종을 향한 궁정의 수사적 경멸에서 찾을 수 있다.[44] 갈릴레오의 대화편에 등장하는 심플리치오(혹은 《체코 디 론키티의 대화》에 나오는 철학자)는 갈릴레오의 철학적 바람잡이였을 뿐만 아니라 궁정문화가 거부하는 것들을 대표하는 인물이었다.[45] 이탈리아의 작가 안니발 카로Annibal Caro부터 갈릴레오의 친구 야코포 솔다니까지, 궁정작가와 인문주의자 그리고 아카데미 회원들은 대학의 철학자를 풍자의 표적으로 삼았다.[46] 솔다니는 1623년 〈소요학파를 향한 반박Contro i peripatetici〉이라는 시를 출간하여 갈릴레오의 《시금자》를 기념했는데, 이 글에서 "스타게이라 출신의 부랑자"[47]와 "밧줄로 지식을 묶어 옮아

---

44 Marc Fumaroli, *L'âge de l'éloquence: Rhétorique et res literaria de la Renaissance au seuil de l'époque classique* (Geneva: Droz, 1980).

45 문화적으로 세련된 사람일수록 규칙맹종을 경멸하는 현상은 결코 이탈리아에서만 국한되지 않았다. 프랑스의 사례는 Londa Schiebinger, "Battles over Scholarly Style", *The Mind Has No Sex?* (Cambridge, Mass.: Harvard University Press, 1989), pp. 119~159, esp. p. 156을 보라. 잉글랜드의 사례는 Steven Shapin, "A Scholar and a Gentleman", *History of Science* 29 (1991): pp. 279~327을 참고하라.

46 안니발 카로가 1543년에 후원자 피에르 루이지 파르네세(교황 바오로 3세의 조카)를 위해 쓴 글에서 필루카(로마 화류계 일원)는 공범 마라베오의 '학설'(즉, 그의 계획)을 칭찬하는 것으로 사기 모의를 마무리한다. "필루카: 좋아요. 그 학설이 마음에 드네요. 누구의 것이죠? 페리포테티치Peripottetici[소요학파Peripatetics와 포타potta, 즉 여성의 성기를 암시한 말장난]의 학설인가요? 아니면 스트론치치Stronzici[스토아학파Stoics와 스트론치stronzi, 즉 똥을 암시한 말장난]?"(Annibal Caro, *Comedia degli straccioni* [Turin: Einaudi, 1967], p. 24).

47 *스타게이라 출신의 철학자 아리스토텔레스를 가리킨다.

매는 철학"을 실천하는 "양 떼"를 헐뜯었다.[48] 솔다니가 갈릴레
오의 대의를 지지하면서 간접적으로 철학자들을 비판한 방식
은 그들의 과학적·방법론적 토대를 공격한 것이 아니라 철학자
들 특유의 고루하고 맹종적이며 근시안적인 지식을 풍자한 것
이었다. 그런 지식은 솔다니가 상대로 하던 궁정의 청중들은 환
영하지 않는 문화형태였다.

이러한 풍자는 또 다른 궁정 문헌에서도 나타난다. 펠레그
리니는 1624년 궁정 논고에서 〈궁정인에게 불편을 끼치는 학
자의 특징〉이라는 제목을 붙인 한 장을 할애해 "융통성 없는 태
도와 무례한 옷차림" 때문에 군주의 호의를 받을 가망이 없는
철학자들을 묘사했다. 그들은 또한 "즐거움에는 도통 감각이
없는지라 그것을 꺼리는데, 그로 인해 예절을 바라는 이들[군
주들]의 신경을 긁는다. 결과적으로 대화는 거칠고 불쾌해진"
다.[49] 책의 다른 부분에서 펠레그리니는 철학자가 군주의 고문
이 되어 궁정에서 경력을 쌓고자 한다면 국무에 관한 "지루하
고 궤변 섞인" 질문으로 군주를 성가시게 만들지 말아야 한다

---

48 Alberto Asor Rosa, ed., *I poeti giocosi dell'età barocca* (Bari: Laterza, 1975), p. 167에서 재인용. 갈릴레오의 문체와 독자에 관해서는 Robert S. Westman, "The Reception of Galileo's Dialogue", in Galluzzi, *Novità celesti e crisi del sapere*, pp. 331~335을 참고하라.

49 Matteo Pellegrini, *Che al savio è convenevole il corteggiare libri IIII* (Bologna: Tebaldini, 1624), p. 109.

고 권고하기도 했다.[50] 아고스티노 마스카르디는 따분한 궁정 문필가들을 조롱하면서 "본질적"이라는 용어를 언급했다가 곧바로 "학술용어를 쓴 것에 양해를 구한다"라고 덧붙였다(마스카르디는 추기경 마우리치오 디 사보이아Maurizio di Savoia가 설립하여 유행을 선도하던 데시오시 아카데미Accademia dei Desiosi의 수장이었다).[51] 시인 잠바티스타 마리노Giambattista Marino는 그의 유명한 시 〈아도네Adone〉에서 철학을 더러운 품성과 단정하지 못한 옷차림, 헝클어진 머리칼로 묘사한 바 있다.[52] 대부분의 다른 철학자와는 달리 깔끔하고 단정했던 라이몬디의 차림새를 루나도로가 강조했던 것이 떠오르는 대목이다. 궁정의 청중이 보기에, 고루한 아리스텔레스주의 철학자는 수학자만큼이나 '전문적인'(따라서 세련되지 않은) 사람들이었다.

갈릴레오가 십 대 시절부터 궁정에 출입할 수 있었다는 사실은 분명 이러한 함정을 피하는 데 도움이 되었을 것이다.[53] 아버지 빈첸치오는 피렌체 궁정의 초기 인맥은 물론이고 궁정 에

---

50 앞의 책, p. 292.
51 Agostino Mascardi, "Discorso ottavo", *Prose vulgari* (Venice: Baba, 1653), p. 148.
52 Giambattista Marino, *L'Adone* (Paris, 1623; reprint, Turin: Paravia, 1922), p. 157 (tenth canto, no. 130). 마리노가 갈릴레오와 망원경, 그의 발견을 칭송한 것과 똑같은 시편이다.
53 갈릴레오가 일찍이 궁정에 접근할 수 있었다는 사실은 잘 알려져 있다. 훗날 수학 교사 오스틸리오 리치를 만난 곳이 궁정이기 때문이다.

티켓 지식까지 아들에게 물려주었다.[54] 빈첸치오는 유명한 연주자이자 음악이론가였으며, 피렌체 최초의 음악 아카데미로 여겨지는 카메라타 데 바르디Camerata de' Bardi의 회원이었다. 궁정에서 경력을 쌓는 것이 갈릴레이 가문에서 유별난 경험이 아니었다는 점은 갈릴레오의 남동생 미켈란젤로의 삶에서도 드러난다. 아버지처럼 연주자였던 미켈란젤로는 유럽의 여러 궁정을 누비며 악기를 연주했다.

갈릴레오의 초기 문학 저술은 당시 피렌체의 학문과 궁정문화에 깊이 뿌리박혀 있었다. 갈릴레오는 1588년 피오렌티나 아카데미에서 단테가 《신곡》에서 묘사한 지옥의 기하학적 구조를 주제로 강의할 때 아카데미가 공인한 저술을 다루었던 것으로 추정된다(갈릴레오는 1620년 아카데미의 고문이 되었다).[55]

---

54 모로시니의 베네치아 살롱, 피넬리의 파도바 살롱과 같은 귀족 살롱들에 참여했던 경험(그리고 여름철 코시모의 수학 교사로 메디치 궁정에 수차례 방문했던 경험) 또한 갈릴레오가 궁정식 토론과 행실을 익히는 데 도움이 됐다. 1609년 12월 어린 미켈란젤로 부오나로티(미켈란젤로의 손자)에게 보낸 편지에서 갈릴레오 본인도 그러한 사회화 과정을 거쳤음을 인정한 적이 있다. "피렌체 귀족으로서 가장 명예로운 태도와 습관이 무엇인지 이제 알았으니 … "(GO, vol. 10, no. 257, p. 271).

55 Galileo Galilei, "Due lezioni all'Accademia Fiorentina …"; in GO, vol. 9, pp. 29~57. 피오렌티나 아카데미는 단테의 저작에 중점을 두었는데, 피렌체 지방어와의 관련성 때문이다. 단테의 《신곡》에 등장하는 지옥의 기하학적 구조에 대한 문제도 주목을 받았다. 특히 건축가 마네티가 관심을 기울였다(Antonio Manetti, "Circa il sito, forma e misura dell'Inferno di Dante Alighieri, poeta eccellentissimo", in Ottavio Gigli, ed., Studi sulla Divina Comedia di Galileo Galilei, Vincenzo Borghini ed altri [Florence: Le Monnier, 1855], pp. 35~114).

그가 타소를 비평하고 아리오스토를 칭송한 것 또한 피렌체 아카데미들의 문화적 산물이었다.[56] 갈릴레오가 피렌체 크루스카 아카데미의 공식 입장, 즉 타소를 비판하고 아리오스토를 옹호하는 입장을 대변한 것은 불을 보듯 뻔한 일이었다(갈릴레오는 1605년 아카데미 회원으로 선출되었다).[57] 20여 년 뒤에 마스카르디가 "아리오스토와 타소 중에서 누가 더 훌륭한지 왈가왈부하며 문필가들을 구역질 나게 하고 단테의 책[《신곡》의 지옥편] 모임에서 빠져나오지 못하는 어리석은 사람들"에 대해 언급한 것을 보면, 이러한 쟁점은 당시 아카데미에서 만연했음이

1594년에도 회고되었던 것을 보면 갈릴레오의 강연도 주목을 받았음이 분명하다 (*GO*, vol. 10, no. 54, p. 66). 갈릴레오가 피오렌티나 아카데미의 고문이 된 것에 관해서는 *GO*, vol. 19, pp. 444~445를 참고하라.

56 Galileo Galilei, "Considerazioni al Tasso", in *GO*, vol. 9, pp. 59~148; idem, "Postille all'Ariosto", 앞의 책 pp. 149~194. 두 저작의 연대는 분명하지 않지만 파바로는 〈타소에 관한 고찰〉이 1590년대에 쓰였을 것이라고 추정한 듯하다(앞의 책, pp. 12~14).

57 갈릴레오가 크루스카 아카데미에 선출된 사건과 그 아카데미와의 관계에 대해서는 다음 문헌들을 살펴보라. *GO*, vol. 19, p. 221; Paola Manni, "Galileo Accademico della Crusca", *La Crusca nella tradizione letteraria e linguistica italiana* (Florence: Accademia della Crusca, 1985), pp. 119~136. 아리오스토와 타소에 대한 갈릴레오의 관점은 Erwin Panofsky, *Galileo as a Critic of the Arts* (The Hague: Martinus Nijhoff, 1954)에서 논의되었다. 1612년 처음으로 출간된 《크루스카 아카데미 사전Vocabolario degli accademici della Crusca》에서 타소는 제외되었다(Salvatore Nigro, "Dalla lingua al dialetto: La letteratura popolaresca", in Rosa, *I poeti giocosi dell'età barocca*, p. 66).

분명하다.[58] 갈릴레오는 조각과 회화의 상대적 지위를 주제로 치골리에게 편지를 썼는데, 그때 다루었던 주제 또한 피렌체의 디세뇨 아카데미를 비롯한 예술 아카데미에서 흔히 논의되던 것들이었다.[59]

갈릴레오가 이러한 문학 활동에 관여했다고 해서 그가 작가로서 경력을 쌓으려 했다는 뜻은 아니다. 갈릴레오는 궁정과 아카데미의 문화를 향유하는 능력을 증명해 보여야 했다. 야심 찬 경력과 후원을 추구하는 젊은이에게는 필수적인 통과의례나 다름없었다.[60] 더군다나 스스로를 문필가로 내세우는 능력은

---

58 Agostino Mascardi, "Discorso secondo", *Prose vulgari*, p. 34.

59 *GO*, vol. 11, no. 713 (26 June 1612), pp. 340~343. 파바로는 대체로 문제를 근거로 이 편지의 진위를 의심했다. 하지만 다음 문헌은 그의 견해를 설득력 있게 반박했다. Margherita Margani in "Sull'autenticità di una lettera attribuita a G. Galilei", *Atti della Reale Accademia delle Scienze di Torino* 57 (1921~1922): pp. 556~568. 회화를 상대로 한 조각의 우위 논쟁은 예술에 관한 16세기 학자들의 글에서 매우 빈번하게 다뤄지던 주제이다. 파바로가 피오렌티나 아카데미의 1547년 저술이라고 추정하는 《거의 모든 예술의 우위에 관한 베네데토 바르키의 강의Lezione di Benedetto Varchi nella quale si disputa della maggioranza delle arti》는 그와 같은 장르의 한 사례이다(Paola Barocchi, *Scritti d'arte del Cinquecento* [Turin: Einaudi, 1977], 1: pp. 99~105, 133~151에 부분 수록됨).

60 갈릴레오가 문학에 쏟은 노력은 상당한 성공을 거두었음이 분명하다. 피렌체의 동료 학자들이 파도바에 머물던 그에게 본인들의 소네트나 책에 관한 논평을 꾸준히 요청했기 때문이다(갈릴레오는 여름에 피렌체를 방문하는 동안 그들을 다시 만났다)(*GO*, vol. 10, no. 52, pp. 63~64; no. 72, pp. 82~83; no. 76, pp. 86~87). 갈릴레오가 집필한 문학과 시 그리고 그에 대한 전문성은 다음 문헌들에서 언급되었다. *GO*, vol. 10, no. 54, p. 66; no. 409, p. 447; vol. 11, no. 492, p. 68; no. 563, p. 164; no. 647, p. 265.

갈릴레오 같은 수학자들에게 특히 중요했다. 그러한 능력이 없다면 지위가 훨씬 낮아질 것이었기 때문이다. 실제로 르네상스 시기 이탈리아에서는 작가의 사회적 지위가 시각예술가와 수학자보다 한결같이 더 높았으며, 궁정에서 경력을 쌓을 기회도 훨씬 더 많이 주어졌다. 당시 궁정은 '문학의 고귀함'이라는 관념이 등장하기 시작한 공간이었다.[61]

갈릴레오는 경력의 초기 단계부터 피렌체의 학자들과 궁정의 문화는 물론이고 후원 네트워크에도 진입할 수 있었다. 바로 이 시기에 갈릴레오가 흡수했던 문화에서, 그리고 그가 만났던 후원자들과 친구들에게서(또 여름이 되면 정기적으로 파도바에서 피렌체로 가 만남을 유지했던 사람들에게서), 그가 훗날 발전시킨 후원 전략의 기원을 찾아볼 수 있다.

갈릴레오가 1592년부터 베네치아와 파도바에서 자주 교류

---

61 작가와 예술가의 상대적인 지위에 관해서는 Peter Burke, "Artists and Writers", *The Italian Renaissance* (Princeton: Princeton University Press, 1986), pp. 43~87을 참고하라. 예술가와 수학자의 사회적 세계에서 발견되는 연속성에 대해서는 다음 문헌들을 보라. Mario Biagioli, "Social Status of Italian Mathematicians"; Thomas B. Settle, "Egnazio Danti and Mathematical Education in Late Sixteenth-Century Florence", in John Henry and Sarah Hutton, eds., *New Perspectives on Renaissance Thought* (London: Duckworth, 1990), pp. 24~37. 문학의 고귀함은 다음 문헌을 참고하라. Alain Viala, *Naissance de l'écrivain* (Paris: Minuit, 1985); Lunadoro, *Relazione della corte di Roma*, 5. 루나도로의 저술에 따르면 교황의 명예 시종관 직책은 주로 "상류 인사들"에게 주어졌으며 그것은 그들이 문학에 능통하거나 혈통이 고귀하기 때문이었다.

했던 사회집단들은 그가 피렌체에서 빈번히 드나들었던 모임과 유사했다. 하지만 베네치아에는 궁정이 없었기 때문에 파도바와 베네치아의 문화는 피렌체의 문화와 매우 달랐고 후원의 유형도 군주보다는 귀족들과 관련이 있었다. 베네치아의 귀족 후원자 조반프란체스코 사그레도의 영향력은 피렌체의 필리포 살비아티와 비슷한 정도였으므로, 갈릴레오가 체류하던 시기의 파도바에서 코시모 2세와 대등한 후원자는 찾아볼 수 없었다. 그런 곳에서 후원의 중심지는 궁정이나 공인 아카데미가 아닌 살롱이나 개인저택casino, 사설 아카데미였다.[62] 물론 베네치아도 자체적인 국가 신화를 유지하는 데 관심을 기울이긴 했으나(특히 세기말의 쇠퇴기에 그러했다), 그 신화는 특정한 가문의 권력 세습이 아닌 공화국의 이념에 중점을 둔 것이었다.[63] 결과

---

[62] Krzysztof Pomian, *Collectionneurs, amateurs et curieux* (Paris: Gallimard, 1987); pp. 81~158, 213~287; Gino Benzoni, *Gli affanni della cultura* (Milan: Feltrinelli, 1978), esp. pp. 7~77; idem, "Le accademie", in G. Arnaldi, M. Pastore Stocchi, eds., *Storia della cultura veneta* (Vicenza: Neri Pozza, 1984), vol. 4, pt. 1, pp. 131~162; Gaetano Cozzi, *Paolo Sarpi tra Venezia el'Europa* (Turin: Einaudi, 1979), pp. 135~234; Antonio Favaro, *Amici e corrispondenti di Galileo* (Florence: Salimbeni, 1983), I: pp. 65~91, 191~322; 2: pp. 703~736; idem, "Un ridotto scientifico in Venezia al tempo di Galileo Galilei", *Nuovo archivio veneto*, series 2, vol. 5 (1893): pp. 199~209; idem, *Galileo Galilei e lo Studio di Padova* (Padua: Antenore, 1966), 2: pp. 69~102.

[63] 베네치아의 쇠퇴는 다음 문헌들을 참고하라. Alberto Tenenti, *Piracy and the Decline of Venice 1580-1615* (Berkeley: University of California Press,

적으로 갈릴레오는 자신의 발견을 그러한 국가 신화와 어떤 식으로든 연관 짓거나 보상을 기대할 만한 방식으로 꿰맞출 수 없었다. 실제로 그가 베네치아 상원에 망원경을 바친 구실은 가문의 기념물을 보여 주는 수단이 아닌 항해와 전쟁의 도구였다.

갈릴레오는 피렌체 궁정과 아카데미 문화에 입문하면서 자연현상을 잠재적인 메디치 가문의 상징으로 인식하는 데 필요한 능력을 갖추게 되었다. 그는 자신에게 절대군주 후원자가 필요함을 알고 있었다. 빈타에게 말한 대로 오직 군주만이 자신이 원하는 봉급과 여가를 하사할 수 있기 때문만은 아니었다. 통치자의 가문 담론에 꿰맞출 수만 있다면 자신의 경이로운 발견이 최상의 가치를 창출하여 자신에게 사회적 정당성을 부여해 줄 수 있기 때문이기도 했다.[64] 갈릴레오는 1609년 말 목성의 위성들을 발견했을 때, 이 경이로운 발견에 적합한 시장이 베네치아가 아님을 똑똑히 깨달았다.

그렇다고 해서 그가 피렌체에서 어린 시절을 보내는 동안 후원 동역학과 아카데미 문화의 규약에 대한 이해도를 높여 둔

1967); James C. Davis, *The Decline of the Venetian Nobility as a Ruling Class* (Baltimore: Johns Hopkins University Press, 1962); Richard T. Rapp, *Industry and Economic Decline in Seventeenth-Century Venice* (Cambridge, Mass.: Harvard University Press, 1976), 베네치아의 정치의식에 관해서는 Edward Muir, *Civic Ritual in Renaissance Venice* (Princeton: Princeton University Press, 1981)를 보라.

64 *GO*, vol. 10, no. 307, pp. 348~353.

것이 파도바와 베네치아에서 쓸모없었던 것은 아니다. 갈릴레오는 사그레도와 같은 강력한 베네치아 귀족들과 후원 관계를 맺었고, 명성이 자자한 살롱을 드나들었으며, 파도바의 아카데미 활동에 적극적으로 참여했다.[65] 1599년에는 파도바의 리코브라티 아카데미Accademia dei Ricovrati의 창립 회원이 되어 '우울한 자' 혹은 '패배자'라는 뜻의 아바투토Abbattuto라는 이름으로 활동했다. 갈릴레오는 다른 동료들과 함께 아카데미의 문장紋章을 설계하는 일을 맡았다.[66] 1608년에 오스트리아 출신의 마리아 마달레나와 코시모의 결혼식을 기념해 갈릴레오가 제안했던 문장은 그가 메디치 궁정의 문화만이 아니라 상징해석에도 통달했음을 보여 준다.

자철광에서 위성으로

가문의 주요 행사를 기념할 때 주로 금메달과 은메달을 주조한다는 소식을 들은 갈릴레오는 1608년 9월 코시모의 모친 크리스티나 대공비에게 메달의 문장을 제안하는 편지를 보냈다.[67]

---

65 Favaro, *Galileo Galilei e lo Studio di Padova*, 1: pp. 36~77; 2: pp. 1~7, 18~32.

66 Gino Benzoni, *Gli affanni della cultura*, p. 176; *GO*, vol. 19, pp. 207~208.

67 *GO*, vol. 10, no. 199, pp. 221~223. 궁정과 아카데미에서는 메달의 문장을 고안

그는 메디치 가문의 이념을 요약하며 메디치 가문 통치의 '자연스러움'을 염두에 둔 '과학적' 은유를 제시했다. 몇 달 전 사그레도에게서 사들여 어린 군주 코시모에게 바쳤던 자철광을 언급하면서 코시모처럼 장래에 절대군주가 될 인물의 권력을 자철광의 힘에 비유한 것이다. 그러고는 상징해석가 조비오의 용어를 빌려 문장의 "육체"(즉, 이미지)는 구의 형태를 한 자철광이며 다수의 작은 철 조각이 에워싸고 있다고 말했다.[68] 문장의 "영혼"(즉, 제명motto)은 "자애는 권력을 낳는다Vim Facit Amor"였다.

갈릴레오는 절대적 통치라는 메디치 가문의 구실 기저에 깔린 긴장을 간파하고 있었다. 메디치 가문은 한편으로는 통치의 '자연스러움'과 그에 대한 신민의 동의를 강조하려 했고, 다른 한편으로는 그들의 통치 권력과 그것을 거스르는 행동에 관용을 베풀지 않을 것임을 역설하고자 했다. 자철광과 작은 철 조

하는 게임을 즐기기도 했다. 지롤라모 바르갈리Girolamo Bargagli가 돈나 이사벨라 메디치Donna Isabella Medici에게 헌정한 책《게임에 관한 대화Dialogo de' giuochi》(Siena: Bonetti, 1572)에는 "뒷면게임"에 관한 논의가 있다. 규칙은 다음과 같다. 모임에 참석한 숙녀들을 추앙하기 위해 메달을 주조하기로 가정한 후, 신사들은 제각기 숙녀 한 명에게 어울리는 메달 뒷면을 고안해서 바쳐야 한다(Thomas Frederick Crane, *Italian Social Customs of the Sixteenth Century*, p. 280).

68 Paolo Giovio, *Dialogo delle imprese militari e amorose*, ed. Maria Luisa Doglio (Rome: Bulzoni, 1978), p. 37. 과학혁명기와 그 이전에 우주론과 관련되었던 정치적 상징은 다음 문헌을 참고하라. Keith Hutchinson, "Toward a Political Iconology of the Copernican Revolution", in Patrick Curry, ed., *Astrology, Science, and Society* (Woodbridge: Boydell Press, 1987), pp. 95~141.

각이 감응하여 서로 끌어당기는 것을 관찰한 갈릴레오는 메디치가의 정치적 의제에 대한 훌륭한 은유를 떠올렸고, 이를 통해 정치적 이미지의 수수께끼를 해결했다. 갈릴레오가 제시한 이미지에 따르면 철 조각(신민)은 자철광(메디치의 권력)을 향해 자발적으로 끌려가는(상승하는) 것처럼 보였는데, 자철광의 힘은 철이 아닌 다른 물질에는 미치지 않았기 때문이다. 끌려가기를 바라는 것은 철 조각(신민) 쪽이었다. 하지만 동시에 끌어올리는 힘은 강력했고 근본적으로 불가피했다. 그 힘은 자애에 기반을 두면서도 권력으로 나타났다. "자애는 권력을 낳는다"라는 제명은 바로 이 이미지의 의미를 포착한 것이었다. 갈릴레오는 제명의 은유적 의미를 다음과 같이 설명했다.

철 조각들은 자철광으로 끌려 올라가 달라붙습니다(이 현상은 일종의 애정 어린 격렬함을 수반하는데, 철 조각들이 자발적으로 돌진하듯 자철광을 열렬히 추구하기 때문입니다). 그토록 집요한 결속의 원인이 자석의 힘인지, 철의 자연적 속성인지, 권력과 복종의 애정 어린 상호작용인지 간파하기가 힘들 정도랍니다. 자철광이 상징하는 엄숙하고도 자상한 군주의 애정은 철 조각이 상징하는 신민을 억압하지 않고도 끌어올리며 그들에게 자애를 베풀고 복종하게 합니다.[69]

---

[69] *GO*, vol. 10, no. 199, p. 222. 갈릴레오는 이전에도 자철광을 바탕으로 정치적 함

그런 다음 구형의 자철광 자체는 코시모를 우주에 비유한 것이며 여섯 개의 구가 달린 메디치 문장에 대한 은유이기도 하다고 갈릴레오는 크리스티나에게 설명했다. 이러한 유사성은 바사리가 50년 전 시뇨리아궁의 '원소들의 거처'를 고안할 때 도입한 것이었다. 바사리는 코시모의 선조를 상징하는 염소가 두 발굽으로 하나의 구를 붙잡은 모습을 그렸는데(그림 3), 그 구는 메디치 문장의 구와 코시모가 다스리는 우주를 의미했다.[70] 코시모를 우주에 비유하는 테마는 원소들의 거처에 그려진 다른 회화들만이 아니라 시뇨리아궁 '지도의 방'을 장식한 그림에서도 반복해서 나타난다.[71] 지도의 방에는 거대한 혼천의와 전 세계를 묘사한 지도가 있고, 방 중앙에는 지구의가 놓여 있다. 이것들은 전부 세계지학자 이냐치오 단티Ignazio Danti가 고안했으며 제작에도 부분적으로 관여했다.[72]

코시모와 우주의 유사성은 16세기 이래 메디치 가문 신화의 중요한 요소였으며, 몇 년 후에 갈릴레오도 코시모 2세를 상대

의를 담은 문장을 고안하려 했다. 이러한 사실은 그가 빈타에게 보낸 편지를 보면 알 수 있다(앞의 책, no. 187, pp. 205~209).

70 Ettore Allegri, Alessandro Cecchi, *Palazzo Vecchio e i Medici*, 67; Giorgio Vasari, *Ragionamenti*, p. 32.

71 앞의 책, p. 22.

72 Detlef Heikamp, "L'antica sistemazione degli strumenti scientifici nelle collezioni fiorentine", *Antichità viva* 9 (1970): pp. 3~25; Ettore Allegri, Alessandro Cecchi, *Palazzo Vecchio e i Medici*, p. 303.

로 한 《별의 전령》 헌정의 협의
과정에서 그 유사성을 제시했
다. '우주cosmos'라는 단어가 포

함된 명칭들도 널리 확산되었다. 1548년에 엘바섬에서 가장 중
요한 항구 포르토페라리오를 지배하게 된 코시모 1세는 그곳
을 완전히 요새화한 다음 "코스모폴리Cosmopoli"라고 불렀다.[73]
이러한 고유명사 수정주의onomastic revisionism는 당시 메디치의
'문화 혁명' 과정에서 가장 강하게 표출되었으며, 또한 같은 기
간에 토스카나 대공국의 국법이 제정되면서 메디치의 절대권
력이 제도화되었다. 그때 코시모는 피렌체의 옛 수호성인 체노
비와 조반니(오래된 공화국 전통의 상징)를 지상계에서 의사로
활동하던 성인 코스마Cosma와 다미아노Damiano로 바꾸었다('메

73   Arnaldo Segarizzi, *Relazioni degli ambasciatori veneti al senato* (Bari:
     Laterza, 1916), 3: p. 256.

디치'는 이탈리아어로 '의사'라는 뜻이다).[74] 성 코스마와 다미아노의 축일인 9월 27일은 '국부國父' 코시모 일 베키오[75]의 탄생일과 우연히 맞아떨어졌다. 코스마가 의사였던 것처럼 코시모 일 베키오와 코시모 1세는 정치적 혼란이라는 치명적인 역병으로부터 피렌체를 구해 낸 의사로 묘사되었다. 메디치 가문이 피렌체 공작령을 확보하는 데 결정적으로 기여한 메디치 출신의 교황 레오 10세는 1513년 초에 성 코스마를 기리는 연례 기념일 '코스말리아Cosmalia'를 제정하기도 했다. 사실 이 기념일은 코시모 일 베키오를 기리고 메디치의 통치를 기념하기 위한 것이었다.[76]

1560년대에는 메디치 가문이 의뢰한 예술 작품들에 '코스모스 코스모이 코스모스ΚΟΣΜΟΣ ΚΟΣΜΟΥ ΚΟΣΜΟΣ'(이 우주는 코시모의 세계[혹은 영토]이다)라는 그리스어 문자가 포함되었다.[77] 코시모를 우주로 보는 메디치가의 문화적 산물은 특히 통치자의 이름이 '코시모'였던 시기마다 거듭 등장한다.[78] 갈릴레오

---

74 Wazbinski, *L'Accademia medicea del Disegno a Firenze nel Cinquecento*, 1: p. 83. '메디쿠스medicus(의사)'와 메디치를 결합한 언어유희는 에라스뮈스가 메디치 출신 교황에게 보낸 편지에서도 발견된다(이는 이 책의 원고를 읽은 익명의 검토자가 알려 준 것이다).

75 *Cosimo il Vecchio (1389~1464).

76 Cox-Rearick, *Dynasty and Destiny*, p. 33.

77 앞의 책, p. 279.

78 이에 대한 사례로는 다음 문헌들을 참고하라. Gabriello Chiabrera, *La pietà di Cosmo: Dramma musicale rappresentato all'Altezze di Toscana* (Genoa:

는 1608년 문장을 제안할 때 코시모의 형상을 새긴 메달의 뒷면에 '마그누스 마그네스 코스모스Magnus Magnes Cosmos'라는 제명을 넣어야 한다고 주장함으로써 코시모-코스모스의 테마를 강화했다. "[이 제명을] 문자 그대로만 읽는다면 '이 세계는 거대한 자철광이다'라는 의미일 뿐이지만, 은유적으로 받아들인다면 문장의 의미가 확인된답니다."[79] '마그네스'를 코시모의 표준 라틴어 칭호인 '둑스Dux'로 바꾸면 '마그누스 둑스 코스모스', 즉 '코시모 대공'이 되므로 갈릴레오는 자석의 끌림과 군주의 권력 사이의 유사성을 강조하여 통치자를 위한 은유로 자석을 탈바꿈시킨 것이었다.

이 문장은 갈릴레오의 놀라운 상징해석 기술만이 아니라 후원 전략의 전환점을 보여 주기도 한다.[80] 1608년 무렵 갈릴레오는 군용 컴퍼스를 발명하더라도(그리고 그것이 아무리 유용할지

Pavone, 1622); Giovanni Carlo Coppola, *Cosmo, ovvero l'Italia trionfante* (Florence: Stamperia di SAS, 1650).

79 *GO*, vol. 10, no. 199, p. 223.

80 갈릴레오는 파올로 조비오와 에토레 타소Ettore Tasso가 출간한 문장에 관한 책을 소장했다(Favaro, *La libreria di Galileo Galilei*, pp. 285, 287). 갈릴레오가 쓴 소네트 중 하나는 수수께끼 자체에 헌정되었다("Enimma", *GO*, vol. 9, p. 227). 앞서 언급한 대로 그는 리코브라티 아카데미의 문장을 고안하는 역할을 맡기도 했다(각주 66번 참고[* 원문에는 "각주41번", "인트로나티Intronati 아카데미"로 되어있으나 오류인 듯하다].) 마지막으로, 갈릴레오는 자신의 발견을 '전달'할 때 수수께끼로 제시하기를 즐긴 것으로 보인다. 금성의 위상(*GO*, vol. 11, no. 451, p. 12)과 토성의 형태(*GO*, vol. 10, no. 427, p. 474; no. 435, p. 483)를 전달한 경우가 그 사례이다.

라도) 궁정의 고위직을 확보하지 못하리라는 점을 깨달았다. 컴퍼스는 성채축성술에 관심 있는 학생들을 상당수 끌어모으기야 했겠지만, 궁정 수학 교사의 자질보다 본인의 이미지를 기념하는 일에 더 정신이 팔린 위대한 군주가 그를 탐낼 만한 가신으로 여기게 만들지는 못했을 것이다. 물론 곤차가 가문은 컴퍼스 선물에 감사를 표했고, 메디치 가문 또한 컴퍼스 사용법을 설명한 책의 헌사를 반겼다. 하지만 두 가문의 어느 군주도 갈릴레오가 원하던 직위를 하사하진 않았다. 바로 그때 갈릴레오는 수학 교사나 군사기술공이 아닌 신사로서 궁정에 입성하려면 컴퍼스보다 기계적 성격이 덜한 선물이 필요함을 깨달았을 것이다.

갈릴레오가 1608년에 제안한 문장은 그가 단순한 도구보다는 자철광처럼 '신비롭게' 작용하는 경이로운 물체가 보상받을 가능성이 크며, 특히 절대권력자와 궁정의 담론을 상징적으로 명확하게 표현할 수 있다면 더욱 그러하다고 생각했음을 의미한다. 그리고 실제로 갈릴레오가 1608년에 문장에서 사용한 이미지는 적어도 발다사레 카스틸리오네가 《궁정론》을 선보인 이래 이미 궁정 담론의 한 부분이 된 것이었다. 카스틸리오네가 그 책에서 논한 훌륭한 궁정인은 "자철광이 철을 끌어당기듯 구경꾼의 이목을 사로잡을 정도로" 자신을 주도면밀하게 선보이는 솜씨를 갖추어야 했다.[81] 덕virtù이 사람들을 끌어당기는

---

81   Baldassarre Castiglione, *Book of the Courtier*, p. 100.

힘과 자철광의 작용 간의 유사성은 갈릴레오가 메디치 궁정인들과 주고받은 편지에서도 드러난다. 1605년 12월 치프리아노 사라치넬리는 갈릴레오에게 쓴 편지에서 그와의 우정과 후원을 확인해 주며 끝을 맺었다. "[그러나] 저는 선생을 알지 못했더라도 똑같이 했을 겁니다. 아름답고 좋은 것, 즉 덕은 멀리서도 영혼과 의지를 끌어당기는 힘이 있기 때문이지요. 심지어 그 영혼과 의지의 소유자가 그 덕을 거의 알아보지 못하더라도 말입니다."[82]

빈타는 끌어당기는 덕의 힘을 심지어 훨씬 더 노골적으로 표현했다. 1608년 3월 갈릴레오에게 보낸 편지에서 그는 코시모에게 바칠 자철광 구매를 논의하면서 다음과 같이 끝맺었다. "선생의 진가는 자철광이나 다름없군요. 나를 끌어당겨 선생에게 애정 어린 접대를 베풀도록 하니 말입니다. 선생이 원하거나 필요한 일이 있다면 언제든지 나를 활용하십시오."[83] 몇 주 뒤 갈릴레오는 빈타에게 받은 존중을 돌려주었다. 그는 빈타에게 다음과 같이 썼다(시에나의 필로마티 아카데미Accademia dei Filomati에서 빈타의 이름은 '끌어당기는 자'였다).

저의 진가가 자철광이 되어 각하의 애정을 끌어당길 수 있다니

---

82 *GO*, vol. 10, no. 129, p. 150.
83 앞의 책, no. 178, p. 198.

당치 않습니다. 저에게는 그토록 큰 호의를 받을 만한 자질이 없다는 것을 알고 있습니다. 오히려 저의 빈궁한 지위가 자석처럼 작용해 각하께서 엄숙한 애정과 자상한 태도로 저에게 자비와 보호를 베푸시게 했을 뿐이지요.[84]

그로부터 한 달 후, 갈릴레오는 자철광으로 고안한 문장을 빈타에게 전달했고, 그 문장은 훗날 코시모의 결혼식 기념 메달로 크리스티나에게 제안한 최종 이미지의 기초가 되었다.[85]

갈릴레오의 문장이 독창적인 이유는 상징을 고안하는 전문적 방식 때문이 아니었다.[86] 그러한 것들은 조비오가 상징해석

---

84 빈타가 아카데미에서 사용한 호칭은 Giuseppe Fusai, *Belisario Vinta* (Florence: Seeber, 1905), p. 105를 참고하라. 필로마티 아카데미가 그 이름을 선택한 이유는 빈타의 중개 기술을 노골적으로 높이 평가했기 때문이다. 아카데미의 비서는 이렇게 말했다. "각하께 부여하기로 결정한 아카데미 호칭은 '끌어당기는 자'입니다. 모두가 들었고 많은 이들이 경험으로 아는바, 각하의 교섭 능력이 매우 훌륭하여 그들의 마음과 … 애정을 사로잡았기 때문입니다." 갈릴레오의 편지는 *GO*, vol. 10, no. 180, p. 200에 수록되어 있다. 빈타는 1603년 필로마티 회원으로 선출되었으므로 갈릴레오의 표현은 빈타의 아카데미 명칭을 활용한 언어유희였을 것이다.

85 앞의 책, no. 187, pp. 205~209.

86 과학 저술에서 상징해석이 사용된 사례는 윌리엄 애슈워스가 연구했다. William Ashworth, "Iconography of a New Physics", *History and Technology* 4 (1987): pp. 267~297; idem, "Divine Reflections and Profane Refractions", in Irving Lavin, ed., *Gianlorenzo Bernini* (University Park: Pennsylvania State University Press, 1985), pp. 179~195; idem, "The Habsburg Circle", in Bruce Moran, ed., *Patronage and Institutions* (Rochester, NY: Boydell, 1991), pp. 137~167. 다음 문헌도 참고하라. William Ashworth, "Natural

교본에서 이미 논의했다.[87] 과학적 경이를 궁정 담론으로(혹은 목성 위성의 사례처럼 특정한 가문의 담론으로) 번역한 갈릴레오의 작업에서 새로웠던 것은 자연철학이라고 해서 반드시 궁정 바깥의 활동일 필요는 없음을 보여 주었다는 사실, 그리고 과학적 발견과 이론을 군주의 권력 이미지와 연결함으로써 그것들을 정당화했다는 사실이었다.[88]

갈릴레오는 "마그누스 마그네스 코스모스"라는 제명이 윌리엄 길버트가 주장한 "이 세계는 거대한 자철광이다"라는 진술, 그리고 코시모가 권력으로 끌어당기는 힘은 정당하고 "자연스럽다"라는 언명을 모두 의미한다고 주장했는데, 이것은 중요한 의미를 함축한다. 갈릴레오의 주장은 길버트의 이론(당시의 정설이었던 아리스토텔레스 우주론에 대항할 수 있는 이론)과 메디

History and the Emblematic World View", in David C. Lindberg and Robert S. Westman, eds., *Reappraisals of the Scientific Revolution* (Cambridge: Cambridge University Press, 1990), pp. 303~332.

87 Paolo Giovio, *Dialogo dell'imprese militari e amorose*, 37, pp. 66~67. 메디치 가문의 이미지로 사용된 기술적·과학적 문장에 대해서는 다음 문헌들을 참고하라. Ettore Allegri, Alessandro Cecchi, *Palazzo Vecchio e i Medici*, pp. 113, 149; Karla Langedijk, *The Portraits of the Medici* (Florence: SPES, 1980), vol. 1, p. 212, note 110.

88 자연철학을 상징으로 활용하여 궁정 담론에 부합하게 제시하려 한 것은 갈릴레오만이 아니었다. 예수회 사제들도 마찬가지였다. 페데리코 체시가 갈릴레오에게 썼듯이, 여느 때처럼 로마 대학에서 열린 공개 토론회에서 한 연설자는 흑점에 대한 논의 중에 형광돌을 문장으로 사용했다(*GO*, vol. 12, no. 964, p. 12).

치 가문의 절대권력에 대한 이론을 연관시킨 것이었다.[89] 메디치 가문이 그러한 메달을 만든다면 길버트의 이론을 정당화하는 데 도움이 되었을 테고, 동시에 메디치 권력에 대한 갈릴레오의 '자석론' 또한 그들의 통치가 '자연스러워' 보이는 데 도움이 되었을 것이다. 갈릴레오가 크리스티나에게 제안한 메달은 말 그대로 분리될 수 없는 앞뒷면과 의미들을 지녔던 것이다. 갈릴레오가 채택한 전략의 목적은 과학 이론으로 후원자의 권력을 표현하여 후원자의 관여와 지지를 확보함으로써 그 이론을 정당화하는 것이었다.[90] 이것은 앞선 장에서 논의했던 후원자의 중립적 태도에서 비롯된 교착상태로부터 벗어나고자 했던 시도였다.

갈릴레오가 궁정 담론에 맞춰 조정한 사회직업적 자기형성의 전술에는 더욱 미묘하면서도 똑같이 중요한 또 다른 의미가 담겨 있었다. 카스틸리오네와 갈릴레오가 도입한 것과 같은 '철 조각을 끌어당기는 자철광'의 이미지는 궁정생활 자체를 상징하기도 했다. 궁정에서는 부와 학위, 출신, 전문직업적 역량만

---

89 갈릴레오는 길버트의 이론을 활용하여 코페르니쿠스주의를 옹호했다. 갈릴레오의 주장은 《대화》의 셋째 날 끝부분에 명시되어 있다.

90 코페르니쿠스가 교황 바오로 3세를 상대로 도입한 전략은 갈릴레오의 전략과 다르지만 연관성이 있다. Robert S. Westman, "Proof, Poetics and Patronage: Copernicus's Preface to *De revolutionibus*", in David C. Lindberg and Robert S. Westman, eds., *Reappraisals of the Scientific Revolution* (Cambridge: Cambridge University Press, 1990), pp. 167~205.

으로는 지위와 정체성을 안전하게 보장받지 못했다. 궁정에서의 지위와 정체성은 노르베르트 엘리아스가 생생하게 묘사한 끝없는 과정을 거치며 날마다 재교섭되었다.[91] 궁정인의 정체성은 그가 군주와 다른 궁정인들에게 어떻게 인식되는지에 따라 달라졌다. 예부터 전해 오는 격언처럼, 누군가의 존재는 보는 사람들의 눈에 달려 있었던 것이다. 궁정인의 겉모습과 행동 방식은 은총을 받았는지 여부가 드러나는 표시로 읽혔다.[92] 그러므로 시선을 '끌어당겨' 자신의 지위를 확인하고 향상시키는 능력은 궁정에서 반드시 필요한 기술이었다. 이로부터 면제될 수 있는 사람은 아무도 없었다. 궁정 에티켓은 지위와 정체성의 미묘한 협상을 군주에게 절대적으로 유리하도록 끌고 가는 틀이었기 때문이다.

카스틸리오네가 제시한 자철광의 이미지는 궁정인이 처한 곤경을 완벽하게 요약한다. 그 이미지는 신하에 대한 지배력을 유지하고자 하는 군주는 물론이고 최대한 많은 시선을 확보하

91　Norbert Elias, *Court Society*. 자기형성에 대해서는 다음 문헌들을 보라. Stephen Greenblatt, *Renaissance Self-Fashioning* (Chicago: University of Chicago Press, 1980); Frank Whigham, *Ambition and Privilege: The Social Tropes of Elizabethan Courtesy Theory* (Berkeley: University of California Press, 1984).

92　Randolph Starn, "Seeing Culture in a Room for a Renaissance Prince", in Lynn Hunt, ed., *The New Cultural History* (Berkeley: University of California Press, 1989), pp. 205~232, esp. pp. 210~217.

여 신분 상승을 꾀하려는 궁정인들에게도 적용되었다. 내 생각에 갈릴레오가 그런 이미지를 선택한 것은 우연이 아니었다. 갈릴레오의 직접적인 청중은 메디치 가문이었지만, (카스틸리오네의 책과 갈릴레오의 서신이 시사하듯) 그 어떤 궁정인이라도 갈릴레오의 문장에서 자신의 모습(군주에게 이끌려가는 신하 혹은 다른 궁정인들의 시선을 끌어당기는 자철광 지구모형)을 보았을 것이다. 갈릴레오 본인 또한 그의 문장 속의 철 조각으로 볼 수 있다. 자신이 기꺼이 끌려 올라갈 것을 자철광에게 알리려고 애쓰는 철 조각 말이다.

갈릴레오는 자연철학자도 문필가들 못지않게 우아한 문장을 고안할 수 있다는 것을 보여 주려 했다. 그의 자철광 문장은 메디치의 절대권력을 자연스러운 것으로 만들면서도 카스틸리오네가 궁정 논고에서 묘사한 궁정인의 일상적인 삶도 나타냈다. 어떤 의미에서 갈릴레오는 자신이 궁정의 게임을 이해한다는 사실을 보여 주는 동시에 그 게임을 치열한 생존경쟁이 아닌 자발적 감응의 우아한 게임으로 표현함으로써 자신을 유능한 궁정인으로 내세운 셈이다. 정작 궁정인들은 자기작용-magnetism에 관한 길버트의 견해가 어떻게 아리스토텔레스 우주론을 반박하는 데 동원될 수 있는지에는 관심을 기울이지 않았을 것이다. 반면 그러한 견해가 그들의 일상에 대한 운치 있는 은유를 제공했다는 점은 알아보고 높이 평가했을 것이다. 그들에게 길버트의 이론은 우주의 작용을 설명하는 방법이 아닌 그들의 세상le monde을 이해하는 데 도움을 주는 수단이었다.

하지만 갈릴레오는 (크리스티나에게 보냈던 것과 같은) 문장을 말로 설명하며 자신의 상징해석 기술을 과시할 수는 있었으나 문장만으로는 그 의미를 명확하게 전달하지 못했다.[93] 그것이 철 조각을 끌어당기는 자석인지, 아니면 그저 불규칙한 형태의 정체를 알 수 없는 물질 조각인지 누가 알겠는가? 그럼에도 갈릴레오의 시도는 완전한 실패가 아니라 시행착오 전략의 한 사례로 보아야 한다. 그로부터 2년 뒤 메디치 가문의 이름과 목성의 위성을 연결한 것은 똑같은 전략을 성공적으로 되풀이한 결과였다. 갈릴레오는 천문학적 발견을 가문의 상징으로 전환하면서 매우 중요한 가신, 일종의 '우주적 산파'가 되었다. 그리고 동시에 메디치의 권력을 자신의 발견과 망원경의 정당성으로 전환하는 데 성공했다.

비밀 도구에서 가문의 천궁도로

1609년 8월에 갈릴레오는 베네치아 상원에 망원경을 기증했고 그 보답으로 종신 재직권과 이례적인 봉급 인상을 얻어 냈

---

93 Paolo Giovio, *Dialogo dell'imprese militari e amorose*, p. 37. 문장의 모호함에 대해서는 Frances Yates, "The Italian Academies", *Collected Essays* (London: Routledge, 1983), 2: p. 11도 참고하라.

다. 그 후 매부 베네데토 란두치에게 쓴 편지에 최근 일어난 일들을 보아하니 자신의 삶과 경력이 파도바와 그 대학에 영구히 매일 것 같다고 적었다.[94] 하지만 몇 달 뒤에 '토스카나 대공의 철학자 겸 수학자'라는 직함을 놓고 빈타와 협상을 벌였고, 1610년 7월 공식적으로 그 직위에 오르게 되었다.[95] 사회직업적 지위와 후원 전략의 놀라운 변화를 가져다준 것은 바로 네 개의 위성이었다.

1609년 8월 무렵 갈릴레오는 망원경의 비상한 특성을 인식하고 있었음에도 도제 레오나르도 도나에게 그것을 그저 **군용도구**로 선물했다. 그 망원경은 경이로운 물건이었지만 특정한 후원자를 위해 맞추어진 것은 아니었다. 망원경 자체는 더없이 비상한 특성을 가졌지만, 후원과 관련해서는 일반적인 성격을 띠었다. 다시 말해, 특정한 누군가를 위한 선물이 아닌 누구에게나 줄 수 있는 선물이었다. 그때까지도 갈릴레오는 망원경이 여전히 군용 컴퍼스와 똑같은 후원 범주에 속한다고 보았다. 물론 망원경은 컴퍼스보다 훨씬 유용하므로 더 폭넓은 청중의 관심과 호기심을 끌리라는 점에서 중요한 차이가 있었다. 당시까

---

94 *GO*, vol. 10, no. 231, pp. 253~254. 파바로는 편지의 진위에 의혹을 제기했지만, 에드워드 로즌은 파바로의 주장을 설득력 있게 반박했다. "The Authenticity of Galileo's Letter to Landucci", *Modern Language Quarterly* 12 (1975): pp. 473~486.

95 *GO*, vol. 10, 359, pp. 400~401.

지 갈릴레오의 경력을 돌아보면 망원경은 아직 단순한 도구에 불과했다. 가문의 운명을 전하는 전령도, 궁정으로 들어가는 입장권도 아니었다. 그 시기에 주고받은 편지들로 보아, 갈릴레오는 목성의 위성을 발견하기 전까지 망원경을 이용해 메디치 궁정으로 적을 옮기려는 그 어떤 본격적인 시도도 하지 않았다. 코시모 2세가 갈릴레오에게 좋은 망원경을 요청했을 때조차, 코시모가 그 도구에 보였던 관심은 몇 년 전 사그레도의 자철광에 보였던 관심과 근본적으로 다르지 않았다.

코페르니쿠스주의를 향한 갈릴레오의 헌신은 궁정의 후원을 받을 가능성을 얼마만큼으로 보느냐에 따라 수시로 변했던 것으로 보인다. 베네치아 상원에 선물한 망원경에 딸린 조건을 살펴보면, 그 무렵 갈릴레오는 망원경을 코페르니쿠스주의를 뒷받침할 과학 도구가 아닌 일종의 비밀 무기로 여겼음을 알 수 있다. 이 점에서 망원경의 용도에 대한 갈릴레오의 인식은 네덜란드인 한스 리페르헤이Hans Lipperhey의 인식과 다르지 않았다.[96] 도제 레오나르도 도나에게 보낸 편지에서 갈릴레오는 "[망원경은] 각하께서 받으실 만하며 가장 유용하다고 평가하실 것"이라고 쓰면서 다음과 같이 덧붙였다. "[그러한 판단

---

[96] 한스 리페르헤이는 1608년 망원경의 특허를 확보하려 했다. 그는 군주 마우리츠에게 망원경을 소개하면서 (1년 후의 갈릴레오처럼) 군사적 용도를 강조했다 (Albert Van Helden, "The Invention of the Telescope", *Transactions of the American Philosophical Society* 67 [1977]: pp. 20~21, 26, 36).

으로] 소인은 이것을 각하께 선물로 드리고 이 발명품의 미래를 각하께 맡기기로 결심했습니다. 망원경을 만들어야 할지 말아야 할지를 각하께서 현명하게 결정하시는 바에 따라 그것을 주문하고 제공하기로 말입니다."[97] 마지막 진술을 보면, 갈릴레오는 그 효과적인 기구를 다른 천문학자들이 쓰지 못하도록 막을 작정이었거나, 망원경의 천문학적 잠재력을 떠올릴 만큼 코페르니쿠스주의를 향한 헌신이 충분히 강하지 않았음을 알 수 있다. 하지만 넉 달 뒤 목성의 위성들을 관측한 후로 갈릴레오의 코페르니쿠스적 성향은 다시 고개를 내밀었고 그의 후원 전략도 갑작스럽게 변했다.

1610년 전반기에 갈릴레오와 코시모 2세가 빈타를 통해 벌인 협상은 이미 수차례 논의했다.[98] 하지만 갈릴레오가 자신을 위해 사회적 지위를 확보하고 (앞서 길버트의 자석론과 신화를 통합하려 했던 것처럼) 메디치의 별을 메디치 신화 담론으로 재현함으로써 인식론적으로 정당화하려 했던 전략은 아직 충분히 주목받지 못했다.

점성술적 숙명론은 갈릴레오가 자신의 발견을 메디치가에 제시하는 과정에서 거듭 등장했던 테마였다. 갈릴레오의 주장

---

[97] *GO*, vol. 10, no. 228, p. 251(강조는 저자의 것).

[98] Richard Westfall, *Scientific Patronage*, pp. 16~21; Stillman Drake, ed., *Discoveries and Opinions of Galileo* (Garden City, N.J.: Doubleday, 1957), pp. 1~20; Galileo Galilei, *Sidereus nuncius*, pp. 1~24.

에 따르면, 그가 관측한 것은 발견이 아닌 메디치가의 운명을 확증하는 근거, 즉 가문의 천궁도에 관한 과학적 증거였다.[99] 그가 《별의 전령》 헌사에서 코시모를 향해 말했듯이, 코시모 2세가 즉위한 직후에 "그토록 밝은 별들이 하늘에 모습을 보인 것"은 우연이 아니었다.[100] 별들이 마치 자식들처럼 목성(코시모의 행성) 주위를 맴돌았던 것도, 실제로 어린 군주 코시모가 탄생할 때 목성이 지평선 바로 위에 떠올라 메디치 가문 시조의 덕을 물려준 것도 우연이 아니었다. 하나 덧붙이자면, 코시모 2세와 그의 형제들처럼 별들의 수가 넷인 것 또한 우연이 아니었다.[101] 이와 같은 일련의 운명적 맞물림을 고려하면, 가문의 징조가 나타나는 데 갈릴레오가 맡은 역할 또한 우연일 리 없었다.

《별의 전령》을 헌정하는 과정에서 갈릴레오는 그가 확고히 하고자 했던 후원 관계의 경제적 차원을 숨기려는 경향을 보였다. 그의 말대로라면, 그는 메디치가를 위해 특별히 맞춘 헌납

---

[99] 예컨대 갈릴레오가 헌사에서 도입한 점성술적 수사를 거의 이해하지 못한 톰마소 캄파넬라는 처음에 갈릴레오가 실제 천궁도를 말하는 것이라고 생각했다(*GO*, vol. 12, no. 982, p. 32).

[100] Galileo Galilei, *Sidereus nuncius*, pp. 30~31.

[101] 갈릴레오는 《별의 전령》 헌사에서 네 별과 네 형제의 연관성을 명시하지 않고 그들 모두 "같은 가문의 아이들"이라고만 주장했으나(앞의 책, p. 31), 빈타에게 보낸 편지에서는 그들 사이의 유사성을 지적했다(*GO*, vol. 10, no. 265, p. 283). [*목성의 네 위성은 코시모 1세의 아들 중 코시모 2세, 프란체스코, 카를로, 로렌초에 대응한다.]

품을 판매하려는 것이 아니었다. 그들과의 관계에 사심이 들어설 여지는 전혀 없었다. 완벽한 자발적 관계조차 뛰어넘은 예정된 관계였기 때문이다.[102] 메디치가와 갈릴레오의 운명은 별이 맺어 준 것이었다. 메디치가의 신민이자 어린 군주 코시모 2세에게 수학을 가르쳤던 갈릴레오가 그 별들을 발견한 것이 우연일 리 없었다. 오직 그만이 별들을 발견할 수 있었다.[103] 어떤 의미에서 그 별들은 애초에 메디치 가문에 헌정될 필요조차 없었다. 줄곧 메디치의 것이었기 때문이다. 갈릴레오의 표현을 빌리자면, "네 개의 별은 전하를 위해 예비된" 것이었다.[104] 갈릴레오가 그러한 것처럼, 네 별은 처음부터 메디치 가문의 소유였다.

적절하게도 갈릴레오는 메디치와 운명 간의 조우를 언급했을 뿐 발견을 언급하지는 않았다. 그러한 운명과의 조우에서 그가 맡은 역할은 중개자였고, 그것은 보잘것없는 역할이었다.[105] 갈릴레오가 빈타에게 말했듯이, 자신을 "고귀한 신분으로 만드는 것"은 메디치가의 이익에 최대로 부합하는 일이었다.

---

102 후원 관계에서 숙명이라는 테마는 새로운 것이 아니었다. 이미 몇십 년 전에 바사리는 코시모 1세에게 보낸 편지에서 자신의 이름을 "운명과 별에 의해 맺어진 종, 조르조 바사리"로 서명하며 숙명론을 도입했다(Frey, *Il carteggio di Giorgio Vasari*, p. 443).

103 Galileo Galilei, *Sidereus nuncius*, p. 32.

104 앞의 책, p. 31.

105 *GO*, vol. 10, no. 271, p. 289. 갈릴레오는 한 주 뒤 "조우"라는 테마를 또다시 언급했다(앞의 책, no. 277, p. 298).

이 조우의 위대함을 크게 훼손하는 것이 딱 한 가지 있다면, 그것은 중개자의 비천함과 보잘것없는 지위일 것입니다. 진심 어린 축하의 말씀을 드리는 것이 소인의 몫인 것과 마찬가지로, 중개자를 고귀한 신분으로 만드는 것은 거룩하신 전하의 범위 안에 있는 일로 사료됩니다.[106]

여기서 메디치 가문이 망설인다면 이 조우의 천상계적 성격이 중개자의 초라한 지위로 인해 손상될 수 있었다.

그렇다고 해서 갈릴레오가 헌정에 대한 보상으로 메디치 가문에 직위를 요구한 것은 아니었다. 조우가 이미 예정되어 있었다면 중개자의 역할 또한 예정된 것이어야 했다. 갈릴레오는 사실상 (신이 보낸) 메디치가의 신탁사제였다. 메디치가는 그저 그 사실을 인정하기만 하면 되었다. 그들은 갈릴레오의 작은 도움으로 그것을 결국 인정하게 되었다.

갈릴레오의 전술은 이전 장에서 논의한 절대군주의 권력 이미지 동역학에 잘 부합했다. 앞서 언급했듯이 절대군주들은 이미 모든 것을 가진 사람인 듯 행동했다. 결과적으로, 모든 것이 그들의 소유였기에 그들에게 바칠 수 있는 것은 아무것도 없었다. 이와 같은 자기표현은 신하로부터 받은 선물에 보답할 의무가 없다는 군주들의 주장을 정당화했다. 만일 그들이 선물에

---

[106] 앞의 책, p. 301.

보답한다면 그것은 신하에게 베푸는 호의일 뿐이지, 빚을 졌다는 시인으로 해석할 수는 없었다. 요컨대 신하들은 군주의 포틀래치에 '도전'할 수 없었고, 설령 그렇게 하더라도 특정한 '에티켓'에 따라 시행해야 했다.

갈릴레오는 《별의 전령》 헌사에서 그 에티켓을 상세히 설명했다. 절대군주와 독점적 후원 관계를 다지는 데 관심이 있는 가신은 본인의 선물을 실제로는 선물이 아니라 '처음부터' 군주에게 속했던 것으로 제시함으로써 자신의 책략에서 포틀래치의 특징을 지울 수 있었다. 그리하여 가신은 군주에게 도전한다거나 답례로 무언가를 요구하는 사람처럼 보이지 않을 수 있었다. 또 관대함과 사치라는 귀족적 기풍을 군주와 공유하는 척할 수도 있었는데, 자신이 가진 제일 소중한 것, 즉 발견의 저자권까지 버릴 정도였다. 갈릴레오의 '자기 지우기'는 궁정인다운 무심함의 몸짓이 극한까지 이른 것이었다. 갈릴레오는 군주를 상대하는 영웅다운 도전자가 아니라 '자기를 지우는 영웅다운 인물'로 스스로를 내세웠다. 그렇게 '저자적 순교authorial martyrdom'를 자처함으로써 그는 '영웅다움'의 목적이 군주에게 도전하는 것이 아니라 군주를 기리는 것임을 강조하여 자신을 군주와 같은 부류로 내세울 수 있었다.

절대군주는 가신이 되고자 하는 이가 포틀래치에 도전하는 것을 용납하지 않았고, (설령 규율에 순응하는 마조히즘적 방식일지라도) '영웅다운' 기풍을 공유하는 자로 스스로를 내세우는 이들에게 보상하곤 했다. 이러한 사실은 우리가 위대한 후원자와 명성 높은 가신의 상호작용에서 관찰한 것과 잘 맞아떨어진다. 앞에서 본대로, 성공한 가신들은 선물증여를 완벽하게 사심 없는 행위로 제시함으로써 군주 또한 사심과 무관해 보이는 이유로 보상하게 만드는 자들이었다. 이 과정의 최종 결과는 가신과 군주, 양측의 상호정당화였다.

코시모 2세가 갈릴레오를 자신의 철학자 겸 수학자로 임명함으로써 그를 '고귀한 신분으로 만든 것'은 이와 같은 동역학을 반영한다. 실제로 메디치 가문이 목성의 위성을 선물한 갈릴레오의 사심 없음과 '고귀함'을 더 확실히 인정할수록, 메디치 가는 그 발견을 그들이 답례한 가신의 사심 담긴 선물이 아닌 운명과의 (이미 예정된) 천상계적 조우로 내세움으로써 가문을 더 견고하게 정당화할 수 있었다. 갈릴레오의 발견이 별에서 온 징조(별의 소식[107])가 되려면 그에게는 별의 사자ambassador, 즉 대공의 철학자라는 지위가 반드시 주어져야 했다.[108] 코시모와

---

[107] *《별의 전령》의 라틴어 원제《Sidereus Nuncius》는 '별의 전령'과 '별의 소식' 두 가지로 모두 해석될 수 있다. 갈릴레오의 원래 의도는 '별의 소식'이었으나 당대 독자들에게 '별의 전령'으로 더 널리 알려졌고, 갈릴레오 본인도 굳이 바로잡으려 하지 않았다. 이에 대한 자세한 사정은 다음 문헌에 설명되어 있다. Galileo Galilei, *Sidereus Nuncius, or The Sidereal Mesenger*, trans. Albert Van Helden 2nd edition, p. xix~xxi.

[108] 마찬가지로, 갈릴레오가 메디치가에 선물한 망원경은 과학 도구이자 일종의 가문 기념물이었다. 1610년 3월, 갈릴레오는 코시모 2세에게 망원경과 함께 《별의 전령》 헌정본을 보내면서 그 거칠고 조야한 도구는 지금 상태 그대로 두어야 한다고 썼다.

의 선물교환을 완벽하게 사심 없는 행위로 제시함으로써 갈릴레오는 그의 발견과 도구, 새로운 사회직업적 정체성을 정당화했다. 코시모 역시 본인과 가문의 이미지를 향상시켰음은 물론이다.

후원자와 가신 사이에 이루어진 이 상호정당화의 동역학은 갈릴레오와 코시모 2세의 사례에만 한정되지 않는다. 이것은 절대주의 권력 담론의 전형이었다. 갈릴레오가 새로운 사회직업적 정체성을 정당화하기 위해 동원한 전술과 폴 펠리송Paul Pellisson이 루이 14세[109]의 역사가가 되어 본인을 정당화하려 한 시도 사이에는 두드러진 상동관계가 있다. 루이 마랭의 주장에 따르면, 펠리송은 왕의 이미지와 권력을 기리는 가장 효과적인 방법은 그의 역사를 쓰는 것이라는 메시지를 장바티스트 콜베르Jean-Baptiste Colbert를 통해 루이 14세에게 전했다.[110] 하지만 개인 역사가에게 맡겨 쓴 역사는 정당할 수도, 정치적으로 효과적일 수도 없었다. 그 역사는 역사가가 쓴 왕의 역사가 아닌 왕

"그토록 위대한 발견을 이룩한 바로 그 도구"였기 때문이다. 그런 다음 이렇게 덧붙였다. 앞으로 대공은 세련되어 보이는 망원경을 더 많이 받게 되겠지만, '그 순간 그곳에' 있었던 것은 자신의 망원경뿐이라고 말이다(앞의 책, pp. 297~298). 모든 망원경 중에서 그것만이 특별한 현장의 기운을 지니고 있었다. 또 그것만이 단순한 망원경이 아닌 전령nuncius이었다.

109 * Louis XIV (1638~1715).

110 Louis Marin, "The King's Narrative, Or How to Write History", *Portrait of the King* (Minneapolis: University of Minnesota Press, 1988), pp. 39~88.

자신의 역사여야 했다. 하지만 동시에 왕은 혼자서 역사를 쓰거나 자신의 권력을 강화할 서사를 직접 의뢰하는 모습을 보여서는 안 되었다. 펠리송은 루이 14세가 절대적으로 강력하면서도 절대적으로 무력하다는 점을 이해하고 있었다. 왕은 스스로를 찬미할 수도 없고, 대놓고 돈을 주어 다른 이에게 찬양하라고 시킬 수도 없었기 때문이다.

마랭에 따르면, 펠리송은 국왕이 맞닥뜨린 교착상태를 해결해 왕으로부터 권력을 얻었다. "소인에게 '폐하'의 역사가라는 책무를 부여해 주십시오. 폐하께 역사를, 즉 '폐하'의 역사를 바치겠습니다. 하지만 폐하로부터 공직을 임명받지 못한다면 저는 폐하의 역사를 쓰지 못할 것입니다."[111] 국왕은 오직 펠리송이 왕의 역사가가 되어야만 무력한 처지에서 벗어날 수 있었고, 펠리송은 마치 고대 예언자처럼 루이 14세와 연결되어 있어야만 '왕의 목소리를 내어' 왕의 역사를 쓸 수 있었다. 그렇지만 왕의 서사가 충분히 신뢰할 만하고 효과적이려면 그것이 펠리송의 펜에서 자연스럽게 흘러나와야 했다. 그러기 위해서는 펠리송이 '고용된 펜'으로 인식되어서는 안 되었다. "폐하께서 이 계획을 허가하고 수용하시기를 바랄 수밖에 없습니다. 폐하의 승인 없이는 시행하지 못할 테니 말입니다. 그러나 폐하께서는 그 계획을 수용하거나, 그에 대해 알고 있거나, 명령하신 것처

111 앞의 책, p. 43.

럼 보여서는 절대 안 됩니다."[112] 펠리송이 루이 14세의 예언자
가 되기 위해서는 그 과정이 겉보기에 매우 자연스러운(즉, 사
심이 담기지 않은) 방식으로 이루어져야 했다.

펠리송의 전략은 갈릴레오가《별의 전령》헌사에서 도입한
전략과 유사하다. 자신과 메디치 가문이 별에 의해 한데 묶여
있다는 갈릴레오의 말은 후원자와 가신의 관계를 자연스러운
것으로 만들고 정당화하면서도 그들의 '공모'를 비밀에 부치는
완벽한 전술이었다. 그들은 그 무엇도 계획하지 않았다. 왕과
(사심 없는 관계로) 연결되지 않고서는 왕의 역사를 쓸 수 없다
고 주장한 펠리송처럼, 갈릴레오는 군주의 어린 시절부터 코시
모와 연결되지 않았다면 메디치의 별을 발견할 수 없었을 것이
라고 단언했다.

소인은 지난 4년간 전하께 수학적 학문을 강의하는 임무를 다
했습니다. 해마다 그때가 오면 어려운 연구에서 벗어난 휴식 기
간이 되었지요. 전하의 거룩하신 양친께서 제가 그 임무를 맡기
에 적합하다고 보신 덕분에 전능하신 주님께서 기뻐하신 모양
입니다. 그리하여 소인은 주님께서 내리신 영감을 받아 전하를
섬기고 전하의 놀라운 인자함과 다정함의 빛을 그토록 가까이
서 받을 수 있었습니다. 그렇기에 전하의 영광을 몹시 갈망하는

---

112 앞의 책, p. 44.

제가(갈망은 물론이고 태생과 본성 면에서도 소인은 전하의 지배 아래 있으니 말입니다) 영혼을 밤낮으로 불태워 전하께 얼마나 감사하고 있는지를 보여 드리는 것 외에는 아무런 생각도 없다 하더라도 전혀 놀랍지 않은 일일 겁니다. 그러니, 거룩하신 코시모 전하, 소인은 전하의 보호를 받으며 그 어떤 천문학자에게도 알려지지 않았던 별들을 발견하였기에, 최고의 권리를 주장하며 그 별들을 전하 가문의 존함으로 장식할 것을 결심하였나이다.[113]

갈릴레오의 자기형성은 펠리송의 전략과 완벽하게 들어맞는다. 별들을 발견했을 때 그는 메디치 가문과 '자연스럽게' 연결되었지만, 그들에게서 보수를 받지는 않았다. 사실 당시 갈릴레오는 베네치아 공화국에 고용되어 있었다. 덕분에 아주 편리하게도 메디치가의 영광을 계시하는 무보수 예언자로 자신을 내세울 수 있었다.[114] 메디치가는 그에게 별들을 발견할 능력을 부여하고서도 그렇게 해달라고 요구하지 않은 셈이 되었다. 갈릴레오가 《별의 전령》을 출간하면서 대공의 철학자 겸 수학자

---

113 Galileo Galilei, *Sidereus nuncius*, p. 32.
114 이전 장에서 주목했듯이, 갈릴레오는 여름에 어린 군주 코시모를 가르친 대가로 현금은 받지 않고 대신 다른 선물들을 받았다. 또 메디치 가문이 갈릴레오를 피렌체로 다시 초청하겠다는 의사를 밝힐 때까지 그는 《별의 전령》의 출간이나 유럽 전역에 보낸 망원경에 대한 대가도 받지 않았다.

에 등극했다고 해서, 즉 메디치가와 공식적·재정적으로 연결되었다고 해서 그의 신뢰도나 메디치가의 신뢰도가 손상된 것은 아니었다. 갈릴레오는 그의 발견을 메디치가에 '공짜로' 기부했고, 메디치가는 그를 궁정으로 다시 불러들이면서 똑같이 '공짜' 답례를 돌려주었을 뿐이다. 갈릴레오가 메디치 가문에 상기시켰듯이 둘은 서로를 위한 존재였다.

우리는 목성 위성의 발견이 메디치 가문과 그들 운명 간의 천상계적 만남을 의미한다는 데 동의하지 않을 수도 있고, 갈릴레오와 메디치가의 후원 관계가 하늘에 새겨져 있었다는 관점에도 회의적일 수 있다. 그렇다 하더라도 갈릴레오가 자신을 메디치가의 '자연스러운' 가신으로 내세운 것은 옳은 표현이었다(그가 제시한 이유 때문은 아니지만 말이다). 왜냐하면 1610년 초 위성을 관측했을 때 그는 메디치가의 신화 구조와 수년간 쌓아 온 후원 인맥들을 되짚으며 자신이 끌어들일 수 있는 최고의 후원자는 바로 메디치가임을 깨달았기 때문이다. 목성은 다른 유럽 가문의 정치적 신화를 공고히 하는 데에도 효과적이었겠지만, 갈릴레오가 그럴 만한 다른 신화를 알았다거나 재빠르게 헌정을 협상하도록 도와줄 만한 다른 궁정 중개인을 알았다는 증거는 없다.

수상쩍은 별들

갈릴레오가 그의 새로운 도구와 그것이 가능하게 한 발견을 정당화하려 도입한 전략은 1608년 코시모의 문장으로 시험해 봤던 전략과 본질적으로 다르지 않아 보인다. 갈릴레오는 그 도구와 발견을 메디치가의 물신으로 변모시켜 그것들을 후원자의 이미지와 권력에 연결하려 했다. 하지만 후원자를 정당화의 제도로 활용하려는 전략이 늘 순조롭기만 한 것은 아니었다. 대체로 후원자는 자신의 이미지 형성에 도움이 될 만한 중요한 상황에서조차 가신의 지위를 지켜 주느라 본인의 지위를 위험에 빠뜨릴 생각은 없었다. 신중했던 코시모 2세는 항상 신속하게 도전자들에게 맞서 갈릴레오의 편이 되어 주지는 않았으며, 심지어 코시모의 아들 페르디난도 2세는 갈릴레오에게 덜 우호적이었다.

갈릴레오는 메디치가의 이미지와 자신의 발견을 단번에 연결하지 않고 점진적으로 연결하는 전략을 택했다.《별의 전령》헌사에서 그는 메디치 가문이 자신의 발견을 지지했다고 말하지 않고 그저 코시모 2세와의 특별한 관계 덕분에 메디치의 별을 발견하게 되었다면서 자신의 자격만을 분명히 했다. 갈릴레오가 메디치 가문에 별들을 바친 이유는 바로 그 관계 때문이었다. 그것은 단순히 신뢰를 확보하려는 의도가 아니었다. 그는 《별의 전령》의 헌정을 후원의 '미끼'로 활용했을 뿐, 그것으로 메디치가를 단번에 '포획'하려 하지는 않았다. 몰아치는 전술로는 효과가 없을 것이었기 때문이다.

하지만 메디치 가문이 헌정을 받아들이자 갈릴레오는 그들의 외교 네트워크를 통해 망원경과 (그 사용설명서나 다름없는) 《별의 전령》 사본을 유럽 귀족들에게 배포해 달라고 요청했다. 중요한 인사들에게 메디치가의 영광을 널리 알리려는 조치라고 메디치가에 설명했지만, 망원경과 《별의 전령》을 선사받은 이들의 눈에는 갈릴레오가 메디치의 가신으로 인식하는 계기가 될 수밖에 없었다. 예를 들어 케플러는 메디치 대사가 자신에게 접근한 방식을 미루어 보아 갈릴레오가 이미 메디치 가문에 고용되어 있다고 생각했다.

어떤 의미에서 갈릴레오는 메디치 가문이 상황을 완전히 인식하지 못하거나 자신의 발견을 공식적으로 지지하지 않는 상태에서도 메디치와의 관계를 통해 추가로 끌어낸 신뢰를 활용할 수 있었다. 그 추가적인 힘은 메디치 가문과의 느슨한 연결로 얻은 것이지만, 갈릴레오는 그 정도 힘으로도 자신의 발견을 성공적으로 방어하고 마침내 메디치로부터 더욱 굳건한 인정을 확보할 수 있었다. 메디치가의 도움을 받은 그는 심지어 더 큰 신뢰를 얻을 수 있었고, 그 신뢰를 바탕으로 발견에 대한 더 많은 이들의 동의도 얻을 수 있었다. 메디치 가문과의 연줄은 갈릴레오가 혼자만의 힘으로는 접근할 수 없는 사람들을 설득하는 데 특히 중요했다.

1610년 5월, 프랑스 파리에 거주하던 점성술사 겸 의사 마테오 카로시오Matteo Carosio에게 편지를 보낼 무렵 갈릴레오는 좋은 망원경을 들고 다니면서 원하는 사람들에게 위성을 보여 주며 자신의 발견이 사실임을 성공적으로 설득했다. 하지만 멀리 있는 사람에게 접근하는 문제를 해결해야 했다.[115] 그런 경우 현지의 군주가 (메디치 대사에게서 전해 받은) 망원경을 통해 행성을 직접 보게 하는 일이 멀리 떨어진 지역의 천문학자와 철학자를 규율하는 데 결정적인 방법이 되었다.[116] 1610년 7월 마르틴 하스달레는 황제가 갈릴레오의 발견을 지지하자 황실의 반대의견이 진압되었다고 갈릴레오에게 전했다. "논적들의 성공이 저지된 것은 존엄하신 폐하 덕분입니다. 폐하께서 [선생의 주장에] 크게 만족해하시며 기쁘다고 선언하셨기 때문입니다."[117] 하스달레의 편지에는 더욱 흥미로운 사실이 담겨 있다. 볼로냐에 잠깐 방문했던 갈릴레오가 마지니와 그의 집에 몰려든 다른 수학자들과 철학자들을 설득하는 데 실패했다는 보고를 궁정의 반대자들이 비판의 주된 밑천으로 삼았다는 언급이다. 그 보고는 "볼로냐 대학의 공식적인 판단"으로 제시되었

---

115 *GO*, vol. 10, no. 313, p. 357.
116 갈릴레오가 이 같은 전술을 도입한 첫 사례는 1610년 부활절 피사의 메디치 궁정으로 여행 온 코시모를 상대로 한 것이다. 코시모가 별들을 관찰함에 따라 갈릴레오는 이후의 행보에 필요한 신뢰를 획득했다.
117 *GO*, vol. 10, no. 360, p. 401.

다.[118] 요컨대, 황제의 권력은 그보다 힘이 약한 기관, 즉 분과학문의 확립된 위계에 따라 갈릴레오의 주장에 적대적이었을 볼로냐 대학의 권위를 압도하기에 충분했다.

갈릴레오는 두 가지 방법을 번갈아 사용했다. 메디치가를 곤혹스럽게 하지 않으면서도 그들에게 얻을 수 있는 밑천을 활용해 외부의 신뢰를 확보했고, 그렇게 끌어낸 동의를 활용해 메디치와의 관계를 더욱 강화하고 자신의 발견을 그들의 이미지와 연결했다. 이 과정이 끝날 무렵 갈릴레오는 서서히 자신의 마차를 메디치가에 동여맸다. 더 중요한 것은, 이러한 과정에서 그들의 권력을 이용했다는 점이다. 몇 달이 지나 철학자 겸 수학자가 된 갈릴레오는 메디치의 영광을 누리는 공식 대사로서 로마로 향할 수 있었고, 그의 발견은 이탈리아에서 가장 위대한 군주였던 교황의 지지를 받았다. 대공이 갈릴레오의 로마 방문을 승인했음을 알리는 빈타의 편지에서 알 수 있듯이, 갈릴레오의 발견과 메디치 가문 이미지의 공생관계는 마침내 확립되었다.

선생의 로마 방문에 관해 전하께 말씀을 올렸습니다. 논쟁의 현황과 행성[위성]들의 관측 가능성을 보아하니 지금이 적기이기에 더 늦어서는 안 된다고 말이지요. 그리고 황제의 수학자와 클라비우스 신부 그리고 다른 분들로부터 [이미] 인정받긴 했

---

[118] "… 볼로냐 대학의 최종적인 판단"(앞의 책, 같은 쪽).

지만, 이 사안이 확정되어 로마에서 종결되면 선생의 주장이 전 세계에 확립되고 그것을 교황께 알림으로써 새로운 발견과 주장이 보편적 합의에 이를 것이라고도 말씀드렸습니다.[119]

공생관계가 달성될 때까지는 복잡하고 미묘한 과정이 필요했다. 왜냐하면 메디치 가문과 피렌체 궁정인들은 갈릴레오의 발견에 명예를 거는 일에 주저했기 때문이다. 1610년 3월《별의 전령》이 출간되고 한 주가 지났을 때, 갈릴레오는 빈타에게 보낼 편지 초안에 이렇게 썼다.

평판은 자신감에서 시작되며, 존경받길 원하는 사람이라면 무엇보다 자존감을 가져야 함은 더없는 진리입니다. 그러므로 전하께서 이 조우[메디치의 별의 발견]의 중요성을 인정하신다면, 의심할 여지 없이 모든 신민뿐만 아니라 모든 국가 역시 그 중요성을 받아들일 것이며, 또한 이 사건의 영광을 찬양하며 글을 쓰는 명망 있는 자들의 펜에는 잉크가 마를 날이 없을 것입니다.[120]

그런 다음 갈릴레오는 유럽의 왕들과 군주들에게《별의 전령》

---

119 *GO*, vol. 11, no. 464, pp. 28~29.
120 *GO*, vol. 10, no. 277, p. 298. 갈릴레오는 실제로 6주 뒤 이와 매우 유사한 메시지를 빈타에게 전달했다. *GO*, vol. 10, no. 307, p. 349.

사본과 망원경을 배포하는 가장 적절한 방법은 이탈리아와 유럽 전역에 머무는 메디치 대사들에게 맡기는 것이라고 주장했다.[121] 하지만 메디치 가문은 공식 외교 네트워크를 활용해 책과 도구를 배포하자는 제안은 받아들이면서도 목성 위성의 실재에 대한 공식적인 입장은 취하려 하지 않았다.[122]

갈릴레오는 같은 해 5월 7일 빈타에게 다시 편지를 쓰면서 같은 문제로 돌아왔다. 우선 그는 자신이 파도바의 도전자들을 공개적으로 반박했고 "황제의 수학자"[123]로부터 매우 우호적인 장문의 편지를 받았다며 빈타와 메디치가를 안심시켰다. 또한 발견과 관련된 메디치가의 이미지를 무사히 지켜냈다고 주장했다. 하지만 이제 갈릴레오는 다음과 같이 말했다. "저희는(특히 거룩하신 전하께서는) 그와 같이 주목할 만한 진기한 사건이 마땅히 받아야 할 존중을 보여 줌으로써 그 발견의 중요성과 평판을 뒷받침해야 합니다. 이것은 진실한 이들이라면 모두가 고려하고 있는 일입니다."[124] 그럼에도 메디치가는 신중한 태도를 고수했다. 6월 5일, 메디치 가문 예술작업장의 감독관이었던 빈첸초 주니는 갈릴레오에게 메디치의 별 발견을 기념하는 메달을 주조할 금형 제작이 대공의 지시로 보류되었다는 서신

---

121 앞의 책, no. 277, pp. 298~299.
122 앞의 책, no. 311, pp. 355~356.
123 앞의 책, no. 306, p. 349.
124 앞의 책, 같은 쪽.

을 전했다. 코시모 2세가 별들에 대한 논쟁이 가라앉을 때까지 기다리라고 주니에게 명령했던 것이다.[125]

그 무렵 갈릴레오는 케플러에게서 장문의 편지(머지않아《별의 전령과 나눈 대화》로 출간되었다)를 받았고, 케플러는 그 편지에서 갈릴레오의 관측을 확인해 주었다. 케플러의 지지로 국제적인 신뢰를 확보하여 자신감이 생긴 갈릴레오는 극도로 조심스러운 대공의 태도가 거슬리기 시작했고, 무려 프랑스 국왕조차 앞으로 자신이 발견하게 될 행성의 헌정을 기꺼이 기다린다는 의사를 넌지시 전해왔음을 주니를 통해 알렸다. "가능할 때마다 전하께 말씀해 주십시오. 직접 여러 번 목격하셨음에도(그것은 행운이 전하께만 약속하고 다른 모든 이들에게는 기약하지 않는 것입니다) 모호한 태도를 취함으로써 명성이 비상할 기회를 미루시지 않도록 말입니다."[126] 이 편지를 보낸 무렵 갈릴

---

[125] 앞의 책, no. 326, pp. 368~369.

[126] 앞의 책, no. 339, pp. 381~382. pp. 379~380을 보라. 별의 헌정에 관심을 보인 건 프랑스 국왕만이 아니었다. 갈릴레오의 후원 전략을 재현하려 한 사람들이 많았다. 목성 근처에서 다섯 번째 위성을 발견했다고 생각한 샤이너는 그 위성을 벨저에게 헌정했다. 페이레스크는《별의 전령》'프랑스어판'을 마리아 데 메디치에게 바치려고 계획했던 것으로 보인다. 오늘날 남아 있는 권두삽화 스케치를 보면, 목성 위에 앉은 마리아를 네 별이 둘러싸고 있다. 페이레스크는 대공 네 명의 이름을 따라 그 별들을 각각 '큰 코스무스', '프란시스쿠스', '페르디난두스', '작은 코스무스'로 명명했다(*La corte, il mare, i mercanti / La rinascita della scienza / Editoria e società / Astrologia, magia e alchimia* [Florence: Edizioni Medicee, 1980] [an exhibition catalogue], pp. 230~231). 태양 흑점을 행성의 무리로 해석한 장 타르드Jean Tarde와 샤를 말라퍼르트Charles Malapert는 그 행성들을 각각 1620

레오는 빈타를 통해 메디치 궁정직에 대한 확답은 받았으나 약속한 종신계약서는 아직 받지 못한 상태였다는 것은 우연히 아니었을 것이다(실제로 종신계약서는 7월이 되어서야 도착했다).

심사숙고한 것은 코시모 2세만이 아니었다. 피렌체의 아카데미 회원들과 궁정의 시인들은 갈릴레오가 예상하고 기대한 만큼 메디치의 별을 열광적으로 찬양하지 않았다. 《별의 전령》이 출간된 지 2주가 지났을 때, 갈릴레오의 오랜 피렌체 동료이자 피오렌티나 아카데미 회원이었던 알레산드로 세르티니는 "토스카나의 뮤즈들"을 움직이려 한 자신의 시도가 무산되었다고 말했다. 메디치 궁정작가들은 서로 눈치만 보고 있는 듯했다. "뮤즈들은 느릿느릿 조금씩 움직이고 있네. 열 번째 뮤즈가 선두에 서기를 기다리며 나머지 아홉 명이 물러서고 있는 형국이기 때문이지. 메디치의 별에 관해 쓰게 하려면 자네가 그 열 번째 뮤즈에게 편지를 보내야 할 것 같네."[127]

세르티니는 같은 해 7월 10일 갈릴레오에게 보낸 편지에서 조반니 마지니와 마르티누스 호르키가 그의 발견을 비판한 내용이 피렌체에서 널리 알려졌고 루도비코 델레 콜롬베가 도전

년 부르봉 왕가에, 1633년 오스트리아 합스부르크 왕가에 헌정했다. [* 장 타르드 (1561~1636)는 프랑스 남부 사를라의 총대리(교구장을 보좌하는 사제)로 코페르니쿠스주의의 옹호자였다. 샤를 말라퍼트(1581~1630)는 스페인령 네덜란드 출신의 예수회 천문학자로 아리스토텔레스 우주론을 옹호하며 갈릴레오에게 대항했다.]

127 GO, vol. 10, no. 282, pp. 305~306.

자 측에 합류한 것 같다고 알려 주었다. 이런 상황 때문에 세르티니는 피렌체의 작가들이 별들에 관한 소네트를 출간하려 할지 확신하지 못했다.[128] 사실 갈릴레오는《별의 전령》을 피렌체 지방어로 바꿔 더 세련된 판본으로 출간하자고 대공에게 제안한 적이 있었고, 그 책에 메디치의 별을 기념하는 소네트들을 수록하길 원했다.[129] 소네트들이 별들과 메디치 신화의 연관성을 설명할 것이었기에, 그러한 판본이라면 피렌체 궁정의 독자들에게 부합할 것이었다. 처음 펴낸《별의 전령》라틴어판에는 그 연관성에 관한 상세한 설명이 없었는데, 유럽 전역의 중요한 독자들이 이해하지 못할 것이었기 때문이다.《별의 전령》에서 위성들에 붙일 이름을 자문한 빈타는 갈릴레오가 제안한 두 이름 중에서 "코시모의 별Cosmica Sydera"로 명명할 경우 "코스미카Cosmica"가 '코시모'가 아닌 '우주'로 잘못 받아들여질 수 있으니 "메디치의 별Medicea Sydera"이 더 적절하다고 답변했고, 이는 바로 유럽의 독자를 염두에 두었기 때문이었다고 생각된다.[130] 피렌체의 독자라면 그런 오해를 할 리 없었겠지만 말이다.

8월이 되어도 작가들은 여전히 열의를 보이지 않았다. 그때 세르티니는 갈릴레오에게 다음과 같이 썼다. "자네가 [시들을]

128 앞의 책, no. 357, pp. 398~399.
129 앞의 책, no. 277, p. 299.
130 앞의 책, no. 265, p. 283.

인쇄하기를 바란다니 여기 모두가 걱정하고 있네. 그는[어린 미켈란젤로 부오나로티는] 자신의 이름이 인쇄되지 않기를 바랄 테지. 피에로 데 바르디처럼 '크루스카 아카데미의 일원 임파스타토[부오나로티의 호칭]가 씀'이라고 올리면 좋아할 거야."[131] 궁정작가들은 갈릴레오가 《별의 전령》 새로운 판본에 소네트뿐만 아니라 자신의 발견을 향한 이의 제기와 그에 대한 답변을 함께 실으려 한다는 것을 알아차렸고, 공격적인 반격의 대상이 될 갈릴레오의 동맹원으로 인식될까봐 거북해했다.[132] 세르티니는 심지어 갈릴레오에게 "어느 누구도 언급하지 말고, 쟁점의 특정한 구역 안에서만 머문 채로" 비판에 답하라고 제안하기까지 했다. "그것이 최선의 방법이자 내가 선호하는 방법이기 때문"이라고 말이다.[133]

물론 메디치가와 궁정작가들이 갈릴레오의 과학자 동료는 아니었지만, 그들이 보인 신중함은 어느 한 과학자가 발견했다고 주장하는 내용을 두고 그의 동료 과학자들이 보이는 평가의 신중함과 유사하다. 언뜻 보기에 코시모와 궁정작가들이 전문 엘리트 천문학자들(가령 케플러)의 의견을 받아들여 옹호 여부

---

131 앞의 책, no. 372, pp. 411~413.

132 앞의 책, no. 332, pp. 373~374.

133 앞의 책, no. 372, p. 412. 새로운 이탈리아어 번역본이 출간된 적은 한 번도 없다. 《별의 전령》 라틴어판이 1610년 가을 프랑크푸르트에서 허가 없이 재발행되었을 뿐이다.

를 결정하지 않은 점이 이상하게 보일 수 있다.[134] 하지만 이 수수께끼 같은 문제는 코시모와 작가들이 갈릴레오와 같은 기관, 즉 궁정 소속이라는 점에서 사실상 그들 또한 갈릴레오의 동료(혹은 상사)나 다름없다는 사실을 떠올리면 해결된다. 궁정은 과학기관은 아니었지만 군주의 권력에 관한 표상이 생산되는 장소였고 갈릴레오는 천문학자보다는 화려한 가문 상징의 생산자로 고용된 것이었다. 그러므로 그는 작가들이 자신의 발견을 받아들이고 궁정의 문화적 산물과 대공이 가진 권력의 표상에 그 발견을 새겨 넣도록 해야 했다.[135] 반면 피렌체의 궁정인

[134] 메디치 가문이 예수회의 과학적 권위를 존중했다는 점은 나의 논점과 모순되는 것처럼 보일 수 있다. 하지만 예수회 사제들이 망원경을 통한 발견의 신뢰성을 1610년 12월에 최종적으로 인정하여 갈릴레오의 정당화에 긍정적인 영향을 미쳤다고 해서 그 것을 '전문적 신뢰'를 확보했다는 표시로만 해석할 수는 없다. 예수회 사제들은 정확히 교황의 수학자들로 인식되었기 때문에 그들의 견해는 케플러의 의견보다 영향력이 컸을 것이다. 특히 피렌체에서 그런 경향이 두드러졌으며, 그 지역에서는 메디치 가문의 정당성이 교황에게 위태롭게 의존했고 종교적 정통성과 교회의 입장 또한 굉장히 중요했기 때문이다. 따라서 피렌체의 궁정인들은 예수회의 견해를 존중하면서 교황 궁정의 권위에 머리를 조아렸다.

[135] 갈릴레오가 일반적으로 메디치의 별이나 그의 발견과 관련된 '언론 보도'를 신경 쓴 경향은 피렌체 궁정에만 국한되지 않았다. 예컨대 그는 피렌체에서 자신의 도움을 받아 위성을 보게 된 예수회 사제들이 그 위성의 존재를 믿고 그 발견을 "매우 우아한 이미지가 담긴 설교와 연설에" 반영하자 몹시 기뻐했다(GO, vol. 10, no. 436, p. 484). 마찬가지로, 갈릴레오는 로마의 궁정인이자 장래에 주교가 될 몬시뇨르 조반니 바티스타 아구키가 메디치의 별로 문장을 만든 것을 보았을 때도 매우 달가워했다. 아구키는 문학 아카데미에 전해달라는 후원자의 의뢰를 받아 문장을 만든 것이었다. 아구키 문장의 육필문서 〈델 메디오〉는 BNCF, "Galileiani 246", fols. 96~110에 수록되어 있다. 갈릴레오의 친구 치골리는 지구처럼 생긴 달 위에 성모 마

들은 이 사안에 관해 케플러나 갈릴레오를 신뢰할 필요가 없었다. 선도적인 천문학자들의 견해는 궁정인들에게 그다지 구속력을 발휘하지 않았다. 그들에게 권위란 그들의 군주 혹은 군주에게 후원하는 다른 후원자의 권위가 유일했다.

대학에서 궁정으로 옮겨가는 이 과도기적 국면에서 갈릴레오가 처해 있던 미묘한 입장은 그가 구축하려 했던 사회직업적 정체성이 새로운 종류였음을 반영한다. 어떤 의미에서 그는 사회직업적인 잡종hybrid이었다. 갈릴레오는 스스로를 '새로운 철학자'로 내세웠는데, 당시 대학의 구조를 틀 지었던 분과학문의 위계를 고려하면 그 역할은 오직 궁정에서만 정당화될 수 있었다. 물론 갈릴레오의 업적을 판단할 수 있는 전문 기술은 궁정작가나 신사가 아닌 수학자들에게 있었다. 그리고 만약 케플러가 목성 위성의 존재를 반박하기라도 했다면 갈릴레오는 심각한 곤경에 처했을 것이다. 하지만 앞의 두 사실을 모두 고려하더라도 케플러의 인정만으로는 궁정인들을 포섭하기에 충분하지 않았다. 갈릴레오는 오직 궁정에서만 철학자가 될 수 있었기에 궁정인들과 군주의 지지가 필요했다. 도식적으로 말하면, 수학자들이 그의 발견을 옹호하는 것은 그가 수학자로서 신뢰를 확보하는 데 **필요충분조건**이었지만, 수학자들의 옹호는 그

리아가 서 있는 그림을 로마의 산타 마리아 마조레 대성당에 그려 넣어 갈릴레오의 발견을 기념했다(*GO*, vol. 11, no. 814, p. 449).

가 궁정의 철학자로서 신뢰를 확보하는 데는 그저 필요조건일 뿐이었다(그리고 충분조건은 아니었다). 앞으로 보게 되겠지만, 두 종류의 청중, 두 가지 담론, 두 유형의 사회직업적 정체성 그리고 그것들과 함께 진행되는 각기 다른 형식 및 수준의 정당화 사이에서 형성된 긴장은 갈릴레오의 궁정 경력 전체를 틀 지은 특징이었다.

17세기의 "실험의 집"에 관한 셰이핀의 연구는 잉글랜드에서의 실험적 실천의 정당화 또한 비슷한 사회적 역설에 처해 있었다고 주장한다. 전문적인 실험 수행 기술을 가진(그리고 그 실험을 이해할 수 있는) 사람들의 사회적 지위는 "지식을 만들 자격"을 가질 만큼 높지 않았다.[136] 반대로 신사들 대다수는 "지식을 만들 수 있는" 사회적 자격을 갖추었지만, 그렇다고 해서 반드시 그러한 기술까지 갖고 있지는 않았다. 그들은 보증을 할 수는 있었지만, 무엇을 어떻게 보증해야 할지는 모르는 경우가 많았다.

[136] Steven Shapin, "The House of Experiment in Seventeenth-Century England", *Isis* 79 (1988): p. 395.

메디치의 별이 거쳐 온 이력

궁정작가들의 지원을 확보하려던 갈릴레오의 첫 번째 시도는 성공하지 못했지만, 메디치의 별은 결국 궁정 담론에서 필수적인 자리를 차지했다.[137] 행성의 발견을 기념하는 메달도 마침내 주조되었다. 구름 위에 앉은 주피터 주위에서 네 개의 별이 돌고 있는 이미지가 코시모 2세의 상징으로 제시되었고, 뒷면에는 코시모의 형상이 새겨졌다(그림4). 메디치가의 신성한 혈통을 찬양하는 소네트, 극장기계, 오페라, 메달, 프레스코화에 별들이 등장했다. 1613년의 카니발 축제에서 가장 중요한 궁정 구경거리였던 2월 17일의 바리에라barriera 공연에서 우리는 다

---

137 앞서 지적했듯이 《별의 전령》의 지방어 판본은 끝내 출간되지 않았다. 오늘날까지 남아 있는 메디치의 별 소네트는 부오나로티(*GO*, vol. 10, p. 412), 살바도리(*GO*, vol. 9, pp. 233~272), 피에로 바르디(*GO* vol. 10, p. 399)의 것이다. 클라우디오 세리판디의 소네트는 소실되었고, 니콜로 아리게티의 소네트는 필사본만 남아 있다가 다음 문헌에 수록되어 출간되었다. Nunzio Vaccalluzzo, *Galileo Galilei nella poesia del suo tempo* (Milan: Sandron, 1910), pp. 59~60. 키아브레라가 세르티니의 제안으로 소네트를 썼는지는 알 수 없지만(갈릴레오는 키아브레라에게 《별의 전령》 서명본을 보냈고, 이 책은 현재 노먼의 오클라호마 대학교에 소장되어 있다), 적어도 한 작품에서 메디치의 별이 언급되었다는 사실은 알려져 있다. 살바도리의 시 〈분별없게도 거부당한 메디치의 별에 대하여Per le Stelle Medicee temerariamente oppugnate〉는 갈릴레오의 발견을 정당화하는 데 후원이 활용되었다는 점을 명시했다. 메디치 가문과 주피터(그리고 그의 엄청난 힘)의 관계를 강화하는 신화적 역사의 기원을 살핀 살바도리는, 메디치의 별의 존재에 이의를 제기하며 주피터(혹은 코시모)의 권력에 도전하는 이들의 만용에 불신의 눈길을 보낸다(*GO*, vol. 9, p. 272).

그림 4 가스파레 몰라, 1610년경 코시모 2세와 메디치의 별 발견을 기념하기 위해 주조한 타원형 메달. (출처: commons.wikimedia.org)

시 별들과 마주치게 된다.

공연은 피렌체 시각으로 오후 두 시 피티궁의 극장에서, 초대 받은 궁정 관객들이 보는 앞에서 시작되었다.[138] 궁정기술공 줄리오 파리지Giulio Parigi가 비르투오소의 솜씨로 설계한 호화로운 극장기계와 공연 효과를 선보인 다음, 구경거리는 신화적 플롯을 드러내기 시작했다.

큐피드는 토스카나 전역에 자신의 왕국을 세우며 황금시대를 연다. 그러나 불행히도 평화는 얼마 지나지 않아 위협을 받는다. 큐피드와 기사들(여섯 명의 궁정 수행원)은 화염과 연기를 뿜어내는 무시무시한 용 그리고 네메시스Nemesis가 이끄는 열두 명의 복수의 여신들과 맞닥뜨린다. 용과 네메시스, 복수의

---

[138] Alois Maria Nagler, *Theatre Festivals of the Medici*, pp. 119~121.

여신들이 결국 지옥으로 가는 함정 속으로 사라진 후에도 큐피드와 토스카나는 여전히 안전하지 않다. '사랑을 향한 경멸의 신sdegno amoroso'과 그를 추종하는 포악하고 야만스러운 다섯 명의 '이집트 기사'들이 지옥의 입에서 무대 위로 뛰어오른다.[139] 또 한 번의 전투가 시작되고, 마침내 토스카나의 황금시대와 평화는 신성한 개입(아마도 코시모 1세)으로 빠르게 자리를 잡아간다.

어디선가 천둥소리가 들리고, 빛으로 일렁이는 구름을 타고 주피터가 당도한다(구름은 몹시 복잡한 기계 장치로 무대를 가로지르며 모습을 바꾼다). 도달한 이는 주피터만이 아니었다.

아래쪽 구름 사이로 네 별이 나타나 주피터의 주위를 맴돈다. 피렌체 출신이자 전하의 수학자인 갈릴레오 갈릴레이가 경이로운 망원경으로 발견한 별들이다. 위대한 영웅을 하늘로 옮겨 놓은 고대인들처럼 그는 별들을 발견하고서 메디치가의 이름을 붙였다. 그러고는 첫 번째 별은 거룩하신 전하께, 두 번째는 군주 돈 프란체스코께, 세 번째는 군주 돈 카를로께, 네 번째는 군주 돈 로렌초께 바쳤다.[140]

---

139 앞의 책, p. 122.
140 Giovanni Villifranchi, *Descrizione della Barriera e della Mascherata fatte in Firenze a' XVII a' XIX di Febbraio 1613*, (Florence, Sermartelli, 1613), pp. 32~33.

기계는 주피터를 대공비 쪽으로 데려가고, 주피터가 대공비를 향해 아리아를 부른 후 기계는 무대에서 서서히 모습을 감춘다. 그 과정에서 메디치의 네 별은 살아 있는 기사들로 바뀐다. "주피터가 노래를 마치자 천둥이 울리고 구름이 걷혔다. 그러고는 네 개의 별이 나타나 곧장 네 명의 기사로 바뀌어 우뚝 섰"다. 주피터가 당도하기 직전에 무대에 등장했던 키클롭스Cyclops는 네 기사에게 벼락을 건넨다. 건네받은 무기를 든 기사들은 주피터의 이름으로 마상 창시합을 준비한다. 창시합의 명칭은 "메디치의 별 기사단의 당도"이다. 이윽고 평화가 찾아온다. 객석에 있던 숙녀들이 무대 위로 올라가 기사들과 합류하면 마지막 무도회가 시작된다.[141]

피렌체의 다른 지역에서도 메디치의 별이 등장했다. 이틀 뒤, 더 간단한 형태의 바리에라가 카니발 행렬을 이루며 도시를 누볐다. 분노의 여신들과 네메시스, 그리고 메디치의 별은 야외극에서 두 번째 무리에 속했다. 별들은 여기서 멈추지 않았다. 바리에라를 쓴 극작가 중 한 명인 야코포 치코니니Jacopo Cicognini를 따라 별들은 1614년 2월 9일 로마로 향했고, 베나프로의 군주 돈 미켈로 페레티Don Michele Peretti와 공주 안나 마리아 체시의 결혼식에서 다시 등장했다. 이 행사는 1614년 로마

---

141 앞의 책, p. 38; Alois Maria Nagler, *Theatre Festivals of the Medici*, pp. 123~125.

의 카니발에서 가장 호화로운 볼거리로 동시대 아비소와 일지에 기록되어 있다.[142]

그날 저녁에는 칸첼레리아궁Palazzo della Cancelleria 근방이 "군중의 혼동과 소음, 흥분으로 가득"했는데, 결혼식을 기념하는 치코니의 연극이 그 궁전에서 상연될 예정이었다. "로마의 모든 귀족, 즉 … 횃불을 든 이들과 우아하게 단장한 하인들을 앞세운 숙녀들과 군주들이 한자리에 모였다." 극장은 만원이었고, 마침내 막이 올랐다. 오른편에서 작은 구름이 황금 전차를 싣고 나타난다. 전차를 모는 이는 비너스다. 올림포스산에서 도망친 아들 '사랑의 신'을 찾고 있다. 머지않아 발견된 사랑의 신은 "황금빛 머리칼에 벌거벗은 채 자연이 우리에게 숨기라고 가르친 부분만을 아름다운 베일로 가렸다." 그의 날개는 "대단히 섬세하며 온통 보석으로 뒤덮였다." 오른손에는 활을 들었고, 어깨에는 더 귀한 보석이 가득 박힌 화살통을 멨다. 그리고 더 많은 보석들, "심지어 아름다움과 가치가 훨씬 더 뛰어난 것들이 목걸이를 장식"했다.

왜 올림포스산을 떠났냐고 비너스가 묻자, 소년은 "위대한 군주의 자질과 위대한 숙녀의 순결함을 거룩한 유대로 결합"하기 위해 땅으로 내려갔다고 답한다. 비너스는 사랑의 신이 맡은 사명에 기뻐하면서도 그와 같이 숭고한 사건이 벌어지는 현실에

---

142 J. A. F. Orbaan, *Documenti sul barocco in Roma*, pp. 214~215.

슬퍼한다. 이제 로마는 몰락해 그 영광도 온데간데없기 때문이다. 그 참혹한 광경을 참을 수 없었던 비너스는 즉시 로마를 아름다웠던 고대의 도시로 돌려놓는다. 즉각적인 부활에 기뻐하는 신부와 신랑은 사랑의 신의 당도와 새롭게 아름다워진 로마를 기념하며 춤을 추기 시작한다. 뒤이어 귀족 관객들도 그 춤에 합류한다. 지위 탓에 춤을 추지 못하는 추기경들만 제외된다.

무도회가 끝날 무렵, 갑자기 무대의 배경이 바뀐다. 이제 우리는 올림포스산에 있다. 비너스는 아들을 데려오게 도와달라고 다른 신들을 설득하려 애쓴다. 사랑의 신이 로마에서 돌아오려 하지 않는다는 것이다. 사랑의 신은 그곳에 눌러앉을 생각인 듯하다. 이때 주피터가 개입한다. 여느 때와 같이 천둥이 울리고 하늘이 갈라지면서 주피터가 "먼 곳에서 금빛으로 둘러싸인 채 믿을 수 없을 만큼 찬란한 모습으로" 등장한다. 구름은 이제 느릿느릿 원을 그리며 움직인다. 구름 한가운데에 있는 주피터는 "불이 이글거리는 왕관을 쓰고 ⋯ 상아와 흑단으로 만든, 황금과 보석으로 반짝이는 왕좌에 앉아" 있다. 적절하게도 별들이 수 놓인 신의 옷을 입었다. 그리고 "그의 주위로 꼭대기에 청록색 깃털이 달린 황금 투구를 쓰고 은으로 만든 갑옷을 입은 네 명의 아이들이 나타나고, 그들로부터 별이 하나씩 모습을 드러낸다."[143] 신부의 친척으로 행사에 참여했던 페데리코 체시

---

[143] 연극의 대본은 야코포 치코니니의 *Amor pudico* (Viterbo: Discepolo, 1614)에

(린체이 아카데미의 창립자)는 연극과 메디치의 별이 등장한 대목에 모두가 즐거워했다고 갈릴레오에게 전했다. 다만 소수의 "소요학파 원숭이들"은 즐기지 않았다고도 덧붙였는데, 그들은 갈릴레오의 진기한 발견을 향한 치코니니의 기념을 인정하지 않았다.[144] 체시는 그들과 약간의 논쟁이라도 해야 할 의무감을 느꼈던 듯하다.

그때가 1614년이었다. 하지만 그 후로 갈릴레오의 발견은 그토록 찬란하게 시작을 알렸던 메디치 신화에서 더는 이력을 이어가지 못했다. 아마도 1616년에 벨라르미노 추기경이 갈릴레오에게 경고를 전한 데다가[145] 코시모 2세가 문화와 정책에 대한 통제력 그리고 건강을 잃었기 때문일 것이다. 당연히 메디치

수록되었다. 사본의 소재는 찾을 수 없었다. 이 축제에 대해서는 필리포 클레멘티의 *Il Carnevale romano nelle cronache contemporanee* (Città di Castello: Unione Arti Grafiche, 1939)를 보라. 연극에 대한 묘사는 클레멘티의 책에 기반했다. 인용문은 그 책에 인용된 당시의 로마 아비소들에서 발췌한 것이다. 오르반J. A. F. Orbaan의 책으로 재간행된 아비소는 더욱 복잡한 플롯의 개요를 제시한다.

144 "치코니니의 연극은 확실히 만족스러웠습니다. 저의 사촌인 공주 페레티[* 안나 마리아 체시]의 결혼식에서 연극이 가미된 야외극과 축제를 보았는데, 굉장히 적절하게도 치코니니가 다른 행성들 사이에 있는 목성 주변에 메디치의 별을 배치했더군요. 모두들 그 구경거리와 발견[진기함]이 적절한 대목에 배치된 것을 보고 흡족해했습니다. 다만, 몇몇 소요학파 원숭이들의 잡음이 들린 것도 사실입니다. 새로운 것이라면 모두 적대하는 늙은이들처럼 으르렁거리는 소리를 멈추지 못하더군요"(*GO*, vol. 12, no. 980, p. 29).

145 * 코페르니쿠스주의를 물리적 학설이 아닌 수학적 학설로만 취급하라고 경고한 사건을 가리킨다. 6장에서 더 자세히 언급된다.

의 별은 로마에서도 다시 등장하지 못한 것으로 보인다. 코시모 2세가 사망하고 크리스티나 대공비와 고문들이 토스카나의 정권과 궁정문화의 관리를 인계받은 1621년 이후로 발견의 명성은 더더욱 쇠퇴했다. 카니발 축제의 기세는 사그라들었고 대신 종교적인 희극이 주류 장르가 되었다.[146] 더군다나 실제 군주의 자리가 공석인 탓에 군주 중심의 새로운 문화적 산물을 만들기도 어려운 상황이었다(코시모 2세의 아들인 페르디난도 2세는 1628년이 되어서야 성년이 되었다). 주피터는 일자리를 잃었다. 1628년에 페르디난도 2세가 마침내 정권을 잡았을 때, 갈릴레오는 이미 로마에서 후원의 틈새를 공략하고 있었다.

하지만 메디치의 별은 메디치 궁정과 연관된 작가들의 작품에서 여전히 언급되고 있었다. 알레산드로 타소니Alessandro Tassoni는 당시에 유명했던 서사시 〈납치된 양동이Secchia rapita〉에서 "별들이 머리 주위를 맴도는" 주피터를 등장시켰다. 또 메디치가의 명부에 이름을 올린 시인 가브리엘로 키아브레라Gabriello Chiabrera는 "너무나도 강력해 별들의 가치조차 끌어올리는 위대한 메디치가의 이름을 불멸의 별들에게" 부여한 갈릴레오를 찬양했다.[147] 코시모 2세가 통치할 때보다는 덜 두드러

---

146 Ludovico Zorzi, *Il luogo teatrale a Firenze* (Milan: Electa, 1975), p. 88.

147 Alessandro Tassoni, *La secchia rapita* (Ronciglione, 1624), in Alberto Asor Rosa, ed., *I poeti giocosi dell'età barocca* (Bari: Laterza, 1975), p. 28; Gabriello Chiabrera in his "Sermone a Gio. Francesco Geri", in Alberto

지긴 했지만 메디치의 별은 피렌체의 궁정문화에서 명을 이어갔고, 이는 독수리를 탄 주피터 주위에서 작은 소년들이 메디치의 별에 올라탄 채 맴돌고 있는 대형 회화에서도 볼 수 있다(1638년에 피티궁 소장품으로 등재되었지만 현재는 유실되었다).[148]

메디치 가문은 궁정을 시뇨리아궁에서 피티궁으로 옮기면서 새로운 궁전의 '행성의 방Sale dei Pianeti'에 메디치가의 올림포스산을 새로 그려 넣었다. 행성의 방 회화 제작이 진행되던 당시의 상황(갈릴레오에게 유죄판결이 내려진 지 10년쯤 지난 상황)은 주피터와 메디치의 별을 표현하는 방식에 심각한 문제를 제기했다. 메디치 가문은 그 딜레마에서 벗어날 방법을 상징해석에서 찾을 수 있었다.

《별의 전령》 헌사에서 갈릴레오가 메디치의 별과 주피터-코시모 1세의 덕을 연결했던 것과 마찬가지로, 피티궁에서 '주피터의 방'(행성의 방 가운데 하나)[149]은 메디치의 별이 네 가

Asor Rosa, ed., *La lirica del Seicento* (Bari: Laterza, 1975), p. 134. 갈릴레오와 메디치의 별을 언급한 시들을 집대성한 문헌으로는 Vaccalluzzo, *Galileo Galilei nella poesia del suo tempo*를 보라.

148 이와 똑같은 테마가 훗날 코시모 3세의 메달을 만드는 데 도입되었다. 그림 11, 12, 13을 보라.

149 "독수리를 탄 주피터와 함께 메디치의 별을 상징하는 네 소년이 묘사된 캔버스. [크기는] 3⅓ × 2½ 브라차."(*ASF*, "Guardaroba medicea 535", fol. 143). [* 당시 이탈리아에서는 지역마다 단위의 값을 다르게 정의했다. 피렌체에서 1브라초는 대략 58.4센티미터였다. '브라차'는 브라초의 복수형이다. 센티미터로 변환한 값은 Galilei and Scheiner, *On Sunspots*, p. 111, note. 7을 참고.]

지 주덕主德으로서 신을 에워싸는 그림으로 장식되었다(그림 5).**150** 메디치의 별에 관한 이와 같은 상징적 표현은 1664년의 대형 판화에서 (훨씬 더 뚜렷하게) 반복되었다(그림6). 이 판화에서 코시모 3세는 아우구스투스로 표현된다.**151** 그 위로는 (코시모 3세의 아버지 페르디난도 2세를 닮은) 주피터가 보인다. 주피터-페르디난도 2세의 주변에 있는 구름 위로 네 가지 주덕이 자리하고(과거의 메디치 대공들로 구체화되었다), 메디치의 별이 그들 모두의 머리 위에서 빛나고 있다.**152**

메디치의 별은 코시모 3세 통치 기간(1670~1723)의 메디치 신화에서도 두드러진다. 대공 코시모 3세의 이름은 특히 메디치의 별을 언급하기에 적절했는데, 다섯 명의 조상을 통해 그를 주피터 그리고 네 개의 별과 직접 연관해 묘사할 수 있었기 때문이다. 루이 14세의 조카인 마르그리트 루이 도를레앙Marguerite-Louise d'Orléans과 군주 코시모의 정치적으로 중요했던 결혼식을 계기로 메디치의 별은 가장 뚜렷하게 부활했다.**153**

---

150 이 프레스코는 피에트로 다 코르토나Pietro da Cortona가 작업을 시작했고, 1665년 무렵 그의 제자 치로 페리Ciro Ferri가 완성했다(Karla Langedijk, *Portraits of the Medici*, 1: p. 210).

151 앞의 책, pp. 211~212.

152 앞의 책, pp. 215~216. 치로 페리는 행성의 방을 완성한 화가였다. 프란스 스피에레Frans Spierre는 치멘토 아카데미가 발행한 회고록의 권두삽화를 판화로 인쇄하기도 했다. Filippo Baldinucci, *Cominciamento e progresso dell'arte dell'intagliare in rame* (Florence: Stecchi, 1767), pp. 215~216도 참고하라.

153 Karla Langedijk, *Portraits of the Medici*, 1: pp. 216~217.

마상 무용극 〈몬도 페스티잔테
Mondo Festeggiante〉는 길게 이어진
의식과 야외극, 구경거리 가운데
서도 단연 화려한 볼거리였다.[154]

행사의 공식 기록에 따르면 무용극을 보기 위해 약 2만 명의 구
경꾼이 몰렸다고 한다.[155]

이 구경거리는 헤르쿨레스가 우주를 어깨에 짊어진 모습을

---

154 *Memorie delle feste fatte in Firenze per le reali nozze de' Serenissimi
Sposi Cosimo Principe di Toscana e Margherita Luisa d'Orleans*
(Florence: Stamperia di SAS, 1662).

155 Alessandro Carducci, *Il mondo festeggiante, balletto a cavallo fatto nel
teatro congiunto al palazzo del Sereniss. Gran Duca per le reali nozze
de' Serenissimi Principi Cosimo Terzo di Toscana e Margherita Luisa
d'Orleans* (Florence: Stamperia di SAS, 1661).

표현한 초대형 극장기계가 등장하며
시작된다(그림7). 헤르쿨레스가 무
대 중앙에 도달하면 기계는 천천히
아틀라스산으로 변한다. 지구의 네

그림 6 프란스 스피에레, 치로 페
리의 그림으로 만든 판화, 〈코시
모 3세를 보호하는 메디치의 별〉
1664~1665년. (사진 ⓒalamy)

대륙을 상징하는 수많은 기사들이 무대로 나와 헤르쿨레스를
향해 경의를 표한다. 이것은 결혼식에서 축하받고 있는 '헤르쿨

레스다운' 한 쌍을 향한 경의이기도 하다. 유럽과 아메리카 대륙의 기사들은 결혼식에 기뻐하지만, 아시아와 아프리카 대륙의 기사들은 그 강력한 결합에 위협을 느낀다. 두 진영 간에 우아한 결투-무용극이 시작되지만 오래가지 않아 끝이 난다.[156]

주피터의 당도를 알리는 강렬한 천둥소리가 들려오고, 구름으로 둘러싸인 극장기계 위에서 주피터가 등장하자 기사들은 즉시 결투를 멈춘다(그림8). 기계가 무대 위로 주피터를 내려놓는 즉시 구름은 사라지고 "네 명의 기사가 주피터와 근접한 곳에서 우아한 말을 타고 나타난다. 그들은 메디치의 별을 상

그림 7 스테파노 델라 벨라, 〈몬도 페스티잔테〉 중 우주를 어깨에 둘러멘 헤르쿨레스 판화, 1661년, 뉴욕 메트로폴리탄 미술관. (사진 commons.wikimedia.org)

---

156 *Memorie delle feste*, p. 106.

징하며 절대 주피터의 곁을 떠나지 않는다[이 부분은 《별의 전령》을 인용한 것이다].”[157] 그런 다음 주피터가 결혼을 축하하는 노래를 부른다. 그 노래는 마르그리트 루이의 황금 백합[158]으로부터 뻗어 나오는 광채가 더해져 코시모의 메디치의 별을 더더욱 아름답고 빛나게 한다.[159] 그때 아폴로가 주피터에게 합류해 “프랑스의 태양과 메디치의 별”이 결

[157] Alessandro Carducci, *Il mondo festeggiante*, p. 46.
[158] *백합은 프랑스 왕실을 상징한다.
[159] 앞의 책, p. 49.

합하는 결혼식을 칭송한다.[160] 구경거리가 이어지면서 "메디치의 별은 전하께, 즉 토스카나의 주피터에게 다가가 곁에 자리를 잡는다. 그러고는 나머지 의식이 진행되는 동안 결코 전하의 곁을 떠나지 않는다. 야외극이 진행되는 동안 줄곧 전하의 옆 가까이에 질서 있게 머무른"다.[161]

메디치의 별은 코시모의 결혼식 즈음하여 주조된 메달에도 등장했다. 코시모의 문장은 메디치의 별의 인도 아래 바다를 항해하는 배였고, 제명은 "빛나는 별들Certa Fulgent Sidera"이었다 (그림9). 루카 조르다노Luca Giordano가 메디치 리카르디궁 천장에 그린 프레스코화 연작 〈메디치 숭배Medici

그림 9 프란체스코 타바니, 군주 코시모와 마르그리트 루이 도를레앙의 1661년 결혼식 즈음하여 타바니가 만든 것을 모방한 메달(1666년). 칼라 랑에데이크, 《Portraits of the Medici》, vol. 1, p. 640에서 전재.

160 앞의 책, pp. 51, 53.

161 앞의 책, p. 53

그림 10 루카 조르다노, 〈메디치 숭배〉, 메디치 리카르디 궁의 갤러리아 천장 (사진: commons. wikimedia.org)

Apotheosis〉[162]뿐만 아니라 다른 공식 메달에서도 메디치의 별이 모습을 드

---

[162] Karla Langedijk, *Portraits of the Medici*, vol.1, p. 215; vol.2, p. 639.

29,107 var.   29,107 rev. variant

그림 11 작자 및 연도 불명. 코시모 3세를 기리는 메달. 뒷면에는 지구 위에 뜬 구름 사이로 '명성의 신'이 모습을 드러냈고, '위업으로 명성을 떨치라 *Famam extendere factis* '라는 제명이 감싸고 있다. 명성의 신이 부는 나팔 위로 메디치의 별에 둘러싸인 주피터가 보인다. 칼라 랑에데이크, 《Portraits of the Medici》, vol. 1, p. 631에서 전재.

그림 12 조반니 바티스타 포지니, 1683년 경, 코시모 3세의 어머니 비토리아 델라 로베레를 기념하는 동메달의 뒷면. 명성의 신 위에 주피터와 메디치의 별이 있다. Fiorenza Vannel, Giuseppe Toderi, 《La medaglia barocca in Toscana》, table 1 에서 전재.

그림 13 안토니오 셀비, 코시모 3세를 기념하는 동메달. 뒷면의 제명 '빛나는 별들' 아래 메디치의 별의 인도를 받고 항해하는 배가 보인다. 같은 책, table 115에서 전재.

러냈다(그림 10, 11,12).**163** 1723년에 코시모 3세가 사망했을 때 메디치의 별이 새겨진 메달 하나가 그의 가슴 위에 놓였다(그림 13). 메디치 가문은 그로부터 고작 14년밖에 버티지 못했다.

궁정문화, 절대주의, 과학의 정당화

메디치의 별은 페르디난도 2세의 통치 기간에 다시 궁정 신화에서 모습을 드러냈지만, 갈릴레오와의 연관성은 사그라들었다. 1633년의 유죄판결이 그 진행을 앞당겼다. 별들의 발견과 관련해 갈릴레오가 맡은 역할은 1613년 축제의 바리에라에서는 언급되었지만, 1661년 〈몬도 페스티잔테〉에서는 찾아볼 수 없었다. 그 무렵 메디치 궁정문화는 메디치의 별과 발견자의 관계만이 아니라 그 별과 천문학의 관계 또한 단절해 버렸다. 〈몬도 페스티잔테〉에서 알 수 있듯이, 메디치의 별은 더는 별이 아니었다. 메디치의 별에 남은 것은 가문의 물신, 즉 주피터-코시모의 기사들에게 부여된 이름뿐이었다. 이 물신화 과정을 분석하면 메디치의 후원을 활용하여 과학의 정당화에 이르렀던 길과 그것의 구조적 한계가 모두 드러난다.

---

163 앞의 책, vo2. pp. 630~632, 637, 639. 같은 책의 pp. 630~632에서 랑에데이크는 메달에 새겨진 주피터와 네 별의 표시를 알아차리지 못했다.

메디치의 후원은 특정 과학 이론의 저자나 연구프로그램의 제안자에게 보상을 내리지는 않았지만, 궁정 담론에 부합하고 메디치 가문 이미지의 정당화에 기여한 경이로움은 높이 평가했다. 결과적으로 갈릴레오는 코페르니쿠스주의 천문학자가 아니라 메디치의 영광을 전파하는 천상계의 대사로서 보상받을 수 있었다. 그는 궁정의 담론을 잘 이해하고 있었으며, 목성의 위성을 코페르니쿠스를 뒷받침하는 천문학적 발견으로 제시한 것이 아니라 메디치 가문의 상징으로 제시했다.[164]

갈릴레오의 성공적인 후원 전략에서 흥미로운 역설은 더욱 정당한 저자, 즉 철학자가 되려면 발견의 저자권을 지워야 했다는 점이다. 앞서 살펴보았듯이, 이 의례적인 지우기 행위는 절대권력의 동역학과 그 동역학이 저자권을 틀 짓는 방식에 뿌리를 두었다. 토르콰토 타소는 궁정에 관한 대화편에서 궁정인들을 군주의 평판과 명예를 드높이는 집단으로 묘사했는데, 그렇게 해야만 마치 샘에서 물을 공급받아 하천이 되듯 자신의 명예를 얻을 수 있었기 때문이다.[165] 이와 마찬가지로 갈릴레오와 펠리송의 사례에서(또 치멘토 아카데미가《소론들》을 헌정한 사

---

164 갈릴레오가 메디치 후원의 규약을 잘 알고 있었다는 사실은 목성 위성을 가문의 상징으로 표현한 것 이외의 사례에서도 드러난다. 갈릴레오는 궁정직을 두고 빈타와 협상하는 동안 자신을 말 그대로 경이로움으로 가득 찬 사람으로 내세움으로써 매력적인 가신으로 보이고자 노력했다(GO, vol. 10, no. 307, p. 351).

165 Torquato Tasso, *Il malpiglio, o vero de la corte*, reprinted in Cesare Guasti, ed., *I dialoghi di Torquato Tasso* (Florence: Le Monnier, 1901), 3: p. 13.

례에서) 알 수 있듯이, 신하는 자신을 오만한 저자('도전자')가 아닌 군주의 '대리인'으로 내세워야 정당한 저자가 될 수 있었다. 이런 식으로 가신은 정당성을 확보하는 한편, 군주는 말하자면 궁극적이고 절대적인 저자로 남게 되었다.[166]

그럼에도 군주는 자신의 이미지를 혼자 찬양할 수는 없었다. 그에게는 찬양해 줄 가신이 필요했다. 그렇다고 해서 후원자와 가신이 찬양과 정당성을 대놓고 맞바꿀 수는 없었다. 그렇게 한다면 군주의 권력, 즉 가신에게 찬양받는 대상인 동시에 가신을 정당화해 줄 군주의 권력에 대한 이미지는 훼손되었을 것이다. 마랭이 말했듯이, "양측에게 주어진 유일한 출구는 공모를 비밀에 부치는 것"이었다.[167]

그러한 속임수를 제안하고 알맞게 사용하는 쪽은 가신이었

---

[166] 경쟁자들이 서로에게 도전하기 위해 (어쩌면 상대측을 파산시킬 수 있는) 과시적 소비에 참여하는 포틀래치와는 달리, 우리가 살펴본 사례들은 애초부터 한 당사자측 (군주)이 승자로 여겨지는 더욱 규율적인 형식을 갖추었다. 그 결과, 상대측은 (원칙적으로 도전 자체가 불가능한) 군주에게 도전해서 지위를 얻는 것이 아니라 군주의 이미지를 드높이는 방식으로 '스스로를 소모'함으로써 지위를 얻을 수 있었다. 군주는 도전을 받지 않았으므로(그러나 실제로는 가신 '스스로의 소모'로부터 이익을 얻었다) 가신에게 보상을 제공함으로써 본인의 이미지를 드높인 공로를 '인정'할 수 있었다. 군주의 보상에는 큰 비용이 들지 않았다. 그것은 실제 보상이라기보다는 인정에 더 가까웠다. 궁정 문화를 통해 귀족 길들이기를 거쳐 정치적 절대주의가 발전한 방식과 이와 같은 과정들 사이의 연결고리는 중요한 의미를 갖는다. 귀족들의 도전 정신은 군주가 아닌 스스로를 향하게 되었고, 가신들의 '소모'는 군주의 권력을 밝게 비추게 되었다.

[167] Louis Marin, *Portrait of the King*, p. 44.

고, 군주가 하지 못하는 것을 해낸 바로 그 대가로 가신은 보상을 받았다. 갈릴레오와 펠리송이 원래부터 군주의 소유가 아닌 것은 아무것도 줄 수 없다는 식으로 스스로를 내세운 이유가 이것으로 설명된다. 군주가 그들에게 내린 보상이, 봉사의 대가나 보수로 보이지 않게 하려면 그렇게 해야만 했다. 가신은 속임수를 숨기기 위해 저자로서의 자신을 지워야 했다. 오직 그 방식으로만 군주는 가신이 생산한 것의 궁극적인 저자로 보일 수 있었고, 그럼으로써 자신의 이미지에 대한 찬양을 받는 동시에 찬양의 주체인 '대리인'으로서의 가신에게 정당성을 부여할 수 있었다.[168] 갈릴레오는 말 그대로 독자적인 철학자가 아닌 오로지 대공의 철학자만 될 수 있었다.

결과적으로 〈몬도 페스티잔테〉와 메디치의 별과 관련된 이후의 다른 표상에서 드러났듯, 메디치의 별이 발견자에게서 완전히 분리된 결말은 갈릴레오가 50년 전 도입했던 후원 전략에 이미 새겨져 있었다. 자신이 별의 발견과 무관하다는 갈릴레오의 수사적 주장은 결국 현실이 되었다. 메디치의 별은 이제 메디치가의 물신에 지나지 않았으며 또한 가문이 몰락하는 순간까지 메디치 궁정문화에서 물신으로만 기념되었다. 갈릴레오

---

168 한편 속임수의 주도권을 쥔 것은 가신이었으므로 어떤 의미에서 그는 군주를 속일 수도 있었다. 하지만 군주는 '속임수'에 넘어가도 아무것도 잃지 않았다. 왜냐하면 가신의 속임수는 결국 군주의 권력 이미지를 확인해 주며 끝났기 때문이다. 군주는 '전능한 꼭두각시'였던 셈이다. 앞의 책, p. 44을 참고하라.

는 훨씬 전에 무대를 떠났던 것이다.[169]

갈릴레오는 자신의 발견을 군주 덕분에 가능했던 것으로 내세움으로써 철학자의 칭호를 획득했다. 하지만 자연의 수학적 분석과 코페르니쿠스 천문학의 정당화에 대한 메디치가의 지지는 끝내 얻지 못했다. 군주가 가진 권력 이미지의 규약과 부합하지 않았기 때문이다.[170]

메디치 궁정의 후원 규약은 갈릴레오에게 축복이자 저주였지만, 동시에 그가 무시할 수 없는 기회를 의미하기도 했다. 메디치가의 후원 의제는 갈릴레오의 사회적·인식적 정당화 전략과 오직 일부분 혹은 일시적으로 일치했을 뿐이지만, 그러한 일치는 역사적으로 매우 중요한 의미를 갖는다. 갈릴레오 본인의 경력에도 물론 중요했지만, 그가 철학자라는 칭호로 메디치 궁정에 고용된 사건은 더욱 일반적인 두 가지 역사적 과정이 교차했음을 보여 준다. 바로 절대주의 국가의 출현과 연관된 궁정 문화의 형성 그리고 과학의 사회적 정당화 과정이다. 갈릴레오

---

169 흥미롭게도 갈릴레오는 훗날 코시모 2세의 아들 군주 레오폴도에 의해 부활했다. 메디치가의 이미지를 찬양하려는 시도의 일환이었는데, 이번에는 (레오폴도가 보기에) 유럽의 예술은 물론 유럽의 과학까지 후원하는 가문으로 메디치가를 내세우려 했다. 레오폴도가 갈릴레오를 찬양한 것은 사람 자체를 기념하기 위해서가 아니라 본인이 구축한 메디치가의 자기 찬양 서사에 갈릴레오가 우연히 잘 맞아떨어졌기 때문이다.

170 갈릴레오가 메디치의 별을 표현한 후원 의존적 전략에 내재한 역설들은 그가 궁정으로 이동하면서 모습을 드러낸 다른 역설과 관련되어 있다. 즉, 궁정이라는 기관은 갈릴레오가 추구하던 새로운 사회직업적 역할을 정당화해 주었으나 그가 수행한 연구의 전문적인 차원들은 이해하지 못하거나 신경을 쓰지 않았다.

의 경력 분석에서 드러난 과학의 사회적·인식적 정당화 전략을 궁정사회 및 문화의 형성과 관련된 또 다른 사회직업적 정당화 패턴들과 어떻게 비교할 수 있는지 간략하게 설명해 보겠다.

근대 초기의 궁정을 다룬 최근 저술들에 따르면, 바로크 궁정들은 구체적인 면에서는 서로 달랐지만, 문화의 근본적인 특징은 군주 권력의 절대화 담론과 긴밀히 연결되어 있었고 국경을 초월한 수많은 유사점을 드러냈다.[171] 공통적인 특징 하나는 자기언급성 self-referentiality이다. 특히 16세기 말부터 궁정사회는 (문화적으로도 지리적으로도) 주변 사회와 단절된 채 오로지 그들의 사회와 군주 그리고 다른 궁정의 문화만을 중점에 두고 언급하는 경향이 있었다. 우리는 이러한 과정을 궁정의 폐쇄적

---

[171] 예를 들어 다음과 같은 문헌들이 있다. Norbert Elias, *Court Society*; idem, *The History of Manners* (New York: Pantheon, 1982); idem, *Power and Civility*, (New York: Pantheon, 1982); Louis Marin, *Portrait of the King*; Jean-Marie Apostolides, *Le prince sacrifié* (Paris: Minuit, 1985); idem, *Le roi machine* (Paris: Minuit, 1981); Sergio Bertelli and Giuliano Crifò, eds., *Rituale, cerimoniale, etichetta* (Milan: Bompiano, 1985); Amedeo Quandam and Marzio Achille Romani, eds., *Le corti farnesiane di Parma e Piacenza*, (Rome: Bulzoni, 1978), 2 vols.; Adriano Prosperi, ed., *La corte e il 'cortegiano': Un modello europeo* (Rome: Bulzoni, 1980); Hubert Ch. Ehalt, *Ausdrucksformen Absolutischer Herrschaft* (Munich: Oldenbourg, 1980); Frank Whigham, Jr., *Ambition and Privilege: The Social Tropes of Elizabethian Courtesy Theory* (Berkeley: University of California Press, 1984); Jean-Francois Solnon, *La Cour de France* (Paris: Fayard, 1987); Randolph Starn and Loren Partridge, *Arts of Power* (Berkeley: University of California Press, 1992).

인 극장 공간이 공개적인 구경거리를 대체한 과정과 관련지을 수 있다.[172] 마찬가지로 궁정문학과 시들을 살펴보면, 동시대의 사건(예식, 군사적 공로, 공공사업과 기념물)과 당시 살아 있던 궁정인들의 삶 및 활동을 지배 가문의 신화와 교묘하게 혼합한 소재가 사용되었음을 곧바로 알아차릴 수 있다. 갈릴레오가 메디치의 별에 관한 글을 쓰도록 부추긴 작가들의 작품은 실제 궁정생활에 대한 언급으로 가득 차 있다(가령 가브리엘로 키아브레라, 어린 미켈란젤로 부오나로티, 안드레아 살바도리, 또는 갈릴레오의 동료 살바도레 코폴라Salvadore Coppola의 작품). 궁정회화에서도 비슷한 패턴이 발견된다.[173]

당시의 몇몇 궁정 구경거리에 대한 묘사는 자기언급성의 또 다른 측면을 보여준다. 궁정인들은 스스로를 연기했다. 궁정인들과 군주는 전문 배우들과 함께 직접 무대에 올라 실제 그들의 생활과 비슷한 역할을 연기했다. 1613년의 바리에라에서 코시모 2세는 엘바섬 코스모폴리에 도착한 갤리선에서 내려 무대를 가로지른 다음 관중 속에 있는 대공비를 향해 노래를 불렀다.[174] 1661년의 〈몬도 페스티잔테〉에서는 코시모 3세가 무대 위에 등장해 (메디치의 별 기사단에 둘러싸인 채) 궁정인들을

---

172 각주 30번을 참고하라.

173 예컨대 Ettore Allegri, Alessandro Cecchi, *Palazzo Vecchio e i Medici*, pp. 145~147을 보라.

174 Alois Maria Nagler, *Theatre Festivals of the Medici*, p. 123.

이끌고 마상 무용극에 참가했다.[175] 궁정은 말 그대로 구경거리를 통해 자신과 신화를 표현했다.[176]

그 결과 궁정은 문화적으로 폐쇄되었고, 때로는 외부 사회와 지리적으로 분리되기도 했다. 가장 두드러진 사례는 베르사유궁이겠지만, 피렌체 인근 교외의 수많은 메디치 별장도 베르사유궁과 정치적으로 동일하게 기능했다.[177] 그곳들은 군주의 '에덴동산'이었다. 이렇게 도시와 도시의 '군중'으로부터 궁정이 문화적·지리적으로 분리되면서, 동시에 새로운 사회집단, 즉 (피렌체의 경우) 상업적 기반을 가진 기존의 귀족집단과 구별되는 새로운 집단이 궁정사회 속에서 형성되는 것을 우리는 목격한다. 이러한 폐쇄성은 궁정인들이 되고자 하는 이들에게 도시 군중과의 차별성을 느끼게 했으며 그들이 새로운 사회적 정체성을 형성하게 했다. 루이 14세가 정치적 불안을 일으키는 귀족사회를 통제하기 위해 베르사유궁을 활용했다면, 메디치가는 이전에 동료 상인이었던 이들로 귀족사회를 만들기 위해 궁정을 활용했다. 당시의 궁정 논고들은 궁정문화를 언급할 때 '문명화civiltà'라는 구체적인 용어를 사용했다. 마테오 펠레

---

175 Alessandro Carducci, *Il mondo festeggiante*, pp. 60~66.

176 Norbert Elias, *Court Society*, p. 112; 스페인의 사례는 J. E. Varey, "The Audience and the Play at Court Spectacles: The Role of the King", *Bulletin of Hispanic Studies* 61 (1984): pp. 399~406을 참고하라.

177 Jean-Marie Apostolides, *Le roi machine*에서 특히 "Les plaisirs de l'Île enchantée", pp. 93~113을 보라.

그리니가 1624년 말했듯이, "군주는 문명화된 생활의 심장이며 궁정은 그 수족"이다. 궁정의 생활양식은 문명화된 양식, 바로 교양 그 자체였다.[178]

하지만 궁정사회가 형성되고 하층계급과의 분리가 심화되었다고 해서, 그 사회가 포함하고 통제하는 상류층의 지위만 영향을 받은 것은 아니다. 궁정사회가 발전하려면 궁정의 귀족, 즉 군주의 권력을 표현할 수 있는 유능하고 협조적인 지지자 외에도 더 많은 것들이 필요했다. 공인 순수예술 아카데미가 그러한 표현의 규약을 통제하는 기관으로 발전한 사실에서 알 수 있듯이, 군주의 이미지를 만드는 유능한 생산자들 또한 필요했다. 물론 예술가들은 이미 예전부터 권력자의 이미지를 찬양해 왔지만, 바로크 궁정과 중앙집권 국가가 출현하면서 군주가 지닌 권력의 예술적 표현은 전문화된 기관에 의해 통제되기 시작했다. 일종의 예술 관료제로 편입된 결과, 아카데미에 속한 예술가들의 사회적 지위는 시각예술을 실천하는 아카데미 바깥의 장인들보다 훨씬 더 높아졌다.[179]

바로 여기가 궁정사회와 궁정문화의 발전이 과학의 사회적 정당화 과정과 교차하는 지점이다. 메디치 같은 군주들은 절대

---

178 Matteo Pellegrini, *Che al savio é convenevole il corteggiare*, pp. 82, 171.

179 이 주제의 일반적인 내용을 다룬 문헌으로는 Nikolaus Pevsner, *Academics of Art* (Cambridge: Cambridge University Press, 1940)가 있다. 디세뇨 아카데미에 관해서는 각주 25번을 참고하라.

주의 국가를 발전시키려 애쓰는 중이었고 권력의 표현을 정당화할 필요가 있었다. 한편 갈릴레오 같은 대학의 수학자들은 그들과 철학자 간의 지위 격차에 맞닥뜨린 상태였다. 앞서 살펴보았듯, 지위의 격차는 수학을 도구로 활용해 자연현상의 물리적 차원을 연구하는 실천의 정당성을 격하시켰다. 따라서 장인들이 군주의 권력 신화를 회화와 조각과 건축으로 표현하여 아카데미 예술가가 되는 데 성공한 것과 동일한 방식으로, 갈릴레오는 목성의 위성을 메디치 가문의 상징으로 표현하여 수학자에서 철학자로 변모했다. 궁정은 과학 아카데미는 아니었지만, 사회적 정당성을 제공하여 '철학자로 변모한 수학자들'이 신뢰를 구축하는 데 기여한 기관이었다. 분과학문 간의 위계와 기존의 사회기관 그리고 사회문화적 변화의 패턴을 고려하면, 갈릴레오에게 가장 유망한 선택지는 바로 궁정이었다. 비록 문제가 있는 선택지였지만 말이다.

여기서 나의 관심사는 갈릴레오의 경력과 사회적 정당화 전략이 궁정과 그 후원에 의해 결정되었다고 주장하는 것이 아니다. 갈릴레오는 대학에서 궁정으로 적을 옮길 필요가 없었으며, 메디치의 가신이라는 이유로 목성의 위성을 발견한 것도 아니다. 하지만 갈릴레오의 경력을 가능하게 했던 역사적 과정과 기관 그리고 후원 동역학은 오직 그만 겪었던 것이 아니다. 마찬가지로 바로크 궁정문화와 후원의 근본적인 측면들, 즉 신학과 철학에 특권을 부여한 분과학문 간의 위계, 그에 기반하여 수학이 부여받은 낮은 인식론적 지위, 그리고 절대권력자의 담론과 관련된 측면들이 피렌체의 맥락에만 적용되었던 것도 결코 아니다.[180]

갈릴레오가 그저 후원 전략 면에서 운이 좋았다거나 단지 뛰어난 과학자였다고 말하는 것은, 그의 유례없는 경력을 가능케 하고 코페르니쿠스주의와 수학적 물리학의 정당화 전략을 틀 지은 폭넓은 역사적 동역학을 무시하는 처사이다. 오히려 나는 갈릴레오가 훌륭한 브리콜뢰르, 즉 '즉흥적 손재주꾼'이었다고 말하겠다. 갈릴레오의 경력을 구성할 수많은 재료는 이미 그곳에 있었다. 하지만 브리콜라주bricolage는 그의 손재주에서 새롭게 탄생한 것이었다.

180 Robert Westman, "Astronomer's Role in the Sixteenth Century"; Mario Biagioli, "Social Status of Italian Mathematicians".

3장 궁정 논쟁의 해부학

갈릴레오는 대공의 철학자 겸 수학자가 된 뒤에도 궁정에서 그리 많은 시간을 보내지 않았다. 대신 정기적으로 대공을 알현하면서도 궁정에서 살거나 일하거나 며칠씩이나 머물지 않는 수많은 피렌체 귀족(예를 들어 친구 살비아티)과 비슷한 생활양식에 적응하려 했다. 게다가 궁정에서도 갈릴레오에게 실질적인 직무를 아무것도 부여하지 않았다. 그의 직위는 굉장히 독특했다. 메디치 궁정의 명부에 갈릴레오의 이름은 예술가, 기술공, 세계지학자(가령 그의 전임자 리치) 중에 어느 범주에도 올라가 있지 않았다.[1] 더군다나 궁정인의 급료를 받지도 않았다. 그의 봉급은 메디치가의 국고Depositeria Generale(일반 금고)가 아니라

---

[1] *ASF*, "Guardaroba medicea 309"의 "보수를 받지 않고 특권을 누리는 가신들Familiari a ruolo senza provvisione a godere di privilegi", fol. 38v에서 갈릴레오를 찾을 수 있다. 이와 동일한 범주가 다른 명부에서는 "보수를 받지 않는 직책의 신사Gentilhuomini a ruolo senza provvisione"라고 불리기도 한다. 수학자와 기술공은 전혀 다른 범주에 속해 있는데, "수행원 교사"(리치, 피에로니, 칸타갈리나) 또는 "건축가·예술가·기타 장인"(부온탈렌티, 파리지, 네로니)이었다.

피사 대학의 기금이 마련되는 십일조Decime Ecclesiatiche(대공령의 교회 자산에 부과하는 세금)로 마련되었다.[2]

그러므로 갈릴레오는 궁정에 자유자재로 출입하는 신사에 속하면서도 그곳에서 일할 의무는 없는(따라서 급료를 받지 않는) 궁정인이었다. 그러면서도 단 한 번도 일한 적 없는 기관, 내가 알기로는 1610년 9월 피렌체로 돌아간 뒤로는 방문한 적도 없는 기관으로부터 봉급을 받았다. 갈릴레오의 급료는 피렌체에서 한 해에 두 번, 친구 살비아티 소유 은행의 피사 지부를 통해 송금되었다.[3]

갈릴레오가 궁정의 기존 분류에 속하지 않았다는 사실은 그의 사회직업적 정체성이 새로운 종류였다는 의미이다. 당시에는 그에게 부합할 만한 범주가 확립되어 있지 않았다. 하지만 메디치 궁정에서 갈릴레오가 경험한 것과 같은 특권적 주변성은 새롭고도 유례없는 사회직업적 정체성을 형성하려는 시도에서 필수적인 단계였다. 그는 대학의 수학자는 물론이고 군주의 별점에 쓸 천문표를 만드느라 눈코 뜰 새 없이 바쁜 궁정수학자도 되고 싶지 않았다. 그가 피렌체에서 확보한 궁정직은 두 가지 전문직업적 정체성의 이점을 전부 가지면서도 그것들의 많은 결점은 피할 수 있는 자리였다. 갈릴레오는 피사 대학의

2   *GO*, vol. 19, pp. 233~264.
3   *GO*, vol. 11, no. 671, p. 292.

명예교수이자 피렌체의 명예 궁정인이었다. 특권이 있으면서 도 아직 확립되지 않은 사회직업적 공간이 갈릴레오의 활동 영역이었다.

부양성 논쟁이 벌어질 당시 갈릴레오가 피렌체에서 누린 독특한 지위는 그의 거주 패턴을 통해 해석할 수 있다. 1611년 1월, 피렌체로 돌아온 지 몇 달 되지 않았을 때부터 갈릴레오는 살비아티의 셀베 별장Villa delle Serve에 머물고 있었다.[4] 메디치 가문이 겨울에 피사와 리보르노로 궁정을 옮길 때조차 그는 동행하지 않았다. 갈릴레오가 사르피에게 썼듯이, 그의 건강에는 궁정보다 셀베의 "공기"가 훨씬 더 잘 맞았다.[5] 대공도 갈릴레오의 사정을 이해하고 피렌체 주변의 어느 메디치 별장이든 머물 수 있게 해주었다(영향력이 더 약했던 살비아티 같은 후원자들과의 경쟁을 방지할 의도도 있었을 것이다).[6] 갈릴레오가 코시모의 제안을 진지하게 받아들였는지는 알 수 없지만, 어쨌든 그는 다음 해에 안토니오 데 메디치(대공의 사촌)의 마리니올레 별장에서 머물렀다. 안토니오는 그곳으로 멧돼지 고기와 다른 사냥감을 선물로 보내 주기도 했다.[7]

---

4 갈릴레오가 셀베에 남긴 몇 가지 흔적은 Mario Biagioli, "New Documents on Galileo", *Nuncius* 6 (1991): pp. 157~169을 보라.

5 *GO*, vol. 11, no. 461, p. 27.

6 앞의 책, no. 476, pp. 46~47.

7 앞의 책, no. 600, p. 227.

1611년 1월에서 10월 사이에 갈릴레오는 궁정에 오래 머무른 적이 없었다. 2월 초에는 여전히 셀베에 있었고, 한 달 뒤에는 로마로 떠나 6월 초까지 머물렀다.[8] 로마에서 돌아온 지 한 달 후 부양성 논쟁이 시작되던 시점에도 다시 셀베에 있었다. 8월 말 혹은 9월 초에도 여전히 그곳에 머물고 있었으며, 바로 그때 논쟁 첫 번째 국면의 마지막 회합이 벌어졌다. 10월 말에는 안토니오의 마리니올레 별장으로 이동했다. 하지만 머지않아 다시 셀베로 돌아갔고 그곳에서 부양성 논쟁을 매듭지으며 태양 흑점 논쟁의 첫 번째 국면으로 진입했다. 갈릴레오는 12월 말부터 이듬해 3월까지 그곳에 머물렀다(아마도 피사에서 궁정인들을 이끌고 돌아온 대공을 알현하기 위해 피렌체를 잠깐 방문했을 것이다).[9] 하지만 갈릴레오의 피렌체 체류 기간은 짧았던 것이 분명한데, 4월 초에 살비아티가 피렌체에 머무는 중인 갈릴레오에게 왜 약속과 달리 아직 셀베로 돌아오지 않냐고 묻는 편지를 보냈기 때문이다.[10] 그가 없이는 루잔테에 관해 논할 수 없다는 이유였다.[11]

1613년 말 살비아티가 피렌체를 떠날 때까지 갈릴레오는 이

8 앞의 책, no. 476, pp. 46~47; no. 504, pp. 78~79; no. 538, p. 121.
9 앞의 책, no. 633, p. 254; no. 640, pp. 258~259; no. 647, p. 265; no. 648, p. 266; no. 659, p. 278; no. 833, p. 468. 마지막 편지는 1613년 작성되긴 했지만, 궁정을 여느 때처럼 피렌체에서 피사와 리보르노로 옮겼다고 언급하고 있다.
10 *살비아티의 셀베 별장은 피렌체 외곽의 '라스트라 아 시냐Lastra a Signa'에 있었다.
11 앞의 책, no. 668, p. 290.

렇게 거주지를 옮겨 다니는 패턴을 유지했다.[12] 심지어 그 이후에도 궁정에서 많은 시간을 보내지 않았다. 갈릴레오는 시골에 별장을 마련할 여유가 없었음에도 일종의 교외 생활양식을 고수했다. 또 자신을 회원으로 선출해 준 아카데미의 회의에도 거의 참석하지 않았다.

이것은 산만한 속세에서 벗어나 생산적인 환경을 찾는 과학자나 궁정수학자의 생활양식은 아니었다. 셀베와 마리니올레는 연구소나 수도원이 아니었다. 갈릴레오는 은둔 과학자가 아닌 귀족으로 살았다. 고대부터 이어진 (그러나 거의 잊힌) 가문의 귀족 혈통을 강조하고 살비아티와의 관계를 드러냄으로써 그는 자신을 귀족으로 내세우려 했다.[13] 그 결과 갈릴레오는 시골 저택에 살면서 궁정 에티켓이 요구할 때마다 대공을(그리고

---

12 1612년 5월 갈릴레오는 여전히 셀베에 있었다(앞의 책, no. 672, p. 293; no. 674, p. 294; no. 675, p. 295). 5월 말부터 6월까지는 거의 피렌체에서 체류했다(앞의 책, no. 681, p. 301; no. 684, p. 304). 8월에도 피렌체에 있었지만(앞의 책, no. 741, p. 374), 6월부터 8월까지 그의 거취를 추적할 만한 편지는 없다. 다시 발견되는 편지는 10월에 쓰인 것이며, 그때 그는 셀베에 있었다(앞의 책, no. 787, p. 419). 갈릴레오는 10월부터 1613년 2월(혹은 3월)까지 그곳에 머문 것으로 보인다(앞의 책, no. 792, p. 426; no. 806, p. 440; no. 827, p. 459; no. 833, p. 465; no. 842, p. 477; no. 850, p. 485).

13 살비아티에 관한 전기 자료를 얻을 수 있는 가장 종합적인 출처는 Niccolò Arrighetti, *Delle lodi del Sig. Filippo Salviati* (Florence: Giunti, 1614)이다. Mario Biagioli, "Filippo Salviati: A Baroque Virtuoso", *Nuncius* 7 (1992)도 참고하라.

살비아티를) 맞으러 피렌체나 리보르노로 가기를 반복했다.[14] 당시 피렌체에 있던 그의 집은 거주용이 아니라 시골로 돌아가기 전 시내에서 업무를 처리하는 동안 잠시 머무는 도시 호텔에 가까웠다. 실제로 타르조니 토체티[15]는 그 기간에 갈릴레오의 집이 피렌체 시내에 없다고 생각했다.[16] 1617년 무렵 갈릴레오는 벨로스구아르도에 있는 작은 별장으로 갔고, 그곳에서 다시 아르체트리Arcetri의 또 다른 별장으로 이사했다.[17]

14 갈릴레오가 궁정일지에 등장하지 않는다는 사실 또한 그가 궁정에서 맡은 역할의 변칙적 성격에서 기인한다. 궁정일지는 기본적으로 에티켓의 '데이터베이스'였다. 이는 외국 고위 관료의 대우에 관한 방대한 정보들로, 미래의 에티켓 결례를 방지하는 것이 목적이었다. 그 결과 궁정일지는 매우 선별적인 문학 장르가 되었다. 그곳에 언급된 사람들은 저마다 정치적 역할을 맡고 있었는데, 그렇지 않으면 공개적인 접대나 의식에 참여하지도 못했을 것이다. 예컨대 예술가들은 (기사 작위를 받은 잠볼로냐 혹은 잔 로렌초 베르니니Gian Lorenzo Bernini를 제외하면) 결코 언급된 적이 없었다. 왜냐하면 그들은 귀족도 아니었고 군사도 아니었기 때문이다. 빈타와 같은 고위 관료들도 궁정일지에 언급되는 경우가 드물었다(빈타의 작위도 기사에 불과했다). 갈릴레오는 수많은 중요한 군주와 귀족과 추기경의 방문을 받고 피렌체에서 명성을 떨쳤음에도 귀족으로 여겨지지 않았다(본인 스스로가 그렇게 내세우려 했음에도 그러했다). 궁정 에티켓이 귀족 아닌 이들 앞에 세워둔 장벽을 뚫을 수도 없었다. 갈릴레오는 귀족으로 행세하려 했지만 궁정의 분류 체계에 따르면 그저 신사에 지나지 않았다.

15 * Targioni Tozzetti, 18세기의 이탈리아 자연학자로 피렌체 대학교 식물학 교수였다. 메디치 통치 기간의 토스카나 과학에 대한 최초의 역사적 문헌을 남겼고, 그 글에서 특히 갈릴레오의 업적에 주목했다.

16 Giovanni Targioni Tozzetti, *Notizie degli aggrandimenti delle scienze fisiche accaduti in Toscana nel corso di anni LX del secolo XVII* (Florence: Bouchard, 1780; reprint Bologna: Forni, 1967), 1: p. 67.

17 갈릴레오가 피렌체에서 머물던 집들에 관해서는 Maria Luisa Righini Bonelli and William Shea, *Galileo's Florentine Residences* (Florence: Istituto e

계약서에 명시된 대로, 갈릴레오는 궁정에서 일할 의무도 없었고 피사 대학에서 가르칠 의무도 없었다. 그저 대공이 본인이나 가족 또는 중요한 방문객에게 오락을 베풀고 싶어 할 때마다 궁정에 나타나 볼거리를 상연해 주면 되었다. 이 점에서도 갈릴레오의 역할은 토스카나 귀족들과 비견할 만하다. 그들이 궁정에 매일 모습을 비추는 것은 높이 평가받을 만한 일이었지만 필수는 아니었다. 그럼에도 그들은 주요 의식에 참여해 고귀함을 보여야 했다. 메디치와의 계약에 명시되어 있듯이, 갈릴레오가 참여해야 했던 의식은 바로 궁정 논쟁이었다.[18]

정리된 식탁에서의 과학

갈릴레오가 속했던 사회체계에 내재한 동역학을 고려하면, 그의 과학적 산물 상당수가 화제성 있는 유형(부양성, 볼로냐의 돌, 흑점에 관한 논쟁)이거나 우연한 사건과 관련된 유형(1618년의 혜성, 1604년의 신성)인 이유를 어렵지 않게 이해할 수 있

Museo di Storia della Scienza, n.d.)를 참고하라.

[18] " … 그리고 피사에서 살거나 가르칠 의무는 없다. 다만 공이 영광으로 생각하여 기꺼이 가르침을 베풀거나 우리가 **우리의 즐거움이나 군주 및 외국 신사 방문객의 즐거움을 위해** 분명하게 원하는 특별한 경우는 제외이다. 평상시에는 피렌체에 머물며 연구와 저술에 완벽을 기해도 좋으나, 우리가 피렌체 바깥 어디에 있든 공을 부르면 그곳으로 올 의무가 있다" (*GO*, vol. 10, no. 359, pp. 400~401, 강조는 저자의 것).

다. 그의 후원자들이 경이로운 사물과 특이한 사건 그리고 발견을 다음과 같은 질문의 계기나 소재로 인식했기 때문이다.[19] "혜성의 정체는 무엇인가?" "얼음은 왜 물 위에 뜨는가?" "토성은 왜 세 개의 몸체로 이루어져 있는가?" "볼로냐의 돌은 왜 스스로 빛을 내는가?" "태양의 흑점은 무엇인가?"[20]

이러한 환경은 갈릴레오가 겪은 궁정생활 구조의 특징만은 아니었다. 이것은 후원의 틀 속에서 활동하는 다른 모든 사람에

---

19 몇 가지 조건만 붙인다면 갈릴레오의 발견들도 마지막 범주에 포함된다. 혹자는 그의 발견들을 코페르니쿠스 '연구프로그램'의 일환으로 보고 싶어 할 것이다. 하지만 갈릴레오의 발견은 망원경이 제공하는 '후원 자본'을 극대화할 목적으로 후원 전략을 구사한 준≠우연적 결과로 볼 수도 있다.

20 후원자들이 제기한 질문에 대한 갈릴레오의 답변은 '해답'이라기보다는 그 문제를 낸 후원자에게 주는 '선물'로 여겨졌다. 이 사실은 이른바 전통사회에서 발견되는 패턴을 확인해 준다. 수수께끼가 도전 혹은 결투의 한 형식이었다는 점은 이미 충분히 분명하다(소포클레스의 〈오이디푸스 왕〉에 나오는 스핑크스가 그 사례이다). 그리고 앞서 살펴보았듯이, 도전과 선물은 수많은 전통문화의 명예와 지위, 신뢰의 경제에서 유사한 역할을 담당했다(Pierre Bourdieu, "The Sentiment of Honour in Kabyle Society", in J. G. Peristiany, ed., *Honour and Shame* [Chicago: University of Chicago Press, 1966], p. 215; Marcel Mauss, *The Gift* [New York: Norton, 1967]). 또 이미 들여다본 것처럼, 갈릴레오에게도 비판(이의 제기)은 명예로운 선물 혹은 도전으로 제시되었으며 갈릴레오의 답변 또한 답례로 받아들여졌다. 수수께끼 역시 말 그대로 '도전을 제기하는' 선물로 교환되었고, 이것은 갈릴레오가 최근의 발견을 암호로 만들어 배포한 사례에서도 마찬가지였다. 벨저와 케플러, 줄리아노 데 메디치, 루돌프 2세가 갈릴레오의 수수께끼를 받고 나서 보인 반응으로 미루어 보건대, 그 수수께끼는 상당히 매력적인 선물이었던 것으로 보인다(*GO*, vol. 10, nos. 384, 378, 385, 417, 432, 435, 443, 445; vol. 11, nos. 451, 454, 455, 471).

게도 전형적인 배경이 되었다. 1604년 출간된《비텔로를 보완한 천문학의 광학적 측면에 대한 해설Ad Vitellionem paralipomena quibus astronomiae pars optica traditur》에서 케플러는 한 후원자가 안경의 작동 원리에 대해 질문해 준 것에 감사를 표했다. 그 질문을 중심으로 광학 논고를 구성하게 되었던 것이다.[21] 후원자들은 그들이(혹은 동료들이) 후원하는 천문학자와 철학자에게 질문을 하거나 발견에 대한 소식을 전하곤 했다. 대학의 철학자들이 이러한 동역학에 휘말리는 경우도 있었다. 1594년 알비세 몬체니고Alvise Mocenigo가 '헤론의 램프'[22]에 관한 질문을 제기해 갈릴레오가 답변한 일이나, 1613년 토스카나 시골 어딘가에 떨어진 운석에 관해 피사 대학의 철학자들이 코스모 2세에게 보고한 일이 이와 같은 관행적 후원 의식의 사례이다.[23]

갈릴레오가 기대했을 결과와 달리 궁정은 체계적인 연구를 가장 잘 수행할 수 있는 장소가 아니었다.[24] 또 현대의 과학자

---

21 Johannes Kepler, *Ad vitellionem paralipomena*(Frankfurt: Marnium, 1604), p. 201.

22 *Hero's lamp, 기원후 1세기에 활동한 것으로 추정되는 알렉산드리아의 수학자 헤론이《기체학Pneumatica》에서 묘사한 램프. 갈릴레오는 몬체니고에게 보낸 편지에서 헤론의 램프의 작동 방식을 정확하게 알기 어렵다며 자신이 이해한 램프의 원리를 그림과 함께 설명했다. 편지 전문은 다음 문헌에 수록되어 있다. Matteo Valleriani, *Galileo Engineer* (Dordrecht: Springer, 2010), pp. 219~220.

23 *GO*, vol. 10, no. 53, pp. 64~65; vol. 11, no. 922, p. 562.

24 내가 여기서 제기하고자 하는 문제는 후원자들의 질문이 비록 매우 복잡한 전문적·방법론적 함의를 지녔음에도 그 자체로는 비전문적 유형이었다는 것이다. 후원자들

와 달리 갈릴레오는 자신에게 제기되는 질문을 거의 통제할 수 없었다. 그럼에도 그는 궁정문화의 규약에 맞는 재치 있는 방식으로 어떻게든 답변해야 했다. 더군다나 답변은 신속하게 전해야 했고, 때로는 당면한 주제의 난이도에 비해 지나치게 신속해야 했다. 르네 데카르트는 갈릴레오가 정연하고 일관된 사고를 하는 철학자는 아니라고 생각했던 듯하지만(오늘날 몇몇 역사학자와 과학철학자도 그의 평가에 동조한다) 갈릴레오의 연구가 체계적이지 않았던 것은 그의 지적 태도보다는 궁정의 보상 체계 탓이었을 수 있다.[25] 갈릴레오가 활동한 궁정의 환경을 고려하여 나는 그의 과학이 '상연적performative'이었다고 말하겠다. 무대 상연과 닮은 특성은 갈릴레오의 문학적 장르, 즉 대화편과 편지 그리고 담화에도 반영되었다. 톰마소 캄파넬라[26]는 갈릴레오의 《대화》가 비록 진지한 의제를 다루지만 사실상 "철학적

은 특정한 행성이 도는 주전원의 크기와 주기 또는 자유낙하 법칙의 증명에 관한 질문은 하지 않았다. 과학에 익숙하지 않은 후원자들이 제시한 질문은 주제가 광범위했고, 가신들이 그에 답할 때는 전문적인 내용은 최대한 자제해야 했다. 《시금자》와 《대화》는 그러한 요건을 매우 잘 반영했다. 부양성을 논의한 《담화》가 그의 다른 저작들만큼 주목받지 못한 이유는 주제가 덜 매력적이기 때문이 아니라 다소 전문적인 형식을 취했기 때문일 수 있다.

25 William R. Shea, "Descartes as a Critic of Galileo", in Robert E. Butts and Joseph C. Pitt, eds., *New Perspectives on Galileo* (Dordrecht: Reidel, 1978), pp. 139~159.

26 * Tommaso Campanella, 도미니코 수도회의 철학자 겸 신학자. 훗날 교황 우르바노 8세의 점성술 조언자가 되었다.

희극"이었음을 일찍이 알아챘다.

갈릴레오가 속한 후원 체계는 그의 과학적 산물 일부가 당시 화제였던 문제들을 따르게 만들었다. 그뿐만 아니라 해결되지 않는 긴장을 형성하여 그를 난처한 상황 속에 밀어 넣기도 했다. 그 긴장은 재치 있고 신속하면서도 가급적 비전문적인 답변을 요구하는 후원 체계, 그리고 갈릴레오가 자신의 진술들이 함의하는 우주론적·방법론적·신학적 의미를 전부 내다보고 통제하려 한 시도 사이에서 발생했다.

궁정과 아카데미 생활에서 논쟁은 흔히 일어나는 일이었다.[27] 우리는 피렌체에서 적어도 두 종류의 궁정 논쟁을 목격하게 된다. 어떤 논쟁은 대공과 군주의 개인 교육과 오락이 목적이었고, 또 다른 논쟁은 메디치 가문이 방문객에게 선사하는 구경거리였다. 코시모 2세를 위한 〈찬사Elogio〉에서 어린 미켈란젤로 부오나로티는 서거한 대공이 궁정에서 아카데미 논쟁을

---

27 갈릴레오에게 보내는 편지에서 체시는 로마 대학에서 일요일에 벌어진 공개 논쟁을 언급했다(GO, vol. 11, no. 761, p. 395). 개인 살롱에서도 논쟁은 인기 있는 형식이었다. 갈릴레오가 1616년 로마를 방문했을 때 그러한 논쟁에 몇 차례 참여했다는 증거도 있다(GO, vol. 12, no. 1156, p. 212; no. 1170, pp. 226~227). 예를 들어 갈릴레오가 1624년 쓴 〈인골리에 대한 답변〉은 1616년 로마에서 몬시뇨르 로렌초 마갈로티(훗날의 추기경) 앞에서 인골리와 벌인 논쟁의 결과였다. 예수회 수학자 주세페 비안카니가 참여했던 달의 산맥에 관한 1611년의 논쟁 또한 궁정의 논쟁이 발단이었다(간접적이긴 하지만 갈릴레오도 관여했다). 만토바에서 일어난 그 논쟁에는 추기경 곤차가도 자리를 지켰다.

자주 개최했던 것을 찬양했다.[28] 훗날 페르디난도 2세의 실험 아카데미들과 군주 레오폴도의 치멘토 아카데미는 이러한 전통 이 발전한 결과로 볼 수 있다. 메디치의 궁정일지에 따르면, 대 공은 비르투오소들과 여러 차례 오락을 즐겼다고 한다.[29] 때로 는 일지가 자세한 정보를 알려 주기도 한다. 코시모 2세의 아버 지 페르디난도 1세가 통치하던 1603년 7월에 있었던 일이다.

피렌체에 계신 거룩하신 전하께서 어린 군주[*코시모 2세]가 덕 있는 사람으로 자라길 바라셨고, 피렌체의 많은 박사들과 학 자들이 격일로 피티궁 1층 거처에서 유쾌한 인문주의적 주제에 대해 지방어로 논쟁을 벌이라고 명하셨다. 전하와 크리스티나 대공비, 거룩하신 어린 군주께서 자리하셨고, 브라차노의 대공 비께서도 자제 전부를 대동하고 참석하셨다. 수많은 박사들 중 에는 메르쿠리알레 선생, 본차니 선생, 루첼라이 선생, 아드리 아니 선생, 치비텔라 신부가 있었고 … 그 외에도 많은 박사들 이 모였다.[30]

28 Michelangelo Buonarroti il Giovane, *Elogio di Cosimo II* (Florence, 1621), quoted in Targioni Tozzetti, *Notizie*, pp. 10~11. 이것과 매우 유사한 진술이 익명으로 집필된 다음 문헌에서도 발견된다. *Elogio di Cosimo II*, *ASF*, "Miscellanea medicea 359", insert 9, p. 19.

29 Targioni Tozzetti, *Notizie*, p. 73.

30 "Diario di corte di Cesare Tinghi" (21 July 1603), *BNCF*, "Fondo Capponi 1", fol. 68v(강조는 저자의 것). 이 논쟁은 Targioni Tozzetti, *Notizie*, p. 12에도 언

궁정일지에 두 번 더 언급된 것으로 보아 이 아카데미는 적어도 1년 더 지속되었다.[31] 두 경우 모두 어린 코시모가 참관자로 기록되어 있다.[32]

하지만 어린 군주들의 교육을 주된 목적으로 하지 않았던 궁정 논쟁도 있었다. 1613년 12월 피사에서 오찬이 끝난 뒤 대공의 식탁에서 코페르니쿠스주의와 성경에 관한 즉흥 논쟁이 벌어졌다. 이 논쟁은 카스텔리의 허를 찔렀고, 이후 갈릴레오가 〈크리스티나 대공비에게 보내는 편지〉를 쓰는 계기가 되었

급되었다. 이와 매우 유사한 설명이 *ASF*, "Diari di etichetta di guardaroba 4", fol. 42에서도 발견된다. 치비텔라는 도미니코회 소속 신부였다. 톰마소 카치니가 갈릴레오를 고발했을 때 잔노초 아타반티Giannozzo Attavanti가 피렌체 종교재판소에 제출한 1615의 증언에서 치비텔라는 인문학 교사로 언급되었다(*GO*, vol. 19, pp. 318~320).

[31] "[오찬이 끝나고] 전하께서는 낮에 모든 자제와 대공비를 거느리시고 피티궁 아래 1층에 있는 방에서 여느 때처럼 아카데미 강의에 참석해 박사들의 이야기를 들으셨다"(1604년 8월 31일). "다음 날 전하께서는 거룩하신 가족을 거느리시고 여느 때처럼 박사들의 아카데미에 참석하셨다"(1604년 9월 9일. 두 인용문은 "Diario di corte di Cesare Tinghi", *BNCF*, "Fondo Capponi 1", fol. 103r, fol. 104v에 수록되었다). 마찬가지로 Targioni Tozzetti, *Notizie*, p. 12에도 언급된다. 아카데미는 정기적으로 열린 것이 분명한데, 다음 문헌에서 페르디난도의 문화적 성취 중 하나로 언급되기 때문이다. G. Giraldi, *Delle lodi di D. Ferdinando G. D. di Toscana* (Florence: Giunti, 1609), p. 29.

[32] 이러한 관행은 귀족 가문에서 흔하게 이루어졌음이 분명하다. 왜냐하면 매우 비슷한 행사가 동시대 스페인에서도 확인되기 때문이다. 실제로 장래에 백작과 공작이 될 올리바레스(펠리페 4세의 총신)가 받은 인문주의 훈련의 일부는 격주마다 가문의 일원들과 논쟁에 참여하는 것이었다(J. H. Elliott, *Richelieu and Olivares* [Cambridge: Cambridge University Press, 1984], p. 30).

다.[33] 안토니오 데 메디치, 오르시니 공작, 코시모 2세, 크리스티나는 카스텔리의 편을 든 반면, 코시모의 아내 마리아 마달레나와 철학자 코시모 보스칼리아Cosimo Boscaglia(이 논쟁을 촉발한 장본인일 것이다)는 카스텔리의 입장에 반대했다.

메디치가는 당시의 관습에 따라 이런 오락에 참여했음이 틀림없다. 토르콰토 타소가 쓴 궁정에 관한 대화편에서 한 대화자는 논쟁을 "군주의 식탁에서 매일 볼 수 있다"라고 말한다.[34] "식탁이 정리된 뒤에" 벌어지는 이 게임은 스테파노 구아초의 《교양 있는 대화La civil conversazione》 같은 궁정에 걸맞은 예의 바른 행실에 관한 고전적 교본에서 논의될 정도로 자주 시행되었다.[35] 대부분 이런 게임은 방문객의 고상하고 재치 있는 대화 기술을 돋보이게 할 구실을 찾는 것이 목적이었다. 제이 트

---

33 카스텔리가 크리스티나로부터 코페르니쿠스 이론의 종교적 정통성에 관한 질문을 받았던 피사 궁정의 오찬은 주로 논쟁으로 제시되지 않는다. 하지만 이 사건은 논쟁이 맞다. 카스텔리가 받은 질문은 대공비에게서 직접 받은 것이 아니라 보스칼리아가 대공비를 통해 제기한 것이었다. 따라서 이것은 카스텔리와 보스칼리아 사이에서 크리스티나가 주관한 논쟁이었다(GO, vol. 11, no. 956, pp. 605~606). 갈릴레오가 쓴 〈카스텔리에게 보내는 편지〉의 날짜는 그로부터 한 주 뒤인 12월 21일이다 (GO, vol. 5, pp. 281~288).

34 Torquato Tasso, Il malpiglio, o vero de la corte, reprinted in Cesare Guasti, ed., I dialoghi di Torquato Tasso (Florence: Le Monnier, 1901), 3: p. 18. Michel Jeanneret, A Feast of Works (Chicago: University of Chicago Press, 1991)도 보라.

35 Thomas Frederick Crane, Italian Social Customs of the Sixteenth Century (New Haven: Yale University Press, 1920), p. 410.

리비Jay Tribby가 제시했듯이, 자연철학은 이러한 유형의 상연에 적합했다.[36]

이처럼 향연의 성격을 띤 논쟁은 추기경의 식탁에서도 흔히 일어났다. 1613년 7월, 추기경 체시는 그의 조카 페데리코 군주 (린체이 아카데미의 설립자)와 철학자 줄리오 체사레 라갈라 그리고 다른 린체이 아카데미 회원을 오찬에 초대했다. 그 자리에서 라갈라는 자신의 우주론적 견해에 대해 논의했다.[37] 1611년, 로마 궁정에 관해 설명하던 루나도로는 추기경 산 조르조San Giorgio의 오찬이 언제나 "공개 아카데미"였다고 말했다.[38] 몇십 년 뒤, 로마에 머물고 있던 예수회 수학자 오노레 파브리는 추

---

36 Jay Tribby, "Of Conversational Dispositions and the Saggi's Proem", in Elizabeth Cropper, ed., *Documentary Culture: Florence and Rome from Grand Duke Ferdinand I to Pope Alexander VII* (Florence: Olschki, 1992); idem, "Body/Building: Living the Museum Life in Early Modern Europe", *Rhetorica*, 1992 [*원문대로라면 "Stalking Civility: Conversing and Collecting in Early Modern Europe"으로 출간될 예정이었으나 출간 과정에서 제목이 변경된 듯하다.]; idem, "Cooking (with) Clio and Cleo: Eloquence and Experiment in Seventeenth-Century Florence", *Journal of the History of Ideas* 52 (1991): pp. 417~439.

37 "1613, July 8. Pransi sumus in palatio Cardinalis Caesii, ubi Lagalla habuit lectionem de Animabus Caeli" (Giuseppe Gabrieli, "Verbali delle adunanze e cronaca della prima Accademia Lincea [1603~1630]", *Memorie della R. Accademia Nazionale dei Lincei*, Classe di Scienze morali, storiche e filologiche, series 6, 2 (1927): p. 490.

38 Girolamo Lunadoro, *Relatione della corte di Roma* (Rome: Frambotto, 1635), p. 13.

기경 체사레 파키네티Cesare Facchinetti의 식탁에서 이루어진 대화를 계기로 파키네티와 그의 동료들로부터《자연학에 관한 대화Dialogi physici》를 쓰라는 요구를 받았다.[39]

대공의 가족들이 사적으로 오락을 즐기기 위해 오찬 논쟁을 연 사례들도 있지만, 구경거리로서 가장 두드러진 논쟁들은 중요한 방문객을 접대하기 위해 제공된 것이었다.[40] 1607년 9월, 추기경 자크 데비 뒤페롱Jacques Davy Duperron이 피렌체에 방문했을 때였다.

추기경께서는 대공의 식솔과 오찬을 가지셨다. 식탁보가 치워지자 추기경 전하와 치비텔라 신부, 리브리 박사 그리고 대공 전하의 의사인 비아조 베르나르디Biagio Bernardi 선생 사이에서 몹시 아름다운 논쟁이 벌어졌다. 그분들은 철학과 수학에 관해 논쟁하셨다. 그 후 추기경께서는 비르지니오 오르시니Virginio Orsini 공작 슬하의 모든 자제와 함께 군주의 아카데미에 참석하셨다.[41]

---

39 W. E. Knowles Middleton, "Science in Rome, 1675-1700, and the Accademia Fisicomatematica of Giovanni Giustino Ciampini", *The British Journal for the History of Sciences* 8 (1975): p. 140.

40 Targioni Tozzetti, *Notizie*, p. 17.

41 *ASF*, "Diari di etichetta di guardaroba 4", fol. 109, (20 September 1607). 다른 논쟁들도 궁정의 주관하에 열리곤 했지만, 반드시 궁정이라는 물리적 공간 안에서 이루어지진 않았다. 공간 밖에서 벌어진 논쟁들은 주로 중요한 방문객에게 선

1611년 가을에는 대공의 식탁에서 갈릴레오와 소요학파 철학자 파파초니 간에 부양성에 관한 오찬 논쟁이 벌어졌다. 추기경 바르베리니는 갈릴레오를, 추기경 곤차가는 파파초니를 편들었다. 이 논쟁 역시 '정리된 식탁에서의 과학' 유형에 해당한다.[42]

우리가 접할 수 있는 증거에 따르면, 대체로 궁정 논쟁에 수학자의 참여는 허용되지 않았던 것으로 보인다. 추기경 뒤페롱이 참여한 논쟁 이전에도 수학이 주제가 될 때가 있었지만 논쟁 참여자들은 수학자가 아니었다. 리브리는 철학자였고 베르나르디는 의사였으며 치비텔라는 도미니코회 소속의 문필가였다. 마찬가지로, 피사에서 카스텔리가 대공의 식탁에서 참여했던 논쟁의 주제도 신학이었다. 카스텔리가 갈릴레오에게 편지로 전했듯이, 그는 자신이 천문학에 학식이 있는 신학자인지 추궁을 받았고 그렇다고 대답했다.[43] 리치, 안토니오 산투

사하는 '순회 여행'의 일환이었다. 오찬이 끝난 후, 궁정을 방문한 추기경들은 피렌체를 순회하며 '미술관Galleria', '귀중품의 방', '우피치의 작업장', '산 로렌초의 도서관', '미켈라뇰로의 성물 안치소', '산 로렌초의 예배당' 그리고 메디치가의 극장 '비아 델라 페르골라의 희곡의 방'을 관람했다(*ASF*, "Miscellanea medicea 438", fol. 24). 이러한 접대프로그램 사이로 이따금 논쟁이 끼어들었다. 이와 마찬가지로, 1626년 9월에 피렌체를 방문한 추기경 바르베리니도 알테라티 아카데미Accademia egli Alterati와 크루스카 아카데미에서 모임과 논쟁에 참여했다(*ASF*, "Miscellanea medicea 441", fol. 88).

42 *GO*, vol. 4, p. 6, note 1.
43 *GO*, vol. 11, pp. 605~606.

치Antonio Santucci, 마테오 네로니Matteo Neroni 또는 다른 궁정수
학자들이 대공 앞에서 논쟁을 벌였다는 증거는 없다. 반면 철
학자와 의사는 군주와 추기경의 식탁에서 환영받는 인물이었
다. 마초니는 피렌체의 궁정에 모습을 흔히 비췄고, 아리스토텔
레스주의 철학자 보스칼리아는 코시모 2세의 손님으로 피사의
궁정에 자주 초청되었으며, 파파초니는 볼로냐에서 추기경 바
르베리니의 식탁에 곧잘 초대되었다.[44] 대공의 주치의였던 메
르쿠리알레는 아예 피사 대학보다 피렌체의 궁정에서 더 많은
시간을 보냈다.[45]

이로부터 우리는 이전 장에서 논의했던 수학자와 철학자가
지닌 사회적 지위와 능력 간의 극명한 차이를 확인할 수 있다.

---

44 마초니의 방문은 *ASF*, "Diari di etichetta di guardaroba 3", p. 86을 보라. "궁
정에 오신 철학자 마초니 선생께서는 객실 하나를 받으셨고 정찬실에서 두 하인의
시중을 받으셨다"(1595). 보스칼리아에 관해서는 *GO*, vol. 20, p. 398, 파파초니에
관해서는 *GO*, vol. 10, no. 820, p. 455을 보라.

45 갈릴레오처럼 메르쿠리알레도 궁정에서 급료를 받지 않았다. 그럼에도 그는 '주치
의Archiatra'로 궁정에 자주 들락거렸는데, 늘 메디치가의 건강을 돌본 것은 아니었
다. 메르쿠리알레의 궁정 출석은 많은 문서에 기록되었고 그중 하나는 *ASF*, "Diari
di etichetta di guardaroba 3", p. 47이다. "1604년 5월 9일, 의사 메르쿠리알레
선생께서는 거룩하신 부인과 함께 피사에서 도착하셨다. 선생은 피티궁 와인 저장고
의 다락방에서 하인 두 명의 시중을 받으며 머무셨다. 선생은 13일에 오찬을 마친 다
음 가마를 타고 만찬을 위해 암브로시아나[메디치의 별장]로 향하셨고, 그곳에서 급
여는 없이 배를 타고 피사로 돌아가셨다(p. 214)." 하지만 머지않아 그는 피렌체로
돌아왔다. "지롤라모 메르쿠리알레 선생께서는 [1604년] 6월 4일에 피사에서 피렌
체로 오셨고, 피티궁에서 하인 세 명의 시중을 받으며 머무셨다(p. 217)."

자유학예 분과학문에 부여된 지위 차이를 고려하면, 수학자가 철학자에게 도전하는 것은 부적절하게 여겨졌을 것이다. 더 나아가 논쟁에 참여할 때는 물론이고 메디치 궁정과 같은 교양 있는 청자를 즐겁게 하려면 필수로 갖추어야 했을 수사학이나 궁정식 행실에 능숙한 수학자는 찾아보기 힘들었을 것이다. 갈릴레오와 구이도발도, 코만디노와 라이몬디가 갖추었던 사교술은 당시의 수학자들에게는 흔치 않은 기술이었다.

궁정 논쟁은 위험한 상연이었다. 비르투오소들은 논쟁을 통해 경력이 향상될 수도 있었고 심각한 손상을 입을 수도 있었다. 갈릴레오의 동료 참폴리는 십 대 시절부터 피렌체와 로마에서 그러한 상연을 거치며 주목할 만한 경력을 쌓았다. 참폴리는 어떤 주제가 주어지든 즉석에서 우아하게 시를 짓는 능력으로 장래의 후원자들에게 깊은 인상을 남겼던 것으로 보인다.[46] 이와 마찬가지로, 갈릴레오와 카스텔리는 자연철학에 관해 아무리 어렵고 미묘한 질문이 주어지더라도 즉석에서 답해야 했다.

이와 같은 화제 중심의 토론 형식은 갈릴레오의 수많은 연구와 상연을 형성했을 뿐만 아니라 그가 겪은 몇몇 곤란들의 직접적인 원인이 되었을 수 있다. 만일 피사에서 카스텔리가 대공

---

[46] 로마에서 오찬을 마친 뒤에 참폴리가 선보인 상연에 관해서는 다음 문헌을 참고하라. J. A. F. Orbaan, *Documenti sul barocco in Roma* (Rome: Società Romana di Storia Patria, 1920), vol. 2: 218; Guido Bentivoglio, *Memorie e Lettere*, ed. Costantino Panigada (Bari: Laterza, 1934), pp. 74~75.

의 식탁에서 열린 코페르니쿠스와 성경에 관한 토론에 예고 없이 참여하지 않았고 즉석에서 대답할 필요가 없었더라면 어떤 점이 달라졌을지 사고실험을 해 볼 수 있다. 그랬더라면 갈릴레오가 〈크리스티나 대공비에게 보내는 편지〉를 쓰지 않아도 되었을 것이며 따라서 1616년의 경고도 받지 않았으리라 생각된다.

식탁 논쟁에 잠재된 위험은 널리 알려진 상식적인 문제였다. 1616년 4월 메디치의 비서관 쿠르치오 피케나는 (경고를 받고 아직 로마에 머물던) 갈릴레오에게 주의를 주었다.

> 메디치가의 추기경께서 로마에 머무시는 동안 선생께서도 그곳에 있으려 한다는 것을 이해합니다. 이와 관련해서 언젠가 전하께서 제게 말씀하셨던 것을 기억하고 있습니다. 학식 있는 사람들이 함께할 가능성이 높은 추기경 전하의 식탁에 앉게 된다면, 사제들의 박해를 촉발할 만한 문제에 대해 논쟁을 벌여서는 안 된다고 하셨지요.[47]

즉흥적으로 제기되는 질문의 위험성은 궁정의 비르투오소들만이 아니라 공개 해부를 상연하는 해부학자들도 느끼고 있었다. 카니발 기간에 볼로냐를 비롯한 이탈리아 도시들에서 열렸던 것과 같은 해부학 공개 강연의 유용성을 두고 의구심이

---

47   *GO*, vol. 18, no. 1198bis, p. 422.

제기되는 일이 있었던 것이다. 그중 하나는 학생들이 그와 같은 일시적인 행사에서 배울 것이 많지 않은 데다가 교수들이 답변 자체가 불가능하거나 애초에 적절한 형식에 맞게 답변을 정리할 수 없는 즉흥적 질문에 대답해야만 하는 위험한 입장에 처한다는 것이다.[48] 이후 과학이 발전한 양상에서 알 수 있듯이, 과학이 수행되는 경향은 논쟁 형식에서 (구경거리와 오락의 성격이 덜하더라도) 과학을 하기에 더욱 발전적인 방식으로 바뀌었다. 보일의 실험철학이 그러한 추세의 전형이라고 볼 수 있겠다.[49]

하지만 궁정이나 해부학 극장에서 벌어진 공개 과학 논쟁을 어리석은 구시대적 형식의 과학적 산물로 보아서는 안 된다. 그 모든 한계에도 불구하고 과학 논쟁은 갈릴레오 같은 수학자에게 사회적·과학적 경력을 쌓는 데 가장 중요한 밑천, 즉 지위와 신뢰를 제공했다.[50] 그것들은 갈릴레오가 거부할 수 없는 제안이었다. 군주의 정리된 식탁에서 열린 논쟁은 앞서 논의한 후원의 규약과 매우 잘 부합했다. 후원자가 보기에 논쟁은 '훌륭한

48 Giovanna Ferrari, "Public Anatomy Lessons and the Carnival: The Anatomy Theater of Bologna", *Past and Present* 117 (1987): p. 91.

49 Steven Shapin and Simon Schaffer, *Leviathan and the Air Pump* (Princeton: Princeton University Press, 1985), pp. 22~109.

50 Mario Biagioli, "Scientific Revolution, Social Bricolage, and Etiquette", in Roy Porter, Mikulas Teich, eds., *The Scientific Revolution in National Context* (Cambridge: Cambridge University Press, 1992), pp. 11~54.

경기'의 전형이었다. 궁정의 행사에서 상연을 멋지게 선보이거나 '상연적인' 저작을 집필함으로써 갈릴레오는 자신을 비천한 수학자가 아닌 참된 철학자로 내세울 수 있었다.

갈릴레오는 정식 철학 학위가 없더라도 절대군주에게 깊은 인상을 남기고 공개 논쟁에서 지식과 기술을 뽐내는 것으로 철학자라는 칭호를 획득할 수 있다는 점을 매우 잘 이해하고 있었다. 1610년 봄 빈타에게 대공의 수학자와 더불어 철학자의 칭호를 요청하며 쓴 편지에서 갈릴레오는 다음과 같이 말했다. "제가 이 칭호를 받을 자격이 있고 그래야 한다는 점을 전하께 보여드릴 수 있습니다. 전하께서 언제든 그 분야에서 가장 저명한 종사자들을 앞에 두고 그러한 문제를 논의할 기회를 내리신다면 말이지요."[51]

갈릴레오가 논쟁에서 상대방을 물리치는 데 성공하는지는 그다지 중요하지 않았다. 중요한 것은 청자들이 그의 기술을 높이 평가하는 것이었다. 《별의 전령》 출간 후 부활절 기간에 메디치 궁정을 방문하러 피사로 떠났을 때, 갈릴레오는 곧바로 피사 대학의 철학자 줄리오 리브리Giulio Libri와 목성 위성의 존재 여부를 놓고 논쟁을 벌이게 되었다(리브리는 우리가 앞서 피렌체의 궁정 논쟁을 논의할 때 만난 인물이다). 그 논쟁은 대공을 기쁘게 했음이 틀림없다. 왜냐하면 바로 그때 갈릴레오의 피렌

---

51 *GO*, vol. 10, no. 307, p. 353.

체 궁정직이 진지한 선택지가 되었기 때문이다.[52] 하지만 정작 리브리는 갈릴레오의 논증에 거의 설득되지 않았다. 몇 달이 지나 리브리가 사망하자 갈릴레오는 한 친구에게 그가 천국으로 가는 길에 메디치의 별을 보게 되길 바란다고 말했다.

엇갈리는 이야기

1610년 9월 갈릴레오가 마침내 대공의 철학자 겸 수학자가 되어 피렌체로 돌아왔을 때, 그와 철학자들의 지위 격차는 적어도 원칙적으로는 메워진 상태였다. 이제 갈릴레오는 아리스토텔레스주의 철학자들과 대등한 위치에서 이야기하고 그들에게 도전할 수 있었다. 반대로 그들은 이제 단지 비천한 분과학문의 종사자라는 이유로 그의 주장을 배척할 수 없었다. 마찬가지로 갈릴레오 역시 그들의 주장을 배척할 수 없었다. 양측 모두 지위가 동등했고 같은 후원자에게 속했기 때문이다(피사 대학은 대공령이었다). 피사의 아리스토텔레스주의자들 그리고 갈릴레오라는 비등한 힘을 가진 다른 두 종species이 같은 '후원 적소patronage niche'를 놓고 경쟁하고 있었다.

부양성 논쟁은 대공의 식탁까지 오르긴 했지만 거기서 더 나

---

52 앞의 책, no. 379, p. 423; vol. 11, no. 820, p. 453.

아가지는 못했다. 더 발전하기는커녕 갈릴레오가 천문학적 발견을 이룬 후 관여하게 된 논쟁의 긴 사슬에서 고리 역할을 했을 뿐이었다.《담화》를 집필하는 동안 갈릴레오는 태양 흑점에 대해 벨저와 샤이너가 제기한 질문에도 답하고 있었다. 부양성 논쟁의 논적 중 한 명인 루도비코 델레 콜롬베는《별의 전령》을 비판한 소논고에 갈릴레오가 아무런 답도 하지 않자 갈릴레오(그리고 클라비우스)를 불규칙한 달 표면에 대한 논쟁에 끌어들이려 했다.[53]

부양성 논쟁은 1611년 여름 살비아티의 별장에서 차가움의 본질에 관한 논의로 시작되었다.[54] 피사 대학에서 철학을 가

---

53 델레 콜롬베는 불규칙한 달 표면 논쟁에 클라비우스를 끌어들이기 위해 1611년 5월 그에게 편지를 보냈다(GO, vol. 11, no. 534, p. 118). 그 화두는 1611년 여름부터 초가을까지 얼마간 관심을 끌었고(앞의 책, no. 587, p. 212), 철학자 라갈라 또한 논쟁에 참여했다. 델레 콜롬베는 자신의 견해가 클라비우스와 비슷하다고 생각했으나 그에게서 아무런 반응을 끌어내지 못했고, 11월이 되자 클라비우스가 델레 콜롬베에게 답장을 보내거나 동맹을 맺을 생각이 없다는 것이 분명해졌다(앞의 책, no. 602, pp. 228~229). 그럼에도 델레 콜롬베는 영향력 있는 로마 후원자들의 관심을 끌어서 갈릴레오가 자신의 비판에 침묵으로 일관하지 못하도록 애썼다. 델레 콜롬베가 부양성 논쟁에 참여한 것 또한 그가 코페르니쿠스주의와 달 표면에 대한 논쟁에 (《지구의 움직임에 대한 반론》을 집필함으로써) 갈릴레오를 끌어들이는 데 실패한 결과라고 생각된다. 부양성 논쟁에 참여했을 때 델레 콜롬베는 자신의 옹호자를 물색하는 데 한창이었다.

54 부양성 논쟁의 역사는 드레이크의 "The Dispute Over Bodies in Water", *Galileo Studies* (Ann Arbor: University of Michigan Press, 1970), pp. 159~176에 요약되어 있다. 드레이크가《담화》의 최초 영역 재판본에 수록한 서문도 참고하라. (Galileo Galilei, *Discourse on Bodies in Water* [Urbana:

르치던 아리스토텔레스주의자 빈첸초 디 그라치아Vincenzo di Grazia와 조르조 코레시오Giorgio Coresio가 토론에 참여했다. 그 때 갈릴레오는 '얼음은 아리스토텔레스의 주장처럼 응축된 물이 아니라 희박해진 물'이라는 견해를 개진하여 철학자들의 속을 뒤흔들었다. 얼음이 물 위에 뜬다는 사실 자체가 얼음이 물보다 밀도가 낮다는 증거라고 간주한 것이다. 차가움이 응축이 아닌 희박화rarefaction의 원인임을 인정하는 것은 원소에 기반하여 지상계의 현상을 설명한 아리스토텔레스 체계에 중대한 변칙이 있다는 뜻이었다. 물론 아리스토텔레스주의자들은 얼

Illinois University Press, 1960], pp. ix~xxvi). 드레이크는 《담화》의 새로운 영역본을 갈릴레오식 대화편으로 바꿔 Cause, Experiment, and Science (Chicago: University of Chicago Press, 1981)에 수록했다. 논쟁의 개념적 차원은 다음 문헌들에서 다루었다. William R. Shea, "Galileo's Discourse on Floating Bodies: Archimedean and Aristotelian Elements", Actes du XII Congrès International d'Histoire des Sciences, Paris, 1968 (Paris, 1971), 4: pp. 149~153; idem, Galileo's Intellectual Revolution (New York: Science History Publications, 1972), pp. 14~48; idem, "Galileo's Atomic Hypothesis", Ambix 17 (1970): pp. 13~27; Thomas B. Settle, "Galilean Science: Essays in the Mechanics and Dynamics of the Discorsi" (Ph. D. diss., Cornell University, 1966), pp. 226~234; Paolo Galluzzi, Momento (Rome: Edizioni dell'Ateneo, 1979), pp. 227~246; Raffaello Caverni, Storia del metodo sperimentale in Italia (Florence, 1900; reprint New York: Johnson Reprint, 1972), 4: esp. pp. 89~146; Richard S. Westfall, "The Problem of Force in Galileo's Physics", in Carlo Golino, ed., Galileo Reappraised (Berkeley: University of California Press, 1966), pp. 86~88; William Wallace, Galileo and His Sources (Princeton: Princeton University Press, 1984), pp. 284~288.

음이 물에 뜨는 현상이 밀도와 관련되어 있다는 생각을 받아들이지 않았다. 오히려 얼음은 그 모양 때문에, 즉 상대적으로 납작하고 얇은 모양 때문에 물에 뜬다고 주장했다.

얼음이 물에 뜨는 현상에 대한 아리스토텔레스주의자들의 해석은 매우 즉흥적이었다. 하지만 그들의 스승 아리스토텔레스가 부양성에 관해서는 한 쪽 반밖에 언급하지 않은 탓에,[55] 그들은 세계관의 정합성 전체를 유지하기 위해 물의 희박화에 관한 갈릴레오의 진술을 물리쳐야 할 필요를 느꼈다. 마찬가지로, 아리스토텔레스주의자들의 부양성 견해 또한 갈릴레오가 아르키메데스의《부양체에 관하여De iis quae vehuntur in aqua》를 패러다임으로 삼아 부양체 운동 문제에(그리고 물체의 일반적인 운동에) 적용한 수학적 접근법과 정면으로 배치되었다. 갈릴레오는 (아르키메데스의 의견에 따라) 부양성과 물체의 모양은 아무런 관련이 없으며, 물체와 주변 매질의 고유무게[56] 차이가 부양성의 직접적인 원인이라고 생각했다. 그가 보기에 모양은 물체가 매질에서 가라앉거나 떠오를 때의 속력에만 영향을 미칠 뿐이었다. 갈릴레오는 첫 번째 만남이 끝날 때쯤 자신의 의

55　* 아리스토텔레스의《자연학Physica》을 말한다. 아리스토텔레스는 고체 상태의 물이 액체 상태의 물보다 무겁다고 주장했다.

56　* specific weight, 고유무게는 갈릴레오가《운동에 관한 더 오래된 원고》에서 도입한 용어로, 단위 부피당 무게로 정의된다. 현대적 관점에서 '비중'으로 옮기기도 하지만, 물체에 내재한 고유한 성질로 보았다는 뜻에서 '고유무게'로 번역했다. 물체가 가진 무게의 총량인 '절대무게'와 대조되는 개념이다.

견을 다음과 같은 진술로 정리해 논적들에게 전달했다. "구형으로 오그렸을 때 물속 바닥으로 떨어지는 고체는 모양을 바꾸어도 역시 떨어진다. 그러므로 특정한 매질 속에서 같은 물질로 이루어진 물체가 가라앉을지 아닐지, 떠오를지 아닐지를 결정하는 것은 모양의 차이가 아니다."[57]

얼마 지나지 않아 갈릴레오의 진술은 피사 대학 아리스토텔레스주의자들의 심각한 도전을 받았다. 첫 번째 만남 후 며칠 만에 갈릴레오의 숙적인 피렌체의 '독립' 철학자 루도비코 델레 콜롬베가 논쟁에 뛰어들면서 아리스토텔레스주의자들의 세력이 확장되었다.[58] 새롭게 등장한 그 인물은 날카로운 실험을

---

[57] *GO*, vol. 4, p. 34. 해당 인용문의 영역본은 드레이크의 "Dispute Over Bodies in Water", p. 166을 수정한 것이다.

[58] 앞서 주목했듯이, 루도비코 델레 콜롬베는 갈릴레오의 숙적이었다. 하지만 그는 《별의 전령》을 비판하기 전에 갈릴레오와의 교류에 실패한 적이 있었다(*GO*, vol. 3, pp. 251~290). 일찍이 델레 콜롬베는 1604년에 나타난 신성을 다루는 소논고를 썼다가 알림베르토 마우리라는 인물이 저술한 인쇄물에서 조롱을 당했다. 그 가명 뒤에는 갈릴레오가 숨어 있었을 가능성이 크다. 델레 콜롬베는 갈릴레오에게 무시와 조롱을 받기 일쑤였지만, 갈릴레오는 단 한 번도 그에게 직접 대응한 적이 없었다. 그 결과 델레 콜롬베는 《항변의 담화》에서 공격적인 문체를 구사하게 되었다. 심지어 그는 갈릴레오의 《담화》에서도 자신이 지명되는 만족감을 누리지 못했다. 《항변의 담화》를 저술했을 때조차 갈릴레오가 아닌 카스텔리의 답변만 받았으므로 그는 결코 목적을 이루지 못할 운명이었다. 델레 콜롬베가 갈릴레오에게서 직접적인 반응을 끌어내지 못한 것은 후원 문제로 생각된다. 1장에서 살펴보았듯이, 권위 있는 후원자를 가지지 못한 저자들은 걸핏하면 무시당했다. 델레 콜롬베는 마지막까지도 후원자를 통해 갈릴레오의 직접적인 반응을 끌어내지 못했다. 그럼에도 조반니 데 메디치를 자신의 편으로 끌어들이는 데 성공했는데, 조반니가 갈릴레오에게 좋지 않은 감정을

설계했는데, 그 실험은 갈릴레오가 첫 번째 진술로 개진한 부양성 견해를 논박하는 증거로 보였다. 델레 콜롬베는 구형의 흑단(고유무게가 물보다 더 큰 물질)은 물 위에 놓으면 가라앉는 반면, 똑같은 흑단으로 만든 얇은 조각은 가만히 떠 있는 모습을 보여 주었다. 이 실험으로 그는 갈릴레오의 견해와 달리 부양성은 고유무게의 차이와 무관하며 모양에 따라 달라진다는 결론을 내렸다.

델레 콜롬베가 제시한 증거는 사실 표면장력에 기반한 것으로, 앞으로 살펴보겠지만 이것은 갈릴레오가 가진 개념 목록에는 부합하지 않는 현상이었다. 이때부터 이어진 논쟁 전체는 참여자들이 이 현상을 어떻게 서로 다르게 해석하는지를 중심으로 진행되었다. 갈릴레오에게 그러한 개념적 빈틈이 없었다면 아리스토텔레스주의자들은 (적어도 실험적으로는) 쉽게 논파당했을 것이다. 그러나 그들은 논파되기는커녕 델레 콜롬베의 실험을 등에 업고 아르키메데스-갈릴레오의 부양성 이론에 결정적인 변칙을 만들어 낼 수 있었다. 더군다나 그들은 그 실험 덕분에 아리스토텔레스의 인용문을 퍼붓지 않고도 갈릴레오가

갖고 있었기에 어렵지 않은 일이었다. 델레 콜롬베는 《항변의 담화》를 조반니 데 메디치에게 헌정했고, 그와 함께 살비아티의 별장에 동행하여 마지막 모임, 즉 갈릴레오가 구두로 논쟁하길 거부한 모임에 참석했다. 하지만 갈릴레오는 코시모의 지지를 받아 델레 콜롬베와 그의 후원자를 무시할 수 있었다. 조반니는 (코시모 1세의 서자였던 터라) 메디치 가문의 직계 구성원이 아니었기 때문이다.

제일 중요하게 여기던 경험적 증거에 기반해 그에게 맞설 수 있었다. 사실 델레 콜롬베의 실험은 따로 설명할 필요도 없었다. 다시 말해, 실험의 수행이나 해석에 별다른 전문 지식이 요구되지 않았다. 아리스토텔레스나 아르키메데스의 이론을 잘 알지 못하더라도 누구나 델레 콜롬베의 주장이 매우 타당하다는 것을 알 수 있었다.

델레 콜롬베가 개입한 이후의 토론은 논쟁과 실험 조건의 조항을 설정하려는 양측의 시도로 특징지어진다. 다시 말해, 물 표면의 작용은 (갈릴레오에 의해) 우회되거나 또는 (아리스토텔레스주의자들에 의해) 논쟁의 주된 초점으로 옮겨졌다. 그 결과 양측은 모두 논쟁의 주제를 한쪽에 유리하도록 정의하고 상대방의 제안은 받아들이지 않겠다고 선언하는 미묘한 '법리 논쟁'으로 지적 에너지 대부분을 소모했다. 논쟁은 거의 전적으로 게임의 규칙을 둘러싼 대립으로 변모했다. 앞으로 살펴보겠지만, 이것은 제멋대로의 권력 게임이 아니었으며, 양측이 고수하는 '공약불가능한' 개념(부양성, 인과관계, 방법, 물질의 구조)에서 기인한 것이었다.

이런 상황을 감안하면, 델레 콜롬베 그리고 흑단으로 만든 구와 얇은 조각이 무대에 오른 이후의 논쟁에 대해 갈릴레오와 논적들이 전혀 다른 설명을 내놓은 것도 무리는 아니다. 갈릴레오가 《담화》에서 말하기를, 아리스토텔레스주의 논적들이 그에게 그들 동료의 실험을 알려 주었고, 결국 그는 사람들 앞에서 델레 콜롬베와 만나기로 동의했다. 하지만 갈릴레오의 말에 따르면 델레 콜롬베는 약속된 장소에 나타나지 않았다. 그러고 는 도시의 "광장과 교회와 공공장소"를 들쑤시고 다니면서 실험을 시연하며 자신이 갈릴레오를 무찔렀다고 설파하고 다녔다는 것이다.[59] 갈릴레오와 카스텔리는 델레 콜롬베의 행태를 두고 그에게는 자격을 갖춘 청중을 설득할 능력이 없어 천박하고 귀가 얇은 청중을 노렸다고 여겼다. 갈릴레오는 그와 같이 쉽게 이해되는 실험 때문에 논적들의 진영이 지지를 얻게 될까 봐 우려했을 것이다. 갈릴레오는 《담화》를 집필하고 인쇄하여 델레 콜롬베의 대중적 흥행에 응수하려 했는데, 그에 따르면 이 책은 논쟁의 격을 높이고 논쟁이 고귀한 청중의 테두리에서 벗어나지 않게 해 줄 것이었다. 그렇게 함으로써 갈릴레오는 대공의 요구[60]를 따르는 것처럼 보이려 했다. 하지만 그는 논고를 쓰는 와중에도 논적들의 새로운 실험에 관한 두 번째 진술을 배포했다.

모양과 크기가 어떻든 간에 물체는 젖기만 하면 물속 바닥으로 가라앉는다. 하지만 물체의 모양이 똑같을 경우 조금이라도 젖지 않으면 가라앉지 않고 물 위에 뜨게 된다. 그러므로 가라앉

---

59 *GO*, vol. 4, pp. 31, 34.
60 * 뒤에서 설명하겠지만, 코시모 2세는 갈릴레오에게 떠들썩한 논쟁을 벌이기보다는 견해를 글로 제시하라고 요구했다.

을지 아닐지를 결정하는 원인은 모양도 크기도 아닌 완전히 젖었는지 여부이다.[61]

이 두 번째 진술에서 갈릴레오가 젖은 물체로 수행한 실험에 관한 조항을 포함했다는 점을 주목하는 것이 중요하다. 델레 콜롬베의 실험이 물 표면의 작용에 기반하여 제기했던 문제를 회피하는 것이 그 목적이었다. 갈릴레오는 첫 번째 진술에서 물 표면에 놓았을 때 가라앉는 물체는 수조 바닥에 두었을 때 떠오르지도 않는다는 점을 암시하긴 했으나 명시적으로 말하지는 않았다. 실제로 그 진술의 처음 부분에서 가라앉는 물체만을 언급했고, 뒷부분에 가서야 부양성의 조건을 물속에서 떠오르는 조건과 동일시했다. 갈릴레오의 첫 번째 진술을 재구성해 보면, 그는 물속에서 물체가 떠오르는 원인과 물 위에서 물체가 가만히 있는 원인이 같다고 강조하려 했음을 알 수 있다. 그렇다면 물 위에 뜬 물체에 관한 증거에만 주목해서는 안 된다. 반면 자신들의 주장을 뒷받침하는 증거의 특성을 고려한 아리스토텔레스주의자들은 '물속'과 '물 위'를 대칭으로 보는 갈릴레오의 견해를 받아들이려 하지 않았다. 얇은 흑단 조각을 수조 바닥에 놓는 것을 허용한다면 그들은 패배하게 될 것이었다. 그들

---

61 앞의 책, p. 35. 이 번역은 드레이크의 "Dispute Over Bodies in Water", p. 167을 수정한 것이다.

이 승리하기 위해서는 조각을 물 위에 놓아야만 했다.

그래서 아리스토텔레스주의자들은 갈릴레오의 첫 번째 진술을 글자 그대로 해석함으로써 그것을 논박하고 그가 스스로 패배했다고 생각해 두 번째 진술에서 게임의 규칙을 바꾸었다고 말하려 했다. 갈릴레오는 델레 콜롬베의 실험이 몰고 온 파괴적인 영향을 무력화하기 위해 첫 번째 진술을 더 적절하게 만들 필요가 있었다. 갈릴레오가 '젖음 조항wetness clause'을 밀어붙인 이유가 그래서였다. 그 조항은 (실험적으로 볼 때) 물체가 수조 바닥에 놓여야 한다고 말하는 것이나 다름없었다.

이후 델레 콜롬베가 《항변의 담화Discorso apologetico》에서 제시한 논쟁에 관한 설명은 갈릴레오와 전혀 달랐다. 두 사람의 이야기는 오직 살비아티의 별장에서 이루어진 차가움의 본질에 대한 첫 번째 토론(델레 콜롬베는 참여하지 않았다)을 설명하는 부분만 일치했다. 델레 콜롬베는 자신이 논쟁에 돌입한 뒤로 양측이 받아들일 만한 논증과 실험의 경계를 설정하기 위해 갈릴레오와 수많은 서면 합의서를 주고받았다고 주장했다. 하지만 갈릴레오는 《담화》에서 그 합의를 재수록하거나 언급하지 않았고, 델레 콜롬베는 그 사실에 놀랐다.[62] 델레 콜롬베에 따르면, 우선 갈릴레오는 첫 번째 모임이 끝날 때 피사의 아리스

---

62 Ludovico delle Colombe, *Discorso apologetico d'intorno al discorso di Galileo Galilei circa le cose che stanno sull'acqua o che in quella si muovono* (Florence: Pignoni, 1612; reprinted in *GO*, vol. 4, pp. 313~369).

토텔레스주의자들에게 전달한 것과 매우 유사한 진술을 발표했다.

루도비코 델레 콜롬베 선생의 의견은 다음과 같다. 물과 같은 특정한 매질에서 고체가 가라앉는지 아닌지, 떠오르는지 아닌지와 관련하여 고체에 영향을 미치는 것은 모양이다. 예를 들어, 바닥에 가라앉는 구 모양의 고체는 모양을 바꾸면 가라앉지 않는다는 것이다. 그와 반대로 나 갈릴레오는 그것이 사실이 아니라고 생각한다. 나는 모양이 구형이든 아니든 어떤 고체가 바닥으로 가라앉는다면 모양을 어떻게 바꾸어도 역시 가라앉는다고 단언하는데, 특히 이 점에서 콜롬베 선생과 의견이 갈린다. 나는 우리가 이 문제에 대해 실험을 계속하는 것에 동의한다. 그리고 이 실험은 다양한 방식으로 수행될 것이므로 우리 모두의 친구, 더없이 존귀하신 참사회[63] 의원 [*프란체스코] 노리께서 우리가 제안한 실험들 가운데 진리를 드러내기에 가장 적합해 보이는 실험을 선택하시는 것에도 동의한다. 그리고 위에서 언급한 실험을 하는 과정에서 양측 간에 발생하는 논쟁에 대한 결정과 해결의 판단 또한 의원께 맡긴다.[64]

---

63 *參事會, 가톨릭 교구의 대표 기구로 자문을 통해 교구장의 교구 통치에 협조한다.

64 *GO*, vol. 4, p. 318. 번역은 드레이크의 "Dispute Over Bodies in Water", p. 173을 수정한 것이다.

델레 콜롬베는 이 합의서에 다음과 같은 진술을 덧붙였다(그는 갈릴레오 또한 받아들였다고 주장했다).

물체는 같은 물질과 같은 무게로 정하되 루도비코의 제안에 따라 모양을 달리한다. 물체는 갈릴레오 선생의 선택에 따라(밀도가 최대한 같은 것으로 선택되어야 한다), 모양은 루도비코의 선택에 따라 결정한다. 실험은 총 네 번 시행하며, 똑같은 물질로 만든 조각들의 개수는 시행 횟수만큼 준비한다.[65]

이어서 갈릴레오와 델레 콜롬베는 프란체스코 노리Francesco Nori와 함께 필리포 아리게티Filippo Arrighetti를 실험의 심판으로 참여시키기로 합의했다.[66] 그들은 피렌체의 고위 성직자였기에 논쟁에서 공정한 판단을 내릴 인물들로 인식되었다.

카스텔리가 훗날 《항변의 담화》를 반박하면서 이의 제기를

---

65 *GO*, vol. 4, pp. 318~319. 드레이크의 "Dispute Over Bodies in Water", p. 173 에서 이 부분의 번역은 정확하지 않다.

66 프란체스코 노리는 '피렌체 대도시 참사회 의원'이었고 1620년부터 피렌체 신학 대학의 일원이었다. 또 피오렌티나 아카데미의 회원으로 1598년과 1613년 두 차례 고문관을 역임하기도 했다. 1624년에는 우르바노 8세가 그를 산 미니아토의 주교로 임명했다. 필리포 아리게티는 논쟁이 벌어질 당시 스무 살이었다. 그는 피렌체 신학 대학의 일원이자 궁정인이었다. 추기경 카를로 데 메디치의 식솔이었고 우르바노 8세와 우호적인 관계를 맺었다. 1631년에는 노리가 맡았던 '참사회 회원' 자리에 올랐다. 1608년 11월에 갈릴레오와 함께 피렌체에서 피사로 여행을 떠난 아리게티는 이 듬해 봄까지 갈릴레오의 집에 머물렀다(*GO*, vol. 19, p. 165).

하지 않았다는 점을 고려하면 갈릴레오와의 합의에 관한 델레 콜롬베의 설명은 공정해 보인다. 하지만 델레 콜롬베는 무언가 깜박 잊은 것으로 보인다. 그는 자신이 언급한 논쟁이 살비아티의 별장에서 이루어졌다고 말하며 다음과 같이 주장했다.

> [*합의와 달리] 갈릴레오 선생은 논쟁에 참석하지도 않았고, 적절한 크기와 양과 모양의 물질로 만든 물체를 사용해 실험을 수행하기를 원하지도 않았다. 오히려 선생은 이 주제를 다루는 논고를 출간하여 (그리고 출간의 이유에 대한 다른 이들의 판단을 전부 선생에게 유리하게 만들어) 감각으로 보여 줄 수 없는 것을 주장함으로써 다른 이들을 설득하기로 결심했다.[67]

하지만 갈릴레오에 따르면(치골리의 편지로도 확인된다[68]), 그들 사이에 이루어진 합의와 심판 선정은 살비아티의 별장에서 벌어질 논쟁이 아니라 그에 앞서 노리의 거처에서 예정된 논쟁을 위한 것이었다. 그러므로 갈릴레오와 치골리에 의하면, 델레 콜롬베는 그가 이탈한 모임에 대한 언급은 피하고 이 일련의 토론에서 마지막 논쟁, 즉 갈릴레오가 시연을 거부한 논쟁으

---

67 *GO*, vol. 4, p. 319. 드레이크의 "Dispute Over Bodies in Water", p. 167의 번역을 따랐다.

68 "그 얼간이[델레 콜롬베]가 노리 선생의 집에서 선생과 싸움을 벌이기로 했다고 들었습니다. 그런데 나타나지 않았다지요"(*GO*, vol. 11, no. 573, p. 176).

로 건너뛴 것이었다. 한편 갈릴레오 역시 무언가를 얼버무리고 있었다. 그는 《담화》에서 자신의 의견을 저술을 통해 제시하기로 한 이유를 밝혔다. 그 이유는 논쟁의 격이 떨어졌을뿐더러, 대공이 자신의 철학자는 "그와 같이 떠들썩한 일에 관여해서는 안 된다"라고 말했기 때문이었다. 하지만 갈릴레오는 살비아티의 별장에서 예정된 논쟁에 참여를 거부했다고는 밝히지 않았다.[69]

논쟁에 관한 두 사람의 설명은 심지어 같은 사실을 전하면서도 해석이 전혀 딴판이었다. 갈릴레오는 모든 과정을 저술로 진행하겠다며 논쟁을 거부한 뒤에도 《담화》의 초안에 쓴 것과 일치하는 '젖음 조항'이 포함된 진술을 델레 콜롬베에게 추가로 보냈고, 이 사실은 델레 콜롬베도 인정했다.[70] 갈릴레오는 갈수록 엉망으로 치닫는 논쟁의 틀을 바로잡으려 한 조치였다고 설명했지만 델레 콜롬베의 생각은 달랐다. 흑단 조각을 적셔야만 자신의 아킬레스건을 보호할 수 있음을 깨달은 갈릴레오가 자신의 입장을 방어하고자 교묘하게 부가 조항을 끼워 넣었다고 본 것이다.[71]

델레 콜롬베는 이 문제에 특히 신경을 곤두세웠다. 그에 따

---

69 *GO*, vol. 4, pp. 34~35, 65~66.

70 앞의 책, p. 35.

71 "선생에게는 [얇은 흑단 조각을] 적시는 것이 곧 아킬레스의 뒤꿈치라고 생각됩니다"(앞의 책, p. 319).

르면 갈릴레오가 게임의 규칙을 좌지우지하려 한 것은 이번이 처음이 아니었기 때문이다. 델레 콜롬베에 의하면, 앞서 살펴본 상호 합의에 따라 그가 매우 큰 물체로 실험을 해보자고 제안 했을 때 갈릴레오는 그야말로 야단법석을 떨었다.[72] 실험 조건에 대한 논쟁에서 양측이 기억과 궤변의 기술을 전략적으로 사용했다는 점은 그들이 어떠한 교착상태에 처했음을 시사한다. 그 교착상태는 실험적 증거를 추가하는 정도로 해결될 일이 아니었으며 오직 게임의 규칙을 한쪽에 유리하게 설정해야만 풀릴 수 있었다.

바로 이런 맥락에서 델레 콜롬베와 갈릴레오의 '이탈'을 이해할 수 있다. 둘 사이의 합의를 통해 우리는 심판 아리게티와 노리에게 엄청난 권한이 주어졌음을 짐작한다. 그들은 논쟁을 해결할 뿐만 아니라 두 상대방이 제안한 실험을 심사하여 "진리를 증명하는 데 가장 도움이 될 만한 실험을 선택"하는 역할도 담당했다.[73] 아리게티와 노리는 갈릴레오의 친구이기도 했다. 아리게티는 갈릴레오의 강력한 두 피렌체 지지자 안드레아 아리게티와 니콜로 아리게티의 사촌으로, 1608년부터 1609년까지 파도바를 방문했을 때 갈릴레오의 집에서 몇 달간 손님으로 머무르기도 했다. 노리는 갈릴레오의 벗이자 피

---

[72] 앞의 책, 같은 쪽.
[73] 앞의 책, p. 318.

오렌티나 아카데미의 동료였다.[74] 당시 갈릴레오는 국제적인 유명인사인 동시에 아리게티, 노리와 동일한 후원자, 즉 코시모 2세를 섬기는 저명한 가신이었다. 물론 델레 콜롬베는 두에첸토 위원회Consiglio de' Duecento의 일원이 되어 피렌체의 문화적·정치적 환경에서 어느 정도는 명성을 누렸다(델레 콜롬베가 선출된 후 10여 년이 지나 갈릴레오 또한 같은 정치적 직위에 오르게 된다).[75] 하지만 유명한 지방어 작가 프란체스코 루스폴리Francesco Ruspoli가 한 풍자 소네트에서 그를 표적으로 삼았던 걸 보면, 델레 콜롬베는 철학자로 존경받기보다는 '괴짜'로 알려졌던 것으로 보인다.[76]

74 드레이크는 필리포 아리게티가 한때 갈릴레오의 제자였다고 말했는데, 아마도 필리포 아리게티를 그의 사촌 중 한 명(안드레아 혹은 니콜로)으로 착각한 듯하다(드레이크, "Dispute Over Bodies in Water", p. 160). 아리게티가 갈릴레오와 함께 파도바로 여행을 떠난 사실은 *GO*, vol. 19, p. 165을 참고하라. 노리와 갈릴레오의 관계는 *GO*, vol. 10, no. 282, p. 305; no. 409, p. 447을 보라.

75 1623년 두에첸토 위원으로 선출된 피렌체 시민의 명단에서 루도비코 디 차노비 델레 콜롬베와 그의 형제 코르소의 이름이 확인된다(*ASF*, "Manoscritti 133", fol. 215v., fol. 216r). 갈릴레오는 1631년에만 그 공직에 선출되었다(*GO*, vol. 19, pp. 484~486). 1620년대 말 코르소가 맡은 정치적 역할이 부차적이었던 것으로 보아 델레 콜롬베 가문의 영향력은 그다지 크지 않았음이 분명하다(*ASF*, "Tratte 645", fol. 153).

76 델레 콜롬베의 삶에 대해서 알려진 것은 거의 없다. 〈세티만니의 피렌체 일지Diario fiorentino del Settimanni〉의 1625년 12월 3일자 기록은 프란체스코 루스폴리의 죽음을 알리며 그의 이력을 간략하게 서술했다. 이 글에서 세티만니는 '콜롬바이아'라는 피렌체 지역을 언급했다. "흔히 콜롬보라고 불리는 철학자 루도비코 델레 콜롬베가 주로 거주하는 곳이라는 뜻에서 루스폴리가 그렇게 이름 붙였다. [델레 콜롬베는]

그러므로 두 심판이 갈릴레오와 델레 콜롬베를 똑같이 신뢰했다고 믿기는 어렵다. 델레 콜롬베의 말이 맞다면, 사실상 갈릴레오는 이전에도 합의에 따른 정당한 실험을 델레 콜롬베가 수행하지 못하게 막음으로써 형세를 자신에게 유리하도록 역전시킨 적이 있었다. 그렇다면 이미 판정이 끝난 경쟁에 참여하는 것에 대한 델레 콜롬베의 걱정을 이해하기는 어렵지 않다. 불완전하지만 포괄적인 부양성 이론을 사용해 실험으로 검증 가능한 예측을 다양하게 내놓을 수 있었던 갈릴레오와 달리, 델레 콜롬베가 고수하던 부양성 견해의 경험적 근거는 단 하나의 실험에만 의존하고 있었다. 델레 콜롬베가 감수한 위험은 갈릴레오보다 훨씬 더 컸다. 노리와 아리게티가 그의 실험을 부적절하다고 판단하거나 얇은 흑단 조각을 물속으로 꾹 누르기만 해도 델레 콜롬베와 아리스토텔레스주의자 동료들은 공개적으로 패배할 것이었다. 아마도 이런 사정 때문에 델레 콜롬베는 도시를 돌며 실험을 시연함으로써 다른 청중(더 안전한 청중)을 확

박식한 사람이며, 우리 시대의 존경받는 학자 갈릴레오 갈릴레이에게 반대하는 유쾌한 응답을 담아 책을 쓰기도 했다. 루도비코는 우울하게 혼자 지내며 키가 크고 마른 체형(사실상 살이 거의 없다)에 새하얀 수염을 길게 길렀다. 머리는 작고 머리카락이 전혀 없으며 눈은 움푹 들어갔다. 꼭 유령처럼 생겼는데, 이 때문에 루스폴리가 그를 '림보[*지옥의 외곽 지역]의 관리자'라고 부르곤 했다"(*ASF*, "Manoscritti 133", fol. 301). 루스폴리가 쓴 작품과 그에 대한 저술을 찾아보았으나 그의 소네트는 어디서도 발견하지 못했다. 갈릴레오가 쓴 편지를 보면 델레 콜롬베는 1611년 당시 쉰이 넘은 나이였음을 알 수 있다(*GO*, vol. 11, no. 555, p. 153).

보하려 한 듯하다. 그런 상황에서만 실험 조건을 완벽하게 통제
할 수 있었을 것이다. 갈릴레오가 그와의 두 번째 모임을 주선
해야 한다고 생각했던 것을 보면, 델레 콜롬베가 전략적으로 논
쟁에서 이탈해 대안적인 청중을 찾아 나선 것이 효과가 있었음
은 틀림없다. 델레 콜롬베의 단순한 실험은 중요한 지위의 피렌
체인들을 설득하는 데 성공하여 갈릴레오를 수세에 몰아넣었
을 것이다.

상연에서 논고로, 도시에서 궁정으로

갈릴레오가 적절하게 관리되지 못한 떠들썩한 논쟁에 휘말렸
다며 코시모 2세에게 질책당한 것 또한 델레 콜롬베가 도입한
전략의 결과였을 수 있다.[77] 하지만 구두 논쟁을 지속하기보다
는 글로 견해를 제시하라는 대공의 단호한 조언은 갈릴레오가
심각한 교착상태에서 빠져나오는 데 도움이 됐다.[78] 대공의 조
언은 갈릴레오가 살비아티의 별장에서 예정된 마지막 논쟁을
회피할 완벽한 구실이 되었다. 갈릴레오는 그 논쟁에서 델레 콜

---

[77] 앞의 책, vol. 4, p. 66. 갈릴레오는 수많은 실험이 수행되었으며 일부는 코시모도 보
았다고 언급했다. 하지만 코시모가 실제로 갈릴레오나 델레 콜롬베가 수행한 실험을
보았는지는 분명하지 않다.

[78] 앞의 책, pp. 30, 34~35, 65.

롬베의 강력한 실험과 다시 맞닥뜨리게 될 수도 있었다.

더 중요한 것은, 갈릴레오가 스스로를 위한 게임의 규칙을 세우는 데《담론》의 집필이 결정적이었다는 점이다. 이 책을 통해 갈릴레오는 델레 콜롬베의 특정한 실험을 반박해 자신의 입장을 지켜야 했던 상황에서 벗어날 수 있었고, 자신의 이론을 정합적으로 완전한 이론으로 제시함으로써 향후 논적들이 제시할 비판의 경계를 먼저 설정하는 상황으로 옮겨 갔다. 더 나아가 공격적이고 지엽적인 인신공격식 논증을 부양성 문제에 관한 더 일반적이고 체계적인 접근법으로 전환하여 논쟁으로부터 거리를 두게 된 갈릴레오의 방식은 위대한 군주의 가신이 마땅히 지녀야 할 '과학자의 품행'에 부합하는 것으로 인식되기 훨씬 용이했다.[79]

갈릴레오는 이러한 에티켓 규약을 유리하게 활용하는 법을 알고 있었다. 예를 들어 논적들의 견해를 주의 깊게 반박하는 데 논고의 상당 부분을 할애하면서도 결코 그들의 이름을 언급하지 않았다.[80] 심지어《담화》가 출간된 후에도 델레 콜롬베의 실험은 여전히 갈릴레오의 부양성 이론에 변칙으로 남아 있긴

---

[79] 후원자의 높은 사회적 지위와 가신의 고상한 논증 방식 사이의 관계는 피에르 부르디외가 제시한 취향의 사회학에도 부합한다. Pierre Bourdieu, *Distinction* (Cambridge, Mass.: Harvard University Press, 1984).

[80] 특정 인물을 언급하지 않는 것은 논쟁을 인신공격의 수준에서 끌어올릴 뿐만 아니라 논적들을 지명할 가치가 없는 사람으로 나타냄으로써 그들을 모욕하려는 방법이었을 수 있다.

했지만, 갈릴레오가 부양성 이론을 명료하게 다듬어 발표한 이후로는 결정적인 실험으로 간주하기 어려워졌다. 《담화》의 출간은 갈릴레오의 입장에 제기될 수 있는 반론들이 넘어야 할 문턱을 높였다. 이제 갈릴레오의 논적들 역시 그의 부양성 이론을 총체적으로 평가해야만 했다.

《담화》에 합의 내용을 포함하지 않았다는 이유로 델레 콜롬베가 갈릴레오를 비판한 것에 대한 카스텔리의 반응은 갈릴레오의 전술에 관한 나의 해석을 확인해 준다.[81] 카스텔리는 델레 콜롬베의 비난이 요점을 벗어났다고 생각해, "이 합의들이《담화》에서 결코 재수록되어서는 안 된다고 생각한다. 갈릴레오 선생은 루도비코 선생에 대한 대응으로 논고를 쓴 것이 절대 아니기 때문이다. 그저 누구와도 적대하지 않고 이 문제의 진리를 밝히려 했을 따름이다"라고 말했다.[82]

대공의 개입으로 인신공격식 논증이 고상하고 체계적인 논증으로 전환된 상황은 갈릴레오에게 다른 방식으로도 큰 도움이 되었다. 그는 델레 콜롬베가 내세운 지엽적이지만 파괴적인 변칙의 위험성을 무마하고 게임의 규칙(상연에 더 가까웠던 이전의 논쟁에서 자신을 곤란하게 했던 규칙)을 다시 정했을 뿐만 아니라, 청중까지도 규정함으로써 누구에게 답변하고 누구를

---

81 카스텔리의 답변 작성에는 갈릴레오가 상당 부분 개입했다.

82 *GO*, vol. 4, pp. 465~466.

무시할지 선택할 수 있었다. 이러한 의도는 갈릴레오가 논적들의 비판에 응답하기 위해《담화》를 쓴 것이 아니라는 카스텔리의 주장에서 분명히 드러난다.

갈릴레오의《담화》에서도 나타나는 이 거만한 태도는 반대자들의 지위를 낮춰 그들을 좀 더 쉽게 배척하려는 수사적 전략이기도 했다. 기존에는 그들의 게임 규칙을 배척할 수 없었지만, 이제 갈릴레오는 그 규칙을 완전히 무시하고 자신의 담론에 공감하는 청중에게만 연구 내용을 설명할 수 있었다. "수학은 수학자들의 몫이다"라는 코페르니쿠스의 말을 떠올리게 하는 한 대목에서 카스텔리는 이렇게 주장했다.

갈릴레오 선생은 콜롬보[*델레 콜롬베] 선생을 염두에 두고 책을 집필하지 않았으며 그를 향한 응답으로 책을 쓴 것도 아니라고 나는 확신한다. 콜롬보 선생은 이 점을 스스로 깨달을 수도 있었다. 자신의 이름이 단 한 번도 언급되지 않았을뿐더러《담화》에서 대부분의 주장은 기하학을 통해 증명했다는 점을 인지함으로써 말이다. 이것만으로도 콜롬보 선생은 이 글은 수학에 완전히 무지한 사람들이 아닌 그 분과를 아는 사람들을 위해 쓰였다는 사실을 납득했어야만 했다.[83]

---

[83]   앞의 책, p. 467(강조는 저자의 것).

갈릴레오가 통제하지 못한 떠들썩한 논쟁에서, 이론을 서면으로 제시하는 정당한 발표로의 전환은 그의 후원자인 코시모 2세의 개입으로 가능했다는 점에 주목할 가치가 있다. 갈릴레오가 명예를 잃지 않고도 논쟁에서 빠져나올 수 있었던 것은 (아리스토텔레스주의자들의 군주이기도 했던) 후원자가 그렇게 하라고 '명령'한 덕분이었다.

어떤 가신이든지 자신의 후원자 혹은 다른 후원자의 가신으로부터 제기된 도전에는 답할 의무가 있었다. 일단 논쟁이 시작되면 갈릴레오는 상대방의 말을 배척할 수 없었다. 그들 중 일부는 논쟁 상대가 되기에 정당한 자격을 갖춘 피사 대학의 철학자로, 같은 후원자를 둔 가신이었다. 다른 이들은 델레 콜롬베처럼 메디치에 직접 속한 가신은 아니었지만, (메디치 가문의 신민이었을 뿐만 아니라) 살비아티와 같은 갈릴레오의 피렌체 후원자들에 의해 정당한 도전자로 간주되었다. 코시모가 개입한 것을 두고 갈릴레오는 도전자들에게 '대응할 가치가 없으니 싸움을 그만두라'고 후원자가 명령했다는 식으로 말했다. 논쟁을 지켜보거나 논쟁이 유지되는 데 기여한 피렌체 신사들은 이제 갈릴레오가 도전에서 발뺌했다고 비난할 수 없었다. 왜냐하면 그들 역시 메디치가의 신민이자 가신이었기 때문이다. 이제 갈릴레오는 자신이 논쟁에서 보인 행실을 향한 대공의 책망을 논적들에게 굴절시킬 수 있었다. 그들의 명예가 대공에 의해 간접적으로 '손상'을 입자 갈릴레오가 그들을 배척하는 것도 정당화되었다.

하지만 코시모 2세가 갈릴레오에게 견해를 서면으로 제시하라고 한 요구가 반드시 그를 곤경에서 벗어나게 해 주려는 결정이었다고 볼 수는 없다. 앞서 본 대로, 가신의 안위 자체는 후원자의 우선순위에서 그리 높지 않았다. 오히려 코시모 2세는 자신만의 개인 철학자가 시장의 상인이나 할 법한 어수선한 흥정에 휘말리는 것이 성가셨을 수도 있다. 코시모가 갈릴레오에게 모든 것을 서면으로 진행하라고 한 것은 갈릴레오가 아닌 자신의 명예를 지키기 위해서였다.

갈릴레오는 대공의 예상보다 길고 체계적이었을 논고를 집필함으로써(그리고 그 논고를 통해《별의 전령》출간 이후 발견한 모든 천문학적 발견을 출간물로 남김으로써) 대공의 총애를 유지하고 논적들을 통제할 수 있었다. 논적들 또한 네 권의 책을 출간해《담화》를 비판했지만(제각기 메디치 가문의 일원에게 헌정되었다), 궁정에서의 지위가 확고했던 갈릴레오는 그것들에 답할 의무를 느끼지 않았다. 비판을 가한 마지막 책이 출간된 지 2년이 지나서야 카스텔리(갈릴레오의 피후원자)가 나서서 그 책들을 논박했다. 골칫거리였던 물의 표면장력을 여전히 설명할 줄 몰랐음에도 갈릴레오는 그들의 비판을 무시해도 될 만한 권력을 가졌다는 점에서 피사 철학자들과 그들의 지지자들을 상대로 (적어도 일시적인) 승리를 거두었다.

코시모 2세가 갈릴레오를 질책했다고 해서 그가 전반적으로 논쟁을 경시했다는 뜻은 아니다. 오히려 그 반대였다. 갈릴레오의 논쟁 참여 의무는 메디치 가문과의 계약에 명시되어 있었다.[84] 코시모 2세는 그의 철학자가 적절한 환경에서 적절한 도전자를 상대로 적절한 청중을 앞에 둔 채 적절하게 조성된 논쟁에 참여하는 모습을 보고 싶어 했다. 그러한 논쟁은 1611년 가을 추기경 곤차가와 바르베리니의 피렌체 방문을 계기로 벌어졌다. 그 사건은 논쟁이 도시에서 궁정으로, 즉 갈릴레오가 더 나은 통제권을 행사할 수 있는 장소로 옮겨가는 계기가 되었다.

체사레 틴기Cesare Tinghi의 공식 궁정일지에 기록되지 않아 논쟁의 전말은 알 수 없지만, 갈릴레오가 주고받은 서신과 부양성 논쟁을 다룬 다양한 글에서 논쟁에 대한 여러 언급과 부분적인 설명들을 찾을 수 있다.[85] 앞서 언급한 다른 궁정 논쟁들과 마찬가지로 이 논쟁 또한 오찬이 끝난 뒤 대공의 식탁에서 이루어졌고, (추기경 뒤페롱의 방문 때처럼) 대공을 알현한 추기

---

84 *GO*, vol. 10, no. 359, pp. 400~401.
85 앞의 책, pp. 298, 329, 331; vol. 11, no. 820, pp. 453~455. 앞서 언급한 델레 콜롬베의 《항변의 담화》 외에도 당시의 담화를 언급한 문헌들은 다음과 같다. *Considerazioni di Accademico Ignoto sopra il Discorso del Sig. Galilei* (Pisa: Boschetti, 1612); Giorgio Coresio, *Operetta intorno al galleggiare de' corpi solidi* (Florence: Sermartelli, 1612); Vincenzo di Grazia, *Considerazioni sopra il Discorso di Galileo Galilei* (Florence: Pignoni, 1613). 네 저작 모두 *GO*, vol. 4로 재간행되었다.

경들이 참여했다. 바르베리니는 갈릴레오를, 곤차가는 그의 반대자인 아리스토텔레스주의 철학자 파파초니를 편들었다. 이후에 출간된 글의 내용으로 미루어 보아 델레 콜롬베와 코레시오, 디 그라치아는 궁정에서 열린 논쟁에 참여하지 못했다. 갈릴레오가 기존의 논적들이 아닌 새롭게 선별한 피사 대학의 철학적 '유명인'들을 상대하도록 한 대공의 결정은 훗날 《담화》가 기존 논적들을 향한 대응이 아니라는 갈릴레오의 주장을 정당화해 주었다. 델레 콜롬베 무리는 논쟁의 새로운 '상위' 단계에 직접 접근할 권한을 부여받지 못했다. 앞으로 살펴보겠지만, 그들은 궁정에서 이루어질 새로운 논쟁의 현장에 직접 참여하지 못했으며 오직 책으로만 접근할 수 있었다.

이 궁정의 논쟁에서 누가 승리자로 인식되었는지는 판단하기 어렵다. 추기경 바르베리니의 측근 중 한 명으로 논쟁을 참관한 참폴리(이미 갈릴레오의 좋은 동료)는 갈릴레오가 파파초니에 비해 월등히 앞섰다고 확신했다. "한 사람은 경험적으로 견실하고 뛰어난 주장을 제시했던 반면, 다른 사람은 그의 주장에 그저 응수하면서 '우연적으로', '잠재적으로', '관점에 따라'와 같은 편협하고 융통성 없는 구분을 사용했기 때문에" 참폴리에게는 논쟁의 우세가 "더없이 치우쳐" 보였다.[86] 추기경 바르베리니 또한 갈릴레오가 실력을 발휘했다고 생각했지만, 추

---

86 *GO*, vol. 11, no. 820, p. 453.

기경 곤차가는 갈릴레오의 주장에 끝까지 설득되지 않았다.[87] 대공 앞에서 무슨 말이 오갔는지 잘 알았을 반대자들은 갈릴레오의 승리를 전혀 확신하지 않았다.

논쟁이 진행된 양상과 표면장력에 대한 해석의 교착상태를 고려하면, 논쟁의 결과를 두고 서로 다른 판단이 가능했다는 점은 놀라운 일이 아니다. 하지만 갈릴레오의 부양성 견해(그리고 수학적 방법)를 정당화 과정에서 더 중요한 것은 논쟁의 장소가 궁정으로, 즉 갈릴레오의 청중과 후원자들이 논증보다는 '훌륭한 공연'을 더 높이 평가하고 이해할 수 있는 곳으로 옮겨갔다는 점이다. 후원자들의 중립적 태도를 고려했을 때, 결론이 나지 않는 논제만큼 궁정 논쟁에서 완벽하고 안전한 화제는 없었다. 더군다나 파파초니는 갈릴레오의 피후원자였고, 최근에 갈릴레오가 베푼 큰 호의에 빚을 진 상태였기 때문에 델레 콜롬베만큼 논쟁에 적극적이지도 않았을 것이다.

논쟁이 갈릴레오에게 유리하게 마무리된 것 또한 후원 동역학의 결과였다. 1610년 이후 갈릴레오가 받은 수많은 편지로 알 수 있듯이, 그는 대공의 철학자 겸 수학자로 등극한 후에는 그 자신도 수학자들과 철학자들의 중요한 후원자가 되었다.[88]

---

87 앞의 책, no. 684, pp. 304~305; no. 690, pp. 317~318; no. 698, p. 325; no. 711, p. 338.

88 *GO*, vol. 10, nos. 98, 100, 106, 112, 115, 119, 179, 217, 229, 281, 282, 386, 441, 444, 445; vol. 11, nos. 469, 471, 473, 474, 480, 482, 483, 488, 490,

갈릴레오는 메디치 가문이 피사 대학의 수학자와 철학자를 채용할 때 자문을 제공했으며, 그 역시 볼로냐 대학과 파도바 대학은 물론이고 로마의 사피엔차 대학에서 큰 영향력을 발휘했다. 카발리에리가 볼로냐에서 교수직을 얻은 것, 카스텔리가 처음에는 피사에서, 다음에는 로마에서 교수가 된 것, 아준티와 디노 페리[89]가 피사에서 자리를 잡은 것 모두 갈릴레오의 입김이 작용했다. 갈릴레오는 리브리가 사망한 뒤 그 대신 파파초니를 명망 있는 피사 대학의 교수직에 앉히는 데 성공하기도 했다. 파파초니로서는 쉽게 잊지 못할 호의였을 것이다.[90]

비록 갈릴레오가 영향력 있는 과학기관의 우두머리가 아니었던 탓에 (훗날 뉴턴이 라이프니츠에게 했던 것처럼) 그 지위를 행사하며 다른 수학자들이나 철학자들에게 대항할 수는 없었지만, 대신 그에게는 기꺼이 '우호적인' 모욕을 감수해 줄 고분고분한 피후원자들이 있었다.[91] 만약 갈릴레오가 대공의 철학

577; vol. 14, no. 1973.

89 *Dino Peri (1604~1640). 갈릴레오의 추종자 중 한 명으로, '갈릴레오 학파'라는 표현을 처음 쓴 인물로 알려져 있다(Michael Segre, *In the Wake of Galileo*, p. 60). 1636년에 아준티의 뒤를 이어 피사 대학의 수학 교수가 되었다.

90 *GO*, vol. 11, no. 464, pp. 28~29.

91 1611년 2월, 파파초니는 피사에서 일자리를 구하는 데 갈릴레오가 줄 도움에 대해 미리 감사의 편지를 보냈다. 파파초니는 인상적인 아첨으로 편지를 마무리하며 "저의 갈릴레오 선생님을 칭송하는 것"에 대한 '도의적인 의무감'을 표출했다(앞의 책, no. 483, p. 59). 나흘 뒤에는 다음과 같이 확언하며 찬양을 되풀이했다. "선생님께서는 마땅한 찬양을 울릴 나팔수를 갖게 되실 겁니다. 저에게 자애를 베풀어 주시고 명령

자가 아니었고 또 파파초니가 그에게 충실한 피후원자가 아니었다면, 부양성 논쟁은 갈릴레오에게 만족스러운 결과를 가져다주지 못했을 가능성도 있다.

물속 물체에 관한 담화

《담화》의 구조에는 논쟁의 '전쟁터'에 관한 갈릴레오의 모호한 인식과 전술이 반영되어 있다.[92] 그 구조는 갈릴레오가 자신의 부양성 연구를 향후 유능한 토론자들을 상대로 같은 주제에

을 내려 주십시오. 건강하셔야 합니다"(앞의 책, no. 487, p. 63). 갈릴레오는 파파초니의 첫 번째 편지와 함께 조반니 안토니오 로페니의 편지도 받았다. 그는 갈릴레오와 파파초니를 이어 준 인물이었다. 로페니는 갈릴레오에게 다음과 같이 썼다. "이 신사는 정말 충실한 종이 되리라 확신합니다. 그가 [교수직에] 선출된다면, 매우 훌륭하신 선생께서는 선생의 명예를 드높이는 데 도움이 될 만한 모든 일마다 [그가 헌신했다는] 흔적을 살펴보실 수 있을 겁니다"(앞의 책, no. 482, p. 58 [강조는 저자의 것]).

92 갈릴레오가 피렌체에서 부양성 논쟁에 참여하는 동안 그의 로마 동료들과 후원자들은 《별의 전령》 개정판을 출간하여 그가 최근에 성취한 천문학적 발견을 중심으로 일어날 법한 우선권 논쟁을 방지하라고 부추겼다(앞의 책, no. 572, p. 175; no. 573, p. 176). 하지만 갈릴레오는 《별의 전령》 개정판이 아닌 《담화》를 출간하기로 마음을 먹었고, 최근의 발견 또한 《담화》에 수록하기로 했다. [* 여기서 '최근의 발견'이란 태양의 흑점, 금성의 위상 변화, 토성의 모양, 목성 위성들의 주기를 말한다.] 《담화》의 집필은 본인과 그의 동료들, 후원자들의 예상보다 훨씬 늦어졌다. 12월이 되자 갈릴레오는 체시에게 《담화》의 원고가 준비되었다고 말했지만(앞의 책, no. 652, p. 248), 책이 출간되어 모습을 드러낸 것은 6개월이 더 지나 갈릴레오가 이미 태양 흑점 논쟁에 완전히 휘말린 다음이었다.

대해 논의하게 될 때를 위한 패러다임적 틀로 제시하려 했음을 보여 준다. 하지만 그와 동시에 아리스토텔레스주의자들과의 논쟁을 무시하고, 델레 콜롬베 무리를 향한 대응을 목적으로 《담화》를 쓴 것이 아닌 척할 수 있는 권력이 진정 자신에게 있는지 확신하지 못했음을 드러내기도 한다.

이 긴장은 《담화》의 구조만이 아니라 내용에도 반영되어 있다. 이 책에서 갈릴레오는 유클리드 기하학과 같은 방식으로 논고를 시작했다가 이내 아리스토텔레스주의 논적들의 입장들을 조목조목 반박하는 변증법적 비판으로 나아간다. 여기서 내가 '입장들'이라 한 것은 갈릴레오가 그 어떤 논적도 지명하지 않았기 때문이다. 실제로 그는 그들의 견해가 너무 터무니없어서 인쇄물에 이름을 싣지 않는 것이 오히려 그들에게 호의를 베푸는 일이라고 말하기도 했다.[93] 1612년 출간한 《담화》와 이전 논쟁의 연관성을 부인하면서도 논적들에게 대응할 의무감을 느꼈던 갈릴레오는 수사적으로 흥미로운 전략을 택했다. 논적들의 정체를 언급하지 않은 것은 물론이고 이미 사망한 피사의 아리스토텔레스주의 철학자 프란체스코 보나미코Francesco Bonamico를 《담화》의 주된 대화자로 등장시킨 것이었다.

상당히 편리하게도 갈릴레오는 보나미코가 자신의 살아 있는 반대자들을 대변하게 하면서도 《담화》와 그들의 연관성을

---

93 *GO*, vol. 4, p. 73.

피해 갈 수 있었다. 한때 아리스토텔레스의 유명한 주해자였던 보나미코는 갈릴레오에게 잘 어울리는 상대였다. 보나미코에게 도전함으로써 그는 논쟁의 격을(그리고 자신의 위신을) 떨어뜨리지 않을 수 있었다. 만일 델레 콜롬베처럼 저명하지 않은 철학자에게 도전했다면 논쟁의 격은 떨어졌을 것이다. 델레 콜롬베 무리와 달리 보나미코는 수학에 밝았고,《운동에 관하여De motu》의 제5권에서 아르키메데스의 부양성 이론을 반박한 적도 있었다. 더군다나 보나미코의 부양성 견해는 델레 콜롬베와 그의 동료들이 단편적으로 제시했던 입장들이 정합적으로 집대성된 것이기도 했다.

보나미코를 부활시킨 것이《담화》에서 사용한 유일한 수사적 책략은 아니었다. 갈릴레오가 아르키메데스를 깊이 존경한 것은 의심할 여지가 없지만, 아르키메데스의《부양체에 관하여》와《담화》사이에서 그가 강조한 연속성은 두 책의 내용과 방법론적 가정만으로는 충분히 정당화되지 않았다. 갈릴레오는 아르키메데스의 권위로 부양성에 대한 분석을 뒷받침하기 위해 자신의 연구를 실제보다 더 아르키메데스적인 것으로 제시하려 한 듯하다. 갈릴레오의 저술은 아르키메데스의 저작보다 훨씬 덜 체계적이었으며《부양체에 관하여》의 여러 명제 중에서 극히 일부만 포함했다. 어떤 의미에서《담화》는 부양성 이론을 수학적·연역적으로 체계화한 것처럼 꾸민, 논적들을 향한 격론적 공격에 더 가까웠다. 사그레도가 빠르게 간파했듯이, 갈

릴레오는 논증 가능한 문제를 다루는 척하다가도 장황한 변증적 논쟁에 빠지기 일쑤였다.[94]

실제로 아르키메데스와 갈릴레오의 부양성에 관한 공통점은 사실상 다음과 같은 주장뿐이었다. 물속에서 고체가 가라앉는 원인은 고체의 고유무게가 물보다 크기 때문이며, 반대로 어떤 고체가 가라앉지 않고 심지어 바닥에서 떠오르거나 수면 위로 올라오는 원인은 물의 고유무게가 그 고체보다 크기 때문이라는 것이다.[95]

갈릴레오는 고유무게와 절대무게absolute weight의 정의를 제시한 뒤에 유체정역학hydrostatics(그리고 부양성 문제에 대한 아르키메데스의 접근법)의 경계를 넘어 동역학으로, 즉 철학자들의 영역으로 침범했다. 그러기 위해서 그는 모멘토momento라는 개념을 도입했는데, 모멘토는 그가 기계를 다루는 학문에서 채택했다고 주장한 원리였다.[96] 갈릴레오는 이것이 아르키메데스

94　"자네는 내가 소요학파도 광인도 아니라는 걸 알고 있겠지. 오히려 평소처럼 거리낌 없이 자네에게 말할 기회가 생겼다는 것도 말일세. 나는 자네가 그러한 주제에 대해 담화 형식으로 썼다는 사실에 놀랐다네. 그리고 그 주제를 전혀 이해하지 못하는 사람들에게 대응함으로써 자네가 이미 명명백백하게 논증된 진리를 곤란에 빠뜨려 오늘날의 철학적 오류에 신빙성을 더했다는 것도 놀라운 일이야"(GO, vol. 11, no. 701, p. 330).

95　앞의 책, p. 67. 번역은 Stillman Drake, Cause, Experiment, and Science, p. 26을 따랐다.

96　갈릴레오가 제시한 두 원리는 다음과 같다. (1)"무게가 절대적으로 동일한 물체들이 동일한 빠르기로 움직인다면 그 작용 면에서 동일한 힘force과 모멘토를 갖는다"

도 이해하지 못한 부양성의 한 측면, 즉 용기의 크기와 부양체가 가라앉은 깊이 사이의 관계를 설명할 방법이라며 그 새로움을 정당화했다.

갈릴레오의 역학에 관한 최근의 연구에 따르면, 그는 모멘토를 역학의 두 갈래를 잇는 경첩으로 사용하여 시종일관 정역학에서 동역학으로(그리고 수학에서 철학으로[97]) 건너가려 했다.[98] 하지만 모멘토를 통해 동역학의 개념인 '빠르기의 모멘

(2) "무거움의 능력power과 모멘토는 운동의 빠르기에 따라 증가한다. 따라서 무게가 절대적으로 동일한 물체들이 서로 다른 빠르기를 지닌다면 서로 다른 능력과 모멘토와 힘을 빠르기에 비례하여 갖게 된다"(GO, vol. 4, p. 68. 영어 번역은 Stillman Drake, Cause, Experiment, and Science, pp. 29~31을 수정한 것이다.)

97 * 수학과 철학의 연구 주제를 구분하는 중세의 전통에 따라, 당시에 수학은 정적인 것(가령 정역학)만을 다루는 분과라고 여겨졌다. 동적인 것(가령 동역학)에 관한 연구는 철학, 특히 자연철학의 몫이었다. 이러한 관점은 뒤에서 언급할 디 그라치아의 발언을 통해 명확하게 살펴볼 수 있다. "실제로 자연철학자는 본질상 운동을 수반하는 자연현상을 연구하는 반면, 수학의 주제에는 운동이 포함되지 않는다."

98 갈릴레오의 모멘토 개념과 그 동역학적 함의에 관해서는 다음 문헌들을 참고하라. Paolo Galluzzi, Momento, pp. 153~259, 287, 343, 353; William R. Shea, Galileo's Intellectual Revolution, 23; Winifred L. Wisan, "The New Science of Motion: A Study of Galileo's 'De Motu Locali'", Archive for History of Exact Sciences 13 (1974): pp. 222~229, 292, 297; Thomas B. Settle, "Galilean Science", pp. 157~247, esp. pp. 226~234; Adriano Carugo and Ludovico Geymonat, "Note", in Galileo Galilei, Discorsi e dimostrazioni matematiche intorno a due nuove scienze (Turin: Boeringhieri, 1958), pp. 724~726; Richard Westfall, "Problem of Force in Galileo's Physics", pp. 67~95; Edith Dudley Sylla, "Galileo and the Oxford Calculatores", in William A. Wallace, ed., Reinterpreting Galileo (Washington: Catholic University of America Press, 1986), pp. 53~108,

토*momentum velocitatis*'(오늘날의 운동량[99])와 정역학의 개념인 '무거움의 모멘토*momentum gravitatis*'(오늘날의 모멘트[100])를 연결하려는 시도는 결국 실패로 돌아갔고, 역학을 다룬 마지막 주요 저작인 1638년의《새로운 두 과학》에서 더욱 운동학적인 접근으로 후퇴하기에 이르렀다. 그의 최종적인 운동학적 접근은 자연운동[101]의 원인을 찾지 않기로 한 방법론적 결정이 아니라 그 원인을 수학적 틀에 연결하려 한 시도의 실패에서 비롯되었다.《새로운 두 과학》이 운동학적 접근을 취했다는 사실은 갈릴레오가 그토록 귀중히 여긴 '철학자'라는 칭호에 걸맞은 성공을 거두지 못했음을 나타낸다. 운동의 실제 원인을 추구하는 수

esp. p. 88.

99 * momentum, 물체의 질량과 속도의 곱으로 정의되며, 거칠게 말하자면 물체가 '운동을 지속하려는 정도'를 나타낸다.

100 * moment, 여기서 말하는 모멘트는 구체적으로 '힘의 모멘트(또는 토크torque)'를 가리킨다. 힘의 모멘트는 회전축과 물체 사이의 거리와 물체에 작용하는 힘의 곱으로 정의된다. 역시 거칠게 말하자면 물체가 '회전하려는 정도'를 나타낸다.

101 * 아리스토텔레스의 운동 이론 체계에 따르면 모든 운동은 자연운동과 강제운동으로 구분된다. 자연운동은 물체들이 '자연적인 장소'로 향하는 운동이다. 예를 들어 땅원소로 이루어진 물체는 땅으로(즉 아래로), 불 원소로 이루어진 물체는 (지구를 둘러싸고 있는) 불로(즉 위로) 움직인다. 반면 물체들이 외부의 힘 때문에 자연운동을 하지 못하고 다른 방향으로 움직이는 운동은 강제운동이라고 부른다. 아리스토텔레스의 운동 이론은 데이비드 C. 린드버그 지음, 이종흡 옮김,《서양과학의 기원들》(나남, 1992), 109~114쪽을 참고하라. 이 책에서도 앞으로 살펴보겠지만, 갈릴레오는 경력 초기인 1580년대 말에는 아리스토텔레스의 운동 이론 체계를 받아들였으나, 아르키메데스의 저작을 통해 본인의 연구를 발전시키는 과정에서 자연운동과 강제운동의 구분에 의문을 제기하게 되었다.

학적 탐구는 갈릴레오의 손아귀에서 빠져나가고 말았다.

하지만 1612년 《담화》를 쓸 당시 갈릴레오는 아직 동역학적 의제를 포기하지 않았다. 오히려 대공의 철학자로서 그 의제를 정당화할 기회를 엿보았다. 갈릴레오가 《담화》에 포함한 두 모멘토 원리를 아리스토텔레스주의 논적들이 보았을 때, 그들은 그가 부양성 논의의 장막 뒤에서 더욱 일반적인 지상계 운동 이론의 핵심을 제시함으로써 새로운 직함의 기준에 부응하려 했음을 곧바로 눈치챘다.[102] 특히 익명의 아카데미 회원과 디 그라치아는 갈릴레오가 모멘토에 새로운 의미를 부여한 것에 의문을 제기했다. 즉, 갈릴레오의 비정통적인 의미론 연구에는 당시의 관행에서 벗어난 철학적 의제가 반영되어 있었다.[103]

---

102 *GO*, vol. 4, pp. 156~157. 갈릴레오가 단순히 부양성에 관해서만 이야기한 것은 아니라는 사실은 다음과 같은 진술에서 드러난다. "나는 플라톤과 다른 이들이 제시한 가장 진실된 문장을 굳게 믿는다. 그들은 가벼움[이라는 속성]을 절대적으로 부정한다. 그리고 기본적인 물체에는 지구 중심으로 향하는 것 말고 운동에 대한 내적 원리는 없으며, 더 무거운 물체가 [아래쪽으로] 움직이면서 유체 매질과 위치를 바꾸는 것 말고 상승운동(나는 자연운동과 유사한 운동을 이야기하고 있다)을 일으키는 원인도 없다고 말한다. 나는 누구든 아리스토텔레스의 반대 의견에 충분히 답할 수 있으리라 생각하며, 그러한 논의가 필요할 때나 이 짧은 논고에서 너무 긴 여담이 되지 않는다면 나도 그렇게 할 것이다"(앞의 책, pp. 85~86). 실제로 《담화》의 초안에서 그는 이 원리들을 물리적 가정으로 제시하려 했다. "나는 다음 두 가지 공리 중 하나를 가정하고 … 자연의 질서에 따라 더 무거운 물체는 덜 무거운 물체 아래에 있어야 하며, 아래에서 막지 않는다면 [덜 무거운] 물체는 움직일 것이라고 상정한다"(앞의 책, p. 36).

103 앞의 책, pp. 159, 385, 387~388. Paolo Galluzzi, *Momento*, pp. 240~246도 보라.

실제로 《담화》 출간에 뒤따른 논쟁은 물속 물체의 평형조건이라는 지엽적인 쟁점만이 아니라 아리스토텔레스와 갈릴레오의 일반적인 운동 이론에 관한 것이기도 했다.

앞서 본 대로, 갈릴레오는 아르키메데스 부양성 이론의 불완전한 측면을 수정하려는 방법으로 모멘토라는 개념을 도입했다. 갈릴레오는 부양성이 근본적으로 물체와 주변 매질의 고유무게 차이와 관련된다는 점에서는 아르키메데스와 의견을 같이했다. 하지만 고유무게가 물보다 가벼운 물체가 동일한 무게의 물을 밀어 올릴 때까지 가라앉는다는 의견은 옳지 않다고 주장했다. 갈릴레오에 따르면, 물체들은 아르키메데스의 주장보다 덜 가라앉고 더 적은 양의 물을 밀어 올린다. 실제로는 물체가 가라앉으면서 물이 밀려 올라가다가, '물체에서 물에 잠긴 부분과 부피가 똑같은 물의 무게'가 물체 전체의 무게와 똑같아지는 순간 가라앉는 것이 멈추게 된다(그림14). 이제 가라앉는 물체보다 약간만 큰 수조에서 물체가 평형에 이르렀다고(즉 물에 떴다고) 생각해 보자. 이 경우 물체가 밀어 올린 물의 무게는 물체 전체의 무게보다 훨씬 작아진다. 왜냐하면 물이 위쪽으로 상당히 높이 밀려 올라갔기 때문이다. 갈릴레오는 이 예시를 지름이 다른 두 원통을 연결한 사례와 비교했다(그림15). 큰 용기의 수위가 낮아지면, 그것과 연결된 작은 용기의 수위는 가파르게 상승한다.

이러한 용기 크기의 영향 덕분에, 무거운 물체는 절대무게가 그보다 훨씬 작은 양의 물 위에도 뜰 수 있다. 갈릴레오의 주장에 따르면, 용기만 적당하게 만든다면 한 배럴[104]의 물 위에

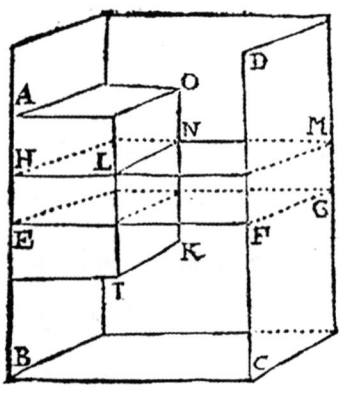

그림 14 ＊ 아르키메데스와 갈릴레오의 부양 조건 간의 차이는 그림을 보면 이해하는 데 도움이 된다. 용기 BD에 물 EG가 담겨 있고, 물체 AE는 아직 잠기기 전이다. 물체를 물속에 집어넣으면 물을 LM까지 밀어 올리면서 물체의 윗면 끝이 수면에 닿을 정도로 푹 잠기고 그 모습이 HK로 표시되어 있다. 아르키메데스에 따르면, 물체가 밀어 올린 물 LG의 무게가 물체 HK의 무게와 똑같아질 때까지 물체가 물속에 잠긴다. 하지만 갈릴레오는 물체가 밀어 올린 물 LG가 아니라 '물체가 잠긴 부분(이 사례에서는 전체가 다 잠겼으므로 HK)의 부피와 같은 물의 무게'가 물체 HK의 무게와 똑같아질 때까지 잠긴다고 주장했다. 두 사람의 부양 조건을 식으로 정리하면 이렇다. 아르키메데스의 부양 조건은 '물체 HK의 무게 = 물 LG의 무게'이고, 갈릴레오의 부양 조건은 '물체 HK의 무게 = 물 HK의 무게'이다. 그런데 여기서 물체가 밀어 올린 물 LG의 부피는, 물체가 잠기기 전의 수면 EG를 기준으로 잠긴 부피 EK와 같다. 따라서 갈릴레오의 말처럼 물은 아르키메데스의 주장보다 덜 올라가야 한다(아르키메데스에 따르면 물 LG의 부피는 HK와 같아야 하는데, 갈릴레오가 지적한대로 LG는 사실 HK보다 적기 때문이다). 그림은 Galileo Galilei, trans. Thomas Salusbury, *A Discourse Concerning the Natation of Bodies upon, And Submersion in the Water* (London, 1665)에서 전재.

104 ＊ 원문은 "한 배럴의 물"이지만, 스틸먼 드레이크가 영역한 《담화》에는 "열 배럴의 물"이라고 쓰여 있다. 정확한 수치를 역사적으로 추적하긴 어렵지만, 토머스 솔즈버리｜Thomas Salusbury가 1665년 출판한 《담화》의 최초 영역본을 참고하여 대략 추측해 볼 수는 있다. 솔즈버리는 해당 구절을 "열 턴tun의 물"이라고 옮겼는데, 당시의 1턴은 대략 오늘날의 240갤런에 해당했던 것으로 추측된다. 따라서 '열 턴의 물'은

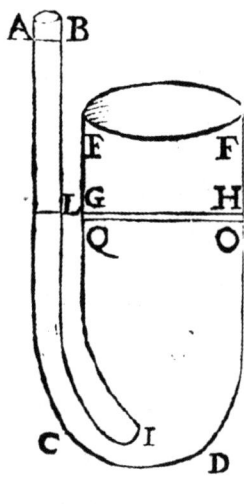

도 배 한 척을 띄울 수 있다. 반대로 (바다처럼) 용기가 매우 큰 용기의 경우, 물체가 가라앉더라도 물의 수위가 크게 상승하지 않으며, 물체가 (해수면을 기준으로) 눈에 띄게 가라앉고 나서야 평형 상태에 도달할 것이다. 요컨대 아르키메데스의 문제는 비교적 작은 용기에서 특히 두드러지는 현상, 즉 가라앉는 물체와 높아지는 수위의 상호작용을 생각하지 않은 것이었다.

그림 15 오른쪽 큰 용기의 수위가 GH에서 QO로 낮아지면 작은 용기의 물은 L에서 AB까지 올라간다. *GO*, vol. 4, p. 78에서 전재.

갈릴레오는 용기의 영향에 관한 분석을 확장하여 부양성 문제를 그가 제일 선호하는 운동 모형 가운데 하나인 지렛대로 환원했다.[105] 그리하여 물체가 밀어 올린 물과 물체의 높이 변화를 지렛대의 양팔에 달린 저울추의 높이 변화와 비교했다. 특히 그는 물체의 하강 거리와 물의 상승 거리 사이의 비ratio가 '물체를 제외한 용기의 단면적'과 '물에 잠긴 물체의 바닥 면적' 사이의 비와 같다는 점을 증명했다. 예를 들어, 물체를 제외한 용기

2,400갤런, 즉 9,000리터쯤 된다.
[105] Paolo Galluzzi, *Momento*, pp. 70~79.

의 단면과 물체의 단면 사이의 비가 2보다 훨씬 작다면, 가령 2인치 가라앉은 물체는 물을 2인치보다 훨씬 높이 밀어 올리고 평형 상태에 도달한 뒤에야 멈추게 된다. 즉, 용기가 충분히 작다면 비교적 적은 양의 물로도 훨씬 무거운 물체와 균형을 이룰 수 있다. 이 같은 경우 비교적 짧은 지렛대 팔에 무거운 물체를 매달고 훨씬 긴 지렛대 팔에 훨씬 가벼운 물체를 매달아 균형을 맞춘 것과 비슷하다(그림16).

이를 고찰하면 갈릴레오가 어떻게 속력을(따라서 모멘토를) 부양성과 지렛대의 평형에서 본질적인 요소로 간주했는지를 알 수 있다. 위에서 살펴본 작은 용기의 예시에서 물은 물체가 아래로 내려가는 것보다 더 빠르게 위로 올라간다. 기본적으로 말해서 갈릴레오는 지렛대 양팔에 적용되는 가상속도[106] 개념을 물체와 물의 높이 변화에 적용했다고 볼 수 있다. 그 결과 그는 물과 물체의 무게가 서로 다를 때에도 평형을 이룰 수 있는 이유를 다음과 같이 지렛대에 빗대어 설명할 수 있었다. 지렛대에서 더 가벼운 추가 접선 방향으로 더 빠르게 움직이기 때문에(지렛대 팔이 더 길기에 그렇다)[107] 결국은 가벼운 추가 무

---

106 *virtual velocity, 이미 균형을 이룬 지렛대 양팔은 움직이지 않는다. 그런데 갈릴레오는 지렛대가 (양팔에 달린 물체의 무게가 달라도) 균형을 이루는 이유를 설명하기 위해 지렛대를 '가상으로' 움직여본다. 그럴 때 물체들이 '가상으로' 움직이며 갖는 속도를 가상속도라고 한다.

107 *그림 16을 보면 이해하는 데 도움이 된다. 여기서 '접선 방향으로 더 빠르게 움직인다'는 것은 가벼운 물체가 호 BE를 움직이는 속력이 반대쪽의 무거운 물체가 호 AD

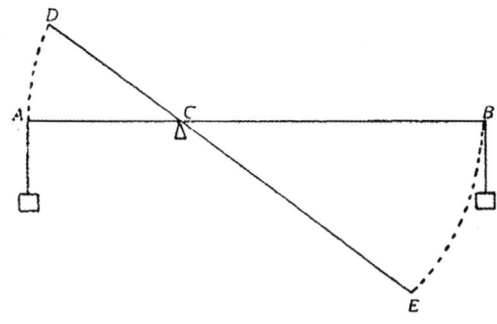

그림 16 지렛대 양팔의 길이는 다르지만 A와 B에 달린 두 물체는 지렛대가 돌아가는 같은 시간 동안 각각 호 AD와 BE를 그리며 움직인다. 지렛대 팔을 얼마나 움직이든, 마치 '그림 15'의 용기에서 좁은 부분에 있는 물체처럼 긴 팔에 달린 물체를 반대편 평형추보다 빠르게 움직이게 할 수 있다. *GO*, vol. 2, p. 163에서 전재.

거운 추를 상대로 평형에 이르는 것이라고 말이다(양팔의 길이가 다른 지렛대가 균형을 이룬 상태에서 한쪽 팔에 무한히 작은infinitesimal[108] 무게의 추를 달거나 무한히 작은 외력을 가했을 때 지렛대가 움직이는 모습을 상상해 보라). 결론적으로 말하자면, 지렛대 양쪽에 달린 두 물체의 모멘토(무게와 속력의 곱)가 같을 때 지렛대가 평형에 이른다.

'수력학적 지렛대'의 가상속도에 관한 고찰을 통해 속력과

　를 움직이는 속력보다 빠르다는 뜻이다.

108　* 거칠게 말하자면, 여기서 '무한히 작은'이란 더 작은 크기를 생각할 수 없을 만큼 극도로 작지만 0은 아닌 크기를 말한다. 갈릴레오의 '무한히 작은' 개념을 탐구한 논문으로는 다음을 참고하라. Tiziana Bascelli, "Galileo's quanti: understanding infinitesimal magnitudes", *Archive for History of Exact Sciences* 68(2) (2014): pp. 121~136.

모멘토를 부양성과 관련지음으로써 갈릴레오는 철학자 칭호에 걸맞게 처신할 수 있었다. 이를 계기로 그는 경력 초기에 연구한 자유낙하 이론(《운동에 관한 더 오래된 원고De motu antiquiora》에서 다룬 이론)을 수정할 수 있었다. 갈릴레오는 그 자유낙하이론을 한 번도 출간하지 않았는데, 등가속도 운동에 관한 설명의 심각한 결함 때문이었을 것이다.[109] 부양성 논쟁은 매질 속에서 물체가 가라앉는 가속도와 속도의 문제가 아니라 평형상태의 조건에 중점을 두었기 때문에, 갈릴레오 가속도 이론의 결점은 부각되지 않았다. 더군다나 물의 밀도와 점성으로 인해 물체가 가라앉는 속도가 상당히 감소하여 가속도는 눈에 잘 띄지도 않았다. 《담화》의 집필은 갈릴레오에게 기회가 되었다. 1590년대 초부터 발전시켜 온 역학에 관한 생각들을 수정하고 종합할 수 있었고, 문제가 발생할 가능성이 최소인 가장 우호적인 상황에서 그 생각들을 제시할 수 있었다. 그리고 동시에 자신을 철학자로, 또 자신의 부양성 이론을 철학 이론으로 내세울 수 있었다.[110]

---

[109] 《운동에 관한 더 오래된 원고》에 관해서는 Raymond Fredette, "Galileo's 'De Motu Antiquiora'", *Physis* 14 (1972): pp. 321~348을 참고하라.

[110] 하지만 당시 갈릴레오의 부양성 견해가 자유낙하에 관한 견해와 어떤 관련이 있었는지는 명확하지 않다. 갈릴레오 역학 전문가들이 《담화》에 그다지 진지한 관심을 기울이지 않은 이유가 그 때문일 수 있다(토머스 B. 세틀Thomas B. Settle과 파올로 갈루치Paolo Galluzzi는 예외이다). 그에 반해 《담화》와 1599년경 쓰인 미출간 저술 《역학에 관한 논고Trattato delle mechaniche》의 관계(모멘토 개념과 연관된 관계)는 더

하지만 그로 인해 철학자들과의 대립은 더 격화되었다. 이제 논적들은 부양성에 관한 매우 구체적인 주장(그리고 수학적 분과학문의 영역에 남아 있던 주장)에만 맞설 필요가 없었다. 그들은 지상계 운동 이론처럼 보이는 논의를 향해서도 대항할 수 있었다. 더 나아가 갈릴레오는 자신의 이론이 지닌 철학적 함의를 (주로 보나미코를 반박하며) 명확히 밝힘으로써 철학자들이 전문직업적 관할구역으로 여기고 있던 더 많은 영역(가령 물질의 구조)으로 진입했다.

갈릴레오는 부양성 견해를 심화하여 자신과 철학자들 간의 근본적인 세계관 차이를 부각했으며, 그 결과 양측 간의 소통 교착상태를 초래했다. 기존의 상호교환이 이미 교착상태로 치달은 상태에서 상연으로부터 저작으로의 전환은 그 곤경을 해결하기는커녕 더욱 악화시켰고 논쟁의 판정을 대공의 판결에 더 의존하게 만들 뿐이었다. 이제 우리는 장소변화locomotion(물체의 이동), 원인의 분류, 경험적 증거의 지위, 물질의 구조, 표

욱 분명하다. 널리 알려져 있듯이, 갈릴레오는 (결점이 있는) 자유낙하 법칙을 처음으로 명시한 이래 1638년에《새로운 두 과학》을 출간할 때까지 계속해서 그 문제에 천착했다. 기존에 간과되었던 육필문서가 재검토되고 갈릴레오 역학 전문가들 사이에서 활발한 논쟁이 벌어지고 있지만, 1604년부터 1638년까지 갈릴레오가 생각을 발달시킨 과정은 여전히 잘 알려진 가설의 문제이며 논란거리이다. [*《운동에 관한 더 오래된 원고》가 완성된 1592년부터《새로운 두 과학》이 출간된 1638년까지 갈릴레오의 자유낙하 이론의 발전 과정을 추적한 하나의 시도로는 다음 책의 3장을 참고할 수 있다. Peter Damerow et al., *Exploring the Limits of Preclassical Mechanics* 2nd edition (Springer: 2004).]

면장력 현상과 같은 쟁점들을 둘러싼 양측의 해소 불가능한 차이의 세부적 측면을 간략하게 살펴볼 것이다.

교착상태 명료하게 만들기

아리스토텔레스는 《하늘에 관하여 De Caelo》 끝부분에 "물체의 모양은 실제 하강 혹은 상승운동과는 무관하며 운동을 빠르게 혹은 느리게 할 뿐이다"라고 썼다.[111] 얼핏 갈릴레오의 진술처럼 보이는 이 문장은 아리스토텔레스에 의해 곧바로 수정되었다. 아리스토텔레스는 납과 같은 무거운 물체가 물 표면을 넉넉히 덮을 만큼 납작한 형태일 때 물 위에 뜨는 것을 관찰했다. 반대로 가볍더라도 크기가 작은 물체는 가라앉을 수 있다. 결국 그는 물체의 무게가 물의 저항보다 작아야 물체가 물에 뜬다고 결론지었다.

아리스토텔레스가 제시한 예시는 오직 물체가 물 표면에 뜬 경우에 한정된 것이지만 장소변화에 관한 일반적인 견해의 구조를 반영한다. 물체를 이루는 원소들이 자연적인 장소로 도달하려는 경향이 매질의 저항을 극복할 때, 그 물체는 매질 속에

---

[111] Aristotle, *On the Heavens*, trans. W. K. C. Guthrie (London: Heinemann, 1939), pp. 366~369.

서 자연적으로 움직인다. 속력은 운동을 일으키는 힘과 매질의 저항 간의 비율에 비례한다고 여겨졌다. 우주가 물질로 가득 차 있다는 생각과 매질이 저항을 가한다는 가정은 아리스토텔레스 체계의 토대를 이루었다. 그 토대는 무엇보다 속력이 무한할 가능성을 배제했다(속력의 무한성은 아리스토텔레스가 제안한 것과 같은 유한한 우주에 위협이 되는 개념이었다). 매질의 저항은 아리스토텔레스 체계의 일부 기본 원리를 보존하는 데 반드시 필요한 가정이었고, 그러므로 아리스토텔레스주의자들은 그 가정을 쉽게 포기할 수 없었다.[112]

그러나 갈릴레오의 부양성 견해는 아리스토텔레스주의자들에게 정확히 그렇게 하라고 요구했다. 그가 보나미코를 반박할 때 언급한 바에 따르면, 부양성의 원인은 매질의 저항과 무관했다.[113] 물체가 매질 속에서 뜨는지 가라앉는지를 결정하는 것은 다름 아닌 물체와 매질의 고유무게gravità per ispecie 차이였다. 매질의 저항은 오직 물체가 가라앉거나 떠오르는 속력에만 영향을 미쳤다.[114] 갈릴레오의 부양성 견해를 따르려면 매질이 운동 조건에 영향을 미친다는 생각을 완전히 부정해야 했다. 갈릴레오는 저항과 속력의 관련성을 받아들이면서도 저항과 운동의 관련성은 거부했던 반면, 아리스토텔레스주의자들은 그렇

[112] *GO*, vol. 4, p. 415.
[113] 앞의 책, pp. 81, 86~87, 103, 126.
[114] 앞의 책, pp. 33~34, 44~45, 50, 91~92, 96.

지 않았다. 장소변화에 대한 그들의 견해에 따르면 운동의 가능성과 물체의 속력은 모두 저항과 관련되어 있다. 그래서 그들은 갈릴레오의 구분을 집단적으로 외면했고, 갈릴레오가 매질이 물체의 운동에 저항하지 않는다고 말한 것으로 받아들여 그를 비난했다. 운동 조건과 속력에 관련된 저항의 역할에 대한 갈릴레오의 두 가지 다른 주장은 아리스토텔레스주의자들의 범주 속에서 한 가지로 뭉뚱그려진 셈이었다.[115]

아리스토텔레스와 그의 동맹(아리스토텔레스주의자들은 그들 스스로 동맹이라고 불렀다)은 갈릴레오와 달리 부양성의 근본 원인이 물체를 구성하는 원소들에 있다고 생각했다. 대부분 흙 원소로 이루어진 물체는 물속에서 지구 중심을 향해 가라앉는다. 대부분 공기 원소로 구성된 물체는 물 표면에 뜰 것이며, 대부분 불 원소로 이루어져 있다면 날아올라 달의 천구까지 갈 것이다.[116] 아리스토텔레스의 용어에 따르면, 물체의 원소 구성은 그 자체로 *per se*(혹은 무조건적으로 *simpliciter*) 운동의 원인이었다. 물체의 모양은 운동의 주원인이 아니며, 우연적으로 *per accidens* 혹은 어떤 면에서 *secundum quid* 정지의 원인만 될 수 있었다. 아리스토텔레스가 《하늘에 관하여》에서 명시했듯이, 어떤 경우에는 물체의 모양이 그것의 무게와 매질의 저항과 더불

115 앞의 책, pp. 412~413.
116 앞의 책, pp. 85~86.

어 물체를 물에 띄우는 원인이 되었다. 모양은 부양성의 부차적인 원인이며, 오직 특정한 조건에서만 중요했던 것이다.

갈릴레오의 《담화》를 향한 대응으로 판단하건대, 아리스토텔레스주의자들이 전개한 논지의 핵심은 다음과 같다. "물체의 모양은 어떤 면에서 부양[즉, 물 표면에서 물체가 정지하는 것]의 원인이 된다."[117] 그들에게 있어서 모양은 용기 바닥에서 물체가 떠오르는 원인이 아니었다. 그 운동은 오직 물체의 원소 구성에 의해서만 결정되었다. 잠시 후에 살펴보겠지만, 그들은 물 표면의 속성이 물 내부의 속성과 다르다고 여겼기 때문이다. 델레 콜롬베의 흑단 구와 얇은 흑단 조각이 보인 효과는 아리스토텔레스주의자들의 견해를 뒷받침하는 데 필요한 모든 증거를 제공해 주었다. 델레 콜롬베의 물체들은 같은 물질로 이루어졌고 무게도 같았으나 모양만 달랐다. 그 결과 하나는 뜨고 다른 하나는 가라앉았다. 갈릴레오 자신도 인정했듯이, 델레 콜롬베의 실험은 아리스토텔레스주의 학설과 매우 잘 부합했다.[118]

오늘날의 한 역사학자가 부양성 논쟁을 해석한 것과 달리, 아리스토텔레스주의자들은 사소한 문제만 잡고 늘어지지 않았다.[119] 델레 콜롬베의 실험 해석은 그들의 관점에서 볼 때 논리적

---

117 앞의 책, pp. 28, 43~45, 86, 96, 174, 212, 329, 337, 403, 420.
118 앞의 책, p. 90.
119 Stillman Drake, *Cause, Experiment, and Science*, pp. xix-xx.

으로 타당하고 경험적으로도 견실했다. 아리스토텔레스 동맹은 서로 다른 매질, 무게, 모양에 따른 부양성 조건을 예측할 수 있다고 주장하지 않았다. 물보다 무거운 물체가 물 위에 뜬다면 그것은 모양 때문이라고 주장했을 뿐이다.

아리스토텔레스주의자들이 두려워했던 것은 델레 콜롬베의 실험에 대한 논박이 아니라(그들의 게임 규칙을 고수한다면 사실상 반박이 불가능했다) 갈릴레오의 주장에 담긴 우주론적 함의였다. 만일 부양성이라는 것이 구성 원소 때문에 물체가 가지게 된 본질적인 '가벼움'의 직접적인 결과가 아니라 고유무게가 더 큰 매질이 지구 중심을 향해 하강한 결과라고 한다면, 사실상 자연운동이라는 개념 자체가 의심을 받을 것이었다. 익명의 아카데미 회원의 말대로, 갈릴레오의 주장이 맞다면 모든 상승운동은 강제운동violent motion이 될 터였다.[120] 그렇다면 부양성은 더는 물체가 지닌 자연적인 경향의 결과가 될 수 없으며, (갈릴레오의 견해처럼) 다른 물체들이 내려가면서 그 물체를 밀어 올린 결과가 된다. 요컨대, 자연운동은 단 하나만 남게 된다. 바로 하강운동이다. 이제 모든 물체는 원소의 구성과 무관하게 하강운동을 할 수 있게 된다.

갈릴레오의 주장은 아리스토텔레스가 원소에 기반하여 정립한 운동과 변화 이론만이 아니라 논증 개념에도 충격을 가했

---

[120] *GO*, vol. 4, p. 157.

다. 아리스토텔레스주의자들은 부양성을 자연운동의 한 사례로 보았지만(그 자연운동은 이따금 물체의 모양으로 인해 우연적으로 정지하기도 한다), 갈릴레오는 아리스토텔레스의 자연운동 개념이 적용되는 범위를 제한했고, 따라서 아리스토텔레스주의자들이 우주론적 틀 속에서 발전시킨 원인 분류 체계에 의문을 제기했다. 아리스토텔레스가 제시한 자연적 인과관계와 논리적 논증의 밀접한 관계를 고수하던 논적들은 갈릴레오가 자신들과는 다른 원인 개념을 제시했을 뿐만 아니라 원인 개념 자체를 문제 삼았다고 생각했다. 갈릴레오 또한 그것을 잘 인식하고 있었다. 그는 자신의 한 옹호자에게 다음과 같이 말했다.

부양성을 일으키는 참되고 타당한 원인은 단 하나밖에 없습니다. 저는 물론이고 다른 이들도 알고 있는 것이지요. '그 자체로, 우연적으로, 본래적으로 또는 비본래적으로 혹은 절대적으로 또는 상대적으로'와 같은 구분은 여기에 적용되지 않습니다. 그러한 구분은 철학적 문제에 직면했을 때 그것의 참되고 타당한 직접적인 원인을 파악하지 못하는 이들에게만 도움이 될 뿐입니다.[121]

---

[121] 앞의 책, p. 299. 카스텔리의 대응에서도 아리스토텔레스의 원인 분류에 대한 유사한 비판이 제시되었다. "[갈릴레오] 선생은 형태, 건조함, 유동성, 단단함, 덮이지 않은 표면, 반감, 유성油性, 환경, 자격을 갖춘 물질, 기술적인 용어, 연속적인 매질의 저항, 그 밖에도 수많은 키메라와 관련된 근원적·부차적·도구적·본질적·우연적 원인들

마찬가지의 방식으로 갈릴레오는 보나미코가 네 원소의 속성을 언급하며 부양성이라는 현상의 원인이 아닌 "원인의 원인"을 제시하고 있을 뿐이라고 비난했다.[122]

아리스토텔레스주의자들의 추론 방식을 향한 갈릴레오의 비판은 오직 그의 인과관계 개념과 그것을 따르는 우주론을 받아들인 사람들에게만 설득력이 있었다. 기본적으로 갈릴레오는 아리스토텔레스주의자들이 '원소'(즉, 존재의 근본적인 단위species)와 부양성 간에 구축해 놓은 인과관계를 뒤집었다. 갈릴레오에게 관찰 가능한 것은 특정한 매질에서 뜨거나 가라앉는 물체뿐이었다. "이 물체는 물 혹은 흙보다 공기가 더 많기 때문에 물 위에 뜰 것이다"라는 추론은 "이 물체는 그 유체 위에 뜨기 때문에 유체보다 고유무게가 더 작다"로 대체되었다. 부양성은 이제 원소의 속성에 의한 결과가 아니라, (갈릴레오의 논고 〈작은 천칭La bilancetta〉에서도 알 수 있듯이) 물체의 밀도(수학적 특징)에 대한 정보를 얻을 수 있는 수단이 되었다.[123] 갈릴레

에 의존하지도 않고 그 모든 한계와 구분에서 벗어나 단순하고 분명한 단 하나의 결론으로 모든 것을 설명한다"(앞의 책, p. 580).

122   앞의 책, p. 87.

123   "그러나 실제 원인은 간접적이지 않고 직접적이라는 것을 누가 모르겠는가? 더군다나 무거움이 원인을 제공한다는 점은 감각으로 미루어 보아 매우 명백하므로, 우리는 가령 흑단이나 소나무가 물보다 무겁거나 가벼운지를 매우 쉽게 판단할 수 있다. 하지만 그것들이 주로 흙으로 이루어졌는지 혹은 공기로 이루어졌는지를 누가 말할 수 있겠는가? 그것들이 뜨는지 바닥에 가라앉는지 확인하는 것보다 더 확실한 경험은 없다"(앞의 책, p. 87).

오에게 부양성 설명의 지위는 결과보다는 존재론적 원리에 더 가까웠다. 그러므로 '부양성'이라는 용어조차도 양측에서 완전히 다른 의미로 받아들여졌다.

디 그라치아는 두 방법론적 견해가 양립 불가능하다는 점을 잘 알고 있었다.

> 감각의 영역에 속하는 것들과 우리가 언제나 보는 것들에 대해 [*갈릴레오] 선생은 그것들을 수학적으로 논증하고자 한다. 대신 감각으로 파악할 수 없거나 그것이 가능하더라도 충분치 않은 것들, 가령 달의 구덩이와 태양의 흑점, 그 밖의 수많은 것들에 대해서는 감각을 통해 설명해야 한다고 주장한다. 하지만 사실은 정반대로 해야 한다. 경험으로 직접 파악할 수 있는 것들에 관해서는 사실 논의할 필요가 없다. 그 대신 감각을 통한 경험만으로는 불충분한 경우, 우리는 그 경험을 이성으로 교정하여 경험에 도움을 주어야 한다.[124]

아리스토텔레스주의자들과 갈릴레오의 부양성 견해는 운동과 인과관계, 우주의 구조, 그 속에서 수학이 점한 위치에 대한 더 일반적인 의견과 밀접한 관련이 있다. 갈릴레오는 자신의 이론이 동역학적 차원만이 아니라 더 근본에 있는 우주론적 함의

---

[124] 앞의 책, p. 436.

를 가진 것으로 인식되도록 노력했다. 흥미롭게도 수학에 근거한 경험에 인식적 정당성을 부여하길 꺼리던 디 그라치아는 갈릴레오의 이론이 우주론적 원리(그리고 그 원리가 뿌리를 둔 우주론)를 암시하고 있기는 하지만 결국 어느 쪽도 제시하지 못했다고 주장했다.[125]

갈릴레오와 아리스토텔레스주의자들이 제시한 범주 사이의 양립 불가능성은 물질의 구조에 대한 견해에서도 나타났다. 《담화》의 집필을 위해 준비한 초안에서 갈릴레오는 물을 입자들의 모임으로 간주했다.[126] 그는 그러한 관점을 우선 《담화》에서 제시했고, 나중에 톨로메오 노촐리니Tolomeo Nozzolini에게 보낸 편지에서 세세한 부분까지 명확하게 설명했다.[127] 갈릴레오가 보기에 물의 구조는 이니콜리ignicoli(불의 원자들)의 작용으로 유체가 된 금속의 구조와 비슷했다. 이니콜리는 마치 얇은 칼날처럼 금속 구성입자들의 미세한 틈새로 파고들어, 입자들

---

125 디 그라치아는 갈릴레오가 이전의 선언과 달리 《우주 체계》[*《대화》]를 아직도 출간하지 않고 있다고 비판하는 것으로 《고찰》을 마무리했다. [*《고찰》의 서지정보는 각주 85번을 참고] 앞의 책, p. 439.

126 앞의 책, pp. 27~28.

127 앞의 책, pp. 26~27, 103, 105~106, 301 note 1. 갈릴레오가 노촐리니에게 보낸 편지는 앞서 논의한 후원 동역학을 확인해 주는 사례이기도 하다. 노촐리니는 1590년대 어린 군주 코시모의 개인교사였으므로(*ASF*, "Depositeria generale 389", fol. 47v), 그 이후에도 코시모의 측근 가신으로 남았을 것이다. 그러므로 갈릴레오는 노촐리니의 질문을 무시할 수 없었다. 만일 질문에 답하지 않는다면 노촐리니가 대공에게 불평을 호소할 수 있었기 때문이다.

이 "진공에 대한 공포"[128] 때문에 서로 유지하고 있던 결합을 끊어 버릴 수 있었다.[129]

물질의 구조에 관한 갈릴레오의 견해는 《담화》에서 다뤄진 것으로 끝나지 않고 《시금자》와 특히 《새로운 두 과학》에서 수정되어 다시 나타났다.[130] 《담화》를 집필할 당시 갈릴레오는 불의 원자들을 더 이상 나눠지지 않는 "입자들quanti"로 간주했다. 반대로 물을 비롯한 유체들은 나눠질 수 있는 입자로 이루어졌다고 생각했다.[131] 이와 같은 입자론corpuscularism을 받아들인 결과, 갈릴레오는 데카르트 역시 곤경에 빠뜨렸던 결합cohesion의 문제에 직면해야 했다. 만일 유체들이 연속된 물체가 아니라 서로 근접한 입자들로 이루어진 물체라면, 멀리 확

---

128 *horror vacui*, 자연은 진공을 혐오하므로 항상 진공이 발생하지 않도록 작동한다는 아리스토텔레스의 학설을 말한다.

129 Galileo Galilei, *Two New Sciences*, trans. Stillman Drake (Madison: University of Wisconsin Press, 1974), pp. 27~28.

130 Ugo Baldini, "La struttura della materia nel pensiero di Galileo", *De homine* 57 (1976): pp. 91~164; William R. Shea, "Galileo's Atomic Hypothesis", *Ambix* 17 (1970): pp. 13~27; idem, *Galileo's Intellectual Revolution*, pp. 27~31, 98~106. 갈릴레오의 원자론적 믿음은 피에트로 레돈디가 *Galileo Heretic* (Princeton: Princeton University Press, 1986)에서 제시한 주장의 핵심을 이룬다. 원자론이 그리스에서 발전하고 이후 다시 등장한 양상을 전반적으로 조사한 문헌으로는 Andrew G. Van Melsen, *From Atomos to Atom* (Pittsburgh: Duquesne University Press, 1952)을 보라.

131 다른 종류의 물리적 물체와 마찬가지로, 갈릴레오는 입자를 자르려면 "칼"이 필요하며, 따라서 가장 작은 칼날보다 더 작은 입자는 생각할 수 없다는 이론을 제시했다. 그에 따르면 불의 원자가 세상에서 가장 작은 "칼"이었다.

산하는 증기와 달리 어떻게 결합을 유지하고 있는 것일까? 갈릴레오는 물을 매끄러운 구형 자석들이 배열된 것에 유비하여 이 문제에 답하려 했다. 그러한 모양의 자석들은 여전히 분리하기 어려우면서도 접촉점을 이리저리 옮기면서 다른 방식으로 쉽게 배열될 수 있다.[132]

갈릴레오의 부양성 이론이 유지되기 위해서는 물에 관한 입자론적 관점이 결정적으로 중요했다. 더 정확히 말하면, 갈릴레오에게 있어서 모멘토 개념에 기반한 운동 이론과 입자론은 서로 근본적인 연관이 있었다. 만일 갈릴레오의 주장대로 유체 속 물체의 운동이 (고유무게의 무한히 작은 차이나 무한히 작은 외력의 작용으로 생긴) 무한히 작은 모멘토에 의해 유발되는 것이 가능하다면, (물체가 매질 속을 무한히 작은 속력으로 통과하는 동안) 매질은 물체의 운동에 오직 무한히 작은 저항만을 가한다고 생각할 수밖에 없었다.[133] 무한히 작은 모멘토가 일으키는 효과는 매질의 입자들을 오직 한 번에 하나씩 밀어 옮기는 것에 불과해야만 했다.[134] 이와 반대로, 매질이 유한한 저항을 가

---

132 고대 그리스의 원자론자들은 원자들이 서로 걸리면서 결합이 이루어진다고 생각했다. 갈릴레오가 왜 그들의 견해를 따르지 않았는지는 앞으로 명확해질 것이다.

133 *GO*, vol. 4, p. 86.

134 서로 미끄러지는 매끄러운 자석 사이의 인력으로 물 입자들의 결합을 설명할 수 있다면, 갈릴레오의 이 진술은 유효했을 것으로 생각된다. 실제로 물체가 자신의 운동을 방해하는 두 원자의 결합을 분리하고 앞으로 나아가려는 작용은, 물체의 뒤쪽에서 다른 두 원자가 다시 결합하면서 물체에 가하는 '추진력'과 같다고 가정할 수 있다.

한다면 갈릴레오의 운동 이론은 더 이상 유지될 수 없었는데, 그 저항이 무한히 작은 모멘토의 효과를 무효화할 것이기 때문이었다.[135]

아리스토텔레스주의자들은 힘과 저항이 유한하다는 관점에서 운동 이론을 제시했던 반면, 갈릴레오는 힘과 저항에 역치threshold가 있다는 견해를 일축했다. 그가 말했듯이, 이동 속력이 매우 느릴지언정 털 한 올만으로도 배를 끌어당길 수 있었다.[136] 나는 갈릴레오가 유체 표면에서의 운동(혹은 고유무게가 물체와 똑같은 매질 속에서의 운동)을 그의 '중립운동indifferent motion'이라는 개념과 관련된 것으로 여겼다고 생각한다.

잘 알려진 대로, 갈릴레오는 기본적으로 운동을 세 유형으로 구분했다. 자연운동(무게에 의해 지구 중심으로 향하는 운동), 강제운동(외력에 의해 위로 향하는 운동), 중립운동(자연적인 힘이나 강제적인 힘을 받지 않고 수평 방향으로 향하는 운동)이다. 중립운동은 관성 개념의 원형이라는 주장이 흔히 제기되곤 한다(갈릴레오는 여러 저술에서 중립운동을 논했다).《담화》를 집필한 지 몇 달 지나지 않아 갈릴레오는 흑점에 관한 두 번째 편지에서 중립운동을 설명했다.

---

135 부양성 논쟁에서 갈릴레오의 원자론이 등장한 것에 대한 또 다른 해석은 다음 문헌들을 참고하라. William R. Shea, "Galileo's Atomic Hypothesis", pp. 14~15; idem, *Galileo's Intellectual Revolution*, p. 29.

136 *GO*, vol. 4, pp. 104, 107.

외부의 모든 방해가 사라진다면, 지구와 동심원을 이루는 둥근 표면에 놓인 무거운 물체는 수평선의 어느 방향으로든 운동하는 것과 정지하는 것에 중립적인 태도를 취할 것입니다. 그렇다면 그 물체는 한번 놓인 상태 그대로 유지되겠지요. 다시 말해, 정지상태로 놓였다면 그 상태를 유지할 것이고, 서쪽으로 움직이도록 놓였다면(이것은 한 예시입니다) 그 운동을 유지할 것입니다. 그러므로 가령 배 한 대가 얼마만큼의 임페투스[137]를 받고 고요한 바다를 나아가고 있다면 그 배는 결코 멈추지 않고 계속해서 지구를 돌 것입니다.[138]

하지만 배는 오직 특별한 바다, 즉 배의 운동에 대한 '외부로부터의 방해'가 전혀 없는 곳에서만 무한정 나아갈 것이다. 그럼에도 갈릴레오는 《담화》에서 주장하기를, 이동 속력이 매우 느리기야 하겠지만 진짜 바다 위의 진짜 배 또한 진짜 털 한 올만으로 끌어당길 수 있다. 그러므로 그는 운동에 대한 저항의 관점에서 보면 유체는 고체와 진공 사이에 위치한다고 인식했던 것으로 보인다. 유체는 유한한 속력으로 움직이는 물체의 운

---

137 *impetus, 물체에 부여되어 운동을 일으키는 원인으로 여겨졌던 성질. 6세기 알렉산드리아의 철학자 필로포노스가 처음 제시했고, 이후 14세기부터 16세기까지 물체의 운동, 특히 투사체 운동을 설명하는 표준 이론으로 사용되었다.

138 *GO*, vol. 5, pp. 134~135. 번역은 드레이크의 *Discoveries and Opinions of Galileo* (New York: Anchor Books, 1957), pp. 113~114을 따랐다.

동은 방해하지만, 그 속력이 무한히 작을 때(유체에서 정지해 있는 물체에 무한히 작은 모멘토를 가해 속력을 만들어 내는 경우)에는 방해하지 않는다. 반면 고체 방해물은 유체와 달리 무한히 작은 운동조차 멈춰 버린다. 달리 말하면, 고체는 운동의 발생 자체를 막을 수 있고, 유체는 운동 자체는 막지 않지만 그 속력에 영향을 미치며, 진공은 운동의 가능성과 그 속력 둘 다 방해하지 않는다.[139]

운동과 물질의 구조 사이에서 나름대로 파악한 관계에 따라,

---

[139] 내가 여기서 보이려는 것은 갈릴레오가 운동과 물질 구조 사이의 긴밀한 연관성에 대한 이론을 제시했다는 사실이다. 갈릴레오의 모멘토 개념이 변화하는 과정에서 물질의 구조와 연속체continuum의 개념 또한 달라졌다는 사실은 우연이 아니다. 예를 들어 《새로운 두 과학》에서 새롭게 제시한 개념인 '빠르기의 모멘토'에 대한 설명은 연속체의 구성에 대한 이론의 도입과 맞물리며 진행된다(Paolo Galluzzi, *Momento*, pp. 331~362). 마찬가지로, 《시금자》에서 갈릴레오는 물체를 구성하는 가장 작은 유한한 입자들을 결코 나뉘지 않는 구성 요소로 분해하면 무슨 일이 벌어질지를 놓고 흥미로운 상상을 펼친다. "가장 작은 입자들minimi quanti에 이르러 저미고 갈아 내는 것을 멈추거나 제한할 수밖에 없을 때 그 입자들의 운동은 시간의 제약을 받고 그 작용 또한 열과 관련될 뿐이다. 하지만 그것들을 궁극적으로 끝까지 분해하여 정말로 나뉘지 않는 원자들에 이르게 한다면, 그것들은 빛이 되어 순간적으로 운동해(혹은 순간적으로 확산하여 퍼져나가) 막대한 공간을 점유하게 된다"(번역은 Stillman Drake and C. D. O'Malley, *The Controversy on the Comets of 1618* [Philadelphia: University of Pennsylvania Press, 1960], p. 313을 따랐다). 이 구절에 관해서는 William R. Shea, "Galileo's Atomic Hypothesis", p. 20을 참고하라. 유체 속에서 평형을 이룬 유한한 물체가 무한히 작은 모멘토의 작용에 의해 무한히 작은 속력으로 움직이는 경우 혹은 진공 속에서 평형을 이룬 물체가 유한한 속력으로 움직이는 경우와 달리, 유한한 모멘토가 무한히 작은 입자에 영향을 미친다면 그 입자는 무한히 빠른 운동을 하게 된다.

갈릴레오는 유체가 운동에 유한한 저항을 가한다는 아리스토텔레스주의자들의 견해를 받아들일 수 없었다. 따라서 물 표면의 작용(흑단 조각이 표면에 뜨는 것)은 갈릴레오의 부양 이론과 입자 물질론에 큰 골칫거리였다. 실제로 그 현상을 어떻게 해석하느냐에 따라, 물이 부양체에 가하는 저항은 결코 무한히 작지 않으며 또 물은 표면에서 마치 서로 근접한 입자들의 모임이 아닌 연속적인 존재처럼 작용한다고 생각할 수 있었다. 흥미롭게도, 아르키메데스가《부양체에 관하여》에서 내세운 유일한 가정은 유체가 "연속적"이라는 개념이었다(아마도 등방적isotropic이라는, 즉 '방향과 상관없이 성질이 똑같다'는 뜻이었을 것이다).[140] 물체가 물속에서 운동하는 원인이 아닌 유체정역학에 관심을 기울였던 아르키메데스는 갈릴레오와 달리 물질의 구조에 대한 추가적인 가정을 세울 필요가 없었다.

부양성의 원인 논쟁과 물질의 구조 논쟁을 분리할 수 없었다는 사실은 아리스토텔레스주의자들의 부양성 견해 또한 특정한 물질 구조를 가정했다는 점(갈릴레오와 배치되는 관점)을 살펴보면 더욱 분명해진다. 아리스토텔레스 동맹은 물에 대한 갈릴레오의 입자론적 관점을 히스테릭할 정도로 반복해서 단호하게 비난했다.[141] 그들은 갈릴레오의 부양성 이론과 입자론의

140 Archimedes, *On Floating Bodies, in The Works of Archimedes*, trans. T. L. Heath (Cambridge: Cambridge University Press, 1912), p. 253.

141 *GO*, vol. 4, pp. 329, 416, 430.

공생관계를 간파했을 뿐만 아니라 입자론(그리고 그에 수반되는 진공의 존재)이 그들의 세계관에 가하는 위협을 중단해야 한다고 느꼈다.[142] 갈릴레오의 경우와 마찬가지로, 물질을 연속체로 보는 관점은 아리스토텔레스의 부양성 설명과 매우 잘 맞았다. 첫째로, 연속된 매질의 개념은, 물체의 운동에 대한 일반적인 설명을 유지하려면 매질이 유한한 저항을 가한다고 보아야 한다는 생각과 긴밀히 연관되어 있었다. 둘째, 일종의 연속된 '막'이 물을 덮고 있다는 생각은 얇은 흑단 조각의 또 다른 현상, 즉 물 표면에 놓았을 때는 떠 있지만 한번 용기 바닥에 놓으면 떠오르지 않는 현상을 설명하는 데 도움이 되었다.

아리스토텔레스 체계는 갈릴레오의 입자론보다 표면장력 현상을 훨씬 잘 설명했다. 표면장력은 외부에서 침입한 물체가 물을 분할하며 비집고 들어오려는 것을 물 원소가 막음으로써 결합과 자연적인 장소를 보존하려 한 결과로 제시될 수 있었다.[143] 아리스토텔레스 체계의 목적론적 성격을 고려하면, 위치

---

[142] 앞의 책, pp. 258, 329, 416, 430.

[143] 디 그라치아는 물 표면의 작용에 "스스로를 보존하려는 욕구"가 반영되어 있다고 주장했다(앞의 책, p. 418). 또 다음과 같이 아리스토텔레스의 주장을 인용하기도 했다. "연속된 물체는 분할에 저항하는 속성을 갖는다"(p. 434). 이와 마찬가지로, 델레 콜롬베는 "작은 둑"(p. 330)이 만들어지는 원인은 물의 연속성이라고 주장했다[* 작은 둑은 그림 17과 그에 대한 설명을 참고하라]. 그리고 물과 같은 연속된 물체로는 거품을 만들 수 있는 반면 모래와 같이 서로 근접한 입자들의 모임으로는 왜 거품을 만들 수 없는지 갈릴레오에게 물었다(갈릴레오는 근접한 입자 모임의 모형으로 모래를 선택했다[p. 103]).

변화(가령 비집고 들어오는 물체 때문에 물 원소의 위치가 바뀌는 것)에 대한 저항은 공기와 같은 또 다른 원소와 물이 만나는 경계면에서 가장 강하다는 점이 쉽게 이해되었다. 표면장력은 물 원소의 '장소' 그리고 그 경계면과 개념적으로 연관되었다. 물 원소가 지닌 속성의 '자연적' 효과로 간주할 수 있었던 것이다.

물질을 연속적인 것으로 보는 관점은 아리스토텔레스주의자들의 운동 이론에 개념적 일관성을 부여했고, 흑단이 물에 잠긴 후 다시 표면으로 떠오르지 못하는 현상에 관한 정합적인 설명을 제공했다. 아리스토텔레스주의자들이 보기에 물체를 용기 바닥에 놓아야 한다는 갈릴레오의 요청은 앞뒤가 맞지 않았다. 갈릴레오는 고유무게가(따라서 부양성이) 매질 속 물체의 위치와 무관하다고 보았지만, 아리스토텔레스주의자들은 부양성이 매질의 저항에 의해 결정된다고 보았으며, 또한 물의 표면은 나머지 부분과 다른 속성을 지녔다고 주장할 만한 타당한 논거가 있었다.[144] 그러므로 그들은 갈릴레오가 제안한 실험 조

---

[144] 아리스토텔레스주의자들의 주장대로 물이 "스스로를 지키는" 경향, 즉 다른 원소들(다른 장소에 있어야 할 원소들)로 이루어진 물체들이 장소를 빼앗는 것을 막으려는 자연적 경향 때문에 표면장력이 나타난 것이라면, 그들에게는 물체를 적시거나 용기 바닥에 놓아야 한다는 갈릴레오의 규칙을 거부할 만한 이유가 충분했다. 델레 콜롬베가 보기에, 물체가 표면에서 가라앉지 않도록 막는 것은 물체의 건조함(물과는 다른 원소의 속성)에 대한 물의 반응이었다. 그러므로 물체를 적셔야 한다는 갈릴레오의 압박은 받아들일 만한 요구가 아니었다. 만일 물체가 젖는다면 물체는 더 이상 물에 '이질적인' 원소로 인식되지 않아 결국 그 속으로 들어가게 될 것이다. "⋯ 그 물체는 물보다 무거우므로, 만일 [물속으로] 들어간다면 어떻게 다시 수면으로 올라오게

건으로부터 살그머니 도망친 것이 아니었다. 그들은 그들의 틀 안에서 판단했을 때 임시방편이 아닌 근거를 기반으로 그와 같은 거부를 정당화했을 뿐이었다. 이러한 개념적 배경에 비추어 볼 때, 델레 콜롬베의 실험은 부분적으로 정확했을 뿐만 아니라 아리스토텔레스 체계의 여러 중요한 구성 요소들을 하나로 묶어 주었다. 더 나아가 표면장력은 그들의 체계를 증명하는 것처럼 보였던 반면 갈릴레오가 운동과 부양성 이론의 기본 요소로 삼았던 입자론은 위기에 빠트렸다. 요컨대, 갈릴레오와 아리스토텔레스주의자들은 양쪽 모두 강점과 약점이 있는 나름의 '체계'를 갖추었다. 델레 콜롬베의 실험이 특히 강력했던 것은 아리스토텔레스 체계의 견고함을 강조하는 동시에 갈릴레오 체계의 부분적이지만 치명적인 약점을 드러냈기 때문이다.

갈릴레오는《담화》의 중반부에서야 논쟁으로 돌아가(여전히 논적들의 이름은 밝히지 않은 채) 델레 콜롬베의 실험, 즉 자신이 "현 논쟁의 주요 쟁점"이라고 간주한 실험을 아르키메데스식으로 해석하는 작업에 착수했다.[145] 갈릴레오는 아르키메데스를 향한 보나미코의 비판을 반박하는 것으로 논의의 토대를 마련

할 수 있겠는가?"(앞의 책, p. 337). 델레 콜롬베가 이 쟁점을 어떻게 다루었는지는 같은 책의 pp. 338~341을 보라. 디 그라치아 또한 물의 내부는 표면과 다르게 작용한다는 사실을 분명하게 밝혔다. "갈릴레오 선생의 작은 나무 조각이 바닥에 머무르지 않는 것은 물 표면에서 발견되는 저항, 즉 물이 스스로를 보존하려는 욕구로 생겨난 저항이 없기 때문이다"(앞의 책, p. 418).

145 앞의 책, p. 88.

했다. 보나미코에 따르면, 텅 빈 토기 꽃병이 물 위에 뜬다는 사실은 고유무게가 물보다 무거운 물체가 물에 뜨는 사례로서 아르키메데스의 이론을 논파했다. 더 나아가 그 꽃병을 물로 가득 채운다면 가라앉을 것이라고도 말했다. 이것 역시 아르키메데스를 반박하는 사례인데, 물 자체는 물속에서 무게를 갖지 않으므로 꽃병의 부양성에 영향을 미치지 않아야 했기 때문이다.[146]

갈릴레오는 물에 뜬 것은 토기만이 아니라 토기와 공기의 혼합물체라고 주장하며 보나미코에게 맞섰다. 이 혼합물체의 고유무게는 물보다 작으므로, 꽃병이 뜨는 현상은 아르키메데스의 원리와 일치한다는 것이었다. 몇 쪽 뒤에서 델레 콜롬베의 실험을 거론한 그는 똑같은 논법을 적용했다.

흑단 조각이나 금박이 바닥으로 가라앉는다면, 의심할 여지 없이 그 원인은 그것들의 무거움이 물보다 크기 때문이다. 그렇다면 그것들이 물 위에 뜰 경우 그 원인은 그것들의 가벼움이라는 말이 된다. 이 경우 아마도 기존에 관찰되지 않은 어떤 우연적인 과정을 통해 가벼움이 그 물체들에 부여되었고, 물체들은 이제 가라앉기 직전처럼 물보다 무겁지 않고 오히려 무거움이 줄어든 것이다.[147]

---

146 앞의 책, pp. 80~81.

147 앞의 책, p. 97(강조는 저자의 것). 번역은 Stillman Drake, *Cause, Experiment, and Science*, p. 94을 수정한 것이다.

"기존에 관찰되지 않은 어떤 우연적인 과정"은 갈릴레오의 또 다른 '발견'으로, 그가 보기에 상황을 자신에게 유리하게 돌려 놓았다. 갈릴레오가 말한 대로, 물 위에 뜬 얇은 흑단 조각을 주의 깊게 살펴보면 조각의 높이는 물 표면과 같지 않고 약간 낮다는 것을 알 수 있다. 마치 "작은 둑arginetti"이 물체 위로 물이 닫히는 것을 막는 것과 같다(그림17). 토기 꽃병과 마찬가지로, 물 위에 뜬 것은 흑단 조각만이 아니라 흑단과 공기의 혼합물체이다. 이 사례는 아르키메데스의 부양성 이론과 완벽하게 일치했다. 아리스토텔레스주의자들은

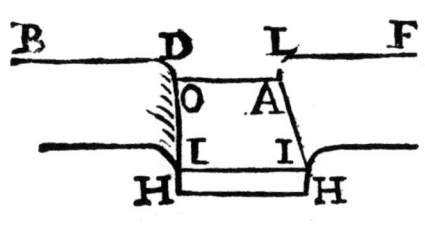

그림 17 갈릴레오에 따르면, 얇은 흑단 조각이 가라앉지 않는 것은 물 표면 BDLF와 흑단 표면 IOAI 사이를 메꾸고 있는 공기와 흑단 HIOAIH로 이루어진 혼합물체의 고유무게가 물보다 작기 때문이다. 곡선 DO와 AL은 '작은 둑'이다. *GO*, vol. 4, p. 98에서 전재.

더 이상 델레 콜롬베의 실험이 아르키메데스를 논파한다고 말할 수 없었다. 오히려 정반대로 아르키메데스의 이론을 확인해 주었기 때문이다.

하지만 갈릴레오는 전략상 심각한 기억상실에 빠지기로 했던 것처럼 보인다. 익명의 아카데미 회원이 지적했듯이, 꽃병의 경우 겉면이 꽃병을 둘러싼 벽처럼 작용해 물이 병 위로 닫히지 않게 막아 주었지만, 갈릴레오는 얇은 흑단 조각의 경우를

두고는 그것에 비견할 만한 설명을 내놓지 못했다.[148] 갈릴레오
가 작은 둑이 만들어진 원인에 대해 언급하기를 시종일관 피했
다는 사실은 그가 델레 콜롬베의 실험에 맞서며 얼마나 어렵게
분투했는지를 보여 준다. 이 문제에 대해 언급해야 할 압박을
느꼈을 때 갈릴레오는 다음과 같은 '실증주의적' 입장을 취했
다. 벽을 만들어 낸 원인이 무엇이든 간에, 벽은 그곳에 존재하
고 우리는 그것을 분명하게 볼 수 있으며 아르키메데스의 기본
원리에 따라 물체를 띄운다는 것이다.[149] 갈릴레오는 작은 둑이
생기는 원인을 깊이 생각하는 대신 그 존재를 그저 사실로 받
아들였다. 또 일련의 기하학적 명제를 통해 작은 둑이 물체의
기하학적 모양과 무관하게 아르키메데스의 원리에 따라 물체
를 띄운다는 점을 보여 주면서 자신의 관점을 분명히 했다.[150]
하지만 그 명제들은 연역적으로 도출될 뿐 실험으로는 확인되

---

[148] "꽃병의 벽은 그 속으로 물이 자연스럽게 들어가는 것을 막고 있기 때문에, 꽃병은
쉽게 통일성을 유지하며 내부의 공기를 배출하지 않는다. 하지만 물을 들어오지 못
하게 막아 주는 벽은 작고 납작한 [흑단] 조각에서는 찾아볼 수 없다"(*GO*, vol. 4, p.
170).

[149] 익명의 아카데미 회원이 "작은 둑"의 설명을 비판한 것에 답하면서 갈릴레오는 반론
을 펼 수가 없었다. 그저 "원래 그런 것"이라고 쓰기에 그쳤다(앞의 책, p. 166, notes
45, 46). 노촐리니에게 보낸 편지에서 갈릴레오는 다음과 같이 말했다(노촐리니는
이미 "작은 둑"에 대해 '실증주의적' 관점을 표명했다). "그렇다면 저는 물로 이루어진
둑이 무너지지 않는다는 것을 설명하는 데 딱히 신경을 쓰지 않겠습니다. 물이 흘러
들어와 구멍과 구덩이를 메우도록 내버려두지요"(앞의 책, p. 301).

[150] 앞의 책, pp. 98~120.

지 않는 것으로 보였다. 갈릴레오는 단순히 작은 둑에 허용 가능한 최대 깊이가 정해져 있고 그러한 깊이는 물에 침범한 물체의 모양에 따라 달라지지 않는다는 점을 당연한 것으로 받아들였다.[151] 게다가 갈릴레오의 논증에 따르면 물체가 매끄럽고 평평한지 아니면 뾰족한지는 물 표면이 버틸 수 있는 물의 무게와 전혀 무관한 듯했다.[152] 결과적으로 갈릴레오의 명제들은 둑의 원인을 다루지 못한 그의 무능력함을 가리기 위해 내뿜은 '기하학적 연기'나 다름없는 것으로 보였다.[153]

갈릴레오가 작은 둑을 다루는 방식에 아리스토텔레스주의자들이 전혀 설득되지 않은 것은 짐작할 만한 일이다. 그들은

---

151 예컨대 그는 "둑 AI의 높이는 물과 공기의 본질상 허용되는 최대 높이이다"라고 주장했다(앞의 책, p. 111). 마찬가지로, "DB를 둑의 최대 높이라고 생각하자"라고 말하기도 했다(앞의 책, p. 114).

152 실제로 갈릴레오는 물체의 모양이 부양성과 관련이 있다면 그것은 아르키메데스의 부양성 원리와 모양의 상호작용 때문임을 보여 줌으로써 모양의 역할에 대한 아리스토텔레스주의자들의 주장을 '길들이려' 했다. 예를 들어 원뿔이나 각뿔의 꼭짓점을 아래로 향하게 해서 물속에 넣는다면 똑같은 원뿔이나 각뿔의 밑면을 아래로 향하게 해 물 위에 놓을 때보다 뜰 가능성이 더 높았다. 그 이유는 전자의 경우 물체가 물속에 더 많이 잠겨서 상대적으로 가벼워지므로 작은 둑의 깊이가 '자연적인' 한계 이상으로 늘어나지 않아도 되었기 때문이었다. 반대로 후자의 경우 물체는 부양성을 얻기 훨씬 전에 '작은 둑'의 최대 깊이를 지나 가라앉게 된다.

153 윌리엄 셰이 또한 이 명제들의 독특한 특성을 간파하고 그것들을 "수학적 휴가"라고 불렀다(William R. Shea, *Galileo's Intellectual Revolution*, p. 27). [* 셰이의 문장 전체를 옮기면 다음과 같다. "갈릴레오는 수학적 휴가를 즐기고 있음이 분명하다. 일단 원리를 제시한 다음, 물리적 응용의 실질적 문제에 대한 언급은 하지 않고 그저 자유롭게 가능한 모든 논리적 결론을 도출한다."]

갈릴레오가 물이 물체 위로 닫히지 않는 이유를 설명하기 위해 물체와 그 위 공기 사이에 신비로운 친화력, 즉 '자기적인 힘magnetic virtue'을 도입한 것으로 보았다.[154] 그들의 주장은 어느 정도 타당하다. 갈릴레오는 아래와 같은 관점에서 작은 둑에 의한 부양성을 설명했기 때문이다.

[물체의 위쪽] 겉면이 물 높이에 도달할 때까지 잠기면서 물체는 무게의 일부를 잃는다. 그리고 더 깊이 하강해 수면 아래로 내려감에 따라 계속해서 나머지 무게도 잃는다. 그러면서 그 주위로 굴곡과 둑을 형성한다. 물체는 위쪽에 있는 공기를 점착contatto aderente을 통해 끌어내려 물의 작은 굴곡으로 둘러싸인 구덩이를 채우게 함으로써 [무게를] 잃게 되는 것이다.[155]

갈릴레오는 물이 물체에 저항하며 작은 둑을 형성하는 이유를 설명할 수 없었기 때문에 물체와 위쪽 공기의 점착에 의존할

---

154 *GO*, vol. 4, pp. 163, 166, 172, 213, 335, 416. 노촐리니는 아리스토텔레스주의자들과 의견을 함께했다(앞의 책, pp. 290~291).

155 앞의 책, p. 98. 번역은 Stillman Drake, *Cause, Experiment, and Science*, p. 97을 따랐다. 갈릴레오는 노촐리니에게 보낸 답장에서 자신이 "자기적인 힘" 개념을 사용했다는 의혹을 부인했다. 갈릴레오에 따르면, 그와 같은 용어는 궁정에서 벌어진 논쟁에서 어떤 궁정인 논적이 도입한 것이었다. 하지만 갈릴레오는 문제가 될 법한 개념을 논적들의 것으로 떠넘김으로써 그것에서 벗어나려 했던 것으로 보인다. 노촐리니와 함께 그는 물체와 공기의 '끝부분에서의 점착fine contatto'을 작은 둑의 원인으로 강조했다(*GO*, vol. 4, p. 299).

수밖에 없었다.

작은 둑의 원인에 관한 이 독특한 해석을 설명하는 한 가지 방법은 갈릴레오가 부양의 조건과 모양이 서로 관련 있다는 견해를 거부한 데서 찾을 수 있다. 게다가 그는 물을 서로 근접한 입자들의 모임으로 간주했는데, 이 관점으로는 물이 표면과 내부에서 다르게 작용하는 이유에 대한 단서를 얻지 못했다.[156] 그러므로 그는 물과 물체의 모양 간의 상호작용과 관련하여 언급될 수 있는 작은 둑에 대한 설명을 배제해야 한다고 느꼈을 수 있다. 왜냐하면 물체의 부양 여부 결정에서 모양이 모종의 역할을 맡는다는 점을 간접적으로 인정하게 되어 논적들에게 빌미를 제공할 수 있었기 때문이다. 그는 모양에 아무런 역할도 부여하고 싶지 않았고, 물에 대한 입자론적 관점에서 작은 둑을 설명할 수도 없었다. 그래서 그 원인을 물체의 '자기적인 힘'과 공기로 돌릴 수밖에 없었다.

그러한 해석을 발전시키는 것은 갈릴레오에게 어렵지 않은 일이었다. 사실, 그가 제시한 것은 펌프로는 원래의 수위보다 18브라차(약 10미터) 넘게 물을 퍼 올릴 수 없다는《새로운 두 과학》의 설명과 비슷했다.[157] 갈릴레오에 따르면, 18브라차 높이의 물기둥은 제 무게를 이기지 못해 떨어지고 만다. 물 입

---

156 " … 만일 그것[물의 저항]이 존재한다면 표면 근처 못지않게 내부에도 있을 것이기 때문이다"(앞의 책, p.103).

157 Galileo Galilei, *Two New Sciences*, pp.23~26.

자들을 한데 붙들어두는 '진공에 대한 공포'는 물기둥이 그만큼의 무게에 달했을 때도 입자들을 모아둘 만큼 강하지 않았다. 물기둥이 떨어졌다면("가라앉았다면") 물기둥과 펌프 피스톤 사이에 "공기의 칼날"이 삽입되어 있었던 것이다.[158] 갈릴레오가 보기에는 부양성의 경우도 이와 유사했다. 그는 얇은 흑단 조각이 물에 젖으면 가라앉는 이유가 물이 흑단과 그 위쪽 공기 사이의 접촉을 "끊어 버리기" 때문이라고 주장했다.[159] 따라서 두 경우 모두 "가라앉는 것"은 '진공에 대한 공포'가 좌절된 결과였다. 물기둥이 공기의 칼날로 "잘려서" 떨어지는 원인과 비교했을 때 유일하게 다른 점은 흑단 조각과 공기 사이의 접촉이 물의 칼날로 "잘린다"는 점이었다.[160]

---

158 * 피스톤을 위로 끌어올리면 물기둥이 펌프 관을 따라 올라오다가 제 무게를 이기지 못해 아래로 떨어지는 상황을 의미한다.

159 "둑의 높이는 … **물이 물체 표면에 달라붙은 공기를 쫓아내지 않았을 때** 물과 공기의 본성이 허용하는 최대 높이이다"(*GO*, vol. 4, p. 111[강조는 저자의 것]).

160 갈릴레오는 펌프 작용과 부양성이 동일한 상황(밀도가 다른 두 물체가 서로 위치를 바꾸는 것과 관련된 상황)의 다른 두 측면이라고 인식했을 가능성이 있다. 갈릴레오가 보기에는, 고유무게가 더 무거운 물체(물)가 가벼운 물체(공기)를 따라 **빨려 올라가는** 작용에 대한 설명은 고유무게가 가벼운 물체(공기)가 무거운 물체(물)를 따라 **빨려 내려가는** 작용에 대한 설명과 대칭을 이루었을 것이다. 추측건대 그는 흑단의 무게가 펌프의 역할을 한다고 보았을 것이다. 실제로 흑단이 너무 무거우면(혹은 펌프로 물을 너무 많이 퍼 올리면) 공기 기둥이 위로 달아난다(물기둥이 아래로 떨어진다). 갈릴레오가 이와 같이 추론할 수 있었던 것은 아마도 부양성 문제를 두 물체 계가 아닌 세 물체 계로 해석했기 때문일 것이다. 그가 맞닥뜨린 것은 물-흑단-공기로 이루어진 세 물체 계였다. 만일 무언가가 물 위에 떠 있다면, 그것은 그 물체가 공기 중으로 날아오르지 않는다는 뜻이었다. 그러므로 물 위에 뜬 물체는 아래에 있는 물체보다 고유무

갈릴레오가 작은 둑과 그 붕괴를 해석한 지적인 기원이 무엇이었든 간에, 그는 그 해석을 경험적으로 시험할 수 없다는 점을 분명히 알고 있었을 것이다. 물질의 구조에 관한 가정에서 직접 도출한 해석이었기 때문이다. 이미 그에게 호의적이었던 청중은 '자기적인 힘'으로 설득할 수 있을 테지만, 아리스토텔레스주의자들은 분명 냉담한 반응을 보일 것이었다. 갈릴레오가 델레 콜롬베의 실험을 우회하기 위해 다른 전략들도 동시에 사용했던 것을 보면 논적들의 부정적 반응을 예상했을 가능성이 크다. 그 전략 가운데 하나는 서로 경쟁하는 두 이론에 대한 총체적인 평가를 추진함으로써, 델레 콜롬베 실험의 매우 부분적인 면만을 강조하는 아리스토텔레스주의자들의 태도가 사소한 사항을 두고 고집스럽게 법석을 떠는 (비윤리적인) 어리석음의 결과처럼 보이게 하는 것이었다.

나의 논적들은 이것으로 침묵하지 않고, 내가 지금까지 말한 것들이 그들에게 거의 중요하지 않다고 말한다. 그들은 한 가지

게가 작고 위에 있는 물체보다 고유무게가 크다는 것을 의미했다.

이 해석은 갈릴레오가 고수했던 아르키메데스 패러다임과도 부합한다. 《새로운 두 과학》에서 알 수 있듯이, 갈릴레오는 어떤 물체가 공기 중에서 떨어지는 상황을, 고유무게가 물보다 작은 유체 속에서 떨어지는 상황으로 생각했다. 또 안토니오 데 메디치가 그에게 보낸 한 편지에는 밀도가 매우 비슷한 두 액체 사이에 떠 있는 구체가 언급되어 있는데, 갈릴레오 또한 《담화》의 초안에서 비슷한 문제를 다루었다(*GO*, vol. 4, p. 37).

특수한 사례에서 그들의 주장에 적합한 물질과 모양(즉, 흑단 조
각과 공)을 정하여 후자는 물속에 넣으면 가라앉고 전자는 떠
있는 모습을 보여 준 것에 만족한다. 두 물체의 재료가 동일하
고 모양만 다르다는 이유로, 그들은 증명해야 할 모든 것을 완
전히 입증하고 명백하게 보여 주었으며 마침내 자신들의 의도
를 달성했다고 믿는다.[161]

갈릴레오는 아리스토텔레스주의자들의 태도에 반대하면서 자
신의 관점을 뒷받침하는 다양한 경험적 증거와 보편성을 강조
했다.[162] 또 오로지 자신의 이론으로 설명할 수 있는 측면에만
중점을 둠으로써 변칙 사례를 설명하지 못하는 무능함은 숨기
려 노력했다. 그래도 효과를 보지 못하자, 그는 작은 둑의 현상
에 대해 '실증주의적'이라 할 만한 태도를 취하며 설명되지 않
은 원인은 문제가 되지 않는다고 주장했다. 중요한 것은 어떤
이유에서든지 작은 둑이 형성되었다는 사실 그 자체였다. 갈릴
레오는 그 원인을 추구하는 것은 목적인final cause을 향한 무의
미한 탐색이 되리라고 암시한 것으로 보인다. 갈릴레오가 그러
한 태도를 사적인 메모나 옹호자들에게 보낸 편지에서만 보였
다는 사실은, 추구할 만한 가치가 있는 원인과 자신의 탐구 범

---

[161] *GO*, vol. 4, p. 94. 번역은 Stillman Drake, *Cause, Experiment, and Science*, p. 88을 따랐다.
[162] *GO*, vol. 4, p. 91.

위를 넘어서는 원인을 구분하는 태도가 권력의 표현이었음을 시사한다. 그것은 갈릴레오 자신도 소유하고 있는지 확신하지 못했던 권력이었다.

그러나 부양성 논쟁에서 가장 두드러진 교착상태의 징후는 논쟁 참여자들이 실험 조건에 대한 합의를 전략적으로 해석한 데서 살펴볼 수 있다.

원리의 문제

앞서 살펴보았듯이, 합의 조항에 대한 분쟁은 처음부터 논쟁 전체를 특징짓는 요소였다. 델레 콜롬베 실험의 정당성은 살비아티 별장에서의 첫 만남 이후 갈릴레오가 논적들에게 제시한 진술이 충분히 구체적이지 않았다는 사실에서 직접 비롯되었다.[163] 훗날 두 번째 진술에서 갈릴레오는 물 표면에서의 부양과 내부에서의 부양이 동일한 현상이라고 주장하며 델레 콜롬베의 실험을 배척하려 했다. 나중에 델레 콜롬베에게 밀어붙이려 했던 '젖음 조항'은 바로 이 전략을 반영한 것이다.[164]

《담화》에서 실험 조건 합의에 대한 자신의 해석을 고수하면

---

163 앞의 책, p. 34.
164 앞의 책, p. 35.

서 갈릴레오는 논쟁에서 단어들이 맡은 매우 중요한 역할을 강조했다.[165] 그의 항변 기술은 작은 둑을 논의하는 과정에서 정점에 달했다.[166] 아리스토텔레스주의자들은 작은 둑이 갈릴레오의 관점을 확증하는 증거가 아니라 (그들의 주장대로) 물체의 모양이 '어떤 면에서' 부양성의 원인이 될 수 있다는 증거라고 보았다. 얇은 흑단 조각의 사례에서 알 수 있듯이 흑단 조각은 바닥에 가라앉지 않았다. 그들이 보기에 그 이유는 조각이 매질의 저항을 극복할 수 없어 매질을 분할하지 못하기 때문이었다. 갈릴레오는 여기서 "분할하다dividere"라는 동사를 사용해서는 안 된다고 주장함으로써 작은 둑과 관련된 아리스토텔레스주의자들의 논지에 유리한 증거를 무너뜨리려 했다. 물질의 구조에 관한 자신의 관점을 당연한 것으로 전제하고 물이 연속적인 물체가 아닌 서로 근접한 입자들의 모임이기 때문에 분할할 것은 아무것도 없다고 주장했다. 그 대신 당면한 쟁점의 과정을 가장 잘 설명하는 동사는 (물의 입자들을) "움직이다muovere"였다.[167]

그러고 나서 갈릴레오는 주의 깊게 살펴본다면 얇은 흑단 조

---

165 앞의 책, p. 94.
166 앞의 책, pp. 35, 44, 91, 94~95, 99, 101.
167 앞의 책, p. 106. "물속에 있는 물체들은 움직일 뿐 분할되지 않는다." 하지만 갈릴레오가 "움직이다"라는 단어만 사용했던 것은 아니다. 비록 '떨어뜨려 놓다'라는 의미로 사용하긴 했지만 "분할하다"라는 표현도 자주 사용했다.(pp. 91~93).

각은 사실 물 표면 아래에 있으므로 "이미 물의 연장continuazione
을 파고들어 승리를 쟁취한 것"이라고 말했다(그림17).[168] 여기
서 갈릴레오가 물의 표면이 아니라 연장, 즉 흑단이 닿기 전의
물 표면을 표현한 기하학적 선분을 언급했다는 점에 주목할 필
요가 있다. 갈릴레오는 물체가 실제로 물 표면을 분할했다고
말할 수는 없었지만, (물 입자들이 모여 물을 이루는 구조 때문
에 '분할하다'라는 동사는 적합하지 않다고 주장하면서) 기하학,
즉 자신의 언어에 따라 자신이 옳다는 점을 보여 주려 했다. 갈
릴레오가 보기에 흑단 조각은 (분할할 것이 전혀 없으므로 아무
것도 분할하지 않고) 이미 물의 연장 아래로 가라앉은 상태였다.
그렇다면 델레 콜롬베의 실험은 갈릴레오의 부양성 이론에서
변칙으로 간주해서는 안 되었다. 흑단 조각은 물 위가 아니라 물
속에 있었기 때문이다.

실험 조건 합의에 대한 갈릴레오의 해석은 상당히 편파적으
로 보일 수 있지만 아리스토텔레스주의자들은 그에 맞추어 대
응했다. 디 그라치아가 보기에 "구덩이를 형성하는 것far cavità"
은 "표면을 자르는 것" 혹은 "파고드는 것"을 의미하지 않았
다.[169] 마찬가지로, 익명의 아카데미 회원은 다음과 같이 말했
다. "여기서 부양이란 물속으로 어느 정도 들어가는 경우를 제

---

168 앞의 책, p. 98.
169 앞의 책, p. 405.

외하지 않는다는 점에 유의할 필요가 있다. 부양은 오직 바닥으로 가라앉는 경우만을 제외한다. 논쟁은 이러한 두 가지 상반된 해석punti에 달려 있다."[170]

양측은 모두 각자의 체계 안에서 주장의 정합성을 유지하는 데 집중했다. 갈릴레오는 델레 콜롬베의 수수께끼를 지우려 했던 반면, 아리스토텔레스주의자들은 갈릴레오가 델레 콜롬베의 실험을 상대로 내세운 아르키메데스적 해석뿐만 아니라 그가 제시한 부양성 이론의 많은 긍정적 특징을 인정하지 않으려 했다. 갈릴레오의 이론은 물체가 유체 속에서 얼마나 가라앉는지 혹은 특정한 용기에서 유체의 높이가 얼마나 올라가는지와 같은 측정 가능한 현상을 예측할 수 있었지만, 그의 논적들은 그것에 대해 어떠한 감명도 받지 않았던 것으로 보인다. 곧 살펴보겠지만, 실제로 그들은 갈릴레오가 제시한 수학적 방법의 철학적 유효성을 전적으로 배척했다.

갈릴레오가 처한 흥미로운 교착상태는 과학혁명기의 수학자들과 코페르니쿠스주의자들이 빈번하게 겪었던 곤경과 비슷하다. 오늘날의 관점에서 본다면 우리는 갈릴레오(혹은 코페르니쿠스주의자들)의 주장이 현재 우리가 옳다고 믿는 것과 계보적으로 연결되어 있다는 점에서 '기본적으로 옳았다'라고 말할 것이다. 하지만 이제 막 출간이 이루어진 심화 단계에서 코페르

---

170 앞의 책, p.162.

니쿠스와 갈릴레오의 이론은 변칙 사례와 해결하지 못한 문제들을 포함하고 있어 받아들여지기 어려웠다. 심지어 갈릴레오가 변칙을 우회하기 위해 공기의 '자기적인 힘'과 같은 보조 가설을 도입한 뒤에도(그의 시도는 가벼운 성공만을 거뒀다) 델레 콜롬베의 실험은 갈릴레오의 견해를 반박하는 것으로 해석될 수 있었다. 내가 보기에 이론의 조기 붕괴 위험(등장한 지 얼마 되지 않아 아직 확립되지 않은 패러다임에서 흔히 나타나는 위험)은 논적들과의 대화로는 대응할 수 없었다. 그 대신 다양한 전술을 활용하여 시간을 확보한 후에 주장을 더욱 명료하게 만드는 방식이 필요했다.[171]

실제로 갈릴레오가 아리스토텔레스주의자들과 대화를 나누려 했는지는 전혀 분명하지 않으며, 나아가 그들의 입장 안에서 대화를 시도하지 않았던 것은 분명하다. 오히려 그는 부양성에 대한 초기 논의에 온갖 종류의 철학적·방법론적·우주론적 문제를 끌어들여 논의의 지분을 확보하려 했다. 그렇게 함으로써 그는 논적들이 설득되기를 바라는 대신 종합적인 철학 체계의 대안을 제시하고 확립하고자 했다.

아리스토텔레스주의자들 또한 비슷한 전술을 동원했다. 델

---

[171] 많은 철학자들이 이론, 패러다임 또는 연구프로그램의 조기 논파를 방지하는 장치의 필요성에 대해 논의했지만, 내가 보기에 이 문제를 가장 명료하게 논의한 문헌은 Paul Feyerabend, *Against Method* (London: Verso, 1975)이다. 특히 pp. 145~161을 참고하라.

레 콜롬베의 실험을 아리스토텔레스 세계관과 최대한 밀접하게 연관시켜 그들 자신의 종합적인 체계로 갈릴레오의 체계에 맞서려 했다. 또 가능할 때마다 갈릴레오의 세계관은 정합적인 체계가 결코 아니라고 비판하거나 정당화될 수 없다고 주장하면서 그의 세계관을 배척하려 했다. 특히 그들의 전술은 수학적 방법의 인식적 정당성을 일축하고, 갈릴레오의 용어 정의를 비판하며, '선결문제 요구의 오류'[172]와 임시방편적 특징을 비난하는 형식을 취했다.

이를테면 익명의 아카데미 회원은 아리스토텔레스의 원소 기반 운동 설명에 대한 갈릴레오의 비판에 다음과 같이 응수했다.

소요학파의 학설에 변칙 사례가 있을지언정 그 토대는 갈릴레오 선생의 견해보다 훨씬 견고하며 합리적이다. [갈릴레오 선생의 견해는] 아리스토텔레스를 향한 광범위한 비판, 다양한 경험, 새로운 논증에 따라 처음에는 풍부하고 우아한 것으로 받아들여질 수 있다. 하지만 신중히 평가하고 검토한다면, 그 반박은 서서히 무너질 것이며 또한 선생의 경험은 토대가 흔들리거나 현상의 실제 원인이 아닌 특정한 결과로 인식되어 수학적 증명과

---

172 *petitio principii*, 입증해야 하는 논점을 가정하여 다른 주장의 근거로 사용하는 오류.

명제가 자연현상의 참된 원인을 파악할 수 없다는 점이 분명해질 것이다.[173]

디 그라치아는 철학과 수학이 지닌 인식적 지위의 간극에 대해 익명의 아카데미 회원보다 훨씬 더 단호한 입장을 취했다.

갈릴레오 선생의 논증을 고려하기 전에 우리는 수학적 추론으로 자연현상을 논증하려는 이들이 진리와 얼마나 동떨어져 있는지를 보여 줄 필요가 있다고 생각했다. … 실제로 모든 학문과 예술은 나름의 원리와 방법이 있어서 그것들을 통해 특정한 주제의 특정한 우연적 성질을 연구한다고 나는 생각한다. 그러므로 한 학문의 원리를, 다른 학문이 연구하는 우연적 성질을 논증하는 데 사용하는 것은 적절하지 않다. 따라서 수학적 방법을 통해 자연의 우연적 성질을 논증하려는 이들은 망상에 빠진 것인데, 두 학문은 완전히 다르기 때문이다. 실제로 자연철학자scientifico naturale는 본질상 운동을 수반하는 자연현상을 연구하는 반면, 수학의 주제에는 운동이 포함되지 않는다.[174]

이로부터 몇 쪽 뒤에서 디 그라치아는 방법론의 구분을 적용

---

173 *GO*, vol. 4, p. 165(강조는 저자의 것).
174 앞의 책, p. 385(강조는 저자의 것).

하여 갈릴레오의 논증을 일축했는데, "선생이 수학적 근거들로 자연적인 것들을 논증하려" 했기 때문이었다.[175] 그러고는 갈릴레오의 부양성 이론이 함의한 분과학문적 침범을 비판하다가 철학자로서의 자질에 대한 날카로운 의문 제기로 넘어갔다. "갈릴레오 선생이 철학적으로 올바른 태도를 갖추길 바란다. 선생이 직함으로 스스로를 꾸몄음에도 그에 걸맞게 처신하지 않기 때문이다."[176]

델레 콜롬베 역시 수학과 철학의 인식적 간극을 역설했다. 예전에도《지구의 움직임에 대한 반론》에서 똑같은 입장을 내세운 바 있었다.[177]《항변의 담화》에서 그는 아르키메데스와 아리스토텔레스 중에서 선택할 때 의심의 여지가 없어야 한다고 말하며 그 논점을 또다시 강조했다. 그 선택은 아리스토텔레스 저작의 권위가 아닌 수학에 대한 철학의 인식적 우월성에 따른

---

175 앞의 책, pp. 389, 423.

176 앞의 책, p. 391(강조는 저자의 것).

177 델레 콜롬베는 해당 저술의 처음 몇 쪽을 수학의 인식적 지위에 공격을 퍼붓는 데 할애했다. 거기서 그는 주전원을 "지렐레"(나무팽이)에 비유했다. 마침내 흥분을 가라앉힌 그는 이렇게 주장했다. "이러한 해석과 수학적 논증이 물질적 존재, 장소, 운동에 적절하게 적용될 수 있는지를 올바르게 판단하는 문제는 수학자보다 철학자가 더 적합하며, 또 그렇게 판단하기 위해서는 제2의 학문보다 제1의 학문을 더 잘 알아야 한다는 사실을 모르는 사람은 없을 것이다. 이 세 가지 문제에 대한 판단은 물질의 성질을 추상화하는 수학이 아닌 자연철학의 몫이다"(Ludovico delle Colombe, "Contro il moto della terra" [Florence 1611]; reprinted in *GO*, vol. 10, pp. 251~290. 이 인용문은 p. 255에 있다).

것이었다.[178] 코레시오는 세 동료들만큼 노골적이지는 않았지만 갈릴레오가 아리스토텔레스적이지 않은 물리적 가정에 기반했다는 이유로 그가 제시한 기하학적 논증을 배척했다.[179]

아리스토텔레스주의자들은 수학자가 물리적 성질을 탐구할 수 있다는 점을 용인하지 않았고, 만일 그러한 탐구가 이루어진다면 그것은 분과학문 간에 확립된 위계를 위반하는 것이라고 여겼다. 그런 이유로 그들은 갈릴레오의 가정과 물리적 원리가 틀렸거나, 실제적이지 않다고 주장했다. 틀렸다고 할 때는 주로 아리스토텔레스의 개념적 범주에 맞지 않음을 지적했다.[180] 이따금 디 그라치아의 경우처럼[181] 갈릴레오가 플라톤을 비롯한 다른 철학자들로부터 원리를 빌려 왔는지 확인하려 할 때도 있었다. 또 다른 정당한 철학자로부터 원리를 빌려 오는 행위는 수학자가 스스로 물리적 원리를 발전시키는 것보다는 분과학문 간의 경계를 덜 침해하는 것으로 인식되었기 때문으로 보인다. 아리스토텔레스주의자들이 갈릴레오가 제안했던 수학적 철학자와 같은 전문직업적 역할을 받아들일 수 없었던(혹은 받아들이지 않으려 했던) 이면에는 그와 같이 분과학문 간의 경계를 유지해야 하는 문제에 대한 염려가 있었다. 익명의 아카데미 회

---

178 *GO*, vol. 4, p. 352.
179 앞의 책, p. 233.
180 앞의 책, pp. 217, 388.
181 앞의 책, p. 386.

원은 갈릴레오의 '전문직업적 자아'를 통일된 상태로 인식하지 못했다. "저자[갈릴레오]는 스스로를 어느 때는 수학자로, 또 어느 때는 철학자로 내세운다. 따라서 그 저자 앞에서 홀로 있는 사람은 그에게 도전할 때 매우 신중해야 하는데, 한 명이 아니라 두 명의 강력한 투사와 맞서는 것이기 때문이다."[182]

　논적들은 갈릴레오의 물리적 원리를 그 자체로서 이해하거나 인정하지 않는 경우가 더 많았다. 아리스토텔레스의 범주 분류에 맞지 않는 고유무게와 절대무게 같은 수많은 정의 또한 결함이 있다며 거듭 비판했다.[183] 이와 더불어 선결문제 요구의 오류와 관련해 흔히 제기된 비난은 갈릴레오의 원리를 전혀 이해하지 못하는(혹은 받아들이려 하지 않은) 전문직업적 무능함의 결과였다. 아리스토텔레스주의자들은 그 자신들이 제시한 담론에 동어반복이 있음을 인지하지 못하면서도 갈릴레오가 논증해야 할 것을 계속 가정하고 있다고 주장했다.[184] 작은 둑에 기하학의 원리를 적용한 것과 같은 특정한 경우에는 심지어 갈릴레오의 근거를 가지고도 그들의 입장을 옹호할 수 있었다. 하지만 선결문제 요구의 오류 혹은 임시방편적 특징을 향한 비난은 대부분 갈릴레오의 방법론적·사회직업적 '다름otherness'

---

182 앞의 책, p. 171.

183 앞의 책, pp. 187, 220, 354, 386.

184 앞의 책, pp. 163, 233, 398.

을 단순히 지적하는 것에 불과했다.[185]

후원 그리고 종결의 부재

예상대로 부양성 논쟁은 명확한 판결과 함께 끝나지 못했다. 다음 장에서 살펴보겠지만, 갈릴레오와 철학자들은 서로 다른 전술을 이용해 코시모를 설득하여 상대방의 주장을 배척하려 했다. 하지만 양쪽 모두 대공의 명확한 지지를 얻는 데는 실패했다. 논쟁은 종결에 이르지 못했다. 그저 사라졌을 뿐이다.

최근 들어 근대과학을 연구하는 사회학자와 역사학자들은 복잡하고도 매우 흥미로운 과정에 주목했다. 그것은 논쟁이 끝나고, 공식적인 역사가 기록되고, 결과가 정식화되어 교과서에 수록되고, 도구가 "블랙박스"로 만들어지고, 승자들이 전문직업적 인정과 영향력을 부여받는 과정이었다.[186] 하지만 후원 체

---

185 다음 장에서 이중언어의 문제를 논의할 때 살펴보겠지만, 갈릴레오는 아리스토텔레스주의자들의 범주를 대상으로 그들과 유사하면서도 다른 태도를 보였다. 대부분은 그 범주를 배척했지만, 그렇게 할 때도 (자신의 범주를 대상으로 아리스토텔레스주의자들이 그랬듯이) 단순히 자신의 틀에 부합하지 않는다는 이유로 틀렸다고 말하지 않았다. 오히려 반박하기 전에 그들을 이해하려는 몸짓을 보였다.

186 이를테면 다음 문헌들을 보라. Augustine Brannigan, *The Social Basis of Scientific Discoveries* (Cambridge: Cambridge University Press, 1981); H. Tristam Engelhardt and Jr., Arthur L. Caplan, eds., *Scientific Controversies* (Cambridge: Cambridge University Press, 1987); Harry M.

계에서는 일반적으로 종결의 조건이 발견되지 않는다. 후원자들은 지위를 우려하여 판결을 내리지 않는 경향이 있었다. 수학 종사자들은 특히 그들의 주장이 그들에 비해 더 확립된 분과학문의 관할권을 침해하는 것을 의미하는 경우 그 주장을 정당화할 지위가 없었다. 더군다나 부양성 논쟁은 과학공동체에서 이루어진 토론이 아닌, 매우 상이한 사회직업적 정체성으로 이루어진 양측 사이의 언쟁이었다. 마지막으로, 후원 체계는 종결에 이르는 것에 존속이 달린 사회체계가 아니었다. 우리가 마주친 역사적 행위자들은, 가령 오늘날의 과학공동체 일원만큼 상호의존적이지 않았다. 그들이 어떤 의미에서 '연결되어' 있었다면 그것은 공통의 후원자에게 의존하고 있다는 뜻일 뿐이었다.

　망원경의 신뢰성과 천문학적 발견의 실재성을 둘러싼 논쟁과 같이 종결이 지어진 경우, 그 원인은 갈릴레오의 성취가 지닌 독특한 구경거리로서의 특성(궁정문화 속에서 그렇게 인식되었다)과 그가 메디치를 통해 발전시킨 비상한 후원 네트워크였

Collins, ed., *Knowledge and Controversy: Studies in Modern Natural Science, a special issue of Social Studies of Science* 11 (1981); idem, *Changing Order* (London: Sage, 1985); Simon Schaffer, "Scientific Discoveries and the End of Natural Philosophy", *Social Studies of Science* 16 (1986), pp. 387~420.; Martin Rudwick, *The Great Devonian Controversy* (Chicago: University of Chicago Press, 1985), esp. pp. 401~456; Peter Galison, *How Experiments End* (Chicago: University of Chicago Press, 1987); Bruno Latour, *Science in Action* (Cambridge, Mass.: Harvard University Press, 1987), pp. 63~100.

다. 망원경은 궁정의 경이로 인식되었다. 갈릴레오는 메디치의 외교 및 후원 네트워크를 통해 중요한 유럽 궁정에 접근했고, 강력한 군주들과 추기경들이 망원경을 살펴보도록 했으며, 자신의 발견을 메디치 가문의 상징으로 제시할 수 있었다. 그리고 갈릴레오의 연구와 후원자들의 취향 및 문화가 이례적으로 잘 맞아떨어진 흔치 않은 인자들의 조합 덕분에, 그는 놀라운 수준까지 후원자들을 동원할 수 있었고 적어도 몇몇 주장에 대해서는 종결에 이르게 할 수도 있었다.

후원과 종결의 문제는 나중에 다시 다루기 위해 잠시 제쳐두고, 이 장에서 고려한 몇 가지 사항들을 공약불가능성이라는 잘 알려진 철학 문제와 관련짓고자 한다. 우리는 앞서 갈릴레오와 아리스토텔레스주의자들이 상대방과 대화를 나누는 것보다 각자의 입장을 심화하고 옹호하는 것에 더 많은 관심을 기울였음을 살펴보았다. 또한 그들의 주장과 방법론이 어떻게 양립 불가능한지도 보았다. 그들은 '안', '위', '뜨다', '물 표면'이 무엇을 의미하는지를 놓고도 의견을 일치시키지 않았을뿐더러, 부양성의 원인(그리고 '원인'이라는 개념 자체)에 관한 주장 또한 양립 불가능한 우주론에 각각 깊이 뿌리내리고 있었다.

쿤과 파이어아벤트의 공약불가능성 개념과 부양성 논쟁의 연관성을 찾아보기 위해, 이제 좀 더 인류학적인 관점으로 전환하여 앞서 분석한 소통 교착상태의 형성에 사회직업적 정체성이 얼마나 영향을 미쳤는지 탐구하고자 한다. 부양성 논쟁에 대

한 개념적 분석과 인류학적 분석을 통합함으로써 마침내 우리
는 과학혁명을 특징짓는 사회직업적 종분화speciation 패턴뿐만
아니라 과학 패러다임 간 공약불가능성의 계보에 관한 유용한
통찰을 발견하게 될 것이다.

4장 공약불가능성의
인류학

공약불가능성과 불임의 유비

공약불가능성이라는 개념은 파이어아벤트의 〈설명, 환원 그리고 경험주의Explanation, Reduction, and Empiricism〉, 쿤의 《과학혁명의 구조The Structure of Scientific Revolutions》(이하 《구조》)의 등장과 함께 과학사와 과학철학 담론에 진입했다. 그 후로는 이론 선택의 과정에 관한 논쟁에서 눈에 띄게 모습을 드러냈다.[1] 쿤

1   Paul K. Feyerabend, "Explanation, Reduction, and Empiricism, *Minnesota Studies in the Philosophy of Science* 3 (1962): pp. 28~97 (reprinted in idem, *Philosophical Papers* [Cambridge: Cambridge University Press, 1981], pp. 44~96); Thomas S. Kuhn, *The Structure of Scientific Revolutions* (Chicago: University of Chicago Press, 1962). 공약 불가능성에 관한 파이어아벤트의 후기 관점은 다음 문헌들에서 일부 살펴볼 수 있다. "Consolations for the Specialists", in Imre Lakatos. Alan Musgrave, eds., *Criticism and the Growth of Knowledge* (Cambridge: Cambridge University Press, 1970), esp. pp. 219~229; idem, Against Method (London: Verso, 1975), pp. 223~285; idem, *Science in a Free Society* (London:

에 따르면, 자연현상의 집합에 대한 설명을 두고 경쟁하는 두 과학 패러다임은 전체적으로 볼 때 언어적 공통분모를 공유하지 않을 수 있다. 그 결과 과학자들의 소통과 대화 가능성 자체가 문제가 되며, 이론 선택의 과정 또한 더는 논리실증주의자들의 단순한 설명으로 환원될 수 없다. 여기서 나는 공약불가능성이 단순히 언어적 소통에서 발생한 유감스러운 문제가 아니라 오히려 과학의 변화 과정에서 중요한 역할을 한다고 주장하고자 한다.

우리가 앞서 부양성 논쟁에서 살펴본 것과 같이 소통이 단절된 사례는 과학혁명기에 드문 일이 아니었다. 데카르트의《세계Le monde》, 갈릴레오의 다양한 저술, 프랜시스 베이컨의《신기관Novum organum》, 존 로크의《인간 지성론An Essay Concerning Human Understanding》과 같은 정전들에서 우리는 새로운 철학자들을 만나게 된다. 그들은 아리스토텔레스의 몇몇 기본 개념을 이해할 수 없다고 주장했고, 자신들의 견해가 오랜 전통의 기준으로 판단되는 것을 거부했다. 데카르트는《세계》에서 아리스토텔레스의 학설을 라틴어로 인용한 다음 아리스토텔레스가

Verso, 1978), pp. 65~70; idem, *Farewell to Reason* (London: Verso, 1987), pp. 265~272. 나의 분석은 파이어아벤트의 생각과 통찰에 빚지고 있지만, 앞선 장들에서 세운 틀에 패러다임 개념을 더 쉽게 관련지을 수 있으므로 여기서는 쿤의 연구를 더 일관적으로 언급할 것이다. 공약불가능성 주제를 다룬 쿤의 다른 저술들은 이 장의 나머지 부분에서 언급할 예정이다.

제시한 운동의 정의를 이해할 수 없으므로 그것을 도저히 프랑스어로 번역할 수 없었다는 이유를 붙였다.[2] 갈릴레오는 여러 저술에서 아리스토텔레스주의자들이 자신의 견해를 이해하지 않으려 한다고 자주 비판했으며, 자신의 옹호자들에게 그 철학자들과 대화하려는 가망 없는 시도로 시간을 허비하지 말라고 개인적으로 권하기도 했다.[3] 아리스토텔레스주의자들이 사용하는 용어의 무의미함을 베이컨과 로크가 비판한 사례 또한 잘 알려져 있다.[4]

2   "[운동의 본성을] 어떤 식으로든 이해 가능하게 만들기 위해 그들은 여전히 다음과 같은 용어들을 사용하는 것 외에는 더 명확하게 설명할 방법이 없었다. '어떤 사물이 가능태일 때, 운동이란 그 가능태인 사물의 현실태이다*motus est actus entis in potentia, prout in potentia est*.' 이 용어들은 나에게 매우 모호해서 그들의 언어 그대로 둘 수밖에 없다. 그것들을 번역할 수 없기 때문이다"(René Descartes, *Le monde, ou Traité de la lumière*, ed., trans. Michael S. Mahoney [New York: Abaris Books, 1979], p. 63; 라틴어 인용문의 출전은 Aristotle, *Physics III*, 1, 201a이다).

3   *GO*, vol. 10, no. 499, pp. 502~503; vol. 11, p. 47; vol. 5, p. 231.

4   아리스토텔레스가 제시한 정의의 무의미함에 대한 베이컨의 지적은 Francis Bacon, *Novum organum* (Indianapolis: Bobbs-Merril Company, 1960), Aphorisms, book one, nos. 60, 63을 참고하라. 《인간 지성론》에서 로크는 아리스토텔레스의 《자연학》에서 데카르트가 빈정거린 부분과 동일한 정의를 이해할 수 없다고 강조했다. "인간의 지혜가 창안할 수 있는 이보다 더 정교한 용어가 또 있을까? '어떤 사물이 가능태일 때, 가능태인 그 사물의 현실태.' 이미 유명한 이 불합리함을 알지 못하는 이성적인 사람들은 이것이 무엇을 설명하는 것인지 추측하느라 당혹감에 빠질 것이다"(John Locke, *An Essay Concerning Human Understanding*, ed. A. Fraser [New York: Dover, 1959], 2: pp. 34~35). 베이컨은 《신기관》에서 본인의 연구를 전통적인 철학 학파의 기준으로 판단할 수 없음을 분명히 밝혔다. 자신의 연구가 스콜라철학의 관할권 밖에 있으며 스콜라철학

어떤 과학사학자와 과학철학자는 경쟁자들과의 소통불가능
성incommunicability에 관해 이처럼 흔하게 제기된 진술들이 단순
히 수사적 전략을 나타낼 뿐이라고 말할 것이다. 이 새로운 철
학자들은 아리스토텔레스주의자들과 말을 섞길 원하지 않았다.
대화는 오직 양측이 진지하게 임할 때만 가능했을 것이다. 반면
에 강경한 상대주의자들은 소통불가능성에 대한 진술들이 실
제적인지 수사적인지 묻는 것은 요점을 벗어난다고 간주할 것
이다.[5] 그들의 관점에 따르면, 중요한 점은 한 집단의 구성원들
이 소통불가능성을 주장했다는 것뿐이다. 그들의 주장이 실제
로 옳았는지는 문화나 집단 외부의 그 어떤 관점으로도 정당하
게 판단할 수 없다.

공약불가능성 현상을 분석한다고 해서 이와 같은 상반된 관
점 사이에 갇힐 필요는 없다. 공약불가능성의 존재 자체를 인정
하지 않는 합리주의자들 혹은 그것을 '주어진 것datum'으로 받
아들이는 상대주의자들, 양쪽을 모두 따르지 않고 우리는 제3
의 방식을 발전시킬 수 있다. 그리고 비-대화[6]에 참여한 인물들

의 권위는 "심판대 위에 올라가 있다"고 말했던 것이다(Francis Bacon, *Novum organum*, Aphorisms, book one, nos. 33, 35).

5 더 조정된 형태의 상대주의를 발전시켜 온 다양한 철학적 관점이 존재한다는 것을
알고 있다. 내가 여기서 개괄한 관점은 블루어의 '강한 프로그램strong program' 과학
사회학과 유사하다.

6 *nondialogue, 오늘날의 과학자 공동체처럼 상대방의 주장을 경청하고 건설적인
비판을 제시하며 지식을 교정하기 위한 발전적 대화가 아니라 다른 목적(가령 본인

의 상대적인 권력과 지위 그리고 사회직업적 정체성과 관련하여 공약불가능성의 출현을 통시적으로 분석할 수 있다.

과학의 변화 과정에서 공약불가능성이 맡은 발전적인 역할은 쿤의 패러다임 개념과 다윈의 종개념 간의 유비에서 도출되는, 이른바 '다윈주의적 은유Darwinian metaphor'를 통해 살펴볼 수 있다.[7] 쿤의 패러다임과 다윈의 종은 모두 성性적인(다윈의

의 옹호자들을 응집시키는 것)을 위해 상대방을 비난하는 등의 비-발전적 대화를 말한다.

[7] 쿤 본인도 《구조》에서 제안한 모형의 진화론적 측면을 암시한 적이 있다. 개념의 변화를 일종의 진화 과정으로 제시하려 한 상세하고도 체계적인 시도는 Stephen Toulmin, *Human Understanding* (Princeton: Princeton University Press, 1972)에서 이루어졌다. 그보다 최근에는 경험에 기반한 (더 도전적인) 진화론적 과학관이 David Hull, *Science as a Process* (Chicago: University of Chicago Press, 1988)에서 제안되었다. 이 책의 주된 논점은 idem, "A Mechanism and Its Metaphysics: An Evolutionary Account of the Social and Conceptual Development of Science", *Biology and Philosophy* 3 (1988): pp. 123~155에 요약되어 있다. 이와 관련해서는 Gerard Lemaine, "Social Differentiation and Social Originality", *European Journal of Social Psychology* 4 (1974): pp. 17~52도 참고하라. 종개념을 바탕으로 중세와 르네상스의 아리스토텔레스주의를 살펴본 관점은 Edward Grant, "Ways to Interpret the Terms 'Aristotelian' and 'Aristotelianism' in Medieval and Renaissance Natural Philosophy", *History of Science* 25 (1987): pp. 336~358에서 제시되었다. '진화론적 인식론'은 이와 상당히 다른, 개념 변화의 진화론적 관점을 제공한다. 도널드 T. 캠벨이 처음으로 제안한 이 접근 방식은 포퍼의 다윈 해석에 기반한다. '진화론적 인식론'은 다윈의 자연선택과 포퍼의 반증가능성을 밀접하게 유비하고 자연선택이 '오류 제거'를 위한 '합리적' 과정이라고 결론짓는다. 이 장의 나머지 부분에서 살펴보겠지만, 나는 포퍼의 다윈 해석에 동의하지 않으며, 특히 '자연선택'을 '합리적' 과정으로 보지도 않는다. 더 나아가 진보 혹은 '지향적 진화directed evolution'

경우) 혹은 지적인(쿤의 경우) 이종교배를 하는 개체들의 개체군population에 적용된다.[8] 따라서 다윈이 관찰한 종 간의 '불임 장벽barrier of sterility'은 경쟁하는 패러다임들 사이에서 쿤이 인식한 공약불가능성과 유비적으로 비교해 볼 수 있다. 새로운 종의 형질이 기존의 종에 다시 흡수되는 것을 예방하면서 '집어삼킴 방지 장치antiswamping device'로 기능하는 불임과 마찬가지로, 공약불가능성은 지적인 불임을 유발하여 지적 교배를 불가능하게 만든다. 다윈주의적 은유는 공약불가능성이 소통의 단절을 일으킨다는 점을 받아들이면서도 새로운 패러다임의 개념적 종분화와 관련하여 생산적 역할을 맡을 수 있다는 점을 시사한다. 어떤 의미에서 이 은유는 공약불가능성을 단순한 '비용'이라기보다는 '내기'로 제시한다.[9]

와 같은 범주를 사용하지도 않는다. 진화론적 인식론에 관해서는 다음 문헌들을 참고하라. Donald T. Campbell, "Evolutionary Epistemology", in Paul A. Schilpp, ed., *The Philosophy of Karl Popper* (La Salle: Open Court, 1974), 1: pp. 413~463; Kai Hahlweg, C. A. Hooker, eds., *Issues in Evolutionary Epistemology* (Albany: State University of New York Press, 1989).

8 패러다임과 종의 유비는 여기서 좀 더 나아갈 수 있다. 실제로 다윈이 이종교배 개체군으로 본 종개념은 종을 형태학적 특징의 집합으로 정의한 기존의 관점과 다르다. 두 관점의 관계는 과학자 공동체를 지칭하는 쿤의 패러다임 개념, 그리고 과학 이론을 해석되지 않은 논리 체계로 간주한 논리실증주의자들의 기존 관점 사이의 관계를 떠올리게 한다.

9 * 돌연변이가 누적되어 새로운 형질을 발현한 끝에 새롭게 나타난 생물학적 종이 또 다른 종과 경쟁하는 것을 '비용'이라고만 볼 수 없는 것처럼, 새롭게 나타난 패러다임이 기존의 패러다임과 경쟁하는 것 역시 비용으로만 볼 수 없다는 뜻이다. 새롭게 등

다원주의적 은유는 과학 패러다임 간의 상호작용이 잠정적으로 과학의 보상체계라고 부를 만한, 자연선택과 비슷한 무언가가 매개하는 과정임을 암시한다. 경쟁하는 패러다임들은 이론 선택의 과정을 거치는 동안 살아남기 위해 전적으로 발전적인 대화에만 참여할 필요는 없다. 이와 마찬가지로, 하나의 이론 혹은 연구프로그램을 제외하기 위해 그 이론을 반증하거나 연구프로그램을 새로운 것으로 대체할 필요는 없다. 종들이 경쟁에 실패해서만이 아니라 더 이상 환경에 적응하지 못해서 개체수가 격감하기도 하는 것처럼, 패러다임 역시 반드시 반박되지 않더라도 보상체계에서 더는 가치 있다고 판단되지 않는다면 사라질 수 있다. 종들이 반드시 다른 종들과 직접 경쟁해야 하는 제한된 환경 영역에 갇히지 않고 안전성이 담보된 생태학적 적소로 이주하기도(혹은 우연히 들어가기도) 하는 것처럼, 과학 패러다임 또한 보상체계의 외딴 영역으로 진입하는 데 성공한다면 비교적 경쟁의 방해를 받지 않고 발전할 수 있다.[10] 요컨

장한 생물학적 종과 개념적 종(패러다임)은 불임 장벽과 공약불가능성을 사이에 두고 경쟁하며 일종의 '내기'를 벌인다.

10 패러다임과 종의 유비는 여기서 논의되는 대상이 집단임을 시사한다. 하지만 사실은 그렇지 않다. 이 책에서 지적하듯, 과학의 변화를 논의할 때 가장 적합한 범주는 '사회직업적 정체성'이다. 이번 장과 그 밖의 장들에서 채택한 용어 사이에 단절이 있어 보인다면, 그것은 방법론적 이유가 아닌 실용적·관행적 이유 때문이다. 공약불가능성이 집단 혹은 '무리tribe'의 활동에서 출현하는 것으로 간주하는 기존 연구의 공통된 틀에 이 사례연구를 맞추기 위해 나는 '집단'이나 '패러다임' 같은 용어를 사용하기로 했다.

대, 공약불가능성을 이와 같이 해석한다면 이론 선택이라는 개념 자체가 문제화된다.

결과적으로 공약불가능성을 공시적으로 본다면, 즉 이미 존재하는 이론들이 지닌 언어적 구조의 결과로 본다면 공약불가능성이 마치 문제처럼 보일 수 있지만, 그것을 통시적으로 분석한다면 패러다임과 사회직업적 정체성이 기존의 것들로부터 발달해 온 과정에 관한 중요한 단서를 발견할 수 있다.

사회직업적 정체성과 소통의 단절

다원주의적 은유는 과학의 변화 과정에서 공약불가능성이 맡은 역할에 대한 발견법적 실마리를 제공함으로써 하나의 출발점을 제공한다. 하지만 생물학적 종분화와 인식적 종분화를 더욱 밀접하게 유비해 보면 그 은유는 실제 증거와 일치하지 않음을 알 수 있다. 생물학적 변화 과정에서 불임의 출현은 대칭적인 반면, 과학의 변화 과정에서 소통불가능성에 대한 양측의 주장에는 분명한 비대칭성이 발견된다.[11] 때때로 어떤 집단은 스스로는 상대 집단을 이해할 수 있다고 주장하면서도 그 반대의 경우는 불가능하다고 부인한다. 앞서 살펴보았듯이, 갈릴레

11 하지만 이것이 쿤의 의견은 아니다. 쿤은 공약불가능성을 대칭적 현상으로 본다.

오는 아리스토텔레스주의 대화 상대들이 수학에 무지하기 때문에 자신이 부양성을 다루는 방식을 이해하지 못한다고 주장했다. 반대로 그 자신은 아리스토텔레스주의 철학을 완벽하게 이해한다고 자랑했다.[12] 생물학적 변화와 과학적 변화의 또 다른 중요한 차이는 과학적 변화 과정에서 공약불가능성의 출현이 패러다임의 '유전형genotype'에 의해 결정되는 것이 아니라 '과학적 종분화'가 일어나는 맥락에 의존하는 것처럼 보인다는 점이다. 갈릴레오는 부양성을 둘러싼 비-대화에서 소통 불능의 원인을 발전적인 대화에 참여하지 않으려 하는 대화자들에게 돌리며 그들을 도덕적으로 비난했다. 다른 사례에서는 한쪽이 상대측과 대화할 필요가 없거나, 대화를 원치 않는다고 권위적으로 단언하기도 했다. 소통 능력이나 소통 의지에 대한 주장은 단순히 한 패러다임의 언어적 차원이 아니라 의식적 또는 무의식적 전략을 반영하는 것으로 보인다.

더군다나 다원주의적 은유는 공약불가능성과 소통불가능성을 구분하지 못하게 한다. 앞으로 보겠지만 두 현상은 서로 관련되어 있다. 하지만 그 관계는 다원주의적 은유가 시사하는 것보다 복잡하고 풀어헤치기 어렵다. 과학적 변화의 역사적 사례를 들여다보면, 소통의 단절이 반드시 서로 경쟁하는 패러다임들의 각기 다른 언어적 구조에 의해 직접 발생할 필요는 없음

12   *GO*, vol. 4, pp. 31~32, 50, 124~125.

을 알 수 있다. 오히려 소통의 단절은 주로 전문직업적·분과학문적 경계를 침범하고 사회직업적 위계를 침해하는 사례와 관련된다. 부양성 논쟁에서 갈릴레오와 아리스토텔레스주의 철학자들의 소통이 단절된 현상은, 분과학문 간의 위계에 따라 수학이 철학에 종속되어 있던 상황에 의해서도 촉진되었다. 그 종속은 해당 논쟁을 틀 지은 분과학문의 위계에 따른 결과였다. 디 그라치아가 표명했듯이, 갈릴레오의 논증은 수학자인 그가 철학자의 영역으로 간주되는 현상을 해석해서는 안 된다는 이유로 사전에 배척될 수 있었다. 반면 종사자들이 비슷한 사회직업적 정체성을 공유할 경우에는 입장이 근본적 수준에서 갈릴 때도 소통이 지속된 사례가 발견된다. 케플러(코페르니쿠스주의자)와 마지니(프톨레마이오스주의자) 그리고 튀코(튀코주의자)는 모두 전문 천문학자였으므로 각자의 연구가 근본적으로 다른 우주론을 반영하고 있었음에도 장기간 대화를 유지할 수 있었다.[13]

이론적인 차이가 있음에도 소통이 이루어진 유사한 패턴은 아리스토텔레스주의자들 사이에서도 발견된다. 최근의 연구에 따르면 아리스토텔레스주의는 동질적인 하나의 철학이 아니라

---

13 케플러, 마지니, 튀코가 주고받은 서신은 Antonio Favaro, ed., *Carteggio inedito di Ticone Brahe, Giovanni Keplero e di altri astronomi e matematici dei secoli XVI e XVII con Giovanni Antonio Magini* (Bologna: Zanichelli, 1886)를 보라. 다음의 논문 또한 참고하라. Robert S. Westman, "The Melanchthon Circle, Rheticus, and the Wittenberg Interpretation of the Copernican Theory", *Isis* 66 (1975): pp. 165~193.

매우 독립적인 다양한 경향을 포함했다. 하지만 이탈리아의 아리스토텔레스주의자들은 갈릴레오나 코페르니쿠스주의자들과 대항할 때면 그들 집단 내에서 개념적 양립 불가능성이 발생하는 문제는 일단 접어 두었다. 그들은 서로 반대되는 다양한 관점을 가졌음에도 불구하고 대체로 통일된 사회직업적 정체성을 공유했다. 아리스토텔레스주의자들은 주로 대학의 철학 교수였다.[14]

한편 한 분과학문 내에서 하나로 환원되지 않는 방법론적 차이의 사례들도 발견된다. 이는 각기 다른 두 가지 방법론적 방식을 옹호하는 사람들의 근본적으로 다른 사회적 지위와 신분 상승 욕구에서 원인을 찾을 수 있다. 나는 다른 글에서 16세기 우르비노의 수학자들과 이탈리아 북부의 기계학 학파 간의 대화 부재가 이런 현상의 한 사례임을 밝혔다.[15] 이 사례에서 대화 가능성을 결정하는 데 더 큰 영향을 미친 요인은 공통된 분과학문 배경보다는 사회적 정체성의 차이였다.

14 Edward Grant, "Ways to Interpret the Terms 'Aristotelian' and 'Aristotelianism'"; Charles B. Schmitt, *Aristotle and the Renaissance* (Cambridge, Mass.: Harvard University Press, 1983), esp. pp. 10~33; idem, *The Aristotelian Tradition and Renaissance Universities* (London: Variorum, 1984); idem, *Studies in Renaissance Philosophy and Science* (London: Variorum, 1981); *Les études philosophiques* 3 (1986), special issue on "L'Aristotélisme au XVIe siècle".

15 Mario Biagioli, "The Social Status of Italian Mathematicians, 1450-1600", *History of Science* 27 (1989): pp. 56~67.

과학 종사자 간의 대화를 규정하는 문제에서 사회직업적 정체성의 역할이 중요했다는 또 다른 증거는 분과학문을 넘나드는 논쟁의 사례에서 양측이 채택한 수사적인 비-대화 전략을 분석함으로써 밝혀진다. 갈릴레오가 《대화》에서 활용한 '과시적 수사epideictic rhetoric'가 그러한 전략의 좋은 사례이다.[16] 그는 자신의 견해가 참이라는 점을 아리스토텔레스주의자들에게 설득하는 것이 목적이라고 표명했지만, 실제로 한 일은 정확히 그 반대였다. 갈릴레오는 스콜라 철학자보다는 자신에게 동조적인 청중(일부 궁정인과 '자유사상가')을 책의 독자로 가정했고,

---

16 이는 제의적 수사ceremonial rhetoric 로도 알려져 있다. 이것은 화자의 가치와 청중의 가치가 기본적으로 일치함을 전제로 하는 수사법의 일종이다. 작고한 아카데미 회원을 위한 추도사éloge 가 한 사례다. 수사가는 고인이 된 아카데미 회원의 삶을 아카데미의 단체적 가치를 상징하는 방식으로 서술하여 청중이 자신의 연설에 공감할 때 집단의 단체적 가치가 강화되도록 한다. Brian Vickers, "Epideictic Rhetoric in Galileo's Dialogo", *Annali dell'Istituto e Museo di Storia della Scienza di Firenze* 8 (1983): pp. 69~101; J. W. O'Malley, *Praise and Blame in Renaissance Rome* (Durham: Duke University Press, 1979). 도린다 우트램Dorinda Outram 은 자신의 논문에서 과시적 수사를 해석 범주로 사용하지 않지만 그의 분석은 나의 논점과 관련이 있다. "The Language of Natural Power: The Eloges of Georges Cuvier and the Public Language of Nineteenth-Century Science", *History of Science* 16 (1978): pp. 153~178. 이 논문의 159쪽에서 우트램은 조르주 퀴비에Georges Cuvier 가 추도사를 통해 "청중에게 그들이 누구인지를" 설명했다고 주장한다. 이것은 과시적 수사의 작동 방식에 대한 설명이다. 파리 과학아카데미 회원을 위한 추도사의 과시적 차원은 Charles B. Paul, *Science and Immortality* (Berkeley: University of California Press, 1980), pp. 1~12에서도 논의되었다.

비현실적으로 어리석고 독단적인 바람잡이(심플리치오)가 갈릴레오파 투사(사그레도와 살비아티)에게 조직적 조롱을 받게 함으로써 경쟁자들을 비웃었다.[17] 심플리치오는 전형적인 규칙 맹종자를 묘사하기 위해 만들어 낸 인물로, 궁정인에게 공감은 커녕 웃음만 불러일으켰다.《대화》는 아리스토텔레스주의자들을 희생시켜 웃음을 유발하는 일종의 내부자 농담insider's joke이었다. 갈릴레오에게(혹은 그의 논쟁 방식에 반영된 문화에) 이미 동조적인 독자들 그리고 자기 자신을 사그레도나 살비아티와 동일시하는 독자들이 아리스토텔레스주의자들을 비웃게 하는 기능이었다.《대화》는 비록 제목은 '대화'였으나 사실 대화를 위한 것이 아니었다.[18] 그 목적은 '타자'를 설득하는 것이 아니라 '같은 편'의 정체성을 확인하고 유지하는 것이었다.

잠재적 지지자들의 결속력을 높이기 위해 수사적 전술을 채택한 것은 비단 갈릴레오만이 아니었다. 갈릴레오의《담화》에 대한 반박으로 쓰인 네 저술을 살펴보면, 철학자들이 그의 논제

---

17 《대화》를 읽은 후 캄파넬라는 갈릴레오에게 다음과 같이 편지를 보냈다. "심플리치우스[심플리치오]는 철학적 희극의 웃음거리로군요. 그 남자는 그들 학파의 어리석음, 말하는 방식, 비일관성, 고집스러운 태도 그리고 그 밖의 모든 것을 한꺼번에 보여 주고 있습니다"(*GO*, vol. 14, no. 2283, p. 366).

18 이것은 대화 형태를 취한 16세기 궁정 문헌의 전형이었으며, (카스틸리오네의《궁정론》처럼) 궁정에 **관한** 것인 동시에 궁정을 **위한** 것이었다. 그 문헌들은 그것들을 읽는 (그리고 그 문헌들이 묘사하는) 사람들의 정체성과 가치를 찬양할 목적으로 집필되었다(Nuccio Ordine et al., *Il dialogo filosofico nel '500 europeo* [Milan: Angeli, 1990], p. 20).

들을 두고 놀랍도록 반복적인 반박을 압도적으로 많이 쏟아내고 있다는 사실에 당황하게 된다. 그 저술들은 경쟁자의 주장에 대한 발전적인 평가라기보다는 '상대방'을 향한 히스테릭한 반응에 더 가까워 보인다. 비평가들에게 대응하는 과업을 갈릴레오에게서 위임받은 카스텔리는 그 장황한 저술들의 목적을 예리하게 간파했다. 아리스토텔레스주의자들은 갈릴레오를 처리하느라 무척 애를 썼으며 분과학문 영역의 침범과 바람직한 분과학문적 위계의 침해를 잘 통제했다는 점을 드러내어 지지자들을 안심시키려는 것이라고 말이다.[19] 카스텔리가 말했듯이, 그들의 옹호자들은 인쇄된 수많은 글자를 보는 것만으로도 불안감이 해소되었을 것이다. 갈릴레오의 《대화》와 마찬가지로, 아리스토텔레스 동맹의 대응 또한 상대방을 설득하려는 시도가 아니었다. 오히려 (불안감을 완화하여) 저자가 속한 집단의 결속력을 유지하는 것이 목적인 비-대화 형식이었다.

이와 같이 고찰한다고 해서 소통이 불가능하다는 주장, 비-대화적 수사 전략, 언어적 공약불가능성이 전부 같은 의미라는 말은 아니다. 마찬가지로, 사회직업적 정체성의 차이가 소통가능성이나 공약불가능성의 출현을 결정한다고 말하는 것도 아니다. 그보다는 그러한 주장들과 전략들 그리고 언어적 현상들

19 " … 일단 이것들[명제들]은 쌓이기만 하면 무식자들의 기대가 충족되기 마련입니다. 그 글의 의미를 이해하지 못하기 때문에, 인쇄된 글자들을 보고 [도전이] 처리되었다고 말할 수 있는 것만으로도 마음이 진정될 것입니다"(*GO*, vol. 4, p. 462).

이 모두 한 집단의 결속력과 사회직업적 정체성의 형성 및 유지에 중요한 역할을 한다는 점에서 서로 관련되어 있다는 것이다. 공약불가능성은 경쟁 이론들의 언어적 차원에 관련된 매우 특정한(그리고 상당히 드문) 현상이지만, 공약불가능성의 발달은 사회직업적 정체성이 이론을 중심으로 형성되는 다양한 과정과 그렇게 형성된 정체성이 차후에 이론을 더 명료화하도록 하는 방식에 따라 달라지기도 한다.

몇몇 철학자와 문화인류학자, 과학지식사회학자들의 연구는 공약불가능성의 출현과 사회직업적 정체성의 형성·유지 과정을 연결하는 도구를 제공했다. 임레 라카토슈Imre Lakatos는 한 수학자 집단이 자신들의 패러다임에 관한 변칙 사례를 경쟁 집단의 수학자들이 발견했을 때 어떻게 대응했는지 분석했다.[20] 그는 일부 대응을 '괴물 배제법' 전략[21]으로 분류했다. 라카토슈는 놀라운 인류학적 통찰을 통해 변칙 사례나 새로운 발견이 '타자'의 표현으로 인식될 수 있음을 보여 주었다. 데이비드 블루어David Bloor는 라카토슈의 견해를 확장하여 새로운 개념적 발견에 대한 수학자들의 대응 패턴을 메리 더글러스Mary Douglas의 '그리드grid(행동준칙)-그룹group(집단성)' 모형 관점

---

20   Imre Lakatos, *Proofs and Refutations* (Cambridge: Cambridge University Press, 1976).

21   *monster-barring, 라카토슈가 고안한 용어로 변칙 사례 또는 반례를 배제하고 기존의 가설을 개선하는 대응 방식을 말한다.

으로 해석했다.[22] 그리하여 블루어는 라카토슈의 '개념적 타자'를 '사회적 타자'로 확장했고, '타자'를 향한 공동체의 대응을 그 공동체의 내부 구조 및 외부 경계와 관련지었다. 과학의 변화 과정에서 공약불가능성이 출현한 현상과 그것이 맡은 역할에 대한 나의 해석은 이러한 연구들을 토대로 발전했다. 하지만 블루어와 달리 나는 '타자'를 향한 집단의 대응에 관한 분석을 확장하여 공약불가능성 현상까지 포괄하고자 한다.

철학자와 수학자

분과학문 간의 위계는 오늘날의 과학에서도 (항상 명시적으로 인정되지는 않더라도) 여전히 존재하지만 과학혁명기 당시의

---

22 David Bloor, "Polyhedra and the Abominations of Leviticus: Cognitive Styles in Mathematics", *British Journal of the History of Science* 11 (1978): pp. 245~272, reprinted in Mary Douglas, ed., *Essays in the Sociology of Perception* (London: Routledge and Kegan Paul, 1982), pp. 191~218; idem, *Wittgenstein: A Social Theory of Knowledge* (New York: Columbia University Press, 1983), esp. "Strangers and Anomalies", pp. 138~159. '타자'를 향한 대응과 반응 집단의 사회적 분류 체계 간의 관계에 관한 메리 더글러스의 초기 견해는 *Purity and Danger* (London: Routledge, 1966)를 보라. "그리드-그룹" 모형에 대해서는 idem, *Natural Symbols* (New York: Pantheon, 1970)를 참고하라. 이 모형에 관한 심화된 고찰은 idem, *Cultural Bias* (London: Royal Anthropological Institute, 1978)에서 찾아볼 수 있다.

위계만큼 엄격하지는 않다. 더 구체적으로 말해 오늘날의 위계는 과학공동체 내부의 지위 차이를 반영하는 경향이 있지만, 갈릴레오의 사례를 보면 당시에는 사회적 위계와 전문직업적 위계 사이의 구분, 혹은 과학적 신뢰와 사회적 지위 및 명예 사이의 구분이 명확하지 않았음을 알 수 있다. 과학이 제도화되기 전에는 이론과 패러다임, 그리고 세계관에 대한 믿음이나 특정한 과학적 실천의 채택이 오늘날 전문직업적 문화라고 부를 만한 것을 의미하지 않았다. 앞서 살펴보았듯이 논쟁에 주로 걸린 것들은 단순히 특정한 현상에 대한 철학적 견해와 전문직업적 공동체 내부의 위치가 아니라 논쟁 참여자들의 사회적 지위와 정체성이었다.

따라서 게오르크 요아힘 레티쿠스[23]와 코페르니쿠스 또는 갈릴레오와 같은 수학자들이 새로운 천문학과 자연철학에 대한 논쟁을 단순한 과학 논쟁으로 대하지 않고 분과학문적 경계와 영역 및 위계를 놓고 벌이는 분과학문 개혁운동과 법적 소송의 중간쯤으로 인식한 것도 놀랄 일이 아니다.[24] 레티쿠스는

---

23 * Georg Joachim Rheticus (1514~1576). 오스트리아의 천문학자로 코페르니쿠스의 태양중심설을 초창기에 널리 퍼뜨린 인물 중 한 명이다. 코페르니쿠스와 함께 공부했고 훗날 코페르니쿠스주의를 소개하는 《최초의 해설》을 집필했다.

24 갈릴레오의 법적인 비유는 그가 1615년에 쓴 〈크리스티나 대공비에게 보내는 편지〉에서 특히 명백하게 드러난다. Maurice Finocchiaro, *The Galileo Affair* (Berkeley: University of California Press, 1989), pp. 87~118. 여기서 그는 천문학과 신학의 인식적 특권과 방법 그리고 분과학문적 경계를 논의했다. "수학은 수학

《최초의 해설Narratio prima》에서 코페르니쿠스의 가설이 지닌 가치는 "(수학적인 능력을 갖춘) 기하학자와 철학자에 의해" 결정될 것이라 쓰고 다음과 같이 덧붙였다. "그러한 논쟁을 재판하고 판정하기 위해서는 그럴듯한 의견이 아니라 (이 사건을 심리하는 법정인) 수학적 법칙에 따라 판결을 내려야 한다. 여기서는 전자의 판결 방식이 배제되고 후자가 채택되었다."[25]

그러므로 새로운 세계관을 정당화하려면 분과학문 간의 사회적 위계와 새로운 사회직업적 정체성의 출현이라는 측면에서 혁명을 일으켜야 했다. 코페르니쿠스 혁명은 이 과정을 잘 보여주는 사례이다. 프로테스탄트 신학자 안드레아스 오시안더Andreas Osiander가 《천구의 회전에 관하여》의 서문에서 예리하게 지적했듯이, 코페르니쿠스의 연구는 천문학자들이 참된 우주의 구조를 다루고 따라서 그들 역시 철학자임을 내세움으로써 그러한 이중의 혁명을 촉발할 수 있었다(그리고 결국 그렇게 되었다).

태양은 우주의 중심에 멈춰 있으며 지구는 움직인다고 선언하는 이 진기한 가설에 관한 소식은 이미 널리 퍼진 형편이다. 그러므로 일부 학자들이 깊은 불쾌감을 느끼고 있으며 또한 오래

자들의 몫이다"라는 견해가 담긴 진술은 그의 저술 곳곳에 흩어져 있다.

25 Edward Rosen, ed., *Three Copernican Treatises* (New York: Dover, 1939), p.139.

전부터 견실한 기반 위에 구축된 자유학예가 혼란에 빠지면 안 된다고 믿는다는 사실은 의심할 여지가 없다.[26]

《대화》에서 심플리치오가 살비아티의 주장에 덧붙인 말을 보면, 갈릴레오는 코페르니쿠스 천문학의 분과학문적 함의를 인식하고 있었음이 분명하다. "이런 방식의 철학은 모든 자연철학을 전복하고 하늘과 땅 그리고 우주 전체를 어지럽혀 혼란에 빠뜨릴 것입니다."[27]

앞서 개괄한 공약불가능성의 출현에 대한 관점은 과학적 변화와 사회적 변화의 긴밀한 관계를 나타낸다는 점에서 위의 인용문들이 설명하는 상황과 잘 부합한다. 또 그러한 관점에 따르면, 새로운 패러다임을 정당화하기 위해 근본적으로 다른 세계관을 받아들여야 할 뿐만 아니라 기존에 확립된 분과학문 위계에서 혁명이 일어나야 할 때 공약불가능성이 가장 분명하게 출현하게 되며 소통 또한 가장 심각하게 단절될 수 있다. 따라서 부양성 논쟁이 진행되는 동안 방법론적·우주론적 쟁점을 중심

26 Nicolaus Copernicus, *On the Revolutions, in Complete Works*, trans. Edward Rosen, ed. Jerzy Dobrzycki (Warsaw-Cracow: Polish Scientific Publishers, 1978), 2: p. xvi. 오시안더가 쓴 서문의 분과학문적 의제는 다음 문헌을 참고하라. Robert S. Westman, "The Astronomer's Role in the Sixteenth Century: A Preliminary Study", *History of Science* 18 (1980): pp. 105~147.

27 Galileo Galilei, *Dialogue Concerning the Two Chief World Systems*, trans. Stillman Drake (Berkeley: University of California Press, 1967), p. 37.

으로 갈릴레오와 아리스토텔레스주의자들 사이에서 발생한 소통의 단절은 수학이 철학에 종속되어 있던 과학혁명 초기의 특징인 분과학문 간 위계라는 맥락에서 해석할 필요가 있다.

아리스토텔레스와 그의 추종자들이 보기에 수학적 논증은 물질적 존재에 적용하지 않을 때만 필요했다. 디 그라치아와 델레 콜롬베가 갈릴레오에게 상기시킨 것처럼, 수학이 다루기에 알맞은 대상은 추상적 존재였다.[28] 수학 정리의 진리는 수학의 영역에서 물리학의 영역으로, 즉 비물질적 존재에서 물질적 존재로 옮겨 갈 수 없었다. 마찬가지로 수학자들은 자연현상을 정적·운동학적으로 분석하는 경계 내부에 머물러야 한다고 간주되었다. 실제로 수학은 (추상적인, 즉 물리학이 아닌 분과학문이었기에) 변화의 원인, 더 구체적으로 말해서 운동의 원인을 설명할 수 없었다. 그러한 설명에는 그에 걸맞은 **물리적 원리**가 필요했고, 그것은 수학이 아닌 철학의 관할이었다.[29] 아리스토텔레스주의자들이 갈릴레오를 비판했던 논점 중 하나는 주장과 논증을 뒷받침할 만한 견실한 물리적 원리를 제시할 자격이 그에게 없다는 점이었다. 논적들은 그에게 물리적 세계의 '실제' 원리와 거리가 먼 수학은 오직 양, 즉 현상의 우연적 측면을 판

---

28 *GO*, vol. 4, p. 385. 델레 콜롬베가 집필한 다음 문헌에서 이와 비슷한 진술들을 살펴볼 수 있다. "Contro il moto della terra", reprinted in *GO*, vol. 3, p. 255.

29 *GO*, vol. 4, p. 423.

단하는 일만 바랄 수 있다는 점을 상기시켰다.[30] 더군다나 철학
과 수학의 서로 다른 인식적 지위에는 르네상스의 철학자와 수
학자 및 전문 천문학자의 서로 다른 사회적 지위 또한 반영되

30 앞의 책, pp. 389, 423. 수학의 인식적 지위를 둘러싼 16세기 이탈리아의 논쟁은 다
음 문헌들을 참고하라. Paolo Galluzzi, "Il Platonismo del tardo Cinquecento
e la filosofia di Galileo", in Paola Zambelli, ed., *Richerche sulla cultura
dell'Italia moderna* (Bari: Laterza, 1973), pp. 39~79; Giovanni Crapulli,
Mathesis universalis (Rome: Edizioni dell'Ateneo, 1969), pp. 33~62;
Alistair C. Crombie, "Mathematics and Platonism in the Sixteenth-
Century Italian Universities and in Jesuit Educational Policy", in Y.
Maeyama and W. G. Saltzer, eds., *Prismata* (Wiesbaden: Steiner Verlag
1977); Peter Dear, "Jesuit Mathematical Science and the Reconstitution
of Experience in the Early Seventeenth Century", *Studies in History
and Philosophy of Science* 18 (1987): pp. 133~175; G. C. Giacobbe,
"Il *Commentarium de certitudine mathematicarum disciplinarum*
di Alessandro Piccolomini", *Physis* 14 (1972): pp. 162~193; idem,
"Francesco Barozzi e la *Quaestio de certitudine mathernaticarum*",
Physis 14 (1972): pp. 357~374; idem, "La riflessione metamatematica
di Pietro Catena", *Physis* 15 (1973): pp. 178~196; idem, "Epigoni del
Seicento della *Quaestio de certitudine mathematicarum*: Giuseppe
Biancani", *Physis* 18 (1976): pp. 5~40. 천문학에서 수학이 가진 인식적 지위
에 대한 논쟁은 아래의 각주 31번을 참고하라. 분과학문의 분류에 대해서는 다음
을 보라. James A. Weisheipl, "The Nature, Scope, and Classification of
the Sciences", in David C. Lindberg, ed., *Science in the Middle Ages*
(Chicago: University of Chicago Press, 1978), pp. 461~482; Steven J.
Livesey, "William of Ockam, the Subalternate Sciences and Aristotle's
Theory of 'Metabasis'", *British Journal for the History of Science* 19
(1985): pp. 127~145. 다음의 저술 또한 흥미롭다. Peter Machamer, "Galileo
and the Causes", in Robert E. Butts and Joseph C. Pitt, eds., *New
Perspectives on Galileo* (Dordrecht: Reidel, 1978), pp. 161~180.

어 있었다.[31]

이 위계가 수반하는 방법론적 경계에 따라 철학자들은 주로 아리스토텔레스의 동심천구설[32]에 기반하여 질적인 우주론을 발전시켰다. 반면 전문 천문학자들은 각종 기하학 장치를 사용하여 행성의 운동을 양적으로 예측하는 사람들로 여겨졌다. 전문 천문학에 비해 우월했던 철학의 인식적·사회적 지위는 수학자들의 방법이 물리적 과정 설명에 적용되었을 때 철학자들이 그 인식적 정당성을 일축했던 사실에 반영되어 있다. 철학자들에게 수학자들의 기하학 작도는 우주의 참된 표상이 아닌 단순한 계산 장치, 더 나쁘게는 속임수에 불과해 보였다. 기하학은 어린아이의 지식이며 주전원은 수학자들의 나무팽이라는 델레 콜롬베의 말은 수학자들에 대한 철학자들의 '전문직업적 유아화professional infantilizing'를 잘 요약한다.[33] 갈릴레오조차 이러한 비유를 언급했던 것을 보면, 이것은 당시 흔히 쓰이던 표현이었음이 분명하다.

몇몇 논적들은 지독하게 반발할 것입니다. 벌써 누군가가 제 귀

---

31 이탈리아의 사례는 Mario Biagioli, "Social Status of Italian Mathematicians, 1450-1600"을 보라.

32 *同心天球設, 지구를 중심으로 동심구로 배열된 천구들이 회전하면서 행성과 항성을 나른다는 우주 모형.

33 *GO*, vol. 3, pp. 253~254.

에 대고 소리치는 것 같군요. 물리적으로 논하는 것과 수학적으로 논하는 것은 별개의 문제이며 기하학자들은 철학적인 문제에 신경 쓰지 말고 돌아가는 팽이들 속에나 파묻혀 있으라고 말입니다. 철학적인 문제의 진리는 수학적 진리와 다르다고 하는데, 마치 진리가 하나보다 많다는 듯 굽니다.[34]

하지만 철학자들의 분과학문적 자부심은 그들의 성과와 일치하지 않았다. 오직 철학자들만이 행성운동의 참된 원인으로 향하는 접근권을 가졌다고 해서 그들이 실제로 원인을 찾았다는 뜻은 아니었다. 알림베르토 마우리Alimberto Mauri라는 허구의 인물은 1604년 나타난 신성을 다룬 델레 콜롬베의 저술에 다음과 같이 응답했다(마우리는 아마도 갈릴레오의 가명이었을 것이다).

철학자들은 별들에 [운동의] 균일성이 속하길 바란다. 상상이나 거짓이 아닌 참되고 실제적인 균일성 말이다. … 따라서 그들은 그러한 현상에 이유를 제시하고 하늘이 균일하고도 규칙적이라는 자신들의 관념을 사람들의 마음속에서 진리로 유지하기 위해 천문학자들에게 달려가 도움을 요청했다(철학자들은 이 문제를 스스로 다루지 못하기 때문이다). 그러므로 천문학자

---

34 *GO*, vol. 4, p. 49.

들은 그들의 충실한 동료로서 주전원, 이심원, 대심[35] 등을 밤낮으로 고민했다. … 하지만 이전에는 그들의 소유가 아니었던 그 도구들이 이제 제공자에 대한 경멸로 인해 철학자들에게 유해하게 비방당하거나 그러한 문제들에 대한 무지로 인해 남용되고 있다.[36]

그러나 철학자들은 행성운동에 관한 참된 물리적 설명을 발전시킬 만한 물리적 원리들을 수학자들에게 제공해야 하는 분과학문의 의무를 다하지 못했음에도, 기존에 확립된 위계에 의존하여 자신들의 철학적 실패를 수학자들의 탓으로 돌릴 수 있었다. 다소 시대착오적인 표현이긴 하지만, 철학자들이 지닌 분과학문적 권력 탓에 수학자들은 우주론 문제에 대해 일종의 유

---

35 * 주전원epicycle, 주축원deferent, 이심원eccentric, 대심equant은 행성의 운동(특히 화성의 역행 운동)을 설명하기 위해 고대 그리스 천문학자들이 고안한 후 17세기까지 널리 사용된 수학적 개념이다. 고대 그리스 천문학자들은 행성운동을 더 정확하게 설명하기 위해 행성이 단순한 원운동을 하지 않고 원 위에 있는 작은 원을 따라 움직인다고 생각했다(이때 작은 원 역시 큰 원을 따라 움직인다). 여기서 작은 원을 '주전원'이라 하고, 주전원이 도는 큰 원을 '주축원'이라 한다. 마찬가지로 설명의 정확성을 높이기 위해 주축원의 중심이 지구가 아니라 지구에서 살짝 벗어난 위치에 있다고 상정하기도 했는데, 이러한 주축원을 '이심원', 그 중심을 '이심'이라고 부른다. 마지막으로 주전원이 주축원을 도는 속력을 조절하기 위해서 주전원이 주축원의 중심이 아니라 다른 점을 중심으로 동일한 각속도 운동을 하는 것으로 상정하는 경우도 있었는데, 이때 그 다른 점을 '대심'이라고 한다.

36 Alimberto Mauri, *Considerations of Alimberto Mauri on Some Places in the Discourse of Lodovico delle Colombe about the Star Which Appeared in 1604*, in Stillman Drake, trans., *Galileo Against the Philosophers* (Los Angeles: Zeitlin and Ver-Brugge, 1976), p. 102.

명론적 방법론의 입장을 취할 수밖에 없었던 반면, 철학자들은 같은 문제에 실재론적 입장을 취할 자격을 갖추었다.[37] 철학자

37 천문학에서 일어난 유명론과 실재론 논쟁은 피에르 뒤엠이 다음 저술에서 제시한 "도구주의instrumentalism"와 "실재론"이라는 지나치게 도식적인 범주에 관한 비평을 위주로 전개되었다. *To Save the Phenomena* (Chicago: University of Chicago Press, 1969). 로이드G. E. R. Lloyd는 뒤엠의 수많은 원전 번역과 해석을 비판했다. "Saving the Appearances", *Classical Quarterly* 28 (1978): pp. 202~222. 니컬러스 자딘은 도구주의와 실재론 논쟁이 천문학의 인식적 주장에 대한 회의론자들의 비판에 천문학자들이 어떻게 반응했는지와 같은 맥락 속에서 이루어졌다고 보았다. "The Forging of Modern Realism: Clavius and Kepler Against the Sceptics", *Studies in History and Philosophy of Science* 10 (1979): pp. 141~173. 그 후 자딘은 *The Birth of History and Philosophy of Science* (Cambridge: Cambridge University Press, 1984), esp. pp. 225~257에서 분석을 확장했다. 이 문제에 관해서는 다음 문헌들도 참고하라. idem, "The Significance of the Copernican Orbs", *Journal for History of Astronomy* 13 (1982): pp. 168~194; idem, "Epistemology of the Sciences", in Charles B. Schmitt and Quentin Skinner, eds., *The Cambridge History of Renaissance Philosophy* (Cambridge: Cambridge University Press, 1988), pp. 685~711. 로버트 웨스트먼은 더욱 사회학적인 관점으로 그 문제에 접근했다("Astronomer's Role in the Sixteenth Century"). idem, "Kepler's Theory of Hypothesis and the 'Realist Dilemma'", *Studies in History and Philosophy of Science* 3 (1972): pp. 233~264도 보라. 뒤엠의 분류 체계에서 시작한다고 해서 나의 논지가 뒤엠의 도식적 이해(때로는 문헌학적으로 옹호될 수 없다)에 대한 비판들로 약해지는 것은 결코 아니다. 왜냐하면 나는 뒤엠의 분류 체계에 '실재론적' 관점을 취하지 않기 때문이다. 다시 말해 나는 뒤엠이 제시한 실재론자와 도구주의자의 구분이 실제로 그리스인들부터 예수회까지 포괄하는 서로 다른 두 **지적** 전통을 나타낸다고 옹호할 생각이 없다. 그보다는 뒤엠의 관찰이 상이한 (사회적 및 인식적) 지위를 가진 사회직업적 집단(혹은 역할)들 속에서 인류학적으로 이해할 수 있는 상호작용(또는 다툼)의 패턴을 보여 준다고 생각한다. 그 상호작용의 패턴에 내 연구의 초점이 놓여 있다. 그러므로 나는 뒤엠의 책《현상을 구제하기|To Save the

들이 수학적 가설의 물리적 실재성에 대한 수학자들의 주장을 사전에 일축한 것은 두 분과학문 간에 발전적인 대화가 단절되었던 상황과도 관련이 있다. 철학자들은 수학자들의 말을 들을 필요가 없었다. 그들이 활동하던 당시의 위계적 환경을 고려하면, 철학자들은 수학자들의 언어를 배우거나 그들의 물리적 원리를 진지하게 받아들이지 않아도 되었다.

코페르니쿠스는 철학자들이 천문학자에게 부과한 수학적 유명론을 거부했고 수학적 실재론의 인식적 정당성을 옹호했다. 내가 수학적 실재론이라는 표현을 사용했다고 해서 코페르니쿠스주의자들이 반드시 천구와 이심원, 주전원이 물리적으로 실재한다고 생각했다는 뜻은 아니다. 갈릴레오 역시 그렇게 생각하지 않았다.[38] 오히려 그들은 수학이 우주의 실제 물리적 구조를 찾는 열쇠라고 생각했다는 면에서 실재론자들이었다.[39] 코페르니쿠스 체계의 세부 내용은 충분히 만족스럽지 않

Phenomena》를 내 논지를 정당화하는 '권위'로 내세우지 않고, 논지를 펼칠 구실로 삼고자 한다.

38 "Lettera a Monsignor Piero Dini", in *GO*, vol. 5, pp. 297~299, esp. p. 299. 매우 흥미롭게도 웨스트먼은 코페르니쿠스가 천구의 물리적 실재성에 복잡한 태도를 보인 맥락을 살펴보았다("Astronomer's Role in the Sixteenth Century", pp. 112~116). 똑같은 주제를 다루면서 해당 쟁점에 대한 논쟁을 검토한 문헌으로는 Nicholas Jardine, "Significance of the Copernican Orbs"가 있다.

39 이 '철학적 천문학자'들은 곤경에 처했다. 기하학적 장치의 물리적 실재성을 주장하다가 오히려 문제를 더 키우고 말았다. 장치들을 서로 다르게 배치하여 동일한 행성 운동을 설명할 수 있다면, 그 장치들은 물리적으로 실재하지 않는다는(또는 어떤 것

았을 수 있지만, 체계 내부의 수학적 정합성과 천상계의 수많은 현상을 물리적 가정으로부터 직접 설명해 낸 능력 덕분에 우주의 참된 물리적 설명을 제공할 수 있는 강력한 후보로 떠올랐다. 코페르니쿠스가 그러한 견해를 제시한 결과로 몇몇 수학자들은 자칭 '새로운 철학자'가 되었다. 갈릴레오도 그중 한 명이

이 '실제' 조합인지 결정하지 못한다는) 결론에 도달하게 된다. 그렇다면 기하학적 장치들이 실재하지 않는다고 말한 '철학적 천문학자'들은 행성운동의 원인('철학자'라면 당연히 밝혀내야 할 원인)에 대한 전통적인 철학자들의 질문을 받는 취약한 상태에 놓였을 것이다. 이러한 곤경은 갈릴레오가 1615년 피에로 디니Piero Dini에게 전한 말에서 잘 요약된다. 갈릴레오에 따르면 주전원, 이심원, 천구가 물리적 의미에서 실재하지 않는 것은 분명하지만 행성들이 주전원 둘레 또는 이심을 중심으로 움직인다는 것 또한 전적으로 사실이었다(주전원은 지구를 둘러싸지 않는 원 궤적이다. 갈릴레오가 망원경을 통해 천문학적 현상을 발견한 이후로 금성과 목성 위성이 주전원을 돈다고 여겨졌다. 이심원은 지구를 중심으로 하지 않는 원을 말한다. 화성이 이심원을 돈다고 여겨졌다). 어떤 의미에서 갈릴레오는 주전원과 이심원이 **존재하기도** 하고 **존재하지 않기도** 하다고 주장하려 했던 셈이다(그리고 매우 단순한 질적 모형을 예시로 들면서 그와 같은 기하학적 장치들이 복잡한 행성 모형의 실제 구성요소로서 존재하는 것은 아니라고 주장했다). 이 당혹스러운 긴장은 갈릴레오가 처한 사회직업적 곤경을 거울처럼 비춘다. 그는 철학자가 되어 원인을 밝혀내길 원했으나 아직 그럴 수 없었다. 동시에 천문학자들의 장치가 물리적으로 실재한다고 주장할 수도 없었는데, 그랬다면 '철학적 천문학자'의 자격이 박탈되었을 것이다(*GO*, vol. 5, p. 299). 갈릴레오는 결국 신에게 도움을 구했다. " … 신께서는 별들이 속박되어 강제로 이동하지 않고도 천상계의 광막한 공간에서 확립된 경로를 따라 움직이도록 할 방법을 갖고 계시기 때문입니다"(앞의 책, 번역은 Maurice Finocchiaro, *Galileo Affair*, pp. 61~62을 따름). 갈릴레오가 겪은 기하학적 장치의 실재성 문제는 그가 기술적인 행성 이론에 관심을 보이지 않은 이유가 기하학적 장치의 지위를 정면으로 대면하고 싶지 않았거나 대면하지 않을 필요가 있었기 때문임을 시사한다.

었다.[40] 흑점에 관한 첫 번째 편지에서 그는 다음과 같이 썼다.

[샤이너 선생은] 계속해서 이심, 주축원, 대심, 주전원 같은 것들에 집착하고 있습니다. 마치 참되고 실제적이며 확실한 것인 양 말이지요. 하지만 그러한 것들은 그저 순수 천문학자들이 계산을 용이하게 하고자 가정한 것일 따름입니다. 반면 천문학자이자 철학자인 이들에게는 필요 없는 것들이지요. 그들은 어떻게든 현상을 구제하는 과업을 넘어 우주의 참된 구조, 즉 가장 중요하고 칭송받아 마땅한 문제를 탐구하려 한답니다. 그러한 구조는 실제로 존재하기 때문입니다. 유일하고 참되고 실제적이며 그 밖의 다른 방식으로는 존재할 수 없는 구조이지요.[41]

코페르니쿠스와 그 밖의 '철학적 천문학자'들은 수학적 실재론을 받아들였을 뿐만 아니라, 천문학에 관한 문제를 논의하고 판단할 유일한 언어는 수학이라고 주장하며 철학자들의 언어와 방법을 배척하기 시작했다.[42] "수학은 수학자들의 몫이다"라는

---

40 *Dialogue Concerning the Two Chief World Systems*, p. 341에 적힌 갈릴레오의 진술을 살펴보라.

41 *GO*, vol. 5, p. 102; 번역은 Stillman Drake, ed., *Discoveries and opinions of Galileo* (Garden City, N.J.: Doubleday, 1957), pp. 96~97을 수정했다(강조는 저자의 것).

42 교황 바오로 3세에게 바친 《천구의 회전에 관하여》의 헌사에서 코페르니쿠스는 "천문학은 천문학자를 위해 쓰인 것"이라고 주장했다(Copernicus, *On the*

코페르니쿠스의 말로 대표되는 이러한 형태의 수학적 엘리트주의는 기존에 통용되던 게임의 규칙을 뒤집으려는 시도를 의미했다. 코페르니쿠스는 철학자들이 수학자들의 주장을 일축했던 것과 똑같은 방식으로 철학자들의 주장을 듣지 않겠다는 소신을 밝혔다. 레티쿠스 또한 천문학은 수학이라는 법정에서만 판정되어야 한다고 주장하며 코페르니쿠스의 뒤를 따랐고, 갈릴레오는 철학자들이 수학을 이해하기 전에는 자신의 주장을 비판할 수 없다고 못 박았다.

분과학문적 위계와 해방을 위한 전략은 코페르니쿠스주의자들과 철학자들의 상호작용에만 나타나는 특징이 아니다. 그 위계와 전략은 철학자들과 일반적인 복합수학 종사자들 사이의 대화를 조직하는 틀이 되기도 했다. 내가 한 논문에서 썼듯이, 수학의 확실성certitudo mathematicarum에 대한 16세기의 방법론 논쟁은 천문학에 중점을 두지 않았고, 철학에 비해 수학의 인식적 지위가 일반적으로 어떠한지를 다루었다.[43] 마찬가지로 부양성 논쟁에서 델레 콜롬베가 부양성을 수학화하려는 갈릴레오를 비판할 때에도 1610년의 발견이 함의한 코페르니쿠스적 의미를 비판하면서 도입했던 것과 비슷한 방법론적 논증을 펼쳤다.[44]

Revolutions, 2: p. 5).

[43] Mario Biagioli, "Social Status of Italian Mathematicians", pp. 52~54.

[44] *GO*, vol. 3, pp. 254~255; vol. 4, p. 352.

코페르니쿠스의 가설과 갈릴레오가 부양성을 다룬 방식은 모두 수학자가 철학자의 영역을 침범하고 분과학문 간에 이미 확립된 위계를 뒤엎으려 한 사례이다. 이들이 촉발한 논쟁들은 비소통적인 행동, 상대방의 입장을 처음부터 배척하는 태도, 분과학문에 대한 중상, 발전적인 대화에 참여하기보다는 기존의 게임 규칙을 강요하거나 바꾸려는 시도 등 비슷한 유형의 특징이 있었다.

논쟁들에 뒤따랐던 침해, 그리고 소통의 단절은 단순히 상이한 집단이나 분과학문 간 권력 투쟁(또는 생존 투쟁)의 결과가 아님을 인식하는 것이 중요하다. 수학자들은 어떤 명분으로도 철학자들을 성공적으로 공격할 만한 분과학문적 지위와 권력을 갖지 못했다. 그렇게 하려면 아주 훌륭한 밑천이 필요했다. 코페르니쿠스의 천문학과 아르키메데스의 부양성 이론이 그 밑천의 사례였다. 그중에서도 코페르니쿠스의 저술은 갈릴레오 같은 수학자들이 스스로를 철학자로 내세우는 데 도움이 되었으므로 특히 중요했다. 오랜 기간 프톨레마이오스 천문학의 내용을 이루었던 수많은 수학적 가설과 달리(그것들은 항상 정합적이진 않았다), 코페르니쿠스의 이론은 정합적이었고 전문직업적으로 통일된 세계관을 제공했다. 코페르니쿠스가 《천구의 회전에 관하여》 서문에서 묘사한 전통 행성천문학의 혼돈 상태는 어떤 의미에서 천문학자들의 분열된 전문직업적 정체성을 반영한 것이었다. 코페르니쿠스가 말했듯이 16세기 초의 천문학이 "괴물"이었다면, 즉 특정한 행성들의 운동에 대한 분리된 서술 방식들을 조합하여 방법론적 정합성을 갖추지 못한 모음을 구성하는 것이었다면, 천문학자가 된다는 것은 천문학을 단편적으로 수선하는 작업에 특화된다는 뜻이었다. 코페르니쿠스의 태양중심설은 수학자들에게 정합적인 천문학뿐만 아니라 더욱 긴밀하게 통일된 강력한 사회직업적 정체성까지 모두 발달시킬 수 있는 '교리'를 제공함으로써 이 모든 상황을 바꿔 주겠다고 약속했다. 태양중심설은 우주에는 정합성을, 천문학자들에게는 전문직업적 결속력을 가져다주었다. 코페르니쿠스주의자들은 스스로를 철학자로 여기며 중요하게 받아들여질 기회를 잡을 수 있었다. 반면 프톨레마이오스주의자들은 그럴 수 없었다.

이러한 고찰을 통해 우리는 코페르니쿠스주의를 향한 갈릴레오의 헌신이 그가 궁정으로 이동한 원인인지 아니면 결과인지를 결정하는 문제를 다시 살펴볼 수 있다. 이미 알아차린 독자들도 있겠지만, 나는 이 질문을 '원인과 결과' 같은 용어로 제시하기를 피했다. 그보다는 갈릴레오의 코페르니쿠스주의와 궁정에서의 야심이 긴밀히 맞물렸음을 주장했다. 이제 나의 주장을 더 구체적으로 제시할 수 있다. 코페르니쿠스 덕분에 갈릴레오는 자신을 수학자가 아닌 철학자(규칙을 맹종하지 않는 철학자)로 내세우는 데 필요한 밑천을 확보했으며, 동시에 실제로 궁정에서 그 직함을 얻을 수 있었다. 어떤 의미에서 코페르니쿠스주의는 갈릴레오처럼 높은 사회직업적 지위를 열망하는 이들에게 '자연스러운' 선택이었고, 궁정은 그런 흔치 않은 사회직업적 정체성을 정당화하기에 가장 알맞은 사회적 공간이었다.[45] 분명히 말하건대, 나는 갈릴레오가 사회적 계급 상승을 꾀하기 위해 코페르니쿠스주의자가 되기로 결심했다고 주장하는 것이 아니다. 피에르 부르디외에 따르면, 특정한 문화적 취향은 그 취향을 이미 가진 사람에게는 '자연스러운' 것처럼 보이지만, 사실상 그러한 취향은 그 사람이 실제로 가졌거나 혹은 열망하는 사회적 지위를 반영하는 경우가 많다.[46] 갈릴레오가 궁정철학자로 자리 잡으면서 코페르니쿠스주의를 더욱 명확하게 드러냈다는 사실은 태양중심설을 뒷받침하는 (하지만 여전히 결정적이지는 않은) 증거들이 점차 쌓여 갔을 뿐만 아니라 그가 궁정과 철학에서의 새로운 '아비투스habitus'를 갖게 되었음을 시사한다. 더 나아가 갈릴레오가 코페르니쿠스주의를 지지하는 증거들을 추가로 확보한 것 또한 새로운 사회직업적 정체성에 걸맞게 살아야 할 필요에서 비롯되었다.

---

45 반면에 튀코 체계는 코페르니쿠스 체계와 동일한 철학적 자기형성의 기회를 제공하지 못했다. 튀코가 제시한 것은 수학적 모형이었으므로(그것을 물리적으로 해석하는 것은 악몽이나 다름없었다), 그것을 옹호한다고 해서 자신을 '철학자'로 내세울 만한 강력한 밑천을 얻을 수는 없었다. [*튀코 체계의 물리적 해석이 악몽이나 다름없었을 것이라고 말하는 이유는 1장 343번 각주 안의 옮긴이 주를 참고하라.]

46 Pierre Bourdieu, *Distinction* (Cambridge, Mass.: Harvard University Press, 1984), pp. 11~96.

결론적으로 말해서 갈릴레오가 완전한 코페르니쿠스주의자가 된 것이 궁정으로 이동한 결과인지 아니면 그가 대공의 철학자가 되려 한 것이 코페르니쿠스주의의 '벽장'에서 빠져나오기 위해서였는지를 묻는 것은 '닭이 먼저냐 달걀이 먼저냐'를 묻는 것과 같다. 우리는 하나의 원인을 찾으려 하는 대신 갈릴레오의 새로운 사회직업적 정체성과 코페르니쿠스주의를 향한 헌신이 서로를 강화한 과정을 살펴볼 수 있다. 이와 관련된 똑같이 순환적인 질문으로는 과학의 변화를 촉발하는 데 있어서 '사회'와 '자연' 중 어느 쪽이 더 중요한가 하는 문제가 있다. 코페르니쿠스주의가 사회직업적 이동을 위한 강력한 밑천이 되기 위해서는, 코페르니쿠스 가설이 적어도 특정 천문학자 집단이 보기에 프톨레마이오스 천문학보다 만족스럽게 우주를 해석할 수 있어야 했다. 여기서 '만족스럽다'는 것은 코페르니쿠스 가설이 인식론적 밑천이자 사회적 밑천이 되었다는 뜻이다. 그 가설은 우주에 대한 더 나은 표상을 제공하는 **동시에** 사회직업적 정당화 수단을 마련해 주었다. 나는 이 두 차원을 분리할 수 없다고 주장하고자 한다. 코페르니쿠스 가설은 인식적 밑천인 동시에 사회적 밑천이 되어야만 소수의 천문학자를 끌어들여 그 가설을 더 심화하도록 할 수 있었다. 이렇게 가설이 더 심화된 결과(케플러와 갈릴레오의 기여를 떠올려 보라), 코페르니쿠스주의는 더욱 광범위한 청중에게 점점 더 설득력 있는 선택지가 되어 갔다(이는《천구의 회전에 관하여》가 출간된 1543년에는 일어나지 않았던 일이다). 결국 코페르니쿠스주의는 이를 처음부터 받아들였던 소수의 천문학자 이외의 사람들에게도 수용할 만한 가설이 되었다. 그리하여 천문학자들이 신뢰를 구축하고 '수학을 지향하는 자연철학자'라는 새로운 사회직업적 정체성을 확립하는 데 도움이 되었다. 과학적 변화와 사회적 변화는 지속적인 밑천의 교환을 통해 함께 진행된 것이다.

아르키메데스의 부양성 이론이 가진 '해방을 위한 힘'은 코페르니쿠스 천문학에는 못 미쳤을 수 있지만, 갈릴레오는 아르키메데스의 유체정역학을 동역학적으로 재해석함으로써 전통적인 수학의 영역에서 철학의 영역으로 옮겨 갈 수 있었다. 논적들은 갈릴레오의 부양성 이론이 그들의 영토를 침략하려는 트로이 목마와 같음을 곧바로 알아차렸다. 코페르니쿠스가 수학자들에게 천상계 영역에서 철학자들을 몰아낼 기회를 제공했다면, 갈릴레오의 부양성 이론은 수학자들이 지상계 영역까지 침략할 계기를 마련했다. 비슷한 군대와 무기, 전술을 가진 세력들이 두 전장에서 대결을 펼치게 된 셈이다.

대등한 철학자들

철학자의 칭호는 갈릴레오에게 중요한 밑천이었지만 그것만으로는 전통적인 철학자들의 주장을 일축하거나 그들에게 자신의 세계관을 강요할 수 없었다. 메디치 가문이 갈릴레오에게 부여한 것은 철학자들과 대등한 위치에서 논쟁을 벌일 수 있는 권한뿐이었다.[47] 물론 그로 인해 철학자들은 수학적 방법의 인식적 타당성을 사전에 배격한다고 해도 그 배격이 진지하게 받아들여질 것이라 상정할 수 없게 되었다.

부양성 논쟁의 다층적 교착상태를 고려하면, 양측에게 남은 유일한 전략이 보상체계에서 힘을 확보하여 논적을 배척하는 것뿐이었다는 사실은 놀랍지 않다. 이러한 전략은 다양한 형태로 나타났다. 전반적으로 볼 때 갈릴레오와 아리스토텔레스주의자들은 서로의 신뢰도를 떨어뜨리려 노력했다. 갈릴레오는 상대측이 수학에 완전히 무지하며 자신의 논증을 이해하지 못한다고 주장했고, 철학자들은 아리스토텔레스를 해석하는 갈릴레오의 능력에 의문을 제기했다.[48] 하지만 철학자들이 제시한 주장의 설득력이 더 떨어졌다. 그들은 실제로 갈릴레오가 철학에 무지하다고 주장할 수 없었다. 왜냐하면 갈릴레오는 보나미코를 향한 반박과 《하늘에 관하여》에 관한 비정통적 해설로 아리스토텔레스 철학에 능숙함을 보였기 때문이다.[49] 정반대로 철학자 중에서 아르키메데스와 갈릴레오의 기하학을 반박

---

47 실제로 갈릴레오는 자신이 철학적 논쟁을 수행한 것을 철학적 지식과 능력에 대한 "시험"으로 여겼다(*GO*, vol. 10, no. 307, p. 353).

48 *GO*, vol. 4, pp. 50, 158, 467.

49 앞의 책, pp. 31, 36, 42~43, 97~98, 124~125.

할 수 있는 사람은 아무도 없었다. 그러므로 철학자들은 갈릴레오의 아리스토텔레스 해석이 이단적이라고 주장할 수밖에 없었다. 디 그라치아는 아리스토텔레스 철학을 다루는 갈릴레오의 능력에 가장 공격적으로 의문을 제기했는데, 그리스어 원문까지 가져와서 문헌학적 근거를 들이밀며 갈릴레오의 해석이 틀렸다고 주장했다.[50] 하지만 그 근거들이 극도로 세부적이었던 것을 고려하면 디 그라치아의 반론은 아리스토텔레스 철학을 다루는 갈릴레오의 역량에 논쟁의 소지가 있을지언정 그것을 완전히 배척할 수는 없었다는 점을 시사한다.

철학자들은 수학적 무지에 대한 갈릴레오의 공격에 매우 조심스럽게 반응했다. 그들은 그 공격에 답하려 시도함으로써 그것을 문제로 삼아 버리는 상황을 꺼렸던 것으로 보인다.[51] 코레시오는 부양성을 다루는 수학이 너무 단순해서 갈릴레오의 논증을 파악하고 배격하기 위해 수학자가 될 필요도 없다고 주장했는데, 이는 철학자들이 수학에 대한 무능을 인정하기는커녕

---

50 앞의 책, pp. 420, 426.

51 코레시오는 그 자신이나 동료들이 아닌 아리스토텔레스의 수학적 역량을 옹호했다. "그 당시에는 철학 학생들이 수학적 학문들에 지금보다 훨씬 더 많은 시간을 투자했으며, 그 학문들을 먼저 공부하기 전까지 논리학에는 손도 대지 않았다고 한다. 그 누구보다 플라톤의 제자들이 그러했다. 그렇다면 플라톤에게 최고의 제자였던 아리스토텔레스가 수학에 대한 지식 없이 [플라톤의 학교에] 발을 들였을 수 있었다고 어느 누가 믿겠는가?"(앞의 책, p. 240).

수학을 배척하려 했다는 점을 확인해 준다.[52] 아리스토텔레스주의자들은 갈릴레오의 전문직업적 자격을 전면적으로 공격하지 않았다. 공동의 후원자인 코시모 2세가 갈릴레오에게 내린 철학자 칭호를 (갈릴레오가 그들에게 수학자 칭호를 부여하길 거부했던 것처럼) 부정할 수 없었기 때문이다. 그들은 갈릴레오를 "부적격한" 철학자라고 표현하며 간접적으로 헐뜯을 수밖에 없었다.[53]

아리스토텔레스주의자들과 갈릴레오는 상대방의 전문직업적 자격을 헐뜯는 데서 더 나아가 코시모 2세에게 상대측을 배척할 만한 힘을 요구하는 것으로 교착상태를 해결하려 했다. 갈릴레오가 《담화》의 집필을 예비한 초안에서 우리는 그가 코시모의 지지를 확보하기 위해 어떤 생각을 했는지 엿볼 수 있다. 갈릴레오는 자신을 '왕의 지원을 필요로 하는 코시모의 과학적 팔라딘(전사)'으로 내세웠다.

전하께서 선택하신 개인 수학자이자 철학자로서 소인은 누군가의 악의와 시기 또는 무지가(어쩌면 세 가지 모두가) 어리석게도 전하의 현명함을 욕보이는 짓을 참아서는 안 될 것입니다. 그것은 전하의 비할 데 없는 은혜를 남용하는 처사일 것이기 때

---

52 "더군다나 우리의 글에서 다루는 명제는 수학에 대한 매우 정확한 이해 없이 파악하지 못하거나 다루지 못할 만큼 어렵지는 않다"(앞의 책, 같은 쪽).

53 앞의 책, p. 391.

문이옵니다. 오히려 소인은 그들이 경솔한 짓을 저지를 때마다 (아무런 곤경도 느끼지 않고) 저지하려 합니다.[54]

갈릴레오는 대공에게 팔라딘의 힘조차 한계가 있다고 말하면서 대공이 자신에게 철학자의 칭호를 부여했으니 이제 군주가 기사를 옹호할 때라고 상기시켰다.

거룩하신 전하, 소인은 결국 제가 타도하고 절멸시킨 탐욕과 거짓으로부터 참된 명제를 보호하며 그에 뒤따르는 수많은 명제의 목숨까지 구제하는 데 수고를 아끼지 않았습니다. 제가 그렇게 성취한 업적을 논적들이 인정할지, 아니면 아리스토텔레스의 모든 명령을 독실하게 지킬 의무가 있다고 엄격하게 맹세한 그들이 신성한 율법을 모독한 죄로 저를 목 졸라 죽이기로 결심할지 소인은 알지 못합니다(그러한 결심의 이유는 아마도 멸시받은 아리스토텔레스가 천하무적의 영웅으로 구성한 대군을 불러와 그들을 파멸로 이끌지도 모른다는 두려움일 것입니다). 그들은 비탄의 섬Isle of Pianto 주민들과 똑같이 행동할 것으로 사료됩니다. 오를란도가 괴물의 끔찍한 대학살로부터 무고한 처녀들을 해방시킨 것에 분노한 비탄의 섬 주민들은 광대한 바다에 수몰될 것을

---

54 앞의 책, p. 31. 번역은 Stillman Drake, *Galileo at Work* (Chicago: University of Chicago Press, 1978), p. 172를 수정했다.

두려워하며 괴상한 종교를 위해 탄식하고 프로테우스의 노여움에 헛된 공포를 품은 채 오를란도에게 반기를 들었지요. 화살에 관통되지 않는 맨몸을 가졌기에 망정이지, 오를란도가 시끄럽고 헛되이 짖어 귀를 먹먹하게 하는 작은 개들을 앞에 둔 곰처럼 행동하지 않았더라면 그들의 시도는 성공했을 것입니다. 지금 소인은 오를란도가 아니기에 관통되지 않는 것이라곤 아무것도 없고 진리의 방패만 있습니다. 그 외에는 맨몸이고 무기도 없기에 소인은 전하의 보호에서 도피처를 찾았지요. 전하께서 한 번 흘끗 보는 것만으로도 이성을 향해 오만하게도 공격을 개시하려 하는 미치광이는 그가 누구든 쓰러지고 말 것입니다.[55]

루도비코 아리오스토의 《광란의 오를란도Orlando furioso》에서 따온 이 돋보이는 은유는 논쟁과 그 논쟁을 통제하는 코시모의 권력을 빗댄 것이다. 이 은유를 통해 갈릴레오는 "그 광신도들" 탓에 비이성적으로 치달은 상황을 빠져나올 유일한 방법은 코시모에게서 "관통되지 않는 힘"을 부여받아 (주변에서 짖는 강아지들을 무시하는 곰처럼) 적들을 무시하며 낙승하는 것임을 분명히 밝혔다.

아리스토텔레스주의자들 역시 메디치가의 편애가 논쟁에

---

55 *GO*, vol. 4, p. 51. 번역은 Stillman Drake, *Galileo At Work*, pp. 173~174을 수정했다(강조는 저자의 것).

종지부를 찍을 수 있다는 점을 이해하고 있었다. 그들의 모든 저술은 코시모 2세의 아내와 형제들부터 갈릴레오의 숙적 조반니 데 메디치Giovanni de' Medici까지 메디치 가문의 일원들에게 헌정되었다. 하지만 갈릴레오가 (코시모의 팔라딘으로서) 코시모 2세와의 개인적인 관계를 강조한 것과 달리, 철학자들은 피사 대학과 메디치 가문의 제도적인 관계를 역설했다. 피사 대학의 프로베디토레(총장)는 익명의 아카데미 회원이 쓴《고찰Considerazioni》을 코시모의 아내 마리아 마달레나에게 바치면서 갈릴레오를 상대로 한 이 비판을 피사 학문 공동체의 이름으로 옹호했다. "이곳에서 공언한 학설을 옹호하는 것은 피사 대학 프로베디토레의 의무이기 때문입니다. 이 학설은 이곳에서 매우 훌륭한 철학자들이 가르치고 있는 것으로서 그들은 학설의 교육을 위해 현 기관에 고용되어 급료를 받고 있습니다."[56] 당시 프로베디토레였던 판노키에스키 델치Pannocchieschi d'Elci 백작은 가장 위대한 철학자인 아리스토텔레스는 가장 위대한 왕(알렉산드로스 대왕)의 보호를 받았다고 주장하면서 메디치 가문이 '새로운 알렉산드로스nuovi Alessandri'로서 아리스토텔레스를 계속해서 보호하길 원한다고 밝혔다. 그는 메디치 가문이 갈릴레오를 지지한다면 다음과 같은 일이 펼쳐질 것이라고 말했다.

[56] 앞의 책, p. 147.

[아리스토텔레스의 영광은] 쇠퇴하거나 완전히 추락할 것입니다. 특히 군주께서 새로운 사상들을 받아들이셨다고 간주될 경우 대부분의 학생은 설령 신빙성이 떨어진다고 할지라도 그 사상들을 제안하는 학설에 익숙해질 것이기 때문입니다(젊은 활기로 가득 찬 그들은 본받을 학설을 갈망하거나 기존의 철학에 싫증을 느끼고 있습니다).[57]

마찬가지의 맥락에서 익명의 아카데미 회원도 메디치 가문을 향해 충고했다.

수많은 총명한 젊은이들이 온갖 것들을 알고 싶은 호기심과 그 학설의 진기함에 사로잡혀 소요학파 학설의 곧게 뻗은 안전한 길을 버리고 우주의 모든 현상에 대해 상이한 해석을 제시하는 굽이굽이 꺾인 다른 길을 선택한다면 어떻게 되겠습니까? 만일 그런 일이 벌어진다면 대학과 공립학교는 너무도 많은 학생을 잃을 것이고, 아리스토텔레스를 길잡이와 으뜸가는 스승으로 삼은 훌륭한 교사들의 말은 학생들에게 거의 들리지 않을 것입니다.[58]

결과적으로 부양성 논쟁에는 명확한 판결이 내려지지 않았

---

57 앞의 책, 같은 쪽.
58 앞의 책, pp. 177~179(강조는 저자의 것).

다. 코시모 2세는 통상의 외교적 태도만을 보였을 뿐 입장을 정하지 않았다. 그로서는 명확한 결정을 내릴 수 없었다. 부양성 논쟁이 진행되는 동안 태양 흑점의 발견과 그에 뒤따른 논쟁으로 갈릴레오의 국제적인 명성이 계속해서 높아져 가는 상황에서, 코시모가 갈릴레오를 저버린다면 스스로 위신을 깎아내리는 꼴이 되었을 것이다. 갈릴레오의 논적들이 《담화》에 대한 답변을 출간하는 동안, 갈릴레오와 청중의 관심은 흑점이라는 더 극적인 주제로 쏠렸다. 갈릴레오가 주고받은 서신들로 미루어 보아, 《담화》는 그다지 많은 주목을 받지 못했고 출간되었을 때도 그와 아펠레스가 흑점에 관한 편지를 교환하며 몰고 온 열광에 가려져 빛을 보지 못했다. 어느 모로 보나 부양성 논쟁은 피렌체에만 국한되어 있었다.

대공은 갈릴레오를 저버릴 수 없었던 동시에 아리스토텔레스주의자들에게 불리한 판결을 내릴 수도 없었다. 아리스토텔레스 학설의 신뢰를 허물어 결국 피사 대학 교과과정의 신뢰까지 손상시킬 수 있었기 때문이다. 코시모는 갈릴레오와의 사적 후원 관계 그리고 가문과 대학의 제도적 관계 사이에 끼인 처지였다. 그 결과 승리한 사람도 없었고 패배한 사람도 없었다. 그렇게 되지 않았다면 후원자이자 대학의 군주로서 지닌 위신이 떨어졌을 것이다. 코시모가 암암리에 갈릴레오를 지지했으리라 추측해 볼 수는 있다. 갈릴레오가 철학자들의 비판에 답할 의무감을 느끼지 않은 채 그 과업을 자신의 제자이자 피후원자인 카스텔리에게 맡겼기 때문이다(철학자들에게는 상당히 모욕적인 일이었다). 심지어 카스텔리는 서두르지도 않았다. 그의 답변이 나오기도 전에 '익명의 아카데미 회원'이었을 것으로 추정되는 두 저자(판노키에스키 델치와 파파초니)는 사망해 버렸고, 그리스 출신이자 그리스 정교회 신봉자였던 코레시오는 피렌체 종교재판소 때문에 곤경에 빠지고 말았다.[59] 결과적으로 카스텔리는 델레 콜롬베와 디 그라치아만 상대하면 되었다. 카스텔리의 두툼한 책은 1615년에야 모습을 드러냈으며(갈릴레오의 대대적인 수정을 거쳤다), 그가 피사 대학의 수학 교수가 된 후였다.[60]

그러나 갈릴레오의 '승리'는 그리 오래가지 못했다. 아리스토텔레스 동맹은 계속해서 그를 향해 맹렬한 반기를 들었고 피렌체의 대주교 알레산드로 마르치 메디치Alessandro Marzi Medici의 지지를 확보하려 한 것으로 보인다. 도미니코회 사제 톰마소 카치니Tommaso Caccini가 동맹에 연루되었다는 증거도 있는데, 카치니는 갈릴레오와 그의 추종자들을 종교적 이단자로 몰아 공개적으로 고발하고 훗날 종교재판소가 갈릴레오의

---

[59] Stillman Drake, *Galileo at Work*, p. 446.

[60] Benedetto Castelli, *Risposta alle opposizioni del S. Lodovico delle Colombe e del S. Vincenzio di Grazia contro al trattato del Sig. Galileo Galilei* ⋯⋯ (Florence: Giunti, 1615); reprinted in *GO*, vol. 4, pp. 448~691.

코페르니쿠스적 믿음에 주의를 기울이게 만든 인물이다.[61] 결국 철학자들은 로마 교황청에서 더욱 강력한 보상체계를 발견했던 것으로 보인다. 그 보상체계 안에서 그들의 논증은 메디치 가문에서보다 더 좋은 대우를 받았다.

맥락 속에서 본 이중언어

토머스 쿤은 이론 선택 과정에서 과학자의 나이와 전문직업 입문의 수준과 같은 사회학적인 요인들이 얼마나 중요하게 작용하는지를 언급했지만, 공약불가능성을 다루면서는 더 구체적으로 언어학적 접근을 취했다. 쿤은 과학 활동의 개념적·사회학적 차원을 모두 통합한 패러다임 개념을 제시했으나 공약불가능성을 해석하면서는 사실상 언어적·개념적 차원에 특권을

---

61 톰마소 카치니의 형 마테오는 1615년 1월 로마에서 카치니에게 편지를 보냈다. "아우에 관한 어처구니없는 소식을 들었는데 정말 경악스럽고 분통이 터지더구나. 어떤 일이 일어났는지에 대한 소문이 여기까지 닿았으니 아우가 글을 배운 것을 후회할 정도의 질책을 받게 되리라는 사실을 알아야 할 거야. 비둘기들colombe[델레 콜롬베의 이름을 사용한 말장난] 때문에 아우 또한 비둘기나 얼간이[글자 뜻대로는 '고환testicle']처럼 행동하는 것은 얼마나 어리석은 일이냐. … 부디 멈추길 바란다. 더 이상 [이 사안에 대해] 설교하고 다니지 않으면 좋겠구나."(이 편지는 Antonio Ricci-Riccardi, *Galileo Galilei e Fra Tommaso Caccini* [Florence: Le Monnier, 1902], pp. 69~70에 전재되었다. 델레 콜롬베에 대한 또 다른 언급은 같은 책 80쪽의 편지에 실려있다.)

부여했다. 이제 쿤의 접근 방식에서 패러다임 개념은 과학공동체의 사회학적 차원을 포함하지 않으며, 그가 《코페르니쿠스 혁명Copernican Revolution》에서 "개념 도식conceptual scheme"이라 부른 것으로 환원된 듯하다. 하지만 부양성 논쟁에서 드러난 비소통적 행동의 모든 형태가 서로 경쟁하는 패러다임의 언어적 차원에서 기원했던 것은 아니다. 그 행동들은 논쟁 참여자들이 사회직업적 정체성을 확립하거나 보존하려 한 시도에도 의존했으며, 이는 결국 공약불가능성의 출현에 기여했다.

쿤은 공약불가능성에 대한 더 최근의 분석에서 '패러다임'을 포기하는 대신 "어휘 구조lexical structure"라는 용어를 도입하면서 해당 쟁점에 대한 언어학적 접근을 고수했다.[62] 쿤은 《구조》

---

62 Thomas S. Kuhn, "Commensurability, Comparability, Communicability", in Peter D. Asquith and Thomas Nickles, eds., *PSA 1982*, (East Lansing, Philosophy of Science Association, 1983), 2: pp. 669~688; idem, "Scientific Development and Lexical Change", (Paper delivered for the Thalheimer Lectures, Johns Hopkins University, 12~19 November 1984); idem, "The Presence of Past Science" (Paper delivered for the Shearman Memorial Lectures, University College, London, 23~25 November 1987). 다음 문헌들도 참고하라. Thomas S. Kuhn, "What Are Scientific Revolutions?" in Lorenz Kriiger, Lorraine J. Daston and Michael Heidelberger, eds., *The Probabilistic Revolution* (Cambridge: MIT Press, 1987), 1: pp. 7~22; idem, "Possible Worlds in History of Science", in Sture Allen, ed., *Possible Worlds in Humanities, Arts, and Sciences*, Proceedings of Nobel Symposium 65 (Berlin: Walter de Gruyter, 1989), pp. 9~32; idem, "The Road Since Structure", in A. Fine, M. Forbes and L. Wessels, eds., *PSA 1990* (East Lansing: Philosophy of Science Association, 1991), 2: pp. 3~13.

에서 이미 제시했던 주제를 발전시켜 최근에는 언어학습과 언어번역의 중요한 차이를 중점적으로 살펴보았다. 두 패러다임 사이에 공약불가능성이 존재한다는 것은 둘 사이의 전반적인 번역이 불가능함을 뜻하지만, 그렇다고 해서 한 패러다임의 구성원이 상대측의 언어를 학습하여 그 세계관을 이해할 가능성까지 배제하지는 않는다. 이는 일련의 규칙을 학습한 다음 새로운 언어의 범주를 지시체referent에 부여하면서 성취되는 것이 아니라, 일련의 실물지시ostension를 통해, 즉 대상을 가리켜 용어와 연결하면서 성취된다. 그러므로 (윌러드 V. O. 콰인Willard V. O. Quine의 말대로) 다른 문화에 대한 언어적 이해를 오직 번역의 관점에서만 보는 것은 한계가 있으며 오해의 소지도 있다. 쿤이 보기에 콰인의 '원초적 번역자radical translator'(즉 '지금껏 교류가 없었던 사람들의 언어'를 번역하려 하는 사람)는 단순한 번역자가 아닌 새로운 언어와 세계의 분류 체계를 배우는 학습자이다.[63]

쿤이 번역에서 언어습득으로 초점을 전환했다는 사실은 언어 범주가 어떻게 발전하고 재교섭되는지에 대한 그의 견해를 드러낸다. 구조주의 언어학자들의 편에 선 쿤은 특정한 언어 범주가 그 범주와 그것을 둘러싼 다른 범주들의 간의 차이에 의

---

63 Willard V. O. Quine, *Word and Object* (Cambridge, Mass.: MIT Press, 1960), p. 28. 번역의 문제에 대한 콰인의 분석은 특히 pp. 26~79을 보라. 콰인을 향한 쿤의 비판은 "Commensurability, Comparability, Communicability", pp. 673~675, 680~682을 참고하라.

해 형성된다고 주장했다.[64] 우리가 '백조'라는 범주로 의미하고
자 하는 것은 '오리'라는 범주의 의미 그리고 '백조'와 '오리'가
어떻게 다른지에 따라 결정된다. 용어와 대상의 관계가 그 용어
및 대상과 그것들을 둘러싼 다른 용어들 및 대상들의 다양한 차
이로 인해 형성된다는 관점을 받아들인다면, 용어의 지시체는
국소적으로 확립될 수 없다는 결론이 뒤따른다. 그렇다면 단편
적인 번역으로는 충분치 않다. 특정한 용어의 의미를 이해하려
면 그 언어 특유의 언어적 격자linguistic grid 전체를 재구성해야
한다.[65] 그렇다면 그러한 격자와 그 격자에 연결된 세계관이 통
역자interpreter의 모국어에 연결된 격자 및 세계관과 완전히 상
동적이지는 않다는 점이 드러날 것이다. 이 경우 통역자는 언어
적 공약불가능성에 직면하며 완전한 번역이 불가능하다. 예를
들어 ('오리'와 비교하여 정의한) '백조'라는 말을 오리가 없는

64 Ferdinand de Saussure, *Cours de linguistique générale* (Paris:
   Payot, 1986), pp. 155~162; Claude Lévi-Strauss, *The Savage Mind*
   (Chicago: University of Chicago Press, 1966), p. 115; Thomas S. Kuhn,
   "Commensurability, Comparability, Communicability", pp. 680~682.
   쿤은 이와 비슷한 견해를 다음 글에서도 제시했다. "Second thoughts on
   Paradigms", *The Essential Tension* (Chicago: University of Chicago
   Press, 1977), pp. 293~319.

65 Thomas S. Kuhn, "Commensurability, Comparability, Communicability",
   pp. 673~675, 680~682. 쿤의 '격자' 개념은 메리 헤시가 *Structure of Scientific
   Inference* (Berkeley: University of California Press, 1974), pp. 45~73에서 제
   안한 "보편자 네트워크 모형network model of universals"과 다르지 않다.

문화의 언어로 어떻게 번역할 수 있겠는가?

쿤의 논증을 요약하자면, 공약불가능성은 언어적 격자 간에 존재하는 비상동성의 결과이며 결국 두 문화와 그 문화들이 경험하는 환경의 차이를 반영한다. 공약불가능성은 한 언어가 다른 언어로 완전하게 번역될 가능성을 배제하지만, 공약불가능한 언어적 격자로 접근하는 것은 상대방의 언어를 배우고 그와 관련된 세계 분류 체계를 학습함으로써 여전히 가능하다. 하지만 이중언어bilingualism는 공약불가능성을 우회할 수는 있을지언정 그것을 해소하지는 못한다. 이중언어자bilingual가 된다고 해서 상위언어자metalingual가 되는 것은 아니다. 이중언어로 공약불가능성을 인식할 수 있지만 그것을 해소할 수는 없다. 그러므로 완전한 번역은 여전히 불가능하다.

공약불가능성에 언어적 차원이 존재하며 공약불가능한 언어적 격자 간의 완전한 번역은 불가능하다는 쿤의 견해에는 동의하지만, 나는 그가 언어에 초점을 맞추느라 사회 동역학이 이중언어에 대한 접근을 얼마나 깊은 수준에서 규제하는지 깨닫지 못했다고 생각한다. 공약불가능성에 대한 쿤의 공시적 관점과 여기서 제시할 더 통시적인 관점의 차이를 강조하기 위해 이제부터 이 논점을 좀 더 확장하고자 한다.

쿤의 접근은 본질적으로 역사학적이며 (더 최근의 논의는) 문화기술지ethnography와도 관련된다. 하지만 그는 사람들이 특정 이론의 발전에 대한 동기를 부여받거나 특정 세계관에 헌신하게 되는 과정을 연구하는 데 그러한 해석 도구들을 적용하지 않았다. 겉보기에 쿤이 이 문제에 관심을 기울이지 않았다는 점은 그가 과학적 변화의 '동력engine'을 문제로 삼지 않았으며 당연한 것으로 받아들였다는 점을 시사한다. 사람들이 어휘집lexicon을 발전시키도록 추동하는 요인은 《구조》의 과학적 변화 모형에서 중심을 차지하는 퍼즐풀이puzzle-solving 성향으로 보인다. 이것은 정상과학normal science에서 특히 두드러지는 정신이다. 쿤이 과학적 변화의 동력을 해명하는 데 퍼즐풀이에 의존한 것은 그 자신이 물리학자로 훈련받은 결과이거나 퍼즐풀이가 근본적으로 인간 정신의 생존 지향적 특징과 관련이 있다고 믿은 결과일 수 있다. 나는 인간의 지식에 생존적 차원이 있음을 부정하지 않지만 그럼에도 쿤을 따라서 퍼즐풀이 욕구를 그 정도까지 자연화naturalizing할 필요는 없다고 생각한다. 대신 우리는 그 욕구를 형성하는 특정한 문화 동역학, 즉 공약불가능성의 출현과 밀접하게 연관된 동역학을 확인해 볼 수 있다.

나는 쿤이 인식 주체들과 그들 동기의 사회문화적 구성 요인까지 포함할 만큼 자신의 역사-인류학적 분석을 충분히 확장하지 않은 탓에 과학적 변화의 동력을 그저 자연화하는 선에서 그치게 되었고 그 동력과 공약불가능성의 출현 사이의 중요한 계보적 관계 또한 놓치게 되었다고 주장하려 한다. 이중언어에 부과된 사회적 제약에 관한 연구는 그 공통된 계보를 밝힐 단서를 제공한다.

앞서 제시한 사례연구는 서로 다른 세계관을 채택하고 심화하는 과정이 사회직업적 정체성의 발전 및 유지와 어떻게 연결되는지 보여 주며, 따라서 종사자들이 풀고자 하는 퍼즐의 선택이 그들의 정체성과 욕구, 사회직업적 이동의 기회에 달려 있었다는 점을 시사한다. 예를 들어 대부분의 유능한 천문학자들은 1543년 이후에도 여전히 프톨레마이오스 체계를 고수했지만, 다른 이들은 튀코 체계가 등장하자 그것을 채택했으며, (주로 군주의 궁정에 적을 둔) 오직 소수만이 우주에 대한 물리적 서술로서 코페르니쿠스의 이론을 옹호했다. 요컨대 수학자들은 계속 퍼즐을 풀면서 전통적인 수학의 경계 내부에 남아 있거나, 갈릴레오처럼 철학자들의 영역으로 이어지는 퍼즐을 향해 손을 뻗을 수 있었다. 갈릴레오가 점진적으로 코페르니쿠스주의에 헌신하게 된 데에는 그의 독특한 사회적 위치와 배경과 계층 이동, 그리고 그에 따라 부여된 정체성에 관한 인식이 영향을 미쳤다. 코페르니쿠스 본인에게도 비슷한 고찰을 적용할 수 있을 것이다.[66]

나는 퍼즐풀이를 특정 방향으로 이끄는 '정체성의 발전과 유지의 동역학'이 누군가가 이중언어자가 되기로 결심하는 데도

---

[66] 다음의 글이 그 가능성을 보여 준다고 생각한다. Robert S. Westman, "Proofs, Poetics, and Patronage: Copernicus's Preface to De revolutionisbus" in David C. Lindberg and Robert S. Westman, eds., *Reappraisals of the Scientific Revolution* (Cambridge: Cambridge University Press, 1990)

영향을 미친다고 생각한다. 특히 언어를 분류 격자로 보는 관점과 언어가 집단의 정체성과 결속력을 유지하는 일에서 맡은 역할을 통합적으로 고려하면, 우리는 '타자'의 언어를 학습한 결과 사회직업적 정체성을 잃게 된다는 사실을 이해할 수 있다. 갈릴레오가 철학자들과 논쟁하던 위계적 분과학문의 배경을 고려했을 때, 타자의 언어를 학습하는 것은 애초에 가능한 선택지가 아니었다. 이제부터 갈릴레오가 내세운 주장의 함의를 분석하며 이 문제를 더욱 상세히 논의하고자 한다. 자신은 아리스토텔레스를 완벽하게 이해한 반면 아리스토텔레스주의자들은 수학에 무지하여 자신의 말을 이해하지 못한 탓에 부양성 논쟁이 교착상태에 이르렀다는 것이 갈릴레오의 주장이었다.[67]

철학자들이 고질적으로 수학적 문제에 무지하다는 갈릴레오의 주장에는 특정한 사회직업적 기풍이 반영되어 있다. 실험과 방법론의 기준을 설정하여 게임의 규칙을 정하려 했던 부양성 논쟁 초기의 시도를 연상시키는 방식으로, 갈릴레오는 상대측이 자신의 기풍을 받아들여 그것을 새로운 지식 생산에 적용해야 한다는 듯 행동했다. 결과적으로 그는 아리스토텔레스주의자들이 악의적으로 진리를 눈앞에 두고도 끈질기게 보지 않으려 한다고 주장하면서 도덕주의적 태도를 취하고 상대방의 수학에 대한 무지를 비윤리적 태도로 규정했다. 그러나 새로운

---

67   *GO*, vol. 4, pp. 31~32, 65.

지식 생산을 향한 갈릴레오의 헌신은 결코 '자연스러운' 것이 아니었다. 논란이 될 만한 진기한 발견의 생산자이자 철학 체계에 얽매이지 않은 사상가로서의 정체성에는 궁정인의 정체성 역시 반영되어 있었다. 갈릴레오는 그러한 국소적인 문화 규약들을 사용하여 논적들을 (자기 자신과 신사다운 자유사상가 청자들에 대비되는) 규칙맹종자, 따분한 사람, 아리스토텔레스의 철학적 노예로 묘사함으로써 그들의 정당성을 손상시키려 했다.[68]

그러나 도덕주의적 수사를 사용한 쪽은 갈릴레오만이 아니었다. 아리스토텔레스주의자들 역시 원작자가 아닌 주해자로서 그들 나름의 집단적 기풍을 바탕으로 '자연스러운' 표준을 세웠고, 갈릴레오의 지적 나르시시즘과 '새로움을 향한 욕망', 분과학문 간 전통적인 위계를 전복하려는 시도를 비난했다.[69] 양측이 주고받은 도덕주의적 비난들은 부양성과는 그다지 관련이 없었다. 그 대신 발언자들의 기풍과 사회직업적 정체성의 좁힐 수 없는 차이를 매우 정확하게 반영했다. 양측 모두 ('합리적' 논증보다) 도덕주의적 논증을 더 많이 사용했다는 것은 대화적 대안이 부재한(또는 그것에 무관심한) 상황이었음을 시사

---

68 2장에 제시한 참고 문헌 외에도 *GO*, vol. 5, pp. 102, 136을 참고할 수 있다.

69 *GO*, vol. 4, pp. 147, 156, 177~178, 335. 이 인용 출처에서 흥미로운 것은 갈릴레오의 지적 능력을 문제 삼은 사람이 아무도 없다는 점이다. 갈릴레오의 사상이 들떠 있는 젊은이들에게 '주문'을 걸어 위험한 영향을 미칠 가능성과 그가 내세운 개념의 급진성만 강조되었을 뿐이다.

한다. 도덕주의는 이미 받아들여진 학설과 정체성을 다른 것과 교섭하기 위해서가 아니라 그것들을 지키기 위해 존재했다. 도덕주의는 공약불가능성이 출현했음을 알리는 징후였다.

그러므로 갈릴레오와 철학자들의 차이는 물리적 세계를 향한 관점에만 국한되지 않았으며 사회직업적 기풍까지 확장되어 있었다. 16세기 아리스토텔레스주의는 동질의 철학으로 이루어지지 않았지만, 그 종사자들은 꽤 일관된 사회직업적 정체성을 공유했다. 대체로 대학교수였던 그들은 상당히 동질적인 전문직업 훈련을 오래 받았으며 대학 같은 내부적으로 조직화된 기관의 구성원이자 정전적 저술들의 수호자로서 확고한 집단적 정체성을 지녔다. 갈릴레오는 그들을 독특한 종교 집단의 일원처럼 취급했다.[70] 그들이 집단의 의무를 수행하기 위해 받은 훈련과 그들에게 주어진 급여의 목적은 진기한 발견의 성취가 아니었다.[71] 메리 더글러스의 용어를 빌리자면, 그들은 강한

---

[70] 앞의 책, p. 51.

[71] 체사레 크레모니니는 종교재판소에 보낸 답변서 가운데 하나에서 자신의 집단적 정체성을 분명하게(또 거만하게) 밝혔다. "아리스토텔레스에 대한 저의 해설을 철회할 수도 없고 그러고 싶지도 않습니다. 왜냐하면 이것이 제가 그를 이해하는 방식이고, 내가 이해하는 대로 그를 설명하기 위해 급여를 받고 있으며, 그렇게 하지 못한다면 다시 급여를 돌려주어야 하기 때문입니다"(Maria Assunta del Torre, *Studi su Cesare Cremonini* [Padua: Antenore, 1968], p. 60에서 재인용). 크레모니니에 관해서는 다음 문헌 또한 참고하라. Charles Schmitt, "Cesare Cremonini, un aristotelico al tempo di Galilei", *Aristotelian Tradition and Renaissance Universities*.

행동준칙과 높은 집단성을 갖춘 문화에 속했다.[72] 그들의 집단적 정체성은 갈릴레오의 학설이 대학으로 유입되는 것을 막으려고 익명의 아카데미 회원이 내린 '전투준비 명령'에 노골적으로 표현되었다.

소요학파 동료들이여, 이제 농담거리를 나눌 시간 따위는 없다. 우리 군주의 명예와 지위가 위협받고 있다. 대담하게도 그 저자 [갈릴레오]는 깃발을 흔들며 무적의 요새 소요학파 학설에 맞서고 있다. 이러한 유형의 논증은 이전에도 전개된 바 있으며 결국 논박을 통해 소탕되었지만, 적들이 유달리 영리하고 야심적이며 교묘할 때 그들이 자신감과 힘을 드높이지 못하도록 계속해서 통제하는 것은 널리 칭송받는 군사적 지침이다.[73]

익명의 아카데미 회원은 이렇게 말하기도 했다.

이 여인[철학]에 대한 관할권을 보호하기 위해서는 동맹국과 추종자들이 (공동의 의무에 경의를 표하며) 집결하여 여인이 적군의 전쟁기계를 파괴하고 위험한 포위 공격을 견뎌 내도록 돕는 것으로 충분하다고 믿는다. 공기에 반격을 가하지 않고[앞서

---

72 Mary Douglas, *Natural Symbols*, pp. 103~106.
73 *GO*, vol. 4, p. 177.

논의한 갈릴레오의 '작은 둑'에 대한 언급] 단순한 방어 전략을 시행하는 것만으로도 그들은 여인이 관할하는 철학을 보존할 수 있을 것이다. 마침내 확고한 입지를 확보하지 못하고 그 힘을 외세에만 의존해야 하는 공기는 자국 영토로 철수할 수밖에 없을 것이다.[74]

아리스토텔레스주의자들과 달리 갈릴레오는 '동맹국'이 아니었다. 그는 정규적인 철학 훈련이 아닌 궁정의 후원을 통해 철학자의 칭호를 얻었다. 표준적인 전문직업 입문 단계를 거치지 않은 것이다. 익명의 아카데미 회원의 말대로, 갈릴레오는 철학의 소유권을 약탈하기 위해 '외부 영토'에서 침략한 '이방인'이었다. 물론 갈릴레오에게도 집단적 정체성이 있었지만 그것은 궁정인들 간에도 정체성을 공유했다는 특정한 의미로만 그러했다. 갈릴레오가 궁정의 철학자 겸 수학자 직위를 놓고 메디치가와 교섭했던 과정에서 알 수 있듯이, 그는 스스로를 진기한 발견의 생산자로 내세웠다. 인류학자들이라면 갈릴레오를 '빅맨'[75]으로 분류할 테고, 막스 베버라면 그를 "카리스마를 갖춘 인물charismatic personality"로 칭했을 것이다.[76]

---

74 앞의 책, p. 156.

75 * Big Man, 원시시대 소규모 부족의 우두머리.

76 Max Weber, "The Sociology of Charismatic Authority", in H. H. Gerth, C. Wright Mills, eds.; Mary Douglas, *Natural Symbols*, pp. 128~129; *From*

서로 다른 우주론 및 사회적 기관/제도와 연관된 근본적으로 다른 두 사회직업적 문화가 부양성이라는 사소한 문제 뒤에서 서로 대립하고 있었다. 이를 통해 우리는 철학자들이 수학을 배워야 한다는 갈릴레오의 주장에 담긴 함의를 이해할 수 있다. 아리스토텔레스주의자들이 수학을 배운다는 것, 또는 수학을 자연에 대한 물리적 설명의 한 방법으로 받아들인다는 것은 원래는 종속적이었으나 이제 외부의 침입자로 변한 '타자'의 언어를 학습한다는 뜻이었다. 이 결정에 수반되는 제도적·권력적 측면을 고려하면, 갈릴레오는 아리스토텔레스주의자들에게 자멸을 권유한 것이나 다름없었다.

이와 같은 정체성 유지의 동역학은 (갈릴레오의 좋은 상류층 동료였던) 철학자 체사레 크레모니니가 망원경을 거부했던 유명한 사례를 이해하는 데 도움이 된다. 크레모니니는 두통이 날 것 같다고 변명하면서 망원경을 들여다보지 않았다.[77] 이러

Max Weber (New York: Oxford University Press, 1946), pp. 245~252. 근대 초기의 후원 체계가 형성한 정체성과 이른바 '빅맨'의 유사성은 다음 문헌에서 지적되었다. Werner L. Gundersheimer, "Patronage in the Renaissance: An Exploratory Approach", in Guy Fitch Lytle, Stephen Orgel, eds., *Patronage in the Renaissance* (Princeton: Princeton University Press, 1981), pp. 3~23, 특히 pp. 12~13을 참고하라.

77 1611년 7월 갈릴레오에게 보낸 편지에서 파올로 구알도는 크레모니니와 나눈 이야기를 썼다. 크레모니니는 곧 출간될 책에 갈릴레오의 발견을 다루지 않은 것을 정당화했는데 그 이유는 다음과 같았다. "나는 내가 전혀 모르는 것과 직접 보지 못한 것에 대한 주장은 받아들일 수 없습니다. … 게다가 망원경을 들여다보면 두통이 날 지

한 눈에 띄는 거부는 보통 철학자의 어리석음을 드러내는 간편한 사례로 제시되지만 어쩌면 더욱 의미 있는 무언가의 징후일 수 있다. 원론적으로 말해서 아리스토텔레스주의 철학자들이 보기에 기구의 사용과 그로부터 얻은 증거에 대한 믿음은 물리적 현상을 설명하는 데 수학을 사용하는 것만큼이나 낯설었다. 아리스토텔레스의 시각 이론으로는 망원경의 작동을 거의 이해할 수 없었을뿐더러, 증거를 만드는 기계라는 관념 자체가 아리스토텔레스 철학과 양립하지 않았다. 크레모니니가 망원경을 들여다보기를 거부하고 1613년 출간한《하늘에 대한 논쟁Disputatio de coelo》에서 갈릴레오의 발견을 언급하지 않은 것(그리고 피사의 아리스토텔레스주의자들이 갈릴레오의 물리적 원리들을 그 자체로 받아들이지 않았던 것)은 모두 아리스토텔레스주의자들이 수학을 진지하게 취급하지 못하도록 한 것과 똑같은 정체성 유지 동역학이 작동한 결과였다. 갈릴레오가 제안한 것(그리고 그들을 위협한 것)은 단순한 부양성 이론과 망원경이 아닌 새로운 철학적 '삶의 형식'이었다.

아리스토텔레스주의자들은 비슷한 이유로 갈릴레오의 모멘토 개념에 반기를 들었다.《담화》에서 갈릴레오는 모멘토의 의미를 기계학에서 빌려 왔다고 주장했다.[78] 하지만 익명의 아카

경이라오. 이 정도면 됐소! 이제 더는 이 문제에 대해서 듣고 싶지 않습니다"(GO, vol. 11, no. 564, p. 165).
[78] 《담화》의 첫 번째 판본에서 갈릴레오는 '모멘토'라는 범주를 "기계의 학문"에서 빌

데미 회원은 갈릴레오의 명확한 '실물지시'는 무시한 채, 모멘토가 갈릴레오에게 중요한 원리임을 눈치채고 그것을 "정의하지 않았다"고 비판했다. 모멘툼*momentum*은 라틴어 용어인데도 갈릴레오가 관행적 의미를 따르지 않았다는 주장이었다. 그는 피렌체 지방어의 표준 자료로 새롭게 출간된 크루스카 아카데미 사전에서 지방어 용어목록을 찾아보았지만 모멘토가 수록되지 않아 놀랐다고 언급했다.[79] 갈릴레오가 모멘토를 기계학에서 차용했다고 이미 밝혔으므로 아카데미 회원은 의미를

려 왔다고 썼다. 1612년 말에 출판한 두 번째 판본에서는 '모멘토'에 관한 긴 설명을 덧붙였는데, 아마도 익명의 아카데미 회원의 비판을 향한 응답이었을 것이다. 그러나 나중에 추가된 부분의 모호한 내용은 '모멘토'가 갈릴레오의 동역학에서 중요하지만 불확실한 지위를 가졌음을 보여 준다. 모멘토는 여전히 꽤 모호한 '은유적인' 개념이었다. "기계학자들에게 모멘토란 '움직이는 물체'는 운동하고 '움직여진 물체'는 저항하는 효과이자 힘이자 경향*inclination*이다." 갈릴레오는 모멘토의 공통된 의미들을 나열한 뒤에 그것들이 "기계학에서 차용한 은유"라고 말하며 논의를 끝맺는다(*GO*, vol. 4, p. 68). 갈릴레오가 모멘토에 부여한 다양한 의미는 다음을 참고하라. Paolo Galluzzi, *Momento* (Rome: Edizioni dell'Ateneo, 1979), pp. 227~246; Maria Luisa Altieri-Biagi, *Galileo e la terminologia tecnico-scientifica* (Florence: Olschki, 1965), pp. 44~55.

79 "모멘토라는 용어는 라틴어이자 프톨레마이오스의 용어이며[프톨레마이오스는 전통적으로 〈모멘툼에 대하여*De momentis*〉라는 논고를 쓴 것으로 알려져 있다], 오늘날 지방어로는 같은 의미로 쓰이지 않고 옛 지방어로는 더더욱 그러하다. 실제로 가장 방대하며 정교하게 구성된 크루스카 사전에도 단 한 번도 언급되지 않는다. 내가 이렇게 말하는 것은 언어의 순수성과 적절성을 지적하기 위해서가 아니라 이 문제가 현 사안에 대한 진정한 이해와 정의에 매우 중요하기 때문이다"(*GO*, vol. 4, p. 158). 디 그라치아도 같은 전술을 채택하여 갈릴레오의 얼음 개념(팽창한 물)이 크루스카 사전의 정의와 어긋난다고 지적했다(앞의 책, p. 403).

찾을 만한 다른 출처를 잘 알고 있었을 것이다. 그럼에도 그는 기계학과 같은 하등 분과학문에서 유입된 개념이 자신의 개념적 체계 전체와 전문직업적 정체성을 위협하는 것을 받아들일 수 없었다.[80] 흥미롭게도 1623년에 출간된 크루스카 사전의 두 번째 판본에는 갈릴레오가 제시한 모멘토의 정의가 수록되었다(갈릴레오는 1605년에 크루스카 아카데미 회원으로 선출되었다).[81]

결과적으로 이중언어를 단순히 언어의 개념으로만 본다면 지적·전문직업적 선택의 바탕에 놓인 정체성 형성과 유지의 동역학을 간과하게 된다. 더 나아가 '타자'의 언어를 학습하는 것의 함의가 반드시 아리스토텔레스주의자들이 직면한 것만큼 극단적이란 법은 없더라도, '타자'의 언어를 학습하는 것이 또 다른 사회직업적 정체성의 수용을 의미한다면 이중언어자가

---

80 Mario Biagioli, "Social Status of Italian Mathematicians", pp. 63~65에서 이와 비슷한 패턴을 찾아볼 수 있다.

81 Paola Manni, "Galileo accademico della Crusca", *La Crusca nella tradizione letteraria e linguistica italiana* (Florence: Accademia della Crusca, 1985), pp. 128~129. 이것은 용어의 정치가 두드러지는 사례이다. 메디치 가문이 토스카나의 언어적 정체성 형성에 막대한 투자를 하고 크루스카 아카데미를 직접 지원한 덕에 크루스카 사전은 피렌체에서 준-공식적 지위를 차지했다. 어떤 의미에서 크루스카 사전은 '메디치 사전'이었다. 따라서 갈릴레오의 정의가 크루스카 사전과 모순된다는 아리스토텔레스주의자들의 비판은 갈릴레오를 철학과 피렌체 궁정언어 정전에서 벗어난 인물로 묘사하는 것이 목적이었다. 갈릴레오는 인맥을 활용하여 크루스카 사전을 통해 자신의 정의를 정식화함으로써 패러다임을 정당화하는 것으로 대응했다.

된 사람은 어떤 의미에서 '정신분열증'을 겪는 셈이다. 다른 비유를 사용해서 말하자면, 두 가지 다른 시각으로 동시에 같은 대상을 본다고 해서 객관적으로 되는 것은 아니며 그저 분산된 관점을 갖게 될 뿐이다.

아리스토텔레스주의자들이 수학을 배우지 않고 진지하게 취급하지도 않는다는 갈릴레오의 비난은 수사적이었지만, 자신이 아리스토텔레스를 이해하고 있다는 그의 말은 옳았다. 하지만 내가 보기에 갈릴레오는 '정신분열증'을 겪지 않았다. 앞서 나는 한 언어의 채택이 다른 사회직업적 정체성의 채택을 의미하게 되는 사례들에서 이중언어를 '정신분열증'에 비유했다. 하지만 갈릴레오의 경우는 달랐다. 아리스토텔레스주의는 그가 피사 대학의 의학부 학생 시절에 사용했던 과거의 언어였다.[82] 갈릴레오는 아리스토텔레스 철학의 특정 측면(특히 아리스토텔레스의 논리학과 논증 이론)에 지속적인 관심을 기울이면서 그것에 자신의 사회직업적 정체성을 연결하지 않고도 철학에 대한 충분한 역량을 확보할 수 있었다.[83]

---

82 갈릴레오가 아리스토텔레스주의 담론에 정통했으면서도 그것과 거리를 두려 했다는 점은 《시금자》의 한 구절에서 분명하게 드러난다. " … 이 시점에서 그러한 언쟁들을 생각하면 메스꺼움을 견딜 수가 없습니다. 당시의 언쟁들은 그 규칙맹종자 밑에서 한창 공부하던 어린 시절의 저에게는 큰 기쁨을 주곤 했지요."(GO, vol. 6, p. 245)

83 이 문제를 다룬 여러 문헌 가운데 특히 다음을 참고하라. William A. Wallace, *Galileo and His Sources* (Princeton: Princeton University Press, 1984);

더 일반적으로 말하면, 쿤이 새로운 패러다임 구성원들의 사례를 논하면서 자주 지적했듯이, 출현 단계에 있는(혹은 다른 패러다임을 침범하고 있는) 패러다임의 구성원들은 기존의 패러다임에서 훈련을 받다가 그것을 경력 초기에 포기해 버린다면 이중언어자가 될 수 있다. 문화적 정체성을 공유하지 않고도 다른 언어를 쓰는 사람을 만날 때마다 그 사람의 언어로 말하는 무역상처럼, '침범자'들은 한 언어에 부합하는 사회직업적 정체성을 받아들이지 않고도 그 언어를 사용할 수 있다. 기존 패러다임의 구성원과 달리 신흥 패러다임의 지지자들은 '정신분열증'을 겪지 않고도 이중언어자가 될 수 있다는 말이다. 마찬가지로, 이방인의 문화를 방문한 인류학자는 반드시 본인의 문화에 의문을 제기하지 않고도 이방인의 우주론을 재구성하고 이해할 수 있다. 역사학자가 처한 상황도 비슷하다.[84]

더 나아가, 기존에 확립된 사회직업적 집단의 구성원들은 이중언어자가 되면 잃을 것이 많지만 '침범자들'(또는 무역상들)

Alistair C. Crombie, "Sources of Galileo's Early Natural Philosophy", in Maria Luisa Righini-Bonelli, William R. Shea, eds., *Reason, Experiment, and Mysticism* (New York: Science History Publications, 1975), pp. 157~175; Adriano Carugo and Alistair C. Crombie, "The Jesuits' and Galileo's Ideas of Science and of Nature", *Annali dell'Istituto e Museo di Storia della Scienze di Firenze* 8 (1983): pp. 3~67.

[84] 이 문제에 관해서는 다음 문헌을 보라. Mario Biagioli, "From Relativism to Contingentism", in Peter Galison, David Stump, eds., *Disunity and Contextualism* (Stanford: Stanford University Press, 1996), pp. 35~52.

에게 이중언어는 전략적으로 중요하다. 분과학문의 영역(또는 적대적인 시장)을 침범하려면 반드시 그것에 대해 알고 있거나 배워야 한다. 달리 말해, 한창 출현하고 있는 집단은 권력이 거의 혹은 전혀 없고 아직 심화되지 않은 패러다임을 지지할 가능성이 크므로 이미 확고하게 자리 잡은 강력한 상대편을 쉽게 무시할 수가 없다. 그렇게 하려면 신흥 집단이 아직 갖지 못한 권력이 필요하다. 출현 단계에 있는 패러다임의 구성원들은 기존 패러다임의 권력을 무너뜨리기 위해 맨 처음에는(즉 사회직업적으로 확고한 기반을 다지기 전에는) 이중언어자가 되어야 한다. 이 사실은 특히 갈릴레오의 《대화》에서 분명하게 드러나는데, 거기서 그는 자신의 주장에 대한 대안적 입장(그리고 비교를 위해 다소 조작된 용어)을 제시하는 심플리치오(갈릴레오의 이중언어적 대변자)를 등장시키는 방식으로 신뢰를 확보하려 했다.[85] 권력이 어느 정도 확보되고 새로운 사회직업적 정체성을 구축하고 나면 이중언어는 밑천으로서의 중요성을 잃게된다.

하지만 이중언어자가 되는 것은 단지 전략적인 문제만은 아

---

85 Nuccio Ordine et al., *Il dialogo filosofico nel '500 europeo* (Milan: Angeli, 1990); Maria Luisa Altieri-Biagi, "Il dialogo come genere letterario nella produzione scientifica", *Giornate lincee indette in occasione del 350 anniversario della pubblicazione del "Dialogo sopra i massimi sistemi" di Galileo Galilei* (Rome: Accademia dei Lincei, 1983), pp. 143~166.

니었다. 이중언어자가 되려면 특정한 문화적 상황에 처해야 했다. 앞서 본대로, 이중언어에 접근할 수 있는 이들(갈릴레오, 무역상, 인류학자)의 문화와 정체성은 어느 정도 유동성이 있었다. 인류학자의 유동성은 특정한 훈련에서 비롯되지만 갈릴레오의 이중언어 능력은 '완료되지 않은' 사회직업적 정체성을 가졌던 것과 관련된다. 갈릴레오에게는 아직 새로운 종합적 철학 체계가 없었고, '수학적 철학자'라는 정체성 또한 확고하게 구축되거나 정식화된 정체성과 거리가 멀었다. 이는 이중언어가 기존의 패러다임이 아닌 신흥 패러다임의 선택지였던 이유를 부연한다.

이중언어를 구사한다고 해서 반드시 공약불가능한 어휘 구조를 넘나들며 대화한다는 것은 아니지만, 이중언어는 침범자들의 자신감을 북돋고 그들에게 잠재적 옹호자를 설득할 도구를 제공할 수 있다(반드시 논적만 설득할 필요는 없다). 게다가 갈릴레오는 아리스토텔레스주의자들의 사회직업적 정체성은 공유하지 않고 어휘집만을 공유했기 때문에 수학을 배우라는 자신의 요구에 그들이 어떤 식의 위협을 느꼈는지 충분히 이해하지 못했을 수 있다. 갈릴레오는 그들의 반응을 '고집스러움'(따라서 비윤리적인 태도)으로 인식했을 뿐 제대로 이해할 수 없었기에 그들을 배척해야 한다는 논거를 더 많이 내놓게 되었다.

결과적으로 이중언어는 갈릴레오의 사회직업적 정체성에

의문을 제기하기보다는 그것을 강화했고, 이는 아리스토텔레스주의자들이 정체성을 유지하는 데 이중언어의 거부가 결정적인 역할을 맡았던 것과 마찬가지였다.[86] 갈릴레오의 새로운 정체성 구축은 연이어 코페르니쿠스 천문학과 수학적 물리학을 심화하는 추동력의 중요한 요소가 되었다. 과학적 변화는 새로운 사회직업적 정체성 확립을 향한 열망과도 관련이 있었고, 이는 이중언어에 대한 갈릴레오의 태도에 영향을 미쳤다. 따라서 이중언어의 사용(그리고 갈릴레오와 아리스토텔레스주의자들에게서 관찰되는 비대칭적 패턴)은 맥락에 좌우되는 우연이 아니라 과학적 변화의 본질적 요소였다. 정체성의 동역학(그리고 이중언어의 사용)은 과학적 변화를 일으키는 동력의 배후에 있을 뿐만 아니라 실제로 패러다임 종분화를, 때로는 공약불가능성을 만들어 내는 환경을 마련하기도 한다.

어떠한 세계관이 특정한 언어 게임을 공유하고 심화하는 사람들에 의해서만 발전할 수 있다면, 그들은 그들 사이의 인식 활동을 가능하게 하기 위해서 반드시 결속을 유지해야 한다. 비

---

86 이 패턴은 브뤼노 라투르가 《젊은 과학의 전선》에서 논의한 "대분할great divide" 과 매우 유사하다. *Science in Action* (Cambridge, Mass.: Harvard University Press, 1987), pp. 210~213. 특히 라투르가 "합리적 서구인rational westerners"이 라고 부른 이들은 무역상처럼 이중언어자 혹은 다중언어자multilingual이다. 과학 에서 '무역상(교역상)'이 맡은 역할을 흥미롭게 다룬 문헌으로는 Peter Galison, "The Trading Zone: Coordinating Action and Belief" (1989년 11월 UCLA에 서 발표된 논문)가 있다.

소통적 행동이 인식적·사회직업적 종분화에서 중요한 역할을 한다는 의미가 바로 이것이다. 모든 사람이 기꺼이 '타자'의 세계관을 배우려 할 때 발생하는 상황은 모두의 견해가 완벽하게 통일된 결과로 완전하게 합리적인 과학이 출현한 상황이 아니라 다양한 집단과 분과학문, 패러다임이 존재하지 않아 결과적으로 과학 자체가 사라진 상황일 것이다. 비소통적 태도를 단순히 사회역사적 우연으로 인한 불행한 결과로 간주하는 것은 일종의 범주 오류이다. 비소통적 태도는 인식 활동의 길을 가로막는 장애물이 아닌 인식을 가능하게 하는 일종의 보호 및 억제 벨트[87]를 제공한다.[88]

공약불가능성과 소통불가능성

마지막으로, 공약불가능성과 앞서 살펴본 다양한 형태의 비소

---

[87] * 여기서 ('억제'라는 단어와 묶여 있어) '보호 벨트'로 번역한 'protective belt'는 임레 라카토슈의 '보호대' 개념을 연상시킨다. 보호대란 연구프로그램의 핵심 원리 집합인 '견고한 핵hard core'을 둘러싸고 있는 보조 가설 집합을 말한다. 과학자들은 변칙 사례가 나타날 때 곧바로 견고한 핵을 건드리는 대신 보호대를 수정하거나 대치하여 연구프로그램을 보호한다. 라카토슈의 보호대는 인식적 개념이지만 비아졸리는 이를 확장하여 사회적 차원(비소통적 태도)까지 포함해 논의한다고 볼 수 있다.

[88] 몇몇 철학자들은 엄밀히 말해 이론은 반박된 채로 탄생한다고 지적했다. 나는 이론이 '부활'하거나 생명을 유지하는 과정과 사람들이 이론을 중심으로 사회직업적 정체성을 발전시키는 과정은 분리할 수 없다는 점을 덧붙이고 싶다.

통적 행동이 과학적 변화의 계보에서 어떻게 서로 결부될 수 있는지 제시하려 한다.[89]

과학에서 공약불가능성은 구체적이고 드문 언어적 현상이지만, 비소통적 행동과 비-대화의 수사적 전술 그리고 비대칭적 이중언어 사용은 훨씬 일반적인 현상으로서 어휘 구조보다는 정체성 발전 및 보존의 동역학과 더 직접적인 관련이 있어 보인다. 더군다나 앞서 살펴보았듯이 누군가가 비소통적 행동을 하거나 이중언어를 사용하기로 한다면 그러한 선택은 특정한 환경에서 그 사람이 지닌 정당성 및 권력과 연결된다. 파도바 대학에서 수학 교수로 재직할 때까지 갈릴레오는 자신과 아리스토텔레스주의자들의 견해가 양립하지 않는다는 의견을 공

---

89 나는 이 사례연구가 한 분과학문 집단 혹은 한 사회직업적 집단 내부에서 진행되는 종분화보다는 하위 분과학문이 '상위' 종으로 분화하면서 두 관련 분과학문 간에 존재하던 위계에 도전을 제기하는 상황을 보여준다는 것을 알고 있다. 하지만 그렇다고 해서 철학자들과 수학자들의 어휘 구조가 애초부터 공약불가능했으며 따라서 나의 사례가 일반적인 공약불가능성 출현에 대한 증거를 제공하지 못한다는 뜻은 아니다. 사실 기존의 분과학문 위계에 따르면 수학자들의 어휘 구조는 철학자들의 영역으로 확장되어서는 안 되었다. 더 정확히 말해, 수학자들은 철학자들의 영역에 속하는 현상을 다룰 수는 있어도 철학적 주장을 펼치지는 못했다. 이것은 수학자들의 주장이 철학자들의 주장과 공약불가능했다는 뜻이 아니라 수학자들이 종속된 처지였다는 뜻이다. 따라서 비교의 가능성 자체가 원칙적으로 배제되었으므로 공약불가능성은 처음에 존재하지 않았다. 두 어휘 구조 사이의 비교(그리고 공약불가능성)는 수학자들이 스스로를 '철학자'로 간주하고 세계의 물리적 차원에 관한 주장을 펼치기 시작한 뒤에야 출현했다. 요컨대 나의 사례는 다소 이례적일 수는 있으나 변칙 사례는 아니다.

개적으로 표명하지 못했지만('체코 디 론키티'라는 가명을 사용한 사례는 예외이다), 궁정으로 이주한 후에는 그렇게 할 수 있었다. 여기서 그가 궁정으로 이주하면서 얻은 권력과 정당성(이를 통해 아리스토텔레스주의자들을 향해 비소통적 행동을 취할 수 있었다)은 1610년의 발견을 통해 새로운 사회직업적 정체성을 강화하는 데 성공한 결과였다. 권력과 정당화는 패러다임과 사회직업적 정체성을 심화하는 과정 바깥에 존재하지 않았으며, 따라서 그것들을 비소통적 행동의 독립된 원인으로 보아서는 안 된다. 마찬가지로 공약불가능성, 비소통적 행동, 소통의 단절 사이에서 일관된 인과관계를 찾는 것 또한 어려운 일이다. 공약불가능성은 소통의 단절을 촉진할 수 있지만, 반대로 비소통적 행동이 공약불가능성으로 이어지기도 한다.

이렇게 다양한 현상과 행동 사이에서 직접적인 인과관계를 찾으려는 시도는 (그것들의 상호 연관성을 고려할 때) 답할 수 없는 질문들로 끝날 가능성이 크다. 따라서 현상들 사이의 관계를 일부 나타낼 만한, 과학적 변화 과정에 대한 그림을 대략적으로나마 그려 보는 편이 좋겠다.

사회직업적 집단 내부에서 종분화가 일어나는 경우, 한 하위집단이 나머지 집단과 대화하지 않으려 하는 것은 처음에는 신흥 집단의 결속을 유지하기 위한 비소통적 수사 전술일 수 있다. 그러한 초기 종분화 과정 단계에서는 하위집단의 언어적 격자가 나머지 집단과 여전히 대체로 공약가능하다.[90] 그러나 하위집단의 결속은 결국 그 구성원들의 새로운 사회직업적 정체성을 심화하는 데 기여하게 되고, 연이어 그들이 새로운 세계관의 발전에 헌신하게 하여 그 발전이 가능해지도록 한다. 얼마 후, 하위집단이 새롭게 발전시킨 언어적 격자는 기존의 격자와 공약불가능한 상태가 되면서 새로운 '과학 종'의 출현을 알리게 된다.[91] 자기형성과 세계형성world-fashioning은 불가분의 관계인 것이다.

그러므로 비소통적 행동은 공약불가능성의 필연적 원인은 아니지만(공약불가능성을 산출하는 본질적인 원인은 없다) 어휘 구조를 심화하는 집단의 결속을 유지하는 과정에서 공약불가능성의 출현으로 이어질 수 있다. 소통불가능성과 공약불가능성의 관계는 (양쪽 방향 모두) 인과적이지 않지만 과학적 변화

---

90 언어적 공약불가능성과 비소통적 행동을 관련짓는 모형은 (불완전하긴 하지만) 페르디낭 드 소쉬르Ferdinand de Saussure가 제시한 랑그langue와 파롤parole의 구분(또는 노엄 촘스키Noam Chomsky의 능력/수행 모형)으로부터 얻을 수 있다. 우리는 공약불가능성을 초래한 집단의 어휘 구조를 랑그와 관련짓고, 소통 불능에 대한 개인의 수사적 진술을 파롤에 속한다고 볼 수 있다. 이따금 비소통적 행동이 실제 공약불가능성의 상태를 반영할 때도 있지만(즉, 그 행동이 랑그에서 비롯될 때도 있지만), 또 어떤 상황에서는 집단의 어휘 구조보다는 개인의 인식이나 전략을 반영하는 개인적 진술로 발화되기도 한다.

91 공약불가능성을 지향하는 형태의 비소통적 행동이 가진 기능은 파이어아벤트가 새로운 세계관 발전의 초기 단계에서 '선전propaganda'에 부여한 역할과 다르지 않다고 생각된다(Paul Feyerabend, *Against Method*, esp. pp. 145~161).

의 기반이 되는 새로운 사회직업적 정체성의 심화와 밀접하게 연관된다.

지금까지 나는 공약불가능성에 대한 언어적 관점(그리고 공시적 관점)을 새로운 사회직업적 정체성이 통시적으로 심화한 결과 공약불가능성이 나타날 수 있다는 관점으로 전환해 보기를 제안했다. 이와 같은 맥락화는 과학의 변화 과정과 '과학적 자기형성'을 바탕으로 또 그것들과 공약불가능성 출현 사이의 관계를 바탕으로, 이중언어와 비소통적 행동의 위치를 분석하는 데 도움이 된다. 끝으로 나의 논의가 다음과 같은 점을 보여 주었기를 바란다. 우리가 공약불가능성을 이러한 틀 속에 위치시킨다면 공약불가능성은 한낱 곤란한 문제점으로 나타나기를 그치고 과학적 변화 과정의 결과(그리고 그 구성 요소)로 보이기 시작한다. 공약불가능성을 여전히 '비용'으로 본다고 하더라도, 나는 무언가를 산출하는 여느 과정이 그렇듯이 과학의 변화도 나름의 비용을 치른다고 말하고 싶다(그나마 공약불가능성은 비용이 적은 축에 속할 것이다).

막간극 세상의 극장, 로마

후원의 순례자

〈궁정의 자철광〉은 1625년경 로마에서 유행을 선도하던 아카데미(추기경 마우리치오 디 사보이아가 설립했다)의 연설문 제목이다.[1] 언뜻 바로크 문필가가 만들어 낸 흔한 은유적 이미지로 보일 수 있지만 자세히 살펴보면 17세기 초 예술가와 문필가, 고위 성직자, 야심 찬 궁정인들이 로마로 이주하던 패턴을 상당히 정확하게 묘사한 것임이 드러난다. 갈릴레오도 이러한 후원의 순례자 중 한 명이었다.

갈릴레오가 로마 사회 및 문화와의 관계를 발전시키는 데 관심을 가졌다는 인식은 주로 1633년 재판에 의해 사후적으로 형성된 것이다. 가톨릭 국가에서 코페르니쿠스주의의 정당화는

---

[1] Agnolo Cardi, "La calamita della corte", in Agostino Mascardi, ed., *Saggi accademici* (Venice: Baba, 1653), pp. 242~264.

성서의 재해석에 달려 있었으므로 가톨릭교 코페르니쿠스주의 자로서 갈릴레오는 그러한 해석을 공인해 줄 만한 사람(교황, 추기경, 신학자)을 찾을 수 있는 로마에서 인맥을 발전시켜야 했다. 틀린 말은 아니지만, 이와 같은 관점은 갈릴레오가 로마에 기울인 관심의 또 다른 중요한 측면을 놓치고 있다. (다른 수많은 가신과 마찬가지로) 갈릴레오에게 로마는 성서를 공식적으로 관리하고 해석하는 자들의 본부가 있는 곳일 뿐만 아니라 이탈리아에서 가장 강력한 군주 궁정의 소재지이기도 했다.

이탈리아의 정치적·경제적 영향력은 16세기 말부터 점차 감소했다. 밀라노 공국은 자치권을 잃고 스페인이 지배하는 영토가 된 지 오래였다. 토스카나는 여전히 부유했지만 국제적 연계성이 거의 없는 지방의 농업 국가로 변해가고 있었다. 우르비노는 한때 카스틸리오네의《궁정론》에서 명망 있는 궁정의 중심지로 묘사되었지만, 16세기 말 경제 수준이 급격히 하락했고 1631년에는 끝내 교황령에 통합되면서 정치 판도에서 사라지고 말았다. 15세기와 16세기에 수준 높기로 손꼽히던 이탈리아 궁정 만토바는 갈수록 영향력을 잃다가 결국 1629년경 정치적 독립성을 상실했다(만토바는 갈릴레오가 1604년에 이주하려 했던 궁정이다). 페라라는 그만큼 지속하지도 못했다. 1598년 교황령에 합병된 페라라는 불과 몇십 년 전만 해도 루도비코 아리오스토를 비롯한 거물들이 머물던 우아한 궁정의 중심지였지만 순식간에 지방 도시로 전락해 버렸다.

여전히 강력하긴 했지만 베네치아 역시 급격한 쇠퇴를 겪고 있었다. 아이러니하게도 1630년 차카리아 사그레도Zaccaria Sagredo(갈릴레오의 친구 사그레도의 형)가 지휘한 베네치아 군대는 이탈리아까지 번진 30년 전쟁에서 대패하고 말았고, 이 사건은 유럽 정치에서 베네치아의 역할이 급격히 사그라드는 계기가 되었다. 발레조의 전장에 머물 때 차카리아는《대화》에서 동생의 이름 조반프란체스코를 사용해도 된다는 편지를 갈릴레오에게 보냈다.[2] 편지를 쓴 지 며칠 만에 베네치아 군대가 패배했고 차카리아는 전장에서 어찌나 빠르게 후퇴했던지 병사들보다 4시간 먼저 페스키에라 진영에 도착했다.[3]

같은 시기 로마는 사뭇 다른 모습이었다. 1580년 로마를 방문한 몽테뉴는 "모든 궁정과 귀족이 모인 도시. 모두가 교회의 나태함에 한몫씩 거들고 있다. 상점가는 전혀 없거나 작은 마을보다도 적다. 오직 궁전과 정원뿐이다"[4]라고 적었다.

권력과 부가 로마에 집중되는 과정은 16세기 말까지도 그치

---

2 *GO*, vol. 14, pp. 95, 97.

3 이러한 붕괴의 결과로 차카리아는 결국 사형을 선고받을 위기에 처하기도 했다 (Gaetano Cozzi, *Il Doge Nicolò Contarini* [Rome-Venice: Instituto per la Collaborazione Culturale, 1958], p. 297). 다음의 문헌들도 참고하라. Maria Francesca Tiepolo, "Una lettera inedita di Galileo", *La cultura* 17 (1979): p. 66; Romolo Quazza, "Il periodo italiano della Guerra dei Trent'Anni", *Rivista storica italiana* 50 (1933): pp. 64~89.

4 E. J. Trechman, trans., *The Diary of Montaigne's Journey to Italy* (London: Hogarth Press, 1929), p. 149.

지 않았다. 이탈리아의 다른 국가들이 쇠퇴함에 따라 17세기 초의 로마는 바로크 시대 이탈리아와 유럽에서 가장 중요한 정치적·문화적 본거지이자 후원의 중심지가 되었다(이런 상황은 유럽 전체에서 세기 중반까지 지속되었다).[5] 1627년, 베네치아 대사 콘타리니는 로마를 보고 매우 놀라서 이렇게 말했다.

그 도시에는 다른 도시와 왕국이 부를 쌓기 위해 의존하는 금광과 다른 국가와의 교역은 물론이고 상업과 장인을 동원한 제조업도 전혀 없다. 그런데도 금은 로마로 흘러 들어가 그곳에서 다른 곳보다 훨씬 많이 소비되고 있다. 로마로 이동하는 모든 사람이 자신의 부를 가지고 가기 때문이다.[6]

물론 몽테뉴와 콘타리니가 궁정과 관련된 생활양식만을 선별하여 기술하긴 했지만, 그들의 말은 기본적으로 적확했다. 갈릴레오 또한 《대화》의 서문에서 로마를 "세상의 극장"이라고

---

5   Paolo Prodi, *The Papal Prince, One Body and Two Souls: The Papal Monarchy in Early Modern Europe* (Cambridge: Cambridge University Press, 1987), pp. 46~49.

6   Pietro Contarini in Nicolò Barozzi and Guglielmo Berchet, eds., *Relazioni degli stati europei lette al Senato dagli ambasciatori veneti del sec. XVII*, series 3, *Relazioni di Roma*, 10 vols. (Bologna, 1856~1879), 2: p. 200.

표현했다.[7] 로마는 '기회의 땅'이었다.[8] 대부분의 이탈리아 도시와 달리 로마에 귀족 명부 따위는 없었다.[9] 그로 인해 귀족들 간에 빈번한(때로는 치명적인) 서열 논쟁이 발생하기도 했지만, 덕분에 (교황까지 포함하여) 운 좋은 신출내기들이 직함을 얻고 사회적 계급을 매우 빠르게 상승시킬 수 있었다.[10]

로마에서 이례적인 후원의 기회를 확보할 수 있다는 사실은 갈릴레오의 시대에 명확히 인식되어 있었다. 1614년경 우르비

7   Galileo Galilei, *Dialogue Concerning the Two Chief World Systems*, trans. Stillman Drake (Berkeley: University of California Press, 1967), p. 5.

8   교황이 궁정인들에게 준 봉급은 이탈리아의 다른 군주 궁정들의 수준에 비해 놀랄 만큼 많았다. 메디치 궁정의 봉급은 이 책의 2장을 참고하라. 1610년대 교황 궁정의 시종관(참폴리가 1623년에 오른 관직)은 연봉으로 1,000스쿠디를 받았던 반면(Girolamo Lunadoro, *Relatione della corte di Roma* [Rome: Frambotto, 1635], p. 4), 메디치 궁정에서 그에 상응하는 역할을 맡은 이들은 같은 시기에 약 150스쿠디를 받았다(*Archivio di Stato di Firenze*, "Miscellanea medicea 474"). 다른 궁정직의 사례는 차이가 이 정도로 극명하진 않지만, (피렌체의 기준에서 이례적인) 갈릴레오의 봉급이 수많은 교황 시종관 중 한 명과 비슷하다는 사실은 주목할 만하다.

9   Laurie Nussdorfer, "City Politics in Baroque Rome, 1623-1644" (Ph.D. diss., Princeton University, 1985), p. 157; idem, *Civic Politics in the Rome of Urban VIII* (Princeton: Princeton University Press, 1992).

10 로마에는 귀족 명부가 없었으며 또한 사회적 지위가 유동적이었다는 점에 대해서는 다음 문헌들을 보라. Carlo Mistruzzi, "La nobiltà nello stato pontificio", *Rassegna degli Archivi di Stato* 23 (1963): pp. 206~244; Laurie Nussdorfer, "City Politics", pp. 150~172. 서열 갈등의 사례는 다음을 참고하라. J. A. F. Orbaan, *Documenti sul barocco in Roma* (Rome: Società Romana di Storia Patria, 1920), vol. 2, pp. 275~276.

노의 공작 프란체스코 마리아 2세가 갈릴레오의 친구이자 옹호자인 조반니 참폴리에게 우르비노 궁정의 관직을 제안하자, 참폴리의 조언자 조반 바티스타 스트로치가 개입해서 "쇠퇴해 가는 군주 옆에서 경력을 끝내지 않기 위해, 그[*참폴리]가 로마로 가서 스스로의 부를 쌓을 수 있도록 연간 300스쿠디를 제공했다."[11]

로마 궁정의(그리고 그곳에 머물던 갈릴레오의 동료들과 적들의) 비-로마인 비율로 알 수 있듯이, 로마의 후원이 제공하는 가능성을 인식한 사람은 스트로치만이 아니었다.[12] 갈릴레오의 린체이 아카데미 동료였던 카시아노 달 포초Cassiano dal Pozzo의 경력에는 유사한 후원 전략이 반영되었다. 메디치 궁정에서 좋은 직책을 맡거나 북부 이탈리아 귀족과 결혼하라는 아버지와 가문 친지들의 제안을 뿌리치고 로마에 남아 궁정에서 비르투오소의 삶을 이어가던 카시아노는 10여 년 후 우르바노 8세의 궁정에서 상당히 높은 직책을 맡게 되었다.[13]

---

11 Giovanni Targioni Tozzetti, *Notizie degli aggrandimenti delle scienze fisiche accaduti in Toscana nel corso di anni LX del secolo XVII* (Florence, 1780; reprint Bologna: Forni, 1967), vol. 2, part 1, (pp. 102~116), p. 105에서 전재한 참폴리의 약력을 참고했다. 같은 책의 107쪽에서는 "그는 스스로의 부를 좇아 로마로 가기로 마음을 먹었다. 그곳에서는 심지어 찢어지게 가난한 천민도 군주가 될 기회를 얻는다"라고 언급한다.

12 판필로 페르시코는 로마의 궁정이 "모두가 이방인"인 장소라고 쓰기도 했다. *Del segretario libri quattro* (Venice: Damian Zenato, 1629), p. 82.

13 Giacomo Lumbroso, "Notizie sulla vita di Cassiano dal Pozzo",

그렇지만 로마는 급료가 후한 일자리와 후원자가 더없이 많다는 이유만으로 가신들을 유인하지 않았다. 물론 그 이유도 맞다. 교황청과 교황 궁정papal court, 여러 추기경 궁정(몇몇 궁정의 규모는 이탈리아의 세속 군주의 궁정보다 컸다),[14] 로마의 남작 가문들, 수많은 일반 신부들과 기사들이 엄청나게 많은 예술가와 작가, 의사, 심지어 수학자까지 후원했다. 하지만 참폴리나 갈릴레오 같은 야심 찬 가신들이 가장 매력적으로 느낀 것은 로마에만 있는 특정한 유형의 후원이었다. 코시모 2세 데 메디치가 강력한 절대권력을 지닌 군주이자 후원자였다면, 교황은 그런 통치자의 진정한 전형이었다. 아마도 로마는 정치적 절대주의와 궁정문화가 훗날 유럽의 위대한 궁정과 근대국가의 전형이 될 구조를 가장 잘 보여 주는 곳이었을 것이다.[15] 그리고

Miscellanea di storia italiana 15 (1874): pp. 136~143. 카시아노를 로마 문화 속에서 맥락화하려는 시도는 다음 문헌을 보라. Francesco Solinas, ed., Cassiano dal Pozzo (Naples: De Luca, 1989).

14 예를 들어 1589년에 추기경 알레산드로 파르네세가 거느린 식솔은 284명이었던 반면, 피아첸차와 파르마의 공작이었던 그의 사촌 조카가 대솔한 궁정인은 226명으로 기록되어 있다(Gigliola Fragnito, "Parenti e familiari nelle corti cardinalizie del Rinascimento", in Cesare Mozzarelli, ed., "Familia" del principe e famiglia aristocratica [Rome: Bulzoni, 1988], 2: pp. 565, 570.) 물론 파르네세의 궁정은 특히 규모가 큰 편이었지만, 추기경의 궁정이 200명 이상을 거느린 경우는 드물지 않았다(앞의 책, p. 569).

15 이 중앙집권화 과정의 결과는 베네치아 대사 조반니 모체니고Giovanni Mocengio가 1611년에 지적한 바 있다. "추기경들은 국정에 관여하지 않는다. 추기경 회의에서 교황이 몇 가지 사안을 공유할 때도 교황은 단순히 추기경들에게 자신의 뜻을 전달하

로마에서 정치적 절대주의가 정점에 달했던 시기가 바로 갈릴레오의 후원자 우르바노 8세가 교황직에 있을 때였다.[16] 교황의 후원은 17세기 초의 가신이 목표로 삼을 수 있는 가장 강력한 자기형성 도구였다.

난봉꾼과 예수회 사이에서

야심 있는 가신이라면 로마로 가거나 로마의 후원 인맥을 구축할 명분이 충분했을 것이다. 하지만 우리가 살펴본 대로, 갈릴레오에게는 그보다 더 많은 명분이 있었다. 1588년에 수학자로 활동을 시작하려 할 때 그는 클라비우스와 인맥을 쌓으려고 로마로 향했다. 1609년과 1610년의 발견을 성취한 이후에는 그의 계획에서 로마가 더욱 중요해졌다. 갈릴레오가 언질을 준 덕분에 메디치가는 결국 로마에서 그의 발견이 최종적인 보증을

고자 그렇게 할 따름이다. 아무도 예전처럼 교황에게 이의를 제기할 수 없으므로 … 오늘날 로마의 통치 당국은 최고이자 절대적인 제국 통치의 한 사례라고 말할 수 있다"(Barozzi and Berchet, *Relazioni*, 2: p. 96). 조반니 모체니고는 이와 유사한 또 다른 상황도 보고했다. "드문 일이지만 이따금 교황이 조언을 구할 때면 감히 발언하는 사람 없이 전부 갈채를 보내며 찬양 일색이다"(앞의 책, p. 102). Paolo Prodi, *Papal Prince*, p. 37에서 인용된 프란체스코 콘타리니(앞의 책, p. 89), 레니에르 체노Renier Zeno(앞의 책, p. 149), 파올로 파루타Paolo Paruta의 언급도 참고하라.

16 Paolo Prodi, *Papal Prince*, pp. 37~58.

받아야 한다는 점을 깨달았다. 1611년 1월에 빈타가 말한 대로, 예수회 사제들과 교황이 지지를 표한다면 갈릴레오의 발견(그리고 메디치가의 천상계적 영광)의 국제적 인정은 보장된 것이나 다름없었다.[17] 갈릴레오의 경력과 로마의 관련성은 갈수록 커졌다. 1588년의 로마가 갈릴레오에게 개인적인 후원자 클라비우스를 의미했다면, 1611년의 로마는 예수회 수학자들과 교황을 의미했다.

1611년 이후 갈릴레오의 후원 네트워크는 메디치와의 인맥 덕분에 점차 로마를 향해 뻗어갔다. 추기경과 고위 성직자, 로마의 귀족, 린체이 아카데미, 예수회 사제가 네트워크의 각 마디에 해당했다. 당시 피렌체는 특히 코시모 2세가 1621년에 서거한 뒤 줄곧 쇠퇴하여 고작 지방의 문화적·정치적 중심지 정도로 전락하고 있었다. 1623년 이후 갈릴레오의 지지자 마페오 바르베리니가 교황 우르바노 8세로 즉위하고 린체이 아카데미의 많은 동료들 또한 교황 궁정의 고위직을 차지하자 갈릴레오의 관심은 피렌체에서 로마로 더욱 명확하게 옮겨 갔다. 갈릴레오의 새로운 사회직업적 정체성과 점차 확고해지던 코페르니쿠스주의 우주론적 관점이 교황 군주에게 점점 더 의존하게 되면서 갈릴레오의 로마 후원 인맥 또한 갈수록 강해졌다.

어떤 의미에서 피렌체는 갈릴레오에게 로마와 사업할 수 있

---

17 *GO*, vol. 11, no. 464, pp. 28~29.

는, 다소 지루한 대신 편안한 교외 기지가 되었다고 볼 수 있다. 더 나아가, 대공의 철학자가 된 갈릴레오는 메디치가의 공식 사절 자격으로 로마에 방문할 수 있었다. 지위에 얽매여 있던 사회에서 이것은 엄청난 이점이었다. 갈릴레오는 평범한 민간 신사private gentleman가 아닌 메디치가의 특별한 '과학 대사scientific ambassador'로 인식되었고 그에 걸맞은 대우를 받았다. 그는 대개 로마의 지식인들intelligentsia에게 보여 줄 인상적인 소개장 다발을 들고 로마에 도착했고, 메디치 가문이 소유한 트리니타 데이 몬티 궁전에 머물렀다. 메디치가의 정치 네트워크를 통해 망원경과《별의 전령》사본을 배포한 덕분에 갈릴레오는 국제적인 명성을 쌓을 수 있었으며 대학의 수학 교수나 민간 신사였다면 결코 접근하지 못했을 로마의 권력 중심지에 입장할 수 있었다.

궁정의 후원 체계는 결국 갈릴레오의 경력을 극적인 결말로 몰아갔지만, 그 과정에서 강력한 밑천을 제공하기도 했다. 1616년 코페르니쿠스의 책이 금서로 지정되었을 때처럼 상황이 그에게 불리하게 흘러갔을 때조차, 갈릴레오가 그토록 많은 추기경과 고위 성직자, 로마 귀족들과의 인맥을 다져놓지 않았다면 훨씬 심각한 곤경에 처했을 수 있다.[18] 1616년의 판결문에 갈릴

18 Richard S. Westfall, "Galileo and the Jesuits", in *Essays on the Trial of Galileo* (Vatican City: Vatican Observatory, 1989), pp. 31~57도 참고하라.

레오의 이름이 적시되지 않았던 것은 대공의 철학자라는 지위 덕에 받은 엄청난 특권의 영향이었을 것이다.

갈릴레오가 노인이 되고 눈이 먼 채로 가택에 연금되어 있을 때 베네치아와 파도바에서 누렸던 "가장 행복했던 18년의 세월"에 향수를 느낀 것도 충분히 이해할 만하다. 젊은 갈릴레오는 예수회에 반대하고 자유사상에 헌신하던 부유한 난봉꾼이자 젊은 귀족 친구들과 시간을 보내곤 했다. 하지만 그의 진술을 있는 그대로, 즉 1610년에 파도바를 떠나 피렌체로 가면서 전략상의 실수를 저질렀음을 인정하는 것으로 받아들여서는 안 된다.[19] 조반프란체스코 사그레도의 자부심 넘치는 말과 달리, 베네치아는 그가 편지에서 묘사한 것과 같은 에덴동산도, 지식인들의 강력한 보호자도 결코 아니었다. 베네치아는 1592년에 체포된 조르다노 브루노Giordano Bruno가 로마로 이송되어 죽음을 맞이한 것을 막지 못했음을 우리는 잊어서는 안 된다.[20] 게다가 1616년에 코페르니쿠스의 《천구의 회전에 관하여》가 금서로 지정되었을 때, 가톨릭교회의 칙령에 이의를 제기할 가치가 없다고 베네치아 상원에 조언한 사람은 다름 아닌 갈릴레오의 동료이자 호전적인 신학자 파올로 사르피였다. 사르피는 코페르니쿠스 학설이 "어떤 식으로든 군주들의 권력에 영향을

---

[19] *GO*, vo. 18, no. 4025, p. 209.

[20] Gaetano Cozzi, "Galileo Galilei, Paolo Sarpi e la società veneziana", *Paolo Sarpi fra Venezia e l'Europa* (Turin: Einaudi, 1969), p. 142.

미치거나 그들에게 유리한 입장을 가져다주지 못하고, 세속적 권위 또한 그것으로부터 얻을 게 없으며, 베네치아에서는 그의 책이 단 한 권도 인쇄되지 않았기에 국가의 인쇄술과도 아무런 관련이 없기 때문"이라는 이유를 내놓았다.[21]

이와 마찬가지로, 사르피의 동료이자 전기 작가인 풀젠치오 미칸치오Fulgenzio Micanzio는 1624년 갈릴레오에게《새로운 두 과학》을 베네치아에서 출간할 수 있다고 단언했지만, 사상의 자유라는 이름으로 교황의 권위에 도전하려는 베네치아인들의 의지에서 드러난 예상 밖의 한계를 곧바로 받아들여야만 했다.[22] 갈릴레오와 그의 동료들 그리고 그에게 동정하는 역사학자들이 1633년의 재판을 돌아보며 만들어 낸 향수병적 신화는 충분히 이해할 만하다. 하지만 갈릴레오에게 베네치아가 피렌체나 로마보다 훨씬 안전한 장소였는지는 확실하지 않다. 다만 베네치아가 피렌체와 로마만큼 후원 및 자기형성과 관련된 강력한 선택지를 내놓지 못했다는 점은 확실하다.

앞서 살펴보았듯이 갈릴레오는 일찍이 1604년부터 파도바와 베네치아를 떠나려 했다. 더군다나 파도바에 머무는 동안

---

21 Paolo Sarpi, "Sopra un decreto della congregazione in Roma in stampa presentato per l'Illustrissino Signor Conte del Zaffo a 5 maggio 1616", in *Opere*, ed. Gaetano Cozzi, Luisa Cozzi (Milan-Naples: Ricciardi, 1969), p. 604.

22 *GO*, vol. 16, no. 2903, p. 61; no. 3057, p. 193; no. 3075, p. 209; no. 3088, p. 230; no. 3098, p. 239.

에도 예수회와 좋은 관계를 유지하는 일에 신중을 기했다. 이 두 움직임은 서로 관련되었을 수 있다. 역사학자 가에타노 코치Gaetano Cozzi가 지적했듯이, 갈릴레오가 예수회 사제들을 대한 태도는 사그레도와 그 밖의 젊은 귀족 친구들을 대할 때보다 훨씬 덜 급진적이었다.[23] 갈릴레오는 예수회 사제들과 가까웠던 후원자들을 통해 파도바에서 직위를 얻었을 뿐 아니라, 더 보수적이며 종교개혁을 반대하던 베키vecchi(*노인들) 정파 그리고 베네치아가 교회와 스페인, 오스트리아 합스부르크가로부터 정치적 독립성을 되찾아야 한다고 역설하던 조바니giovani(*젊은이들) 정파 사이에서 균형을 맞추려 했다.[24] 베네치아가 파문interdetto 위기에 처하자 갈릴레오는 어느 편도

23 Gaetano Cozzi, "Galileo Galilei, Paolo Sarpi e la società veneziana", pp. 135~234. 갈릴레오가 두 집단의 친구들과 후원자들 사이에서 갈팡질팡했다는 사실에 관한 코치의 기본적인 논지는 설득력이 있지만, '조바니'와 '베키'라는 사회정치적 분류는 혼동을 줄 때도 있다. 그리고 코치가 정치적·세대적 범주로 사용한 '조바니'와 '베키'의 구분은 종종 모호해지기도 한다.

24 구이도발도(클라비우스의 좋은 동료)부터 피넬리와 그 밖의 많은 사람까지, 갈릴레오의 주변에는 예수회에 우호적인 후원자들이 많았다. 베네데토 초르치Benedetto Zorzi, 자코모 콘타리니Giacomo Contarini, 파올로 구알도, 로렌초 피뇨리아, 피에트로 두오도가 그 예시이다. 또 윌리엄 월리스가 보여 준 것처럼 갈릴레오는 파도바 대학의 예수회 사제들과도 우호적인 관계를 쌓았다(William A. Wallace, *Galileo and His Sources* [Princeton: Princeton University Press, 1984], pp. 269~272). '조바니' 정파 형성에 대한 상세한 역사와 세기가 바뀔 무렵 베네치아 귀족 계급이 속한 정치 문화에 대해서는 Gaetano Cozzi, *Il Doge Nicolò Contarini* (Rome-Venice: Instituto per la Collaborazione Culturale, 1958), pp. 1~147을 참고하라.

들지 않았고 서신에서도 그 파문과 관련된 사건들을 거의 언급하지 않았다. 하지만 같은 시기 갈릴레오의 좋은 친구 사그레도(한때 예수회 학생이었다)는 당시 페라라로 추방된 베네치아 예수회 사제들을 비웃는 익살극을 공연하느라 정신이 없었다. 사그레도는 나이 든 베네치아 귀부인 체칠리아 콘타리니Cecilia Contarini로 가장해 페라라 대학의 총장 안토니오 바리소네Antonio Barisone 신부와 서신을 주고받으며 미묘한 영적 문제에 대한 조언을 구했다. 그러고는 바리소네와 '체칠리아 콘타리니'가 교환한 서신을 모아 베네치아에 널리 배포해 예수회의 종교적 관행과 정치적 견해를 조롱했다. 〈콘타리니-바리소네 서간집〉은 베네치아 현지에서 큰 인기를 끌었던 것으로 보인다.[25]

갈릴레오는 귀족이자 난봉꾼[26] 친구 사그레도의 재치와 우

---

25 사그레도의 가명 서한들에 관해서는 다음 문헌을 살펴보라. Antonio Favaro, "Giovanfrancesco Sagredo", in Paolo Galluzzi, ed., *Amici e corrispondenti di Galileo* (Florence: Salimbeni, 1983), 1: pp. 208~210. 사그레도가 베네치아 영사가 되어 시리아로 떠나기 전 송별회에서 낭독된 헌시에도 언급된 것을 보면, 그와 같은 사그레도의 행동은 잘 알려져 있었음이 분명하다(Antonio Favaro, "Serie decimasesta di scampoli galileiani", *Atti e memorie della R. Accademia di Scienze, Lettere ed Arti in Padova*, new series, 22 [1905~1906]: pp. 10~13).

26 *조반프란체스코 사그레도는 갈릴레오보다 일곱 살 어린 귀족으로 젊은 시절부터 주색에 빠진 난봉꾼이었다. 최상의 조건에서 술을 마시기 위해 온도계가 달린 포도주잔을 발명하고 개인 저택을 매음굴로 만들기도 했다. 젊은 시절부터 갈릴레오와 형제처럼 지냈으므로 갈릴레오 또한 그의 난봉에 동참했을 수 있다. John Heilbron, *Galileo*, p. 82.

정을 매우 높이 평가했지만, 사그레도를 린체이 아카데미의 회원 후보로 추천한 적은 단 한 번도 없었다. 그때까지 추천한 대부분의 후보자(전부는 아니지만)보다 사그레도가 과학적으로 훨씬 뛰어난 자격을 갖추었는데도 말이다.[27] 린체이 아카데미 회원으로 벨저를 선출하는 사안에 갈릴레오가 따뜻한 성원을 보냈다는 사실을 고려하면, 갈릴레오의 선발 기준 배후에 놓인 정치적 선택이 명확해진다. 아우크스부르크의 유명한 정치적 인사이자 금융업자였던 벨저는 루돌프 2세의 자금 제공자이자 고문이었으며 예수회의 강력한 지지자였다. 그는 또한 베네치아에 격렬한 반대 의사를 표명하는 소책자《베네치아의 자유에 대한 조사Squitinio della libertà veneta》(1612)의 저자로 추정되며, 클라비우스의 친구이자 갈릴레오의 친예수회 동료 구알도와 로렌초 피뇨리아Lorenzo Pignoria의 친구이기도 했다.[28] 짐

---

27 1612년 6월에 체시가 갈릴레오에게 린체이 아카데미에 추천할 만한 사람이 파도바에 있는지 노골적으로 물었다는 점을 고려하면, 갈릴레오가 사그레도를 지명하지 않았다는 사실이 더욱 놀랍다(*GO*, vol. 11, p. 312).

28 소책자의 저자를 벨저로 추정한 출처는 피에르 가상디Pierre Gassendi가 집필한 페이레스크의 전기이다. *Viri illustris Nicolai Claudii Fabricii de Peiresc, senatoris Aquisextiensis vita* (The Hague: Vlacq, 1655). 파문 기간 벨저가 베네치아에 가졌던 악감정과 교황 바오로 5세가 베네치아인들에게 거의 힘을 쓰지 못하는 모습에 느낀 실망감은 그가 파베르에게 보낸 편지들에서 여실히 드러난다. 그 편지들은 Giuseppe Gabrieli, "Vita romana del 600 …", in *Atti del Primo Gongresso Nazionale di Studi Romani* (Rome: Istituto di Studi Romani), 1: pp. 823~824에 전재되었다.

작할 수 있듯이, 사그레도와 벨저는 서로를 좋아하지 않았다.[29] 오랜 동료이자 협력자인 파올로 사르피를 대하던 갈릴레오의 태도에는 사그레도를 대할 때와 똑같은 신중함이 반영되어 있었다.[30]

갈릴레오가 사그레도와 사르피, 베네치아 조바니와 거리를 두었다는 사실은 그가 목표로 삼은 반종교개혁 성향의 군주 궁

---

29 *GO*, vol. 11, p. 314, p. 505; vol. 12, p. 45. 1613년 11월 4일에 벨저가 피렌체의 크루스카 아카데미 회원으로 선출된 배후에도 갈릴레오가 있었을 것이다(Severina Parodi, *Gatalogo degli Accademici dalla Fondazione* [Florence: Sansoni, 1983], p. 56).

30 베네치아가 파문에 처했을 무렵, 갈릴레오는 파올로 사르피와도 정치적으로 거리를 두기 시작했다. 사르피는 조바니의 정치적·종교적 견해를 대표하는 베네치아의 지식인이었다. 갈릴레오와 사르피는 다시 1609년부터 망원경 개발에 관한 의견을 주고받았지만, 갈릴레오는 《별의 전령》이나 《시금자》에서 사르피의 이름을 전혀 거론하지 않았다(Albert Van Helden, "Galileo and the Telescope", in Paolo Galluzzi, ed., *Novità celesti e crisi del sapere* [Florence: Giunti Barbera, 1984], pp. 149~153). 물론 이는 갈릴레오가 망원경 발명에 대해 최대한 많은 공로를 인정받으려 했던 것과 밀접한 관련이 있을 수 있지만, 해당 사례에서 과학적 공로를 향한 관심과 종교적 우려가 긴밀하게 맞물렸던 것도 사실이다. 사르피와 가까운 동료로 인식되면 그것이 언젠가 정치적 위험으로 돌아올지도 모른다는 갈릴레오의 예상은 옳았다. 나중에 드러난 바에 따르면 갈릴레오의 종교적 비정통성을 암시하는 데 베네치아의 신학자 사르피와의 관계가 거듭 활용되었기 때문이다. 예를 들어 톰마소 카치니는 검사성성에 이렇게 말했다. "[갈릴레오는] 신앙 문제에 대한 의혹을 받고 있습니다. 베네치아에서 불경하기로 유명한 세르비 출신의 파올로 수사와 친분이 두텁다는 소문이 있기 때문이지요. 그들은 여전히 서신을 교환한다고 말하고 있습니다"(*GO*, vol. 19, pp. 309~310). 사르피가 사망한 것은 1623년이지만 우리에게 남은 편지는 갈릴레오가 피렌체에서 그에게 보낸 1611년 2월이 마지막이다(*GO*, vol. 11, pp. 46~50).

정들(만토바, 피렌체 그리고 간접적으로는 로마)로부터 자신에게 불리한 관계 탓에 의혹을 사는 일을 막고 싶어 했다는 점을 시사한다. 참폴리의 주장대로 궁정인은 언제나 예수회와 좋은 관계를 유지해야 했다는 것이 사실이라면,[31] 이러한 조언은 전문직업적 지위가 옹호 여부에 크게 좌우되는 갈릴레오 같은 가톨릭 수학자에게는 처방전이나 다름없었다.[32]

갈릴레오가 1610년 9월 피렌체로 돌아와서 처음 쓴 것으로 알려진 편지의 수신인은 클라비우스였다. 그 편지에는 파도바에 머무는 동안 파문으로 인해 오랜 침묵을 지킬 수밖에 없었

[31] "그 이유가 증오이든 열정이든 트집을 잡기 위해서든 타고난 성향 때문이든, 오늘날 예수회와 같은 두루 존경받는 수도회를 적대하는 일은 결코 없어야 한다." Giovanni Ciampoli, "Discorso di Monsignor Ciampoli sopra la corte di Roma", in Marziano Guglielminetti, Mariarosa Masoero, "Lettere e prose inedite (o parzialmente edite) di Giovanni Ciampoli", *Studi secenteschi* 19 (1978): p. 237. 익명의 저자가 집필한 피렌체 궁정 '안내서'인 〈궁정에 들어가려는 사람을 위한 권고Avvertimenti per uno che entra in corte〉 또한 동일한 사항을 지적한다(*ASF*, "Miscellanea Medicea 502", fol. 317v).

[32] 반종교개혁의 문화와 정치를 예수회와 동일시하는 것은 지나친 단순화이다. 하지만 갈릴레오의 베네치아 동료들은 그런 인식을 공유하고 있었다. 사그레도가 보기에 (그리고 여러 베네치아 대사들이 보기에) 이탈리아의 정치 판도는 간단하게 두 영역으로 나눌 수 있었다. 한쪽에는 베네치아('자유로운 이탈리아')가 있었고, 다른 한쪽에는 '예수회의 나라'(스페인이 지배하거나 영향을 미치는 영토)가 있었다. 예수회가 베네치아에 적대감을 가졌다는 사실에 대한 사그레도의 인식은 유별난 편이 아니었으며, 베네치아 파문 이후에는 다른 베네치아 대사들 또한 같은 인식을 노골적으로 공유했다(Pietro Contarini in Barozzi and Berchet, *Relazioni*, 2: pp. 183, 189). 갈릴레오가 베네치아에서 조심스러운 행동을 보였다는 것은 그가 '예수회의 나라'와 인연을 끊고 싶지 않았음을 뜻한다.

다는 사과의 말이 담겨 있다.[33] 갈릴레오는 로마로 방문할 계획을 알리며 편지를 끝맺었고, 결국 그 계획은 1611년 봄에 실현되었다. 로마 방문은 갈릴레오의 경력에서 결정적인 사건이었다. 클라비우스와 그의 학생들이 갈릴레오의 발견에 공개적으로 격렬한 지지를 보냄에 따라(로마의 몇몇 아비소에서 소식을 전할 만큼 떠들썩한 사건이었다) 그의 지위는 높이 상승했다.[34]

지난 금요일 저녁, 로마 대학에서 추기경 전하들과 로마 대학의 후원자 몬티첼리의 후작[체시]께서 참석하신 가운데 대공의 수학자 갈릴레오 갈릴레이 공을 찬양하는 라틴어 연설이 다른 작품들과 함께 낭송되었다. 그 연설은 고대 철학자들에게 알려지지 않았던 새로운 행성들에 대한 새로운 관측의 영광을 드높이며 극구 칭송하였다.[35]

1611년 로마에 방문했을 때 갈릴레오는 훗날 자신의 경력과 후원 전략에서 중요한 역할을 하게 될 또 다른 기관과 인연을

---

33 "각하의 현명함을 생각한다면 제가 지금까지 파도바에 있는 동안 [편지를 보내지 않은] 이유에 대해 구체적으로 설명할 필요는 없을 것입니다"(*GO*, vol. 10, no. 391, pp. 431~432).

34 그해 봄 로마에 도착한 갈릴레오는 자신의 나이 지긋한 후원자가 젊은 수학자들의 무리에 둘러싸인 모습을 보게 되었다. 바로 클라비우스의 '수학 아카데미'였는데, 이 수학자 집단은 훗날 갈릴레오의 경력에서 중요한 역할을 하게 된다.

35 J. A. F. Orbaan, *Documenti sul barocco in Roma*, 2: p. 284.

맺기 시작했다. 그것은 바로 린체이 아카데미로 새로운 자연철학에 헌신한 초창기 기관 중 하나였다. 로마 대학에서 갈릴레오가 거둔 승리를 전했던 아비소들은 이번에도 다음과 같이 보도했다.

목요일 저녁[4월 14일], 산 판크라치오의 입구 바깥에 있는 몬시뇨르 말바시아의 포도원에서 연회가 열렸다. 추기경 체시 전하의 조카인 몬티첼리의 후작[페데리코 체시]께서 그 마이케나스[후원자]이셨다. 연회에는 앞서 언급한 추기경 전하와 파올로 모날데스코 그리고 그의 친척께서 참석하셨다. 이 높고 탁트인 곳에서 그분들은 앞서 언급한 갈릴레오 공과 플랑드르에서 온 테렌티오 공, 추기경 체시 전하와 동행한 페르시오 공, 우리의 대학에서 강의하는 갈라[라갈라] 교수, 추기경 곤차가 전하의 그리스인 수학자[디미시아노스], 시에나에서 강의하는 피파리 공 그리고 그 외 여덟 명과 만나셨다. 그분들 중 몇몇은 이번 관측에 참여하고자 다른 지역에서 오셨다. 그분들은 새벽 1시까지 자리에 남아 논의하셨지만 여전히 합의에는 이르지 못하셨다.[36]

갈릴레오가 장차 린체이 아카데미의 동료가 될 사람들과 친

---

[36] 앞의 책, p. 283.

분을 다지고 로마 대학에서 그의 발견이 환영을 받는 동안, 훗날 린체이의 선도자이자 갈릴레오의 제일 강력한 중개인이 될 또 다른 인물 역시 로마의 후원자들 사이에서 명성을 쌓느라 애쓰고 있었다.

조반니 참폴리는 1611년 5월에 발행된 또 다른 아비소에 총명한 소년으로 기록되어 있다. "화요일에 추기경 데티 전하의 궁전에서 열린 아카데미에서 일곱 명의 추기경 전하를 앞에 두고 조반 바티스타 스트로치 공의 어린 제자가 침묵에 관한 유쾌한 담화를 선보였다."[37]

몇 주 뒤 갈릴레오와 참폴리는 로마에서 받은 인정에 더없이 만족해하며 메디치가의 마차를 타고 피렌체로 돌아갔다.[38] 한 사람은 국제적인 평판을 쌓았고 예수회와의 관계를 공고히 했으며 린체이 아카데미의 회원자격을 얻었다. 다른 한 사람은 비상한 문학적 재능으로 로마의 추기경들에게 깊은 인상을 남겼고 그 덕분에 몇 년 뒤 로마 궁정의 최고위직에 오르게 된다. 갈릴레오와 참폴리는 같은 분과학문에 속한 동료는 아니었지만, 훗날 이들의 경력은 놀라운 구조적 유사성을 보였고 시기상의

37 앞의 책, p. 284. 행사가 벌어지는 동안 갈릴레오도 데티의 궁전에 있었을 것이다. 비르지니오 오르시니에게 보낸 편지에서 그가 같은 아카데미에서 먼저 열린 모임에 관해 설명했기 때문이다(GO, vol. 11, pp. 82~83). 앞서 1607년 참폴리가 로마에서 선보인 비슷한 상연에 대해서는 다음 문헌을 보라. Guido Bentivoglio, *Memorie e Lettere*, ed. Costantino Panigada (Bari: Laterza, 1934), p. 75.

38 *GO*, vol. 11, no. 538, p. 121.

패턴도 비슷했을 뿐 아니라 그 몇 주간 구축한 로마 궁정과의 후원 관계에 상당 부분 의존하게 된다는 점 또한 유사했다.

권력의 궤도

로마는 갈릴레오에게 중요한 광장이기는 했으나 그다지 익숙한 장소는 아니었다. 물론 그는 체시와 참폴리, 체사리니, 그 밖의 중개인들과 지지자들로부터 필수적인 방위方位 정보를 제공받았다. 하지만 피렌체 궁정과 로마 궁정 사이에는 정보력만으로는 쉽게 극복할 수 없는 차이가 존재했다. 피렌체에서는 자신의 발견과 사회직업적 정체성을 정당화하기 위해 메디치 가문의 신화를 활용할 수 있었지만, 로마에는 그만큼 의존할 수 있는 대상이 없었다. 더군다나 로마에서는 피렌체의 코시모와 맺었던 것과 같은 독점적 후원 관계를 구축하기가 훨씬 더 어려웠다. 절대군주의 궁정이라면 다들 어느 정도 비슷하기 마련이었지만 로마의 궁정은 중요한 특수성이 있었다. 그 독특한 특징은 훗날 갈릴레오가 경력을 발전시키고 마무리하는 데 주요한 역할을 하게 된다.

로마의 문필가들이 주고받은 서신, 아비소, 동시대의 일지에는 아카데미 회합과 그 밖의 문화적·정치적 사건에 대한 보고가 간간이 섞여 있다.[39] 아비소들은 화제와 연설자를 필수로 기재하지 않았지만, 아카데미 회합의 주최자와 그들이 모인 장소(또는 궁전), 그곳에 참석한 추기경과 귀족, 대사와 고위 성직자는 빠짐없이 공지했다. 이런 식의 공지는 로마 엘리트들의 모습을 보여 주는 단면이다.

1621년 1월 9일, 한 아비소는 다음과 같이 보도했다. "다음 주 월요일, 노벨라라 백작[알폰소 곤차가]의 저택에서 문학 아카데미 회합이 개최된다는 일정이 발표되었다. 일주일 전에도 같은 회합이 진행되었다. 추기경 델 몬테, 반디니, 베빌라콰, 데스테 전하께서 참석한 가운데 훌륭한 강연이 이루어졌다. 수많은 고위 성직자와 귀족들 역시 참석했다."[40] 1609년 5월 배포된

39 로마의 아카데미에 대해서는 고전적 저술인(하지만 항상 신뢰할 수 있는 것은 아닌) Michele Maylender, *Storia delle accademie d'Italia*, 5 vols. (Bologna: Cappelli, 1926~1930)와 함께 다음 문헌들을 참고하라. G. M. Garuffi, *L'Italia accademica, o sia le accademie aperte a pompa e decoro delle lettere più amene nelle città italiane* (Rimini: Dandi, 1688); Francis W. Gravit, "The Accademia degli Umoristi and Its French Relationships", *Papers of the Michigan Academy of Science, Arts, and Letters* 20 (1935): pp. 505~521; Piera Russo, "L'Accademia degli Umoristi, fondazione, strutture e leggi: Il primo decennio di attività", *Esperienze letterarie* 4 (1979): pp. 47~61; Luisa Avellini, "Tra Umoristi e Gelati", *Studi secenteschi* 23 (1982): pp. 109~137; Renato Lefevre, "Gli Sfaccendati", *Studi romani* 9 (1960): pp. 154~165.

40 Venceslao Santi, "La storia nella Secchia rapita", *Memorie della Reale Accademia di Scienze, Lettere e Arti in Modena*, series 3, 9 (1910): p. 263. 이와 유사한 아비소가 J. A. F. Orbaan, *Documenti sul barocco in Roma*, 2: p.

다른 아비소 또한 화제와 연설자에는 무관심했다. 그 아비소는 추기경 데티가 주관하던 아카데미의 활동을 보고했는데, 1611년 봄 로마를 방문한 갈릴레오가 참석하고 총명한 참폴리가 로마 무대에 데뷔하게 될 모임과 똑같은 회합이었다.[41] "지난 화요일, 추기경 데티 전하의 저택에서 평상시와 같은 아카데미 회합이 열렸다. 추기경 카메리노, 바디니, 벨라르미노, 진나시오, 산네시오, 델피니 전하께서 참석하셨다."[42]

아카데미 회합의 중요도는 연설자보다는 주최자와 내빈의 신분에 의해 결정되었음이 분명하다. 흥미롭게도 아비소들은 문학 행사를 연회와 희극, 결혼식, 마상 창시합, 접대, 연극 상연과 별다른 구분 없이 묘사한 것으로 보인다. 예를 들어 1611년 2월 16일자 아비소는 "월요일에 추기경 몬탈토 전하의 저택에서 〈프시케의 우화〉라는 극이 또다시 상연되었다. 그 행사에는 추기경 코센차, 몬티 [델 몬테], 보르게세, 몬탈토, 페레티 전하께서 참석하셨다. 또 프란체스코 보르게세 공, 사보이아의 대

271에 전재되었다. 해당 아카데미 회합은 아고스티노 마스카르디의 연설로 시작을 알렸다. 그의 연설은 Agostino Mascardi, *Prose vulgari* (Venice: Baba, 1653)에 수록되었다.

41 *GO*, vol. 11, no. 510, pp. 82~83; J. A. F. Orbaan, *Documenti sul barocco in Roma*, 2: p. 284.

42 Venceslao Santi, "La storia nella Secchia rapita", p. 262. 1608년 4월 29일자 아비소는 "새로 결성된 아카데미가 얼마 전 추기경 데티 전하의 저택에서 두 번째 회합을 가졌다. 수많은 추기경과 고위 성직자, 궁정 신사께서 모습을 비췄다"라고 보고했다(J. A. F. Orbaan, *Documenti sul barocco in Roma*, 2: p. 227).

사, 무관장 콜론나, 브라차노 [오르시니] 공작, 알템프스, 그 외의 귀족들도 자리를 지키셨다"[43]라고 보고했다.

행사의 장르에 대한 아비소의 무관심은 청중의 무관심을 반영한 결과일 것이다. 궁정의 구경거리와 마찬가지로, 이 행사들은 당시에 영향력이 지대했던 로마가 스스로의 위계를 확인하는 계기였다. 행사의 화제나 장르보다 누가 참석했는지가 더 중요했다. 린체이 같은 독특한 아카데미 회합조차 일반적인 '연회 겸 논쟁'과 다르지 않게 취급했던 것으로 보인다.[44] 린체이 아카데미를 연구한 한 역사학자가 "아카데미 향연"이라 칭한 1613년 8월의 모임은 아비소에서 이렇게 보고되었다.

지난 일요일, 산 제미니의 공작께서는 핀초 언덕의 포도원에서 조카들을 비롯한 친척들을 대동하신 체사리니 공과 함께 연회를 여셨다. … 수요일 오전에 군주 체시께서 성 베드로 성당 근처에서 앞서 언급한 체사리니 공과 그 밖의 다른 신사들 그리고 고위 성직자들에게 호화스러운 연회를 베푸셨고, 도시의 주요 문학계 인사들도 소수 참석했다. 그분들은 밤이 깊도록 함께 논쟁을 벌였다.[45]

---

43   앞의 책, p. 283.
44   앞의 책, p. 278.
45   앞의 책, p. 211.

체시가 그의 조카 비르지니오 체사리니를 설득해 아리스토텔레스 진영에서 갈릴레오 진영으로 넘어오게 한 것이 바로 이러한 행사에서였을 것이다.[46]

아카데미와 공개 행사를 추기경들과 로마 귀족들만 개최했던 것은 아니다. 대사들과 수도회(특히 예수회)도 교황과 추기경, 그 밖의 정치 인사들과 긴밀한 관계를 쌓거나 유지하기 위해 눈에 잘 띄는 행사들을 앞다투어 후원했다.[47] 이를테면 1625

---

[46] 이와 마찬가지로 1611년 4월 체시가 몬시뇨르 말바시아의 포도원에서 갈릴레오와 추기경 바르톨로메오(체시의 삼촌), 로마의 문필가들에게 베푼 연회는 이미 잘 확립된 '포도원 행사'라는 사교 장르에 잘 부합했다. 포도원 행사는 아비소에서 자주 언급되었다.

[47] 이러한 유형의 후원에는 교황의 조카들도 긴밀하게 관여했다. 그들이 개최한 아카데미에는 그들의 막강한 지위 덕에 유달리 많은 추기경이 참여했다. 이따금 교황 본인이 참석할 때도 있었는데, 주로 아카데미 회합이 진행되는 공간에 별도로 마련된 (하지만 완전히 통합되지는 않은) 특별한 장소에 머물렀다(Venceslao Santi, "La storia nella *Secchia rapita*", vol. 9 [1910]: pp. 264~265). 해당 아카데미는 정기적으로 모여 종교적 주제를 논의했고 비르투오시Virtuosi라는 이름으로 알려졌다 (Ludwig von Pastor, *History of the Popes* [St. Louis, Mo.: Herder, 1938], vol. 27, pp. 69~70). 교황과의 밀접한 연관성 때문에, 아카데미에서 시행된 토론의 주제는 성서의 해설에 국한되곤 했다. 우르바노의 조카이자 린체이 아카데미 회원인 추기경 프란체스코 바르베리니는 그와 같은 아카데미 중 한 곳을 후원했다. 예를 들어 1624년 7월 17일에는 다음과 같은 회합이 열렸다. "일요일, 오찬이 끝난 뒤에 몬테 카발로에 있는 추기경 바르베리니의 거처에서 비르투오시 공개 아카데미가 개최되었다. 몬시뇨르 카스트라카니는 성경 마카베오서에서 영감을 받아 '불굴의 정신'에 관한 박식하고도 우아한 강연을 진행했다. 강연이 끝나고 로스필리오시 가문의 한 신사[훗날 교황 클레멘스 9세가 될 인물]가 그에 화답했다"(Santi, "La storia nella *Secchia rapita*", 9 [1910]: p. 264).

년 베네치아 대사는 그의 스페인 동료가 우르바노 8세의 조카의 환심을 사서 스페인과 프랑스에 대한 우르바노의 등거리 정책[48]을 막으려 했던 시도를 다음과 같이 표현했다. "[*스페인의 동료는] 더 중요한 사안들을 원활하게 논의하기 위해 그들을 따라 사냥이나 다른 유사한 오락에 동행하여 친목을 다졌다. 그리고 트리니타 데이 몬티에 있는 자신의 궁전에서 희극을 선보임으로써 다른 수많은 추기경 전하들과 거의 모든 귀족을 자기 편으로 끌어들였다."[49]

프랑스 대사도 이와 유사한 전략을 동원했다. 정례적으로 희극과 오페라, 연회, 마상 창시합을 벌여 추기경과 고위 성직자, 로마의 남작들을 포섭했다.[50] 추기경 마우리치오 디 사보이아 역시 오락ricreazioni으로 정치적 이익을 도모했다. 1621년 로마에 도착한 이래 마우리치오는 과시적 소비와 문화적 후원을 통해 자신의 가문이 전쟁을 벌이는 것 말고 다른 일들에도 뛰어남을 보이려 했다. 상당한 영향력을 발휘했던 데시오시 아카데

---

48 * 한 나라에 치우치지 않고 중립을 지향하는 외교 정책을 말한다. 주로 '등거리 외교'라고 표현한다.

49 Barozzi and Berchet, *Relazioni*, pp. 231~232. 이것은 분명 새로운 전략이 아니었다. 실제로 그로부터 12년 전에도 비르지니오 체사리니는 추기경 데스테와 함께 스페인 대사의 저택으로 가서 희극을 관람했다(Venceslao Santi, "La storia nella Secchia rapita", *Memorie della Reale Accademia di Scienze, Lettere e Arti in Modena*, series 3, 6 [1906]: p. 315).

50 앞의 책, pp. 313~315.

미 또한 계획의 일환이었다.[51] 마우리치오는 굉장히 사치스러워서 토리노 궁정으로부터 풍부한 자금을 받았음에도 1627년에 파산하여 "주변으로 몰려든 채권자들의 압박"을 피해 로마를 떠나야 할 정도였다.[52]

예수회는 예수교회Chiesa del Gesù에서 정교한 무대 장치를 이용해 예배 행사(가령 '40시간 기도Quarantore')를 연극적인 구경거리로 구성하기도 했고 최우수 학생들(주로 귀족)의 졸업식을 공개 행사로 선보이기도 했다. 예를 들어, "[1614년] 9월 1일, D. 프란체스코 주바라[아마도 구에바라로 추정된다]는 로마 대학에서 추기경 스물네 분과 다른 중요한 인사들을 앞에 두고 자신의 철학적 논제를 변호"했다.[53] 로마 대학에서 진행된 변호와 공개 논쟁(가령 혜성에 관한 논쟁을 촉발한 행사)의 인기는 예수회가 더 세련된 문화적 산물을 생산하도록 장려했을 수 있

---

51 다음과 같은 평가를 고려했을 때, 추기경 마우리치오의 노력은 매우 성공적이었음이 분명하다. 로마에 도착하고 2년이 지난 후 그에 관한 기록은 다음과 같다. "고귀한 혈통 못지않게 모범적 행동과 경건함으로도 많은 존경을 받으셨다. 전하께서는 한 사람이 이루기 힘든 두 가지를 동시에 이루셨다. 그것은 바로 궁정인다운 위대함과 화려함, 그리고 순결한 생활양식을 따른다고 공언하는 이들조차 감동시키는, 경이로운 습관으로 다져진 몹시 순수한 삶이다. 따라서 전하께서는 궁정에서 두루 사랑받고 계시며, 교황 성하 역시 추기경께서 지닌 모든 마땅한 자질들을 높이 평가하고 계신다"(Barozzi and Berchet, *Relazioni*, 165).

52 Francesco Luigi Mannucci, "La vita e le opere de Agostino Mascardi", *Atti delle Società Ligure di Storia Patria* 42 (1908): p. 155.

53 F. Cerasoli, "Diario di cose romane degli anni 1614, 1615, 1616", *Studi e documenti di storia e diritto* 15 (1894): p. 280.

다. 1623년의 카니발 축제와 성 프란치스코 하비에르St. Francis Xavier의 시성식을 계기로 로마 대학의 극장에서 상연된 비극 〈일 프리마토Ⅱ Primato〉는 다음과 같이 묘사되었다.

수많은 추기경 전하와 군주, 그 외의 중요한 선생들이 참석하신 자리에서 [*그 비극이] 여러 번 상연되었다. 훌륭한 구성과 연출 그리고 배우들이 입은 새롭고 다채로운 의상 덕분에 아름답고도 유쾌한 행사가 진행되었다. 무엇보다 유쾌했던 것은 연극에 사용된 우아한 기계, 연기, 무대 연출, 군사놀이, 무용, 음악 연주였는데, 지나가던 사람들이 발길을 멈출 정도였다.[54]

이러한 유형의 행사는 로마 대학에서 빈번하게 개최되었다. 한 해 전에는 성 이냐시오 로욜라St. Ignacio de Loyola와 성 프란치스코 하비에르를 숭배하는 내용의 호화로운 연극 〈아포테오시Apoteosi〉가 로마 대학에서 상연되었다. 이 연극은 두 예수회 사제의 시성을 기념하는 의례에서 가장 극적인 행사였다. 〈아

---

[54] 다음 문헌이 인용한 아비소를 재인용. Filippo Clementi, *Il Carnevale romano nelle cronache contemporanee* (Rome: Tiberina, 189; reprint, Città di Castello: Unione Arti Grafiche, 1939), p. 364. 연극은 성공을 거두었고, 교황마저 관람하기로 결심하여 에티켓 문턱이 높아졌다. "제식 담당자가 눈에 띄지 않고 관람할 수 있는 좋은 자리를 찾으러 갔지만 끝내 [참석하지 못하고] 거부되었다"(앞의 책). 이 연극에 대한 또 다른 아비소가 Venceslao Santi, "La storia nella *Secchia rapita*" 6 (1906): p. 315에 전재되었다.

포테오시〉를 쓴 작가이자 복잡한 극장기계를 만든 설계자는 바로 혜성 논쟁에서 갈릴레오가 상대한 논적이자 새로운 예수교회 건물의 건축가 오라치오 그라시였다.[55]

교황의 조카들이 교황과 얼마나 가까웠을지 생각해 보면 그들이 아카데미에서 더 진지한 주제에 초점을 맞춘 것이 놀랍지는 않을 것이다. 그와 같은 아카데미 회합 중 하나가 1622년 6월에 이루어졌다.

지난 일요일, 추기경 루도비시[교황 그레고리오 15세의 조카] 전하께서는 만찬이 끝난 뒤에 퀴리날레궁의 거처에서 아카데미를 다시 소집하셨다. 이 회합은 여름 내내 15일마다 개최되었다. 몬시뇨르 데로시스는 아첨에 대한 격식 있고 우아한 편지를 지방어로 낭독하셨으며, 스테파노 만나라 공, 추기경 델 몬테의 비서관, 지롤라모 프레티 공, 추기경 루도비시께서 대동하신 신사 사이에서 격조 높은 토론이 벌어졌다. 이 행사는 제일 고명하신 전하[추기경 루도비시]와 추기경 반디노, 우발디노, 산타

55 *Argomento dell'apoteosi o consagrazione de' Santi Ignatio Loiola e Francesco Saverio rappresentata nel Collegio Romano nelle feste della loro canonizzazione* (Rome: Zanetti, 1622); Carlo Bricarelli, "Il P. Orazio Grassi architetto della Chiesa di S. Ignazio in Roma", *Civiltà cattolica*, 2 (1922): pp. 21, 24. [* 〈아포테오시〉의 관람객 중에는 추기경 루도비코 루도비시가 있었다. 그라시의 연극에 크게 감명을 받은 루도비시는 당시 로마 대학에 의뢰한 새로운 교회의 건축 담당자로 그라시를 선임했다. John Heilbron, *Galileo*, p. 234.]

수산나, 사크라토, 고차디노, 알도브란디노를 비롯하여 수많은 고위 성직자와 귀족들이 참석하셨다. 성하[교황]께서도 자리하셨기에, 제일 고명하신 루도비시 전하의 거처에 있는 작은 예배실로 옮겨 머무셨다.[56]

아비소를 살펴보면, 지위와 재력 그리고 종교적 소속에 따라 부과된 한계 내에서 로마의 모든 주요 인물이 문화계에서 한자리를 차지하거나 유지하기 위해 최선을 다했음을 알 수 있다. 추기경과 귀족, 수도회의 일원, 대사들은 각자 소유한 밑천

---

56 Venceslao Santi, "La storia nella *Secchia rapita*", 9 (1906): pp. 263~264. 1622년 8월 27일 개최된 같은 아카데미 회합에서 "성하께서는 추기경 루도비시 전하의 거처에 딸린 작은 예배실에서 나와 통상적인 아카데미에 개인적으로 참석하셨다. 그 아카데미에서 (괴물 신부라고 불리는) 니콜로 리카르디 신부[훗날 《대화》와 관련된 스캔들에 연루되는 인물][* 원문은 조반니 바티스타 리카르디Giovanni Battista Riccardi 이나 이는 오기인 듯하다. 6장에서 언급되듯이 스캔들에 연루된 인물은 니콜로 리카르디이다]께서는 추기경 일곱 분과 수많은 고위 성직자들 및 귀족들을 앞에 두고 우아하고 격조 높은 강연을 지방어로 선보이셨고, 지롤라모 알레안드리 공께서는 욥기 21장의 말씀 '그는 골짜기의 흙덩이를 달게 여기리니'에 대해 능숙하게 의견을 내면서 평신도 시인들이 성서를 활용했다는 점을 입증하셨다"(앞의 책, p. 264). 8월 13일자의 또 다른 아비소는 다음과 같이 전했다. "수많은 추기경 전하와 고위 성직자들 및 귀족들이 참석하신 가운데 추기경 루도비시 전하의 거처에서 교회에 관한 통상적인 아카데미가 열렸다. 리누치니 공[갈릴레오가 린체이 아카데미 회원으로 추천한 인물]께서는 예언자 이사야의 말씀 '너는 말씀을 가지고 여호와께로 돌아와서 아뢰기를'에 대해 강연을 진행하셨다. 강연이 끝나자 지롤라모 마리쿠치 공, 대주교 몬시뇨르 볼피오, … 그리고 프란체스코 델라 발레 공[린체이 아카데미 회원 피에트로의 형제]가 토론을 진행하셨고, 모두가 찬탄을 금치 못했다"(앞의 책, 같은 쪽).

과 능력이 달랐음에도, 눈에 띄고 세련된 행사를 후원함으로써 이목을 끌고 남들과의 차별화를 꾀하며 권력을 확보하느라 부단히 노력했다는 점은 같았다. (특히 아비소를 폭넓게 독해했을 때) 결과적으로 머릿속에 떠오르는 그림은 문화의 확산, 문화적 구별짓기, 경향과 유행 및 참가자들의 급속한 변화에 대한 것들이다.[57]

이 당시 로마에서 아카데미가 놀랄 만한 규모로 확산했다는 점은 경쟁이 치열하고 비교적 산발적으로 이루어진 권력 투쟁과 직접적으로 관련이 있으며 교황의 통치와 궁정의 특수성을 반영하기도 한다.[58] 실제로 이탈리아의 다른 지역이나 유럽의

---

[57] Venceslao Santi, "La storia nelle *Secchia rapita*", 6 (1906): pp. 310~333, 9 (1910): pp. 247~397; Cerasoli, "Diario di cose romane", pp. 263~301; J. A. F. Orbaan, *Documenti sul barocco in Roma*; Filippo Clementi, *Il Carnevale romano nelle cronache contemporanee*, vol. 1. 다음 문헌들도 유용하다. Maurizio Fagiolo dell'Arco and Silvia Carandini, *L'effimero barocco: Strutture della festa nella Roma del '600* (Rome: Bulzoni, 1978) 2 vols.; Marcello Fagiolo and Maria Luisa Madonna, eds., *Barocco romano e barocco italiano* (Rome: Gangemi, 1985); Francis Haskell, *Patrons and Painters* (New Haven, Conn.: Yale University Press, 1980), pp. 3~166. 궁정과 궁정 문화에 주력하지는 않았지만 Laurie Nussdorfer, "City Politics in Baroque Rome" 역시 폭넓은 로마의 맥락을 재구성하는 데 매우 유용하다. 같은 저자의 *Civic Politics in the Rome of Urban VIII* (Princeton: Princeton University Press, 1992)도 참고하라.

[58] 17세기 동안에만 로마에 무려 132개의 아카데미가 설립되었다. 이것은 이탈리아만이 아니라 아마 유럽 전역에서도 유일무이한 기록으로 보인다(Amedeo Quondam, "L'Accademia", in Alberto Asor Rosa, ed., *Letteratura italiana*,

정치 중심지와 달리 로마 궁정은 종교적 색채가 강했고 가문이나 왕조를 중심으로 결집하지도 않았다. 그러므로 아카데미 문화에 메디치의 문화프로그램이 반영되었던 피렌체와 달리, 로마의 아카데미 현장은 더 치열하면서도 절대군주의 직접적인 관리를 덜 받았다.[59] 이 두 가지 특징은 서로 밀접하게 연관되어 있다.

가문을 중심으로 결집하지 않는 군주인 교황에게는 궁정과 아카데미의 활동을 이끌 만한 특정한 '거대서사'가 없었다. 그 어떤 교황도 갈릴레오가 메디치 가문에 발견을 헌정하며 활용한 것과 같은 가문 신화를 갖지 못했다. 로마에서는 권력과 상관없이 모두가 세입자(혹은 단기 소유자)였다. 가톨릭교회는 성서와 그 해석에 기초한 강력한 문화적 전통을 가졌지만, 그러한 전통이 로마 궁정 문화의 구체적인 표현을 결정하지는 못했으며 주로 교황의 특정한 취향과 개성이 강하게 영향을 미쳤다. 특히 추기경의 궁정 문화는 종교적 전통이 중심을 이루지 않았

vol. I, *Il letterato e le istituzioni* [Turin: Einaudi, 1982], p. 864).

59 하지만 희극을 비롯한 다른 오락들은 적어도 방침의 수준에서 검열관들의 신중한 검토를 거쳤다. 1658년에 포고된 칙령은 이렇게 적었다. "지위와 계급과 직책을 막론하고 심지어 성직자라고 할지라도 공공장소나 사적 장소 혹은 자택(문이 닫혀 있든 열려 있든)에서 관람자가 친구든 친척이든 무관하게 희극이나 집시극을 비롯한 모든 유형의 연극, 심지어는 종교극까지 제일 고명하신 성하의 명시적 허가가 없다면 상연할 수 없다. [금지령을 어긴 자들은] 제일 고명하신 성하의 뜻에 따라 재산형이나 체벌에 처한다"(J. A. F. Orbaan, *Documenti sul barocco in Roma*, 2: p. 282, note).

으며, 그 궁정은 대체로 신학적 사안에 민감하게 반응하지 않았던 것으로 보인다. 로마 궁정의 담론에는 종교적·세속적 요소만이 아니라 고대 로마의 신화 또한 복잡하고 변화무쌍하게 섞여 있었다. 이런 의미에서 로마의 궁정에는 교황 통치의 모호성, 즉 종교적인 동시에 세속적인 모호성이 반영되었다고 볼 수 있다.[60]

더군다나 종교적 군주인 교황은 세속의 활동에 노골적으로 관여할 수 없었다. 오직 아주 특정한(주로 예배와 관련된) 유형의 구경거리만이 그의 궁정에서 상연되었다. 추기경들은 적어도 원칙적으로는 세속적 형태의 오락에 참여하지 못했고 사냥도 할 수 없었으며, 세속적인 아카데미에 참석할 때는 정해진 복장을 갖추어야만 했다.[61] 그 결과, 로마에 소재하던 다른 정치 단체들은 교황 궁정이 개척하지 않고 남겨둔 문화 공간을 점유하여 그것으로 이익을 도모할 수 있었다. 이는 로마에서 아카데미를 비롯한 구경거리들이 놀라운 규모로 확산한 현상을 설명

---

60 로마 상류층의 '거대서사'는 기껏해야 매우 단편적이었다. 상류층의 연속성은 (성서 해석 외에도) 로마 자체와 로마의 역사, 기념물과 유적에 의해 보장되었다. 이는 일부 로마 궁정인들이 유적과 고고학에 매료된 이유를 설명해 준다.

61 "추기경들은 희극 또는 그와 유사한 것들을 보러 가서는 안 된다. 만일 그럴 때는 [주최자에게] 알려야 한다. 또 비레타를 써서는 안 되며 대신 주케토를 쓰고 어깨망토를 걸친 수단 차림이어야 한다. 피렌체의 추기경은 희극이나 비슷한 행사에 참석할 때면 눈에 띄지 않기 위해 … 외진 곳에 머물렀다"(Girolamo Lunadoro, *Relatione della corte di Roma*, p. 55).

해 준다.

로마 아카데미의 현장은 군주가 통제하는 공간이라기보다는 교황청에 접근하거나 현재 혹은 미래의 교황과 강력한 유대 관계를 유지하고 발전시키려 하는 사람들의 '정치적 시연장political showcase'이었다. 어떤 의미에서 보면 로마의 수많은 아카데미가 자리한 그 공간은 교황과 추기경의 궁정, 대사와 로마의 귀족 그리고 선도적인 수도회가 교차하는 갈림길에 위치한 붐비는 광장이었다. 사람들과 동맹, 문화적 취향이 만드는 패턴은 그 공간에서 끊임없이 변화했다.

이렇게 변화무쌍한 환경이 갈릴레오가 로마에서 오른 무대였다. 로마의 궁전이나 교외 포도원에서 열리는 연회(갈릴레오와 망원경에 경의를 표하고자 체시가 주최한 1611년의 연회), 메디치의 별이 등장하는 희극(1614년 페레티와 체시의 결혼식에서 상연된 희극) 그리고 아카데미(공개와 비공개의 두 가지 형태)는 새로운 자연철학이 제안되고 논의되는 공간이었다. 갈릴레오가 주고받은 서신들과 1616년에 몇몇 로마 아카데미들에서 그가 코페르니쿠스주의를 옹호하며 선보인 상연에 대한 설명에서 알 수 있듯이, 앞서 언급한 공간들은 갈릴레오가 자기 자신과 새로운 자연철학을 홍보하고 지지자를 확보하고 도전에 직면하고 반대자를 쫓아낸 현장이었다. 여기서 우리는 갈릴레오가 메디치의 후원 인맥을 통해 그러한 특권적 장소에 접근했다는 점을 잊어서는 안 된다.

로마의 문화와 후원 현장은 급격한 변화 주기를 겪는 화산 군도群島에 비유할 수 있다. 수시로 떠오르고 가라앉는 섬들처럼, 추기경의 궁정들과 로마의 남작들 그리고 (정도는 덜했지만) 수도회들은 후원과 문화적 활동의 중심에 자리 잡으려고 부단히 노력했다. 이 무리는 대부분 그 무리를 만든 이들과 함께 나타났다가 사라졌다. 교황 궁정은 군도에서 가장 크고 강력한(따라서 제일 위험한) 화산이었다. 가신들은 적절한 시기마다, 즉 교황이 새롭게 임명될 때마다 주변의 섬들을 건너뛰어 교황의 섬으로 뛰어오르려 했다.

로마 궁정은 그 구조상 모호한 충성을 요구했다.[62] 궁정인이 군주에게 충성을 다하는 것은 가문이나 왕조 중심의 궁정에서 보상받을 만한 일이었겠지만 로마에서는 지나치게 순진한 전략이었다. 로마에서의 유대는 촌각을 다투는 상황에서 빠르게 변화하는 시류에 편승할 수 있도록 최소한으로만 유지되어야 했다. 그렇다고 해서 가신들이 아무런 위험도 감수하지 않고 한 후원자에서 다른 후원자로 옮겨 갔다는 뜻은 아니다. 가신들은 강력한 후원자가 필요했고, 따라서 후원자의 지원을 유지하려

---

62 콘클라베를 연대순으로 살펴보면, 정치적 충성심이 뚜렷한 추기경들은 교황에 선출될 가능성이 크지 않았다. 오히려 스페인과 프랑스 사이에서 적을 많이 만들지 않고 균형을 맞춘 사람들과 이탈리아 군주 가문과의 혈연관계가 깊지 않은 사람들이 교황이 될 기회를 얻었다. 잠재적인 후보들은 꾸준히 눈에 띄지 않아야 했다. 교황에게 적용되는 원칙은 그가 거느리는 모든 궁정인에게도 똑같이 적용되었다.

면 어느 정도 충성심을 보여야 했다. 하지만 그 와중에도 그들은 잠재적인 미래의 후원자와 멀어지지 않도록 주의를 기울였다. 더군다나 궁정의 권력 구조는 급속하게 변화했으므로 누군가를 적대시하는 것은 현명하지 않았다. 오늘은 아랫사람인 누군가가 내일이면 우위에 설 수도 있었다. 로마에서 핵심은 오만이 아닌 아량magnificentia이었다. 누군가를 모욕하는 것은 로마에서 어리석은 짓이었다. 판필로 페르시코는 군주의 비서관을 위한 안내서에서 편지에 직함을 관대하게 사용하라고 조언했는데, "매일 경험하듯이 로마의 궁정과 교회 공화국ecclesiastical republic에는 언젠가 위대한 자리에 오르지 못할 정도로 신분이 낮은 사람은 없기 때문"이었다. "그러므로 현명한 가르침에 따른바, 모든 사람에게 관심을 기울이고 그들이 실제로 받을 만한 것보다 더 많은 경의를 표해야" 했다.[63]

그렇다고 해서 로마에 당파와 긴장이 존재하지 않았고 차이를 넘어서는 태도와 타협으로 모든 문제가 해결되었다고 말하려는 것은 아니다. 실제로 차이와 긴장의 패턴은 놀라울 정도로 두드러졌으며 지속적으로 변화했다. 또한 사람들이 특정한 정체성과 입장, 견해를 가지고 있으면서도 그것들을 수사적으로 감추었다는 뜻도 아니다. 오히려 로마는 궁정 구조 특유의 동역학으로 인해 정체성의 협상이 끊임없이 이루어지던 장소였다.

63 Panfllo Persico, *Del segretario*, p. 171.

로마의 권력이 전개되는 상황의 변동성, 군주가 관리하는 문화적 거대서사의 부재, 바로크의 중심지 로마에서 발견되는 특유한 절충주의와 문학적 재치 그리고 덧없음에 대한 감각은 서로 연결되어 있었던 것으로 보인다. 문화적 절충주의는 절대주의 담론(그리고 국가이성raison d'état[64]의 원칙과 나란히 맞물린 중립적 문화)과 공생했기 때문에 모든 바로크 궁정의 특징이 되었다. 하지만 로마에서는 그러한 문화적 상황이 로마의 독특한 특징인 '거대서사와 비교적 안정된 문화적 틀의 부재'로 인해 극단으로 치달았다. 앞으로 살펴보겠지만 로마의 궁정인들은 복잡하고 일관된 프로그램이나 철학 체계보다는 고유성을 가진 '문화적 보석들cultural gems'을 높이 평가했는데, 이는 그들 자신의 정체성이 반영된 결과일 것이다.[65] 어떤 의미에서, 성공한 궁정인들은 그 자체로 '보석'과 같았다. 그들은 원자화된 개인으로서 끊임없이 변화하는 예측 불가능한 상황 속에서 자신의 비범함과 고유함을 발휘하여 사회적 지위를 향상시키려 했다. '체제 중심의 정신'이 로마의 문화에 이질적이었다면, 이는 궁

---

64 *국가이성이란 일반적으로 국가가 국가이기 위해 필요한 통치 원리를 의미한다. 그리고 여기서 비아졸리가 말하는 '중립적 문화'란 후원자(특히 절대군주 후원자)가 가신에게 보이는 중립적 태도를 의미한다(1장과 3장 참고).

65 바로크 궁정(특히 로마의 궁정처럼 유독 불안정한 곳)에서는 자신의 정체성을 영구적인 기준 체계에 안전하게 고정시킬 수 없었다. 정체성은 그 사람의 덕과 관련이 있었는데, 여기서 덕은 (카스틸리오네 이후의 궁정 문헌들이 강조한 대로) 정의될 수 없는 것이었다. 덕은 오직 자신의 고유함을 드러내는 방식으로만 존재했다.

정인들의 삶과 경력 그리고 정체성에 스며들어 있던 특유의 우연성 때문이기도 했다. 우리가 바로크라고 부르는 것이 로마에서 가장 안성맞춤인 장소를 발견한 것은 아마도 우연이 아닐지 모른다.

보석과 꽃, 그리고 파편들

이탈리아의 다른 어느 곳보다도 로마의 아카데미는 궁정에 입장하기 위한 대기실, 즉 궁정인을 위한 훈련과 오락을 제공하고 인재를 발탁하는 장소였다.[66] 아카데미에서 상연했던 수많은 사람은 궁정이나 추기경의 일가에서 이미 한자리를 얻었거나 얻으려 하고 있었다. 하지만 교황과 추기경은 교체 가능성이 늘

---

[66] 이러한 공생의 사례는 군주가 문학의 즐거움을 높이 평가해야 하는 이유와 궁정 문필가의 역할을 다루는 연설과 논고에서 잘 드러난다. 예를 들어 Agostino Mascardi, "Che la corte è vera scuola non solamente della prudenza, ma delle virtù morali", *Prose vulgari*, pp. 46~63을 보라. 마스카르디의 연설은 아비소들에도 널리 알려져 보고되었다. "파올로 만치니 공의 저택에서 열린 유명한 인문주의 아카데미에 참석한 아고스티노 마스카르디 공께서는 궁정에 대한 격조 높고 우아한 강연을 토스카나 지방어로 선보이셨다. 궁정은 사람들이 현명하고 정직해지도록 가르치는 학교임을 선명한 근거와 논증으로 입증하며, 궁정을 비난하는 이들의 공통적인 견해를 비판하셨다"(Filippo Clementi, *Il Carnevale romano nelle cronache contemporanee*, p. 433에 전재). 또 다른 사례로는 다음 문헌을 보라. Agnolo Cardi, "La calamita della corte"; Matteo Pellegrini, *Che al savio è convenevole il corteggiare libri IIII* (Bologna: Tebaldini, 1624).

큰 자리였기에 로마의 취업 시장은 활발했고 추기경이나 다른 주요 인사들은 뛰어난 인재들을 영입하는 데 열성이었다. 로마의 아카데미는 군주가 신민들을 분주하게 만들어 길들이기 위해 설립한 기관이 아니라 새로운 인재를 발굴하고 훈련하는 장소였다.

이러한 것들이 추기경 마우리치오가 설립한 데시오시 아카데미의 1625년 개회 연설에서 드러난 이미지였다.[67] 연설자는 아고스티노 마스카르디였는데, 그는 우르바노 8세의 명예 시종관이자 체사리니, 참폴리와도 가까운 동료였다. 마스카르디는 〈궁정에서 서신 관례는 적절할뿐더러 필수라는 점에 관하여〉에서 궁정인이라면 내면이 밖으로 드러나는 표시를 통제하는 법을 배워야 하며 그러한 지식은 아카데미의 훈련을 통해 학습할 수 있다고 주장했다. 마스카르디는 아카데미가 궁정인의 자기형성 학교에 지나지 않는다는 점을 보이면서 자신이 바로크의 국가이성에 대해 명확하게 이해하고 있음을 드러냈다. "군주와 궁정인은 오랜 시간 공부한다고 해서 그들에게 필요한

---

67 데시오시 아카데미는 다음 문헌을 참고하라. Michele Maylender, *Storia delle accademie d'Italia*, 2: pp. 173~177; G. M. Garuffi, *L'Italia accademica*. 이 아카데미에서의 연설은 아고스티노 마스카르디가 수집하여 S*aggi accademici* 에 수록했다. 다음 문헌들도 참고하라. Ildebrando della Giovanna, "Agostino Mascardi e il Cardinal Maurizio di Savoia", in *Raccolta di studi critici dedicati a A. Ancona* (Florence: Barbèra, 1901), pp. 117~126; Francesco Luigi Mannucci, "La vita e le opere di Agostino Mascardi", pp. 139~176.

가르침을 습득할 수도 없고 그래서도 안 됩니다. 그러므로 그들은 간단명료한 것들만 배우는 방식으로 학습해야 하지요."[68]

국가를 운영해야 하는 이들은 고상하지만 무용한 사상들에 시간을 낭비할 수 없었다.[69]

이집트의 개들이 나일강 기슭을 따라 걸으며 멈추지도 않고 물을 마시는 것처럼, 궁정인huomo civile은 뮤즈의 정원을 거닐면서 손에 닿는 꽃 몇 송이를 꺾어 들어야 합니다. 그는 스스로를 철학자라고 부르는 이들의 발자국으로 닳고 닳은 공공 도로에서 벗어나 풍요로운 길을 찾아야 하지요. 그 사적인 경로를 따라 걷다 보면 위대한 영혼들이 가르침을 얻는 나름의 길로 향하게 될 것입니다.[70]

아카데미 문화의 간단명료함compendiosità이란 궁정인으로서 배워야 할 것들을 습득하는 데 걸리는 시간을 단축하기 위한 편리한 교훈 모음집만을 의미하지 않았다. 마스카르디는 야간 경영대학원 과정을 제안한 것이 아니다. 간단명료함은 얕은 지식이 아닌 풍부하고 다채로운 '보석' 수집품들로 구성된 지식을 의미했다. 아카데미 문화는 뮤즈의 정원에서 엄선해 만든

---

68 Agostino Mascardi, *Prose vulgari*, pp. 9~10.

69 앞의 책, pp. 10~11.

70 앞의 책, pp. 12.

향기로운 꽃다발이었다. 궁정인은 정원을 무심하게 거닐면서도 꽃을 모을 수 있었다. 아카데미 문화는 또한 규칙맹종과 대척점에 있었다. 그것은 자칭 철학자인 따분한 전문가들에게 오랜 교과과정을 거치며 배우는 문화가 아니었다. "사적인 경로"를 걸으며 "위대한 영혼들"(마스카르디는 여기에 자신을 포함했다)로부터 개인적으로(거의 내밀하게) 직접 흡수하는 것이었다. 수 세기 동안 이어진 교수들의 겉치레는 '싸구려'로 거부되었다. "위대한 영혼들"(실질적으로 무엇이 중요하고 무엇이 중요하지 않은지 아는 자들)은 어떠한 중개 없이도 로마 궁정인들에게 지식의 정수를 제공할 수 있었다. 그렇게 전달되는 것은 전문 기술이 아닌 덕이었다. 마스카르디가 궁정인들에게 줄 수 있었던 것은 그들 자신의 '타고난' 지식과 '접촉'하게 하는 것이었다. 그는 고유한 문화적 보석들과 고유한 궁정인들의 만남을 주선하고 있던 것이다.

결국 마스카르디는 좀 더 세속적인 차원으로 논의를 전환해 자신을 충분히 비축해 놓은 창고의 관리자로 내세웠다.

여러분, 아카데미는 비축이 잘 된 무기고와 같습니다. 그 안에는 불운의 급습으로부터 스스로를 방어하고 감정의 반란에 맞서 싸우는 데 필요한 모든 무기가 있지요. 동방에서 들어온 양질의 상품으로 가득한 상업 중심지와 같기도 합니다. 그곳에는 마음을 즐겁게 하거나, 건강에 좋거나, 영혼의 상처를 치료하는 것들[상품들]이 있답니다. 정치인huomo politico이라면 단 한 가지 유형의 가르침이나 선생만 있어선 안 됩니다. … 군주의 현명한 판단이 필요한 상황과 마찬가지로, 그의 손을 거치는 협상은 각기 다르며 무수히 많기 때문입니다.[71]

마스카르디는 바로크 로마에 대한 또 다른 비유도 즐겨 사용했다. 당시 로마에서는 많은 추기경이 '증류소stillaria'를 소유했고 그곳에서 정수essence와 의료용 진액secreti을 만들어 교환했다.[72] 마스카르디는 이와 관련된 비유를 사용해 아카데미 문화를 세심하게 증류한 정수로 묘사했다. "아직 배움이 부족한 궁정인은 기꺼이 자리에 앉아 … 다른 사람들의 입에서 흘러나오

---

71 앞의 책, p. 15.

72 추기경 델 몬테가 소유한 증류소 목록은 Christoph Luitpold Frommel, "Caravaggios Frühwerk und der Kardinal Francesco Maria del Monte", *Storia dell'arte* 9-10 (1971): pp. 45, 47에서 확인할 수 있다. 추기경 델 몬테와 페르디난도 1세 대공은 의료용 진액과 제조법을 교환했는데, 이따금 암호를 사용하기도 했다(*ASF*, "Mediceo principato 3761", s.f.). 델 몬테의 진액은 치명적일 때도 있었다. 화가 톰마소 델라 포르타Tommaso della Porta는 델 몬테가 준 약물을 마신 후 사망하고 말았다(Luigi Spezzaferro, "La cultura del cardinal del Monte e il primo tempo del Caravaggio", *Storia dell'arte* 9~10 (1971): p. 76). 트라이아노 보칼리니Traiano Boccalini가 《파르나소스의 조언Ragguagli di Parnaso》에서 농담 삼아 다음과 같이 쓴 것을 보면, 이는 빈번하게 일어난 사건이었음이 분명하다. "아폴로[교황]는 군주들에게 그들의 저택에서 증류소나 증류기를 두는 것을 금지"했는데, 로마에서 의문의 사망사건이 너무 자주 일어났기 때문이다(Traiano Boccalini, *Ragguagli di Parnaso*, ed. Luigi Firpo [Bari: Laterza, 1948], 3: p. 255). 체사리니와 참폴리 또한 의화학iatrochemistry에 관심이 많았다.

는 [정수를] 받아들여야 한다. 그것은 그들이 각고의 노력을 기울여 철학자들의 무궁무진한 책들에서 수집한 가르침이다."[73]

마스카르디가 '동방의 이색적인 물건'으로 가득 찬 거대한 향신료 가게로 묘사한 아카데미의 이미지는 추기경들이 그들의 문화를 즐기던 또 다른 공간을 떠올리게 한다. 당시에는 분류학적으로 전문화되지는 않은 탓에 귀중한 표본들이 체계 없이(즉, 무심하게) 빽빽이 들어찬 공간, 즉 박물관이었다.[74]

또 다른 이미지에 따르면 아카데미는 자기형성을 바라는 궁정인들이 체력을 단련하던 체육관이기도 했다. 아카데미 회합과 희극, 연회, 오페라 사이에서 뚜렷한 경계를 찾을 수 없듯이

---

73 Agostino Mascardi, *Prose vulgari*, p. 17.

74 추기경들이 '따로 남겨둔 길sentieri riserbati'을 따라 산책할 때 마스카르디가 그들에게 제공하려 했던 문학과 철학의 '보석'들은 추기경들의 별장 정원에 있는 박물관과 개인 저택, 골동품 보관소에 우아하게 전시된 고대 조각상, 모자이크, 메달, 규화목 조각, 비문 등을 경이로워하며 바라보는 문화에 잘 부합했다. 이 파편들의 총체적 의미는 대부분 상실되었고 과거로부터 연속적으로 이어지는 서사에서 차지하는 위치 또한 거의 알려지지 않았다. 하지만 '맥락을 벗어난' 상태라는 점이 그것들을 '보석'(즉, 알려지지 않았지만 틀림없이 장엄했을 과거의 상징)으로 변모시켰다. 흥미롭게도 체시는 실제로 고고학적 유물을 발견할 때마다 그것이 역사에 눈에 띄게 기록된 황제의 별장이나 중요한 신전에서 남겨진 것이라고 추정했다. 마스카르디가 말한 "뮤즈의 정원에 핀 꽃들"처럼, 이 파편들은 과거의 유산으로부터 로마의 후원자들mecenati에게 직접 전해진 것이었다. 매개와 해석을 거치지 않고 오염되지도 않은 채 그대로 드러났을 뿐이다. 파편들은 마치 꽃과 식물처럼 한가로운 귀족들도 쉽게 접할 수 있으면서도 심오한 지식을 품고 있었다. 어떤 의미에서 그 유물들은 로마의 '파편화된 거대서사'만이 아니라 로마 궁정인들의 '파편화된 정체성'에 대한 은유이기도 했다.

(또는 찾아서는 안 되듯이), 지식과 '명예로운 오락'은 분리되지 않았다. 이것들은 모두 궁정인들이 그들의 문화를 생산하고 재생산하던, 궁정과 관련된 실천이었다. 마스카르디가 명시한 대로 아카데미의 목적은 학자가 아닌 궁정인, 즉 문명화된 사람을 배출하는 것이었으며, 교양(문명화된 양식)은 하나로 정의되지 않는 자질로서 궁정인들의 정체성을 대표하고 그들을 궁정 바깥의 대중과 차별화해 주었다.

앞으로 살펴보겠지만, 로마 궁정과 아카데미 현장 특유의 불안정성, 사람들과 동맹들의 변화 패턴, 마스카르디의 연설에서 묘사된 특정한 문화적 태도는 갈릴레오의 후기 경력에서 중요한 역할을 맡게 된다.

5장   궁정의 혜성

수수께끼의 맥락

1623년, 갈릴레오가 예수회 수학자 오라치오 그라시와 한창 길고 격렬한 혜성 논쟁을 벌이던 와중에 출간된 《시금자》는 갈릴레오 역사학에서 골치 아픈 자리를 차지한다. 몇몇 갈릴레오 연구자들은 이 저술을 완전히 무시했던 반면, 다른 연구자들은 대부분의 과학적 내용은 얼버무리고 문학적 기교와 변증법적 논증이 뛰어난 걸작이라고 찬사를 보냈다.[1] 일반적으로 《시금자》는 완고하게 버틴 끝에 완전히 무너진 그라시의 전통적 담론과 갈릴레오의 근대과학적 방법 간의 차이를 보여 주는 비르투오

---

[1] 중요한 예외는 William Shea, "The Challenge of the Comets", *Galileo's Intellectual Revolution* (New York: Science History Publications, 1977), pp. 75~108이다. 윌리엄 셰이의 글은 지금까지도 혜성 논쟁의 가장 균형 잡힌 설명으로 꼽힌다. 피에트로 레돈디의 《이단자 갈릴레오》는 비록 혜성 논쟁의 일부 측면에만 초점을 맞추었지만 로마의 문화와 정치 현장의 맥락 속에서 해당 논쟁을 놀랍도록 풍부하고 통찰력 있게 설명했다. 5장의 분석은 레돈디의 통찰에 많은 빛을 졌다.

소의 작품으로 제시되었다.[2] 게다가 매우 선별적으로 독해되기도 했다. 어떤 역사학자들은 물질과 열과 빛의 입자론적 본질에 관한 흥미로운 추측에 초점을 맞추거나, 자연이라는 책은 기하학의 문자로 쓰였고, 그 언어를 이해한다면 누구든 읽을 수 있다는 유명한 상투적 표현에 중점을 두었다. 또 다른 역사학자들은 몇몇 단락에서 멈춰 훗날 '일차적 성질과 이차적 성질의 구분'으로 알려질 주제를 논의하는 데 집중했다.

갈릴레오 연구자들이 《시금자》에 거북함을 느끼고 몇 가지 단락만 선별하여 해설을 남겼다는 사실은 그 저술이 근대 사상가라는 갈릴레오의 이미지와 맞지 않는다는 점을 시사한다. 코페르니쿠스적 대의와 견실한 수학적 방법에 깊이 헌신한 근대 사상가의 이미지는 그동안 갈릴레오의 경력에 제시된 수많은 해석에 영향을 미쳤다.[3] 하지만 코페르니쿠스주의에 대한 옹호

---

2 갈릴레오의 옹호자들(특히 이탈리아인)은 내용의 대부분은 얼버무리면서 《시금자》를 "갈릴레오의 펜 끝에서 쓰인 가장 힘차고 예리한 저술"(안토니오 반피Antonio Banfi) 혹은 "낡은 방법에서 벗어나자는 문화적 선전이자 예수회 변증술의 거짓된 근대성 아래 숨겨져 있던 타협적 정신을 공공연히 고발한 매혹적인 작품"(루도비코 제이모나트Ludovico Geymonat)이라고 칭송했다.

3 실제로 갈릴레오의 천문학보다 역학에 주안점을 두는(따라서 갈릴레오의 경력을 분석할 때 코페르니쿠스적 목적론을 가정하지 않는) 드레이크 같은 역사학자들은 《시금자》의 논증이 코페르니쿠스주의와 그다지 관계가 없다는 점을 곧바로 알아챘다. 예를 들어 드레이크는 다음과 같이 말한다. "따라서 오늘날은 이상해 보일지 모르겠지만, 혜성의 궤도가 행성의 영역에 존재한다는 예수회의 주장에는 당대의 근거가 있었다. 그 근거가 코페르니쿠스주의를 어떻게 손상시킬 수 있는지가 나에게는 명확하지 않을 뿐이다"(Stillman Drake, *Galileo at Work* [Chicago: University of

는 《시금자》의 최우선 과제가 아니었을뿐더러 갈릴레오가 경험적으로 견실하고 논리적으로 일관된 논증으로 '전통적' 예수회를 물리친 '근대' 사상가의 모습을 시종일관 유지하는 것도 아니다. 갈릴레오는 그라시의 논증에 내재한 일부 논리적 결함을 드러내는 데 놀라울 정도로 능숙했지만, 본인 또한 같은 오류를 범한 것으로 보인다.《시금자》의 경험적 내용도 그에 못지 않게 수수께끼 같다. 혜성이 유사 행성pseudo-planet이라는 그라시의 튀코주의 관점은 경험적으로 더욱 그럴듯했지만, 갈릴레오는 아리스토텔레스의 혜성 이론을 수정하고(피타고라스 학파의 이론과 통합했다) 그것을 활용해 그라시의 관점을 반박했다. 요컨대 오늘날의 기준에서 보면《시금자》는 임시방편적 가설, 내적인 모순, 그라시의 입장을 향한 정당하지 않은 비판을 상당수 포함하고 있다.

《시금자》의 수수께끼 같은 특징을 우회하는 한 가지 방법은 파이어아벤트의 견해에 동의하는 것이다. 그에 따르면 유익한 과학적 변화는 오직 편의주의와 규칙 위반을 통해서만 일어날 수 있으므로 갈릴레오는 제멋대로 굴었다는 점에서 옳았다. 갈릴레오에 대한 파이어아벤트의 분석은 나의《시금자》독해와 관련이 있긴 하지만, 여기서는 그 책을 더 맥락적으로, 즉 로마

Chicago Press, 1978], pp. 265~266). [* 여기서 "당대의 근거"란 튀코의 우주 체계를 뜻한다. 1577년에 혜성을 관측한 튀코는 혜성이 태양을 중심으로 금성 근처에서 원형 궤도를 돈다고 주장하며 자신의 우주 모형을 뒷받침했다.]

의 궁정과 아카데미 문화라는 배경 속에서 독해하고자 한다. 그리하여 나는 수수께끼 같은 《시금자》의 담론이 설령 매우 편의주의적일지라도 갈릴레오의 전술은 이미 확립된 과학적 담론의 규칙을 체계적으로 위반하는 것이 아니었음을 보이고자 한다. 실제로는 정반대였다. 겉보기에 수수께끼처럼 보이는 갈릴레오의 논증 구조는 상당 부분 동시대 궁정 담론의 선택지와 제한 속에서 틀이 잡혔다. 갈릴레오는 후대의 역사학이 묘사한 근대과학 방법론의 옹호자도, 파이어아벤트가 제시한 제멋대로의 편의주의자도 아니었다. 실상은 더욱 단순하다. 갈릴레오는 유능한 궁정인이었다. 설령 그의 편의주의가 놀라울 정도로 강했다고 해도 그 또한 당대의 특정한 문화적 규약과 일치했다.

더 나아가 나는 예수회와 갈릴레오 사이에서 혜성을 둘러싸고 벌어진 충돌이 후원 동역학에 의해 처음 발생했으며 이후 전개될 방향까지 영향을 받았다고 주장하려 한다.[4] 단순히 신구 세계관의 충돌이라는 관점만으로는 그처럼 격렬했던 논쟁을 이해하기 어렵다. 갈릴레오와 예수회의 상이한 자연철학 형식은 서로 다른 지적 전통과 우주론에 각각 뿌리박혀 있었을 뿐만 아니라 로마에서 상호작용하던 두 가지 다른 문화, 즉 궁정문화와 수도회 문화 또한 반영하고 있었다.

---

4 이 문제에 대해서는 Richard S. Westfall, "Galileo and the Jesuits", in *Essays on the Trial of Galileo* (Vatican City: Vatican Observatory, 1989), pp. 31~57 도 살펴보라.

수학자와 문필가

1618년 후반에 세 개의 혜성이 모습을 드러내자 그 현상의 본질과 발생 위치 그리고 점성술적 의미에 관한 질문이 유럽의 수학자들과 점성술사들에게 쏟아졌다. 11월 초에는 갈릴레오 역시 후원자들과 동료들에게 질문을 받기 시작했다.[5] 오스트리아의 레오폴트 대공작(불과 몇 달 전 병상에 누워 있던 갈릴레오를 방문했다)은 일찍이 의견을 요청한 사람 중 하나였다.[6] 레오폴트는 혜성에 관심을 가진 유일한 유럽의 군주가 아니었다. 프랑스 궁정에 머물던 메디치 가문의 대변자는 갈릴레오에게 다음과 같이 썼다.

며칠 전부터 수학자들은 지금까지도 내리 보인 혜성에 대해 논의했답니다. 선생 외에는 아무도 그것을 관측할 수 없다는 것이 공통된 의견이었지요. 선생께서 소유한 망원경의 품질과 대공께서 관측을 수행할 훌륭한 도구를 갖고 계시다는 점을 고려하면, 이 문제를 다룰 적임자는 선생밖에 없습니다. 왕실의 수학자 [자크] 알룸 공도 왕께 똑같이 아뢰었습니다. 왕께서 혜성을 관측하라 명하셨지만 알룸 공께서는 자신에게 적절한 도구가

---

5 *GO*, vol. 12, no. 1354, p. 420; no. 1355, pp. 420~421; no. 1356, pp. 421~422.

6 앞의 책, no. 1369, p. 435.

없고 또한 오직 대공께서만 선생을 통해 그 관측을 수행하실 수 있다고 사양했지요. 선생의 평판에 기쁨을 표함과 더불어 선생께서 대중의 기대와 호기심을 충족시켜 주시기를 바라는 마음으로 이 소식을 전하는 일을 놓치고 싶지 않았습니다.[7]

갈릴레오가 혜성 문제에 관해 의견을 표명하길 기대하는 편지들은 로마에서도 도착했다. 그중에서도 특히 린체이 아카데미의 동료인 프란체스코 스텔루티Francesco Stelluti와 체사리니가 쓴 편지가 두드러진다. 하지만 갈릴레오는 병상에 누워 있었던 탓에 혜성을 관측하지도, 후원자와 동료들에게 답장을 쓰지도 못했다.

마찬가지로 수많은 질문을 받은 로마 대학의 예수회 수학자들은 갈릴레오와 달리 관측을 수행할 수 있었다. 더 중요했던 것은 예수회의 네트워크를 통해 유럽의 다른 지역에서 더 많은 자료를 수집할 수 있었다는 점이다. 로마 대학의 수학자들은 당시로써는 최대의 관측량에 의존하여 로마 지식인들과 귀족들이 다수 참석한 공개 연설까지 성공적으로 마쳤다.[8] 연설의

---

7   앞의 책, no. 1362, p. 428.
8   로마 대학에서 벌어진 논쟁은 혜성을 다룬 여러 학술 연설 중 하나에 불과했던 것으로 보인다. "11월 말에 나타난 세 개의 혜성 중 하나는 인도, 페르시아, 일본에서도 목격되었다. … 이 유령들을 다루는 다양한 종류의 작품들이 쓰였다. 로마 대학의 살롱에서는 예수회의 한 신부가 혜성을 두고 논쟁을 벌였다. 수학 교수인 오라치오 그라시 신부의 작품은 신부께서 출간하시는 저술 가운데 하나로 현재 인쇄 중

내용은 《1618년에 나타난 세 개의 혜성에 대한 천문학 논쟁*De tribus cometis anni MDCXVIII disputatio astronomica*》(이하 《논쟁》)이라는 제목으로 1619년에 출간되었다.[9] 저자의 이름은 권두삽화에 등장하지 않았지만, 클라비우스의 옛 제자이자 당시 로마 대학의 수학 교수였던 오라치오 그라시의 저술이었다. 관측 자료를 통해 시차를 계산한 결과 혜성들의 위치는 달보다 훨씬 높은 곳(천상계)이라고 《논쟁》은 주장했다. 혜성들의 위치가 달보다 높은 곳이라는 또 다른 논증은 강력한 망원경으로 보더라도 혜성들이 그다지 확대되지 않는다는 것이었는데, 이는 갈릴레오가 《별의 전령》에서 항성을 다룰 때 제시했던 논증과 비슷했다.[10] 더군다나 예수회 사제들은 혜성의 정체가 (특이하긴 하지만) 행성이라며 튀코의 주장대로 원 궤도를 따라 움직인다고 주장했다. 겉치레 없는 소박한 저술이었던 《논쟁》은 주장을 독단적으로 제시하지 않았고 갈릴레오를 무례하게 취급하지도 않았다(그를 명시적으로 언급하지도 않았다). 논쟁이라는 장르에 맞게 그라시는 기존의 혜성 이론들을 검토하고 관측 증거에

이다"(Girolamo Nappi, "Annali del seminario romano", parte 2, *APUG*, MS 2801; 해당 문헌을 공유해 준 라말레 신부에게 감사를 표한다).

9   예수회의 연설은 *GO*, vol. 6, pp. 19~34에 전재되었다. 영어 번역문은 Stillman Drake, C. D. O'Malley, trans., *The Controversy on the Comets of 1618* (Philadelphia: University of Pennsylvania Press, 1960), pp. 3~19에 수록되었다.

10 Stillman Drake and C. D. O'Malley, *Controversy on the Comets*, p. 17.

가장 잘 부합하는 것처럼 보이는 이론을 제시했다(그러면서도 그 이론을 확정적인 것으로 내세우지도 않았다).[11]

《논쟁》은 무미건조한 전문 천문학 저술이 아니라 학문적 탁월함과 상징해석, 정성적 천문학, 약간의 기하학 명제를 버무린 유쾌한 에세이였다. 책의 서문(그리고 두 편의 도입 소네트)은 유달리 재치가 넘쳤으며, 혜성들이 끔찍한 징조가 아닌 고결하고 격조 높은 대화 주제라는 요지였다.[12] 어떤 책에서 그라시는 자신의 과업이 천상계 순회 여정을 떠난 뛰어난 여행자의 전기를 쓰는 것과 같다고 표현했다.

이 과업에서 웅변의 대가들로부터 벗어나지 않아야 한다고 생각합니다. 그들의 관행에 걸맞게 저는 담론의 첫 번째 논증을 혜성의 탄생부터 시작해 고향과 혈통을 추적했고, 향후 저 스스로 길을 열어 고명한 삶의 빛나는 원 궤도를 따라 결코 모호하지 않은 죽음의 특성까지 이르렀지요.[13]

---

11 이를테면 그라시는 많은 조건부 표현을 사용하며 주장을 제시했다. "혜성이 속한 참된 장소와 **가까운** 곳을 알아낼 수 있도록 그것이 태양과 달 사이에 **있을 수도 있다**고 생각해 봅시다"(앞의 책, p. 17 [강조는 저자의 것]). 그리고 자신이 활용하는 관측 자료가 훌륭하긴 하지만 완벽하진 않다고 솔직하게 밝히기도 했다. 그라시는 더 나은 관측을 하려면 튀코의 기구가 필요했을 것이라고 말했다(앞의 책, p. 14).

12 앞의 책, pp. 5~7.

13 앞의 책, p. 8.

여러 면에서 《논쟁》은 갈릴레오가 쓴 궁정식 과학 산문과 닮았다. 그라시는 유능한 수학자이자 건축가, 화가, 발명가였을 뿐만 아니라 우아한 글을 쓰는 작가이자 뛰어난 극작가이기도 했다.[14] 그의 문화적 배경과 관련 기술은 델레 콜롬베와 카프라, 마리우스, 마지니 같은 갈릴레오의 예전 논적들보다 오히려 갈릴레오와 더 비슷했다. 더군다나 《논쟁》은 클라비우스와 주세페 비안카니Giuseppe Biancani 같은 예수회 수학자들이 쓴 책들의 특징인 전문적·학술적 양식에서 벗어나 궁정 비르투오소 청중을 사로잡기 위한 우아한 담화로의 전환을 보여 주었다.[15]

그라시는 궁정의 양식을 채택함으로써 자신이 소속된 기관이 따르는 문화적 유행에 맞추었을 따름이다. 박식가 아타나지

---

14 그라시의 전기 정보는 다음 문헌들을 참고하라. Antonio Favaro, "Galileo Galilei e il P. Orazio Grassi", *Memorie del Reale Istituto Veneto di Scienze, Lettere e Arti* 23 (1887): pp. 203~236; G. V. Verzellino, "Padre Orazio Grassi giesuita matematico eccellentissimo", *Memorie degli uomini illustri di Savona* (Savona, 1891), 2: pp. 347~351; Carlo Bricarelli, S. J., "Il P. Orazio Grassi architetto della Chiesa di S. Ignazio in Roma", *Civiltà cattolica* 2 (1922): pp. 13~25; Claudio Costantini, *Baliani e i Gesuiti* (Florence: Giunti, 1969). 예수회 총장이 그라시에게 보낸 편지의 사본은 *ARSI*, MED 23; MED 26; MED 27; ROM 17에 수록되어 있다. 이 자료들은 예수회 건축가 그라시의 활동 경로를 재구성하는 데 유용하다.

15 이미 《무지개에 대한 광학적 논쟁*De iride disputatio optica*》 (Rome: Mascardi, 1617)에서 예수회 수학자들은 로마 대학의 벽을 넘어 한창 유행하던 아카데미 환경으로 건너가려 했다. 무지개 논쟁을 책으로 출간하고 우모리스티 아카데미(인문주의 아카데미)의 군주에게 헌정함으로써 그렇게 하려 했다. 우모리스티는 로마에서 영향력이 가장 크고 오래 운영된 문학 아카데미였다.

우스 키르허Athanasius Kircher의 저술(그리고 이 책이 로마에서 성공을 거두었다는 사실)에서 알 수 있듯이, 예수회는 궁정 지향의 문화 정치를 굳건히 추구하고 있었다. 실제로 로마 대학은 명문 대학만이 아니라 문화와 교화적 오락의 중심으로 자리 잡기 위해 수많은 로마 아카데미와 경쟁했다. 연극(일부는 그라시가 쓴 것이었다), 공개 논쟁, 시 낭독, 그 외 여러 형식의 구경거리들이 로마 대학에서 정기적으로 상연되었고, 언제나 수많은 추기경과 로마 귀족들이 모여들었다.[16] 앞에서 살펴보았듯이 로마 아카데미 현장에 만연했던 주제 및 장르의 절충주의를 반영하여 로마 대학의 공개 논쟁은 신학과 태양 흑점, 도덕철학, 광학, 유체정역학, 코페르니쿠스 천문학 등의 광범위한 논의를 다루었다.[17] 갈릴레오와 그의 발견을 기념하기 위해 1611년 5월에 열

16 이 행사들은 "Origine del Collegio Romano e suoi progressi" in *APUG*, MS. 143에 수록된 육필문서에 잘 묘사되어 있다. 예수회의 연극 활동은 다음 문헌들을 참고하라. Maurizio Fagiolo Dell' Arco, Silvia Carandini, *L'effimero barocco: Strutture della festa nella Roma del '600* (Rome: Bulzoni, 1978), 2 vols.; Per Bjurstrom, "Baroque Theater and the Jesuits", in Rudolf Wittkower, Irma B. Jaffe, eds., *Baroque Art: The Jesuit Contribution* (New York: Fordham University Press, 1972), pp. 99~110. 그라시의 연극 활동은 다음을 보라. G. V. Verzellino, "Padre Orazio Grassi giesuita matematico eccellentissimo", p. 348; Carlo Bricarelli, "Il P. Orazio Grassi architetto", pp. 21~22.

17 예컨대 다음 문헌들을 보라. Giuseppe Gabrieli, "Il Carteggio Linceo", *Memorie della R. Accademia Nazionale dei Lincei*, Classe di Scienze morali, storiche e filologiche, series 6; 7 (1938~1942), part 2, section 1,

렸던 공개 축하연 또한 이러한 장르에 잘 부합하는 행사였다.

수도회의 일원인 예수회 사제들은 평신도 문필가들이나 지식인들이 누리던 문화적 자유를 갖지 못했다. 하지만 그들은 전통적인 소재를 근대적이고 세련된 방식으로 표현했고, 특히 궁정의 종교적 특성 탓에 문화적 산물의 허용 경계가 유독 제한되는 로마 같은 장소에서 문화적 우위를 차지하기 위해 경쟁하는 데 놀랍도록 성공적이었다. 예수회는 종교적 정통성을 수호하는 동시에 그러한 입장에 주로 뒤따르던 규칙맹종을 멀리하는 것을 목표로 삼았다. 자칫 전문적으로만 보일 지식에 스프레차투라를 끼얹는 것은 상류층을 겨냥하려면 특히나 불가피한 일이었다. 마침내 귀족 계급을 포섭한 결과, 궁정의 문화적 규약에 대한 예수회의 선택은 정당화되었다. 다른 수도회와 달리 예수회는 추기경의 문화(교회법은 어느 정도 알았지만 신학은 거의 혹은 전혀 몰랐다)와 그 수도회에 소속된 신학자 및 철학자의 문화를 구분하던 전통적 경계를 넘나들 수 있었다.

예수회는 궁정인들이 수도회 일원을 부를 때 사용하던 칭호인 '수사'에 씌운 문화적 오명을 벗어 버리는 데 이례적인 성공을 거두었다. 수도원 일원들은 대체로 궁정인의 특징인 교양, 자유, 문화(그리고 생활양식)를 갖지 못했다고 인식되었다. 철

pp. 267~268, 321; Cerasoli, "Diario di cose romane degli anni 1614, 1615, 1616", *Studi e documenti di storia e diritto* 15 (1894): p. 280.

학자들에게 부여된 부정적 편견이 '수사'들에게도 일부 적용되었다. 참폴리는 로마의 궁정인들에게 다음과 같이 조언하며 이렇게 주장했다.

수사와의 우정은 [궁정인에게] 해롭다. 하지만 그들 중에서 군주들의 식솔 및 궁정과 두루 인연이 있어 당신이 칭송받게 해줄 만한 사람들은 알아둘 필요가 있다. 공개적으로 칭송받는 것은 매우 중요하기 때문이다. 그러나 수사들은 그다지 존중받지 못하므로 그들과 너무 가까이 지내지는 않되 앞서 언급한 혜택을 누릴 정도로만 친분을 유지해야 한다.[18]

예수회는 궁정인다운 특징을 갖는 데 능숙했으나 수도회 문화에서 (종교적 색채가 덜한) 궁정 문화로 완벽하게 전환하지는 못했다. 앞으로 살펴보겠지만 갈릴레오는 그라시의 지적 양식에 남아 있던 '규칙맹종'의 잔해를 능숙하게 활용할 수 있었다.

그라시는 예수회의 동료들이 연극과 시, 수사학으로 했던 일들을 《논쟁》을 통해 천문학으로 수행했다. 그는 예수회 사제들이 맹종적 사상가가 아니라 아리스토텔레스를 터놓고 비판하

---

18 Giovanni Ciampoli, "Discorso di Monsignor Ciampoli sopra la corte di Roma", in Marziano Guglielminetti, Mariarosa Masoero, "Lettere e prose inedite (o parzialmente edite) di Giovanni Ciampoli", *Studi secenteschi* 19 (1978): p. 236.

며 자연철학을 개혁하는 작업에 기꺼이 동참하려 한다고 주장했다.[19] 동시에 그라시는 (불과 몇 년 전인 1616년에 교회 당국이 거짓이라고 선포한) 코페르니쿠스의 비정통적 우주론을 멀리하고, 전통과 혁신의 조화라는 예수회의 태도를 대표하게 된 튀코 체계에 동조하기 시작했다. 그라시의 서문은 새로운 발견에 대한 예수회의 모호한 태도를 전형적으로 드러낸다. 그의 말대로 혜성은 끔찍한 변화의 징조였지만 예수회 수학자들이 설명한 뒤에는 그렇지 않았다. 예수회는 새로운 발견을 기꺼이 고려할 용의가 있었지만 그것은 오직 그 발견을 길들이려 할 때뿐이었다. 그렇다면 예수회 사제들에게 새로운 발견이란 세상의(혹은 철학의) 급진적 변화를 알리는 징조일 수 없었다.

논쟁의 서막

앞서 논의했듯이 과학 논쟁은 결투와 비슷한 측면이 있었다. 논

---

19 예수회 수학자들은 그라시의 《논쟁》을 예수회 철학자들의 믿음에 반하는 혁신적 저술로 여겼다. 이는 갈릴레오가 《논쟁》을 공격했다는 사실에 놀란 크리스토퍼 그림베르거Christopher Griemberger의 반응으로 짐작할 수 있다(Ugo Baldini, "Additamenta galilaeana I: Galileo, la nuova astronomia e la critica all'aristotelismo nel dialogo epistolare tra Giuseppe Biancani e i Revisori romani della Compagnia di Gesù", *Annali dell'Istituto e Museo di Storia della Scienza di Firenze* 9 [1984]: p. 22).

쟁은 당사자들 사이에서 시작되기보다는 후원자들이 특정한 현상이나 다른 이의 가신이 제기한 해석에 관한 의견을 자신의 가신에게 요청하면서 촉발되고 추진되었다. 가신들은 설령 그 주제를 제대로 알지 못하더라도 후원자의 요청을 무시했다가는 무탈하게 넘어갈 수 없었다. 혜성 논쟁은 이 패턴에 잘 부합한다. 1623년, 갈릴레오는 논쟁에 참여한 의도를 다음과 같이 설명했다.

아마도 저에게 침묵을 지켜야 했다고 말씀하실 겁니다. 그 점에 대해서는 우선 이렇게 답하겠습니다. 마리오 [*구이두치] 공과 저는 그라시 신부의 논고가 출간되기도 전에 이미 저희의 생각을 알려야 한다는 의무감을 너무도 깊이 느끼고 있었습니다. 계속해서 침묵을 지켰다면 저희를 향한 경멸과 철저한 조롱을 불러일으켰을 겁니다.[20]

더군다나 갈릴레오와 예수회 모두 중요한 후원자들이 그들에게 의견을 묻기 전까지 혜성에 별다른 관심을 두지 않았던 듯하다.[21] 그라시와 갈릴레오는 그 주제에 관해 말하고 쓸 수밖

---

20 *GO*, vol. 6, pp. 227~228. 번역은 Stillman Drake and C. D. O'Malley, *Controversy on the Comets*, pp. 178~179를 따랐다.

21 《논쟁》은 (공개 강연으로 전달되긴 했지만) 로마나 외국의 저명인사들이 혜성의 본질과 위치에 대해 제기한 질문의 답변으로 제시되지 않았다. 하지만 1619년 출간한

에 없었다. 하지만 후원을 기반으로 행동한 탓에 그들은 점점 더 격렬한 논쟁에 휘말려 예전의 좋았던 관계까지 망치게 되었다. 갈릴레오는 다음과 같이 말했다.

그 사실[많은 천문학자들이 혜성에 대한 튀코의 견해를 지지하고 있다는 사실]을 알게 되자마자 저는 그 추론이 꽤 공허하다는 제 의견을 사람들에게 매우 분명하게 이해시켰지요. 그런데 수많은 이들이 제 의견을 조롱했고, 로마 대학 수학자들의 권위 있는 지지와 확인이 그들 편에 있다는 걸 알고는 더욱더 비웃었습니다. 이 상황이 저를 조금이나마 곤혹스럽게 했다는 점을 부인할 수 없겠습니다. 저는 그토록 많은 논적들(그들은 지원에 힘입어 더욱 고압적으로 반대를 표했답니다)에 맞서 저의 진술을 변호할 필요가 있다고 생각했고, 그라시 신부를 끌어들이지 않고는 그들의 입장을 반박할 방도를 찾을 수 없었습니다. 따라서 제가 조금도 원치 않은 방향으로 반대 의사를 표명하게 된 것은

《천문학적 저울과 철학적 저울》에서 그라시는 1618년 가을을 회상하며 예수회가 혜성 논쟁에 뛰어든 맥락을 다음과 같이 설명했다. "따라서 철학자와 천문학자의 아카데미에 즉시 자문을 구해야 한다고 결정되었다. 물론 우리 아카데미 구성원들이 다양한 관심사를 갖기로 유명하긴 하지만 우리의 대학[*로마 대학]이 다른 어떤 장소보다 이목이 집중되는 곳으로, 특히 자문을 구하고 답을 기다릴 만한 곳으로 선뜻 간주된 이유는 무엇이었을까?" 결국 예수회는 저명인사들에게 질문을 받고 논쟁에 진입한 것이었다(Drake, O'Malley, *Controversy on the Comets*, p. 69).

어쩔 수 없는 우연 때문이지 제 선택이 아니었습니다.[22]

갈릴레오의 설명은 그가 활용하던 후원 체계의 몇 가지 중요한 특징을 드러낸다. 더 나아가 논쟁은 혜성에만 국한되지 않았다. 갈릴레오가 《시금자》를 출간하고 그라시가 《천문학적 저울추와 소형 저울추의 비교*Ratio ponderum librae et simbellae*》(이하 《비교》)로 대응하던 무렵, 논쟁은 이미 여러 방향으로 뻗어 나갔고 어떤 부분은 혜성과 간접적으로만 연관되었다. 1619년부터 1626년까지 논쟁이 전개되는 도중에 끼어든 다섯 저술[23]의 (이해하지 못할 만큼 혼란스럽진 않더라도) 복잡한 논증 및 전술 패턴은 코페르니쿠스주의와 그 반대 입장 사이의 충돌이 아니라, 1616년 코페르니쿠스의 책이 금서 목록에 오른 후 관련 분야에서 후원 동역학이 훨씬 교묘하게 작동한 방식을 보여 준다.

갈릴레오는 1618년까지 관측 천문학을 장악했다. 1618년 말 프랑스 궁정에서 받은 편지를 보면 그가 그 분야에서 명백한 선도자로 간주되었음을 알 수 있다. 프랑스 왕실수학자 자크 알

---

22 *GO*, vol. 6, p. 226. 번역은 Drake, O'Malley, *Controversy on the Comets*, pp. 178~179을 따랐다.

23 * 혜성 논쟁에 관한 다섯 저술을 출판 순서대로 나열하면 다음과 같다. 그라시의 《1618년에 나타난 세 개의 혜성에 대한 천문학 논쟁》(1619), 구이두치의 《혜성에 관한 담화》(1619), 그라시의 《천문학적 저울과 철학적 저울》(1619), 갈릴레오의 《시금자》(1623), 그라시의 《천문학적 저울추와 소형 저울추의 비교》(1626). 이 중에서 앞 네 문헌은 Drake, O'Malley, *Controversy on the Comets*에 번역되어 있다.

룸이 국왕에게 말했듯이, 오직 갈릴레오만이 혜성을 관측하고 국왕의 질문에 답할 수 있었다. 알룸이 갈릴레오를 의문의 여지 없는 유명인으로 내세운 것은 단순히 곤경을 면하기 위해서가 아니었다. 실제로 1609년 이후의 주목할 만한 천문학적 발견은 모두 망원경(갈릴레오와 동일시된 도구)을 통해 이루어졌을 뿐만 아니라 그 발견들을 성취한(또는 최소한 그 발견들의 공로를 인정받는 데 성공한) 인물 역시 갈릴레오였다. 갈릴레오에게 국제적인 명성과 놀라운 경력을 가져다준 것은 (코페르니쿠스주의를 향한 옹호가 아닌) 그러한 발견들이었다.

1618년에 혜성들이 나타나자 상황은 완전히 달라졌다. 그때 당시 관측의 왕은 (병상에 누워) 침묵을 지키고 있었다.《논쟁》의 도입부가 시사하듯 예수회는 갈릴레오가 아직 연구하지 않은 대상을 마침내 자신들이 관측하게 되어 매우 기뻐했다. "오직 혜성만이 스라소니의 눈에서 벗어나" 있었다.[24]

더군다나 혜성은 예수회가 우주론 논쟁에 개입하지 않고도 연구할 수 있는 유형의 천체였다. 1616년 코페르니쿠스의《천구의 회전에 관하여》가 금서로 지정된 후로 우주론적 쟁점은 모든 가톨릭 천문학자, 특히 프톨레마이오스 천문학이 명을 다했음을 깨달은 진보적인 천문학자들(가령 예수회)에게 매우 민

---

24 Drake, O'Malley, *Controversy on the Comets*, p. 6. [* 여기서 스라소니는 린 체이 아카데미의 중심 인사였던 갈릴레오를 의미한다. 린체이 아카데미의 이름은 '스라소니lince'에서 따온 것이다.]

감한 문제가 되었다. 하지만 혜성은 프톨레마이오스나 코페르니쿠스가 천문학 저술에서 다루지 않았기 때문에 그 즉시 우주론 분야에서 해석할 만한 천체로 여겨지지는 않았다.[25] 더 나아가 코페르니쿠스 이후의 우주 체계 가운데 유일하게 혜성에 어떤 역할을 부여한 행성 모형(튀코의 모형)은 지구를 우주 중심에 놓은 덕분에 신학적으로도 수용될 수 있었다.[26]

이런 맥락에서 예수회는 우주론적인 문제를 일으키지 않고도 혜성을 해석할 수 있었다. 그들은 혜성을 두려워할 이유가 없었다. 누군가가 우주론적 함의를 제기하더라도 그들은 자신들의 주장을 튀코 체계로 해명할 수 있었다(실제로 1620년에 공식적으로 수행한 일이다).[27] 또한 혜성 연구를 통해 예수회는 단

---

25 더 구체적으로 말하자면, 프톨레마이오스는 《알마게스트Almagest》에서 혜성을 언급하지 않았지만 점성술 저작인 《테트라비블로스Tetrabiblos》에서는 기상 현상으로 간략하게 언급했다(Ptolemy, Tetrabiblos, trans. F. E. Robbins [Cambridge, Mass.: Harvard University Press, 1940], pp. 191~195, 217). 코페르니쿠스는 《천구의 회전에 관하여》에서 지나가듯이 혜성을 지상계의 물체로 단 한 번 언급했다. 하지만 그가 자신의 의견을 표명한 것인지 아니면 통설을 전했을 뿐인지는 확실하지 않다(Nicolaus Copernicus, On the Revolutions, book 1, chapter 8).

26 튀코는 1577년 나타난 혜성의 궤적을 수정 천구의 존재를 부정하는 근거로 해석했다(이것은 튀코 체계의 지속 가능성에 심각한 문제를 제기하는 믿음이었다). 튀코 체계에서는 화성 천구와 태양 천구가 교차하는데, 이는 두 천구가 비물질이 아닌 이상 받아들여질 수 없었다. 혜성은 여러 행성 천구를 통과하는 것처럼 보였으므로 튀코는 천구들이 비물질일 수밖에 없다고 주장했다.

27 1620년 주세페 비안카니의 《천구와 세계지학Sphaera mundi, seu cosmographia》(Bologna: Bonomi, 1620)이 출간됨에 따라 예수회는 튀코 체계의 수용을 선언했다. 예수회는 엄격한 내부 검열 체계를 갖추고 있었으므로, 튀코 체계를 분명하게 채

체로서의 명성도 쌓을 수 있었다. 사실 《논쟁》은 단순히 수학자 한 명의 저술이 아니었다. 그라시가 활용한 자료의 품질과 양은 예수회 네트워크가 효과적임을 보여 주는 명백한 증거였다. 혜성에 관한 연구는 예수회가 독립된 단체로서 지닌 밑천을 보여 주었다.

마지막으로 혜성 논쟁의 세대적 요인 또한 고려해 볼 필요가 있다. 1618년 나타난 혜성들은 클라비우스의 '아이들'이 집단을 이룬 시대가 도래함을 알리는 신호였다. 1611년에는 그들이 갈릴레오의 발견을 (클라비우스의 지휘에 따라) 한 집단으로서 보증했다면, 1618년 클라비우스가 사망하고 없는 상황에서 제자들이 공로를 인정받기 위해 노력하고 있었다. 혜성 논쟁은 두 명의 개인, 두 개의 기관 간의 논쟁일 뿐만 아니라 두 세대 간의 논쟁이기도 했던 것이다.[28]

갈릴레오는 저울이 자신에게 불리한 쪽으로 기울기 시작했다고 느꼈을 수 있다. 한 개인으로서 갈릴레오는 예수회의 그

택한 책을 출간한다는 결정은 성명이나 마찬가지였다. 그라시의 혜성 저술들에서 튀코 체계에 호의를 보이면서도 결코 분명하게 지지하지 않았다는 사실은 그라시와 예수회 동료들이 혜성 논쟁을 활용하여 검열의 동정을 살폈을 가능성을 시사한다.

28 1618년이 되자 갈릴레오의 상황 역시 바뀌었다. 갈릴레오에게 예수회와의 기존 인맥은 곧 클라비우스를 의미했다. 갈릴레오는 그 노령의 천문학자를 후원자로 정중하게 대우했다. 하지만 클라비우스는 일찍이 1612년에 사망했고, 갈릴레오가 그에게 진 빚은 그라시, 그림베르거, 파울 굴딘Paul Guldin에게까지 이어지지는 않았다. 클라비우스가 1618년에도 살아 있었다면 갈릴레오는 그라시를 그와 같이 혹독하게 공격하지 않았을 것이다.

누구보다 훨씬 유명했지만, 네트워크를 비교하면 예수회가 (가톨릭교회와의 관계가 더욱 강력했을 뿐만 아니라) 그보다 많은 밑천을 보유하고 있었다. 더 나아가 예수회는 그때까지 갈릴레오가 독점한 줄만 알았던 궁정 시장에 상품을 내놓기 시작했다. 그라시가 1619년 출간한 《천문학적 저울과 철학적 저울*Libra astronomica ac philosophica*》(이하 《저울》)에는 분명히 갈릴레오의 자존심을 건드렸을 한 문장이 포함되어 있다. 예수회가 혜성 논쟁에 관여하게 된 초기 양상을 말하면서 그라시는 비르투오소와 귀족과 추기경이 예수회 수학자들을 찾아가 의견을 구했다고 설명했다. 그러면서 로마 대학을 그 사안에 대한 권위의 원천으로 제시했다. "물론 우리 아카데미 구성원들이 다양한 관심사를 갖기로 유명하긴 하지만 우리의 대학[*로마 대학]이 다른 어떤 장소보다 이목이 집중되는 곳으로, 특히 자문을 구하고 답을 기다릴 만한 곳으로 선뜻 간주된 이유는 무엇이었을까?"[29] 우리가 지금껏 살펴본 후원 동역학의 작동에 비추어 보면, 질문을 받는 것은 악몽으로 치닫는 일이 될 수 있지만, 질문을 받지 못하는 것은 더 심각한 일이었다. 그것은 지위가 기울고 있다는 뜻이기 때문이다. 그라시가 로마 대학을 천문학과 수학에 대한 의견을 구하려는 고귀한 인물들이 자연스럽게 찾아드는 장소로 내세운 것은 결국 (프랑스 파리 사람들의 믿음과 달

---

29 Stillman Drake and C. D. O'Malley, *Controversy on the Comets*, p. 69.

리) 갈릴레오가 더는 일인자가 아니라는 주장이나 다름없었다.

혜성은 예수회의 (후원부터 우주론에 이르는) 의제에 잘 부합했고 그들이 밑천을 최대로 활용하는 데 기여했던 반면, 유명한 궁정천문학자라는 갈릴레오의 지위에는 심각한 위협처럼 보였다. 악의가 전혀 없었던 《논쟁》을 향해 갈릴레오가 당혹스러울 정도로 가혹한 공격을 가한 것은 이러한 맥락에서 이해할 수 있다. 그라시를 상대로 한 갈릴레오의 강경한 발언은 그가 당시의 상황을 받아들일 수 없었기 때문으로 보인다. 갈릴레오가 관측 천문학에서 최초(혹은 최고)가 되지 못한 것은 이번이 처음이었다. 게다가 그는 혜성 관측에서 우위를 되찾기 위해 할 수 있는 일이 전혀 없었다. 예수회가 이미 책자를 인쇄했을뿐더러, 그가 병상에서 일어났을 무렵 혜성은 하늘에서 벌써 사라지고 없었다. 갈릴레오가 《혜성에 관한 담화》의 서두에서 "하늘에서 수많은 경이를 발견함으로써 고국 못지않게 현시대를 장식하는 고귀하고 숭고한 지성"으로 자신을 내세우며(혹은 구이두치가 그렇게 하도록 내버려두며) 자화자찬한 것도 지위의 불안이라는 맥락에서 이해할 수 있다. 흥미롭게도 갈릴레오는 예수회의 샤이너가 흑점 발견의 공로를 가로채려 한다고 비난하며 단락을 끝맺었다.[30] 그라시가 《논쟁》과 《저울》에서 간간이 활용한 상징과 말장난, 역설적 표현, 다양한 수사적 장치에 갈릴레오가

30　앞의 책, p. 24.

뜻밖의 날카로운 공격을 가한 것도 눈에 띈다.[31] 이 역시 그라시가 갈릴레오 자신의 전술로 되려 자신의 영역을 침범한 것에 따른 분개의 표현으로 이해할 수 있다.[32]

예수회에 대항하여 지위를 복권하기 위해 갈릴레오는 새로운 전략을 마련해야 했다. 더군다나 그는 후원 체계 속에서 자신에게 쏟아진 기대로부터 벗어날 수 없었다. 특히 그는 오스트리아의 대공작 레오폴트(메디치 2세의 처남)에게 자연철학에 관한 질문은 언제나 자신에게 의존할 수 있다는 점을 증명해야 했다. 갈릴레오에게는 선택지가 많지 않았다. 스스로 인정했듯이, 그가 반응하지 않는다면 신뢰와 후원 인맥이 큰 타격을 입을 것이었다. 그렇다고 예수회의 주장을 지지한다면 그들의 입장을 강화하는 꼴이 되어 그들이 자신의 궁정 영역을 더 침범하도록 부추길 터였다. 세 번째 선택지는 예수회의 주도권을 약화시킬 만한 대안적인 해석을 제시하는 것이었다. 혜성을 관측하지 못한 갈릴레오는 경험적 근거로 그라시를 반박하는 대신 혜성에 관한 새로운 가설을 제시하려 했다.[33]

---

31 *GO*, vol. 6, pp. 88, 233~234. 그라시의 반응은 앞의 책, pp. 116~117을 보라.

32 그라시의 저술을 맞닥뜨린 린체이 아카데미 또한 이러한 차원에 민감하게 반응했을 수 있다고 생각된다. 린체이 아카데미의 회원들은 대부분 궁정인이었으므로 그라시가 자신들의 영역을 침해한다는 갈릴레오의 인식에 동조했을 가능성이 있다(특히 체사리니와 참폴리가 그랬을 것이다).

33 갈릴레오가 1618년에 처한 곤경은 1612년과 다르지 않았다. 1612년에도 아펠레스의 흑점 저술에 의견을 구한다는 벨저의 편지를 받았고, 설령 흑점을 체계적으로 관

갈릴레오는 그라시에게 직접 답하지 않고 피오렌티나 아카데미의 고문관이었던 마리오 구이두치에게 자신의 견해를 전달했다. 구이두치는 두 사람이 함께 작성한 담화를 1619년 아카데미에 선보였다. 그들은 그 저술에 구이두치의 이름을 내세워 《혜성에 관한 담화》라는 제목으로 출간했다(하지만 내용의 출처는 명확하게 갈릴레오의 공으로 돌렸다).[34] 《혜성에 관한 담화》는 갈릴레오의 지성을 혜성 쪽으로 돌려놓은 오스트리아의 레오폴트에게 헌정되었다.[35] 앞으로는 편의상 갈릴레오를 《혜성에 관한 담화》의 주요 저자로 지칭하겠다.

그라시에 대한 갈릴레오의 답변은, 순화해서 말하자면 도발적이었다. 갈릴레오가 주장하기를, 그라시는 시차 관측을 하기 전에 혜성이 무지개 같은 광학적 인공물이 아닌 실제 물체인지 먼저 확인했어야 했다.[36] 만일 그라시가 혜성이 실제 물체임을 증명하지 못한다면 그의 증거는 전부 먼지처럼 사라지고 말

측하지 않았어도 새로운 후원자에게 깊은 인상을 남기면서 발견의 우선권을 되찾길 원했다. 《혜성에 관한 담화》와 마찬가지로 태양 흑점에 대한 첫 번째 편지는 명확하게 가설의 성격을 띠었다.

34 Mario Guiducci, *Discorso delle comete* (Florence: Cecconcelli, 1619); *GO*, vol. 6, pp. 39~93에 전재됨. 영문 번역은 Stillman Drake and C. D. O'Malley, *Controversy on the Comets*, pp. 21~65를 따랐다.

35 "끝으로 아뢰건대 소인의 조치는 (전하께서 갈릴레오 선생에게 송부하신 자비로운 서한에 쓰여 있듯) 이 사안에 대해 선생의 의견을 구하고자 하는 전하의 바람에 의해 결정되었나이다"(Drake, O'Malley, *Controversy on the Comets*, p. 22).

36 *GO*, vol. 6, pp. 65~71.

터였다.[37] 갈릴레오는 대안적 견해를 제시했다. 혜성은 결코 물체가 아니며 증기가 지표면에서 수직으로 솟은 결과에 불과하다는 것이었다.[38] 그 견해에 따르면 혜성의 꼬리로 보이는 것은 햇빛이 증기에 굴절된 현상에 지나지 않았다.[39] 요컨대 혜성은 행성이 아니며 또한 원형 궤도를 돌지 않을 수도 있었다. 혜성들은 지표면과 수직인 직선을 그리며 지구에서 멀어졌을 가능성이 더 컸다. 갈릴레오가 보기에 이것은 혜성의 광휘가 빠르게 바뀌는 현상을 설명하는 유일하게 실현 가능한 가설이었다.[40] 혜성이 어느 순간 곡선 궤적을 따르는 듯한 현상은 광학 착시로 둘러댈 수 있었다.

---

37 또한 그라시는 망원경으로 보면 혜성이 조금밖에 확대되지 않는다는 사실에서 혜성의 위치가 달 위라는 보조 논증이 도출된다고 주장했고, 갈릴레오는 이를 강하게 비판했다. 내 생각에 그라시가 다소 부적절한 표현으로 전달하고자 했던 것은 망원경을 통해서는 혜성이 크게 확대되어 **보이지** 않는다는 것뿐이었다. 하지만 갈릴레오는 그가 망원경이 모든 물체를 동일한 배율로 확대하지 않고 가까운 물체는 먼 물체보다 더 확대한다고 주장한 것으로 보고 그를 광학에 무지한 사람으로 묘사했다(앞의 책, pp. 72~82). 그렇지만 그라시가 1617년 출간한 《무지개에 대한 광학적 논쟁》에서 알 수 있듯이 그는 결코 광학에 무지하지 않았다.

38 갈릴레오는 1604년에 관측된 신성을 다룬 저술에서 혜성을 해석할 모형을 발견한 것으로 보인다(Willy Hartner, "Galileo's Contribution to Astronomy", in Ernan McMullin, ed., *Galileo, Man of Science* [New York: Basic Books, 1967], p. 185).

39 혜성의 꼬리에 대한 이 견해의 기원은 적어도 헤마 프리시위스Gemma Frisius까지 거슬러 올라간다. Peter Barker, "The Optical Theory of Comets from Apian to Kepler", *Physis* 30 (1993): pp. 1~25을 보라.

40 *GO*, vol. 6, pp. 51, 90~91.

갈릴레오가 그라시에게 보낸 답변은 여러 문제를 한꺼번에 처리했다. 첫째로, 혜성에 대한 그라시의 견해를 공격적이고 역설적인 논증으로 비판함으로써 진짜 궁정 자연철학자(즉, 논쟁적이고 독창적이며 창의적인 자연철학자)는 그라시가 아니라 자신임을 보일 수 있었다. 참폴리는 갈릴레오의 답변을 읽고 이렇게 말했다. "그 담화는 단연 경이롭더군요. 저에게는 기적과 같았습니다. 새로운 것들roba nova, 즉 철학적 평민에게는 역설적인 명제들이 더없이 명확하게 논증되었습니다. 놀라지 않는 것이 불가능할 정도이지요."[41] 갈릴레오의 공격적인 지적 양식은 그가 답해야 했던 위대한 후원자 레오폴트 같은 이들을 만족시켰을 것이다.[42]

둘째로, 갈릴레오는 그라시가 제시한 시차 논증의 정당성을 약화하여 그라시(그리고 예수회)의 가장 큰 자산, 즉 그들이 유

---

41 *GO*, vol. 12, no. 1399, p. 466.

42 갈릴레오가 레오폴트의 질문에 답하는 것이 매우 중요했다는 훗날의 증거가 있다. 1621년 봄, 코시모 2세가 서거한 직후 갈릴레오는 레오폴트에게 보낸 편지에서 자신을 대신하여 레오폴트의 누이인 대공비 마달레나에게 추천서를 요청해 달라고 부탁했다. 몇 주 후 레오폴트는 갈릴레오에게 자신이 그 일을 처리했다고 전했다(*GO*, vol. 13, no. 1494, p. 61; no. 1503, p. 70). 코시모가 사망한 이후 갈릴레오의 지위는 안전을 보장받지 못했다. 그의 직책은 서거한 대공이 만든 것이었기에 대공의 후계자가 그 자리를 보장해 줄지는 확실치 않았다. 새로운 섭정(레오폴트의 누이가 주된 역할을 하게 되었다)이 시작될 것을 알았던 갈릴레오는 자신의 계약을 확실히 보장받기를 원했다. 갈릴레오가 혜성에 관한 레오폴트의 질문에 구이두치의 《혜성에 관한 담화》를 통해 답하지 않았다면 어떻게 되었을지 추측해 보는 것은 흥미로운 일이다.

럽 전역에서 모은 관측 자료를 무력화하는 데 성공했다. 이 조치를 통해 그는 수많은 예수회 관측 천문학자들의 밑천에 대항해야 했던 상황을 수학자만이 아니라 자연철학자이기도 한 위치에서 그라시에게만 맞서면 되는 상황으로 변모시켰다. 이처럼 갈릴레오는 자신이 그라시를 더욱 수월하게 능가할 수 있는, 덜 경험적이되 더 철학적인 기반으로 논의를 전환했다. 그런 다음 자신의 논증은 그저 '우아한 추측'일 뿐임을 강조하면서 신학적으로 민감한 영역은 멀리하려 했다.[43] 이는 코페르니쿠스 학설을 믿거나 옹호하는 것을 금지했던 1616년의 경고 때문이었다. 마지막으로, 마스카르디의 연설에서 명료하게 나타난 '보석'에 대한 궁정인의 취향에 의존하여 갈릴레오는 자신이 뜻밖의 어려움 탓에 가설적 접근 방식을 택한 것이 아니라 자신의 덕을 따라 스스로 결정한 것으로 내세울 수 있었다. 그는《혜성에 관한 담화》의 서두에서 이 점을 분명히 했다.

풍요로운 보고寶庫[우주]에서 진귀한 보석을 채취할 자유는 매우 제한되어 있으므로 우리에게 그것을 조금이라도 가져다줄 수 있는 이들은 운 좋고 위대한 자로서 더없이 존경받아야 마땅하다. 마찬가지로 그들이 그런 장소에 머물도록 허락된 시간이 턱없이 짧아 더 나쁜 것들 중에서 더 좋은 것을 골라내지 못했

---

43 갈릴레오가 취한 가설적 접근의 사례들은 *GO*, vol. 6, pp. 47, 51, 73, 99을 보라.

다고 하더라도, 또한 이따금 우리가 그들에게 요청한 현상의 원인 대신 다른 것을 가져다주었다고 하더라도, 그들은 너그러이 용서받아야 한다. 그들에게 면피할 자격이 충분한 것처럼, 우리 또한 그러한 원인들을 면밀히 검토하고도 그것들을 전부 똑같이 인정하지 않더라도 그로 인해 비난받아서는 안 된다.[44]

갈릴레오의 혜성 견해는 체계적인 논설이 아니라 독자들이 운좋게 얻을 수 있는 몇 가지 훌륭한 통찰로 보여야 했다. 병상에 누워 있느라 관측을 하지 못한 갈릴레오의 매력 없는 이미지는 그의 우수한 정신이 미지의 우주 공간을 (아주 짧은 기간일지라도) 여행하고 돌아와 비르투오소 동료들을 위한 선물, 즉 그들이 기뻐하거나 적어도 그 진기함에 고마워할 선물을 몇 개 나눠 주는 전형적인 이미지로 마법처럼 변모했다. 갈릴레오가 선택한 방법은 다른 수학자들에게는 당혹스러웠을지 몰라도 그가 청중으로 상정한 궁정인들에게는 꽤 효과적이었던 것으로 보인다.[45] 갈릴레오는 《시금자》에서도 '보석'의 비유를 활용하여 자신의 견해가 초래할 어려움을 제거하고 자신의 책을 궁정

---

44 번역은 Stillman Drake and C. D. O'Malley, Controversy on the Comets, p. 23을 수정한 것이다. 원문은 *GO*, vol. 6, pp. 45~46에 있다.

45 갈릴레오가 혜성을 다룬 관점(《시금자》에 나타난 관점)에 대한 케플러의 견해는 《덴마크인 튀코 브라헤를 보호하는 방패*Tychonis Brahei Dani Hyperaspistes*》(Frankfurt, 1625)에 수록된 부록을 참고하라. 이 글은 Drake, O'Malley, *Controversy on the Comets*, pp. 339~355에 번역되어 있다.

자연철학의 저술로 내세웠다.

갈릴레오 대 튀코

혜성에 대한 견해를 가설로 취급하는 접근법을 정당화한 것은 갈릴레오가 선택한 전술의 한 측면에 불과하다. 갈릴레오는 자신의 가설이 최선이라는 점까지 증명해야 했다. 그 목적을 달성하기 위해 그는 그라시를 비롯해 혜성을 주제로 글을 썼던 모두를 상대로 체계적인 비판을 가했다(모든 비판이 정당하지는 않았다). 전반적으로 보면 갈릴레오의 전략은 그가 1615년에 쓴 〈크리스티나 대공비에게 보내는 편지〉의 전술을 떠올리게 한다. 그 편지에서 그는 프톨레마이오스의 대안이 명백하게 반박되었기 때문에 태양중심설을 완전히 폐기하지 말고 그것이 숨 쉴 틈을 남겨 두어야 한다고 주장했다. 더 정확히 말하면, 논적들의 주장이 이미 논박되었으니 자신의 가설은 증명할 필요가 없으며, 자신의 가설은 아직 반박되지 않았으므로 진지하게 받아들여져야 한다는 주장이었다. 따라서 갈릴레오의 가설은 다른 가설보다 더 나은 것이었고, 논적들이 그것을 반증하고자 한다면 그 일은 그들의 몫이었다. 이 전술은 《혜성에 관한 담화》에서 그대로 사용되었고 《시금자》에도 도입되었다. 갈릴레오는 혜성에 관한 자신의 가설을 증명할 의무는 자신에게 없다고 주장하기 시작했다. 갈릴레오의 가설적 주장을 반박해야 할 사람은 그라시였다(갈릴레오는 자신이 그라시의 견해를 논박했다고 주장했다). 그가 그것을 원한다면 말이다.

갈릴레오가 그라시를 체계적으로 또 다소 가혹하게 비판한 것은 맥락상 이해할 만하지만,《혜성에 관한 담화》에서 튀코까지 공격한 것은 언뜻 부적절해 보인다. 왜냐하면 튀코의 학설이 그라시의《논쟁》에서 차지하는 역할은 매우 미미하기 때문이다. 그라시는 튀코의 우주론적 견해를 언급하지도 않았다(사실상 우주론적 쟁점 자체에 대한 명시적 거론을 피했다). 만일 예수회가 튀코의 훌륭한 기구를 가졌더라면 혜성을 훨씬 잘 관측할 수 있었을 것이라면서 그의 이름을 단 한 번 언급했을 뿐이다.[46] 튀코와 그라시 사이의 유일한 암시적 관계는 예수회가 혜성을 달 아래 지상계 현상이 아니라 원 궤도를 도는 행성 같은 천체로 보았다는 것뿐이었다. 혜성 궤도의 중심에 태양이 놓여 있다고 주장했던 튀코와 달리, 그라시는 이 논점을 명시적으로 거론하지 않았다(아마도 우주론적 쟁점을 완전히 제외하기 위해서였을 것이다).[47]

어떤 역사학자들은 갈릴레오의 튀코 비판을 선제공격으로 보았다. 그러한 관점에 따르면, 갈릴레오는 튀코가 혜성에 근거

---

46 Drake, O'Malley, *Controversy on the Comets*, p. 14.
47 앞의 책, p. 16.

해 제시한 반-코페르니쿠스적 논증을 예수회가 채택하여 자신을 상대로 활용할까 봐 우려했다. 튀코의 논증은 그가 크리스토프 로트만에게 쓴 편지에서 선보인 바 있으며[48] 그는 혜성의 움직임이 지구의 부동성에 대한 믿음을 확증한다고 말했다. 지구는 움직이지 않으며, 만일 움직인다면 태양을 공전하는 지구의 그림자가 혜성 궤도에 투영되어 보여야 한다는 주장이었다. 특히 튀코는 지구가 움직인다고 가정한다면 혜성이 다른 행성들처럼 태양 반대편에 있을 때 역행운동을 하리라 예상하기도 했다. 하지만 그러한 현상은 끝내 관측되지 않았다.[49]

여러 이유로 나는 이 논증의 힘이 과장되었다고 생각한다. 갈릴레오와의 격렬한 의견 교류 속에서 그라시는 혜성의 존재

---

[48] Tycho Brahe, *Epistolarum astronomicarum libri* (Uraniborg, 1596), in *Tychonis Brahe Dani Opera Omnia*, ed. I. L. E. Dreyer (Amsterdam: Swets and Zeitlinger, 1972), 6: p. 179. 튀코가 마지니에게 보낸 편지(*Tychonis Brahe*, 7: pp. 289~299, esp. p. 295)와 카스파어 포이처Caspar Peucer 에게 보낸 편지(7: pp. 127~141, esp. p. 130)도 참고하라.

[49] Christine Jones-Schofield, *Tychonic and Semi-Tychonic World Systems* (New York: Arno, 1981), p. 74. 근대 초기의 혜성 이론을 다루는 유용한 문헌들로는 다음을 참고하라. Peter Barker, Bernard R. Goldstein, "The Role of Comets in the Copernican Revolution", *Studies in History and Philosophy of Science* 19 (1988): pp. 299~319; C. Doris Hellman, *The Comet of 1577: Its Place in the History of Astronomy* (New York: Columbia University Press, 1944); Roger Ariew, "Theory of Comets at Paris during the Seventeenth Century", *Journal of the History of Ideas* 53 (1992): pp. 355~372.

를 근거로 코페르니쿠스를 논박한 튀코의 해석을 한 번도 언급하지 않았다. 논쟁이 진행되는 동안 코페르니쿠스를 반박하는 데 혜성을 활용할 수 있는지에 대한 논의는 단 한 번 거론되었는데, 그마저도 인쇄물이 아닌 갈릴레오가 주고받은 서신에서였다. 《논쟁》의 출간에 관한 편지에서 조반니 바티스타 리누치니[50]는 예수회 내부가 아닌 외부의 누군가가 혜성이 코페르니쿠스 체계를 약화시킨다는 소문을 퍼뜨리고 있다고 전했다.[51]

---

50 * 조반니 바티스타 리누치니Giovanni Battista Rinuccini(1592~1653)는 이탈리아 로마의 대주교로, 교황 그레고리오 15세의 시종관으로 근무하다가 우르바노 8세가 교황으로 선출되면서 페르모의 대주교로 임명되었다.

51 웨스트폴은 이 구절을 잘못 번역하고 이렇게 주장했다. "따라서 조반니 리누치니가 그 강연에 대한 소식을 갈릴레오에게 전하면서 덧붙인 바에 따르면, 예수회는 … 그 강연이 코페르니쿠스주의의 토대를 무너뜨린다고 주장했다."(Richard Westfall, "Galileo and the Jesuits", p. 45.) 하지만 리누치니의 편지는 사실 다음과 같다. "예수회는 현재 인쇄 중인 공개 강연에서 혜성에 대해 논의했는데, 그것이 천상계에 존재한다고 굳게 믿고 있습니다. 예수회 **외부**의 어떤 사람들은 예수회의 혜성 강연이 코페르니쿠스에 반하는 더없이 훌륭한 논증이며 [코페르니쿠스주의를] 무너뜨렸다는 소문을 퍼뜨리고 다닙니다."(GO, vol. 12, no. 1378, p. 443. 번역은 William R. Shea, "Challenge of the Comets", p. 75을 따랐다. [강조는 저자의 것])

튀코가 제시한 혜성 기반의 반-코페르니쿠스적 논증은 갈릴레오가 주고받은 서신에서 단 한 번 언급된다. 그것은 루도비코 람포니Ludovico Ramponi가 1611년에 갈릴레오에게 보낸 편지이다(GO, vol. 11, no. 561, pp. 161~162). 내가 아는 한 갈릴레오가 주고받은 서신 전체에서 이 구체적인 논점이 언급된 곳은 람포니의 편지가 유일하며, 갈릴레오는 튀코 체계에 동조하는 수많은 이들(가령 발리아니)과 서신을 교환했다. 더군다나 당시 갈릴레오가 린체이 아카데미 회원들과 나눈 서신에서 코페르니쿠스주의와 관련해 혜성을 언급한 적은 없다. 이러한 침묵은 중요한 의미를 지닌다. 앞서 언급했듯이 린체이 아카데미는 '그라시 작전'과 그 형식, 목표, 그에 뒤따를 만한 위험 등을 두고 갈릴레오와 자주 서신을 교환했기 때문이다.

그때가 1619년 3월이었다. 이후 그라시는 혜성을 주제로 두 권의 책을 더 출간하여 갈릴레오에게 더욱 적대적으로 반응하면서도 혜성에 기반한 반-코페르니쿠스적 논증은 전혀 펼치지 않았다.

심지어 그라시는 《저울》에서 우주론적 논의로 넘어갈 때조차 반-코페르니쿠스적 논증을 언급하지 않았다. 《저울》에서 그는 혜성이 직선 궤적으로 움직인다는 갈릴레오의 견해가 성립하려면 가톨릭교회에서 용납하지 않는 지구의 운동 가설을 전제해야 한다고 주장했을 뿐이다.[52] 이 에두른 발언을 두고 《시

---

[52] 《혜성에 관한 담화》에서 갈릴레오는 만일 혜성이 지구로부터 수직인 직선 궤적을 따라 움직인다면 결국 '천정zenith'에 접근하되 절대로 그 옆으로 지나쳐 가지는 않아야 한다고 주장했다[* 천정이란 관측자의 위치에서 수직으로 올라간 선이 천구와 만나는 지점을 말한다. 이 맥락에서 관측자의 위치는 나중에 혜성으로 관측될 지구의 대기가 지표면에서 수직으로 올라가기 시작하는 점이 된다. 대기가 곧곧 수직으로만 상승한다면 천정을 향해 올라가기만 할 뿐 천정의 옆쪽으로 기울지 않을 것이다]. 하지만 증거에 따르면 혜성은 천정의 옆을 지나쳐 북쪽으로 기울어졌고, 갈릴레오도 이를 시인했다. 갈릴레오는 다음과 같이 말했다. "그렇다면 우리가 한 말을 바꾸거나 아니면 그것을 유지하되 언뜻 경로 이탈로 보이는 현상을 설명하는 다른 **원인**을 추가할 수밖에 없다. 나는 한쪽을 선택할 수 없고, 다른 쪽을 **선택하고 싶지도 않다**"(Stillman Drake and C. D. O'Malley, *Controversy on the Comets*, p. 57 [강조는 저자의 것]). 그라시는 갈릴레오의 '원인'이라는 표현을 '운동'으로, '선택하고 싶지도 않다'라는 표현을 '감히 그럴 수가 없다'로 이해했다(앞의 책, p. 97.). 그러고는 갈릴레오가 명시하지 않은 추가적인 원인이 지구의 운동임을 암시했다. 이는 가톨릭 신자로서 고려해서는 안 될 가설이었다. "그러나 지금 나의 귀에는 지구가 운동한다는 부드럽고 조심스럽게 속삭이는 소리가 들려온다. 진리와 불화하고 경건한 귀에 거슬리는 말은 멀리해야 하건만! 그런 말은 낮게 속삭이는 편이 좋을 것이다. 이것이 사실이라면 갈릴레오 선생의 견해는 선생을 제외한 모든 이들이 거짓된 토대로 간주

《금자》의 한 부분에서 갈릴레오는 자신이 암시한 내용은 스스로 증명하거나 답변해야 한다고 그라시를 다그쳤으나 예수회는 반응하지 않았다.[53] 그라시가 갈릴레오를 상대로 그가 가진 밑천을 총동원했다는 점을 감안할 때, 튀코의 논증이 강력하다고 생각했다면 그라시는 틀림없이 그 논증을 활용했을 것이다.

갈릴레오가 아무도 제시하지 않은 반-코페르니쿠스적 논증

하는 학설을 선포한 셈이다. 지구가 움직이지 않는다면 직선 운동은 혜성의 관측 자료와 일치하지 않기 때문이다. 하지만 가톨릭 신자들에게 지구가 움직이지 않는다는 사실은 분명하다. … 내가 항상 경건하고 독실하기로 알고 있던 갈릴레오 선생의 마음에 이러한 생각이 떠올랐다니 믿을 수가 없다"(앞의 책, p. 98[《저울》의 한 구절]). 책의 다른 부분에서 그라시는 혜성이 직선 궤적을 따른다는 케플러의 견해에 (갈릴레오의 견해와 더불어) 똑같은 신학적 논증으로 대응했다(앞의 책, p. 75).

53 "그 주장은 불필요하며 공허합니다. 마리오 [* 구이두치] 공과 저는 그러한 경로 이탈의 원인이 지구나 천구 또는 그 밖의 다른 물체라고 쓴 적이 없기 때문입니다. 사르시[그라시] 선생은 일종의 변덕으로 그렇게 주장한 모양인데, 그러니 그 주장에 몸소 답변하는 것이 좋겠습니다"(앞의 책, p. 262[《시금자》의 한 구절]). 책의 다른 곳에서 갈릴레오는 케플러(그리고 자신)가 제시한 혜성 견해의 근거가 태양중심설일 수 있으니 불경스럽다는 그라시의 발언에 다음과 같이 반응했다. "사르시[* 그라시] 선생은 그 견해가 무가치하다고 했습니다. 선생이 제시한 이유는 이렇습니다. 케플러 선생이 지구의 움직임을 전제로 추론했으므로 그 명제는 경건함과 독실함에 어긋나 지지할 수 없다는 것이었지요. 어째서 선생의 [* 신학적인] 이유가 그 견해를 무너뜨리고 불가능함을 증명하는 더 큰 동기가 되어야 하겠습니까? 성서와 일치하지 않는다고 선언된 그 명제의 거짓됨을 물리적 원인을 통해 증명하는 것도 분명 나쁜 생각이 아닙니다"(앞의 책, p. 192[《시금자》의 한 구절]). 그라시가 실제로 튀코의 반-코페르니쿠스적 논증이 견실하다고 생각했다면 튀코의 논증을 활용하여 두 도전에 대응하고 갈릴레오(그리고 케플러)의 직선 궤적 가설과 그 배경에 있다고 간주한 태양중심설을 **모두** 논박했을 것이다. 갈릴레오와 케플러의 도전에 대한 그라시의 단조로운 답변은 《비교》에 포함되었다. *GO*, vol. 6, pp. 401, 453.

에 반격하기 위해 이 모든 논쟁을 벌였다고 믿기는 어렵다. 그 논증은 정작 다른 곳에서 제기되었고 갈릴레오 또한 그때 대항하게 되었다. 바로 1624년 〈인골리에 대한 답변〉을 쓸 때였다.[54] 몬시뇨르 인골리는 갈릴레오가 1616년에 로마를 방문했을 때 공개 모임에서 코페르니쿠스 가설을 주제로 갈릴레오와 논쟁을 벌인 문필가 가운데 한 명이었다.[55] 나중에 인골리는 갈릴레오에게 보내는 편지의 형식으로 자신의 논증을 전개했다. 편지에서 그는 튀코가 제기했던 혜성 기반의 반-코페르니쿠스적 논증을 간략하게 언급했다.[56] 갈릴레오는 처음에 인골리의

---

54 〈인골리에 대한 답변〉은 1624년 가을부터 로마에서 회람되었다. 그라시는 그 글에 대한 소식을 개인적으로 전해 들었을 것이며 또한 아마도 코페르니쿠스에 우호적인 의제를 다룬다는 사실도 들었을 것이다. 실제로 1624년 11월 2일에 구이두치는 갈릴레오에게 보낸 편지에서 자신이 그라시에게 〈인골리에 대한 답변〉에 대해 말했으며 그 글을 그에게 보여 주려 한다고 적었다(*GO*, vol. 13, no. 1678, p. 224). 구이두치는 결국 마음을 바꿔 그라시에게 그 문서를 건네지 않았지만, 나는 (〈인골리에 대한 답변〉의 주제를 이미 알고 있었던) 예수회가 로마에서 회람되던 사본을 확보했을 수 있다고 생각한다. 예수회의 네트워크를 고려했을 때, 그라시가 그 문서를 입수하여 1626년에 출간한 《비교》에 그에 대한 답변을 수록하는 일은 그리 어렵지 않았을 것이다. 결국 그렇게 하지 않았지만 말이다.

55 인골리가 1616년에 쓴 편지에 갈릴레오가 1624년에서야 반응을 보인 것은 혜성 기반의 반-코페르니쿠스적 논증(인골리가 제시한 수많은 논증 중 하나에 불과했다)에 대응하기 어려웠기 때문이 아니라, 1616년 이후 갈릴레오가 처했던 곤경 때문이라고 생각된다. 코페르니쿠스의 책이 금서로 지정된 지 몇 달도 되지 않은 상황에서 그를 옹호하는 것은 현명하지 못한 처사였을 터다. 대신 갈릴레오는 우르바노가 1623년에 교황으로 선출되어 환경이 자신에게 훨씬 우호적으로 바뀐 다음에야 코페르니쿠스에 대한 옹호론을 폈다.

56 Francesco Ingoli, "De situ et quiete terrae disputatio", in *GO*, vol. 5, pp.

편지를 완전히 무시했다가 8년 뒤 갑자기 끄집어냈다.《대화》
의 집필을 추진하기에 앞서 코페르니쿠스에 우호적인 논증을
로마에서 일부 회람하여 사람들의 반응을 살펴려 했던 것이다.
〈인골리에 대한 답변〉에서 갈릴레오는 다음과 같이 주장했다.

제가 보기에 [인골리의 선생의] 네 번째 논증은 튀코 선생이 관
측해 본 적도 없고 관측할 수도 없는 것을 토대로 만들어 낸 자
의적 고안에 불과합니다. 지금 저는 태양 반대편에 있는 혜성
의 움직임에 대해 말하고 있는 것입니다. 제가 확실히 믿는 바
와 같이 혜성의 꼬리가 항상 태양에서 멀어지는 쪽을 가리킨다
는 것이 사실이라면, 태양 반대편에 있는 혜성은 결코 볼 수가
없을 것입니다. 그러한 경우 꼬리가 보이지 않을 것이기 때문이
지요. 더 나아가 튀코 선생은 혜성의 운동에 관해 도대체 무엇
을 확신하기에 혜성의 운동이 지구의 운동과 결합되면 관측 자
료와 다른 현상이 나타나리라고 자신 있게 주장할 수 있는 것일
까요? 튀코 선생은 스스로를 모든 천문학적 사안의 심판자이자
통치자로 간주하여 자신의 관측 또는 상상에 걸맞은 것들만 참

403~412. p. 410에서 다음의 구절을 살펴볼 수 있다. "네 번째 논증은 튀코 선생의
책《천문학 서간집》149쪽에 나옵니다. 거기서 튀코 선생은 태양 반대편을 돌며 하
늘에서 관측되는 혜성은 지구의 연주운동과 아무런 관련이 없다고 주장합니다. 하지
만 [*지구가 움직인다면] 관련이 있어야 하는데, 혜성을 기준으로 볼 때 지구의 운동
이 반드시 사라질 이유는 없기 때문이지요. 항성을 기준으로 보았을 때와 달리 말입
니다. 앞서 언급한 혜성들은 항성만큼 지구에서 매우 멀리 떨어져 있지 않으니까요."

되며 옳다고 생각합니다. 그런 연유로 매우 미심쩍은 혜성 이론을 고안하면서 혜성을 통해 코페르니쿠스 가설을 뒷받침할 만한 근거를 아무것도 찾지 못했고, 변덕스러운 자만심을 버리기보다는 그 가설을 거부하는 편을 선호하게 되었습니다.[57]

갈릴레오의 답변에서 첫 번째 부분은 그다지 실속이 없어 보이지만, 지나치게 맥락에 의존한 논증임을 지적했다는 점에서는 옳았다. 다시 말해, 튀코는 자신의 혜성 이론을 패러다임으로 삼아 혜성이 겉보기에 역행운동을 하지 않는 현상을 해석했다. 이와 같은 '이론 적재적'[58] 해석으로 튀코는 자신의 해석은 확인할 수 있었지만 그의 체계를 믿지 않는 이들을 설득하기에는 역부족이었을 것이다.

튀코의 사례로 알 수 있듯이, 서로 다른 우주론 패러다임을 가진 사람들은 혜성의 존재를 저마다의 관점에 완벽하게 부합하는 것으로 인식했다. 1577년에 나타난 혜성은 튀코가 비로소 '튀코주의자'가 되는 데 기여했으며 미하엘 메스틀린[59]이 코페

57 *GO*, vol. 6, p. 554. Maurice Finocchiaro, *The Galileo Affair* (Berkeley: University of California Press, 1989), p. 191의 번역을 따랐다.

58 * theory-laden, 관측이 이론의 영향을 받는다는 과학철학 용어. 이론적 배경이 다른 사람들은 관측 자체 또는 관측에 대한 해석에 각기 다른 영향을 받는다.

59 * Michael Mästlin (1550~1631). 독일의 천문학자이자 수학자로 한때 케플러의 선생이었다. 16세기에 공식 대학에서 코페르니쿠스주의를 가르친 몇 안 되는 인물 중 하나로 알려져 있다. 스틸먼 드레이크에 따르면 당시 대학에서 코페르니쿠스 체

르니쿠스 체계의 참됨을 확신하는 데도 결정적 역할을 했다.[60] 케플러 또한《혜성에 관한 세 권의 책De cometis libelli tres》에서 지구가 태양 주위를 돈다는 주장의 근거로 혜성을 제시하며[61] 다음과 같이 말했다. "지구가 태양을 중심으로 연주운동annual motion을 한다는 논증의 근거는 (행성의 운동에서 추론되는 논거 이외에도) 하늘에 있는 혜성만큼이나 많다. 이제 나는 프톨레마이오스에게 작별을 고하고 코페르니쿠스를 거쳐 아리스타르코스[62]에게로 되돌아간다."[63] 결과적으로 혜성에 대한 해석은 문제의 복잡성, 혜성이 보이는 극심한 다양성, 신뢰할 만한 관측

계를 가르친 교수는 단 두 명이었다. 나머지 한 명은 스코틀랜드의 수학자 던컨 리델Duncan Liddel로 보인다. Stillman Drake, *Galileo at Work*, pp. 265, 476.

[60] Robert S. Westman, "The Comet and the Cosmos: Kepler, Mästlin and the Copernican Hypothesis", in Jerzy Dobrzycki, ed., *The Reception of Copernicus' Heliocentric Theory* (Dordrecht: Reidel, 1972), pp. 7~30; idem, "Michael Mastlin's Adoption of the Copernican Theory", *Studia copernicana* 13 (1975): pp. 53~63.

[61] 혜성에 관한 케플러의 견해가 어떻게 변화했는지 개관할 수 있는 유용한 문헌으로는 다음을 보라. Alan James Ruffner, "The Background and Early Developments of Newton's Theory of Comets" (Ph.D. diss., Indiana University, 1966), pp. 94~118.

[62] *Aristarchus (기원전 310년~230년으로 추정). 그리스 사모스섬 출신의 수학자이자 천문학자로 일찍이 태양중심설을 제시한 인물로 알려져 있다. 지구가 태양 주위를 돈다고 주장한 것은 맞지만, 나머지 행성들도 태양 중심의 궤도를 돈다고 생각했는지는 정확히 알 수 없다. 데이비드 C. 린드버그,《서양과학의 기원들》, p. 170.

[63] Johann Kepler, *De cometis libelli tres* (Augsburg, 1619), p. 98. 번역은 Alan James Ruffner, "Background and Early Developments of Newton's Theory of Comets", pp. 113~114을 따랐다.

증거의 부족으로 인해 우주론적 믿음에 따라 어느 쪽으로도 향할 수 있었다.[64]

요컨대, 예수회가 튀코의 논증을 특별히 훌륭한 것으로 받아들였다거나 갈릴레오가 그 논증에 대해 유독 걱정했다는 직접적인 증거는 없다. 또 그라시는 갈릴레오에게 공격을 받은 경우를 제외하면 우주론 문제를 제기하는 데 열중하지도 않았다. 예수회는 1616년 이후로 행성 이론에 대한 튀코주의 입장을 표명하는 데 여전히 조심스러웠을 것이다(그들은 1620년에야 입장을 밝혔다). 그라시가 훗날 우주론적 논증(혹은 위협)을 내세운 것 또한 자신이 튀코를 지지했다고 갈릴레오가 혹독하게 비판하자 이에 응답하기 위해서였거나 갈릴레오가 그동안 드러나지 않은 코페르니쿠스주의자임을 암시하여 그를 깎아내리기 위해서였다. 어떤 의미에서, 1610년의 발견을 계기로 갈릴레오의 코페르니쿠스주의가 공고해진 것과 마찬가지로 혜성 논쟁의 열기로 인해 그라시가 튀코에 동조하게 된 것이나 다름없었다. 혜성 논쟁의 후반부에서 우주론적 논증들이 나타나긴 했지만, 그것들은 논쟁의 주안점이기보다는 보조 무기에 가까웠다.

갈릴레오가 튀코를 비판한 동기를 더 적절하게 이해할 실마

---

64 혜성이 매우 다양한 현상을 보인다는 점은 모두에게 잘 알려져 있었다. 일례로《혜성에 관한 담화》에서 갈릴레오는 1618년의 혜성과 1577년의 혜성에서 드러나는 차이를 강조했다(Stillman Drake and C. D. O'Malley, *Controversy on the Comets*, p. 49).

리는 튀코의 행성 이론과 예수회의 상황 및 밑천 사이에서 갈릴레오가 목격한 공생관계로부터 찾을 수 있다. 이는 갈릴레오가 그라시의 튀코 의존도를 왜곡했던 수수께끼 같은 상황을 설명해 준다. 《논쟁》은 튀코를 단 한 번 언급했을 뿐이지만, 갈릴레오는 그라시가 "튀코의 모든 주장마다 찬성한다"라고 비판하며 당혹감을 표출했다.[65] 예를 들어 갈릴레오는 1577년의 혜성에 관한 튀코의 연구가 "매우 근면한 이력"에 불과하다며 깎아내렸고, 그 관측 자료에 대한 해석은 "상상"일 뿐이라고 책망했다.[66] 튀코의 해석 능력을 업신여기는 발언은 《시금자》에서 더 두드러진다. 튀코가 수학의 기초부터 배워야 한다고까지 주장했던 것이다.[67] 이러한 공격은 전략의 일환이었다. 튀코는 훌륭한 관측자이긴 하지만 해석자로는 형편없다고 말하며 튀코 체계는 결코 체계가 될 수 없다고 주장했던 셈이다. 갈릴레오가 보기에 튀코 체계는 천문학 잡동사니에 불과했으며, 프톨레마이오스 또는 코페르니쿠스의 업적과 비견할 수 없었다. 이미 알려진 대로 갈릴레오는 《두 우주 체계에 관한 대화》에서 튀코의

---

65 *GO*, vol. 6, pp. 64~65.

66 앞의 책, pp. 86, 92, 93.

67 "그라시 신부는 다음과 같은 점을 알아차리지 못한 채 튀코 선생의 견해를 모방했을 것입니다. 튀코 선생은 지구의 두 위치에서 수행한 관측을 토대로 혜성의 거리를 조사했는데, 이로부터 선생이 수학의 제일 첫 번째 요소에도 주의를 기울이지 않았다는 사실이 드러납니다. 이것은 당치도 않은 일이지요"(Drake, O'Malley, *Controversy on the Comets*, pp. 180~181).

모형을 분석하려는 시도조차 하지 않았다.[68]

갈릴레오가 튀코에게 전적으로 의존했다며 그라시를 비판하고 튀코를 향해 갑작스런 공격을 가했던 주된 이유는 튀코와 예수회가 혜성에 기반하여 코페르니쿠스를 반박할까 봐 우려했기 때문이 아니었다. 그와 달리 갈릴레오는 1616년의 판결 이후 튀코 모형이 가톨릭 천문학자들의 공식 입장이 되지 못하도록 그 모형이 체계로서 지닌 신뢰를 떨어트리고자 했다. 갈릴레오의 이러한 행동을 단순히 코페르니쿠스에 대한 우호적인 움직임으로만 해석해서는 곤란하다. 그보다는 코페르니쿠스를 향해 점증하던 헌신과 후원 상황 사이의 상동관계를 고려해야 한다. 갈릴레오는 코페르니쿠스를 옹호하기 위해 튀코에게 대항한 것이 아니었고 천문학의 저명인사로서 자신의 지위를 지키기 위해 예수회에 대항한 것도 아니었다. 이러한 두 가지 전술적 수준은 통합되어야 했다. 갈릴레오가 우려한 것은 예수회와 튀코의 공생이었다. 갈릴레오는 예수회가 천문학의 새로운 권위자로 올라서고 튀코가 그들의 수호성인이 되는 것을 막고 싶었다. 예수회가 이미 갖춘 주목할 만한 대학 밑천과 수학자들 그리고 많은 나라에서 모은 관측 자료들에 튀코의 권위까지 합세한다면 난공불락의 요새가 될 터였다. 갈릴레오가 인골리에게

---

[68] 갈릴레오가 《대화》에서 튀코에 대한 논의를 배제한 사실은 다음을 참고하라. Howard Margolis, "Tycho's System and Galileo's Dialogue", *Studies in History and Philosophy of Science* 22 (1991): pp. 259~275.

말했듯이 튀코는 "스스로를 모든 천문학적 사안의 심판자이자 통치자"로 간주했고, 예수회는 튀코의 발자취를 따르는 데 관심이 있어 보였다.

대칭적으로 볼 때, 갈릴레오는 코페르니쿠스를 옹호함으로써 천문학자와 명성 높은 가신으로서의 '고유함' 또한 보호하려 했다. 갈릴레오는 (튀코가 아니라) 자신을 코페르니쿠스 이후 최고의 천문학자로 생각했을 가능성이 크다. 자신의 발견(특히 금성의 위상 변화)으로 프톨레마이오스를 폐위시킨 이래 자신이 권좌를 차지했다고 상상했을 것이다. 1616년의 경고는 그에게 수많은 보상을 가져다주었던 논쟁적인 연구와 높은 명성을 추구하지 못하게 했던 충분히 심각한 상황이었다. 예수회는 튀코를(그리고 자신들의 집단을) 권좌에 올리려 하면서 상황을 더 악화시켰다. 1616년의 경고가 갈릴레오에게 부과한 제약을 고려할 때, 그가 희망할 수 있는 최선의 상황은 사람들이 우주론 문제에 관한 판단을 완전히 유보하는 것이었다. 갈릴레오는 그 어떤 결정도 내려지지 않고 그 어떤 새로운 정전도 제시되지 않기를(그리고 예수회가 그것을 제도적으로 지지하지 않기를) 바라며 상황이 언젠가 바뀌리라고(또는 코페르니쿠스를 옹호하는 결정적 증거를 찾을 수 있다고) 믿었다. 갈릴레오에게는 그저 이인자가 되느니 '유보된' 저명인사가 되는 편이 훨씬 나았다.

이것은 《시금자》에서 갈릴레오가 다음과 같이 말한 이유를 설명해 준다. 그의 주장에 따르면 프톨레마이오스는 자신의 금성 위성 관측으로 논박되었고, 코페르니쿠스는 1616년 가톨릭교회에 의해 거짓으로 선포되었으며, 튀코는 그 어떠한 체계도 제시하지 못했다. 따라서 사람들은 행성 천문학에 관한 결정을 내릴 수도 없고 내려서도 안 되었다.[69] 일부 차이는 있을지언정 이는 〈크리스티나 대공비에게 보내는 편지〉에서 도입한 전술의 반복이었다. 이번에는 갈릴레오가 약자의 입장이라는 것이 중요한 차이였다. 코페르니쿠스주의는 1616년에 가톨릭교회가 거짓이라고 공표했으므로 더는 옹호될 수 없는 가설이었다. 하지만 갈릴레오는 여전히 같은 전술의 한 형태를 고수할 수 있었다. 다시 말해 논적들이 자신을 반박하지 못하게 함으로써 결국 코페르니쿠스에게 동조하도록 하는 대신, 이번에는 행성 이론의 문제에 관한 결정을 지연시킬 수 있었다.

갈릴레오는 또한 규칙맹종자에 대해 호의적이지 않은 문화

---

69 갈릴레오는 그라시가 혜성과 천문학 문제에서 권위를 찾으려 한다고 비판한 다음 이렇게 말했다. "사르시[그라시] 선생이 왜 튀코 선생을 선택하여 프톨레마이오스와 니콜라우스 코페르니쿠스보다 중시하는지 이해할 수가 없습니다. 왜냐하면 이 두 사람은 탁월한 기술을 앞세워 완전한 우주 체계를 구축하고 그것을 끝까지 밀고 나갔기 때문입니다. 하지만 튀코 선생은 그런 일을 했다고 볼 수 없습니다. 사르시 선생은 튀코 선생이 두 체계를 거부하고 새로운 체계를 약속했으면서도 그 약속을 지키지 못한 것을 두고 충분하다고 생각한 모양입니다. … 따라서 두 체계는 분명히 거짓이고 튀코 체계는 무효라면, 사르시 선생은 제가 세네카를 따라 우주의 참된 구조를 추구하는 것을 나무라선 안 될 것입니다"(Drake and O'Malley, *Controversy on the Comets*, pp. 184~185[《시금자》의 한 구절]).

적 편견에 튀코와 그라시를 포함시킴으로써 그 둘을 편리하게 공격할 수 있었다. 갈릴레오가 보기에 튀코와 예수회는 관측을 성실히 수행한 공로쯤은 인정받을 수 있으나 해석자로는 진지하게 받아들여질 수 없었다. 갈릴레오는 자신이 지닌 '철학적 탁월함'을 예수회와 튀코는 갖추지 못했다는 것을 보여 주려 했다. 예수회가 아무리 이를 숨기려 해도 그들은 사실 규칙맹종자였다.[70] 그렇지 않다면 왜 권력에 의존해야 할 필요성을 그토록 강하게 느꼈겠는가? 갈릴레오가 그라시를 권위에 얽매인 규칙맹종자로 왜곡한 것은 효과적이었다. 자극을 받은 그라시는 갈릴레오의 부당한 공격으로부터 자신과 튀코를 지키기 위해 가능한 모든 논거를 동원하여 대응했다. 하지만 그라시가 튀코를 지지하자(그리고 갈릴레오가 여전히 코페르니쿠스주의에 머물러 있다고, 즉 그가 교회의 권위를 존중하지 않는다고 말하며 복수하려 하자) 갈릴레오는 그라시에게 권위를 내세우지 않고는 주장조차 하지 못하는 규칙맹종자라며 반격을 가했다. 그라시가 "그렇다면 누구를 따라야 했겠는가?"라고 물은 말이 화근이 되어 돌아왔던 것이다.[71] 어떤 의미에서 갈릴레오는《혜성에 관

---

70 이와 관련하여 나는 알티에리-비아지의 주장을 언급하고자 한다. 그의 주장에 따르면 갈릴레오가《시금자》에서 (전문 용어 대신에) 일반어를 사용한 것은 그라시를 학술 용어와 전문 용어만을 구사하는 꽉 막힌 사람으로 보이도록 하는 전략이었다(Maria Luisa Altieri-Biagi, *Galileo e la terminologia tecnicoscientifica* [Florence: Olschki, 1965], p. 34).

71 Drake and O'Malley, *Controversy on the Comets*, pp. 71, 183. [* 비아졸리가

한 담화》에서 전략적인 공격을 사용해 그라시 속의 규칙맹종자를 끄집어낸 후 《시금자》에서 그를 조롱한 셈이었다.

한마디로 말해 갈릴레오는 예수회를 권위자가 필요한 규칙맹종자로 묘사하는 동시에 그들이 권위의 새로운 원천을 선택하는 데 있어 잘못된 판단을 내렸음을 보이고자 했다. 이는 분

그라시의 《저울》에서 인용한 문장의 전후 내용을 좀 더 옮기면 다음과 같다. "나의 스승님[그라시]께서 튀코 선생을 따르신다는 것은 인정한다. 그렇다고 그것이 큰 죄를 저지른 것인가? **그렇다면 누구를 따라야 했겠는가?** 프톨레마이오스? … 따라서 별들이 따르는 미지의 궤도를 찾아 헤매는 동안 우리가 지도자로 인정할 수 있는 유일한 인물은 튀코 선생뿐이다"(강조 표시는 옮긴이의 것)]. 갈릴레오가 《시금자》에서 전개한 논지를 더 구체적으로 말하면 이렇다. 갈릴레오는 그라시가 《논쟁》에서 튀코의 모든 면을 옹호하고 있다는 자신의 주장에 사르시가 그렇게 민감하게 반응하지 않았어야 했다고 말했다. 물론 자신이 《혜성에 관한 담화》에서 그렇게 말하긴 했지만, 그 말은 그라시가 "**혜성에 관한** [튀코의] 모든 면"을 옹호한다는 뜻이었다는 것이다. 요컨대 갈릴레오는 사르시가 과잉 반응하고 있으며 따라서 튀코의 모든 면을 옹호하기엔 너무 똑똑한 그의 스승(그라시)을 제대로 섬기지 못하고 있다고 주장했다. 그러고는 실제로 튀코의 미심쩍은 주장 몇 가지를 보여 주었다(갈릴레오는 그라시라면 그와 같은 주장들을 절대 옹호하지 않았으리라 확신했다). 하지만 사르시가 곧 그라시라는 사실은 모두가 알았다. 결론적으로 갈릴레오는 제자 사르시의 어리석음과 권위주의적 사고로부터 그라시를 변호하는 척하면서 이를 통해 실제로는 그라시가 불필요한 압박감을 느꼈음을 보여 주고 또 그의 과잉 반응이 튀코에 대한 '예속 상태'를 확증함을 암시했던 것이다. 설상가상으로 그라시는 본인이 튀코를 전적으로 옹호한다는 점을 되려 확인해 줌으로써(갈릴레오는 튀코에 대한 의견을 요청한 적이 없었다) 더 많은 문제를 일으킬 뿐이었다. 왜냐하면 갈릴레오가 더 많은 근거를 토대로 그에게 이의를 제기할 수 있게 되었기 때문이다. 정반대로 갈릴레오는 자신을 숨겨진 의도가 없는 사람, 즉 어떠한 권위에도 의존하지 않고(튀코도 코페르니쿠스도 절대적으로 옹호하지 않고) 오로지 혜성 가설만을 세우는 인물로 내세웠다(*GO*, vol. 6, pp. 228~233).

명히 전문 천문학자들이 높이 평가할 만한 기술적 논증이 아니었다. 하지만 갈릴레오가 예수회와 튀코를 상대로 부과한 문화적 함의는 갈릴레오와 예수회가 모두 사로잡으려 했던 궁정의 청중과 비르투오소들에게 그대로 전달되었다.

튀코를 향한 갈릴레오의 공격은 비합리적이지도 않았고 코페르니쿠스주의를 향한 헌신이 그 유일한 동기도 아니었다. 이처럼 타당한 방법, 경험적 적절성, 우주론과 관련된 주장과 이해관계, 1616년 이후의 검열 등의 문제들에 주로 초점을 맞춘 지성주의적 접근 방식에서 벗어나 지위와 밑천, 후원 동역학, 다양한 문화적 양식을 포함하는 더 넓은 맥락을 고려하면 더 복잡하고 만족스러운 그림이 나타난다. 튀코와 그라시를 자의적으로 똑같이 취급하는 듯한 논의와 가설적 논증처럼 수수께끼 같은 갈릴레오의 전략은 맥락화를 거치면 매우 영리한 전술로 변모한다. 이러한 임시방편의 장치들은 갈릴레오가 우연히 마주친 난관에서 벗어나게 했을 뿐만 아니라, 우주론 논쟁의 종결을 지연시키면서 후원과 연관된 명성을 유지하는 데에도 일조했다. 특히 권위에 기반한 논증이 아닌 흥미로운 가설('보석')을 제안한 결과로 갈릴레오는 스스로를 세련된 궁정의 저술가로 내세우는 동시에 튀코와 예수회에는 규칙맹종자라는 딱지를 붙였다. 이는 수세에 몰린 심각한 곤경을 궁정인다운 우아한 대응으로 전환하는 놀라운 방법이었다. 코페르니쿠스주의를 향한 헌신 그리고 위신과 후원에 대한 관심은 다시 한번 긴밀하게 맞물려 있었다.

로마 현장의 혜성

그라시는 《혜성에 관한 담화》에 즉각 대응했다. 1619년 말이 되기도 전에 그는 '로타리오 사르시'라는 가명으로 《저울》을 출간했다.[72] 《논쟁》의 정중한 태도는 온데간데없고 갈릴레오와 맞먹는 공격적이고 논쟁적인 문체가 대신했다.[73] 1619년 출간된 《저울》은 논쟁을 끝맺지 못했다. 그라시의 응답은 갈릴레오를 더욱 화나게 했다. 갈릴레오는 오랜 지체 끝에 1623년 《시금자》를 출간했으며, 이는 그라시가 1626년에 마지막 저술 《비교》를 출간하도록 자극했다.

[72] 그라시가 가명을 사용한 이유는 아마도 그의 상급자가 예수회의 위신을 우려했기 때문일 것이다. 총장 비텔레스키가 레토레 신부에게 보낸 1619년 8월 6일자 편지에는 다음과 같이 적혀 있다. "그라시 신부가 이 사람의 글에 응답해야 한다면, [*레토레] 신부님께서는 안심하셔도 됩니다. 만일 글을 출간해야 한다면 그라시 신부는 충분한 근거와 숙고를 거친 응답으로 종교적 겸손함을 보여 줄 테니 말입니다"(*ARSI*, ROM 17, 2, fol.305v; 이 문헌을 공유해 준 라말레 신부에게 감사를 표한다).

[73] 《저울》의 서두에서 그라시는 특히 갈릴레오가 로마 대학으로부터 항상 받아온 우정과 지지 그리고 협조를 고려하면 《혜성에 관한 담화》의 어조는 매우 놀랍다고 말했다(Stillman Drake and C. D. O'Malley, *Controversy on the Comets*, 70~71). 그라시는 또한 그와 같이 "예의 바른 신사"가 《논쟁》의 가볍고 재치 있는 문체의 진가를 인정하지 못하고 매우 무례한 태도를 보였다는 것에 의아함을 표했다(앞의 책, 72).

논쟁의 초기 국면은 특정한 지리적 중심지 없이 진행되었지만 그 결론부는 거의 전적으로 로마의 사건이 되었다. 대공작 레오폴트는 현장에서 사라졌고 그의 역할을 린체이 아카데미가 대신 맡았다. 갈릴레오는 린체이 아카데미 소속이었고 그 라시의 《저울》에서도 간접적으로 그렇게 언급되었으므로 혜성 논쟁은 린체이 아카데미에 의해 린체이의 투사와 로마 대학의 투사 간의 결투로 즉각 변모했다.[74] 참폴리는 《시금자》에 '사르시 작전Sarseide'이라는 별칭을 붙었다.[75]

《시금자》가 인쇄되는 동안 중차대한 후원 사건이 맞물려 오고 있었다. 갈릴레오의 좋은 지지자였던 마페오 바르베리니는 우르바노 8세로 성좌에 올랐다(마페오는 3년 전 〈위험한 찬양Adulatio Perniciosa〉이라는 시를 갈릴레오에게 헌정하기도 했다).[76] 우르바노 8세의 시종관으로는 체사리니가, 비서관으로는 참폴리가 등용되었고, 교황의 조카인 프란체스코 바르베리니Francesco Barberini는 10월에 추기경이 되자마자 린체이 아카

---

74 해성 논쟁의 이와 같은 측면은 Pietro Redondi, *Galileo Heretic* (Princeton: Princeton University Press, 1987), pp. 68~106을 참고하라.

75 *GO*, vol. 13, no. 1518, p. 84.

76 〈위험한 찬양〉에서 마페오 바르베리니는 메디치의 별, 토성의 특이한 외관, 태양 흑점을 발견한 갈릴레오를 칭송했다. 마페오는 시를 첨부한 편지에 "형제로서come fratello"라고 서명했는데, 이는 추기경을 일컫는 비격식적 칭호로는 드물게 사용된 것이었다(*GO*, vol. 13, no. 1479, p. 49)[* 마페오의 〈위험한 찬양〉은 Stefano Gattei, ed., *On the Life of Galileo* (Princeton: Princeton University Press, 2019), pp. 281~308에 영문으로 번역되었다].

데미 회원으로 선출되었다. 또 다른 린체이 회원인 카시아노 달 포초는 추기경 바르베리니의 비서관이 되었다. 불과 몇 주 만에 린체이 아카데미는 어느 문화적 당파보다 로마 권력의 중심에 가까이 자리 잡게 되었다.

갈릴레오의 《시금자》는 체사리니에게 보내는 장문의 편지 형식을 취했다. 새로운 사건들을 고려한 끝에 린체이 아카데미는 《시금자》를 새롭게 선출된 교황에게 단체의 이름으로 헌정하기로 결정했다. 스스로를 위대한 시인이자 지식인으로 생각하길 좋아했던 우르바노는 갈릴레오 같은 지위 높은 인사가 올리는 헌정을 흔쾌히 받아들였다. 《별의 전령》과 마찬가지로 《시금자》는 군주가 이미지를 가장 필요로 하는 시기, 즉 통치 초기에 그 이미지를 확립하는 데 도움을 주는 선물이었다. 1623년 10월, 바티칸 사도궁(*교황 관저)에서 헌정식이 진행되는 동안 군주 체시는 우르바노에게 《시금자》를 전달했다. 《시금자》의 헌정본은 우르바노의 조카 추기경과 "지대한 관심으로 책을 요청한" 다른 주요한 추기경들에게도 배포되었다.[77] 그라시는 그다지 기뻐하지 않았다. 소문에 따르면, 로마의 한 서점에서 《시금자》 사본을 발견하고는 얼굴을 붉히며 책을 집어 들고 나가 버렸다고 한다.[78]

---

77   *GO*, vol. 13, no. 1590, p. 141.

78   앞의 책, no. 1595, p. 147.

헌정을 수락함으로써 우르바노 8세는 점차 로마로 거점을 옮겨 오던 논쟁의 암묵적인 심판자가 되었다. 린체이 아카데미가 때마침 우르바노를 논쟁의 심판자로 바꿔 놓은 것은 그와의 인맥을 새로이 강화하여 이득을 보기 위해서만은 아니었다. 부분적으로 혜성 논쟁은 로마 궁정과 밀접하게 관련된 양측이 로마의 문화 현장에서 명성을 놓고 다투는 경쟁으로 변모했다.

로마의 청중은 혜성 논쟁을 또 하나의 문학적 논쟁querelle으로 여겼을 가능성이 매우 크다. 양측이 모두 채택한 궁정식 문체, 빈번한 여담, 제한된 전문 내용이 그러한 인식에 기여했다. 당시의 관점에서 보면 예수회와 린체이 아카데미는 혼란스러운 로마 문화 현장에서 경쟁하는 여러 세력 가운데 두 당파일 뿐이었을 것이다. 대다수의 다른 당파 혹은 아카데미와의 차별점은 두 당파의 관심사가 수사학이나 시 자체가 아닌 자연철학이었다는 점이다. 그럼에도 두 당파가 사로잡으려 했던 청중은 전문 천문학자들(이들은 그라시와 갈릴레오에게 일어나는 일에 그다지 주목하지 않은 것으로 보인다)이 아니라 로마의 지식인들, 즉 한 아카데미에서 다른 아카데미로 또는 한 연회나 희극 공연에서 다음 행사로 뛰어다니는 추기경과 고위 성직자와 문필가였다. 그들 중에서 혜성 논쟁에 주목한 이들도 있었다. 혜성을 주제로 쓴 시들이 유포되었고 한창 진행 중인 논쟁과 관련된 논평들이 시에 달렸다. 그 와중에 철학 분야에서 형성된 개혁파novatori와 보수파 간의 긴장이 사보이아 아카데미의 연설 주제가 되기도 했다(《시금자》와 《저울》이 그 긴장을 더욱 고조했을 가능성이 있다).[79] 게다가 우르바노는 정치적 독립성(특히 스페인 국왕에 대한 독립성)만큼이나 지적 개방성을 보여 주고자 했던 문필가였으므로, 《시금자》는 로마 대학으로 대표되는 더욱 전통적인 문화에 반대하는 개혁자들이 공표한 선언문으로 인식되었다.[80]

앞서 살펴보았듯이, 린체이 아카데미는 1619년부터 1623년

---

[79] Agostino Mascardi, "Sopra un componimento poetico intorno alla cometa. Al Signor Conte Camillo Molza", *Prose vulgari* (Venice: Baba, 1653), pp. 151~167. 이 논쟁에 관한 언급은 같은 책 152쪽을 보라. 마리오 구이두치는 1625년 2월에 갈릴레오에게 보낸 편지에서 다음의 소식을 전했다. "지난주 목요일이었습니다. 추기경 사보이아 전하의 저택에서 매주 열리는 아카데미에서 줄리아노 파브리치 공께서 … 몹시 훌륭한 강연을 선보이셨지요. 소요학파, 특히 저자의 권력에 크게 의존하는 사람들을 전부 비판하셨습니다"(*GO*, vol. 13, p. 253). 레돈디는 파브리치의 연설이 《시금자》를 직접 언급하는 것이라고 해석했다(Pietro Redondi, *Galileo Heretic*, 74). 아비소들은 이 행사를 여는 연설과 연회처럼 보고 했다. "목요일 저녁, 추기경 사보이아 전하의 저택에서 열린 아카데미에서 스폴레토 출신의 줄리아노 파브리치 박사께서 야망에 관한 멋진 강연을 선보이셨다. 추기경 바르베리니와 마갈로티 전하께서는 매우 훌륭하신 돈 안토니오 바르베리니와 카를로 마갈로티 공과 함께 참관한 뒤에 강연을 호평하셨다. 모든 분은 추기경 사보이아 전하와 함께 저녁까지 남아 만찬을 드셨다"(Venceslao Santi, "La storia nella Secchia rapita", *Memorie della Reale Accademia di Seienze, Lettere e Arti in Modena*, series 3, 9 [1910]: p. 265에서 재인용). 파브리치의 연설 〈학자의 야망Dell'ambitione del letterato〉은 Agostino Mascardi, ed., *Saggi aceademici* (Venice: Baba, 1653), pp. 97~121에 수록되었다.

[80] 로마의 문화 현장과 그 안에서 린체이 아카데미가 차지한 위치는 다음을 보라. Pietro Redondi, *Galileo Heretic*, pp. 28~136.

까지 갈릴레오에게 압력을 가하면서 그라시에게 응답하지 않는다면 그와 린체이의 명예가 손상될 것이라고 상기시켰다. 체사리니는 다음과 같이 말했다.

이 편지를 기회 삼아 실례를 무릅쓰고 말하자면, 저는 선생께서 사르시에게 보낼 답변을 출간하실 것을 권하는 바입니다. 선생께서는 여러 가지 이유로 세상에 그 답변을 빚지셨지요. 그 빚 중에서도 무식자들이 그들의 저술[《저울》]을 통해 얻은 그릇된 승리를 수복하는 것이 특히 중요합니다. 군주[*체시]께서 그리고 모든 린체이 일원이 간곡히 요청하는 바입니다. … 더 이상의 영광이 필요치 않으실 테니 이토록 쉬운 논쟁은 경멸하실지 모르지만 그럼에도 사르시와 다른 악당들에게 모욕당한 린체이의 드높은 이름이 선생께 달려 있음을 기억하십시오.[81]

그라시와 예수회 전반을 향한 린체이 아카데미의 적개심은 린체이의 문화적 정체성 그리고 린체이와 로마 대학 수학자들 간의 변화하던 관계를 들여다보면 더욱 적절하게 이해할 수 있다.

로마에서 명성을 놓고 경쟁하던 많은 문학 아카데미와 비교하면 린체이는 엘리트주의가 월등히 강하고 회합이 훨씬 드물

---

81   *GO*, vol. 13, no. 1523, p. 89.

었으며 공개적으로는 거의 만나지 않았다.[82] 린체이의 이러한 내향적인 색깔에는 체시 본인의 정체성이 반영되어 있었다. 로마 최고의 귀족 가문 출신이었음에도 체시는 마지못해 궁정인이 되었다. 이른바 모든 로마 남작(오르시니, 콜론나, 사벨리, 체사리니, 콘티 등 소수의 최고 귀족 가문)과 마찬가지로 체시 가문은 궁정의 사치스러운 생활양식으로 인해 서서히 파산해 갔다.[83] 정치적 절대주의가 발전하는 과정에서 흔히 목격되듯이,

---

82 실제로 아카데미 회합은 린체이 활동의 본거지가 아니었다. 린체이는 주로 서신과 출판물로 교류했다.

83 대체로 체시 가문은 체사리니 가문과 함께 로마 남작의 두 번째 계층에 속했다(첫 번째 계층에는 콜론나, 오르시니, 사벨리, 콘티와 같은 가장 유서 깊은 가문들이 포함되었다). 로마 남작 계급의 재정적 쇠퇴에 관해서는 다음을 보라. Carlo Mistruzzi, "La nobiltà nello stato pontificio", *Rassegna degli Archivi di Stato* 23 (1963): pp. 206~244; 특히 체시 가문에 관해서는 다음 문헌을 참고하라. Jean Delumeau, *Vie économique et sociale de Rome dans la seconde moitié du XVIe siècle* (Paris: De Boccard, 1959), 1: pp. 153~155, 434~438, 467, 471~472. 엔리코 스툼포Enrico Stumpo 는 이렇게 말했다. "콜론나와 오르시니, 체사리니, 카에타니와 같은 영향력 큰 가문들이 관련되어 있었지만, 그들 가문은 이미 심각한 재정 위기에 처해 있었으므로 그들이 보유한 '자금원monte'의 자산은 작위 시장에서 성공을 가져다주기에 충분치 않았다. 그들은 영지에서 상당한 수입을 얻긴 했으나 당시 로마에서 필요했던 매우 높은 생활 수준을 충족하고 유지하기에는 부족했다. 그것은 많은 교황의 자비가 없이는 보장받지 못할 수준이었다"(Enrico Stumpo, *Il capitale finanziario a Roma fra Cinque e Seicento* [Milan: Giuffre, 1985], p. 268). 이런 쇠퇴를 동시대인들 또한 분명하게 감지했다. 트라이아노 보칼리니는 "사이프러스처럼 높이 자랐던 양귀비들"은 "초라하고 천박한 난쟁이 같은 제비꽃"이 되어 버렸다고 비꼬았다(Traiano Boccalini, *Ragguagli di Parnaso*, ed. Luigi Firpo [Bari: Laterza, 1948], 3: p. 83).

로마의 귀족들은 정치적 권력이 쇠퇴하는 것을 보완하기 위해 쓸모는 없지만 그럴듯한 작위를 받았다. 예를 들어 체시는 젊은 시절 산 폴로 및 산트 안젤로의 군주였으며 아콰스파르타의 공작이자 몬티첼리의 후작이었다. 그러나 이러한 장소들은 대부분 인상적인 명칭만 그럴듯하게 붙은 마을에 지나지 않았다.[84] 로마의 남작들은 정치권력이 거의 없었으며, (덜 고귀하더라도 훨씬 부유한) 새로운 교황 가문과 혼약을 맺거나 그들 가문에서 추기경을 거듭 배출해 체면치레에 필요한 특권을 얻음으로써 사회적으로 살아남았다.[85] 페데리코 체시는 평생 재정적 어려

---

[84] Celestino Piccolini, "Ricevimenti ai feudatari nel Seicento", *Atti e memorie della Società Tiburtina di Storia e Arte* 7 (1927): pp. 217~237(이 문헌은 페데리코가 사망하자 그의 작위를 물려받은 형제에 대한 것이다). idem., "Federico II Principe de' Lincei, Marchese de Monticelli", *Atti e memorie della Società Tiburtina di Storia e Arte* 9~10 (1929~1930): pp. 197~207; Giuseppe Gabrieli, "Memorie Tiburtino-Cornicolane di Federico Cesi fondatore e principe dei Lincei", *Atti e memorie della Società Tiburtina di Storia e Arte* 9~10 (1929~1930): pp. 230~247; idem., "Il Palazzo Cesi a Tivoli", *Atti e memorie delta Società Tiburtina di Storia e Arte* 8 (1928): pp. 262~268; Edoardo Martinori, *I Cesi* (Rome: Tipografla Compagnia Nazionale Pubblicità, 1931), pp. 87~98.

[85] 예컨대 체시가 겪은 재정적 곤경은 추기경이었던 그의 삼촌 바르톨로메오가 1621년에 사망하자 더 심각해졌음이 분명하다. 바르톨로메오는 체시 가문의 부채를 갚을 자금원을 마련하고 갱신할 권한을 얻은 참이었다. 삼촌이 사망한 후 페데리코는 카에타니 가문 소속의 두 추기경을 이용하기 위해 빠르게 조치를 취했다(페데리코의 조모는 베아트리체 카에타니Beatrice Caetani 였다)(Giuseppe Gabrieli, "Cesi e Caetani", *Rendiconti della Reale Accademia Nazionale dei Lincei*, Classe di Scienze morali, storiche e filologiche, series 6, 13 (1937): pp. 255~269).

움을 겪었고 따라서 린체이 아카데미는 더욱 확고하게 자리 잡
지 못했다. 이러한 곤경은 그가 속한 사회집단이 경험하던 전형
적인 문제였다. 그러나 재정과 정체성의 위기는 린체이의 발전
을 저해한 동시에 초기 아카데미가 세워지는 계기를 마련해 주
기도 했다.

십 대 시절의 체시는 궁정인의 삶 대신 자연철학자의 삶을 꿈
꾸었다. 성숙기에 접어든 그는, 특히 추기경이었던 그의 삼촌 바
르톨로메오 체시Bartolomeo Cesi에게 훈련을 받으며 로마 권력
구조의 미묘한 변화에 민감하게 반응하는 숙련된 정치가가 되
어 갔다.[86] 하지만 페데리코 체시는 여전히 궁정 에티켓, 자기
선전, 떠들썩한 논쟁과 같은 로마 궁정과 아카데미 생활의 모든
전형적인 특징을 극도로 경멸했다. 부득이 그 모든 활동에 일상
적으로 참여할 수밖에 없었지만(체시와 그의 가문은 가십을 주

하지만 페데리코의 노력은 결국 실패하고 말았고, 이는 드물지 않은 일이었다. 스툼
포에 따르면, "17세기 전반에만 해도 수십만 스쿠디의 가치가 있는 부동산이 콜론나,
오르시니, 체시, 카에타니 가문과 같은 오래된 귀족 집단에서 알도브란디니, 보르게
세, 바르베리니, 키지 가문과 같은 신흥 집단으로 넘어갔으며 … 사망한 교황의 친척
들에게서 새로 선출된 교황의 친척들에게로 넘어가기도 했다"(Enrico Stumpo, *Il
capitate finanziario a Roma*, p. 268).

86 예를 들어 그레고리오 15세가 선출된 콘클라베에 대한 체시의 매우 통찰력 있는 설
명을 참고하라. 체시는 추기경이었던 그의 삼촌 바르톨로메오와 함께 콘클라베에 참
석한 덕분에 이러한 보고서를 작성할 수 있었던 것으로 보인다(Giuseppe Gabrieli,
"Relazione del Conclave di Gregorio XV", *Archivio della Reale Società
Romana di Storia Patria*, 50 [1927]: pp. 5~32).

로 다루는 아비소들의 이목을 끌기 일쑤였다), 체시는 로마를 떠나 시골 영지에서 오랜 기간 글을 쓰고 식물을 연구하는 일에 최선을 다했다. 미출간 자료인 〈린체오그라품Lynceographum〉(린체이 아카데미의 공식 연감)에 제시된 린체이에 대한 체시의 계획은 이러한 정체성과 그에 따른 문화를 반영하고 있다.[87]

체시가 린체이 아카데미를 설립한 것은 전통적인 사회적 역할이 위협받는 사회적 맥락에서 새로운 정체성을 형성하고 자

---

87 "Lynceographum quo norma studiosae vitae Lynceorum Philosophorum exponitur", *Archivio linceo*, MS. 4. 이 육필문서는 출간된 적이 없지만 다음 문헌에 요약되었다. Baldassare Odescalchi, *Memorie istorico critiche dell'Accademia de' Lincei e del Principe Federico Cesi* (Rome: Salvioni, 1806), pp. 204~242. 체시의 지적·도덕적 관점을 이해하려면 그가 집필한 다음의 논고(당시에는 출간되지 않았다)를 필수로 살펴보아야 한다. "Del natural desiderio di sapere et Institutione de' Lincei per adempimento di esso", reproduced in Gilberto Govi, "Intorno alla data di un discorso inedito pronunciato da Federico Cesi fondatore dell'Accademia de' Lincei", *Memorie della Reale Accademia Nazionale dei Lincei*, Classe di Scienze morali storiche e filologiche, series 3, 5 (1879~1980): pp. 244~261. 체시의 정체성과 린체이의 의제 사이의 관계를 가장 잘 포착한 논문은 다음과 같다. Giuseppe Olmi, "'In essercitio universale di contemplatione e prattica': Federico Cesi e i Lincei", in Laetitia Boehm and Ezio Raimondi, eds., *Università, accademie e società scientifiche in Italia e in Germania dal Cinquecento al Settecento* (Bologna: Il Mulino, 1981), pp. 169~236. 다음 문헌도 참고하라. Mario Biagioli, "Scientific Revolution and Aristocratic Ethos: Federico Cesi and the Accademia dei Lincei", in Carlo Vinti, ed., *Alexandre Koyré, L'avventura intellettuale*, (Edizioni Scientifiche Italiane, 1994), pp. 279~295.

신을 새롭게 차별화하려는 시도이기도 했다. 체시는 자신의 가문은 물론이고 일반적인 로마 상급 귀족이 쇠퇴하고 있다는 사실을 잘 알고 있었지만, 스스로가 궁정의 생존 경쟁에서 벗어난 사람이라고도 느꼈다. 그런 것들은 동료 참폴리 같은 적극적인 야심가들의 몫이었다. 체시 같은 부류의 사람들은 졸부들(가령 일부 교황들)이 궁정에 기거하며 지배력을 행사하는 상황에 불쾌감을 느꼈다. 하지만 체시는 세속을 버릴 만한 사람은 아니었다. 그는 로마의 궁정이 권력과 지위 및 특권의 원천이라는 점을 잘 알고 있었다. 재정적으로 파산하지 않으려면 지속적으로 궁정과 직접 혹은 여러 중개인(린체이 아카데미의 회원도 다수 있었다)을 통해 연결되어 있어야 했다.[88] 사회적 쇠퇴와 정체성의 위기를 느끼고 경쟁으로 가득한 궁정의 일상에 참여할 의지가 없는 상황에서 새로운 자연철학은 체시에게 대안이 되었다.[89]

---

88 체시가 프란체스코 바르베리니에게 의존하던 상황에 대해서는 다음을 참고하라. Giuseppe Gabrieli, "Il carteggio Linceo", *Memorie della Reale Accademia Nazionale dei Lincei*, Classe di scienze morali storiche e filologiche, series 6, 7 (1938~1941): pp. 853~854, 860~861, 883~884, 918~919, 934, 935~936, 948, 1206.

89 근대 초기 과학과 관련된 귀족 출신 후원자의 기풍과 정체성에 대한 문제는 Mario Biagioli, "Filippo Salviati: A Baroque Virtuoso", *Nuncius* 7 (1992): pp. 81~96을 참고하라. 자연철학과 관련된 체시의 정체성과 태도를 주요한 귀족 비르투오소(가령 튀코와 보일)와 비교해 살펴보며 유사점과 차이점을 찾아보아도 흥미로울 것이다.

높은 사회적 지위를 가진 탓에 체시는 이목을 끄는 궁정인(떠들썩한 학술 논쟁을 벌이는 사람)이나 규칙맹종자(전통적인 철학자처럼 체계에 종속된 사람)가 되리라 기대되지 않았다.[90] 체시가 자연철학의 문제를 자유롭게 사고하는 태도를 중시했다는 점은 그의 사회적 지위를 나타내는 표시였다. 그러므로 체시의 아카데미는 문필가들의 따분한 모임도, 근대의 과학기관도, 일종의 수도원도 아니었다. 그보다는 기사단, 말하자면 몰타기사단[91]의 철학적 형태에 더 가까웠다. 린체이를 모종의 사회적 몸짓으로 본다면 그 아카데미는 튀코의 우라니보르그[92]와 어느 정도 비슷했다. 튀코가 봉건적 기풍을 따라 우라니보르그를 천문학 영주의 성으로 구상하고 건설한 것처럼, 린체이 또한 (튀코처럼) 궁정을 피해 자신만의 영역, 즉 철학 기사단을 구축하고자 했으며 이는 점차 쇠퇴하는 봉건영주의 기풍이 표출된 결과였다.[93]

---

90 철학 프로그램과 귀족 지위에 대한 체시의 생각이 간략히 요약된 문서는 다음 문헌에 전재되었다. Giuseppe Gabrieli, "L'orizzonte intellettuale e morale di Federico Cesi illustrato da un suo zibaldone inedito", *Rendiconti della Reale Accademia Nazionale dei Lincei*, Classe di Scienze morali, storiche e filologiche, series 6, 14 (1938): pp. 663~725, esp. pp. 689, 691~694.

91 * 로마 가톨릭계의 기사 수도회로 1099년 예루살렘 왕국에서 창설되어 현재까지 이어지고 있다. 신앙을 보호하고 빈자를 돕는다는 모토를 가졌다.

92 * Uraniborg, 1580년경 튀코 브라헤가 덴마크 벤섬에서 완공한 천문 관측대 겸 거주 시설이다. 개인 인쇄소와 식물원, 연금술 실험실 등이 설치되었다.

93 튀코의 귀족적 기풍과 과학의 관계에 대해서는 다음 문헌을 참고하라. Owen

린체이 아카데미의 귀족적 함의는 1603년 성탄절에 열린 기관 기념식에 대한 설명에서 잘 드러난다. 처음부터 린체이는 '문필공화국'이 될 생각이 없었다. 요하네스 에키우스[94]는 다음과 같이 말했다. "주군이시여, 영웅적인 덕으로 빛나고 진정한 군주의 자질을 지닌 당신께는 형제라는 칭호와 신분보다는 저희 다른 형제들의 군주라는 칭호와 신분이 더욱 걸맞습니다. 주군이시여, 저희는 한낱 형제일 뿐이지만, 당신께서는 저희의 군주이옵니다."[95] 스텔루티 또한 위계적 구분의 필요성을 확인해 주었다. "이보다 더 합당하게 의견의 일치를 볼 수 있는 것은 없습니다. 저희의 역할은 서로 진정한 형제가 되어주는 것이며, 당신의 역할은 군주가 되는 것 말이지요. 자애가 저희와 함께 있고, 하늘로부터 운명 지어져 당신께서 태어나신 제국이 당신과 함께 있나이다. 당신께 왕홀을 쥐여드리니, 당신께서는 그

Hannaway, "Laboratory Design and the Aim of Science: Andreas Libavius versus Tycho Brahe", *Isis* 77 (1986): pp. 585~610.

94 *Johannes Eckius(1579~?), 본명은 요하네스 판헤이크Johannes van Heeck로 네덜란드 출신의 의사이자 연금술사이다. 페데리코 체시, 프란체스코 스텔루티와 함께 린체이 아카데미를 창설했다.

95 Baldassare Odescalchi, *Memorie istorico critiche*, p. 28 (여기서 오데스 칼키가 사용한 출처는 "Gesta lynceorum"이라는 육필문서로 *Archivio linceo*, MS 3에 수록되어 있다). 에키우스라는 흥미로운 인물에 대해서는 다음을 참고하라. Elisja M. R. van Kessel, "Joannes van Heeck (1579~?), Co-founder of the Accademia dei Lincei in Rome", *Mededelingen van het Nederlands Instituut te Rome* 38 (1976): pp. 109~134.

외의 형제들인 저희를 다스려 주시옵소서."[96]

그다음으로는 기사 작위 수여식과 비슷한 의식이 뒤따랐다.

[체시는] 보라색으로 치장된 긴 예복을 입고 성좌에 올랐다. 그러고는 린체이 회원들을 한 명씩 불러 모아 새로운 정관을 읽어 준 뒤 각자에게 그것을 기꺼이 따를 수 있는지 물었다. 제일 먼저 에키우스가 따를 수 있고 그러겠노라 말하며 오른손을 가슴에 얹고 맹세했다. 그러자 군주는 예복을 열었고 목에 걸어 가슴까지 늘어진 황금 사슬을 보여 주었다. 사슬의 중간에는 스라소니가 매달려 있었다. 군주가 에키우스에게 비슷한 사슬을 건네며 말하기를, 당신과 내가 함께 나누고 있는 형제애의 상징을 받으라 하였다. 그것은 덕과 형제애의 상징일 뿐만 아니라 미래와 현재의 노고에 대한 보상이기도 하였다. 다른 모든 사람이 그에게 다가갔고, 그는 각자의 목에 비슷한 사슬을 걸어주었다. 그리하여 그는 그리스도께서 탄생하신 가장 거룩한 그날에 린체이 아카데미와 학구적인 스라소니들의 단체를 엄숙하게 창설하였다.[97]

청년 체시는 (아마도 당황스러워했을) 가족들이 린체이의 정체

---

96 Odescalchi, *Memorie istorico critiche*, p. 28.
97 앞의 책, p. 29.

와 그가 로마 남작 가문의 자제들 대신 린체이 회원들과 대부분의 시간을 보내는 이유를 묻자 다음과 같이 말했다. "저는 황금 사슬에 매단 황금 스라소니를 저의 연구와 문학 작업의 상징으로 지니고 다닙니다. 신의가 가장 두터운 친구들과 식솔에게 그와 비슷한 것을 주었지요. 많은 군주가 예우하고자 하는 이들에게 프리즈[*띠 모양의 장식]와 장신구를 주듯이 말입니다."[98]

아카데미는 1603년 설립되었지만 한층 더 활발해진 것은 1610년 이후였다. 그 무렵 체시는 린체이를 좀 더 개방적이고 현실적으로 바꾸었지만 여전히 1603년에 정한 기본 원칙을 준수하고 있었다.[99] 1611년 갈릴레오가 대열에 합류하자 린체이의 지위와 명성은 그와 함께 상승했다. 린체이의 성격과 그들이 개척하고자 했던 문화적 공간의 특성을 고려하면, 그들의 경쟁

---

98 앞의 책, p. 68.

99 Joannes Faber, *Praescriptiones Lynceae Academiae curante Joanne Fabro Lynceo Bambergensi* (Terni: Guerrero, 1624). 체시가 로마 외부에 린체이 지부를 설립하는 일에 지속적인 관심을 보였다는 사실(재정상의 어려움으로 결국 실패했다)은 다음 문헌들을 참고하라. Antonio Favaro, "Di una proposta per fondare in Pisa un Collegio di Lincei (1613)", *Archivio storico italiano*, series 5, 42 (1908): pp. 137~142; Giuseppe Gabrieli, "Il Liceo di Napoli", *Rendiconti della Reale Accademia Nazionale dei Lincei*, Classe di scienze morali, storiche e filologiche, series 6, 14 (1938): pp. 499~564; idem, "Marco Welser Linceo augustano", *Rendiconti della Reale Accademia Nazionale dei Lincei*, Classe di scienze morali, storiche e filologiche, series 6, 14 (1938): pp. 74~99.

자는 여러 다른 문학 아카데미보다는 로마 대학 쪽이 가까웠다. 특히 그들은 예수회가 궁정 자연철학의 영역을 성공적으로 침범한 것에 갈릴레오만큼이나 민감하게 반응했다. 체시는 궁정을 싫어했지만 그가 파산을 면할 수 있었던 것은 궁정 덕분이었으며 아카데미의 고유함을 인정받기를 원했던 곳 또한 결국 궁정이었다. 더군다나 참폴리, 체사리니, 카시아노 달 포초처럼 금욕과는 거리가 멀지만 가장 활동적인 여러 린체이 회원들도 궁정 생활에 깊이 관여했다.[100] 그들(특히 참폴리)에게 린체이

---

[100] 참폴리와 체사리니에 대해서는 다음 문헌들을 참고하라. Giuseppe Gabrieli, "Bibliografia Lincea: II, Virginio Cesarini e Giovanni Ciampoli", *Rendiconti della Reale Accademia Nazionale dei Lincei*, series 6, 8 (1932): pp. 422~462; idem, "Due prelati lincei in Roma alla corte di Urbano VIII: Virginio Cesarini e Giovanni Ciampoli", *Atti dell'Accademia degli Arcadi* 3 (1929~1930): pp. 171~200; idem, "Una gara di precedenza accademica nel Seicento fra Umoristi e Lincei", *Rendiconti della Reale Accademia Nazionale dei Lincei*, series 6, 11 (1935): pp. 235~257; Domenico Ciampoli, "Un amico del Galilei: Monsignor Giovanni Ciampoli", *Nuovi studi letterari e bibliografici* (Rocca S. Casciano: Cappelli, 1900), pp. 3~169; Marziano Guglielminetti and Mariarosa Masoero, "Lettere e prose inedite (o parzialmente edite) di Giovanni Ciampoli", *Studi secenteschi* 19 (1978): pp. 131~257; Maurizio Torrini, "Giovanni Ciampoli filosofo", in Paolo Galluzzi, ed., *Novità celesti e crisi del sapere* (Florence: Giunti Barbèra, 1984), pp. 267~275; Antonio Favaro, "Giovanni Ciampoli", in Paolo Galluzzi, ed., *Amici e corrispondenti di Galileo* (Florence: Salimbeni, 1983), vol. 1, pp. 135~189; Iustus Riquius, *De vita Virginii Caesarini* (Padua: Thuilii, 1629); Agostino Mascardi, "Per l'esequie del Signor D. Virginio Cesarino", *Prose vulgari*, pp. 349~367;

는 체시가 꿈꾸던 호젓한 철학적 삶보다는 로마 궁정의 과포화된 문화적 환경 속에서 차별화를 꾀할 수단을 의미했다.

로마 현장의 특성은 본디 경쟁적이었지만, 로마의 예수회와 린체이 아카데미 간의 대립은 상당히 새로운 정세였다. 과거에는 두 집단의 이해관계가 일치하거나 적어도 겹치는 경우가 많았다. 더군다나 체시의 높은 귀족 지위와 추기경이었던 삼촌 바르톨로메오와의 친밀한 관계는 오히려 린체이와 로마 대학이 우호적인 관계를 지속하는 데 도움이 되었다. 1611년에는 예수회 수학자들이 갈릴레오를(그리고 간접적으로 린체이를) 옹호했는데, 예수회 내부에서 자연철학자들에게 맞서 입지를 강화하는 데 그의 천문학적 발견이 도움이 되었기 때문이다. 예수회는 또한 갈릴레오의 반-아리스토텔레스적 부양성 연구도 지지했으며, 1616년의 사건에도 못마땅하다는 반응을 보였다.[101] 하

Mario Costanzo, *Critica e poetica del primo Seicento* (Rome: Bulzoni, 1970), 2 vols.; Augusto Favoriti, "Virginii Caesarini Vita", in Virginii Caesarini, *Carmina* (Rome: Bernabò, 1658); Ezio Raimondi, *Anatomie secentesche* (Pisa: Nistri-Lischi, 1966); Ianus Nicius Erythraeus, *Pinacotheca* (Leipzig: Gleditschl, 1692), pp. 59~60, 63~72.

[101] 예수회에 합류한 피렌체 귀족 조반니 바르디Giovanni Bardi는 로마 대학에서 부양성 공개 시연을 선보였는데, 대부분 갈릴레오의 연구에 기반했다(*GO*, vol. 12, no. 1021, pp. 76~77; no. 1024, p. 79). 체시와 린체이 회원 발레리오, 파베르, 스텔루티는 늘 자리를 지키던 군중과 함께 그곳에 초대되었다. 그리고 열여섯 쪽의 책자《물속에서 움직이는 물체에 대한 실험*Eorum quae vehuntur in aquis experimenta*》(Rome, 1614)이 체시에게 헌정되며 출간되었다. 바르디에 대해 알려진 바가 없다시피 하므로, 그에게 발송된 많은 편지는 *ARSI*, ROM 17,1; ROM 18; ROM 20,1; ROM 21;

지만 결국 린체이와 예수회 수학자들은 모두 각자의 틈새시장에서 자리를 잡았고, 그들의 협력을 묶어 주던 조건은 서서히 해체되었다. 혜성 논쟁을 통해 보았듯이, 두 집단은 끝내 충돌하고 말았다. 갈릴레오의 관점에서 볼 때《시금자》의 출간은 그가 수년간 신중하게 구축한 두 네트워크 사이에서 후원의 충돌이 일어났음을 의미했다. 이미 살펴본 대로, 이 후원의 충돌은 후원 자체가 추동한 것이었다.

ROM 22; ROM 23에 수록되었음을 밝혀둔다. 그가 수행한 연구와 예수회에서 맡은 역할에 대한 정보는 *ARSI*, ROM 55 ("Catalogi triennales 1616-1622")에서 찾을 수 있다. ROM 56 ("Catalogi triennales 1625-1633"), fol.337r에서 바르디는 "적당한 지성과 판단 능력 그리고 걸핏하면 화를 내는 불같은 기질을 가진" 인물로 평가된다. 그는 1635년 6월 14일 사망했다(*ARSI*, HIST. SOC. 43, fol.11r). 예수회에서 바르디만 부양성에 관심을 가졌던 것은 아니다. 1614년에 주세페 비안카니는《물속에서 움직이는 물체에 대한 소논고*Brevis tractatio de iis quae moventur in aqua*》를 예수회 검열관들revisori에게 제출했지만 끝내 출판을 허락받지 못했다. 독창적이지 않으며 갈릴레오가《담화》에서 제기한 주장을 되풀이할 뿐이라는 이유였다(Baldini, "Additamenta galilaeana I", pp. 18, 31). 끝으로 또 다른 예수회 수학자 마리노 게탈디Marino Ghetaldi 또한 아르키메데스에게 영향을 받아 부양성을 연구했다(Pier Daniele Napolitani, "La geometrizzazione della realtà fisica: Il peso specifico in Ghetaldi e in Galileo", *Bollettino di storia delle scienze matematiche* 8 [1988]: pp. 139~237).

전략적 여담

1623년 가을에 출간된 《시금자》는 400부도 채 인쇄되지 않았다(《흑점에 관한 편지》는 대략 2,000부가, 《대화》는 1,000부가 인쇄되었다).[102] 논쟁은 국지적으로 더 지저분하게 이어졌다. 1623년에 이르자 더 많은 대중이 1618년의 혜성을 잊은 듯했다.[103]

갈릴레오는 그라시의 《저울》을 한 줄씩 반박하며 《시금자》를 집필했지만, 갈릴레오에게 《저울》은 긴 여담을 위한 출발점에 불과할 때가 많았다. 그라시는 망원경으로 혜성을 봤을 때 눈에 띄게 확대되지 않으므로 달 위(천상계)에 있는 것이 분명하다며 부정확한 표현으로 주장했다. 그러한 주장은 갈릴레오

---

[102] 11월 8일(*GO*, vol. 13, no. 1575, p. 129), 스텔루티는 1만 2,000장의 종이로 이루어진 책의 인쇄를 마쳤다고 갈릴레오에게 편지를 보냈다. 《시금자》는 본문 236쪽에 초상화를 비롯한 권두삽화, 헌정사, 헌시 등 14쪽을 더해 총 250쪽이었다. 책은 4절판이었으므로 총 384부를 인쇄했다는 결과가 나온다. 《흑점에 관한 편지》의 판형은 *GO*, vol. 11, no. 845, p. 482을 참고하라. 여기서 체시는 그가 2,000부의 사본을 인쇄했다고 갈릴레오에게 썼다. 하지만 *Archivio linceo*, MS 2, fol. 133r에서 확인되는 장부에는 1,400부만 언급되었다. 《대화》의 판형은 *GO*, vol. 14, no. 2188, p. 281에서 확인할 수 있다.

[103] 《시금자》의 매우 잡다한 내용에서 알 수 있듯이, 혜성은 더 이상 그라시와 갈릴레오의 유일한 관심사가 아니었다. 《시금자》의 수용에 대한 몇 안 되는 보고에 따르면, 로마의 청중을 사로잡은 것은 갈릴레오의 혜성 견해가 지닌 설득력이 아니었다. 오히려 그가 그라시를 조롱하기 위해 도입한 극적인 논쟁 기술과 본문 곳곳에 흩어진 뛰어난 사변적 여담이 청중의 관심을 끌었다.

가 광학에 대한 그라시의 무지를 조롱할 빌미를 제공했으며 또한 그 유명한 망원경의 발명으로 화제를 돌려 무식자 그라시에 비해 광학 지식이 뛰어난 자신을 자랑할 기회를 주었다.[104] 갈릴레오는 아리스토텔레스의 혜성 견해를 비판하면서 또 다른 여담으로 빠졌다.《혜성에 관한 담화》에 따르면, 아리스토텔레스는 달의 천구 바로 아래에 있는 건조하고 뜨거운 증기가 점화된 다음, 달의 천구가 지구 주위를 돌면서 그 증기를 움직이기 때문에 혜성 현상이 발생한다고 주장했다. 같은 책에서 갈릴레오는 아리스토텔레스의 주장이 틀렸다고 논증했다.[105] 그러고는 달 아래 증기의 점화 문제에서 열의 본질에 관한 짧은 사변적 추측으로 빠져들었다. 이어서 갈릴레오의 탈선은《시금자》의 유명한 구절들, 즉 열 입자들이 감각기관에 충돌해 뜨거운 물체가 지각된다는 논의로까지 확장되었다. 갈릴레오의 논의는 일차적 성질과 이차적 성질의 구분으로 알려진 논점을 도입하는 데까지 나아갔다.[106]

이러한 여담은 단순히 우연이 아니었다. 이는 갈릴레오에게 철학적 독창성을 선보일 공간을 제공할 뿐만 아니라 논쟁이 전

---

[104] *GO*, vol. 6, pp. 245~261. 망원경에 기반한 논증을 활용한 사람은 그라시만이 아니었다. 린체이 아카데미 회원 스텔루티는 1618년 12월에 갈릴레오에게 보낸 편지에서 같은 점을 지적했다(GO, vol. 12, no. 1365, pp. 430~431).

[105] *GO*, vol. 6, pp. 52~53.

[106] 앞의 책, pp. 54~56, 347~352.

개되는 궁정과 후원의 틀 또한 반영했다. 앞서 살펴보았듯이, 궁정 또는 후원 환경에서 생산된 자연철학은 대부분 후원자가 제기한 질문들에서 비롯되었다. 이러한 질의응답 구조는 후원자와 가신의 관계만이 아니라 논쟁 당사자 간의 상호작용에도 영향을 미쳤다. 특히 양측이 동등한 패러다임을 공유하지 않는 경우, 논쟁은 주로 여담의 성격을 띠는 질문과 답변 및 반문을 서로 쏟아내는 양상으로 전개되곤 했다. 어떤 의미에서 논쟁은 동시다발적 소小전투나 마찬가지였다. 질문은 어느 방향으로든 흘러갈 수 있었으며, 논쟁자가 가진 특정한 지식이나 논쟁의 밑천이 있는 쪽으로 흐를 때가 많았다. 그리고 광범위한 반문을 이용해 비판자를 공격함으로써 논쟁자는 이전에 제기된 질문에 자신이 만족스럽게 답변하지 못했다는 기분을 떨쳐버릴 수 있었다.

앞서 언급했듯이, 후원 체계에서 발생하는 논쟁은 후원자의 지위 경제로 인해 종결에 이르지 못할 때가 많았다. 이제 나는 또 다른 측면을 덧붙이려 한다. 후원 환경에서 일어나는 논쟁은 자연철학자들이 명확한 논쟁 에티켓을 갖추지 않았으며 대신 문학적 또는 철학적 논쟁의 전통적 관행을 따랐음을 보여 준다. 유일한 차이점은 다음과 같다. 새로운 자연철학자들(그리고 인문주의적 배경을 가진 궁정작가들)은 다툼을 일삼는 논쟁의 관행(대개 전통적인 철학과 결부되었다)에 불만을 표했다는 것이다.[107] 하지만 그러한 불만의 표출은 그들이 고상한 담화를 추구한다는 몸짓에 지나지 않았던 것으로 보인다.[108]

후원의 맥락 속에서 논쟁은 최종 판단을 꺼리는 후원자의 태도 때문에 종결에 이르지 못하는 경향이 있었을 뿐만 아니라, 논점들이 모든 방향의 곁가지로 뻗어 나간 탓에 승자와 패자를 지정할 기준조차 결정하기 어려웠다. 이런 동역학은 분명 후원자의 이해관계에 매우 잘 부합했다. 논의될 수 있는 내용을 한정하는 수단으로(그리고 수용 가능한 증거를 생산하는 방법으로) 논쟁의 표준 규약이 발전되거나 실험이 도입되기 전까지,

---

107 예를 들어, 〈학자의 야망〉이라는 연설에서 줄리아노 파브리치는 스콜라철학 저술이 "다툼을 일삼는다"고 표현했다(Agostino Mascardi, *Saggi accademici*, 105). 이와 마찬가지로, 체시는 〈린체이 규정*Praescriptiones lynceae*〉(p. 7)에서 린체이가 추구하는 철학은 "장황한 말다툼"에 반대한다는 점을 파베르에게 강조하도록 했다. 갈릴레오는 또한《시금자》에서 비슷한 의견을 피력했다(*GO*, vol. 6, p. 236).

108 그들의 주장은 때로는 진심인 것처럼 보였다. 예를 들어 새로운 철학자들은 이따금 논쟁 기반의 보상체계에 분개하기도 했다(이는 체시가 린체이 창설을 계획한 이유였다). 하지만 그들은 그 체계 외에는 대안이 없음을 실감하고 '마지못해' 순응했다. 실제로 체시가 말했듯이 논쟁에서 최고의 실력자가 이긴다는 보장은 없지만 그 실력자가 훌륭한 논쟁 기술을 갖고 있다면 확실히 도움이 되었을 것이다. 요컨대 새로운 철학자들은 불만을 표출하는 동시에 대안을 향한 욕구, 즉 그들의 활동에서 채택하지 않은(혹은 채택할 수 없는) 대안을 향한 욕구 또한 표출했다. 그들이 철학자들의 논쟁적 태도를 비판하기 위해 도입한 수사는 전문 철학자들의 논쟁적 관행을 향한 인문주의자들의 비난을 되풀이한 것이었다. 이는 심지어 페트라르카에게서도 발견된다(Neal W. Gilbert, "The Early Italian Humanists and Disputation", in A. Molho, J. Tedeschi, eds., *Renaissance Studies in Honor of Hans Baron* [Florence: Sansoni, 1971], pp. 203~226, esp. pp. 219~220.

논쟁의 틀은 후원자의 지위 경제 속에서 유지되었다. 다시 말해, 논쟁은 오락을 위한 상연으로 남아 있었다. 혜성에 관한 논쟁은 제도화되기 전의 논쟁 에티켓과 그 결과를 잘 보여 주는 사례이다.

7년의 세월이 지나면서 다섯 권의 책이 쓰이는 동안 논쟁은 이 주제 저 주제를 배회했고, 갈릴레오는 그러한 이동을 주도하는 문제에 있어서 그라시보다 능숙했다. 두 권의 얇은 소책자는 세 권의 매우 두꺼운 책으로 이어졌다. 마침내 갈릴레오는《논쟁》에 의해 궁지에 몰린 상황에서 벗어나 지배력을 행사할 수 있는 위치를 확보하는 데 성공했다. 이것은 궁정의 미적 감각에 의존한 덕분에 가능했던 조치였다.《시금자》가 출간될 무렵, 논쟁의 주제는 갈릴레오가 초기에 처한 곤경을 가려버릴 정도로 다양해졌다. 같은 이유로 그라시는 안전한 초기 영토에서 끌려나와 갈릴레오가 구축한 변증적 함정과 철학적 기교의 정글로 내몰린 셈이 되었다. 그 결과, 갈릴레오의 논증에 강력한 경험적 반론으로 맞서지 못하고 매번 사변에 기반한 논증을 따라가고 반박하게 되면서 그라시는 불편함을 느꼈을 것으로 보인다. 그라시는 고대 저자들의 말을 인용하는 데서 피난처를 찾았다. 그런 연유로《논쟁》은 경험적 근거로 잘 논증된 저술(갈릴레오 본인이 썼을 수도 있는 저술)이었던 반면《저울》은 권위자들로부터 빌려 온 논증들로 채워져 갈릴레오로부터 규칙맹종을 조롱당할 빌미를 제공하고 말았다.

예를 들어 갈릴레오가《혜성에 관한 담화》에 도입한 흥미로운 사변적 여담 중 하나는 열의 입자론적 본질을 다루었다. 그라시는 경험적 근거를 토대로 갈릴레오의 가설을 비판한 다음, 투사체가 공기 마찰 때문에 뜨거워지고 때로는 녹기도 한다는 인용문 목록(아리스토텔레스, 오비디우스, 베르길리우스, 루카누스, 동시대의 포병)을 작성했다. 그럼으로써 그라시는 열이 운동에 의한 마찰로 발생하긴 하지만 그 자체가 운동은 아니라는 아리스토텔레스의 주장을 변호하려 했다. 더 구체적으로 말해, 그라시에 따르면 갈릴레오의 주장처럼 열을 움직이는 물체의 특정한 유형으로 생각해서는 안 되었다.[109] (인문학적 소양을 과시하기 위해) 고대 시인들의 말을 길게 인용한 다음 그라시는 수이다스[110]가《역사》에 썼던 유쾌한 문장으로 마무리했다. "달걀을 투석기에 담아 빙빙 돌렸다는 것을 보면 바빌로니아인들은 미개한 사냥꾼의 식생활을 모르지 않았던 모양이다. 고독한 군대의 삶이 요구한 그 방법, 그 힘으로 그들은 날달걀을 요리해 먹었다."[111]

갈릴레오는 그라시의 회전하는 달걀을 상대로 우스운 조롱격의 삼단논법을 펼칠 기회를 놓치지 않았다.

---

[109] Stillman Drake and C. D. O'Malley, *Controversy on the Comets*, pp. 115~222.

[110] *Suidas, 10세기 그리스의 사전편찬자.

[111] 앞의 책, p. 119(《저울》의 구절).

바빌로니아인들이 달걀을 투석기에 담아 빠르게 돌려 요리했다는 수이다스의 말을 사르시 선생이 저더러 믿으라고 한다면 그렇게 하겠습니다. 하지만 그 결과의 원인은 사르시 선생이 말한 것과는 거리가 멉니다. 진리를 밝히기 위해 저는 이렇게 추론하겠습니다. "이전에 다른 사람들이 달성한 결과를 우리가 얻지 못했다면, 결과를 성공적으로 산출한 원인에 해당하는 것이 우리의 작업에 결여되어 있다는 뜻이다. 그리고 만일 단 한 가지만 결여되었다면 바로 그것을 원인이라 할 수 있다. 자, 우리에게는 달걀도 있고, 투석기도 있으며, 그것을 돌릴 튼튼한 동료들도 있다. 그런데도 여전히 달걀은 익지 않고 오히려 뜨거워지면 더 빨리 식어 버린다. 우리가 바빌로니아인이 아니라는 것만 빼면 모든 것들이 있으니, 바로 바빌로니아인이 되는 것이 달걀이 굳는 원인이다." 이것이 제가 밝히고자 했던 것입니다.[112]

갈릴레오의 조롱은 대단히 인상적이다. 하지만 그렇다고 해서 갈릴레오의 재치에 휩쓸려 그가 변호하고자 했던 열에 대한 의견이 그라시가 옹호하려 한 아리스토텔레스의 견해만큼이나 사변적임을(그리고 오늘날의 기준으로 볼 때 틀렸음을) 놓쳐서는 안 된다. 그라시와 갈릴레오의 주된 차이는 그들이 내세

---

112 앞의 책, p. 301(《시금자》의 구절).

운 관점의 개연성이 아닌 논쟁의 방식에 있다. 나중에 살펴보겠지만, 실제로 그라시는 갈릴레오를 상대로 경험적 측면에서 꽤 많은 점수를 얻었다. 갈릴레오가 능수능란하게 그라시를 순전한 규칙맹종자로 묘사한 것을 무비판적으로 받아들여서는 안 된다.[113] 그것은 갈릴레오가 채택한 전술의 결과였으며, 그 전술은 훗날 《대화》에서 심플리치오를 상대로도 도입되었다. 그라시에게 잠재적인 규칙맹종 기질이 있긴 했지만, 그가 그 기질을 발달시키지 않았음은 분명하며 더군다나 《논쟁》에서는 결코 아니었다. 오히려 그는 아리스토텔레스주의자들의 권위주의적 담론과 주로 결부된 독단주의를 버리고 더 우아한 궁정식 논증을 받아들이기 위해 많은 노력을 기울였다. 마찬가지로 《저울》에서도 그라시는 줄곧 권위에만 의존하지 않았으며 다수의 경험적 논증을 사용했다. 달의 친구가 움직이면서 그 주위의 증기를 나른다는 아리스토텔레스의 주장을 옹호하기 위해 그라시는 심지어 현재 논의 중인 과정을 구현할 수 있는 모형에 기반

---

[113] 사실 고대의 권위를 대하는 그라시의 태도는 갈릴레오의 주장처럼 곧이곧대로 받아들이는 식이 아니었다. 물론 그라시가 증거의 출처로 고대 저자들의 말을 인용하긴 했지만, 그들의 말이 정상적인 상황들을 가리킨다고 보진 않았다. 오히려 그는 인용된 상황이 현재에는 더 이상 일어나지 않을지라도 과거 어느 시점에는 일어났다고 주장한 것이었다. 요컨대 그라시는 그러한 인용들을 갈릴레오의 주장에 대한 **단일한** 반박으로 제시했다(그라시는 자신의 말을 법칙적 진술lawlike statement [* 법칙과 유사하지만 단일한 대상에 한정되어 보편적으로는 적용되지 않는 진술]로 제시한 것이라고 보았다).

한 실험적 증거까지 도입했다.[114] 규칙맹종적 태도는 그라시의 본질적 속성이 아니었다. 오히려 그런 태도는 그라시에게 다른 선택의 여지가 없을 때 주로 나타났다. 선택지의 부재는 갈릴레오가 초기의 경계를 훌쩍 침범하여 논쟁을 밀어붙인 탓이기도 했다. 논쟁 초기에 빠진 궁지에서 벗어나고자 그라시의 잠재적인 규칙맹종적 태도를 현실태로 만들어 궁정의 동료들과 함께 비웃은 장본인은 바로 갈릴레오였다.

소리의 우화

1623년 가을, 체사리니는 교황이 식사 중에 읽어 달라고 할 정도로 《시금자》를 좋아했다는 편지를 갈릴레오에게 보냈다.[115] 며칠 후 갈릴레오는 참폴리가 교황에게 책을 계속 읽어 주었고 교황이 '소리의 우화'로 불린 대목을 즐겨 들었다는 소식을 들었다.[116] 어떤 소리를 들은 후 그 기원을 알아내려는 한 남자의 이야기였다. 참된 원인을 찾아냈다고 생각할 때마다 또다시 같은 소리가 들려왔고, 결국 남자는 자연이 그 소리를 만들어 내

---

114 앞의 책, pp. 105~115. 이는 갈릴레오에 대한 응답으로 제시되었으며, *GO*, vol. 6, pp. 53~54에 수록되어 있다.

115 *GO*, vol. 13, no. 1589, p. 141.

116 앞의 책, no. 1593, p. 145.

는 또 다른 방법이 있음을 깨닫는다. 남자는 서로 다른 수많은 원인이 만드는 같은 소리를 따라간 끝에 매미를 발견한다. 마침내 그는 소리의 참된 원인을 찾을 기회가 왔다고 생각하고 '결정적 실험'을 실행하기로 결심한다.

[*매미의] 가슴 껍질을 들어 올려 그 아래 얇고 단단한 인대를 확인한 남자는 이윽고 그 소리가 인대가 떨리면서 나는 것이라고 여겼고 소리를 잠재우기 위해 인대를 끊어 버리기로 했습니다. 하지만 모든 것이 실패로 돌아가고 말았지요. 바늘을 너무 깊게 찌른 탓에 생물의 몸을 관통해 목소리와 함께 생명이 사라졌기 때문입니다. 이제 남자는 노래가 인대에서 비롯된 것인지 확인할 수 없었습니다.[117]

우르바노가 소리의 우화를 좋아한 이유는 그것이 《시금자》에서 문학적으로 가장 재미있는 부분이었을 뿐만 아니라 궁정 문화의 본보기였기 때문이다. 갈릴레오의 우화는 즐거움이란 자연이 부린 기교의 진가를 음미하는 행위에 있음을, 다시 말해 자연(즉, 신)이 소리를 만들어 내는 원인의 다양함에 있음을 보여 주었다. 소리를 만들어 내는 참되고 고유한 원인을 찾는 노력은 실패할 뿐만 아니라 매미와 탐구하는 즐거움까지 모두 죽

---

117 Stillman Drake and C. D. O'Malley, *Controversy on the Comets*, p. 236.

이고 만다. 즐거움을 찾는 과정에서 맞닥뜨리는 진기함을 누리는 대신 필연적 원인만을 추구한다면 그는 현혹에 빠진 철학자이자 궁정인처럼 처신할 줄 모르는 사람이다. 매미를 죽이는 행위는 스스로가 철학적 탁월함과 궁정인다움의 부재를 드러내고 신의 무한한 힘을 존경하지 않는다고 자백하는 셈이다.

마스카르디가 1625년 추기경 사보이아의 아카데미에서 선보인 연설에서 우리는 이미 궁정 문화에 대한 유사한 관점을 발견했다. 필연적 원인을 추구하는 대신 자연에서 찾은 진기함과 경이를 음미하는 갈릴레오의 비르투오소처럼, 마스카르디의 궁정인은 (풍요로움을 음미하는 훌륭한 인문주의자로서) 독단적인 철학 체계를 발전시키느라 시간을 낭비하지 않고 뮤즈들의 정원에서 찾은 꽃들을 꺾는다.[118]

소리의 우화는 마스카르디의 연설뿐만 아니라 앞서 논의한 궁정의 후원 동역학과도 깊이 공명한다. 귀족 살롱과 궁정의 후원자들은 따분한 삼단논법보다는 뛰어난 상연과 독창적인 해석에 관심이 있었다. 그들에게 중요한 것은 최종 결과물이 아닌 구경할 만한 행사였다. 하지만 후원자들이 진행 중인 논쟁에서 주장의 진릿값에 대한 평가보다 상연적 측면을 선호했다는 점은 그들이 논증의 세부 내용을 피상적으로만 이해하거나 아예

---

118 풍요로움copia에 관해서는 Terence Cave, *The Cornucopian Text* (Oxford: Clarendon Press, 1979), pp. 3~34를 참고하라.

알아듣지 못한다는 의미만은 아니었다. 위대한 후원자는 틀렸다고 판정되거나 지나치게 논란이 될 주장을 제시한 가신의 편에 섰다가 지위와 권력을 위험에 빠뜨려선 안 되었다. 그 결과, 강한 주장은 궁정의 사회체계 전체의 경제를 위협하기 때문에 세련되지 않은 것으로 묘사되었을 수 있다. 주장을 강하게 내세우는 자들은 궁정 비르투오소가 아닌 전문가, 즉 대안적 관점들로 즐기는 우아한 유희를 이해하지 못하는 교양 없는 사람으로 간주되었다. 그들은 위협적인 인물도 아닌 그저 따분한 사람으로 여겨졌다. 그 전문가들이 생각하고 논쟁하는 방식은 그들이 맹종적 지성을 가졌다는 뜻이었다. 철학 체계에 정신적으로 예속된다는 것은 하층계급에 속한다는 것, 즉 물질적 조건의 노예가 된다는 것과 비슷했다. 규칙맹종적 태도는 기계학자들의 태도나 다름없었다. 앞서 살펴보았듯이, 궁정 문학은 대학 철학자들을 이러한 용어들로 묘사하곤 했다.

요약하자면, 궁정인의 취향과 후원 동역학은 서로 흥미롭게 연관되어 있었다. 마스카르디의 연설이나 자연의 더없는 풍요로움에 대한 갈릴레오의 찬양에서 나타나는 보석 중시의 미적 감각은 단순히 세련된 궁정식 태도의 전형으로만 볼 수는 없으며 규칙맹종과 대척점에 있다고만 볼 수도 없다. 그 미적 감각은 후원자의 권력 경제에 매우 잘 부합했다. 실제로 이러한 담론에는 코시모 데 메디치, 오스트리아의 레오폴트, 교황과 같은 위대한 후원자들의 이해관계가 반영되어 있었다. 바로크 궁정 특유의 세련된 절충주의는 우아한 토론을 허용하는 동시에 입장을 정하지 않는 태도에 대한 철학적 정당성(사실상 처방전)을 후원자에게 제공했다. 이러한 유형의 담론 덕분에 후원자는 명성을 극대화하면서도 위험을 무릅쓰지 않을 수 있었다. 갈릴레오가《시금자》에서 찬양한 것처럼 수없이 다양한 방식으로 결과를 산출하는 자연의 능력 덕분에 우르바노는 갈릴레오의 구경거리로서의 발견과 논쟁적인 가설을 즐기면서도 그것들이 성서와 일치하는지에 대한 입장을 취하지 않을 수 있었다. 이와 같은 일종의 '궁정 유명론court nominalism'(또는 바로크 절충주의)은 정치적 절대주의의 요구에 가장 잘 부합하는 담론이었다.[119] 규칙맹종을 향한 궁정인들의 경멸, 원인을 추구하는 태도와 전문가 행세는 부적절하다는 인식, 자연의 풍요로움과 신의 무한한 힘에 대한 찬양, 재치 있는 가설과 설명의 고안 및 발견에 대한 높은 평가, 독단적인 철학 체계는 세련되지 못하다는 관념, 후원자의 중립적 태도, 이러한 것들은 모두 바로크 궁정 특유의 문화적 체계 속에서 뒤엉켜 있었다.

소리의 우화는 궁정 문화의 본보기일 뿐만 아니라《시금자》의 논증 구조이기도 했다. 갈릴레오는 본문의 중반쯤에서 소리의 우화를 도입했는데, 그 대목에서 확실한 증거가 아닌 독창적

---

[119] 여기서 '유명론'이라는 용어를 사용한 것은 우르바노의 입장과 오컴의 입장에서 발견되는 표면상의 유사성 때문이다. 어떤 현상의 필연적 원인을 찾을 가능성에 대한 비판은 두 입장 모두 신의 전능함에 직접 토대를 둔다.

인 가설과 한정된 해석을 사용하는 논증 방식을 정당화하려 했다. 갈릴레오의 우화는 그라시를 상대로 진기함의 '유희'를 즐기지 못하는 무능과 규칙맹종을 조롱하기 위해 명시적으로 제시되었다. 갈릴레오가 광범위한 논증과 문제에 대응하기 위해 이 기본 전술을 구체화한 방식은 상당히 놀랄 만하다.

《시금자》가 맞닥뜨린 매우 심각한 과제 중 하나는 혜성의 위치와 궤적을 설명하는 그라시의 수학적 명제에 대한 신뢰를 무너뜨리는 것이었다. 갈릴레오의 주된 전략은 (이미《혜성에 관한 담화》에서 주장했듯이) 시차 측정과 같은 기하학적 방법을 사용하기 전에 실제 물체를 다루고 있는지를 먼저 확인해야 한다고 말하는 것이었다. 갈릴레오에 따르면 그라시는 그렇게 하지 못했다. 그것은 단순히 기술적인 실수가 아니었다. 그라시가 전개한 논증의 결점은 수학적 도구를 너무 곧이곧대로 적용한 데서 비롯되었다. 그라시는 시차를 다룰 때조차 독단적이었던 것이다. 그에게는 철학적 재간finesse이 부족했다.[120] 갈릴레오의 말처럼, "감당하지 못하는 이들에게는 너무 위험한 과제"이기 때문에 기하학적 방법을 사용할 때는 신중해야 했다.[121] 문제는 수학적 접근법이 아닌 그라시의 고집이었다.

갈릴레오가 거듭 언급한 또 다른 문제는 그라시가 언제나 그

---

[120] 어떤 의미에서 그라시는 에티켓 안내서를 읽으며 궁정인이 되고자 했지만 끝내 그 '감feel'을 기르지는 못했다는 인상을 준다.

[121] *GO*, vol. 6, p. 296.

의 주장을 오해한다는 것이었다. 갈릴레오는 가설로 제시했지만 그라시는 그것을 실질적인 주장으로 보고 그가 필연적 증명을 전개하지 않았다며 흠잡으려 했다.[122] 독단주의에 뿌리를 둔 그라시의 그릇된 비판은 배척되어야 마땅했다.[123] 그라시는 '철학적 망나니'였다. 자연이 다양한 원인을 통해 같은 결과를 만들어 낼 수 있다는 사실을 받아들이려 하지 않는, 소리의 우화에 등장하는 남자처럼 말이다.[124] 그라시는 궁극의 원인을 찾지 않는다고 해서 지적 대담함이 결여되었다는 뜻은 아니며 오히려 철학적 재간이 있다는 증거일 수도 있다는 점을 이해하지 못하는 듯했다. 궁극의 원인을 찾으려 고집하다가는 결국 그것을 찾지 못하게 될 뿐만 아니라 매미까지 죽일 수 있었다. 그렇다면, 향유할 줄 모르고 모든 것을 지나치게 진지하게 여기는 그라시는 갈릴레오와 같은 비르투오소가 자신의 규칙에 따를 것이라는 기대는 하지 말아야 했다.[125] 만일 증거를 원한다면 직접 가서 구했어야 마땅했다. 어떤 의미에서 갈릴레오는 논쟁을 응

---

122 앞의 책, pp. 225, 235~237, 273, 276~277, 278~279, 281~282, 289, 297, 303, 306, 316, 343~344. 갈릴레오는 또한 그라시가 자신의 가설적 주장을 공격하기 위해 의도적으로 경험적인 주장인 것처럼 왜곡했다고 말했다(앞의 책, pp. 294, 303, 305, 310, 314, 316).

123 *GO*, vol. 6, p. 236에서 갈릴레오는 견실한 논증 대신 수사를 이용해, 이기려는 욕구와 공격성을 독단주의와 관련지었다.

124 앞의 책, p. 289.

125 Stillman Drake and C. D. O'Malley, *Controversy on the Comets*, pp. 227~228; *GO*, vol. 6, pp. 240, 279, 333~335, 341~343.

접실 게임으로 바꾼 셈이었다. 그라시가 궁정 게임의 규칙을 지키지 않는다면, 그는 입증의 책임을 짐으로써 속죄해야 했다.

갈릴레오가 혜성은 증기의 굴절 현상이라 말하면서도 무지개의 경우처럼 혜성의 운동이 태양의 운동에 따라 달라지지 않는 이유를 설명하지 못했다며 그라시에게 비판받았을 때, 갈릴레오는 다음과 같이 답변했다. "여기서는 이렇게 말하는 것이 좋겠습니다. 혜성이 반드시 무지개나 빛무리halo 또는 다른 착시와 똑같이 거동해야 할 이유는 없다고 말이지요. 혜성은 무지개와 빛무리, 다른 것[착시]들과 다르기 때문입니다."[126] 갈릴레오는 혜성이 굴절로 생성되는 다른 광학적 인공물과 구체적으로 어떤 점에서 다른지는 설명하지 않았다. 그 대신 자연이 혜성을 만들어 내는 방식이 있으며 그것은 무지개를 비롯한 나머지 광학 현상을 초래하는 것과 다른 방식임을 암시했다. 궁정의 청중이라면 여기서 만족해야 했다. 논적에게 입증의 책임을 지우는 것은 갈릴레오에게 새로운 전술이 아니었지만(아주 성공적이진 않았지만 〈크리스티나 대공비에게 보내는 편지〉에서 시도한 적이 있다), 이번에는 그에게 전술을 뒷받침할 '보석'이라는 강력한 문화적 비유가 있었다.

궁정의 담론은 갈릴레오가 그라시를 상대로 사용할 강력한 밑천을 또 다른 방식으로도 제공했다. 혜성 논쟁에서도 그랬지

---

126 *GO*, vol. 6, p. 297(저자의 번역).

만 대부분의 천문학 및 역학 연구에서도 갈릴레오는 결코 종합적인 철학 체계를 제시한 적이 없었다. 단발성의 형이상학적 고찰은 그의 글에서 흔히 등장하지만 갈릴레오는 그것들을 한데 모아 체계화하지 않았다. 철학 체계가 없었던 탓에 그는 자연철학자들과 논쟁할 때 어려운 상황에 처하곤 했다. 자연철학자들은 그들의 주장을 체계에 회부할 수 있었고, 그들에게 있어서 설명이란 주어진 현상을 정합적인 틀에 끼워 맞추는 것이었다. 부양성 논쟁에서 살펴보았듯이, 철학자들은 갈릴레오가 논증에 도입하려 하는 물리적 원리들이 그것을 뒷받침할 체계를 갖지 못했다며 그를 비판했다. 더군다나 갈릴레오가 수학적 접근법으로 다룬 현상과 문제의 범위는 아리스토텔레스 체계를 통한 광범위한 질적 설명에 비하면 미미했다. 갈릴레오는 자신이 많은 질문에 대한 해답을 가지지 않았다고 자유롭게 말할 수 있다는 점을 지적 자부심으로 삼으려 했지만, 그러한 접근 방식은 아리스토텔레스주의 철학자들을 설득하는 데는 도움이 되지 않았을 것이다. 파이어아벤트가 주장했듯이, 확립된 대안적 철학 체계가 없다는 것은 갈릴레오에게 더없이 불리한 조건이었다.[127] 철학적 지원 체계가 없는 그의 세계관은 애초부터 논박될 수밖에 없었으며, 다양한 임시방편적 가설과 보조 이론에 둘러싸여 있어야만 그나마 유지될 수 있었다. 그러한 임시방편

---

127 Paul K. Feyerabend, *Against Method* (London: Verso, 1975), pp. 69~120.

적 방패는 적어도 확립에 소요되는 시간 동안은 새로운 세계관을 보호해 주었을 것이다. 궁정의 담론이 갈릴레오에게 제공한 것은 정확히 그와 같은 유형의 방패와 지원 체계였다.

갈릴레오의 논증 구조와 궁정 담론의 상동관계는 그라시가 전개한 권위 기반 논증의 정당성을 손상시키는 동시에 갈릴레오 본인의 자연철학을 정당화하는 데 도움을 주었다. 갈릴레오가 내세운 가설은 포괄적인 철학 체계로 회부되는 주장이 아닌 그 자체로 독립된 진기함이었다. 진기함 혹은 새로운 가설은 독단적인 철학 체계의 옹호자들에게 위협이 된 동시에, 독단적이지 않은 세련된 궁정 비르투오소의 관점으로 자연의 무한한 다양성을 보여 주는 즐거운 구경거리가 되었다. 이러한 담론과 청중을 받아들임으로써 갈릴레오는 오직 몇 가지밖에 논증할 수 없었던 상황을 미덕으로 바꿔 버렸다. 오로지 궁정 바깥의 분별 없는 사람들만이, 결코 참된 답을 제공하지 않으면서도 모든 답을 내려 준다고 주장하는 체계를 선호한다고 말하면서 말이다. 궁정의 엘리트주의, 차별화, 비범함에 대한 수사에 의존함으로써 갈릴레오는 진정한 비르투오소라면 모름지기 다수의 어설픈 명제보다 소수의 진정한 명제를 높이 평가해야 한다고 주장했다.[128] 궁정 문화에 대한 마스카르디의 설명대로, 잘 골라낸 꽃

---

[128] *GO*, vol. 6, p. 237. 그렇다면 갈릴레오는 전반적으로 새로운 세계관을 선호한다는 의미의 개혁자는 아니었다. 정반대로 그는 캄파넬라 혹은 브루노가 반겼을 만한 새로운 철학 체계를 지지하지 않았다. 《시금자》에서 분명히 드러나듯이, 어떤 철학 체

몇 송이가 필요한 전부이며 바라는 모든 것이었다. 갈릴레오는 더 이상 아리스토텔레스주의자들의 임시방편적 체계나 그들의 경험적 문제를 비판할 필요가 없었다. 갈릴레오에게는 그들을 사전에 배척할 수 있는 논증이 있었다. 만일 당신이 상류 사회le monde의 일원이었다면 처음부터 체계를 구축하려 하지 않았으리라는 것이다.

궁정 비르투오소들은 진기함을 높이 평가했다. 어떤 의미에서 진기함은 그들이 지위(더 적절하게 말하자면 지위의 이상적인 표상) 덕분에 소유하게 된 지적 자유의 상징이었기 때문이다. 귀족들은 불편부당하다는 이유로 객관적이라고 간주되었는데, 그들이 불편부당한 이유는 경제적으로 독립한 덕분에 한창 논쟁 중인 현안에 이해관계가 얽히지 않았기 때문이다. 같은 이유로 귀족들(또는 자신을 귀족으로 내세우고자 했던 사람들)은 자신의 지성이 철학 체계의 노예가 되도록 내버려두지 않았다. 귀족들에게 철학에서 절충주의를 취하는 것은 자연스러운 선택이었으며, 이것은 '노블레스 오블리주'의 문제에 가까웠다. 비범한 보석들을 절충적으로 수집하는 지식의 이미지는 정확히 갈릴레오가 소리의 우화로, 마스카르디가 연설로 제시했던 것이었다. 그 보석들이 새로운 경험적 발견인지 혹은 진기한 가

계를 선호하는지의 관점에서 보면 갈릴레오는 고대인도 근대인도 아니었다(앞의 책, p. 235). 오히려 갈릴레오는 그 **어떤** 철학 체계에 기반하든 권위에 호소하는 논증의 사용에 반대하는 사람으로 자신을 내세웠다.

설인지는 사실 중요하지 않았다. 중요한 것은 그것들의 비범성과 독창성이었다.[129]

갈릴레오의 그 유명한 '자연이라는 책' 이미지 또한 같은 맥락 속에서 살펴보아야 한다.

철학은 우주라는 위대한 책에 쓰여 있습니다. 이 책은 우리 눈앞에 끊임없이 펼쳐져 있지만, 책에 쓰인 언어를 파악하고 문자를 해석하는 법을 먼저 배우지 않는다면 그 내용을 이해할 수 없지요. 이 책은 수학이라는 언어로 적혀 있고, 그 문자는 삼각형과 원, 그 밖의 기하학적 도형입니다. 이것을 모르고는 인간의 능력으로 단 한 글자도 이해할 수 없습니다. 이것을 모르고는 어두운 미로를 헤맬 뿐입니다.[130]

이 구절은 대개 갈릴레오가 수학적 방법(또는 심지어 플라톤주의)의 옹호를 분명하게 선언하는 것으로 해석되지만, 그러한 해석은 오로지 간접적으로만 타당하다.[131] 《시금자》의 독자는

---

129 앞의 책, pp. 236~237.
130 Stillman Drake and C. D. O'Malley, *Controversy on the Comets*, pp. 183~184.
131 사실 이 구절은 자연철학 전반의 권위를 향한 공격이었지만 직접적인 목표는 아리스토텔레스가 아닌 튀코였다. 갈릴레오는 일단 지금은 튀코를 정전의 저자로 추대하지 말아야 한다고(따라서 코페르니쿠스를 배제하지 말아야 한다고) 주장하려 했다. 코페르니쿠스가 거짓으로 공표되고 프톨레마이오스가 반박되었으므로 천문학적 사안

21세기 역사학자와 철학자가 아니라 17세기 초의 궁정인이었다. 눈 앞에 펼쳐진 자연이라는 책의 이미지가 그들을 사로잡았던 이유는 아무런 매개 없이 지식을 전달받는다는 느낌 때문이었다.[132] 물론 문자를 읽는 방법은 배워야 했지만, 언어를 학습하는 것은 철학 체계의 노예가 되는 것과는 다른 차원의 문제였다. 언어 능력만 갖춘다면 책이 펼쳐지고 자유로운 해석이 가능해졌다.[133] 사실 대부분의 궁정인들이 그러한 문자를 읽지 못했다는 사실은 그다지 중요한 문제가 아니라고 나는 생각한다. 더 중요한 것은 지식에 대한 갈릴레오의 관념이 그들 자신의 관념과 일치한다는 점이었다. 현실태보다 가능태가 더 중요했던 셈이다.

궁정인들은 자연이라는 책을 혼자서 읽을 수 있을 뿐만 아니라 원하는 쪽이나 단락을 선택할 수도 있었다. 《시금자》와 마찬가지로, 책의 내용을 이해하기 전에 철학의 체계 전체를 익혀야

에서 권위를 요구하면 안 된다는 이유였다.

132 줄리아노 파브리치는 〈학자의 야망〉에서 다음과 같이 썼다(아마도 《시금자》에서 가져온 표현일 것이다). "철학은 신께서 쓰신 위대한 글을 탐구해야 합니다. 그 책은 세계이며 문자는 경험이지요. 2,000년 동안 해석되어 왔지만 아직 이해되지 않은, 다툼을 일삼는 글의 지배를 받아서는 안 됩니다." 요컨대 자연이라는 책은 철학 체계를 우회하는 지식일 뿐만 아니라 더 이상 다툼을 일삼지 않는 지식을 의미했다. 철학 체계의 '이해관계'는 논쟁을 유발하는 경향과 얽혀 있었던 것이다(Agostino Mascardi, *Saggi accademici*, 105).

133 자연이라는 책이 모두의 눈앞에 펼쳐져 있는 이미지는 '아무런 매개 없이' 이루어지는 또 다른 귀족들의 실천, 즉 고고학이나 식물 연구를 닮았다.

한다거나 긴 이야기를 따라갈 필요가 없었다. 우르바노에게 책을 읽어 줄 때 참폴리가 그랬듯이, 그들은 아무 쪽이나 펼쳐서 몇몇 '보석'을 고를 수 있었다. 또한 철학을 논하기 전에 아리스토텔레스의 오르가논*Organon*, 즉 논리학 저작 전체를 적합한 순서에 맞춰 읽어 둘 필요도 없었다. 갈릴레오가 수학적 방법을 정당화하려 한 것은 분명하지만, 그가 도입한 수사는 수학적 실재론이나 플라톤주의가 아니라 규칙을 맹종하지 않는 지식을 향한 궁정인들의 추구에 의존했다.[134]

마지막으로 갈릴레오의 또 다른 전술을 살펴보고자 한다. 혹자는 갈릴레오가 해석의 여지가 상당히 열려 있는 가설적 접근을 도입하여 바람직한 가설과 임시방편적 가설을 구분할 수 있는 규정인자를 포기했으리라 예상했을 수 있다. 하지만 실제로는 그렇지 않았던 것으로 보인다. 갈릴레오는 그라시가 임시방편적 가설을 도입했다고 비판하면서도 자신의 가설들은 모두 수용 가능하다고 간주했던 것 같다. 이 수수께끼 같은 비대칭은 체계에 대한 궁정인의 경멸에서 비롯되었다고 생각된다. 갈릴

---

[134] 한편 근대 초기 장인의 실천, 진보의 관념, 개념적 변화에 대한 열린 태도 사이의 관계를 두고 흥미롭고 설득력 있는 연구 또한 많이 이루어졌다. 바로크 궁정의 문화는 장인의 작업장과 확연히 다르지만, 나는 이 두 문화가 매우 다른 이유로 새로운 지식의 정당화를 위한 상이한 밑천을 제공했음을 언급하고 싶다. 변화와 진기함 그리고 비범함은 바로크 궁정 문화에서 무엇보다 중요한 요소였다. 이 요소들은 남들과 차별화하고자 하는 욕구 또 스스로를 맹종적이지 않은 사람으로 내세우는 행위와 본질적으로 결합되어 있었다.

레오가 진기함과 가설을 궁정의 기풍과 관련지은 결과, 체계 보유자는 지적으로 비윤리적인 존재로 여겨졌다. 이해관계가 없다는 이유로 귀족들이 객관적이었다면, 체계 보유자들은 다른 속셈이 있으므로 객관적이지 않았다. 체계를 보유했다는 사실 자체가 고귀하지 않은 맹종적 사고방식을 나타낼 뿐만 아니라, (프랜시스 베이컨도 주장했듯이) 체계를 지님으로써 마음속에 이해관계(우상idol)를 갖게 된다. 철학 체계를 보유한다는 것은 부끄러움을 느낄 만한 일이었다. 그것은 지적인 '무능'만큼이나 궁정인답지 않다는 표시이기도 했다. 궁극적으로 체계의 보유는 지적 능력의 결핍(따라서 객관성의 결핍)을 의미했다.

그 결과, 발견(또는 진기한 가설)에 대한 반응은 일종의 거짓말 탐지기로 기능했다. 누군가가 진기한 것에 불안해하거나 위협을 느낀다면 무언가 숨기고 있다는 의미이며, 그 무언가는 철학 체계일 수 있었다.[135] 갈릴레오의 말처럼, 자신의 가설을 그 자체로 마음속에 담아두는 대신 그것에 비난을 가하는 그라시의 경향은 "어떠한 열정 때문에 영혼이 변질된 징후"였다.[136] 어

---

[135] 갈릴레오가 규칙맹종자와 체계 보유자를 무능한 지식인으로 비판한 것은 당시에 억압받던 수사friar에 대한 부정적인 편견을 떠올리게 한다. 사회직업적 정체성을 고려하면 어떤 의미에서 수사는 완벽한 체계 보유자였다. 나는 예수회 수학자들의 심리역사psychohistory를 살펴보자고 제안하는 것이 아니다. 그보다는 추기경과 궁정의 문화와 로마의 수도회 문화 사이의 뚜렷한 차이, 즉 갈릴레오가 활용하려 했던 차이에 주목하고자 한다.

[136] *GO*, vol. 6, p. 236(《시금자》의 구절).

떤 의미에서 갈릴레오가 그라시의 규칙맹종을 들먹인 것은 그라시의 떳떳하지 못한 마음을 드러낸 것과 같았다. 갈릴레오가 보기에 그라시는 《논쟁》에서 사상을 자유롭게 향유하는 궁정인 행세를 하는 데 성공했지만 《저울》에서는 (갈릴레오의 전술 때문에) 그의 이해관계가 표면으로 떠오르고 말았다.

갈릴레오는 철학 체계와 진기함에 대한 인식에 담긴 문화적 함의를 솜씨 있게 조작함으로써 가설에 대한 자신의 비대칭적 입장을 정당화하려 했다고 생각된다. 그라시가 갈릴레오의 가설과 관측 증거 사이에 큰 차이가 있다고 비판하자, 갈릴레오는 그 차이를 부정하려 하기는커녕 자연이 그 차이를 메우는 방법은 (그들에겐 알려지지 않았지만) 다양하다고 대꾸했다. 반대로 갈릴레오는 그라시가 명백하게 임시방편적인 가설을 도입하여 자신의 주장을 스스로 구제하려 한다고 비난했다. 여기서 두 가설의 차이는 다음과 같다고 생각된다. 갈릴레오가 보기에 자신의 가설은 '순수한' 반면, 그라시의 가설은 '이해관계'에 얽혀 있었다.[137] 갈릴레오는 향유하고 있었지만, 그라시는 기만하고 있었다.

갈릴레오가 자신의 주장을 임시방편적으로(그러나 '순수한' 가설로) 구제한 사례 하나를 살펴보자. 그라시는 마찰에 의해

---

[137] 기본적으로 갈릴레오의 주장에 따르면 진기한 것이 좋은 이유는 기존의 견해를 비판하는 데 도움을 주고 (반드시 진리로 이끌어 주지는 않지만) 적어도 가능한 최선의 논증을 만들어 주기 때문이다(앞의 책, p. 282).

고체에서 분리된 섬세한 입자들이 피부 구멍으로 들어가 '열'
이라는 감각을 만들어 낸다는 갈릴레오의 주장을 반박하려 했
다. 그라시는 망치질로 물체를 가열하기 전과 후에 그 물체의
무게를 세심하게 확인했음에도 어떠한 변화도 발견하지 못했
다고 말했다. 갈릴레오는 언뜻 합리적으로 보이는 그의 발언
을 방법론적으로 타당하지 않다며 단호하게 일축했다. 갈릴레
오가 보기에 뜨거운 물체에서 방출된 입자들은 주위의 매질보
다 고유무게가 훨씬 낮을 가능성이 컸다. 그러므로 아르키메데
스의 부양성 이론에 따라 물체는 가열된 뒤 가벼워질 필연적 이
유가 없다는 것이 충분히 그럴듯한 생각이었다.[138] 그라시에게
(꽤 타당한) 임시방편적 조치로 보였던 것이 갈릴레오에게는
그렇지 않았다. 갈릴레오의 가설은 부가적이긴 했으나 임시방
편은 아니었다. 갈릴레오에게는 사심이 없었으므로 그의 가설
에는 숨겨둔 의도가 없었다.[139] 자연은 그 풍요로움을 거느리고
언제든 개입해 갈릴레오가 제시한 일련의 논증에서 빈틈을 채

---

138 앞의 책, p. 334. 이 논증은 혜성을 굴절 현상으로 본 논증과 매우 비슷하다. 두 경우
모두 갈릴레오는 그 현상들을 대상으로 측정이 정당하게 사용될 수 있다는 관점을
거부했다. 흥미롭게도 갈릴레오가 자신의 가설을 검증하는 적절한 방법으로 무게 측
정을 배척한 방식은 혜성이 굴절 현상이라는 자신의 가설을 옹호하던 방식과 유사하
다. 혜성은 굴절로 인한 현상이기 때문에, 실제 물체와 허구의 물체를 구분하지 못하
는 시차라는 측정 방법으로는 그 위치를 결정할 수 없다는 것이 갈릴레오의 생각이
었다.

139 실제로 법적으로 보면 1616년의 코페르니쿠스 금지명령 이후로 갈릴레오는 그 어떠
한 의제도 숨길 수 없었다. 알다시피 그는 더는 태양 중심 우주론을 지지할 수 없었다.

워 줄 준비가 되어 있었다. 자연은 덕 있는 사람들의 편이었다.

　궁정의 문화와 후원의 맥락 속에서 살펴본다면《시금자》는 더 이상 수수께끼 같은 저술이 아닌 놀라운 궁정의 산물로 드러난다는 점이 지금까지 잘 전달되었길 바란다.《시금자》를 통해 갈릴레오는 심각하게 불리한 조건을 밑천으로 바꾸는 데 성공했다. 그 결과로 생겨난 것은, 혜성이나 코페르니쿠스 천문학에 대해 그 어떤 구체적인 내용도 입증하지 않는 대신 스스로가 수행하는 자연철학 방식을 정당화하고 논적들이 내세운 방식의 정당성은 손상시키려는 저술이었다. 단기적으로 볼 때 갈릴레오의 전략은 매우 성공적이었다. 예수회라는 중요한 예외만 제외하면, 갈릴레오의 문화적 선언문은 교황과 로마 궁정 및 아카데미로부터 매우 큰 호평과 찬사를 받았다.[140] 그라시가 1626년《비교》를 출간했음에도 갈릴레오가 대응하지 않았다는 사실은 그의 명예가《시금자》를 통해 확실히 수복되었으며 이제는 그가 아무런 추가 조치도 필요하지 않다고 인식했음을 의

---

[140]　그러나 두이구치는 1625년 4월 갈릴레오에게 보낸 편지에서《시금자》에 대한 고발장이 접수되었다고 말했다(GO, vol. 13, no. 1720, pp. 265~266). 구이두치가 수집한 정보에 따르면, 그 고발장은 책의 본문이 코페르니쿠스주의를 다루고 있다는 혐의에 초점을 맞추었다. 고발은 성공하지 못했다(아마도 검사성성에서 선출한 검토자 조반니 디 구에바라Giovanni di Guevara 신부가 갈릴레오에게 상당히 호의적이었기 때문일 것이다). 한편 또 다른 익명의 고발장이《시금자》에 포함된 원자론 학설을 대상으로 제기되었다. 바로 이것이 레돈디가 발견한 문서이며, 그가《이단자 갈릴레오》에서 선보인 논제의 핵심이 되었다.

미한다. 체시는 다음과 같이 말했다.

> 선생께서 마상 창시합장 밖에 나와 계시며 그 어떠한 원형 경기
> 장이나 [결투를 위한] 밀폐된 장소에 들어가실 ⋯ 의무가 없다
> 는 것을 모든 사람이 알고 있습니다. 몬시뇨르 참폴리께서도 선
> 생의 작품을 마땅히 애호하고 존경하는 ⋯ 다른 궁정인들, 문필
> 가들과 똑같은 생각을 갖고 계시지요.[141]

갈릴레오가 로마에서 확보한 입지는 《시금자》가 출간되고
몇 달 뒤 그가 교황을 방문했을 때 이례적으로 따뜻한 환대를
받았다는 사실에서도 파악할 수 있다(교황은 갈릴레오에게 6주
동안 여섯 번이나 접견을 허락했다). 바로 이 만남을 통해 갈릴
레오는 자신이 《대화》를 집필할 수 있도록 교황이 조건부로라
도 승인할 가능성을 타진했다. 우르바노는 그 문제에 대한 태
도를 명확하게 밝히지는 않았지만 추기경 프레데리크 호엔촐
레른Frederic Hohenzollern에게 긍정적인 신호를 보냈고, 추기경은
이를 갈릴레오에게 전달했다.[142] 몇 년이 지나 마침내 우르바노

---

141 *GO*, vol. 13, no. 1902, p. 448.
142 앞의 책, no. 1637, p. 182. 코페르니쿠스 문제에 대해 우르바노가 모호하게 열린 태
　도를 취했다는 신호는 1630년 3월 캄파넬라 신부에 의해 전해지기도 했다. 캄파
　넬라 신부는 교황과 함께 해당 문제에 관여한 인물이다(*GO*, vol. 14, no. 1993, pp.
　87~88).

는《대화》의 출간을 조건부로 승인해 주었다. 우르바노는 신은 전능하기에 수없이 다양한 방식으로 우주를 형성할 수 있었다는 점을 강조하는 것으로《대화》를 마무리해달라 요청했는데, 이는 실제로 갈릴레오가 소리의 우화에서 제시한 주장을 직접 언급하는 것이었다. 갈릴레오의 수사와 우르바노의 신학적 견해 간의 상동관계는 두 사람이 나눈 대화에서 잘 드러난다. 그 대화는 우르바노의 신학자 아고스티노 오레지Agostino Oreggi가 1629년에 출간한 논고《유일하신 신에 관하여De Deo uno》에서 재현되었다.

> 학식이 뛰어난 선생[갈릴레오]이 제시한 모든 주장에 동의하신 성하[우르바노]께서는 하늘에서 나타나는 현상이나 별들의 운동과 순서, 위치, 거리, 배치에 대한 현상을 구제하는 방식으로 천구와 별을 다르게 배치할 권능과 지혜가 신께 있었을지 물으셨다. 교황 성하께서는 이렇게 말씀하셨다. 만일 선생이 이를 부정한다면 선생이 제시한 방식과 다른 일이 일어난다는 것은 모순을 내포한다는 점을 반드시 증명해야 한다. 사실 신께서는 모순을 내포하지 않는 어떤 일이든 무한한 권능으로 행하실 수 있다. 그리고 신의 지식은 권능 못지않게 완전하기에, 신께서 행하실 수 있었다는 점을 우리가 받아들인다면 우리는 신께서 어떻게 할지도 알고 계셨으리라 단언해야 한다. 만일 신께서 지금까지 제시된 것과 다르게 사물을 배치할 권능과 지식을 가지

셨다면 … 우리는 이런 식으로 신의 권능과 지혜를 한정해서는 안 된다. 학식이 뛰어난 선생은 교황 성하의 논증을 듣고는 침묵을 지켰다. 그러니 지성만큼이나 그의 덕 또한 칭송받을 만하다.[143]

아마도 우르바노는 식사 도중에 낭독하게 할 경건하고 유쾌한 또 한 권의 책을 기대했을 것이다. 하지만 우르바노가 교황으로 선출되고 《시금자》가 성공을 거두었으며 로마에서 배포한 코페르니쿠스 우호적인 문서[144]를 상대로 반대 의견이 제기되지 않았기 때문에, 갈릴레오는 자신의 입지가 1618년보다 월등히 나아졌다고 생각했다. 그런 생각에 따라 전술도 바뀌었다. 《시금자》에서 갈릴레오는 '궁정 유명론'을 전적으로 받아들였는데, 그가 맞닥뜨린 여러 불리한 조건과 문제를 고려했을 때 그것이 최선의 전략이라는 판단이었다. 《대화》의 상황은 달랐다. 갈릴레오는 스스로가 어떤 주장을 펼치고 싶은지 잘 알았고, 우르바노의 교황직 선출이 유례없는 맞물림임을 이해했으며, 자신에게 매우 강력한 증거(조수에 대한 설명)가 있다고 생

---

143 Agostino Oreggi, *De Deo uno* (Rome, 1629), pp. 194~195. 번역은 Maurice Finocchiaro, *Galileo and the Art of Reasoning* (Dordrecht: Reidel, 1980), p. 10을 따랐다. 갈릴레오가 로마를 방문했던 시기를 고려하면, 이 대화는 1624년 봄에 이루어졌을 가능성이 높다.

144 이 문서는 〈인골리에 대한 답변〉으로 불리며, *GO*, vol. 6, pp. 509~561에 전재되었다. 1624년 가을부터 로마에서 한정된 부수만 배포되었다.

각했다. 특히 그 증거는 전문적인 수준의 논증이 아니므로 궁정의 독자들도 쉽게 이해할 만했다. 그 결과, 《대화》는 《시금자》보다 훨씬 더 모호한 책이 되었다. 허구적 장르를 채택하고 형식적으로는 가설적 담론의 경계 내부에 머물렀지만, 가설이 아닌 메시지를 전하기 위해 최선을 다했다.[145] 갈릴레오는 《시금자》에서 사변적인 궁정 자유사상가라는 의미의 철학자를 자청했으나 《대화》에서는 우주의 물리적 구조를 연구하고 그에 관한 주장을 펼치는 '철학적 천문학자'로 돌아가길 원했다.

혜성 논쟁에서 알 수 있듯이 가설은 그것이 심지어 분명하게 가설로 도입되더라도 강경한 주장으로 해석될 수 있었다. 아무리 복잡하고 설계가 잘된 책이었다고 해도 독자들이 어느 정도로 가설적인 혹은 실재론적인 렌즈를 통해 판단할지를 미리 정해 놓지는 못했다. 특히 《대화》처럼 본질적으로 모호한 책일 경우 그 해석은 맥락에 따라 달라질 수밖에 없었다. 앞으로 살펴보겠지만 그 맥락은 로마 궁정 특유의 동역학에 의해 갈릴레오가 예상치 못한 방식으로 설정되었다.

---

[145] 《대화》의 가설적 형식에 대해서는 Maurice Finocchiaro, *Galileo and the Art of Reasoning*, pp. 3~26을 참고하라.

6장 갈릴레오 재판의 구조화

과학의 역사를 통틀어 1633년 갈릴레오 재판보다 더 많은 주목을 받은 사건은 사실상 없다.[1] 대부분의 문헌은 재판의 개념적 차원(신학적·우주론적·방법론적 차원) 그리고 갈릴레오와 그의 동료, 적들 간의 사적 상호작용에 초점을 맞추었지만, 1633년의 사건에서 후원이 맡은 역할을 본격적으로 해명하기 시작한 것은 웨스트폴의 연구였다.[2]

입수할 수 있는 문헌 증거에 큰 빈틈이 있다는 점을 고려할 때, '실제로 발생한 사건'에 대한 포괄적인 서사를 이 책에서 풀

---

[1] 갈릴레오 재판과 관련된 가장 중요한 문서들은 Maurice Finocchiaro, *The Galileo Affair* (Berkeley: University of California Press, 1989)에서 영문으로 볼 수 있다. 갈릴레오 재판을 다룬 2차 문헌은 매우 방대하므로 나의 분석과 직접 관련된 저술만 인용하겠다. 가장 중요한 2차 문헌은 앞의 책 참고 문헌 목록(pp. 365~373)에 정리되어 있다.

[2] Richard Westfall, "Patronage and the Publication of the Dialogue", *Essays on the Trial of Galileo* (Vatican City: Vatican Observatory, 1989), pp. 58~83. 관련된 쟁점들은 같은 책의 "Galileo Heretic: Problems, As They Appear to Me, with Redondi's Thesis", pp. 84~103에서도 논의되었다.

어 놓을 수는 없다. 다만 앞서 제시한 후원 및 궁정 동역학의 분석을 바탕으로 대안적 해석의 틀을 제시할 뿐이다.[3] 특히 나는 갈릴레오의 경력이 동일한 후원 동역학에 의해 추진되고 붕괴했음을 주장하려 한다. 그리고 갈릴레오의 곤경을 초래한 동역학은 군주 궁정의 전형적인 특징이었으며 그 동역학은 이른바 '총신의 몰락'으로 알려진 사례들과 유사함을 보일 것이다.

나의 목표는 후원을 갈릴레오 재판의 부수적 원인으로 제시하고 양립 불가능한 두 세계관의 충돌을 주요 원인으로 남겨두는 것이 아니다. 재판의 일차적 원인이나 이차적 원인, 필연적 원인, 충분 원인 등을 논하는 대신, 우르바노 8세의 궁정과 같은 바로크 궁정에서 가신이 맞닥뜨린 특정한 후원 동역학을 재구성하고 그 동역학이 훗날 갈릴레오의 경력과 재판에 어떠한 영향을 미쳤는지 살펴볼 것이다. 1632년과 1633년 사이에 검사성성 회의에서 어떤 이야기가 오갔는지 알려진 것은 많지 않지만, 로마 궁정에서 날마다 경력이 시작되고 사라지는 과정을 재구성해 볼 수는 있다. 그리고 누가 어떤 이유로 갈릴레오를 '끝장'냈는지는 결국 알아내지 못하더라도, 후원 동역학이 어떻

---

3   세르조 파가노Sergio Pagano가 발행한 《갈릴레오 갈릴레이 재판에 대한 문헌들 I documenti del processo di Galileo Galilei》(Vatican City: Archivio Vaticano, 1984)은 새로운 자료를 제시한 반가운 문헌 모음집이지만, 이조차 1633년 재판의 문헌적 빈틈을 채우지는 못한다. 이 모음집에서 유일하게 중요한 새로운 문헌은 피에트로 레돈디가 발견하여 출간한 것이다(레돈디의 《이단자 갈릴레오》를 보라). 그 새로운 문헌은 《시금자》에 대한 익명의 고발장이며 레돈디 논제의 핵심을 이룬다.

게 그러한 끝장의 발판을 마련했는지는 이해할 수 있다.

로마 궁정의 맞물림과 역행

갈릴레오 사건이 시작될 무렵인 1632년, 파리를 떠나 로마에 도착한 알비세 콘타리니Alvise Contarini는 교황 궁정의 특이함에 충격을 받았다. 유럽 궁정들을 방문한 경험이 풍부했음에도 그는 다음과 같이 반응했다.

> [*교황 궁정은] 다른 궁정과 매우 다르다. 다양한 인물과 국적 그리고 이해관계가 변화무쌍하게 뒤섞여 있기 때문에 로마 궁정은 이해하기도 일하기도 매우 어려우며 심지어 설명하기는 더 어렵다. 로마에서는 희망의 날개와 야망이 재물을 숭배하도록 사람들을 이끈다. 그 과정에서 궁정인들은 기묘한 변화를 겪곤 한다. 그들은 그들의 군주, 심지어 조국조차 잊고 궁정생활과 그 악덕에 지나치게 빠지면서 기술과 간계를 연마하는 데에만 관심을 기울인다.[4]

---

4   Alvise Contarini in Nicolò Barozzi, Guglielmo Berchet, eds., *Relazioni degli stati europei* ······ (Bologna, 1856~1879), 2: p. 353.

이 설명은 콘타리니 본인의 '공화주의적' 가치에 대해 많은 것을 말해 주기도 하지만, 베네치아 대사로서 로마의 독특한 불안정성, 이례적인 경쟁심, 로마의 궁정인을 차별화하는 특유의 '아비투스'를 제대로 포착했다. 하지만 콘타리니가 관찰한 것은 궁정인의 유전자에서 비롯된 것이 아니라 교황 궁정 특유의 권력 구조와 세대적 주기의 산물이었다.

여느 군주 궁정과 달리, 로마는 가문이나 왕조의 권좌가 아니었다. 그리고 교황이 되기 위해서 반드시 귀족 출신일 필요도 없었다. 마페오 바르베리니가 우르바노 8세로 선출된 사건에서 알 수 있듯이, 사회적으로 딱히 특별한 점이 없는 메디치의 신민이 선출되어 이후 남은 생애 동안 앞서 자신을 통치했던 이를 (매우 기쁜 마음으로) 다스리게 되는 경우도 있었다.[5] 이와 마찬가지로, 몬티첼리의 후작이자 아콰스파르타의 공작이며 산 폴로와 산트 안젤로의 군주였던 페데리코 체시는 1620년대 말 재정 유지에 필요했던 특권을 지키기 위해 추기경이자 교황의 조카인 프란체스코 바르베리니에게 의존했다(프란체스코는

---

5   교황으로 선출되었을 당시 마페오 바르베리니의 세습 재산은 1만 5,000스쿠디 정도의 가치였다. 무시할 만한 금액은 아니지만, 추기경 시절 동료들에 비하면 부유한 편이 아니었다(Romolo Quazza, *L'elezione di Urbano VIII nelle relazioni dei diplomatici mantovani* [Rome: Reale Società Romana di Storia Patria, 1922], p. 43). 하지만 교황으로 선출된 지 5년 만에 마페오의 형제는 그 덕분에 150만 스쿠디의 재산을 쌓았고, 마페오는 조카 타데오를 위해 75만 스쿠디에 해당하는 콜론나의 부동산과 작위를 사들였다(Barozzi and Berchet, *Relazioni*, 2: p. 262).

몇 년 전 삼촌 마페오가 교황직에 선출될 때까지만 해도 체시에 비해 사회적 지위가 훨씬 낮았다).[6]

참폴리의 전기 작가는 로마가 "심지어 부랑자도 군주가 될 수 있는" 곳이라고 단언했으며, 페르시코는 "매일 경험하듯이 로마 궁정에서는 언젠가 높은 자리를 차지하지 못할 정도로 지위가 낮은 사람은 없다"라고 말했다.[7] 1623년 우르바노가 선출된 뒤에 한 저명한 추기경은 다음과 같이 아이러니를 지적했다.

민간의[즉, 무명의] 배경을 가진 사람이 숭고한 권좌에 올라 영혼과 국가, 그 밖의 모든 것의 주인이 되었다는 것은 기적 같은 일이다. 스스로를 간신히 지탱하던 사람이 모든 그리스도교 군주들에게 존경을 받게 된 것은 신께서 행하신 기적이다.[8]

6   Giuseppe Gabrieli, ed., "Il carteggio della vecchia accademia di Federico Cesi", *Memoria della Reale Accademia Nazionale dei Lincei*, Classe di scienze morali storiche e fllologiche, series 6, 7 (1938~1941): pp. 853~854, 860~861, 883~884, 918~919, 934, 935~936, 948, 1206.

7   Giovanni Targioni-Tozzetti, *Notizie degli aggrandimenti delle scienze fisiche accaduti in Toscana* ……. (Florence: Bouchard, 1780; reprint, Bologna: Forni, 1967), vol. 2, part 1, pp. 106~107. 인용문과 매우 비슷한 진술은 Nicolò Barozzi and Guglielmo Berchet, *Relazioni*, p. 354; Panfllo Persico, *Del segretario libri quattro* (Venice: Damian Zenato, 1629), 2: p. 171에서도 찾을 수 있다.

8   Nicolò Barozzi and Guglielmo Berchet *Relazioni*, 2: p. 246.

추기경이 말했듯이, 이번 교황이 맡은 정치적 역할은 전대미문의 것이었기 때문에 기적의 결과임이 틀림없었다. 다른 사람들은 바르베리니 가문의 문장에 있는 벌이 원래 말파리였다고 말하곤 했다.[9] 이러한 '기적'은 아래로 흘러내려 솜씨와 운이 좋은 궁정인들도 '기적 같은' 경력을 쌓을 수 있었다. 로마 궁정인들의 특정한 아비투스를 향한 알비세 콘타리니의 도덕주의적 비난에서 드러나듯이, 로마 특유의 인구학적 패턴은 교황 궁정조차 후원자를 향한 극도로 취약한 충성심과 극단적인 경쟁의 장소로 변모시켰다. 그곳은 "어떤 상황에서도 몰락하지 않을 만큼 충분한 지원과 많은 연줄을 가진 사람은 아무도 없는" 장소였지만,[10] 정체성과 역할이(심지어 갈릴레오가 가진 것처럼 드문 정체성과 역할조차) 여느 궁정에서보다 월등히 쉽게 형성(혹은 붕괴)될 수 있는 장소이기도 했다.

교황 왕조라는 것은 존재하지 않았으므로 새로운 교황이 선출되면 로마 궁정의 권력이 대폭 재분배되었다. 새로운 교황과 함께 그의 조카들과 측근 가신들(일종의 새로운 '정부')이 정권을 장악했다.[11] 교황들은 주로 노년이 되어서야 교황직에 올

9　*바르베리니 가문은 사회적 지위가 상승한 후 '말파리'보다는 상징성이 더 나은 '벌'로 가문의 문장을 바꾸었다.

10　Alvise Contarini in Nicolò Barozzi and Guglielmo Berchet, *Relazioni*, 2: p. 353.

11　더군다나 콘클라베의 신체적 부담은 고령의 추기경들에게 치명적이었다(해마다 말라리아가 기승을 부리는 여름에 특히 심했다). 우르바노가 선출된 콘클라베로 인해 추

랐고, 생물학적 자손이 없었기에 그들이 성취할 후원의 산물로 혜택을 누릴 수 없었다. 따라서 그들은 권력과 밑천을 매우 신속하게 동원하여 가문 또는 왕조 신화의 도움 없이도 지속할 수 있는 이미지를 구축하고 후원을 제공하여 소위 대리 자손을 확보하려는 경향이 있었다.[12] 르네상스 로마에서 교황이 추진한 '자기중심적' 도시 계획에 대한 크리스토프 프로멜Christoph Frommel의 연구에서 알 수 있듯이, 로마 궁정 특유의 인구학적 주기는 도시의 모습에도 지대한 영향을 미쳤다.[13] 이러한 주기가 로마의 궁정 문학과 시에서 나타나는 명성fama과 행

기경 여섯 명이 사망했다. 곤차가 가문의 로마 주재 대사가 주목했듯이, 이러한 죽음은 젊은 성직자들에게 경력을 쌓을 기회를 열어 주었고 따라서 앞서 언급한 간부 개편에도 기여했다(Romolo Quazza, *L'elezione di Urbano VIII*, p. 42).

12 콘타리니는 이렇게 말했다. "자신이 결국 물러나리라는 사실을 더 깊이 깨달을수록 교황들은 모두에게 더욱 관대하고 호의를 넉넉히 분배하며 교황직이 마치 세습이라도 된다는 듯 꾸물거리지 않는다. 마지막으로 궁정에서는 오직 [교황의] 빈번한 교체를 통해서만 직위가 확보되고 재산이 축적되는 것이 일반적이다"(Nicolò Barozzi and Guglielmo Berchet, *Relazioni*, 2: pp. 366~367). 콘타리니는 또한 다음과 같이 덧붙였다. "교황들은 민간의 상태(때로는 지위가 매우 낮은 상태)에서 존엄과 권위와 부가 가장 뛰어난 상태로 등극한다. 가문의 이익을 향한 애착도 덩달아 상승하는데, 그 애착이 너무도 커서 그들이 사망한 뒤에 저택과 후손이 민간 상태로 되돌아갈 것이라는 생각을 견디지 못할 정도이다. 언젠가 사망하기 마련이지만 그럼에도 교황들은 군주와 위대한 주군으로 남는 일에만 전념하고 다른 무엇보다 이 문제에 연구와 관심을 집중한다"(앞의 책, pp. 215~216).

13 Christoph Luitpold Frommel, "Papal Policy: The Planning of Rome During the Renaissance", *Journal of Interdisciplinary History* 17 (1986): pp. 39~65.

운·fortuna을 향한 집착 역시 설명한다고 생각된다.[14]

교황의 경력(또는 그와 함께 지위 상승을 꾀하는 덜 귀족적인 가신들의 경력)은 말 그대로 시간과의 싸움이었다. 젊은 시절부터 권력을 잡을 수 있는 세속 군주와 달리, 교황은 주로 만년이 되어서야 '승격'을 맛보았다. 교황이 권력의 정점에 이르자마자 사망하는 경우도 드물지 않았다. 1629년에 페르시코는 이렇게 말했다.

군주의 교체와 짧은 수명 그리고 그 밖의 조건들로 인해 로마 궁정에서는 갑작스럽고 기적과 같은 승격이 다른 곳보다 빈번하게 일어난다. 기회가 풍부하고 변화가 잦으며 운명의 수레바퀴가 끊임없이 돌기 때문에 모두 종교나 덕을 통해 누구에게나 열려 있는 경력을 이용하려 한다. 하지만 어떤 사람들은 가신들과 시기 때문에 배척당하고, 다른 사람들은 덕이 악의와 권력보

---

14 Agostino Mascardi, *Le Pompe del Campidoglio* (Rome: Zanetti, 1624), pp. 213~214, 219~220; Giovanni Ciampoli, *Lettere di Monsignor Giovanni Ciampoli* (Venice, 1676), pp. 33, 45, 52, 58, 60, 63, 68, 78, 92, 102, 106, 108. 명성의 신은 마페오 바르베리니의 시에서 탁월한 인물로 그려진다(*Poemata* [Paris, 1625]). 마스카르디의 "Discorso o invettiva fatta in una accademia intorno alla iniquità della fortuna," *Prose vulgari* (Venice: Baba, 1653), pp. 501~517도 참고하라. 17세기 말 로마 궁정에서 사용된 '행운' 비유에 대해서는 다음을 보라. Renata Ago, "La cultura della carriera", *Carriere e elientele nella Roma barocca* (Bari: Laterza, 1990), pp. 104~113. [* 이탈리아어 'fortuna' 혹은 영어로 'fortune'은 문맥에 따라 '행운'이나 '운명' 또는 '재산'으로 옮겼다.]

다 덜 존중받는 것을 보고 당황해한다. 물론 이것은 다른 궁정에서도 마찬가지이지만 여기만큼 두드러지는 곳은 없다. 왜냐하면 다른 궁정에서는 이곳만큼 변화가 빈번하지 않고 목표와 이해관계가 분열되어 있지 않으며 정부의 형태 또한 자주 임의대로 바뀌지 않기 때문이다.[15]

우르바노 8세와 그의 비서관 참폴리 그리고 갈릴레오에게서 발견되는 후원을 향한 열광은 이러한 맥락에서 더욱 잘 이해할 수 있다.

갈릴레오는 로마 후원의 혁명 기간을 잘 이해하고 있었다. 1623년 10월(마페오 바르베리니가 교황직에 선출된 직후), 갈릴레오는 우르바노 8세의 선출이 "경이로운 맞물림"이라며 군주 체시에게 편지를 보냈다. 경이로운 맞물림은 갈릴레오가 '문필 공화국 내부'의 중대한 변화 가능성에 관해 생각하도록 이끌었다. 본인의 나이(당시 약 60세)를 의식하고 있었던 갈릴레오는 그러한 변화들이 "이 경이로운 맞물림에 맞추어 실현되지 않는다면, 적어도 나의 경험에 비추어 볼 때 비슷한 상황이 돌아오길 아무리 소망해 봐야 의미가 없으므로 앞으로 영영 일어나지 않을 것"이라고 판단했다.[16] 그가 염두에 둔 변화는 코페르니쿠

---

15   Panfilo Persico, *Del segretario*, p. 6.
16   *GO*, vol. 13, no. 1581, p. 135.

스 천문학의 정당화와 관련되어 있었다.

그 특유의 권력 주기로 인해 로마는 이례적인 지위 상승, 적극적인 가신들, 눈에 띄는 지출, 막대한 후원이 대표적인 특징으로 자리 잡은 공간이 되었다. 혈통이 사회적 신분과 경력을 결정짓는 가장 큰 요인이었던 사회역사적 시기에 로마는 실현 가능성이 희박한 사회적 정체성도 정당화할 수 있는 '카니발적' 장소였다. 마페오 바르베리니 같은 민간 신사들도 교황이 될 수 있었고, 갈릴레오 같은 수학자들도 철학자나 신학자를 대신할 수 있었다.

각 교황의 임기 초기에 가신들이 로마를 대규모로 오갔다는 것은 로마의 후원을 강력하게 만든 빈번한 주기가 로마 궁정 생활의 특징인 극심한 불안정성의 원인이기도 했음을 시사한다. 예를 들어 참폴리는 1624년 스트로치에게 보낸 편지에서 자신이 확보한 로마 궁정의 직위는 강력한 만큼이나 위태롭다고 표현했다(참폴리는 당시 우르바노 8세의 소칙서 비서관 겸 시종관이었다). "이제 저는 언제고 '위대한 호텔'(이곳에서는 많이들 교황관저를 이렇게 부르곤 한답니다)에서 나와 로마를 떠나 오두막에서 살게 될지도 모릅니다. … 이러한 사건은 교황 임기가 바뀔 때마다 모든 부류의 사람들에게 일어나곤 하지요."[17]

---

[17] Marziano Guglielminetti and Mariarosa Masoero, "Lettere e prose inedite (o parzialmente edite) di Giovanni Ciampoli", *Studi secenteschi* 19 (1978): p. 190.

이처럼 교황과 성직자, 교회 관료의 존재가 각국에서 가신들을 끌어들인 한편, 교황 제도의 인구학적 패턴은 특히 최고위층 가신들의 위계를 재편하고 구조를 조정했다.

갈릴레오와 동시대를 살던 인물들, 가령 수학자 베네데토 카스텔리, 린체이 아카데미 회원이었던 비르투오소 카시아노 달 포초, 조반니 참폴리, 클라우디오 아킬리니Claudio Achillini, 시인 아고스티노 마스카르디, 가브리엘로 키아브레라, 알레산드로 타소니, 잠바티스타 마리노, 안토니오 퀘렝기Antonio Querenghi 그리고 수많은 시각예술가 또한 16세기 로마의 모습을 특징지었던 동일한 이동 패턴을 보인다.

예를 들어, 수학자 페데리코 코만디노는 1530년대에 추기경 니콜로 리돌피Niccolò Ridolfi의 수행원으로 우르비노를 떠나 로마에 왔다. 코만디노는 리돌피의 힘으로 교황 클레멘스 7세의 시종관이 되어 교황의 식솔로 합류했다. 하지만 머지않아 교황이 사망했고, 후원 인맥을 잃은 코만디노는 파도바로 떠났다.[18] 몇 년 후에는 추기경 라누초 파르네세Ranuccio Farnese의 식솔이 되어 함께 로마로 여행을 떠났고, 그곳에서 추기경 마르첼로 체르비니를 만나 소양을 뽐냈다. 그 결과, 체르비니가 교황이 되었을 때 다시 로마로 부름을 받았다. 그러나 코만디노가 마침내

18 Bernardino Baldi, "Vita di Federico Commandino", in Filippo Ugolini and Filippo Polidori, eds., *Versi e prose scelte di Bernardino Baldi* (Florence: Le Monnier, 1859), pp. 516~517.

로마에 도착했을 무렵 교황은 중태에 빠졌다. 얼마 지나지 않아 교황이 사망해 버린 탓에, 막 도착한 가신 코만디노는 다시 우르비노로 돌아갈 수밖에 없었다. 그리고 그 후 남은 평생을 심리적 우울감에 빠진 채 보내야 했다.[19]

마페오 바르베리니의 경력은 그나마 순탄한 편이었지만, 후원자 클레멘스 8세가 1605년 사망하면서 그의 야심 찬 희망은 무너질 위기에 처했다. 당시 교황 대사로 프랑스에 파견되어 있던 마페오는 클레멘스에 뒤이어 새로 선출된 교황 레오 11세가 그에게서 명망 높은 직위(주로 추기경직으로 이어졌다)를 박탈해 측근의 가신에게 줄 것이라 생각했다. 마페오의 비서관이 전하기를, 클레멘스의 부고를 파리에서 전해 듣고 "몬시뇨르 바르베리니께서는 교황의 죽음이라는 비극도 그렇지만 본인의 경력이 망가지는 것을 지켜보면서 통탄의 눈물을 흘리고 한숨을 쉬셨다."[20] 마페오에게는 다행히도, 레오 11세는 몇 주 뒤에 사망했으며 후계자 바오로 5세는 마페오에게 우호적인 후원자였다.[21] 마페오의 비서관은 다음과 같이 고상하게 덧붙였다. "눈초nuncio(교황 대사) 바르베리니께서 교황의 서거를 얼마나

19 앞의 책, pp. 519~520, 527~528.
20 "Il conclave di Urbano VIII", Isidoro Carini, ed., in *Spicilegio vaticano di documenti in editi e rari* (Rome: Loescher, n.d.), 1: p. 345.
21 Ludwig von Pastor, *History of the Popes* (St. Louis, Mo.: Herder, 1938), 28: p. 29.

애석하게 생각하셨는지는 독자들의 판단에 맡기겠다."[22] 레오 11세의 갑작스러운 죽음은 마페오의 경력을 구원하는 동시에 "[레오의 삶으로] 수천 명이 이득을 보기 직전에 그들의 행운에 종말을 고했다." 린체이 아카데미 회원 아킬리니는 "수많은 가신이 지위가 상승한 직후 폭포수 같은 눈물을 쏟아내고 말았다"라고 표현했다. 바로 이것이 당시의 로마 궁정을 특징지은 운명적 성격이었다.[23]

심지어 추기경을 통해 비교적 안전한 후원 인맥을 구축하던 예술가들(가령 추기경 마우리치오 디 사보이아의 후원을 받은 유명한 시인 잠바티스타 마리노)도 사도좌(교황직) 공석을 겪으며 그 기간을 광란과 불확실함의 시기로 인식했다. 가신들은 새로운 맞물림의 기간에 후원자들이 권력을 얻는지 잃는지 노심초사 지켜보았다.[24] 1623년 8월 우르바노 8세가 선출되기 직

---

[22] Isidoro Carini, *Spicilegio vaticano*, 1: p. 346.

[23] Giambattista Marino, *Epistolario seguito da lettere di altri scrittori del Seicento*, ed. Angelo Borzelli, Fausto Nicolini (Bari: Laterza, 1912), 2: p. 115.

[24] 콘클라베와 사도좌 공석에 대해서는 Romolo Quazza, *L'elezione di Urbano VIII*와 당시에 쓰인 보고서 "Il Conclave di Urbano VIII", in Isidoro Carini, *Spicilegio vaticano*, 1: pp. 333~375를 참고하라(보고서는 해당 문헌에 전재되어 있으며, 작성자는 아마도 바르베리니의 비서관인 듯하다). 그레고리오 15세가 선출된 콘클라베에 관해 설명한 베네치아 대사의 보고서도 참고하라. Nicolò Barozzi and Guglielmo Berchet, *Relazioni*, 2: pp. 115~216. Petrucelli della Gattina, *Histoire diplomatique des conclaves* (Paris: Librarie Internationale, 1865), 3: pp. 1~94은 그레고리오와 우르바노가 선출된 콘클라베를 매우 상세히 다루었

전에 마리노가 쓴 편지들은 갈수록 분량이 짧아졌으며, "사도좌 공석 기간에는 너무 바빠서 짧게 통보할 시간밖에 없습니다"[25] 또는 "요즘 너무 바빠서 그 담화문을 보내지 못할 것 같습니다"[26]와 같은 문장들로 채워졌다. 당시 참폴리는 갈릴레오에게 비슷한 우려를 전하며 "저희는 가장 분주한 일에 말려들었습니다"라고 말했다.[27] 그런 와중에 1623년 8월 마리노는 (린체이 아카데미와 갈릴레오, 그 밖의 수많은 예술가와 시인과 더불어) 깜짝 놀랄 소식을 듣게 되었다. 크게 안도한 마리노가 화가 베르나르도 카스텔로Bernardo Castello에게 말했다. "이젠 됐습니다! 사도좌 공석 기간에 많은 격랑을 겪은 끝에 시인 교황을 얻게 되었으니 얼마나 다행입니까. 우리의 비르투오소이자 가까운 동료가 교황이 되다니요."[28] 당시 마스카르디 같은 문필가나 스텔루티 같은 린체이 비르투오소는 서신을 통해 그들의 동료들, 그중에서도 갈릴레오에게 매우 비슷한 소식을 전했다.[29]

다. 콘클라베 의식에 관해서는 다음을 보라. J. Davies, trans., *The Ceremonies of the Vacant See or a True Relation of What Passes at Rome Upon the Pope's Death* (London: H. L. and R. B., 1671).

25 Giambattista Marino, *Epistolario*, 2: p. 25. 같은 문헌 p. 26에 수록된 다른 편지에도 비슷한 발언이 포함되어 있다.

26 앞의 책, pp. 26~27.

27 *GO*, vol. 13, no. 1562, p. 119.

28 Giambattista Marino, *Epistolario*, 2: p. 27.

29 마스카르디가 "맞물림"에 관해 쓴 편지들은 다음 문헌의 부록에 전재되었다. Francesco Luigi Mannucci, "La vita e le opere di Agostino Mascardi", *Atti*

새로운 교황 선출에 따른 후원 위기로 인해 기존에 쌓은 경력을 잃은 사람들이 많았다. 하지만 이는 상승세를 타고 있던 젊은 가신들이 간절히 바라는 것이기도 했다. 한 후원자에서 다른 후원자로 이동하는 일은 17세기 초 이탈리아에서는 쉬운 일이 아니었다. 독점적 후원 관계는 사적인 유대 관계로 간주되었으므로 후원자를 등지는 것은 모욕의 몸짓이 될 수 있어 가신에게 매우 위험했다.[30] 이러한 상황을 고려하면, 후원 지형에 빈번하게 일어나 로마 궁정을 뒤흔드는 지진은 후원자를 향한 충성심을 비교적 안전하게 바꿀 기회가 되었기에 기다림의 대상이 되었다.[31] 페르시코는 여느 때와 같이 명쾌하게 지적했다. 후원 관계가 전환되는 사례는 어디에서나 발견되지만 특히 빈번하게 발생하는 곳은 "로마의 궁정이었는데, 그곳에서는 변혁이 너무도 자주 일어나고 사람들 또한 자신의 이익만을 추구하기 때문에 모두 지는 태양을 떠나 떠오르는 태양을 향해 방향

della Società Ligure di Storia Patria 42 (1908): pp. 494~495. 사도좌 공석 이후에 맞은 행복한 결말을 언급한 스텔루티의 편지는 *GO*, vol. 13, p. 121에 있다.

30 Baldassarre Castiglione, *Book of the Courtier*, trans. Charles Singleton (Garden City, N.Y.: Anchor Books, 1959), book 2, no. 22.를 보라.

31 예를 들어 로마에서 바르베리니의 가신이었던 카스텔리는 피사로 돌아와 수학을 가르치라는 대공의 제안(갈릴레오를 통해 전달되었다)을 거절하며 다음과 같이 말했다. "결코 되돌리지 못할 방식으로 일을 망칠 위험을 감수하지 않고선 … 이곳에서 벗어날 방도가 없습니다"(*GO*, vol. 17, pp. 361~362). 카스텔리가 처한 후원의 진퇴양난에 대해서는 웨스트폴이 "Galileo and the Jesuits", *Essays on the Trial of Galileo*, p. 36에서 논의했다.

을 돌렸"다.[32]

이런 연유로 궁정인들은 새로운 교황 임기가 도래하기를 고대했다(물론 그들의 후원자가 권력을 쥐고 있지 않은 경우에 그러했다). 1609년 베네치아 대사 프란체스코 콘타리니는 로마 궁정이 바오로 5세를 그리 달가워하지 않는다고 말했다. "새로운 교황직을 자주 보고 싶어 하는" 사람들의 소망과 달리 "그가 오래 살지도 모른다는 우려가 있기 때문"이었다.[33] 마찬가지로, 일지작가 자친토 질리Giacinto Gigli는 로마 도시의 정부가 "변화를 원하며 바오로 5세의 오랜 교황직에 곤혹스러워한다"고 보았다.[34] 바오로 5세가 선출된 직후인 1605년 6월에 로마를 방문한 루카 공화국 대사는 이처럼 널리 퍼진 정서의 출현을 정확하게 예측한 바 있다.

궁정은 슬픔에 빠져 있고, 로마인들은 교황의 선출에 그리 행복해하지 않았다. 이는 놀랍지 않은 일이다. 그 도시는 주로 새로운 사건[교황의 서거]을 먹고살며 모두 정부와 군주의 빈번한

32 Panfilo Persico, *Del segretario*.

33 Nicolò Barozzi and Guglielmo Berchet, *Relazioni*, 2: p. 87. [* 바오로 5세|Paolo V, Camillo Borghese는 1605년에 교황으로 선출되었고 1621년 사망했다. 그레고리오 15세가 바오로 5세에 뒤이어 1621년에 교황으로 선출되었지만 불과 2년 뒤 사망했다. 그레고리오 15세의 후임자가 바로 우르바노 8세였다.]

34 Giacinto Gigli, *Diario romano (1608-1670)* (Rome: Tumminelli, 1958), p. 72. 이와 유사한 견해는 같은 책 48쪽에도 있다.

변화를 통해 운명을 개척하려 하기 때문이다. 하지만 이번에는 성하의 젊음과 건강한 몸 상태로 인해 그러한 희망이 사라져버 렸다… [35]

이와 같은 상황을 고려할 때, 주치의가 교황의 병환을 보고하는 것이 미래의 기쁨에 대한 신탁으로 인식되었다는 것은 놀랍지 않은 일이다.[36] 로마 궁정에 대한 매우 비슷한 관점을 추기경 구이도 벤티볼리오Guido Bentivoglio의 회고록에서 찾을 수 있다. 그는 한때 파도바에서 갈릴레오의 학생이었으며, 1633년 갈릴 레오에게 유죄판결을 내린 추기경 중 한 명이었다. 벤티볼리오 는 교황 클레멘스 8세의 임기에 젊은 궁정인으로 로마에 도착 했을 무렵 자신이 막다른 골목에 다다랐다고 회상했다. "이번 교황 임기가 너무 오래 지속되고 있었기 때문"이다. 그는 "교황

---

[35] Amedeo Pellegrini, ed., *Relazioni inedite di ambasciatori lucchesi alle corti di Roma* (sec. XVI-XVII) (Rome: Tipografia Poliglotta, 1901), p. 26. 클 레멘스 9세가 교황으로 선출된 직후인 1667년 쓰인 보고서에도 유사한 관점이 반영 되었다. "이번 교황 임기 동안은 그다지 많은 변화가 일어나지 않았고 대부분의 관직 은 여전히 전과 동일한 성직자들이 맡고 있다. 그러므로 (새로운 변화를 바라는) 로마 인들은 거의 만족하지 못하고 있다. … 그 고위 성직자들은 언젠가 [운명의] 수레바 퀴가 움직여 승진할 기회를 잡길 바라지만, 적어도 궁정에서 제일 흔한 먹이가 부족 하진 않기에 불평할 권리가 없다"(앞의 책, pp. 56~57). 이 문헌의 사본을 제공해 준 칼 입센Carl Ipsen에게 감사의 말을 전한다.

[36] Richard Palmer, "Medicine at the Papal Court in the Sixteenth Century", in Vivian Nutton, ed., *Medicine at the Courts of Europe, 1500-1837* (London: Routledge, 1990), pp. 49~78.

직이 새로 시작되면 고위 성직자가 되어 통상적인 경력을 쌓"
겠노라 결심했다.[37] 베네치아 대사 콘타리니는 1635년에도 여
전히 "진정으로 궁정을 지탱하는 것은 오직 교황의 빈번한 교
체다"라고 말했다.[38]

잉글랜드에서 온 한 방문자는 로마 궁정인 특유의 사고방식
을 목격하고 매우 당혹스러워했다. 1620년에 그는 애런델의 군
주에게 다음과 같이 편지를 보냈다. "정말이지 이상하며 부자
연스럽습니다. 다른 곳들과는 달리 그곳 사람들은 군주의 만수
무강을 불행으로 여기고 있습니다. 그들의 부는 신속한 변혁에
달려 있기 때문입니다."[39]

부자연스럽든 그렇지 않든, 이러한 사고방식이 로마 궁정의
문화와 정치를 지배했다. 1623년 7월 14일 오전, 참폴리의 의
례 연설 〈교황의 선출에 관하여 De Pontefice eligendo〉[40]가 끝난
후 콘클라베로 줄지어 들어가던 추기경들을 향해 신원 불명의

---

37 "다음번 변화의 시기에는 나 역시 고위 성직자가 되어 통상적인 길을 밟겠노라 다짐
했다"(Guido Bentivoglio, *Memorie e lettere*, ed. Costantino Panigada [Bari:
Laterza, 1934], p. 96.)

38 Contarini in Barozzi and Berchet, *Relazioni*, 2: p. 353. [* 당시 교황은 여전히
우르바노 8세였다. 우르바노 8세는 1623년에 임기를 시작해 1644년 사망할 때까
지 무려 20년 넘게 집권했다.]

39 Francis Haskell, *Patrons and Painters* (New Haven: Yale University Press,
1980), p. 3에서 재인용.

40 Giovanni Ciampoli, *Oratio de pontefice maximo eligendo* (Rome:
Mascardi, 1623).

한 궁정인이 외쳤다. "여러분 모두 1년 안에 교황이 되길 바라오!"[41] 전해지는 이야기에 따르면 (추기경을 비롯해) 모두가 웃음을 터뜨렸다고 한다.

교회의 눈 밖에 나 실각한 사람들조차 로마 궁정의 인구학적 주기에 의지했다. 참폴리가 우르바노 8세에게 쫓겨나 별 볼 일 없는 몬탈토 지방을 관리하게 되었을 때, 카스텔리는 참폴리 같은 거만한 궁정인이 그토록 극적인 운명의 전환 앞에서 발휘한 극기심(카스텔리는 "경이"라 표현했다)에 놀라움을 감추지 못했다.[42] 하지만 1632년 이후 참폴리가 쓴 편지를 읽어보면 카스텔리가 미처 파악하지 못한 전략을 간파할 수 있다.

처음에 참폴리는 교황이 언젠가 노여움을 가라앉히리라 기대했으므로 로마 궁정과의 연줄을 미리 포기하는 것은 어리석다고 생각했다. 하지만 기대와 달리 위기가 더욱 지속될 것임을 깨닫고는 다음 교황으로 선출될 가능성이 크다고 여겨지는 추기경들에게 다시 접촉하기 시작했다. 추기경 줄리오 사케티 Giulio Sacchetti에게 보낸 편지에 참폴리는 "전하께 진심으로 감사드리며, 주님의 섭리가 전하께서 최고의 승격을 맞이하실

---

[41] "Ch'io vi possa veder tutti papa in un anno!" (Quazza, *L'elezione di Urbano VIII*, p. 16, note 2).

[42] *GO*, vol. 14, no. 2351, p. 430. 참폴리의 태도에 대한 비슷한 언급은 *GO*, vol. 15, pp. 416, 420, 430, 433에도 있다.

시기를 앞당겨 주시기를 기원합니다"라고 썼다.[43] 또 추기경 이폴리토 알도브란디니Ippolito Aldobrandini에게는 "더욱 위대한 군주의 지위까지 오르실 수 있도록 주님께 만수무강을 빌었습니다"라고 말했다.[44] 그리고 추기경 체사레 몬티Cesare Monti에게는 그가 최근에 이룩한 성공이 "전하를 황금 왕좌로 인도할 것"이라며 치켜세웠다.[45] 1641년에는 프란체스코 페레티 디 몬탈토Francesco Peretti di Montalto, 아스카니오 필로마리노Ascanio Filomarino, 비르지니오 오르시니가 추기경에 오르자 참폴리는 그들 모두의 승진을 축하했다. 한 사람에게는 "최고의 특권"을 칭송했고,[46] 다른 사람에게는 "군주가 되기 위해 태어나셨다"라고 말했으며,[47] 나머지에게는 그 이상의 승진을 향한 "장래의 희망"을 상기시켰다.[48] 스스로가 후원의 교착상태에 빠졌음을 알고 있었던 참폴리는 신의 섭리가 우르바노의 죽음을 앞당기기만을 간절히 바랐다.

참폴리는 우르바노보다 스무 살이나 어렸으므로 새로운 추기경들 및 기존의 추기경들과 관계를 발전시키다가 그들이 교황이 되자마자 궁지에서 벗어난다는 전략은 합리적이었다. 그

---

43 Giovanni Ciampoli, *Lettere*, p. 35.
44 앞의 책, pp. 29~30.
45 앞의 책, p. 67.
46 앞의 책, p. 94.
47 앞의 책, p. 93.
48 앞의 책, p. 94.

러나 참폴리에게는 불행하게도 우르바노는 매우 건강했다. 참폴리도 잘 알고 있었듯이 "정치적 점성술"은 정밀과학이 아니었다. "운명의 수레바퀴는 예상치 못한 역행운동을 할 때가 있는데, 우리가 태어난 세기에는 그 규칙적인 주기를 알려줄 새로운 정치적 점성술의 발명을 기대할 수 없다."[49]

하지만 운명의 수레바퀴가 돌아가는 주기에는 넘을 수 없는 한계가 있었다. 바로 교황의 수명(그리고 가신의 수명)이었다. 그 결과, 가신들은 승산을 극대화하고 위험을 줄이기 위해 몇 가지 중기 전략과 그보다 많은 단기 전술을 개발하여 판돈을 걸었다. 그러나 대부분의 경우 가신들은 후원상의 '맞물림'으로 형성되는 틀에 맞춰 계획을 조정하거나 아니면 그 틀에 강제로 끼워 맞춰야 했다. 때로는(혹은 당분간은) 그러한 전략과 전술이 효과를 보았다. 하지만 어떤 경우에는 후원 주기에 맞춰 계획을 강행한 것이 결국 실패의 부분적 원인이 되기도 했다. 우르바노 8세가 선출된 후 갈릴레오가 코페르니쿠스주의의 정당화를 적극 추진한 것이 한 사례이다.

권력의 수준은 제각기 달랐으나, 로마의 가신들은 모두 비슷

---

49 앞의 책, p. 52. [* 여기서 참폴리가 말한 역행운동은 새로운 권력 교체의 예측 불가능함을 행성의 역행운동에 빗댄 것이다. 지구에서 관측되는 행성들은 서쪽에서 동쪽으로 운동하다가 갑자기 방향을 바꾸어 동쪽에서 서쪽으로 움직일 때가 있는데, 이를 역행운동이라고 한다. 헬레니즘 시대의 천문학자들은 행성의 역행운동을 예측하기 위해 주축원과 주전원 같은 기하학 장치를 고안했다.]

한 게임에 참여했다. 참폴리와 갈릴레오 그리고 마페오 바르베리니는 한결같이 후원 주기에 맞춰 움직이려 했다.[50] 그들 모두 출발선이 비교적 뒤처져 있었고, 각기 다른 이유와 목표를 갖고 그들이 염두에 둔 분야에서 정상에 오르려 분투했다. 로마는 고위험 고수익 내기를 할 수 있는 유일한 곳이었으며, 자기형성을 위한 매우 유력한 선택지가 있는 곳이었다. 역설적이게도 로마는 매우 보수적인 기관이 자리 잡은 곳이었으나 동시에 (그 틀 안에서) 변화와 새로움이 (로마의 틀로 볼 때) 당연시되던 곳이었다. 하지만 같은 이유로, 잘못된 판단이 가장 빈번하게 발생하고 위험으로 치닫는 공간이기도 했다.

총신의 몰락

이제 바로크 궁정(특히 교황 궁정) 특유의 불안전성에 대한 분석을 끝내고 최고위 궁정인과 이른바 총신favorite의 높은 교체율의 원인이 되는 특정한 메커니즘에 관한 분석으로 넘어가려 한다.[51]

---

50   로마 후원 상의 '맞물림'은 갈릴레오의 또 다른 두 동료, 조반니 바티스타 리누치니와 몬시뇨르 피에로 디니의 경력에서도 중요한 역할을 했다(*GO*, vol. 13, no. 1493, pp. 59~60).

51   총신은 바로크 궁정의 전형적 인물이었다(물론 제도화된 정도는 달랐다). 스페인에

17세기 초 로마의 궁정 생활에 대한 기록은 거의 없지만, 다행스럽게도 바르베리니의 한 가신이 당시의 궁정 문화를 분석하여 교황의 동생이었던 추기경 안토니오에게 헌정한 저술이 남아 있다. 1624년에 출간된 《현자는 궁정인이 됨이 마땅하다Che al savio è convenevole il corteggiare》의 저자는 궁정 외부인이 아니었다.[52] 추기경 안토니오의 수행원이었던 마테오 펠레그리니는 로마의 문화계와 정치계에서 인정을 받으며 인맥을 쌓았다. 그는 추기경 사보이아의 아카데미(마스카르디가 운영하던 아카데미)에서 연설했고, 참폴리와 추기경 스포르차 팔라비치노Sforza Pallavicino의 좋은 동료가 되었다.[53] 《현자는 궁정인이

서 총신의 칭호는 "프리바도privado"였고 궁정의 위계 속에서 특정한 역할을 담당했다. 프랑스에서는 총신이 구체적인 관직을 맡진 않았지만, 콘치니와 리슐리외처럼 강력한 총신들은 궁정에서 중요한 역할을 수행했다. 스페인과 프랑스를 비교한 문헌으로는 John H. Elliott, *Richelieu and Olivares* (Cambridge: Cambridge University Press, 1984), esp. pp. 34~43을 보라. 잉글랜드의 총신은 그에 비해 공식적인 성격은 덜했으나 통상적인 인물이었으며, 특히 스튜어트 및 튜더 왕조 시기에 그러했다(Robert Shephard, "Royal Favorites in the Political Discourse of Tudor and Stuart England" [Ph.D. diss., Claremont Graduate School, 1985]). 마지막 참고 문헌은 파울라 핀들렌이 알려 주었음을 밝힌다.

52 Matteo Pellegrini, *Che al savio è convenevole il corteggiare libri IIII* (Bologna: Tebaldini, 1624). 이 책은 1년 후 *Il savio in corte* (Bologna: Mascheroni, 1625)로 재간행되었다.

53 Matteo Pellegrini, "Che il dir male non è in tutto male", in Agostino Mascardi, ed., *Saggi accademici* (Venice: Baba, 1653), pp. 193~208. 펠레그리니와 참폴리의 우정은 Claudio Costantini, *Baliani e i gesuiti* (Florence: Giunti, 1969), pp. 11~13에도 언급되었다(그들의 우정은 참폴리의 추방 기간에도 유

됨이 마땅하다》는 1639년까지 두 차례나 프랑스어판으로 간
행되었으며, 문학 논쟁을 촉발하는 계기가 되어 펠레그리니가
《궁정의 현자를 변호함Difesa del savio in corte》을 집필하게 하기
도 했다.[54] 훗날 그는 《정신의 예리함에 대하여Delle acutezze》라
는 웅변에 관한 저술로 국제적인 명성을 얻었다.[55]

궁정에서 이루어지는 간계의 위험과 행운은 15세기 이래 궁
정 논고에서 즐겨 다루던 상징이었다.[56] 이와 같은 상징은 궁

지되었다). 펠레그리니는 사망할 당시 바티칸 도서관의 사서로 일하고 있었다(추기
경 스포르차 팔라비치노로에게 받은 직위였다). 펠레그리니에 대한 기본적인 전기 정
보는 Benedetto Croce, *Problemi di estetica* (Bari: Laterza, 1910), p. 320에
서 찾을 수 있다.

54 Matteo Pellegrini, *Le sage en cour* (Paris: Lancy, 1638; Rocolet, 1639);
idem, *Difesa del savio in corte* (Viterbo: Diotallevi, 1634). 《궁정의 현자를 변
호함》의 수신인은 조반니 바티스타 만치니였다.

55 Matteo Pellegrini, *Delle acutezze* (Genoa: Ferroni, 1939). 펠레그리니
의 저술과 그의 영향력에 관해서는 다음 문헌들을 참고하라. Croce, *Problemi
di estetica*, pp. 322~337; idem, *Poeti e scrittori del pieno e tardo
rinascimento*, (Bari: Laterza, 1945), pp. 205~207; Antonio J. Saravia, *O
discurso Engenhoso* (Saò Paulo: Editora Perspectiva, 1980), pp. 91~146;
Klaus-Peter Lange, *Theoretiker des Literarischen Manierismus* (Munich:
Wilhelm Fink Verlag, 1968), pp. 114~141; Ezio Raimondi, *Trattatisti e
narratori del Seicento* (Milan-Naples: Ricciardi, 1960), pp. 109~112; Mario
Rosa, "La chiesa e gli stati regionali nell'età dell'assolutismo", in Alberto
Asor Rosa, ed. *Il letterato e le istituzioni*, Letteratura Italiana, vol. 1 (Turin:
Einaudi, 1982), pp. 324~325.

56 행운에 대한 초기의 관점은 Charles Edward Trinkaus, *Adversity's Noblemen*
(New York: Columbia University Press, 1940), esp. chap. 5, "The External
Conditions of Life", pp. 121~140을 보라. 15세기 궁정 논고의 고전으로는

정이 점차 바로크 궁정의 특징, 즉 거대한 규모, 엄격한 위계질서, 전문직업화를 갖추면서 더욱 보편적으로 쓰였다. 17세기 초가 되자 궁정 논고는 더 이상 궁정을 (카스틸리오네의 《궁정론》에서처럼) 이상적인 장소로 묘사하지 않게 되었고, 대신 놀라울 정도로 명쾌하게 권력의 동역학을 분석하기에 이르렀다. 정치적 절대주의가 쉽사리 사라지지 않을 것이라는 인식과 국가이성이라는 원칙이 출현함에 따라 궁정인들은 자신들의 처지를 전보다 초연하게 신스토아적neo-stoic 관점으로 바라보려고 노력했을 것이다.[57]

궁정에서 경력을 쌓으려 하는 문필가들을 위한 펠레그리니의 안내서는 궁정에서 맞닥뜨릴 수 있는 특정한 형태의 위험들을 설명하는 데 여러 장을 할애했다. 그중에는 특히 〈호의의 불안정성〉, 〈호의의 본질적인 불안정성은 권력자의 이익에 부합

Aeneas Sylvius Piccolomini [Pope Pius II], *De curialium miseriis epistola*, ed. Wilfred P. Mustard (Baltimore: Johns Hopkins University Press, 1928)가 있다.

57 16세기와 17세기 초의 타키투스주의tacitismo에 관해서는 Gerhard Oestreich, *Neostoicism and the Early Modern State* (Cambridge: Cambridge University Press, 1982)를 참고하라. [* 타키투스는 고대 로마의 역사가로서 로마 제국 초기의 역사서를 집필했다. 타키투스의 저술들은 한동안 잊혔다가 14세기 후반부터 르네상스 인문주의자들에게 발굴되고 다양하게 해석되면서 15세기와 16세기 유럽에서 지대한 영향력을 행사했다. 훗날 문학비평가 주세페 토파닌Giuseppe Toffanin은 타키투스의 저술이 몰고 온 일종의 정치운동을 가리켜 "타키투스주의"라고 불렀다. 이종숙, 〈르네상스 영국에서의 Tacitus와 타키투스주의〉, 서양고전학연구, 제9권 (1995), pp. 101~132.]

한다〉, 〈총신의 오만함이 불러일으키는 위험〉, 〈총신은 시기로
인해 위험에 처한다〉, 〈총신이 된다는 것의 위험성〉 그리고 마
지막으로 〈총신의 몰락〉이 있다.[58] 펠레그리니는 이 문제들을
분석적인 관점에서 다루었으나, 다른 작가들은 실제 궁정인들
의 몰락을 소재로 한 허구의 이야기로 같은 문제들을 다루었다.
프랑스의 콘치니 또는 잉글랜드의 버킹엄과 같은 몇몇 주요한
총신들이 몰락한 후로 유사한 책들이 유럽의 전 지역에서 모습
을 드러냈다. 대체로 작가들은 역사적 사례(가령 세야누스[59]를
처형한 황제 티베리우스)로 눈길을 돌려 그 사례를 상세히 서술
하면서 실제 총신들의 최후를 극적으로 묘사하곤 했다.[60]

---

58 Matteo Pellegrini, *Che al savio è convenevole il corteggiare*, pp. 56~95.

59 * 세야누스Sejanus는 티베리우스 황제(로마 제국의 제2대 황제)의 근위대 대장으로
서 신임을 받았으나 정치적 입지를 확장하는 과정에서 황제에 의해 제거당했다.

60 프랑스 궁정에서 마리아 데 메디치의 주요 조언자였던 콘치노 콘치니의 몰락은 수
많은 문헌의 소재가 되었다. Giovanni Battista Manzini, *Della peripetia di
fortuna: Overo sopra la caduta di Seiano* (1620년으로 추정)가 좋은 예시
이다. 이 문헌은 *Observations Upon the Fall of Seianus* (2d ed. London:
Harper, 1639)라는 책으로 영역되었다. 다른 예시로는 Pierre Matthieu,
*Unhappy Prosperity Expressed in the History of Aelius Seianus, and
Philippa the Catanian. With Observations Upon the Fall of Seianus* [a
reprint of Manzini's book]; *Lastly Certain Considerations Upon the
Life and Services of Monsieur Villeroy* (London: Harper, 1639)가 있다. 다
음 문헌들도 참고하라. Ben Jonson, *Seianus and His Fall*, ed. W. F. Bolton
(London: Benn, 1966); Francisco de Quevedo y Villegas, "Como ha de
ser el privado", *Obras completas*, ed. Felicidad Buendia, vol. 2 (Madrid,
1967); Mira de Amescua, ed., *La comedia famosa de Ruy Lopez de Avalos*

궁정의 후원 관계에 대한 펠레그리니의 설명에는 사랑과 추파flirtation의 담론이 스며들어 있다. "군주의 은총은 페넬로페와 같다. 예속의 열매를 얻기 위해 분투하는 궁정인들이 그녀를 둘러싸고 서로 경쟁을 벌인다."[61] 궁정사회의 이러한 이미지는 권력 피라미드의 꼭대기가 비교적 넓거나 권력의 형태와 중심이 다양하게 존재하는 근대와는 달리 어떤 유형의 권력이든 그 유일한 원천은 오직 군주임을 강조한다.

이와 같은 권력 구조로 인해 궁정사회의 경쟁은 독특한 양상을 띠었다. 궁정인은 성공이 아닌 은총, 즉 연봉이나 학술지 인용 횟수로는 측정되지 않는 목표를 추구했다. 은총은 군주가 가신을 총애한 결과였다. 궁정인이 정상에 오를수록 그의 경력은 군주와 맺은 친족 관계의 한 형태로 간주되었고 심지어 시적으로는 배타적인 연인 관계로 표현되기도 했다. 펠레그리니는 다음과 같이 말했다. "[군주를] 사랑하는 두 사람은 사랑받는 즐거움을 함께 누릴 수 없다. 총애의 옥좌는 두 명을 위한 공간이 없다."[62]

궁정인이 일단 궁정에서 후원 관계를 맺으면 그 뒤로 그의 경력은 궁정에 매우 밀접하게 결부되었다. 그러므로 펠레그리

(primera parte de Don Alvaro de Luna) como doctrinal de privados y regimiento de principes ⋯, (Mexico City: Editorial Jus, 1965).

61 Matteo Pellegrini, *Che al savio è convenevole il corteggiare*, p. 20.
62 앞의 책, p. 63.

니가 궁정인들의 경쟁을 총애와 실각disgrace(총애의 상실)의 문제(또는 심지어 삶과 죽음의 문제)라고 본 것은 그리 과장이 아니다.

사랑받는 사람[군주]이 그를 사랑하는 두 사람 중 한 명을 어루만지면 나머지 한 사람은 모욕감을 느끼는 법이다. 나 말고 다른 사람이 연인과 즐기는 모습을 지켜보는 것보다 더 상처가 되는 일이 있겠는가? 연인과 즐기며 당신에게 상처를 주는 사람을 향한 분노는 우리가 연인의 즐거움을 바라는 마음만큼이나 크다. 하지만 이미 연인을 빼앗겼다면 무엇을 바랄 수 있겠는가? 이보다 두려운 일은 없다. 연인을 되찾는 일은 사랑하는 자의 몫이다. [연인이] 다른 이의 먹잇감이 되는 모습을 지켜보는 것은 참을 수 없다. 연인을 잃은 고통은 오직 희망으로만 위로받을 수 있다. 하지만 다른 누군가가 이미 연인을 소유하고 있다면 그 희망에는 근거가 없다. 절망에 빠진 사람이 할 수 있는 일이라곤 경쟁자를 제거하는 것뿐이다. [*군주를] 빼앗긴 궁정인에게 탈출구는 총신을 파멸시키는 방법밖에 없다.[63]

펠레그리니가 도입한 욕망과 질투의 언어는 궁정에서 실제로 작동하는 권력 동역학을 적절한 비유로 포착했다. 총신의 몰

---

[63] 앞의 책, pp. 62~63.

락은 우연한 사건이 아닌 통상적인 과정이었다. 펠레그리니가 지적했듯이, 하급 궁정인들은 승진할 수 있다는 희망이 있어야만 군주의 총애를 받기 위해 자신의 신분을 견디며 열심히 일할 수 있었다. 반복해서 일어나는 총신의 파멸은 그러한 희망의 근거가 되었다. 총신의 몰락에 대한 또 다른 분석에 따르면, "남겨진 자리는 다시 채워져야" 했다.[64] 궁정인들이 총신의 몰락을 반겼던 또 다른 이유가 있다. 그 총신에게 진 후원의 빚을 갚을 의무가 사라지기 때문이었다.

총애의 불확실성은 군주가 궁정의 통제권을 유지하기 위해 사용하는 막강한 도구였다. 그러므로 총신의 몰락은 상승세를 탄 궁정인들과 군주 모두에게 영향을 미치는 메커니즘이었다. 궁정인이 몰락한다고 해도 군주가 잃을 것은 없었다. 역설적이게도, 궁정인이 총신이 되는 것과 이후 치욕 속에서 몰락하는 것은 모두 군주의 권력을 강화하거나 유지해 주었다. 궁정인이 성공함에 따라 군주의 위신은 향상했다. 반대로 궁정인이 실패해도 그의 몰락은 군주의 권력 유지에 도움이 되었다. 나머지 궁정인들에게 그 몰락의 무자비함을 보여줌으로써 그들이 잘못 처신할 경우 무슨 일이 벌어지는지 상기시킬 수 있었기 때문이다. 그것은 바로 궁정의 '메멘토 모리*Memento mori*', 즉 '언젠가 죽는다는 사실을 기억하라'라는 메시지였다. 그 메시지는

---

64   Giovanni Battista Manzini, *Della peripetia di fortuna*, p. 38.

경고를 전하는 동시에 궁정인들이 '희망'을 유지하게끔 했으며, (참폴리와 갈릴레오가 몰락한 사례처럼) 군주 본인이 처한 정치적 문제의 편리한 희생양을 제공하기도 했다. 조반니 바티스타 만치니Giovanni Battista Manzini는《운명의 장난 혹은 세야누스의 몰락에 대하여》에서 "티베리우스의 악행을 모두 세야누스의 책임으로 돌리는 사람들도 있었다"라고 말했다.[65] 이와 마찬가지로, 엘리자베스 여왕의 총신 월터 롤리 경Sir Walter Ralegh은 다음과 같이 적었다.

폭군들은 신하들의 보편적인 증오를 불러일으켰기에 그들의 분노로부터 스스로를 보호할 방법을 찾지 못했다. 따라서 최고위 총신과 최측근 참모를 처형하거나 인민의 손에 건네주었다. 이를테면 티베리우스는 총신 세야누스를 인민에게 넘겼다. 네로와 티겔리누스의 경우도 마찬가지였다. 스웨덴의 국왕 헨리는 인민의 분노를 그가 총애하던 신하 조지 프레스턴에게로 돌렸다. 카라칼라는 자신에게 형을 살해하라고 종용하던 아첨꾼들을 모조리 죽여 버렸다. 칼리굴라도 비슷한 짓을 저질러 위기를 모면했다.[66]

65 앞의 책, p.10.
66 Sir Walter Ralegh, "Cabinet Council", *The Works of Sir Walter Ralegh* (Oxford: Oxford University Press, 1829), 8: pp.149~150. Shephard, "Royal Favorites", p.55에서 재인용.

프랜시스 베이컨 또한 총신의 운명에 대한 의견을 남겼다. 1616년 조지 빌리어스 경Sir George Villiers에게 보낸 편지에서 베이컨은 다음과 같이 경고했다.

각하의 상태가 실제로 어떤지 유념하셔야 합니다. 왕께서는 신민의 손이 닿지 않는 곳에 계시되 그들의 비난을 벗어날 수는 없습니다. 각하께서는 왕의 그림자 같은 존재이시기에, 만일 왕께서 잘못을 저질렀음에도 그것을 인정하지 않고 장관들의 평계를 대신다면 그중 가장 먼저 눈에 띌 사람은 바로 각하일 것입니다. 각하께서 실책을 범했거나 고의로 물의를 일으킨 것이 되어 처벌을 받게 되실 것이 뻔합니다. 그렇게 군중을 달래기 위한 희생양으로 바쳐지시겠지요.[67]

요컨대 총신의 몰락은 우연히 일어나는 사건이 아니었다. 오히려 궁정의 '주기적 재생'과 군주가 지닌 권력 이미지의 '정화'에 해당하는 일상적인 과정이었다. 그 과정은 희생양(제물)을

[67] Francis Bacon, "Letter of Advice to Sir George Villiers —the First Version", *The Works of Francis Bacon*, ed. James Spedding et al. (London: Longmans, 1857~1874), 13:p. 14; Shephard, "Royal Favorites", p. 54에서 재인용. 나중에 같은 편지를 다시 쓰면서 베이컨은 "왕은 잘못을 저지르지 않습니다. 잘못은 장관들이 짊어질 것이 뻔합니다"라고 적었다("Advice to Villiers-Second Version", *Works*, 13:p. 28; Robert Shepard, "Royal Favorites", p. 54 에서 재인용).

바치는 의례화된 행위로 야심 찬 궁정인들과 군주 모두에게 효과가 있었다.[68] 만치니의 표현대로, 황제 티베리우스는 세야누스를 끌어내림으로써 운명의 신에게 제물을 바친 셈이었다.[69]

궁정인의 몰락에서 또 다른 중요한 특징은 사건이 갑작스럽게 일어난다는 점과 한번 정해지면 돌이킬 수 없다는 점이다. 펠레그리니는 "총애의 정점에 선 사람은 꼭대기로 갈 때 밟은 것과 똑같은 계단을 밟으며 내려가지 않는다. 대부분의 경우 최상의 지위와 최하의 지위 사이에는 그 어떤 계단도 존재하지 않는다"[70]는 점에 주목했다. 이와 비슷하게 만치니는 "기존에서 있던 정점에서 다시 내려오는 것은 급강하일 수밖에 없다. 최상위에서 최하위로 향하는 경과를 알아차리지도 못할 때가 많다"라고 말했다.[71] 만치니는 또 이렇게 말하기도 했다. "군주의 측근이 됨으로써 어떤 위대한 일을 겪는지 알고 싶다면 유

---

68 총신이 몰락하는 동안 군주와 궁정인들 간에 이루어진 암묵적인 공모는 놀라울 정도이다. 군주가 궁정인들에게 총신으로부터 철수하라는 신호를 보내면 총신은 고립 상태에 빠져 더 빠르게 몰락하거나 고립 자체로 인해 몰락하기도 했다. 어떤 경우에는 궁정인들이 총신에 대한 소문을 퍼뜨려 군주의 귀에 들어가게 하여 결국 총신을 고발한 꼴이 되기도 했다.

69 "티베리우스는 세야누스와 그의 아들에게 사제라는 높은 지위를 수여할 정도로 주도면밀하게 음모를 꾸몄다. 마치 스스로 운명의 신의 제물이 되라고 종용하는 것이나 다름없었다"(Manzini, *Della peripetia di fortuna*, p. 11). 제물의 비유는 같은 책 22쪽에도 나온다.

70 Matteo Pellegrini, *Che al savio è convenevole il corteggiare*, p. 73.

71 Giovanni Battista Manzini, *Della peripetia di fortuna*, p. 20.

언장을 작성하는 것이 좋다. 갑작스러운 몰락에 지나지 않기 때문이다.[72]

몰락의 즉시성은 군주의 총애를 잃은 궁정인과의 관계를 주변의 모든 사람이 끊어 버린 결과이기도 했다. 운명의 여신 또한 과거에 보살폈던 이가 바치는 공물을 더 이상 받지 않았다. "[세야누스가] 운명의 여신 조각상에 공물을 바치는 동안 … 운명의 여신은 고개를 돌릴 뿐 그를 바라보거나 불쌍히 여기지 않았다. 그렇게 여신은 그 불운한 궁정인에게 자신을 믿는 것이 얼마나 덧없는 짓인지 알려주었다. 대리석으로 만들어져 있을 때조차 운명의 여신은 견고하지 않았다."[73] 몰락해 가는 궁정인을 고립시키는 것은 잔혹하되 합리적인 행위였다. 군주가 누군가를 실각시키기로 결심했다면, 그저 파멸에 동참할 뿐 아무도 그 희생양을 구할 수 없었다.[74]

몰락해 가는 궁정인에 대한 지지를 수많은 이들이 철회하는 것은 그의 추방을 가속함으로써 군주의 이익에 부합했다. 총신

---

72 앞의 책, p. 28.

73 앞의 책, p. 14.

74 "파멸에 빠진 총신들은 지원을 받길 기대해선 안 된다. 거대한 몰락의 더미는 그들에게 접근하는 이들을 짓이겨버린다. 모두가 몰락을 바라는 상황에서 도움을 구하는 것은 무의미하다. … 타인의 불행을 능멸하는 이들은 하늘의 뜻에 박수를 보낸다. … 키 큰 참나무가 쓰러지면 모두가 장작을 얻기 위해 달려든다. 위대한 총신이 몰락하면 모두가 먹잇감을 향해 달려든다"(Matteo Pellegrini, *Che al savio è convenevole il corteggiare*, p. 74).

의 몰락이 효과를 거두기 위해서는 신속하게 진행되면서도 돌이킬 수 없어야 했다. 그 과정이 완전무결해야만 군주의 절대권력이 궁정인들의 운명을 결정한다는 표시로 인식될 수 있었다. 그리고 군주는 어떠한 상황에서도 이미 실각시킨 궁정인을 잘못 평가했다고 시인하는 법이 없었다. 만일 그렇게 한다면 자신이 오류를 범한다는 점을 인정함으로써 자신에게 절대적인 지배권, 즉 절대권력이 없음을 자인하는 꼴이 되기 때문이다. 펠레그리니는 다음과 같이 말했다.

> 법학자들은 새로운 증거가 나타나지 않는 한 기존에 좋아했던 대상을 싫어하는 것은 정당화되지 않는다고 가르친다. 군주는 총신의 중대한 부정을 구실로 삼아야만 분노를 표출할 수 있다. 누구든 작은 일 때문에 연인을 비난하진 않는 법이다. 권력자[군주]는 가문 구성원의 작은 결함을 감춰주곤 하는데, 최고의 영예를 베풀어 승격시킨 자에게서 대수롭지 않은 결점이 발견되었다고 어찌 그를 처벌할 수 있겠는가? 그러므로 군주는 총신이 매우 심각한 부정을 저질렀다는 구실을 내세우지 않고서는 그 총신이 (이전에는 은총을 받아 마땅하다고 여겨졌으나) 은총을 받을 자격이 없다는 판단을 내릴 수 없다.[75]

75 앞의 책, p. 75.

군주는 그가 총애하던 궁정인을 말 그대로 '정의'를 위한 '희생양'으로 보았다. 단순히 가신을 실각시킬 뿐이었지만, 그 과정은 군주의 분노와 슬픔이 뒤섞인 의례적인 모습으로 연출되었다. 정의를 위해 총신을 '포기'함으로써 군주는 가신을 향한 사랑의 감정을 무시할 정도로 스스로가 절대적으로 정의로운 사람임을 보여 주었다. 하지만 펠레그리니가 노골적으로 표현했듯이, 군주가 총신을 실각시키려 할 때 실제 이유는 필요하지 않았다. 총신의 몰락이 띠는 즉시성과 총신의 배신으로 군주가 내세울 수 있는 구실들은 군주가 가신과 갑자기 거리를 두는 데 결정적으로 중요한 요소였다. 그들의 관계는 너무도 가까웠기 때문에(돌이켜 보면 당혹스러울 정도로 친밀했다), 총신이었던 인물은 가능한 한 신속하게 사라져야 했으며 또한 군주는 과거의 총신과 총신의 '악행'으로부터 스스로를 철저하게 분리해야 했다.[76]

펠레그리니가 궁정사회 전반의 우연적 특징이 아닌 구조적 특징을 지적했다는 사실은 궁정 문헌에서 숱하게 등장하는 총신의 몰락 일화들로 확인된다. 1617년 존 홀스 경Sir John Holles은 제임스 1세의 총신 서머싯 백작의 몰락에 대한 의견을

---

76 만치니는 이와 같은 상황에 대한 또 다른 해석을 덧붙였다. "소유한 모든 것을 주었던 군주는 그것을 되찾으려면 빼앗을 수밖에 없다. 하지만 명령의 철회는 오명이기에, 대부분의 경우 군주는 자신에게 불명예를 안긴 사람들을 시야에서 사라지게 한다"(Giovanni Battista Manzini, *Della peripetia di fortuna*, p. 33).

남겼다.

> 오늘 아침, 나는 괴로워하는 이[서머싯]를 방문하기 위해 탑으로 걸어간다. 이따금 굴욕감을 느끼기 위해서는 그러한 여정도 필요한 법이다. 타인의 고통을 마치 유리잔 속에 있는 것처럼 바라보면서 우리는 다른 사람의 뜻에 따라 살았던 모든 사람이 처한 불행을 목도한다. 오늘날 국가이성이라고 불리는 … 이것은 모든 사람의 머리 위로 지나가는 화살과 같기에, 방해되는 사람은 기적 같은 행운이 따르지 않는다면 결코 피할 수 없다. 어떤 이들의 파멸은 다른 이들의 보필만큼이나 군주의 계획에서 필수적이기 때문이다.[77]

갈릴레오의 몰락

1632년 2월, 피렌체에서 진행 중이던 《대화》의 인쇄가 마무리되었다. 갈릴레오의 원래 계획은 린체이 아카데미의 도움을 받아 로마에서 책을 인쇄하는 것이었다. 1630년의 늦은 봄, 그는

---

[77] Holles to Lord Norris, 1 July 1617; quoted in Linda Levy-Peck, "For a King not to be bountiful were a fault': Perspectives on Court Patronage in Early Stuart England", *The Journal of British Studies* 25 (1986): p. 48 (강조는 저자의 것).

허가를 받기 위해 완성된 초고를 들고 로마로 향했다. 교황청 궁정신학자 니콜로 리카르디Niccolò Riccardi 신부는 (갈릴레오가 인쇄업자와 협의할 수 있도록) 임시 출판허가를 내주었지만, 갈릴레오가 몇몇 사항을 수정하고 서문과 결론을 교황의 지시에 따라 쓰기를 원했다.[78] 갈릴레오는 리카르디가 최종 검토할 수 있도록 수정한 원고를 몇 달 안에 로마로 보내거나 다시 가져가야 했다. 일이 잘 풀렸다면 참폴리가 마지막 수정사항을 살피고 최종적으로 린체이 아카데미에서 책을 인쇄했을 것이다. 하지만 1630년 8월 군주 체시가 사망하자 린체이는 최후의 위기를 맞았다. 설상가상으로 전염병이 발생하여 원고를 피렌체에서 로마로 안전하게 발송하기도 어려워졌다.

일정이 지연되자 갈릴레오는 피렌체에서 책을 인쇄하기 시작했다.[79] 리카르디 신부는 메디치가와 매우 친밀하게 지내던 피렌체 가문 출신이었고, 메디치의 로마 주재 대사이자 갈릴레오의 강력한 옹호자인 프란체스코 니콜리니Francesco Niccolini의 아내와 친척이었다.[80] 게다가 갈릴레오의 동료였고 과거에 《시금자》를 극찬하기도 했다.[81] 갈릴레오는 메디치와의 강력한 인

---

78 리카르디 신부에 관해서는 다음 문헌을 참고하라. Ambrosius Eszer, "Niccolò Riccardi, O.P.-Padre Mostro", *Angelicum* 60 (1983): pp. 428~457.

79 *GO*, vol. 14, no. 2115, pp. 215~218.

80 2장의 각주 160번에서 언급했듯이, 연작 〈메디치 숭배〉 가운데 메디치의 별이 그려진 마지막 작품의 소재지가 바로 리카르디궁이었다.

81 갈릴레오는 1624년 로마에서 리카르디를 만났는데, 리카르디가 교황청 궁정신학자

맥은 물론이고 리카르디, 니콜리니와의 우정을 동원하여 원고의 최종 검수를 로마에서 피렌체 검열관에게 이관하는 데 성공했다.[82] 리카르디는 피렌체에 있는 동료에게 구체적인 검토 지침과 서문 및 결론의 개요를 보내는 데 동의했다.[83] 《대화》는 피렌체 검열관의 검토를 받아 출간이 승인되었고 마침내 1632년 2월에 인쇄가 완료되었다. (《대화》가 로마에 도착하기 전인) 4월에는 참폴리가 우르바노의 신임을 잃게 되었고, 10월이 되자 로마를 떠나야 했다.

1632년 여름, 교황은 책의 유통을 중단하도록 명령하고 갈릴레오의 부정을 조사하기 위한 특별위원회를 설치했다.[84] 이른 가을 특별위원회의 보고서를 검토한 교황은 이 문제를 종교재판소로 이관하기로 했다. 종교재판소는 곧바로 갈릴레오를 로마로 불러들였다. 그로부터 많은 시간이 흘러 갈릴레오는 1633년 2월이 되어서야 로마에 도착했다. 심문 절차는 4월에 시작되어 6월에 끝났으며, 결국 유죄판결을 받은 갈릴레오에게는 형식적인 감금과 3년간 매주 1회 참회시편을 낭독하라는 형벌이 내려졌다.

가 될 때까지 기다렸다가 출판허가를 위한 원고를 제출했다는 증거가 있다(*GO*, vol. 14, no. 1984, pp. 77~78).

82 앞의 책, no. 2156, pp. 254~255; no. 2162, pp. 258~260.

83 Maurice Finocchiaro, *Galileo Affair*, pp. 209~210, 213~214.

84 *GO*, vol. 14, no. 2285, pp. 368~371; no. 2287, p. 372; no. 2289, p. 373; no. 2310, pp. 397~398.

[*갈릴레오에게서] 매우 강한 이단 혐의가 발견되었다. 즉, 그는 신학과 성서에 위배되는 거짓된 학설을 고수하고 그것이 옳다고 믿었다. 그는 태양이 세계의 중심에 있으며 동쪽에서 서쪽으로 움직이지 않는다고, 또 지구가 움직이며 세계의 중심에 있지 않다고 믿었다. 그리고 어떤 의견이 성서에 위배되는 것으로 선언되고 규정된 다음에도 그 견해를 그럴듯한 것으로 믿고 옹호할 수 있다고 생각했다.[85]

최종적으로 갈릴레오는 피렌체 언덕 위에 있는 아르체트리의 집으로 돌아갈 수 있었고, 1642년 사망할 때까지 가택연금 상태로 지냈다.

이 판결문을 해석하는 것은 생각만큼 간단하지 않다. 입수 가능한 다른 문서들에 따르면 교황과 검사성성은 여러 죄목을 들어 갈릴레오를 고발했는데, 어떤 것이 합법적으로 갈릴레오의 판결까지 이어졌고 어떤 것이 법률적인 구실에 불과했는지 평가하기란 어려운 문제이다.[86] 갈릴레오는 출판에 관한 합의

---

85 Maurice Finocchiaro, *Galileo Affair*, p. 291.

86 갈릴레오 재판에서 문제가 될 만한 법률적 차원에 관해서는 Orio Giacchi, "Considerazioni giuridiche sui due processi contro Galileo", *Nel terzo centenario della morte di Galileo Galilei* (Milan: Società Editrice Vita e Pensiero, 1942), pp. 383~406을 참고하라. 마우리체 피노키아로는 그의 논문에서 판결문의 상태가 모호함을 지적했다. "[판결문에] 이단 자체가 아닌 '매우 강한 이단 혐의'라고 쓰여 있다는 것은 갈릴레오에게 유죄판결을 내리기에는 그의 죄를

를 위반했고, 어리석은 인물로 연출된 심플리치오가 신의 전능에 관한 교리를 표명하게 하여 교황을 모욕했으며, 코페르니쿠스를 믿거나 옹호하지 말라는 벨라르미노의 1616년 명령을 위반했고, 코페르니쿠스의 견해를 가설이 아닌 절대적인 주장으로 제시했다는 온갖 이유로 고발을 당했다. 더군다나 법률 외적인 쟁점을 고려하는 것 또한 어려운 일이다. 예컨대 교황과 검사성성, 수도회의 신학자들과 수학자들이 갈릴레오에게 느낀 사적인 친분이나 적대감을 평가하거나 당시의 정치적 맥락이 우르바노의 결정에 어떤 영향을 미쳤는지를 검토하기란 쉽지 않다.[87]

위대한 궁정인의 몰락에 대한 펠레그리니의 고찰은 위의 요소 중 일부를 맥락화할 만한 틀을 제공한다. 분명히 말하건대, 나는 갈릴레오가 우르바노의 총신이었다고 주장하는 것이 아니다. 로마에는 공식적인 총신이 없었으며, 갈릴레오는 교황 궁정과의 관계가 두터웠고 그곳을 몇 년마다 방문하기도 했으

<hr>

입증할 만한 증거가 부족하다는 사실을 암묵적으로 인정했다는 뜻이다"(Maurice Finocchiaro, "The Methodological Background to Galileo's Trial", in William A. Wallace, ed., *Reinterpreting Galileo* [Washington: Catholic University of America Press, 1986], p. 242).

87 예를 들어 1633년 1월 갈릴레오는 엘리에 디오다티Élie Diodati에게 보낸 편지에 자신을 곤경에 빠트린 로마 사건 배후에 예수회가 있다고 썼다. 이러한 견해는 같은 해 4월 가브리엘 노데Gabriel Naudé가 피에르 가상디에게 보낸 편지에서도 되풀이되었다(*GO*, vol. 15, no. 2384, p. 25; no. 2465, p. 88). 예수회가 재판에 미쳤을 만한 영향에 대해서는 Richard Westfall, "Galileo and the Jesuits"을 참고하라.

나 그곳에 속한 궁정인은 아니었다.[88] 그럼에도 갈릴레오가 우르바노와 맺은 관계는 특별했다.[89] 두 사람은 수년간 정기적으로 만나 소통했고, 마페오의 편지에는 언제나 갈릴레오를 향한 무조건적인 존경의 뜻이 담겼었다. 추기경 바르베리니 시절의 우르바노는 피렌체 궁정에서 부양성 논쟁이 벌어지는 동안 갈릴레오의 편을 들었을 뿐만 아니라 1620년에는 갈릴레오에게 〈위험한 찬양〉이라는, 제목 그대로 찬양의 시를 헌정하기도 했다. 마페오는 시를 첨부한 편지에 "당신의 형제로서Come fratello"라고 서명했는데, 이는 추기경이 민간 신사에게 사용하는 칭호로는 매우 드문 것이었다.[90] 한편 톰마소 리누치니[91]는

88 로마 궁정에 대한 보고서에서 조반니 참폴리는 "파보리토favorito"라는 단어를 사용했지만, 이는 통상적인 궁정 직위 분류 체계와 구별되는 인물보다는 단순히 특권을 가진 궁정인(가령 비서관이나 시종관)의 의미로 쓰인 듯하다(Giovanni Ciampoli, "Discorso di Monsignor Ciampoli sopra la corte di Roma", in Guglielminetti and Masoero, "Lettere e prose inedite [o parzialmente edite] di Giovanni Ciampoli", pp. 228, 233). 그럼에도 참폴리의 《담화》에는 궁정인의 '파멸'이라는 주제가 거듭 등장한다.

89 Richard Westfall, "Patronage and the Publication of the *Dialogue*"은 《대화》의 출판을 이해하는 실마리로 우르바노와 갈릴레오의 후원 관계를 강조했다. 다음 문헌들도 참고하라. Antonio Favaro, "Oppositori di Galileo VI: Maffeo Barberini", *Atti del Reale Istituto Veneto di Scienze, Lettere ed Arti* 80 (1920~1921): pp. 1~46; Sante Pieralisi, *Urbano VIII e Galileo Galilei* (Rome: Tipografia Poliglotta, 1875).

90 *GO*, vol. 13, no. 1479, pp. 48~49. 갈릴레오에게 같은 칭호를 사용한 사람은 구이도발도 델 몬테(단 한 번)와 그의 동생 프란체스코 마리아 추기경밖에 없었다.

91 *Tommaso Rinuccini(1596~1682), 토스카나 대공국의 외교관으로 페르모의 대

갈릴레오가 1624년 초 로마 여행을 계획하고 있다는 소식을 접한 교황의 반응을 갈릴레오에게 편지로 전했다.

사흘 전 저는 성하의 발에 입을 맞추었습니다. 그러고는 선생을 언급했는데, 장담하건대 성하께서 그토록 기뻐하시는 모습은 처음 보았습니다. 선생에 대해 잠깐 이야기를 나누었고, 선생께서 건강이 회복되자마자 교황 성하를 뵙길 고대하고 있다고 말씀드렸지요. 그러자 성하께서는 병환이 선생을 괴롭히거나 선생의 건강을 위협하지 않았다면 그 소식에 크게 기뻐했을 거라고 하셨습니다. 선생과 같은 위대한 인물이 최대한 오래 살려면 무슨 일이든지 해야 한다면서 말입니다.[92]

마침내 로마에 도착한 갈릴레오는 교황을 여섯 번이나 알현했다. 교황은 그에게 회화 작품, 면벌부, 메달, '천주의 어린 양Agnus Dei' 상징이 찍힌 밀랍 조각, 약속했던 하사금을 내렸다. 이에 더해 대공에게 보여 줄 수 있도록 갈릴레오를 칭송한

주교 조반니 바티스타 리누치니의 동생이다. 마리오 구이두치, 프란체스코 스텔루티, 베네데토 카스텔리 등 로마에 체류하며 갈릴레오와 서신을 자주 주고받았던 피렌체인 중 한 명이다.

92 앞의 책, no. 1586, p. 139. 마지막 문장은 1611년 마페오가 갈릴레오에게 보낸 편지에 쓰인 말과 거의 동일하다. "주님께서 선생을 보호해 주시길 기도하겠습니다. 선생과 같은 위대한 인물은 공익을 위해 오래도록 살아 계셔야 마땅합니다"(GO, vol. 11, no. 591, p. 216).

놀라운 편지까지 선물했다.

갈릴레오와 마페오 바르베리니의 관계는 독립적이고 서로 경쟁하지 않으며 각자 매우 출세한 두 개인의 관계였다. 둘 다 1623년 무렵 경력의 정점에 올랐다. 우르바노는 이탈리아에서 가장 강력한 군주이자 마이케나스였고, 갈릴레오는 문화계에서 가장 돋보이던 유명인이었다. 마페오가 보기에 둘의 관계는 서로 다른 지위와 활동 영역의 간격을 메우는 사적인 친족 관계나 다름없었다. 이것은 군주와 총신의 관계와도 비슷했다. 총신들은 반드시 전문 궁정인일 필요도 없었고, 정치권에서 나타날 필요도 없었다. 또 특별히 빼어난 배경을 가질 필요도 없었다. 그리고 매우 예외적인 역할을 수행했기 때문에 다른 사람들에게는 법에 해당할 규칙을 무시할 수 있었다.[93] 어떤 의미에서 총신은 궁정 분류 체계의 예외 사례가 제도화된 존재였다. 중요한 것은 군주와의 직접적이고 친밀한 관계였다. 마페오와 갈릴레오의 관계를 전형적인 군주-총신 관계로 볼 수는 없지만 몇 가지 특징은 공유하고 있었다. 갈릴레오는 우르바노에게 정치계의 총신은 아니었지만 지성계의 측면에서는 확실히 총신에 해당했다.

펠레그리니와 그 밖의 인물들이 논의했던 궁정인의 몰락 또한 예외적인 과정이 아니라 군주 후원의 네트워크를 통해 총애

---

93 Robert Shephard, "Royal Favorites", pp. 2, 60.

와 권력이 어떻게 순환하는지를 보여 주는 극단적인 사례일 뿐이었다. 물론 모든 가신이 몰락한 것은 아니지만, 궁정인의 몰락 과정에서 작동하는 동역학은 덜 두드러지는 가신들의 경력 패턴에도 영향을 미쳤다. 특히 일종의 친족 관계를 맺은 가신과의 관계에 절대군주의 위신과 권력이 의존했던 방식은 총신의 몰락에만 적용되지는 않는다. 나의 의도는 궁정인의 몰락과 갈릴레오의 재판을 엄밀히 비교하자는 것이 아니다. 그보다는 두 사건의 유사성을 발견법적 도구로 삼아 기존의 해석이 재판에서 주목하지 않았던 후원 의존적 측면을 살펴보고자 한다.

앞으로의 분석은 총신의 몰락에 존재하는 두 가지 차원에 초점을 맞출 것이다. 첫 번째 차원은 군주가 한때 긴밀했던 가신의 제거를 정당화하기 위해 배신이라는 수사를 사용했다는 점이다. 두 번째 차원은, 군주의 권력이 절대적이라는 이미지를 유지하기 위해 총신의 몰락 또한 반드시 '절대적인' 것, 즉 끔찍하고 돌이킬 수 없으며 매우 확고하게 결정된 것으로 보여야 했다는 점이다.

배신이라는 수사

갈릴레오 재판은 1632년 봄 우르바노가 참폴리를 실각시킨 사건과 간접적으로 연결되지만, 이 사건은 지금까지 거의 설명되지 않았다. 같은 해 4월 25일, 메디치의 로마 주재 대사는 참폴리가 교황의 라틴어 편지를 손보려 했기 때문에 파면되었다고 대공에게 보고했다.[94] 참폴리는 시와 문학 또는 지적인 문제를 다룰 때 거만하게 굴기로 유명했는데(이는 총신의 공통된 특징이었다), 아마도 그의 행동이 우르바노의 과민한 자아(정치인의 자아와 시인의 자아 둘 다)에 상처를 입혔을 것이다.[95] 1629년

[94] 이 외교 문서(Archivio di Stato di Firenze, "Mediceo principato 3351", fol. 324)는 다음 문헌에 전재되었다. Antonio Favaro, "Giovanni Ciampoli", in Paolo Galluzzi, ed., *Amici e corrispondenti di Galileo* (Florence: Salimbeni, 1981), 1: pp. 167~168, in Westfall, *Essays on the Trial of Galileo*, p. 96. 참폴리의 몰락에 대한 설명은 그의 전기에서도 발견된다. Giovanni Targioni Tozzetti, *Notizie*, vol. 2, part 1, p. 111. 내가 참고한 일화는 (다른 형태와 함께) 우르바노 8세의 미출간 전기에서 찾을 수 있으며 다음 문헌에서 인용되었다. Antonio Favaro, "Serie decimottava di scampoli galileiani", *Atti e Memorie della R. Accademia di Scienze, Lattere e Arti in Padova*, new series, 24 (1907~1908), pp. 17~19.

[95] 참폴리의 거만함은 그에 관한 거의 모든 전기 문헌에서 다뤄졌다. 그중에서도 자노 니초 에리트레오Giano Nicio Eritreo의 풍자 작품 《에우데미아Eudemia》에서 가장 두드러진다. 작품이 전하는 이야기에서 (고대의) 두 로마인은 폭풍에 휩쓸려 에우데미아라는 미지의 섬에 고립된다. 하지만 에우데미아는 17세기 초의 로마와 매우 닮았고 주인공들 역시 누군지 한눈에 알아볼 수 있다. 에우데미아 섬에 사는 니코루스티쿠스는 로마의 참폴리일 가능성이 크다. 뛰어난 지성의 소유자 니코루스티쿠스는 "스스로 잘났다고 생각하며 다른 모든 사람을 무시했다. 자신을 제외한 나머지는 현명하지 않으며 고려할 가치도 없다고 간주했다. 광기가 극에 달한 그는 교묘한 비판을 일삼기에 이르렀다. 그동안 큰 인정과 높은 평가를 받은 고대의 저자들을 왕좌에서 끌어내리려 했던 것이다. 그들은 수 세기에 걸쳐 축적된 합의와 권위 덕분에 시인들 가운데 가장 높은 위치를 차지하는 인물들이었다"(Luigi Gerboni, *Un umanista nel Seicento* [Città di Castello: Lapi, 1899], p. 128에서 재인용).

에 출간된 군주 비서관 입문서에서도 다뤄진 것을 보면, 군주가 쓴 편지를 더 낫게 손보는 행위의 위험성은 틀림없이 널리 알려져 있었다.[96] 훌륭한 시인으로서의 자부심 때문에 우르바노는 이 사안에 특히 민감하게 반응했다. 시인이었던 풀비오 테스티Fulvio Testi는 시를 향한 우르바노의 애착을 공략하기 위해 프란체스코 데스테 공작이 발탁한 로마 주재 대사였다. 테스티가 공작에게 보낸 편지에서 우리는 다음 구절을 맞닥뜨린다.

의논을 마치고 저는 떠나기 위해 무릎을 꿇었습니다. 그런데 성하께서는 저에게 손짓하시더니 침실로 가셨고, 작은 탁자에서 종이 뭉치를 집으시고는 웃음을 머금은 채 저를 향해 돌아서셨지요. 그러고는 이렇게 말씀하셨습니다. "선생께서 우리의 작품을 들어 주시면 좋겠습니다." 성하께서는 장문의 핀다로스풍 시 두 편을 들려주셨습니다. 한 편은 가장 거룩하신 성모 마리아를 찬양하는 시였고, 나머지 한 편은 [카노사의] 마틸데 백작부인

---

96 판필로 페르시코는 군주가 비서관의 능력 때문에 위협을 느끼도록 하는 행위는 파괴적인 위험을 몰고 올 수 있다고 독자에게 경고했다(Panfilo Persico, *Del segretario*, pp. 35~44). 페르시코는 특히 다음과 같이 말했다. "그 현자는 우리가 군주를 섬길 때 아는 척하지 않도록 주의해야 한다고 말한다. 현자는 포르투갈의 한 기사에 관한 이야기를 들려준다. 기사는 왕의 명령을 받고 다른 사람들과 편지 대결을 벌였는데, 왕도 시험 삼아 직접 편지를 써보았다. 기사가 쓴 편지가 최고의 편지로 선정되자 [기사는] 집으로 돌아가 [궁정직에서] 물러나길 청했다. 그리고 이제 왕보다 자신이 더 많이 안다는 사실을 왕이 깨달았으니 궁정에서 반기지 않을 것이라고 말하고 자신의 성으로 향했다"(p. 84).

에 관한 시였지요. 저는 분위기에 맞추어 행마다 합당한 칭송을 남겼고, 그와 같이 특별한 은혜를 베풀어 주심에 감사하는 뜻으로 성하의 발에 입을 맞춘 후 떠났습니다.[97]

시를 통해 접근하기로 한 판단은 효과가 있었다. 공작이 로마를 방문했을 때의 일이다.

교황이 그를 얼마나 큰 애정으로 맞이했는지 설명하는 것은 불가능하다. … 공작은 기민하고 활기찬 정신과 경이로운 웅변 솜씨, 훌륭한 기억력, 인문학에 대한 깊은 조예를 보유했기 때문에 교황이 최근에 출간한 시에 담긴 형상을 즉시 포착하여 활용할 수 있었다. 그런 다음 몇 개의 시절과 전체 시를 암송하고 그에 합당한 찬사를 남겼다. 군주가 자신의 작품에 찬양 일색의 태도를 보이자 교황은 내면에서 차오르는 부드러운 애정에 완전히 녹을 듯 흥분을 금치 못했으며 너무나 기쁜 나머지 정신을 잃은 것처럼 보였다.[98]

---

97 Giovanni de Castro, *Fulvio Testi e le corti italiane nella prima metà del secolo XVII* (Milan: Battezzati, 1875), p. 89에서 재인용. 우르바노의 시작 활동은 Mario Costanzo, *Critica e poetica del primo Seicento*, vol. 2, *Maffeo e Francesco Barberini, Cesarini, Pallavicino* (Rome: Bulzoni, 1970)를 참고하라.

98 Giovanni de Castro, *Fulvio Testi e le corti italiane*, p. 90.

우르바노가 자신의 시작詩作 솜씨에 큰 자부심이 있었음을 고려할 때, 참폴리는 그 자부심을 모욕한 탓에 몰락을 자처했을 가능성이 있다. 한편, 또 다른 설명이 제시되기도 했다. 혹자는 참폴리가 우르바노를 타도하기 위해 스페인과 공모했다고 주장했다.[99] 참폴리가 비밀리에 친스페인 당파의 수장 가스파르 데 보르하Gaspar de Borja 추기경을 만나러 야밤에 노새를 타고 보르하 궁전의 곁문으로 들어갔다는 보고가 전해지기도 했지만, 참폴리는 몇 년 후 그것은 거짓이며 어처구니없는 소문일 뿐이라며 거듭 부인했다.[100]

실상이야 어떻든 참폴리의 몰락은 우르바노가 처한 정치적 곤경이 심각해지던 상황과 시기가 맞물렸다. 30년 전쟁이 진행되는 동안 프랑스 국왕과 합스부르크 왕가 사이에서 저울 눈금처럼 균형을 맞추려 한 우르바노의 시도는 성공과는 거리가 멀었다. 특히 스페인 국왕과 신성로마제국 황제(합스부르크가 출신)는 우르바노가 프랑스에 편향된 태도를 취하고 이단자들에게 강경하게 대응하지 않는다며 비난하기 시작했다. 로마에서는 3월 8일 '추기경 회의 스캔들'로 불릴 만한 사건이 터지면서 위기가 절정에 달했다. 스페인의 대사였던 보르하 추기경은 회의에서 (다른 추기경들이 전부 보는 앞에서) 스페인 국왕이 독일

---

99 Targioni Tozzetti, *Notizie*, vol. 2, part 1, pp. 110~111의 참폴리 전기를 참고하라.

100 Giovanni Ciampoli, *Lettere*, pp. 18~20.

의 프로테스탄트에게 가하는 군사적 조치를 교황이 지원하지 않는다며 격렬하게 항의했다.[101] 심지어 보르하는 기독교를 수호하려는 교황의 의지와 능력을 평가하기 위한 공의회를 소집하게 될지도 모른다고 암시하기까지 했다. 우르바노와 그의 조카는 보르하의 입을 막으려 했지만 보르하는 굴하지 않았다. 결국 우르바노의 동생이 자리에서 일어나 보르하를 끌어다 회의실 밖으로 내보내려 했지만, 추기경 산도발에 의해 저지되었다. 결국 우르바노는 종을 울려 호위병을 방으로 불러들여 소요를 진압할 수밖에 없었다.[102] 분노에 찬 추기경 피오는 안경을 부쉈고 추기경 스피놀라는 모자를 찢었다.[103] 보르하 때문에 화가 머리끝까지 올라 즉시 복수하고 싶었던 우르바노는 어떻게 해서든 그를 마드리드로 돌려보내려 했다. 하지만 스페인이 이 일을 빌미로 (나폴리에서 감행할지 모를 군사적 침공과 같은) 더 심각한 자극을 가할까 봐 우려되어 보르하가 스스로 떠난 1635년까지 그저 기다릴 수밖에 없었다.

---

101 이 사건에 관해서는 Fernando Gregorovius, *Urbano VIII e la sua opposizione alla Spagna e all'imperatore* (Rome: Fratelli Bocca, 1879), pp. 46~59; Pastor, *History of the Popes*, 28: pp. 287~94을 보라. Auguste Leman, *Urbain VIII et la rivalité de la France et de la Maison d'Autriche de 1631 à 1635* (Paris: Champion, 1920), pp. 133~145도 참고할 수 있다. 해당 사건을 보고한 당시의 수많은 외교 문서는 Gregorovius, *Urbano VIII*, pp. 139~151에 재간행되었다.

102 Gregorovius, *Urbano VIII*, p. 148.

103 앞의 책, pp. 142, 148.

그동안 우르바노의 분노는 그가 보르하의 공범으로 의심했던 추기경 우발디니와 루도비시에게 향했다. 루도비시는 볼로냐로 쫓겨났고, 우발디니는 로마를 떠나 프라스카티로 향하게 되었다(우발디니를 투옥하라는 우르바노의 명령은 그의 조카가 철회했다).[104] 루도비시와 알도브란디니(추기경 회의 스캔들에 휩싸인 또 한 명의 추기경)는 참폴리가 우르바노의 비서관이 되기 전에 그와 친밀하게 지내던 후원자였다. 참폴리가 아마도 교황에게 반하는 스페인 당파와 접촉했다는 이유로 파면되었을 당시 우르바노는 심각하고 미묘한 정치적 위기에 직면해 있었다. 정치적 영향력은 약해졌고 이단자들에게 관용을 베푼다는 비난에 민감해진 상태였다(훗날 누군가는 이단자 무리에 갈릴레오를 포함할 수 있었을 것이다). 우르바노는 자신이 매사에 확고하고 강단 있는 위대한 교황 군주임을 보여야 했다. 마지막으로, 당시에 우르바노는 자신이 적들에게 둘러싸여 있다고 생각되는 심리적으로 어려운 시기를 겪은 것으로 보인다.[105] 톰마소 캄파넬라를 후원했던 사실에서 알 수 있듯이, 우르바노는 미신에 의존하는 사람이었으며 특히 부정적인 별점 결과에 예민하게 반응했다. 1632년 봄의 난감한 정치적 곤경에 처하면서 피해망상이 더욱 고조되었던 듯하다. 5월 13일, 한 외교 문서는

---

104 앞의 책, pp. 59~64.
105 앞의 책, p. 61.

다음과 같이 보고했다.

로마인들은 교황이 독살을 두려워해 카스텔 간돌포[*로마에서 남동쪽으로 25킬로미터 떨어진 마을]로 갔다고 쓰고 있습니다. 그곳에 스스로 고립되어 몸수색을 마치기 전에는 아무 방문자도 받지 않는 상황입니다. 로마로 향하는 길은 순찰대가 돌고 있습니다. 나폴리 왕국의 [군사] 작전이 자신을 목표로 하고 있으며, 대공의 함대가 오스티아와 치비타베키아로 출항할 준비를 마쳤다고 교황은 의심하고 있습니다. 그에 따라 국경 단속을 강화할 것으로 보입니다.[106]

참폴리의 몰락과 갈릴레오의 재판 사이에는 그 어떤 직접적 연관성도 없지만(두 사건 모두 어려운 정치적 상황에 일어났다는 점은 제외), 우르바노는 훗날 갈릴레오 사건이 진행되는 동안 참폴리를 유용한 희생양으로 삼았다.[107] 펠레그리니가 말한 군주처럼, 겉으로는 애석함을 표하면서도 격분 속에서 '배신자' 총신을 실각시킨 것이다. 피렌체 대사 니콜리니는 갈릴레오와 참폴리가 '사기를 쳐서' 《대화》의 출간에 대한 합의를 위반했다며 우르

---

[106] 앞의 책, p. 74.

[107] 입수 가능한 모든 증거에 따르면 《대화》의 출간은 참폴리가 몰락한 사건의 초기 국면과 관련이 없었지만, 참폴리가 로마에서 추방된 것과도 관련이 없다고는 할 수 없다. 실제로 참폴리는 갈릴레오 사건이 시작된 지 한참 후인 10월에 로마를 떠났다.

바노가 분노했던 상황을 여러 차례 보고했다. "검사성성의 미묘한 주제를 함께 논의하는 도중에 성하께서 격분을 터뜨리셨습니다. 그러고는 갈릴레오 선생이 들어와서는 안 될 영역, 즉 이 시국에 문제가 될 만한 심각하고 위험한 주제에 감히 발을 디뎠다고 저에게 갑자기 말씀하셨습니다."[108] 배신에 대한 우르바노의 분노와 비난은 갈수록 빈번하게 표출되었다.[109] 한번은 교황이 말하기를 《대화》의 출간이 "참폴리스럽다Ciampolata"(즉, 참폴리의 특징과 같다)고 했는데, 이는 실제로 일어난 일을 경험적으로 설명한 것이라고 볼 수는 없다.[110] 기본적으로 교황은 갈릴레오의 배신을 별개의 사건, 즉 참폴리의 배신과 관련지으려 했다(참폴리는 더는 스스로를 변호할 위치에 있지 못했다). 이따금 우르바노는 교황청 궁정신학자가 참폴리나 갈릴레오에게 속아 넘어갔다고 비난했으며, 또한 더 나쁘게는 그들과 공모했다고 흥보기도 했다.[111] 흥미롭게도, 우르바노는 갈릴레오가 《대화》를 출간할 때 로마의 지시를 따랐으며 간접적으로는 교황의 분

---

108 *GO*, vol. 14, pp. 383~384. Maurice Finocchiaro, *Galileo Affair*, p. 229의 번역을 따랐다. 동일한 편지에서 니콜리니는 같은 날에 우르바노가 자신이 배신을 당했다는 점을 또다시 강조했다고 적었다. "… 그리고 갈릴레오와 참폴리에게 속았다는 것이 불만이라고 또다시 말씀하셨습니다"(p. 230). 몇 달 뒤에 니콜리니가 같은 이야기를 꺼냈을 때 교황은 전과 비슷하게 격분했다(*GO*, vol. 15, p. 68).

109 *GO*, vol. 14, pp. 383~384, 429; vol. 15, no. 2443, p. 67.

110 *GO*, vol. 15, p. 56.

111 Maurice Finocchiaro, *Galileo Affair*, pp. 229, 236, 239, 240, 252.

부 역시 지켰다고 피렌체 대사가 상기시킬 때마다 분노가 폭발하는 경향이 있었다. 요컨대 배신이라는 수사는 정확히 갈릴레오의 '악행'과 우르바노의 관련성이 암시될 때 등장했다.

이와 동시에 우르바노는 갈릴레오와의 친밀한 관계를 생각하면 이 모든 일이 슬플 뿐이라고 반복해서 인정했으며 이 패턴은 펠레그리니의 분석과 일치한다. 토스카나 대사는 우르바노의 말을 다음과 같이 전했다. "교황 성하께서는 갈릴레오 선생과 동료 관계였고, 여러 차례 만나 친밀하게 대화를 나누고 식사를 하셨으며, 선생의 기분을 상하게 한 것에 미안해하셨습니다. 하지만 성하께서는 신앙과 종교의 이해관계를 다루고 계셨지요."[112] 펠레그리니가 분석한 대로, 군주는 사적인 이해관계 때문에 가신을 실각시킨 인물이 아니라 더 높은 이상(정의, 종교, 평화 등)을 달성하기 위해 친밀한(그러나 배신한) 동료를 버릴 수밖에 없었던 인물로 자신을 내세웠다.

우르바노가 제기한 배신 혐의의 신빙성이 충분하지 않았다는 사실은 그의 진술들이 서로 모순되고 입수 가능한 증거와 상충한다는 점으로 알 수 있다. 재판이 시작된 지 한참 뒤에도 우르바노는 "그 일에 관해[즉 리카르디가 출판을 허가한 일에

---

112 *GO*, vol. 15, pp. 67~68. Maurice Finocchiaro, *Galileo Affair*, p. 247의 번역을 따랐다. 기독교에 대한 의무로 동료를 기소해야 하는 교황의 슬픔에 대한 언급은 당시 여러 서한에 흩어져 있다. 이를테면 *GO*, vol. 14, no. 2305, p. 392; vol. 15, no. 2443, p. 68을 보라.

관해] 전혀 들은 바가 없으며 본인이 허가증을 발급하라고 명령한 적이 없음은 물론"이라고 말하면서 자신은 이 사안과 완전히 무관하다고 단언했다.[113] 하지만 그보다 이른 시기에 니콜리니는 "갈릴레오 공께서는 집행자의 승인 없이 책을 출간하지 않았으며, 승인을 받기 위해 제가 직접 서문을 입수하여 [피렌체로] 보냈습니다"라고 우르바노에게 되새겨 주었다.[114] 그러자 교황은 "똑같이 분통을 터뜨리며 자신이 갈릴레오와 참폴리에게 속았다고 대답"하면서 "특히 갈릴레오 공이 성하께서 명하신 일을 수행할 준비가 완벽하게 되었고 모든 일[《대화》의 출간]이 순조롭다고 참폴리 공이 감히 말했었다"라고 전했다.[115]

하지만 참폴리가 우르바노를 속였을 가능성은 낮다. 왜냐하면 교황은 리카르디와 직접 교류하며 이 문제를 상의했기 때문이다.[116] 1630년 6월 16일, 라파엘로 비스콘티Raffaello Visconti(리

---

[113] Maurice Finocchiaro, *Galileo Affair*, p. 252.

[114] *GO*, vol. 14, no. 2298, p. 383. Maurice Finocchiaro, *Galileo Affair*, p. 229의 번역을 따랐다.

[115] Maurice Finocchiaro, *Galileo Affair*, p. 229.

[116] 따라서 나는 갈릴레오 사건에 대한 조반프란체스코 부오나미치Giovanfrancesco Buonamici의 설명(1633년 7월 재판이 끝난 직후에 작성되었다)은 적당히 걸러서 받아들여야 한다고 생각한다. 검사성성에서 벌어진 논쟁의 양상을 설명하면서 부오나미치는 다음과 같이 말했다(출처를 밝히지는 않았다). "그러자 괴물 신부[니콜로 리카르디]가 고발당했다. 처음에 그는 자신이 교황 성하로부터 이 책을 허가하라는 명령을 받았다고 말하며 변호했다. 하지만 교황께서 이를 부인하며 성을 내시자 괴물 신부는 비서관 참폴리가 성하의 지시에 따라 자신에게 명한 것이라고 말했다. 교황께서는 이를 믿지 않는다고 대답하셨다. 마침내 괴물 신부는 참폴리가 준 쪽지를 꺼

카르디에게 위임을 받아 원고를 검토한 심사원)는 갈릴레오에게 쓴 편지에서 다음과 같이 말했다. "궁정신학자이신 신부께서 찬탄하시며 선생의 저술이 마음에 든다고 하십니다. 내일 오전에 권두삽화[서문]에 대해 교황 성하께 아뢰겠다고 하시더군요. 그리고 나머지 문제에 대해 말씀드리자면, 우리가 함께 바로잡은 몇 가지만 고치고 선생에게 책을 돌려주겠다고 하셨습니다."[117] 또 피렌체 검열관에게 보낸 편지에서 리카르디는 교황의 뜻에 따라 작성한 책의 서문과 결론 개요를 보내겠다고 언급하기도 했다.[118]

냈는데(참폴리는 성하께서 보는 앞에서 썼다고 주장했다), 성하께서 책의 허가를 명하셨다고 쓰여 있었다"(*GO*, vol. 19, p. 410). 만일 리카르디가 참폴리에게 받은 쪽지를 갖고 있었다면 1633년 4월보다 훨씬 일찍 제시했을 것이다. 하지만 1632년 여름 이후로 리카르디는 그 쪽지를 보여 주었다면 피할 수도 있었을 비난을 수없이 받던 상태였다. 어차피 참폴리는 파멸을 맞았으니 리카르디가 그 정보를 숨길 이유는 없었을 것이다. 그리고 참폴리처럼 야심 찬 인물이 갈릴레오의 책 출간을 임의로 허가하는 것과 같이 어리석은(즉, 의도가 뻔한) 방법으로 자신의 경력을 중대한 위기에 빠뜨릴 가능성은 극히 낮다고 생각된다. 부오나미치가 쓴 갈릴레오 전기는 여러 측면에서 사실과 다르다는 점에 유의해야 한다.

[117] *GO*, vol. 14, no. 2032, p. 120.

[118] Maurice Finocchiaro, *Galileo Affair*, pp. 209, 212, 213~214. 더군다나 1630년 6월 판노키에스키 델치 백작은 갈릴레오에게 보낸 편지에서 비스콘티가 갈릴레오를 대신하여 우르바노를 상대로 조수 논증의 포함 여부를 성공적으로 협의한 것에 축하의 말을 전했다(*GO*, vol. 14, no. 2024, p. 113). 우르바노가 출간 협의에 관여한 내용에 대해서는 다음 문헌들도 참고하라. Guido Morpurgo-Tagliabue, *I processi di Galileo e l'epistemologia* (Rome: Armando, 1981), pp. 136~139; Mario d'Addio, "Considerazioni sui processi di Galileo", *Rivista di storia della Chiesa in Italia* 38 (1984): pp. 64~66.

그 개요에 따라 갈릴레오는《시금자》에 수록된 소리의 우화와 매우 비슷한 신의 전능함에 대한 논증을 포함해야 했다. 그렇게 함으로써 그는 탐구되는 현상이 무엇이든 신이 다양한 방식을 통해 만들어 낼 수 있었다는 점과 따라서 우리가 그 현상의 원인으로 무엇을 가정하든 그것을 필연적 원인이라고 단언할 수 없다는 점을 강조해야 했다.[119] 실제로 갈릴레오는《대화》가 끝나갈 무렵 심플리치오가 조수에 대한 해석(지구가 운동한다는 증거에 가장 가깝다고 생각한 논거)이 결정적인 것은 아니라고 주장하도록 했다.

심플리치오: … 선생의 생각이 제가 지금껏 들었던 그 어떤 생각보다 훨씬 독창적이라는 걸 인정합니다. 그렇다고 해서 제가 그것을 참되며 결정적인 것으로 여긴다는 뜻은 아닙니다. 사실 저는 항상 마음의 눈앞에 몹시도 확고한, 누구나 그 앞에서 반드시 잠시 멈춰야 하는 교리를 세워두고 있답니다. 위대한 지식을 간직하신 고명한 분[교황으로 추정]께 배운 것이지요. 신께서 무한한 권능과 지혜를 통해 물이 담긴 분지[120]를 움직이는

---

119 과학 지식의 가능성과 본질에 대한 우르바노의 신학적 입장은 갈릴레오와 우르바노가 그 문제를 놓고 나눈 대화를 서술한 아고스티노 오레지의 글을 참고하라. 오레지의 설명은 Maurice Finocchiaro, *Galileo and the Art of Reasoning* (Dordrecht: Reidel, 1980), p. 10에 전재되었다.

120 * "물이 담긴 분지basin"는 바닷물을 품은 지구를 말한다. 갈릴레오는 바닷물의 높이가 달라지는 조수 현상의 원인을 "물이 담긴 분지", 즉 지구의 운동으로 설명하려 했다.

방식 말고도 다른 방법으로 물 원소가 앞뒤로 움직이게 하실 수 있을지 누군가가 묻는다면 두 분[*살비아티와 사그레도]이 어떻게 답하실지 알고 있습니다. 신께서는 다양한 방식으로, 심지어 우리의 지성으로는 상상도 하지 못할 방식으로 그렇게 할 권능과 지식을 갖고 계신다고 답하시겠지요. 이러한 관점에서 볼 때 만일 누군가가 신의 권능과 지혜를 자신의 특정한 공상에 한정하여 끼워 맞추려 한다면 그것은 지나치게 뻔뻔스러운 짓이라고 저는 단호하게 결론짓습니다.

살비아티: 감탄할 만하며 실로 완전무결한 교리로군요. 그것은 마찬가지로 신성한 또 다른 교리와도 매우 조화롭게 상응합니다. 세계의 구조에 대해 논의할 수는 있되 신의 손이 어떻게 세계를 빚어냈는지 알아낼 수는 없다는 교리지요(아마도 인간 정신의 활동이 멈추거나 무너지도록 하지 않기 위해서일 겁니다). 따라서 하느님께서 허락하고 명령하신 정신의 활동만으로도 우리는 그분의 위대함을 인식하기에 충분하며, 우리가 무한한 지혜의 심오한 깊이를 헤아리지 못할수록 우리는 그 위대함에 더 감탄하게 될 겁니다.[121]

그러므로 갈릴레오는 비록 교황이 기대했던 분량과 수준에는 못 미쳤을지언정 형식적으로는 교황의 지시를 따른 셈이었다.

---

[121] Maurice Finocchiaro, *Galileo Affair*, pp. 217~218.

자기의 생각이 책 말미에서 어리석은 심플리치오의 입을 통해 나오는 것을 목격한 우르바노는 "실로 완전무결한 교리"를 미온적으로만 지지한 갈릴레오 때문에 격분했다고 알려졌다.[122]

지금까지의 논의를 통해 우리는 '배신'을 향한 우르바노의 비난이 반드시 경험적인 진술은 아니며 군주가 '문제를 일으킨 장본인'과 거리를 두면서 자신의 결정을 정당화하기 위해 사용한 편리한 수사였음을 알 수 있다.

돌이킬 수 없는 몰락

펠레그리니의 분석에는 갈릴레오 재판의 후반 과정에서 흥미로운 패턴을 찾게 해 줄 또 하나의 요소가 있다.

한창 몰락해 가는 와중에 자신의 결백을 주장하려 했던 궁정인과 그를 도우려던 다른 궁정인들의 순진함을 펠레그리니와 만치니 모두 강조한 바 있다. 한번 시작된 몰락은 걷잡을 수 없었다. 절대적인 몰락에 군주의 권력이 걸려 있었기 때문이다.

---

[122] 심플리치오가 자신의 '대역'이라는 우르바노의 믿음에 관해서는 *GO*, vol. 14, no. 2285, p. 370; no. 2296, p. 379; vol. 16, no. 3227, p. 363; no. 3321, p. 449; no. 3326, p. 455을 보라. Maurice Finocchiaro, *Galileo Affair*, pp. 221, 247 또한 참고하라. 이 '심플리치오 사건'에 대한 간략한 역사는 Pieralisi, *Urbano VIII e Galileo Galilei*, pp. 341~387을 참고하라.

그들이 벌이는 일들은 몰락의 의식을 방해하여 군주의 위신을 더럽혔을 것이다. 최선의 전략은 참폴리가 취한 방식이었다. 그는 스스로를 운명의 여신에게 바칠 희생양으로 삼고 다른 군주가 선출될 때까지 침묵 속에서 살았다.

마찬가지로, 1632년 10월 피렌체의 대사 니콜리니는 피렌체에 있는 갈릴레오에게 보낸 편지에서 검사성성의 청구에 이의를 제기하는 것은 무의미하다고 말하며 그 이유를 다음과 같이 밝혔다(니콜리니는 로마 궁정의 문제를 다루어 본 경험이 갈릴레오보다 훨씬 많았다).

> 선생께서 쓰신 글을 옹호하고 해명할 수 있다고 주장하는 것은 오히려 그 저술을 완전히 정죄하려는 생각을 강화할 뿐입니다. … 당면한 문제를 고려할 때, 선생께서는 검사성성이 인정하지 않는 사안에 변명하지 말고 그곳에 복종하며 추기경들이 원하는 대로 물러설 필요가 있다는 점을 깨달으셔야 합니다. 그렇지 않으면 사건 해결에 크나큰 어려움을 겪으실 겁니다. 이미 다른 사람들에게 수없이 일어난 것처럼 말입니다. (기독교인으로서 말하자면) 검사성성이 다르게 결정하기를 바라는 것은 헛된 일입니다. 그곳은 오류를 저지를 수 없는 최고 재판소이기 때문입니다.[123]

---

123 *GO*, vol. 14, no. 2223, pp. 417~418(강조는 저자의 것).

니콜리니는 몇 달 뒤에 재판이 한창 진행 중일 때도 똑같이 지적했다. "갈릴레오 선생은 자신의 의견을 매우 강하게 변호하려 합니다. 하지만 저는 강력히 권고했지요. 이 사건을 신속하게 해결하려면 의견을 내세우려 하지 말고 지구 움직임의 세부 사항과 관련하여 그들이 고수하거나 믿으라고 촉구한 것에 따르라고 말입니다. 선생은 이 문제로 매우 괴로워했습니다."[124]

교황의 권력이 투입된 사안이었기에 검사성성은 갈릴레오의 변론이 아닌 자백을 기대했다. 펠레그리니가 언급했던 실각한 총신의 사례처럼, 몰락을 막으려는 갈릴레오의 시도는 무의미했고 심지어 해로울 수도 있었다. 검사성성은 갈릴레오와 교섭할 일이 있을 때마다 (미리 준비한 질문들로 그에게 맞서기보다는) 공식 재판절차가 아닌 비공식적인 방법으로 비밀리에 교섭했다. 절대군주의 권력을 대변하는 사법기관이 범죄자와 공개적으로 교섭하는 모습을 보일 수는 없었다. 예를 들어 1633년 2월 로마에 도착한 갈릴레오는 그 즉시 검사성성 고문관consultor들과 개인적으로 회동했다. 희망에 찬 갈릴레오는 그러한 만남을 검사성성이 내민 자비의 손길로 여겼고 그들과 비공식적으로 만나 자기의 입장을 이야기할 기회를 얻게 되어 기뻐했다. 하지만 그들의 회동은 갈릴레오의 입장을 확인하고 그에 따라 재판의 방향을 정하는 것 말고는 다른 목적이 없었던

---

[124] Maurice Finocchiaro, *Galileo Affair*, p. 249.

것으로 생각된다.[125] 갈릴레오가 로마에 도착한 지 두 달이 지나서야 검사성성이 그를 심문하기 시작한 것은 우연이 아니었을 것이다.[126] 갈릴레오를 향한 교황의 분노를 지연시키려면 그 어떠한 경악스러운 사건도 일어나서는 안 되었다.[127]

하지만 검사성성의 입장에서는 안타깝게도 같은 해 4월 어떤 사건이 발생했다. 그 무렵 검사성성은 서명이 없는 금지명령을 위반했다는 이유로 갈릴레오를 기소하려 한 것으로 보이는데, 그들에 따르면 그 금지명령은 1616년 갈릴레오가 추기경 벨라르미노에게 받은 것이었다. 당시 갈릴레오는 "태양이 세계의 중심에 정지해 있고 지구가 운동한다고 앞서 언급한 견해를 완전히 포기하고, 앞으로 구두로든 서면으로든 어떤 방식으로든 그 견해를 고수하거나 가르치거나 옹호하지 말라"는 명령을 받았다.[128] 하지만 갈릴레오에게는 효과적인 자기방어 수단이 있었다. 1616년 벨라르미노에게서 받은 매우 다른 형태의 서명된 증서였는데, 비록 가설의 형식만을 허용하긴 했지만 코페르니쿠스

---

125 *GO*, vol. 15, no. 2413, p. 44; no. 2424, pp. 50~51.

126 * 검사성성은 4월 12일부터 6월 21일까지 공식 심문을 총 네 번 진행했다. 그리고 곧 살펴보겠지만 갈릴레오 사건을 담당한 총대리인 빈첸초 마쿨라노 신부는 같은 기간에 갈릴레오를 비공식적으로 한 번 교섭하여 자백을 받아냈다. John Heilbron, *Galileo*, p. 313.

127 이 문제에 대해서는 d'Addio, "Considerazioni sui processi di Galileo", p. 91 도 참고하라.

128 "Special Injunction (26 February 1616)", Finocchiaro, *Galileo Affair*, p. 147 의 번역을 따랐다(강조는 저자의 것).

주의 학설을 논의할 수 있는 권리를 인정하는 내용이었다.[129] 갈릴레오의 방어는 감찰관들에게 큰 골칫거리가 되었을 것이다. 아마도 그들은 자신들의 법률적 전략이 궁지에 몰렸다고 생각했을 것이다. 검사성성은 또다시 더 사적이고 덜 난처한 전술로 전환하기로 결정했다. 빈첸초 마쿨라노 신부(검사성성의 총대리인)[130]가 갈릴레오에게 사적인 교섭을 제안했다. 마쿨라노는 추기경 프란체스코 바르베리니에게 다음과 같이 말했다.

어제 저는 교황 성하의 명령에 따라 갈릴레오 사건의 현 상황을 간략히 설명하면서 검사성성에 그 사건을 보고했습니다. 그분들은 지금까지 일어난 일들을 확인하셨고, 사건을 계속 진행하여 결론을 내리는 방식에 수반되는 여러 어려운 요소들을 검토하셨습니다. 갈릴레오가 책[*《대화》]에서 명백히 알 수 있는 것을 증언을 통해 부인했기 때문입니다. 그러니 그가 부정적인 입장을 고수한다면 법을 더욱 엄격하게 집행하고 이 일이 초래할 결과는 덜 고려할 필요가 있을 것입니다. 마지막으로 저는 계획을 하나 제안했습니다. 갈릴레오가 잘못을 이해하고 그것을 인정하여 자

---

129 "Cardinal Bellarmine's Certificate (26 May 1616)", Finocchiaro, *Galileo Affair*, p. 153.

130 * Vincenzo Maculano(1578~1667), 종교재판소의 감찰관이자 우르바노 8세가 총애하던 군사 시설 설계자이기도 했다. 갈릴레오 사건에서 검사성성의 총책임자였으며 1642년에 추기경이 되었다. John Heilbron, *Galileo*, p. 313.

백할 수 있도록 갈릴레오의 문제를 사법 절차 외적으로 처리할
권한을 달라고 검사성성에 요청했지요. 이 제안은 처음에 너무
대담해 보였고, 이유를 들며 그를 설득하려 하는 한 목표를 달
성할 희망은 별로 없어 보였습니다. 그래도 제가 제안의 근거를
언급하자 그분들은 저에게 권한을 주셨답니다.[131]

마쿨라노가 염두에 두었던 구체적인 계획이 무엇이었는지는
추측할 수밖에 없지만 효과는 확실했다.[132] 이틀 후, 마쿨라노
는 들뜬 마음으로 추기경 바르베리니가 기뻐할 만한 좋은 소식
을 전했다.

---

[131] 앞의 책, p. 276.

[132] Morpurgo-Tagliabue, *I processi di Galileo e l'epistemologia*, PP. 136~140
은 1633년 4월 12일의 심문에서 갈릴레오가 한 발언을 마쿨라노가 이용했다고 주
장한다. 그날 심문에서 종교재판소는 갈릴레오가 어떤 방식으로든 코페르니쿠스주
의 학설을 고수하거나 옹호하거나 가르치지 말라는 (1616년에 내려진 것으로 여겨지
는) 금지명령을 거역했다고 주장하며 그에게 대항했다. 구이도 모르푸르고-탈리아
부에Guido Morpurgo-Tagliabue에 따르면, 갈릴레오는 새로운 죄목에 너무 놀라고 당
황한 탓에 그가 《대화》에서 코페르니쿠스를 옹호하려 한 것이 아니라 실제로는 반박
하려 했다면서 무리한 변론을 펼치고 말았다. 이는 책의 내용과 명백하게 모순되었
기에 분명히 지나친 발언이었다. 마쿨라노는 갈릴레오의 말실수를 이용하여 전체적
으로 보아 그의 발언이 부정직함과 교활함으로 해석되기 쉽다고 설득했을 수 있다.
그렇다면 종교재판소가 그의 속임수를 들추게 두기보다는 바로 자백하는 편이 최선
이었을 것이다. 이 사건에 관해서는 d'Addio, "Considerazioni sui processi di
Galileo", p. 95도 참고하라.

아직 아무에게도 전하지 않은 소식이지만 전하께는 즉시 알려야 했습니다. 교황 성하와 추기경 전하께서 저의 방법으로 이 사건이 어려움 없이 해결될 단계에 이르렀다는 사실에 만족해하실 것이기 때문입니다. 재판소는 명성을 유지할 것입니다.[133]

이틀 후 갈릴레오는 자백했고 재판은 신속하게 판결을 향해 나아갔다.[134] 한 역사학자가 말했듯이 "갈릴레오의 자발적인 자백은 그를 구원했다기보다는 오히려 재판관들을 매우 미묘한 상황에서 구해 주었다."[135] 마쿨라노는 몇 년 뒤 추기경으로 승격했다.

어떤 의미에서, 몰락하는 총신은 항변할 기회를 얻지 못한 셈이었다. 갈릴레오 재판은 현대적 의미의 재판이 아니었다. 대부분의 '총신의 몰락'과 마찬가지로 그것은 희생 의식이나 다름없었다. 교황과 친밀했다는 바로 그 이유로 갈릴레오는 통상적인 피고인이 될 수 없었다. 그와 같이 비열한 사람이 가까이 다가오는 것을 허용한 후원자의 '인간성humanity'과 나약함이 드러날 만한 담론은 형성될 수 없었을 것이다. 게다가 재판의

---

133 Maurice Finocchiaro, *Galileo Affair*, p. 277(강조는 저자의 것).

134 니콜리니는 다음과 같이 주장했다. "총대리인 신부[마쿨라노]께서는 이 사건을 신속하게 처리하는 데 관심이 있으며 또한 조용히 해결하길 바라시는 것 같습니다. 신부께서 그렇게 하는 데 성공하신다면 모든 과정을 단축하고 곤경과 위험으로부터 많은 사람을 구제하시는 것입니다"(*GO*, vol. 15, no. 2491, pp. 109~110).

135 Morpurgo-Tagliabue, *I processi di Galileo e l'epistemologia*, p. 139.

운영은 또 다른 방식들로 갈릴레오의 '자유낙하'에 기여했다.

입수할 수 있는 증거에 따르면, 갈릴레오는 이 사안이 종교 재판소로 이첩되기 전 일찍이 위원회에 자신의 행동을 해명하고 책을 수정하여 가능한 부분은 구제받으려 했다. 하지만 그의 시도는 무산되었다.[136] 1632년 9월 니콜리니는 재판이 시작되기 전에 갈릴레오에게 항변할 기회를 주고 싶어 한다는 대공(페르디난도 2세)의 뜻을 교황의 대변인에게 전했으나 "검사성성은 변론을 듣는 법이 없다"라는 대답이 돌아왔다.[137] 이는 검사성성의 절차가 반영된 답변일 수 있지만, 니콜리니가 요청했을 당시 검사성성은 아직 갈릴레오를 상대로 기소 절차를 시작하지 않은 상태였고 교황이 설립한 특별위원회를 통해 예비 정보를 수집하고 있었을 뿐이었다. 니콜리니는 2주 전에도 교황에게 같은 문의를 했지만 돌아온 답변은 다르지 않았다. "검사성성의 사안에서 절차란 일단 피고인을 책망하고 의견 철회를 요구하는 것일 따름"이라는 것이었다.[138] 검사성성이 제기할 혐의를 갈릴레오에게 알려 줄 수 있을지 니콜리니가 묻자, 우르바노는 거칠게 대답했다. "이렇게 말해두겠소. 검사성성은 그러한 일을 하지 않고 그런 식으로 진행하지도 않습니다. 그런 것

---

136 Maurice Finocchiaro, *Galileo Affair*, pp. 229~230, 233, 234~235. *GO*, vol. 14, no. 2305, p. 392도 참고하라.

137 Maurice Finocchiaro, *Galileo Affair*, p. 235.

138 앞의 책, p. 229.

들은 사전에 아무한테도 알려 주지 않지요. 그건 관행이 아닙니다. 게다가 그자는 자신이 무엇 때문에 어려움에 처했는지 … 잘 알고 있습니다."[139]

검사성성은 갈릴레오의 주장을 들으려 하지 않았을 뿐만 아니라(그렇게 되면 리카르디와 우르바노가 주목을 받게 될 가능성이 컸다), 해당 사안에 대한 갈릴레오의 입장이 밖으로 알려지는 것도 원치 않았다. 1633년 2월 갈릴레오가 로마에 도착했을 때, 추기경 프란체스코 바르베리니는 그에게 재판이 시작되기 전에는 메디치 궁전에서 그 누구와도 접촉하거나 대화를 나누지 말고 방문도 수락하지 말라고 경고했다(재판은 두 달 뒤에야 시작되었다). 며칠 뒤 검사성성 총대리인 또한 그러한 비공식 금지명령을 내렸다.[140]

갈릴레오는 자신은 결코 잘못을 저지르지 않았으며《대화》는 피렌체 검열관과 교황 본인의 간접적인 허가를 받아 출간된 것이라고 주장했고, 그의 주장을 지지해 줄 수 있는 사람은

---

139 앞의 책, p. 230. 다음 문헌도 참고하라. 앞의 책, p. 233; *GO*, vol. 14, no. 2289, p. 373; no. 2334, p. 419.

140 "추기경 바르베리니 전하께서는 갈릴레오 선생에게 사람들과 교제하지 말고 그를 방문하는 모든 사람들과도 대화를 나누지 말라고 경고했습니다. 여러 방식으로 좋지 않은 영향을 미치고 편견을 불러일으킬 수 있다는 이유였지요"(*GO*, vol. 15, no. 2409, p. 41. Maurice Finocchiaro, *Galileo Affair*, p. 243의 번역을 따랐다[* 이 편지는 프란체스코 니콜리니가 2월 16일에 쓴 것이다]). 이 금지명령이 되풀이해 제기된 상황은 *GO*, vol. 15, no. 2414, p. 45를 보라.

대공뿐이었다. 그러므로 토스카나 대공이 갈릴레오 사건에 직접 개입하지 못하도록 교황이 막으려 한 것은 전혀 놀랍지 않은 일이다. 1632년 9월 우르바노가 피렌체 대사 니콜리니에게 거듭 충고하기를, "[대공께서는] 이 일에서 명예롭게 빠져나올 수 없을 것이기에 … 개입하지 않도록 조심하시는 게" 현명하며 또한 "대공께서는 관여하시지 말고 관심을 갖지 않으시는 편이 좋을 것"이라고 전했다.[141] 며칠이 지나자 경고는 점점 더 위협처럼 들리기 시작했다. 교황은 니콜리니에게 "[대공께서는] 전하의 수학자를 향한 존중과 애정을 전부 거두셔야 하며 가톨릭교를 위험으로부터 보호하는 일에 기꺼이 공헌하셔야 할 것"이라고 말했다.[142] 그리고 이처럼 되풀이했다고 한다.

[교황 성하께서] 무언가 전해 듣고 이렇게 말씀하셨습니다. 갈릴레오 선생이 젊은이를 위한 특정한 학파를 운영한다는 명목으로 곤란하고 위험한 견해를 퍼뜨리지 않도록 주의해야 한다고 말이지요. … 전하[대공]께서는 부디 조심하셔야 하며, 나라 전체에 잘못된 견해가 퍼지지 않도록 누군가가 잘 살피도록 하셔야 합니다. 그렇지 않으면 문제가 생길지도 모릅니다.[143]

141 Maurice Finocchiaro, *Galileo Affair*, p. 230.
142 앞의 책, p. 235.
143 앞의 책, p. 236.

기본적으로 교황은 대공에게 잠재적인 이단자를 지지하는 불경한 군주를 자처하지 말라고 말한 셈이었다.[144] 그다지 속내를 숨기지 않은 매우 비슷한 위협이 1633년 2월 또 한 번 제기되었다.[145] 재판 후반부에서 대공이 더 신중한 입장을 취했다는 사실은 그 위협에 담긴 정치적 함의가 분명히 피렌체에 영향을 미쳤음을 시사한다.[146] 교황이 갈릴레오를 파멸로 치닫는 인물로 내세워 사람들을 겁주는 데 성공했다는 사실은 갈릴레오를 편드는 대공의 편지를 다수의 추기경이 받거나 응답하기 주저했다는 것으로 알 수 있다. 니콜리니는 다음과 같이 말했다. "제가 거룩하신 전하의 서한을 건네자 몇몇 추기경들은 답변이 금

---

144 동시에 교황은 로마에서 일어나고 있는 일이 매우 이례적이라고 과장하면서 재판 과정에서 대공을 배제하려 했다. 이는 갈릴레오가 잘 대우받기를 바라는 대공의 마음과 대공 본인을 그들이 존중한다는 인상을 전달하기 위한 조치였다(앞의 책, pp. 221, 222, 230, 236, 245, 249, 250).

145 *GO*, vol. 15, no. 2428, p. 56. 대공이 갈릴레오를 편들며 압박을 가한다면 본인에게 해가 될 뿐이며 교황과의 관계에 심각한 문제가 생길 수 있다는 점은 리카르디와 니콜리니의 대화에서도 제기된 논점이었다(*GO*, vol. 14, no. 2302, p. 388).

146 갈릴레오가 로마에 도착한 지 한 달이 지났을 때 페르디난도 2세가 그의 로마 체류 비용을 부담하지 않기로 결정한 것 또한 이와 관련이 있을 수 있다. 비용이 소액이었던 것을 감안할 때, 이것은 금전적인 문제가 아닌 상징적인 문제였다. 대공은 유죄를 선고받은 범죄자를 지원하는 것으로 보이길 원치 않았다(*GO*, vol. 15, no. 2509, p. 124). 니콜리니에 따르면 갈릴레오의 체류 비용은 한 달에 15스쿠디쯤 되었을 것이다(니콜리니는 대공의 결정에 난감해하며 갈릴레오의 경비를 자신이 대겠다고 나섰다). 대공은 갈릴레오가 (자신이 체류 비용을 댄) 한 달을 넘겨 로마에 머물게 된다면 그것은 그가 심각한 곤경에 빠졌으며 유죄판결을 받을 가능성이 크다는 뜻이라고 생각했을 것이다.

지되어 있다며 사양했고, 심지어 책망이 두려워 받기조차 거부하는 이들도 있었습니다."[147]

이제 심의 절차에 대한 고찰에서 더 나아가 갈릴레오에게 제기된 기소가 변화해 가는 과정을 분석하고자 한다. 이를 통해 우리는 교황이 스캔들에 개입한 흔적을 지우고 자신의 강력한 사법기관을 '자연스러운' 경로에서 이탈시킬 만한 뜻밖의 사건이 일어나지 않도록 관리했다는 사실을 확인하게 된다. 피에트로 레돈디Pietro Redondi가《이단자 갈릴레오Galileo eretico》에서 주장한 것(그리고 우르바노가 피렌체 대사에게 말한 것)과 달리, 교황이 1632년 8월 위원회를 설치해 갈릴레오의 행위를 검토하고 해당 사안의 검사성성 이관 여부를 판단한 것은 갈릴레오를 향한 우호적인 몸짓의 결과가 아니었다. 내가 보기에 그 이유는 다른 사람들이 연루되지 않도록 최대한 신중하게 갈릴레오의 혐의를 엮기 위해서였다. 실제로 검사성성의 1616년 금지명령이 갈릴레오의 유죄를 입증할 결정적인 증거로 떠오른 것은 1632년 여름 첫 번째 위원회가 소집된 직후였다. 1632년 9월 리카르디가 니콜리니에게 말했듯이, 갈릴레오가 1616년에 받은 명령을 따르지 않은 것은 "그를 완전히 파멸시키기에 충분"했다.[148] 니콜리니는 심리가 시작되기 한 달 전인 2월에도

---

147 *GO*, vol. 15, no. 2471, p. 95.

148 1632년 9월 11일 니콜리니는 발리 촐리Bali Cioli에게 보낸 편지에서 리카르디가 다음과 같이 말했다고 보고했다. "검사성성은 서류 보관소에서 그 하나만으로도 갈릴

비슷한 말을 들었다.[149]

1632년 9월 특별위원회가 발표한 보고서는 《대화》가 출간된 과정을 개괄한 다음 여덟 가지 구체적인 기소 항목을 나열했다. 그중 일부는 갈릴레오의 출간 합의 위반 혐의와 관련되고 나머지는 책의 본문에 중점을 두었다. 하지만 모든 항목은 "책에 호의를 보장할 만한 효용성이 있다고 판단될 경우" 수정 가능한 것으로 제시되었다.[150] 이러한 지적만으로는 가혹한 유죄판결을 효과적으로 정당화할 수 없었을뿐더러 리카르디와 우르바노의 스캔들 개입에 의문을 제기할 여지 또한 해소하지 못했다. 하지만 그들에게는 다행스럽게도 위원회는 갈릴레오를 꼼짝 못 하게 할 법적인 구실을 찾아냈고, 우르바노와 그의 협

레오 선생을 완전히 파멸시키기에 충분한 문서를 발견했습니다. 12년쯤 전이었을 겁니다. 갈릴레오 선생이 그 견해를 고수하며 피렌체에 퍼뜨렸다고 간주되어 로마로 소환당한 일이 있었는데, 추기경 벨라르미노 전하께서 선생에게 해당 견해를 고수하지 말 것을 교황 성하와 검사성성의 이름으로 명령하신 적이 있습니다. 따라서 [리카르디] 신부는 성하께서 그것과 관련된 일을 전혀 알지 못하신다는 점을 고려하면 그토록 우려하고 계신 것도 놀랍지 않다고 말합니다"(*GO*, vol. 14, no. 2302, p. 389. Maurice Finocchiaro, *Galileo Affair*, p. 233의 번역을 따랐다).

149 *GO*, vol. 15, no. 2427, p. 55. 같은 날 니콜리니는 교황을 알현했고, 교황은 갈릴레오가 벨라르미노의 금지명령을 위반한 것을 확인했다(앞의 책, p. 56). 마지막으로, 교황은 판결이 선고되기 일주일 **前**에 니콜리니와 함께 1616년의 금지명령을 다시 상기시키면서 검사성성이 갈릴레오에게 유죄판결을 내릴 수밖에 없는 것은 그가 그 명령을 위반했기 때문이라고 말했다(앞의 책, no. 2518, p. 132).

150 Maurice Finocchiaro, *Galileo Affair*, p. 222.

력자들은 그러한 책임에서 벗어날 수 있었다.[151] 보고서는 이렇게 끝이 난다.

저자는 1616년에 검사성성으로부터 다음과 같은 금지명령을 받았다. "그는 태양이 세계의 중심에 정지해 있고 지구가 운동한다는 앞서 언급한 견해를 완전히 포기하고, 앞으로 구두로든 서면으로든 어떤 방식으로든 그 견해를 고수하거나 가르치거나 옹호하지 말아야 한다. 이를 위반할 경우 검사성성은 그를 상대로 기소 절차를 시작할 것이다." 그는 이 금지명령에 순순히 따르며 그것을 준수하겠다고 장담했다.[152]

재판 후반부의 전개 양상에 대해 우리가 알고 있는 바에 따르면, 재판은 특별히 '우호적인' 특별위원회가 확인한 혐의를 공식화하는 데 그친 것으로 보인다.[153]

1632년 여름 로마와 피렌체를 오고 간 초기의 외교 서신은 1616년의 사건을 단 한 번도 언급하지 않고 갈릴레오의 출간 조건 위반 혐의에 대해서만 논의했다. 하지만 9월이 되자 법률

---

151   이 점에 대해서는 Favaro, "Oppositori di Galileo VI: Maffeo Barberini", 30, Morpurgo-Tagliabue, *I processi di Galileo e l'epistemologia*, pp. 135~136 도 참고하라.

152   Maurice Finocchiaro, *Galileo Affair*, p. 222.

153   하지만 검사성성 내부에서도 반대의 목소리가 만만치 않았다. 이 점에 대해서는 d'Addio, "Considerazioni sui processi di Galileo", pp. 78~80을 참고하라.

적 견해가 갑자기 바뀌었다. 1616년의 금지명령이 발견되자 참 폴리와 리카르디, 갈릴레오, 교황 사이에서 《대화》의 출간을 둘 러싸고 이루어진 미묘하고 그다지 명확하지 않은 상호작용은 감찰관의 시야에서 모습을 감추었다.[154] 갈릴레오의 최종 판결 문은 갈릴레오와 참폴리가 출판허가를 확보하는 과정에서 저 질렀다고 간주된 사기 혐의는 얼버무린 채 넘어갔으며 주로 1616년의 금지명령 위반 혐의에 초점을 맞추었다. 아주 편리하 게도, (갈릴레오가 위반했다고 간주된 금지명령을 내린) 추기경 벨라르미노는 이제 더는 존재하지 않으므로 사건에 관한 설명 과 모순을 일으킬 수 없었다.[155]

1616년 금지명령의 법적 지위는 매우 의심스러웠지만, 교황 과 검사성성은 그것을 활용하여 모든 문제의 원인을 전적으로 갈릴레오의 탓으로 돌릴 수 있었다.[156] 게다가 우르바노와 그의

---

154 간혹 피렌체 대사가 우르바노와 리카르디에게 갈릴레오가 확보한 출판허가의 적법 성을 상기시킬 때면, 그들은 결정적이지 않은 논변에 의지하며 불안감을 드러냈다. 1632년 9월, 우르바노의 비서관 피에트로 베네시Pietro Benessi는 검열관에게 허가 받은 책이라도 추후의 검열을 통과하지 못해 금지되는 경우는 이번이 처음은 아니 라고 니콜리니에게 말했다(*GO*, vol. 14, no. 2305, p. 391)[* 원문의 출처를 직접 살 펴보면 1632년을 1618년으로 오기한 것으로 보인다. 이 내용은 니콜리니가 1632 년 9월 18일 페르디난도 2세의 비서관 안드레아 촐리Andrea Cioli에게 보낸 편지를 인용한 것이다]. 비슷한 질문을 받은 우르바노는 한번은 농담으로 대답했지만(앞의 책, p. 393), 또 한번은 모든 문제를 참폴리의 탓으로 돌리기로 결정했다(앞의 책, no. 2348, pp. 428~429).

155 * 벨라르미노는 1621년 이미 사망했기 때문이다.

156 금지명령에는 벨라르미노와 갈릴레오 그리고 목격자 혹은 공증인notary의 서명이

협력자들의 무고함이 입증되었으며, 또한 무결함을 인정받은 덕분에 교황은 갈릴레오의 유죄판결을 절대적으로 정당한 판단으로 내세울 수 있었다. 이 그림에 따르면 우르바노는 자신의 사리사욕을 채우기 위해 갈릴레오를 희생양으로 삼은 것이 아니었다. 그렇기는커녕 가톨릭교회에 해가 될 위협적인 학설의 유포를 막기 위해 소중한 동료를 희생시킨 것이었다. 이런 식으로 교황은 이기적인 인간이 아닌 전능하고 정의로운 교황 군주로 보일 수 있었다. 바람직한 '총신의 몰락'이 군주를 위해 맡은 역할이 바로 이것이었다.

앞에서 살펴보았듯이, 재판 과정에 유일하게 존재했던 결코 사소하지 않은 결함(이것만 없었다면 재판은 순조롭게 진행되었을 결함)은 조금 더 은밀한 조치와 겉보기에 너그러운 관용을 베푸는 것처럼 처리되었다.[157] 마쿨라노의 전망과 가혹한 최종 판결 간의 괴리에 의아해하던 제롬 랭퍼드Jerome Langford는 검사성성 내부에서 갈등이 있었다는 가설을 제시했다. 마쿨라노의 관대한 입장과 그보다 강경한 입장(결국 승리를 차지한 쪽)이 서로 충돌했다는 것이다.[158] 나는 그러한 가설이 필요하지 않다고 생각한다. 펠레그리니의 분석이 제공하는 맥락에서 보

포함되지 않았다.

[157] *GO*, vol. 15, no. 2486, p. 107.

[158] Jerome J. Langford, *Galileo, Science, and the Church* (Ann Arbor: University of Michigan Press, 1971), pp. 142~150, 155.

면, 마쿨라노 신부가 갈릴레오를 안심시킨 진정성이 의심스러워진다. 사실 마쿨라노는 (그리고 유사한 방식으로 갈릴레오와 니콜리니를 거듭 안심시키려 한 또 다른 교회 관료는) 그저 희생양을 고분고분하게 만들어 '희생'이 차질 없이 수행되도록 조치했던 것으로 보인다.[159] 만치니에 따르면, 생의 마지막 날 세야누스는 로마 원로원의 조치로 마음의 평정을 유지하던 상태였다. 그를 제거하려는 티베리우스의 계획에 방해가 되지 않도록 원로원이 그에게 더 많은 명예를 누리게 하여 평정심을 유지시킨 것이었다.[160]

1633년 재판의 결과는 훗날 수 세기에 걸쳐 가톨릭교회를 난처하게 했지만, 분명한 것은 우르바노는 곤란해지지 않았다는 점이다. 군주들이 가신을 처분한 것은 자신에게 해를 끼치기 위해서가 아니었다. 그와는 정반대로 갈릴레오의 유죄판결 덕분에 우르바노는 스캔들에서 벗어날 수 있었고, 이단자들에게 무르게 대응한다는 의혹을 부인하고 자신에게 가해진 정치적 압력을 완화할 수 있었다. 30년 전쟁에 대응하여 교황이 취한 태도를 이유로 탄핵의 위협을 가했던 스페인의 대사 보르하 추

---

[159] 어떤 의미에서, 갈릴레오를 상대로 한 마쿨라노의 전략은 교황이 대공에게 취했던 전략과 형식상 다르지 않다. 만약 비협조적인 행동을 한다면 보복하겠다고 위협하는 동시에 협조를 조건으로 관대함과 지원을 약속함으로써 마쿨라노와 교황은 사법기관이 차질 없이 작동하길 원했다.

[160] Giovanni Battista Manzini, *Della peripetia di fortuna*, pp. 18~19.

기경은 검사성성에 소속된 열 명의 추기경 중 한 명으로, 최종 판결문에 이름이 올라가 있다.[161] 갈릴레오를 실각시킨 우르바노는 제일 명망 있는 가신을 잃은 셈이었지만 그 자리는 금방 채워졌다. 1634년 봄 갈릴레오에게 보낸 편지에서 라파엘로 마조티Raffaello Magiotti는 예수회의 인상적인 박식가 아타나지우스 키르허[162]가 로마에 도착했다는 소식을 전했다. 키르허는 당시 새롭게 떠오르던 과학 유명인으로 이후 수많은 '보석'을 제시하며 수년간 로마 무대를 장악하게 된다.[163] 결국에는 예수회 사제가 로마 궁정 자연철학계의 유명인을 배출하는 데 성공한 셈이다.

우르바노의 오랜 재위는 정치적으로 논란이 되었고 재정적으로도 교황령에 치명적이었다. 하지만 교황은 효과적으로 권력을 유지했다. 우리는 그를 성공한 독재자로 부를 수 있을 것이다. 우르바노가 1644년 7월 사망한 후 일지작가 질리는 다음과 같은 의견을 기록했다.

---

161 하지만 추기경 보르하는 판결문에 서명하지 않았다. 아마도 교황과의 지속적인 긴장 관계 때문이었을 것이다.

162 *키르허(1602~1680)는 종교, 지질학, 의학, 천문학 등 다양한 주제의 저술을 남긴 독일 예수회 학자이자 박식가이다. 중국 선교사들에게 정보를 수집해 《중국도설China Illustrata》(1667)을 집필하여 당시 유럽인들의 중국 이해에 큰 영향을 미쳤다.

163 이 사실은 스티브 해리스Steve Harris 덕분에 알게 되었다. 마조티의 편지는 *GO*, vol. 16, no. 2906, p. 65에 수록되어 있다.

그는 큰 행복을 누렸다. 다른 교황들은 이루지 못한 거대한 부를 조카들을 위해 축적했기 때문이다. 그는 군림하는 동안 좋은 관직과 성직록[164]을 조카들을 위해 비워 두었고, 적들이라고 할 만한 이들은 그보다 먼저 생을 마감했다. 하지만 한 가지 사소한 일과 관련해 훗날 가문에게 필요한 것은 생각해 두지 않았으니, 다른 군주들의 우정과 옹호를 유지하지 못한 것이다. 여러 이유로 그는 황제와 스페인 국왕, 베네치아인들, 그 밖의 사람들에게 반감을 샀다. … 우르바노가 서거하자 사람들은 크게 기뻐했다. 문지기들이 소요를 예상하고 캄피돌리오 언덕에 콜론나 무관장의 군사들을 집결시켜 장창과 머스킷총으로 무장해 궁전을 지키게 하지 않았다면 사람들은 미친 짓을 저질렀을 것이다. 궁전에는 대포 또한 몇 문이 있었는데 … [165]

참폴리의 표현을 빌리자면 로마에 있는 운명의 수레바퀴의 "터무니없는 맞물림과 역행"은 우르바노와 그의 가문에 매우 잘 맞아떨어졌고, 그 덕분에 그들은 단 몇 년 만에 무명의 존재에서 이례적인 권력과 부를 가진 존재로 성장했다. 하지만 같은 동역학은 갈릴레오나 참폴리에게는(또는 로마 궁정에 경력을 걸었다가 잃게 된 다른 수많은 궁정인들에게는) 행운을 가져다주

---

164 *benefice, 성직자에게 주어지는 교회 재산과 수입이 따르는 직위.
165 Giacinto Gigli, *Diario romano*, pp. 252~254.

지 않았다.

재판 그리고 궁정 후원의 구조적 제약

총신의 몰락이라는 렌즈를 통해 갈릴레오 재판을 다시 살펴보면서 우리는 복잡다단한 재판 과정을 특징짓는 다양한 주장과 비난 및 조치를 맥락화할 틀을 얻게 되었다. 우주론적·신학적·법률적 논증들은 재판에서 활용되거나 논쟁의 대상이 된 쟁점이었지만, 그것들을 하나로 엮은 논리는 아리스토텔레스의《분석론 후서Posterior Analytics》에서 제시된 논리가 아니라 절대군주의 권력 이미지라는 논리였다. 다시 말해 우리는 어떠한 계기와 그것이 유발하는 과정을 혼동해서는 안 된다. 로마 궁정에서는 성서에 반하는 의견을 고수하거나 교황이 쓴 라틴어 편지를 지나치게 많이 수정했다는 이유로 누군가가 비난을 받고 몰락할 수 있었다. 엘리자베스 1세의 궁정에서 한 총신은 시녀를 유혹했다는 이유로 비난받고 몰락하기도 했다.[166] 이는 분명히 다른 사례이긴 하지만 군주의 권력 이미지 경제에 뿌리를 두고

---

166 이것은 롤리 경의 사례이다. 1592년, 그가 여왕의 시녀인 엘리자베스 스록모턴을 유혹해서 비밀리에 혼인까지 했다는 소문이 돌았다. 여왕은 이 사건을 (반역에 가까운) 중죄로 보고 "롤리를 몇 년간 실각시켰고 몇 달 동안 탑에 가두었다." 하지만 롤리는 결국 여왕과의 관계를 회복했다(Robert Shepard, "Royal Favorites", p. 222).

있다는 점에서 공통점이 있다. 궁정인의 몰락을 부르는 계기는 다양한 사건이나 논증이 될 수 있지만, 몰락의 동역학 자체는 훨씬 일관된 양상으로 나타난다.

지금까지 이 책은 궁정 문화 및 후원과의 관계 속에서 군주의 권력 경제를 분석했다. 앞선 장들에서 궁정 문화와 후원 동역학이 '새로운 철학자'로서의 자기형성을 가능하게 한 방식을 분석했다면, 결말에 해당하는 이번 장에서는 그 동역학이 갈릴레오의 몰락을 틀 지은 방식을 보여 주었다. 갈릴레오의 경력 구조는 처음부터 끝까지 바로크 궁정의 후원과 문화에 의해 특징지어진 셈이다.

앞서 살펴보았듯이, 후원상의 맞물림은 갈릴레오가 사회적 지위와 분과학문의 신뢰를 향상시키는 데 지대하게 기여했다. 로마는 이탈리아에서 가장 중요한 군주 궁정의 소재지였을 뿐만 아니라, 교황이 빈번하게 교체되는 권력 구조의 주기적 변화 때문에 다른 어느 곳보다 후원상의 맞물림이 자주 일어나고 좋게든 나쁘게든 강력한 힘을 발휘하는 곳이었다. 로마 궁정의 독특한 특징과 권력은 모든 야심 찬 가신들에게 매우 매력적인 요소였지만, 갈릴레오에게는 로마와의 강력한 후원 관계를 모색해야 할 또 다른 이유가 있었다. 갈릴레오는 새로운 사회적 업적 정체성, 코페르니쿠스주의, 그리고 물리적 세계의 수학적 분석을 정당화하기 위해 교황 군주의 경전(성경)을 재해석하려 했다. 결과적으로 갈릴레오는 로마 후원으로부터 다른 가신들보다 많은 것을 얻을 수 있었지만, 같은 이유로 더 많은 것을 잃을 수도 있었다.

하지만 갈릴레오는 조심스럽고 절제된 접근 방식으로는 후원을 추구할 수 없었다. 왜냐하면 그러한 방식은 우르바노와 같은 군주 마이케나스의 후원 규약에 부합하지 않았기 때문이다. 위대한 군주는 남들의 눈에 띄고 논란거리를 만들 만한 가신들을 찾았으며 그런 가신들에게 보상을 지급했다. 우르바노가 《시금자》를 높이 평가한 것은 그 또한 그러한 문화적 규약에 동의했음을 뜻한다.[167]

역설적이게도 갈릴레오는 교황의 궁정인이 되기 위해 남들의 눈에 띄고 논란될 만한 입장들을 취해야 했지만(그리고 그 입장들을 취하는 시기를 후원상의 맞물림에 맞추어야 했지만), 그의 연구에 수반되는 성서의 재해석은 가장 미묘한 문제였으며 모든 기략을 발휘해 신중하게 접근해야 했다. 하지만 갈릴레오가 1623년에 체시에게 말했듯이 우르바노 교황의 임기는 그가

---

[167] 그리고 많은 궁정인의 종말에 대한 분석에서 알 수 있듯이, 외부인이 군주의 곁으로 재빠르게 상승할 경우 제도적 위계에서 자신이 점한 위치 덕분에 우선권이 있다고 생각했던 사람들(가령 예수회 사제들)은 상당한 질투를 드러냈다(앞의 책, pp. 236~252). 이러한 질투는 총신이 몰락하는 주요 원인이 되기도 했다. 이와 관련하여 우리는 예수회 사제들이 스스로를 교황의 수학자로 생각할 자격이 충분했다는 점을 염두에 두어야 한다. 예를 들어, 갈릴레오의 발견을 보증했던 1611년 당시 예수회 수학자들은 분명히 로마 궁정의 수학 전문가로 고용되어 있었다. 누구보다 유명한 '외부인'이 자신들의 자리를 차지하는 장면을 목격하면서 예수회 수학자들은 불쾌함을 느꼈을 것이다.

기대할 수 있는 마지막 맞물림이었다. 1630년 갈릴레오의 제자 카발리에리는 그 점을 다시 언급하며 갈릴레오에게 시간이 얼마 남지 않았다고 덧붙였다.[168] 그 결과, 갈릴레오는 어쩌면 장기화될 수 있었을 미묘한 사회적·인식적 정당화 과정을 그가 유일하게 접근할 수 있었던 정당화 과정, 즉 군주 후원의 주기에 맞춰 단축할 수밖에 없었다.

더욱 역설적인 점도 있다. 갈릴레오가 정당화하려 했던 우주론과 사회직업적 정체성(그리고 수학과 철학, 신학의 위계와 관련하여 그와 같은 정당화에 담긴 변혁적 함의)을 고려했을 때, 갈릴레오가 교황의 환심을 사기 위해 필요로 했던 눈에 잘 띄고 논란이 될 만한 문화적 산물은 교황과 가톨릭교회의 기반을 이루는 전통을 희생해야만 만들어질 수 있었다. 이것은 위험한 게임이었으며 바람 한 점에도 판세가 뒤집힐 수 있었다. 그리고 이미 살펴본 대로 로마는 온갖 방향에서 불어오는 바람으로 가득했다. 설상가상으로 갈릴레오는 로마 후원 인맥의 수와 영향력이 감소한 시기에 게임에서 가장 미묘한 국면에 접어들었다. 체사리니와 체시 그리고 추기경 델 몬테는 사망했고 참폴리는

---

168 "선생님께서 이달 말 로마에 가신다는 소식을 들었습니다. 축하드립니다. 온 세상이 기다린 저작을 드디어 보게 되겠군요. 의심할 여지 없이 잘하고 계십니다. 세월이 흐르고 있으나 선생님께는 아직 시간이 있고 교황 성하와 좋은 관계를 맺고 계시니 이 모든 어려움을 극복하게 되실 겁니다"(GO, vol. 14, no. 1989, p. 83). 갈릴레오는 같은 날에 참폴리와 카스텔리에게서도 비슷한 말을 들었다(앞의 책, no. 1988, p. 82).

추방되었다. 1623년 당시 "경이로운 맞물림"의 완벽한 본보기였던 로마 궁정의 유력한 인맥은 이제 대부분 사라졌고, 메디치 대사만이 갈릴레오에게 남은 강력한 주요 동맹자였다(물론 대사가 유일한 동맹자였던 것은 아니다).《시금자》의 출간은 중대한 맞물림과 완벽하게 일치했으나《대화》의 출간은 그렇지 못했다.

지금까지 살펴본 바와 같이, 주장을 가설적으로 제시하는 것과 절대적으로 제시하는 것의 구분은 명확하지 않았으며 독자의 관점에 따라 달라지기도 했다.[169] 갈릴레오가 선택한 대화편이라는 문학 장르는 결국 전문가적 글쓰기라는 비난을 막기 위해 의도한 안전장치가 되지 못했다. 아고스티노 오레지, 멜치오르 인초페르Melchior Inchofer, 차카리아 파스콸리고Zaccaria Pasqualigo가 작성한 세 부의《대화》보고서는 갈릴레오의 주장이 가상의 토론이라는 맥락에서 가상의 인물들에 의해 제시되었다는 점을 잊은 것처럼 보인다.[170] 갈릴레오의 페르소나들이 이따금 전문가처럼 말을 할 때도 있지만 그 맥락은 (캄파넬라가《대화》에서 읽어 낸 대로) 철학적 희극이라는 사실을 검사성성에서 소집한 신학자들은 파악하지 못했던 듯하다.[171] 그들은 희

---

169 Morpurgo-Tagliabue, *I processi di Galileo e l'epistemologia*에서 중점을 둔 부분이 바로 이 모호함이다.

170 Maurice Finnocchiaro, *Galileo Affair*, pp. 262~276.

171 *GO*, vol. 14, no. 2284, p. 366.

극을 논고로 읽었다(또는 그렇게 읽으라는 말을 들었다). 유명론적 담론(혹은 안전한 입장에서 구경거리를 즐기고자 했던 교황 군주)과 정당성을 추구하는 과정에서 새로운 철학자가 취한 더욱 실제적인 접근 사이에 존재했던 긴장을 고려한다면, 문제가 발생한 것이 놀랄 만한 일은 아니다. 그리고 문제가 발생했을 때 군주가《대화》에서 모호함을 제거해 버리고 그것을 전문가의 저술로 내세우는 것은 어렵지 않은 일이었다.

몇 안 되는 증거로 보건대, 우르바노는 수학과 철학에 대한 아리스토텔레스의 인식론적 구분을 그대로 받아들였던 것 같지는 않다. 대신 신의 전능함을 이유로 두 분과학문이 오직 조건부적인 주장만을 제시할 수 있다는 일종의 오컴적Ockhamistic 방식을 취했던 것으로 보인다. 1624년 우르바노가 추기경 호엔촐레른에게 말했듯이, 실제로 그는 코페르니쿠스의 학설이 필연적 참으로 증명될 수 있을 거라고 생각하지 않았다.[172] 우르바노가《시금자》에서 소리의 우화를 굉장히 좋아했다는 사실과《대화》에서도 그 논증을 재현하라고 갈릴레오에게 요청한 사실에는 이러한 입장이 반영되어 있다. 오레지가 보고한 우르바노와 갈릴레오의 대화에서 알 수 있듯이, 우르바노는 신은 전능하므로 동일한 현상을 다양한 방식으로 만들어 낼 수 있었을

172 *GO*, vol. 13, no. 1637, p. 182.

것이라고 주장했다.[173] 결과적으로 철학자와 궁정인의 즐거움은 자연의 풍요로움, 즉 신이 보유한 한없는 권능과 창조력의 표시를 발견하는 것이었다.

우르바노는 스콜라 신학자가 아니라 세련된 궁정인이자 인문주의자이며 시인이었다. 그는 궁정인-교황이었다(갈릴레오를 높이 평가한 것도 그래서였다). 신의 전능함이라는 개념은 우르바노가 교황 군주로서 처하게 된 상황에 매우 잘 부합하는, 지식에 대한 완벽한 수사를 제공해 주었다. 그 수사는 우르바노가 자신의 문화적 관심사와 신학적 관심사를 조화시킬 수 있게 해 주었다. 내가 보기에 우르바노의 관심사는 (적어도 처음에는) 코페르니쿠스로부터 성경을 보호하는 것보다는 성경은 그대로 내버려둔 채 자신을 비롯한 세련된 궁정인들이 갈릴레오와 같은 저자들의 훌륭한 철학적 '보석'을 즐길 여지를 남겨두는 담론을 형성하는 것이었다. 갈릴레오가 신의 전능함에 관한 논증을 강조하길 바랐을 때 우르바노가 염두에 둔 것은 안전만이 아니었다. 이는 궁정인다운 고상한 취향이 표출된 것이기도 했다. 우르바노는 《대화》가 마치 《시금자》처럼 가설을 향유할 수 있는 비르투오소의 작품이 되기를 기대했다. 그러므로 그는 코페르니쿠스주의로 편향된 갈릴레오의 입장을 그저 신학적으로(그리고 정치적으로) 위험한 대상으로만 인식하지는 않았을 것이다.

---

173 Maurice Finnocchiaro, *Galileo and the Art of Reasoning*, p. 10.

갈릴레오의 입장은 저속한 취향의 표시였다. 그 표시는 우르바노가 갈릴레오에게 느낀 지적인 동류의식을 망치는 데 기여했을 것이다. 코페르니쿠스 학설의 결정적 증거를 찾길 고집함으로써 갈릴레오는 그가 소리의 우화에서 매미의 몸을 관통했다며 조롱한 남자처럼 행동하고 있었다. 결국 우르바노의 총신은 그에게 규칙맹종이 남아 있음을 스스로 보이고야 말았다.

지금까지 이 책은 정치적 절대주의 문화와 갈릴레오의 새로운 자연철학 간의 상호작용을 탐구한 결과를 보여 주었다. 이러한 맥락 속에서 보면, 갈릴레오 재판은 궁정사회와 정치적 절대주의 덕분에 가능했던 사회직업적 정당화 방식의 구조적 한계를 드러내는 징후로 나타난다. 갈릴레오 재판은 아리스토텔레스주의 자연철학, 토마스주의 신학, 근대 우주론 사이에서 일어난 충돌이기도 하지만 그에 못지않게 바로크 궁정사회와 문화의 동역학과 긴장 사이에서 일어난 (구조적으로 예상 가능한) 충돌이기도 했다.

에필로그   후원에서 아카데미로: 하나의 가설

갈릴레오와 단체

갈릴레오가 사회적·인식적 정당화를 위해 도입한 궁정 기반 전략의 '미시사microhistory'는 이른바 과학혁명이라는 한층 일반적인 과정에 대해 무엇을 알려 주는가?

유럽의 군주 궁정 문화, 자기형성 과정, 후원 동역학에 상동관계가 존재한다는 점을 고려할 때, 이 책에서 제시한 몇 가지 관점과 결론은 궁정에서 활동한 다른 과학 종사자들에 관한 연구에도 적용할 수 있을 것이다. 상이한 궁정 간의 상동관계는 당시의 관찰자들에게도 명백했음이 틀림없다. 왜냐하면 대부분의 궁정 논고가 특정한 궁정보다는 하나의 기관/제도적 유형으로서의 궁정을 다루었기 때문이다.[1] 구체적인 에티켓 규칙,

---

1   카스틸리오네는 예외이지만, 내가 이 책에서 활용하거나 언급한 거의 모든 궁정 논고들은 '일반적인' 궁정을 다룬다.

가문과 왕조 신화, 직함, 서열 규약은 궁정마다 달랐지만, 그것들의 기본적인 구조, 군주의 이미지 경제, 명예와 후원에 관한 규약은 확실히 유사했다.

이 책에서 제도화 이전 과학의 사회체계로서 후원을 분석한 것에도 비슷한 고찰이 적용된다. 전 유럽에 걸친(또 수십 년간 지속된) 후원 체계는 상당히 일관된 특징을 가진다. 따라서 후원이 자기형성과 기풍, 논증 방식, 주제의 선택, 논쟁 행위, (사회적 및 인식적) 정당화 규약의 구조를 어떤 방식으로 틀 지었는지에 대해 우리가 살펴본 것들을 갈릴레오의 삶과 경력을 넘어선 영역까지 적용할 수 있다고 생각된다.

동조적인 독자들은 이 점에 동의하면서도 과학혁명이 피날레를 장식한 무대는 궁정이 아닌 과학 아카데미였다고 말할지 모른다. 더 나아가 다음과 같은 의문이 생길 수도 있다. 갈릴레오처럼 진취적인 개성을 지닌 가신의 경험을 살펴본다고 해서, 17세기 후반에 등장하여 이후 수많은 과학의 특징이 된 과학적 기풍, 즉 실험에 기반하여 집단적으로 제도화된 과학적 기풍의 출현에 대해 우리는 무엇을 알 수 있는가? 치멘토 아카데미, 런던 왕립학회, 프랑스 과학 아카데미의 구성원들과 갈릴레오의 과학 수행 방식, 사회직업적 역할, 기풍, 제도적 환경을 비교하여 유사성을 찾고 그것을 강조하자고 답변하지는 않겠다. 그 대신 주목할 만한 차이점을 인정하는 한편으로, 궁정이 제공했던 사회적·인식적 정당화의 과정을 이해한다면 후에 등장한 자연

철학의 사회체계, 기풍, 수행 방식의 계보에 대한 중요한 통찰을 얻을 수 있다고 주장하고자 한다.[2]

후원 네트워크에 기반한 과학의 사회체계에서 과학기관 중심 사회체계로의 전환은 새로운 과학적 실천의 출현으로 이루어졌다. 셰이핀과 섀퍼가 논의했듯이, "사실이라는 문제"[3]에 대한 집단적 보증과 실험이 새로운 과학 담론의 핵심이 되었다.[4] 실험철학의 출현 과정에서 우리는 오락의 성격을 띠며 논쟁에 뿌리를 둔 담론에서 훨씬 덜 논쟁적인 형태의 지식으로 바뀌는 과정을 목격하게 된다.[5] 동시에, 실험이 기본적인 과학적 실

---

2 이 가설에 대한 더 자세한 내용은 다음 문헌들을 살펴보라. Mario Biagioli, "Scientific Revolution, Social Bricolage, and Etiquette", in Roy Porter and Mikulas Teich, eds., *The Scientific Revolution in National Context* (Cambridge: Cambridge University Press, 1992 pp. 11~54), idem, "Etiquette, Interdependence, and Sociability in Seventeenth-Century Science", *Critical Inquiry* 22 (1996): pp. 193~238.

3 *라틴어 'res facti'를 번역한 말로, 원래는 '제기된 주장의 진위를 조사할 때 다루는 사실적 요소'를 뜻하는 법률 용어로 쓰이다가 점차 실험적 맥락에서도 사용되기 시작했다. 셰이핀과 섀퍼는 《리바이어던과 공기 펌프》에서 보일과 홉스가 실험으로 얻은 지식이 과연 '사실'로 여겨질 수 있는지를 놓고 다툰 양상을 보여 준다.

4 Steven Shapin, Simon Schaffer, *Leviathan and the Air Pump* (Princeton: Princeton University Press, 1985), pp. 22~79.

5 실험철학은 아마도 이러한 경향의 가장 두드러진 사례일 것이다. 실제로 과학 아카데미들은 자연현상에 대해 '실증주의적' 접근 방식을 취하는 경향이 있었다. 다시 말해, 최종 원인을 찾기보다는 더욱 기술적인descriptive 입장에 한정되었다. 실험철학과 마찬가지로, 이와 같은 접근 방식에는 논쟁적이지도 독단적이지도 않은 형태의 논증, 즉 정당화 주체의 결속력을 해치지 않는 담론을 확립하고자 했던 열망이 반영되었다.

천으로 자리 잡은 과정과 긴밀하게 맞물렸던 과학의 제도화는 '명예'에 대한 고려를 바탕으로 틀 지어진 과학 담론에서 '과학적 신뢰' 개념을 중심으로 하는 과학 담론으로의 전환을 동반했다. 신뢰가 후원자와의 사적 관계나 누군가의 사적 지위에 전적으로 관련되는 일은 더 이상 일어나지 않았다. 오히려 초기 아카데미의 경우처럼 신뢰는 이제 과학단체scientific corporation의 회원자격과 연관되었다.[6]

사소하지 않은 차이를 무릅쓰고 근사하여 말하자면, 과학 아카데미에서 후원자라는 살아 숨 쉬는 인간은 결국 단체라는 '가상의 인격persona ficta'으로 대체되었다. 18세기 영국의 법학자 윌리엄 블랙스톤William Blackstone은《영국법 주해》에서 왕립학회와 왕립의학회를 단체의 예로 들었다.[7] 이 새로운 제도적 맥락에서 종사자들이 과학적 토론과 논쟁에 참여한 동기는 후원자로부터 얻을 지위와 명예가 아니었다. 피후원자 본인에게 부여된 과학단체 회원자격과 단체의 규약('제도적 에티켓')에 따라 연구를 수행하는 능력이 그를 신뢰할 만한 종사자로 보이

---

6   물론 이러한 변화가 갑자기 일어났다고 주장하는 것은 아니다. 초기 과학 아카데미가 신뢰도를 높이기 위해 통상 회원자격을 귀족까지 확대하고 다른 이들보다 귀족들의 증언을 훨씬 중시하긴 했지만, 더 폭넓은 기간으로 관점을 넓혀서 보면 명예 기반 신뢰에서 훈련 기반 신뢰로의 전환은 매우 두드러진다.

7   William Blackstone, *Commentaries on the Laws of England* (London: Strahan, 1800), 1: p. 471.

게 했다.[8]

과학 논쟁을 주재하는 후원자는 심판자가 아닌 중립적 중재
자로 행동하는 경향이 있었다. 그와 달리 과학 아카데미는 '사
실이라는 문제'에 대한 판단을 내렸는데, 이때 '사실이라는 문
제'는 갈릴레오를 둘러싼 논쟁에서 우리가 살펴본 것보다 범위
가 전반적으로 더 한정된 주장들이었다. 이러한 전환은 종사자
들이 사회직업적 측면에서 근본적인 해방을 겪었음을 의미했
다. 그들의 기관이 기존에 후원자 개인에게 달려 있던 인식론적
정당성을 (단체로서) '내면화'하고, 종사자들이 스스로 '사실이
라는 문제'에 뿌리를 둔 논쟁적이지 않은[9] 담론 내부에서 주장
을 제시함으로써 얻게 된 해방이었다.[10]

---

8   이후 과학 교과과정이 발전한 과정과 명문 아카데미 기관의 훈련을 통해 추가적인
    신뢰를 획득하게 된 과정은 신뢰 개념의 광범위한 변화와 잘 맞아떨어진다. 개인의
    사회적 지위에 기반한 신뢰 개념은 기관/제도 중심의 훈련과 그 틀 내에서 '명예로운
    경로cursus honorum'를 밟으며 확보하는 신뢰 개념으로 전환되었다. [* '명예로운 경
    로'는 원래 고대 로마의 공직 승진 순서를 일컫는 표현이지만 여기서는 과학 종사자
    가 기관의 훈련 단계마다 점차 더 높은 신뢰를 성취하는 과정을 가리키는 데 쓰였다.]
9   * 물론 과학기관의 일원들이 논쟁을 벌이지 않았다는 뜻은 아니다. 여기서 논쟁적이
    지 않다는 것은 ('사실'을 다투기보다는) 오락의 성격이 강한 과학 논쟁이 점차 사라지
    고 '사실'이 무엇인지를 중점적으로 논의하게 되었다는 뜻이다.
10 우리는 기록상 최초의 과학 아카데미에서 이 문제를 접하게 된다. 체시는 린체이 아
    카데미의 회원자격을 확장하는 과정에서 이 문제에 직면했다. 그 결과 그들은 사회
    적 지위가 다르고 면식이 없던 사람들과 사적인 서신을 주고받아야 하는 난관에 부
    딪혔다("서로 다르고 잘 알지도 못하는 회원들에게 편지를 쓸 일이 많아질 것이다"). 따
    라서 체시는 린체이의 서신에서 사용할 칭호에 대한 규칙을 정하고자 했다("편지를
    작성하고 편지에서 칭호를 사용할 때 지켜야 할 규약을 설정한다"). 그는 지적 구분보

후원자와 가신 사이의 사회적 거리(후원자가 가신을 편들지 못하게 막았던 거리)는 끝내 흐려졌다. 하지만 그 거리에 동반되었던 인식론적 정당화는 형태를 바꾸어 가며 지속했다. 종사자들의 주장을 정당화하는 것은 이제 기관과 회원 개인 사이의 거리였다. 왕립학회와 같은 아카데미의 기관장은 해당 기관의 후원자는 아니었으나 단체의 권위를 대표했다.[11] 기관은 회원들보다 '상위'의 존재였다. 기관은 회원과 왕(정당성의 궁극적인 원천) 사이에 존재했다.[12]

다 사회적 구분을 기반으로 했던 기존의 에티켓을 내부 규칙으로 대체해야 한다고 생각했다. 흥미롭게도 철학자의 새로운 호칭은 회원들이 철학자로서 교류할 때만 쓰여야 했고 사적인 개인으로서 행동할 때는 사용될 수 없었다(*GO*, vol. 11, no. 874, p. 507). 체시의 제안은 철학자로서 동등해진 회원들이 계급을 넘나들며 교류하는 경우가 잦아졌던 린체이의 실제 고민을 반영한 것으로 보인다. 나폴리 출신의 린체이 회원들은 적절한 칭호의 필요성을 가장 강하게 주장했다(앞의 책, no. 903, pp. 538~539). 회원들이 에티켓 사용에서 실수를 저지른 사례도 남아 있다(상류 계급의 두 회원 사이에서 일어난 일이긴 했다). 빌저가 자신에게 체시의 올바른 칭호를 알려주지 않았다는 이유로 파베르를 질책했던 일이다(앞의 책, no. 856, p. 490).

11 회원들의 주장을 정당화하는 문제와 관련하여 과학기관이 '가상적 인격'으로서 발휘하던 영향력은 시간이 갈수록 줄었던 듯하다. 오늘날도 그렇지만 신뢰의 동역학은 단순히 과학기관과 단체의 권위로만 설명할 수는 없다(물론 이러한 요소들은 여전히 중요한 역할을 한다). 그럼에도 '가상적 인격'으로서의 과학기관은 근본적으로 새로운 사회직업적 역할, 과학의 새로운 사회체계, 새로운 과학적 실천이 도입되던 과학의 정당화 초창기에 중추적인 역할을 했다.

12 후원자가 직접 참여하는 아카데미에서 왕이 멀리서만 후원하는 아카데미로의 전환을 문제로 삼을 수도 있다. David Lux, *Patronage and Royal Science in Seventeenth-Century France* (Ithaca: Cornell University Press, 1989), 특히 pp. 81~84을 참고하라.

발견과 비판은 더 이상 후원자에게 보내고 헌정하는 편지의 형태로 전달되지 않았으며 대신 아카데미 비서에게 송부되거나 맡겨졌다. 발견과 비판은 이제 왕립학회의 〈철학회보Philosophical Transactions〉 혹은 프랑스 과학 아카데미의 〈논문집Mémoires〉에 실렸다. 편지에서 학회지로의 전환, 그 변화의 중간 단계는 린체이 아카데미가 회원들의 연구를 엮어 출간하기로 했던 〈서한집Volume epistolico〉에서 확인된다.[13]

후원자의 퇴장, 실험의 입장

갈릴레오의 경력을 통해 분석한 후원자의 명예와 과학의 사회적·인식적 정당화 사이의 관계는 비독단적 형태의 과학 담론이 출현한 과정(17세기 후반)과 후원자-군주가 무대에서 점차

---

13 〈서한집〉은 린체이 회원들과 그 밖의 대화자들이 과학적 주제를 놓고 주고받은 편지를 엮은 책이 될 예정이었다. 예를 들어, 갈릴레오의 흑점 연구는 아펠레스의 편지뿐만 아니라 다른 린체이 회원들의 답장 및 비판과 함께 〈서한집〉으로 묶여 출간될 계획이었다. 갈릴레오가 아마도 저자권을 강조할 생각으로 압박을 가해 그의 흑점 연구가 《흑점과 그 성질에 관한 관측과 논증Istoria e dimostrazioni intorno alle macchie solari e loro accidenti》이라는 별도의 책으로 출간되었을 때도, 체시는 훗날 〈서한집〉에 수록하기 위해 갈릴레오의 책을 여러 권 여유분으로 인쇄했다(GO, vol. 11, no. 761, p. 395). 같은 책의 no. 725, p. 357도 살펴보라. 편지에서 학회지로의 전환에 대해서는 Charles Bazerman, *Shaping Written Knowledge* (Madison: University of Wisconsin Press, 1988), pp. 132~133을 참고하라.

사라진 과정 사이의 연관성을 파악하는 데 어느 정도 실마리가 된다.

가신들은 후원자가 과학에 헌신적이지 않은 것을 문제로 여겼을 수도 있지만, 후원자의 행동은 후원 체계의 중요한 긍정적 특징이 반영된 것이기도 했다. 앞서 살펴보았듯 후원자의 비헌신적인 태도는 과학 논쟁을 정당한 것으로 만든 동시에 해결되지 않는 것으로 만든 후원 관계의 구조와 관련이 있다. 따라서 그러한 논쟁을 정당하지 않은 것으로 만들어(즉, 논쟁의 배경이 되는 사회적 지위의 위계질서를 제거하여) 논쟁을 해결 가능한 것으로 바꿀 수는 없었다. 그와 같은 상황에서 실험은 (논쟁적이지 않은 형태의 다른 주장처럼) 후원 체계의 교착상태를 벗어날 하나의 방법이 되었다. 실험적으로 생산된 '사실이라는 문제'는 자연에 대한 더욱 한정적인 주장이었다. 신학적으로 안전했을 뿐만 아니라 누군가의 명예 또한 느슨하게만 걸려 있었으므로 정당화 과정에서 위험 부담이 덜했다. 그러므로 '사실이라는 문제'는 그것의 수용 여부가 본질적으로 집단적 목격collective witnessing과 연관된다는 이유에서 후원자 개인이 아닌 과학 종사자들이 모인 단체가 정당화할 수 있는 완벽한 유형의 주장이었다. 그런 주장들은 과학의 새로운 제도적 상황에 완벽하게 부합하는 과학적 실천을 대표하게 되었으며, 그로 인해 종사자들은 후원 체계의 교착상태로부터 해방될 수 있었다. 실험적 실천이 도입됨에 따라, 구경거리의 특징이 강하면서도 반드시 종결될 필요는 없던 논쟁에서, 구경거리로서의 특징은 덜 하지만(혹은 다른 의미에서 구경할 만하지만) 관리 가능하며 종결될 수 있는 논쟁으로 전환되는 장면을 우리는 목격하게 된다.

실험은 여러모로 효과적인 수단이었다. 새로운 지식을 생산하고, 아카데미 회원들을 즐겁게 만들어 끌어들이고, 종교 또는 정치적 비정통이라는 비난을 피할 수단을 제공하고, 공동으로 받아들일 만한 데이터를 수집하는 기반을 만들어 협동 연구와 대화의 바탕을 마련해 주었다. 하지만 거기에서 그치지 않았다. 실험은 후원 특유의 중립적 중재에서 비롯된 교착상태로부터 빠져나올 수 있는 수단이기도 했다. 실험적 실천은 후원 체계가 제공하던 가능성의 범위를 훨씬 넘어서까지 사회적 지위의 거리를 발전적으로 관리함으로써 과학기관이 발전한 결과만이 아니라 원인이 되었을 수 있다.

'거리distance'의 은유를 확장해 말하자면, 후원 체계 속에서 군주의 명예가 과학자들과 그들의 연구를 정당화할 수 있었던 것은 그 명예가 적당하게 떨어져 있거나 잘 보호된 상태에서만 가능했다고 생각된다. 만일 가신이 군주의 명예를 향해 너무 가까이 접근하려 하면 정당화는 불가능해지는데, 과도한 접근(즉, 주장이나 발견에 대한 후원자의 직접적인 옹호를 확보하려 하는 시도)은 명예를 유지하고 권력이 시험대에 오르는 일을 피하려 하는 군주의 입장과 충돌할 것이기 때문이다. 어떤 의미에서, 군주와 그의 명예에 너무 가까이 다가가면 화상을 입을 수도 있다. 교황 우르바노 8세를 상대로 한 갈릴레오의 문제적인 상호작용 역시 이러한 관점에서 이해할 수 있다. 대칭적으로 볼 때, 가신이 너무 멀리 떨어져 있다면(즉 가까운 후원 관계를 맺지 못한다면) 정당화 자체가 이루어지지 않을 것이다.

과학 아카데미가 발전하고 실험적 실천이 도입됨에 따라, '거리'와 정당화의 관리 방식은 이전과 달라졌다. 종사자들의 단체는 '사실이라는 문제'라는 주장을 정당화할 수 있게 되었고, 군주–후원자는 주장이 만들어지고 그에 대한 논쟁이 이루어지는 장소에서 결국 사라지고 말았다. 종사자들의 기관을 정당화한 것은 여전히 왕실의 후원자였지만 그것은 그의 참여가 아닌 칙허charter를 통해서였다. 루이 14세는 프랑스 과학 아카데미의 관측소를 1682년에 단 한 번 방문했을 뿐이며, 그것도 모든 일상적인 활동이 중단된 의례 행사 기간이었다. 기록에 따르면 1662년 왕립학회 설립을 인가한 영국의 왕 찰스 2세는 그 기관을 단 한 번도 방문하지 않았다.[14]

14 샤를 볼프가 전재한 당시의 보고서에 따르면 1677년에 왕세자Dauphin가, 1681년에 루이 14세가 프랑스 과학 아카데미를 방문했던 것은 의례적인 행사 때문이었으며 사실 왕실에서 온 방문객은 그 어떠한 과학 활동에도 참여하지 않았다(C. Wolf, *Histoire de l'Observatoire de Paris, de sa fondation à 1793* [Paris: Gauthier-Villars, 1902], pp. 19~27). 루이 14세가 과학 아카데미에 방문한 모습을 (가상으로) 재현한 세바스티앙 르클레르Sébastien Le Clerc의 판화에 대해 앨리스 스트룹은 간략하지만 통찰력 있는 언급을 남겼다(Alice Stroup, *A Company of Scientists* [Berkeley: University of California Press, 1990], pp. 5~8). 왕립학회가 찰스 2세의 방문을 기대했다는 사실은 다음 문헌들을 참고하라. Steven Shapin,

결과적으로 후원자가 가신을 정당화하던 상황(그리고 그 관계에 수반되던 모든 장단점)은 후원자가 무대를 떠나 과학단체의 '원격 정당화 주체remote legitimizer'로만 남은 상황이 되었다. 이제 종사자들의 주장을 정당화하는 것은 단체였다(물론 종사자들은 단체의 결속력을 보장하는 적절한 규약에 따라 주장을 제기해야 했다). 어떤 의미에서 가신-종사자와 후원자-군주 간의 거리가 벌어짐으로써 정당화의 구조가 좀 더 '관료적인' 과정이 될 수 있는 여지가 생긴 셈이었다. 후원자-군주는 여전히 정당화의 궁극적인 원천이었지만, (정당화 과정을 관리하는 거리와 규약의 결과로) 그의 명예가 비교적 덜 걸려 있었기 때문에 종사자들은 전과 다른 유형의 저자권에 접근할 수 있었다. 이제 그들의 물리적 주장은 갈릴레오의 사례처럼 가설의 형태로 제시될 필요가 없었다. 이제 종사자들은 '단체에 소속된 저자'로서 '실증적' 주장과 '사실이라는 문제'를 제시할 수 있었다.

Simon Schaffer, *Leviathan and the Air Pump*, pp. 31~32; Simon Schaffer, "Walliflcation: Thomas Hobbes on School Divinity and Experimental Pneumatics", *Studies in History and Philosophy of Science* 19 (1988): pp. 294~295.

군주가 참여하고 회원이 사라지다

치멘토 아카데미는 군주 레오폴도 데 메디치가 직접 참여하며 조직한 과학 아카데미로, 이후의 활동들도 그를 중심으로 이루어졌다. 치멘토 아카데미를 통해 우리는 후원에서 기관으로 변화하던 도중에 나타난 중간 단계를 살펴볼 수 있다.

치멘토 아카데미는 1657년부터 1667년까지 군주 레오폴도 데 메디치를 중심으로 모인 비공식 아카데미로, 실험에 주력한 최초의 아카데미로 여겨진다.[15] 많은 역사학자가 주목했듯이, 레오폴도는 그의 아카데미에 법적 효력이 있는 칙허를 내린 적이 없다. 오히려 마음이 내키는 대로 회합을 열거나 활동을 중단했다. 레오폴도는 실험 의제를 직접 정했고, 실험 장치를 사비로 장만했으며, 메디치 명부에 이름을 올린 수학자와 철학자를 회원으로 선출했다. '치멘토 아카데미'라는 이름 자체는 아카데미에서 수행한 실험을 소개하는 책인 《소론들》(1667년 출

---

15 치멘토 아카데미에 대한 표준 전거는 다음과 같다. Giovanni Targioni Tozzetti, *Notizie degli aggrandimenti delle scienze fisiche accaduti in Toscana nel corso di anni LX del secolo XVII* (Florence: Bouchard, 1780; reprint, Bologna: Forni, 1967); W. E. Knowles Middleton, *The Experimenters* (Baltimore: Johns Hopkins University Press, 1971). 파올로 갈루치의 통찰력 있는 논문 "L'Accademia del Cimento: 'Gusti' del principe, filosofia e ideologia dell'esperimento", *Quaderni storici* 16 (1981): pp. 788~844와 미카엘 세그레Michael Segre의 *In the Wake of Galileo* (New Brunswick: Rutgers University Press, 1991)도 살펴보라.

간)과 관련해서 사후적으로 명명된 것으로 보이며, 출간 당시 아카데미는 이미 사라지고 없었다. 결국 치멘토는 공식적으로 설립되거나 해산된 적이 없는 셈이다. 1657년부터 회합을 시작했다가 1662년 이후에는 활동이 드물어졌고, 1667년 레오폴도가 추기경이 되어 로마로 떠나자 모임이 중단되었다. 한 아카데미 회원의 말대로, 치멘토는 "군주의 변덕"에 지나지 않았다.[16]

치멘토 아카데미가 비공식 상태로 그친 직접적인 원인은 레오폴도의 아카데미 참여였다. 레오폴도처럼 높은 신분의 군주는 (사회적 배경이 상당히 열등한 이들이 포함된) 신하들과 함께 연구를 공식적으로 하다가는 위신이 실추될 위험이 컸다.[17] 레오폴도는 지위가 '오염'될 가능성을 다양한 방식으로 통제했다. 우선 자신이 활발하게 연구하는 참여자가 아닌 군주의 지위에 맞는 관리자로 보이도록 노력했다. 또한 아카데미를 자신의 사적 영역에 속하는 것으로 내세우기도 했다.[18] 군주들은 욕실이라는 사적 공간에서 하인들에게 알몸을 내보일 수 있었지만 공

---

16 Paolo Galluzzi, "L'Accademia del Cimento", p. 823.

17 치멘토 아카데미의 참여자들을 간략하게 개관한 전기적 자료는 W. E. Knowles Middleton, *Experimenters*, pp. 26~40을 참고하라. 회원 중에서 가장 두각을 드러낸 인물인 안토니오 올리바Antonio Oliva에 대해서는 Ugo Baldini, *Un libertino accademico del Cimento: Antonio Uliva* (Florence: Istituto e Museo di Storia della Scienza, 1977)를 보라.

18 실제로 이것이 《소론들》의 서문에서 레오폴도가 소개된 방식이었다(Giorgio Abetti and Pietro Pagnini, eds., *L'Accademia del Cimento* [Florence: Barbera, 1942], p. 85).

적 공간에서는 그럴 수 없었다. 같은 논리로, 치멘토의 참여자들은 공식 단체의 구성원이라는 의미의 '아카데미 회원'이 될 수 없었으며 대신 레오폴도의 지위에 맞추어 '과학적 하인'이 되어야 했다.

아카데미를 완전한 사적 활동으로 유지하게 만든 지위의 문제 때문에 레오폴도는 과학 논쟁에도 역시 뛰어들지 못했다. 논쟁은, 무지하고 사리사욕에 가득 찬 하층계급에 속한 이들처럼 무언가 속셈이 있는 사람들의 몫이었다.[19] 치멘토가 실험적 방법(원인에 대한 설명에 치중하기보다는 실험적으로 재현된 결과에 대한 정확한 기술로 이어졌다)을 소리 높여 주장한 것은 레오폴도가 신학자들과의 충돌을 피하려 한 결과만이 아니었다. 신분 탓에 지킬 수밖에 없었던 고상한 철학적 에티켓 때문이기도 했다.[20] 레오폴도는 아버지 코시모 2세와 마찬가지로 갈릴레오의 공격적인 상연을 지켜볼 수는 있었지만, 그 방식을 직접 수행하지는 못했다.

'아카데미 회원'들이 원인을 찾는 대신 실험을 수행하고 그 결과를 기술하게 함으로써 레오폴도는 치멘토의 활동이 지위

---

19 Steven Shapin, "The House of Experiment in Seventeenth-Century England", *Isis* 79 (1988): 395~399; Shapin, Schaffer, *Leviathan and the Air Pump*, pp. 72~76.

20 Giorgio Abetti and Pietro Pagnini, *L'Accademia del Cimento*, pp. 83~87, 124.

를 오염시킬 만한 논쟁으로 이어지지 못하게 했다. 비슷한 이유로 그는 자신이 과학 논쟁에서 심판으로 추대되지 않도록 극도로 신중을 기했다. 그러한 일이 발생하면 그 문제를 아카데미 회원들에게 넘겨 버렸다(토성의 고리를 둘러싼 하위헌스와 파브리의 논쟁이 벌어졌을 때 그렇게 대처했다).[21] 그들은 모형에 대해 신중한 실험을 수행한 다음 서로 경합 중인 가설들의 타당성에 관해 실험이 시사하는 바를 보고하되 경쟁자의 주장에 대한 최종 판단을 내리지 말라는 지시를 받았다.

마찬가지로 레오폴도는《소론들》에서도 아카데미의 활동이 내부의 논쟁에 방해받지 않고 최대한 원활하게 진행된 것으로 보이도록 했다. 아카데미 회원들의 사적 서신에서 빈번하게 등장하는 강한 긴장과 뚜렷한 의견 불일치는《소론들》에서 가려졌다. 더군다나 이 책은 집단의 목소리를 반영해 쓰인 것이었다. (레오폴도를 비롯해) 아카데미 회원 개인의 목소리는 전혀 드러나지 않았다.《소론들》의 저술에 동원된 전략을 통해 레오폴도는 아카데미의 활동에서 군주의 지위가 유지될 만큼 자신의 존재를 충분히 지웠으나 아카데미의 결과를 정당화하지 못할 정도로 완전히 지우지는 않았다. 매우 복잡한 에티켓으로 관리되는 "자격을 갖춘 이들의 공개적인" 목격 과정을 통해 지식

---

21 Albert Van Helden, "The Accademia del Cimento and Saturn's Ring", *Physis* 15 (1973): pp. 237~259.

을 보증해야 했던 보일과 왕립학회 회원들의 연구와 달리[22] 치멘토의 연구 결과는 단순히 레오폴도와 같은 높은 지위의 인물이 보증했다는 이유만으로 신뢰할 만다고 여겨졌다.[23]

존재가 지워진 채로도 여전히 존재감을 발휘한 레오폴도 덕분에《소론들》은 목격자와 실험자의 이름 또는 실험 수행에 대한 구체적인 정황 정보를 재현할 필요가 없었다. 어떤 의미에서 레오폴도는 존재하지만 보이지는 않는, 정체를 숨긴 채 아카데미 연구를 보증하는 인물이었다. 하지만《소론들》은 아카데미 회원들을 개별적으로 언급하지 않았으므로 아카데미 연구의 공로가 군주에게 돌아가는 것이 '기본값'이었다. 레오폴도

---

22 Michael Hunter, *Science and Society in Restoration England* (Cambridge: Cambridge University Press, 1991), p. 36; Steven Shapin, "House of Experiment", p. 392. 노르베르트 엘리아스가 주목했듯, 에티켓은 지위 오염의 위험이 커질 때 더욱 복잡해지는 경향이 있었다. 그러므로 치멘토 아카데미에 의례적 에티켓이 없었던 것은 아카데미의 사적 성격을 반영한 것이며, 지위의 오염 가능성은 그 맥락 속에서 현저히 낮아지게 되었다.

23 치멘토 아카데미의 일지에는 왕립학회가 채택한 것과 놀라울 정도로 유사한 보증 절차의 기록이 있다. 1662년 7월 31일자 일지에는 이렇게 적혀 있다. "아카데미는 로렌초 마갈로티 공의 저택에서 모임을 가졌다. 출간할 저작을 마무리하기 위해 반드시 필요한 몇 가지 실험을 반복 수행하는 문제에 대해 논의했다. **모든 실험은 연습을 통해 수행이 쉬워졌을 때 전하를 앞에 모시고 다시 수행되어야 했다**"(W. E. Knowles Middleton, *Experimenters*, p. 57에서 재인용[강조는 저자의 것]). 이 절차는 셰이핀이 "실험의 집House of Experiment"에서 설명한 것과 매우 비슷하다. 셰이핀이 설명한 사례에 따르면, 로버트 후크Robert Hooke는 자신의 거처 겸 작업장에서 실험을 수차례 반복해 완벽하게 만든 다음 왕립학회 보증인들이 보는 앞에서 재현했다. 치멘토와 후크의 사례 둘 다 절차는 같았다. 다른 것은 보증하는 인물의 특징이었다.

는 부재중인 저자가 되었고, 이는 저자가 되면서도 위신을 (위험에 빠트리지 않고) 향상시킬 수 있는 유일한 방법이었다. 이름이 밝혀지지 않은 치멘토 아카데미 회원들은 셰이핀이 연구한 보일의 기술자들technicians과 유사했다. 그들은 노동자worker로서 반드시 필요한 존재였지만 '지식을 만들' 만큼, 즉 저자가 될 만큼 정당성을 가진 존재는 아니었다.[24] 하지만 보일과 달리 레오폴도는 실험에 참여한 아카데미 회원들에게 실험 실패의 책임을 돌리지는 않았다. 이는 레오폴도의 선량한 성격 때문이 아니라 높은 사회적 지위 때문이었다. 군주의 실험적 서사를 부끄러운 실패로 나타낼 수는 없는 노릇이었다.[25] 레오폴도가 보기에 그러한 사고는 궁정에서 부끄러운 에티켓 실수를 저지른 상황과 같았을 것이다.

보일과 달리 레오폴도는《소론들》의 필자가 아카데미 회원들에게 실험의 수행에 대한 공로를 전부 돌리도록 했다. 겉보기에 이러한 차이가 있지만, 레오폴도와 보일이 본문에서 동원한 전략의 기저에는 공통점이 있다. 보일은 자신의 실험 조수들을 지식을 생산하지 못하는 무명의 존재로 간주했는데, 저자로 제

---

24 Steven Shapin, "House of Experiment", pp. 373~404; idem, "The Invisible Technician", *American Scientist* 77 (November-December 1989): pp. 554~563.

25 원고의 검토 과정이 길었던 점에서 알 수 있듯이, 레오폴도는 누군가가《소론들》의 오류를 찾아낼까 봐 전전긍긍했다.

시되어야 하는 인물은 후원자였기 때문이다. '지식 만들기'에 필요한 지위와 신뢰를 갖춘 인물은 보일 자신이었다. 조수들은 후원자의 지위에 적합하지 않은 기계적인 업무를 담당했다는 의미에서만 보일과 '협력'했다. 레오폴도의 사례는 차이점도 있지만 구조적으로는 동일하다. 보일보다 지위가 높았던 레오폴도는 오염의 문턱이 낮았다. 그러므로 그는 보일처럼 과학 활동에 참여하는 모습을 보여 줄 수가 없었다. 레오폴도의 아카데미 회원들이 보일의 조수들보다 더 많은 공로를 확보한 이유가 바로 이것이었다.

끝으로, 레오폴도가 치멘토에 관여한 사례에서 발견되는 사적인 것과 공적인 것의 관계 또는 참여와 거리의 관계가 어떻게 후원 환경에서 목격되는 동일한 긴장(즉 종사자들이 주장을 정당화하려는 열망과 후원자가 중립적 입장을 취하는 경향 사이의 긴장)을 구체화하는지 설명하고자 한다.[26] 후원자가 심판의 역할을 맡지 않는 한에서만 과학 논쟁을 정당화할 수 있었

---

26 군주(혹은 후원자)와 종사자 간의 긴장은 치멘토 아카데미의 사례에서도 두드러진다. 예를 들어, 조반니 알폰소 보렐리Giovanni Alfonso Borelli는 치멘토의 세 가지 특징 때문에 불만을 품었다. 첫째, 치멘토는 흥미로운 주장을 제시하지 않았는데, 레오폴도가 해석을 피하려 했기 때문이다. 둘째, 치멘토가 연구 결과를 제시할 때 사용하는 집단의 목소리는 유능한 회원 대부분의 저자권을 무효로 만들었다. 셋째, 치멘토가 수행하는 실험은 구체적인 연구 프로그램(레오폴도의 지위가 걸려 있다는 점을 고려하면 존재할 수 없었던 프로그램)의 일환이 아니라, 보렐리가 무관한 문제라고 여긴 것에 너무 오랫동안 치중하거나 겉잡을 수 없이 모든 문제를 건드렸다.

던 것과 마찬가지로, 레오폴도와 같은 군주는 과학 활동이 전적으로 사적인 활동 또는 자신이 명시적으로 참여하지 않는 활동으로 제시되는 한에서만 참여할 수 있었다. 갈릴레오의 사례에서 발견되는 명예경제는 레오폴도의 사례에서도 똑같이 목격된다. 달라진 점은 그러한 동역학이 기관/제도적 환경 속에서 다른 과학적 실천을 통해 구현되었다는 것이다. 이러한 흐름을 따라 추후 과학 아카데미에서 더 많은 변화가 일어났다. 실험적 실천의 채택은 레오폴도가 아카데미의 연구에 참여하고 그 결과를 정당화하는 방식으로 후원의 교착상태에서 벗어나는 방법이 되었지만, 그의 참여는 아카데미 회원들이 저자로서 지워지는 결과를 초래했다. 갈릴레오의《별의 전령》서문에서 알 수 있듯이, 종사자들의 역할은 수사적으로 지워지고 가신들의 발견은 후원자의 공로로 돌아갔다. 후대의 과학 아카데미에서 확인되는 것처럼, 개인으로서 인정받는 저자권이 출현하려면 군주가 정체를 숨기는 정도로는 부족했다. 군주는 무대에서 완전히 퇴장해야 했다.

옮긴이의 말

이 책은 과학사학자 마리오 비아졸리가 1993년 출간한《궁정인 갈릴레오: 절대주의 문화에서의 과학적 실천Galileo, Courtier: The Practice of Science in the Culture of Absolutism》을 한국어로 번역한 것이다. 비아졸리는 1990년 미국 과학사학회지ISIS에 〈갈릴레오, 상징 제작자Galileo the Emblem Maker〉라는 제목의 논문을 싣고 이 논문으로 데릭 프라이스 상Derek Price Award을 받으면서 과학사 학계에서 일약 스타로 떠올랐다. 그의 초창기 갈릴레오 연구가 종합된 이 책은 출간 즉시 뜨거운 논쟁을 불러일으켰고, 오늘날 갈릴레오의 과학 경력과 근대 초기 과학의 사회적 맥락에 관해 풍부한 통찰을 제공한 고전으로 인정받고 있다. 본 글에서는《궁정인 갈릴레오》의 핵심 주장과 내용을 간략하게 요약함으로써 독자들의 이해를 돕고자 한다.

* * *

갈릴레오는 누구인가? 역사학자들과 철학자들은 오랜 세월에 걸쳐 이 질문에 제각기 다른 답을 내놓았다. 아마도 가장 널리 알려진 이미지는 실험 과학의 방법을 확립함으로써 근대 과학의 창립에 지대하게 기여한 경험주의 과학자로서의 갈릴레오일 것이며, 이러한 관점의 기원은 계몽사조기까지 거슬러 올라간다. 반면 과학사학자 알렉상드르 코이레는 1930년대에 출간한 저술에서 갈릴레오가 자연을 수학화한 플라톤주의자였다고 주장하며 갈릴레오에게 실험은 그저 이론을 확인하는 용도였을 뿐이라고 단언했다. 코이레가 갈릴레오라는 렌즈를 통해 들여다본 근대 과학은 '자연의 수학화'와 동의어나 다름없었다. 이 외에도 갈릴레오는 진실을 수호하다 종교의 박해를 받은 순교자, 하나의 과학적 방법론에 매몰되지 않고 그때그때 적절한 방법을 적용한 인식론적 무정부주의자, 장인과 기계공의 실천적 전통 속에서 역학에 혁명을 일으킨 기술자 등 도저히 한 인물이라고는 생각할 수 없을 만큼 다채로운 모습으로 그려졌다. 그 과정에서 갈릴레오는 근대 과학의 핵심(또는 '본질')을 짚어내기 위해 학자들이 각축전을 벌이는 싸움터가 되었다.

《궁정인 갈릴레오》에서 우리는 전혀 색다른 갈릴레오를 만나게 된다. 비아졸리가 그려내는 갈릴레오는 바로크 시대의 후원 및 궁정문화 속에서 인식론적·사회적 계층의 사다리를 오르기 위해 다양한 후원 밑천을 동원하는 '궁정인 갈릴레오'다. 갈릴레오가 사회적 지위를 확보하려 했다고 해서 비아졸리가 단순히 그를 출세욕이 강한 과학자로 묘사한다는 뜻은 아니다. 갈릴레오가 활동하던 근대 초기에는 과학적 주장이 지닌 인식론적 지위와 과학 종사자로서 몸담은 사회적 계층의 지위가 불가분의 관계로 얽혀 있었다. 수학자로서 경력을 시작한 갈릴레오는 대학을 중심으로 확립된 학문적 위계에 따라 '비천한' 수학적 계산 모형만 다루었을 뿐 자연의 변화 및 운동의 원인 같은 '고등한' 물리적 차원은 논할 수 없었다. 그러한 실천은 수학자보다 높은 사회적 지위를 점한 철학자들의 몫이었다. 그러므로 우주의 물리적 표상에 대해 한마디 얹고자 하는 수학자라면 지식적 차원의 돌파구만이 아니라 사회적 차원의 돌파구 또한 마련함으로써 기존의 분과학문 체계를 재편해야 했다. 갈릴레오의 시대에 수학자들이 이러한 이중의 돌파구를 도모하는 데 활용할 수 있었던 도구는 후원이었고, 수많은 후원자와 중개인으로 이루어진 후원 네트워크를 최대한 가용하여 철학자의 언어를 구사할 신분을 확보할 수 있었던 장소는 절대군주의 궁정이었다.

갈릴레오가 본격적으로 궁정사회에 편입한 계기는 망원경으로 목성의 위성을 발견한 사건이었다. 1609년 갈릴레오는 직접 개선한 망원경으로 목성의 네 위성을 발견한 다음 "메디치의 별"이라는 이름을 붙여 메디치 가문에 헌정했다. 그 결과 이미 잘 알려진 대로 메디치 가문의 "궁정 철학자 겸 수학자"가 되었다. 비아졸리에 따르면, 갈릴레오가 그러한 독특한 자리에 등극한 사건의 이면에는 메디치 궁정문화 밑천을 유능하게 활용하는 솜씨가 있었다. 청년 시절부터 메디치 궁정사회 및 문화의 에티켓과 신화적 상징에 익숙했던 갈릴레오에게 코시모 일가와 목성(주피터) 사이의 신화적 관계를 간파하는 것은 그리 어려운 일이 아니었다. 비아졸리의 주장은 여기서 한 발 더 나아간다. 그에 따르면, 갈릴레오가 자신의 발견을 후원자의 이미지와 권력에 연결하여 새로운 사회직업적 정체성을 구축한 것은 망원경이라는 유례없는 도구와 그것으로 발견한 목성 위성의 인식적 신뢰도를 확보하는 작업에 중요하게 기여했다. 앞서 말했듯 인식적 차원의 신뢰와 사회적 차원의 신뢰는 서로 얽혀 있었다.

갈릴레오가 궁정철학자 겸 수학자가 된 이후의 과학 활동과 저술 또한 후원과 궁정문화에 깊은 영향을 받았다. 갈릴레오는 메디치 궁정에 상주할 필요가 없었지만 군주가 원할 때마다 자연철학을 주제로 논쟁을 벌여 즐거움을 안겨야 했다. 궁정인이라는 청자의 성격상, 논리적으로 잘 짜인 논증을 바탕으로 상대방을 설득해 진릿값을 확보하는 것보다는 논란이 될 만한 학설, 재치 있는 수사, 특정한 견해를 고집하지 않는 태도(궁정인에게 맞지 않는 고루함을 경계하는 태도)가 더 중요하게 여겨졌다. 더욱이 후원은 명예와 지위에 기반한 사회체계였기 때문에 후원자는 (자칫 잘못 판단하다가는 명예가 손상될 수 있으므로) 시종일관 중립적인 태도를 고수했다. 이러한 환경에서 대부분의 과학 논쟁은 종결에 이르지 않고 흐지부지 끝날 수밖에 없었다. 논쟁이 실제 현장에서 벌어지지 않고 후원자를 매개로 서신 교환을 통해 이루어질 때도 사정은 마찬가지였다. 이처럼 비아졸리는 후원과 궁정문화에 대한 깊은 지식을 바탕으로 갈릴레오의 비교적 덜 알려진 저술인《물속 물체에 관한 담화》,《혜성에 관한 담화》(동료 마리오 구이두치를 저자로 앞세웠지만 사실상 갈릴레오의 저술이나 다름없다),《시금자》의 수수께끼 같은 구절들을 차례로 분석하면서 당대의 과학적 실천을 후원과 궁정의 맥락에서 흥미롭게 보여 주고 있다.

후원체계와 궁정문화는 과학 종사자들의 사회적 지위 향상에 기여했지만, 동시에 그들의 과학적 활동을 제약하기도 했다. 가장 극단적인 제약은 비아졸리가 "총신의 몰락"이라고 부르는 사건일 것이다. 군주와의 거리가 가까운 궁정인일수록 경력이 파국을 맞을 가능성이 높았다. 군주가 자신이 처한 문제를 타개하기 위해 희생양으로 삼을 만한 유력한 후보였기 때문이다. 비아졸리는 1633년의 갈릴레오 재판을 총신의 몰락 사례로 제시하면서 이 전대미문의 사건을 새롭게 재해석할 것을 제안한다. 태양중심설과 정면으로 충돌한 우주론적·신학적 배경과 교황 우르바노 8세의 국제적 입지가 좁아지던 정치적·심리적 배경 등 갈릴레오 재판을 설명하는 다양한 측면을 부정하지 않으면서, 비아졸리는 우르바노가 이단자에게 무르게 대응한다는 의혹을 부인하고 자신에게 가해진 정치적 압력을 완화하기 위해 총신의 몰락 메커니즘을 통해 갈릴레오를 희생양으로 삼았다는 도발적인 주장을 펼친다. 심지어 비아졸리에 따르면 갈릴레오의 몰락은 후원 동역학의 구조상 예측 가능한 사건이었다.

갈릴레오가 과학사에서 차지한 중요한 위치를 감안한다면, 그가 새롭게 구축한 사회직업적 정체성을 바탕으로 과학 지식을 정당화하려 했다는 비아졸리의 주장이 당시 학계에 얼마나 큰 화제를 몰고 왔을지 짐작하기란 어렵지 않다.[1] 더군다나 갈릴레오가 태양중심설 의제를 강하게 몰아붙인 이면에는 논란이 될 만한 학설을 제기해야 명성을 유지할 수 있었던 후원 동역학의 특성이 있었다는 견해 또한 상당히 자극적인 것이었다.[2] 하지만 비아졸리는 갈릴레오의 과학적 주장 자체에 담긴 신뢰도를 부정하지 않았으며, 갈릴레오가 확보한 신뢰와 명성

---

[1] 《궁정인 갈릴레오》가 출간된 후 3년 동안 열 편이 넘는 비평이 있었다. 그중에서 가장 가혹한 비판은 과학사학자 마이클 샌크가 제기한 것이다. Michael Shank, "Galileo's Day in Court," *Journal of the History of Astronomy* 25 (1994), 236-243. 비아졸리는 샌크의 비판에 장문의 글로 대응했으며, 샌크 역시 장문으로 재반박했다. Mario Biagioli, "Playing with the Evidence," *Early Science and Medicine* 1(1) (1996), 70-105; Michael Shank, "How Shall We Practice History? The Case of Mario Biagioli's Galileo, Courtier," *Early Science and Medicine* 1(1) (1996), 106-150.

[2] 마시모 부찬티니, 미켈레 카메로타, 프란코 주디체는 갈릴레오가 메디치 궁정에 입성한 피렌체 시절 이전(파도바와 베네치아 시절)부터 강경한 코페르니쿠스주의자였다고 주장하며 비아졸리의 견해를 반박했다. Massimo Bucciantini, Michele Camerota, and Franco Giudice, *Galileo's Telescope: A European Story* (trans. by Catherine Bolton), Harvard University Press (2015), 10-11. 갈릴레오가 정확히 어느 시점부터 태양중심설을 강하게 옹호하기 시작했는지는 위의 세 과학사학자와 비아졸리의 의견이 갈리고 아직까지 합의가 이루어지지 않은 것으로 보인다(문헌 증거가 부족한 탓에 어쩌면 영영 알 수 없을지도 모른다). 하지만 비록 비아졸리가 제안한 시점이 정확하지 않다고 해도 태양중심설을 향한 갈릴레오의 헌신이 후원 동역학에 의해 강화되었다는 주장은 유지될 수 있다.

이 전부 사회직업적 정체성에서 유래했다고 주장하지도 않았다. 오히려 비아졸리는 이렇게 말한다.

… 갈릴레오의 과학은 궁정문화와 후원에 쏟은 관심과 서로 무관하지 않았다. 그렇다고 해서 갈릴레오의 과학이 그 관심들로 인해 결정되었다는 뜻은 아니다. 이 책에서 묘사하려는 인물은 '시스템의 노예', 즉 부여받은 역할과 기대에 자신을 끼워 맞춰 정당화를 이루려 했던 인물이 아니다. 권력은 그것과 독립해 존재하는 지식체계를 검열하거나 정당화하는 식으로 작동하지 않는다. 나는 자기형성 과정을 강조함으로써 상이한 환경에 따라 다른 전술을 구사하면서도 한결같이 '신념을 지키는' 기존의 '갈릴레오' 혹은 그를 둘러싼 맥락에 의해 수동적으로 형성되는 갈릴레오라는 인물을 가정하지 않을 것이다. 그보다는 주변 환경에서 인지한 밑천들을 활용하여 자신을 위한 새로운 사회직업적 정체성을 구축하고, 새로운 자연철학을 제안하며, 궁정에서 자신의 자연철학을 옹호하는 청중을 확보하는 데 성공한 방식을 강조하고 싶다(23~24쪽).

태양중심설을 향한 헌신 문제에 대해서도 "우리는 하나의 원인을 찾으려 하는 대신 갈릴레오의 새로운 사회직업적 정체성과 코페르니쿠스주의를 향한 헌신이 서로를 강화한 과정을 살펴볼 수 있다"라고 밝히고 있다(473쪽). 따라서 비아졸리가 제안하는 궁정인으로서의 갈릴레오가 기존의 정체성(경험주의자, 플라톤주의자, 혁신적 기술자, 인식론적 무정부주의자 등)을 모조리 부정한다는 식으로 독해해서는 안 될 것이다. 오히려 갈릴레오가 실험을 수행하고, 수학을 강조하고, 기술적 전통 속에서 역학의 혁신을 꾀하고, 그때그때 상황에 맞는 적절한 방법을 도입해 과학을 실천하는 동안 그 뒤에서 작동하는 후원과 궁정이라는 활동 무대를 면밀히 분석했다고 보는 것이 적절하겠다. 조명이 배우에게만 집중되면 당장의 파편적인 행동만 보일 뿐이지만 빛을 퍼뜨리면 결국 배우가 선 곳은 무대임을 알 수 있다. 그리고 배우는 결코 무대를 떠날 수 없다.

* * *

《궁정인 갈릴레오》의 번역을 맡기로 한 것이 2022년 중반이었으니 출간까지 3년이 넘는 세월이 걸린 셈이다. 그동안 많은 일이 있었지만, 이 책과 관련된 가장 큰 일은 저자 마리오 비아졸리의 부고일 것이다. 비아졸리는 오랜 투병 끝에 2025년 5월 향년 69세로 세상을 떠났다. 번역을 좀 더 빨리 끝내 그가 한국어판을 받아볼 수 있었더라면 어땠을까 아쉬움이 남는다. 늦긴했지만 그의 책이 한국의 독자들에게 널리 읽히길 소망한다. 끝으로 오랜 번역 기간을 묵묵히 기다려 준 소요서가 출판부에 감사의 말을 전한다.

2025년 9월 박초월

옮긴이의 말

참고 문헌

원전 자료

Archivio linceo (Biblioteca Corsiniana, Rome)

    Manoscritti 2, 3, 4

ASF (Archivio di Stato di Firenze)

    Carte Strozziane, Serie 1, 30

    Depositeria generale 389, 396

    Diari di etichetta di guardaroba 1, 2, 4, 5, 6

    Guardaroba medicea 225, 279, 309, 310, 535

    Manoscritti 132, 133, 320, 321

    Mediceo principato 802, 3351, 3761, 5550

    Miscellanea medicea 415, 437, 438, 441, 447, 474, 502

    Tratte 645

ARSI (Archivum Romanum Societatis Iesu)

    ROM 17, 18, 19, 20, 21, 22, 23, 55, 56

    MED 23, 26, 27

    HIST SOC 43

APUG (Archivio della Pontificia Università Gregoriana, Rome)

    Manoscritti 143, 2801

BNCF (Biblioteca Nazionale Centrale di Firenze)

    Galileiani 246

    Fondo Capponi 1

출간 자료

Abetti, Giorgio, and Pietro Pagnini, eds. *L'Accademia del Cimento.* Florence: Barbèra, 1942.

Accetto, Torquato. *Della dissimulazione onesta.* 1641. Reprinted in S. Caramella and B. Croce, eds. *Politici e moralisti del Seicento.* Bari: Laterza, 1930.

Accolti, Pietro. "Delle lodi di Cosimo II, Granduca di Toscana." *In Raccolta di prose fiorentine,* edited by Carlo Dati, 6:119. Florence: Stamperia di SAR, 1731.

Ago, Renata. *Carriere e clientele nella Roma barocca.* Bari: Laterza, 1990.

Alciati, Andrea. *Emblematum liber.* Augsburg, Steyner 1531.

Alexander, H. G., ed. *The Leibniz-Clarke Correspondence.* Manchester: Manchester University Press, 1956.

Allegri, Ettore, and Alessandro Cecchi. *Palazzo Vecchio e i Medici.* Florence: SPES, 1980.

Altieri Biagi, Maria Luisa. "Il dialogo come genere letterario nella produzione scientifica." In *Giornate lincee indette in occasione del 350 anniversario della pubblicazione del "Dialogo sopra i massimi sistemi" di Galileo Galilei,* 143-66. Rome: Accademia dei Lincei, 1983.

———. *Galileo e la terminologia tecnico-scientifica.* Florence: Olschki, 1965.

Amescua, Mira de, ed. *La comedia famosa de Ruy Lopez de Avalos (primera parte de Don Alvaro de Luna) como doctrinal de privados y regimiento de principes ....* Mexico City: Editorial Jus, 1965.

Angelozzi, Giancarlo. "Cultura dell'onore, codici di comportamento nobiliari e stato nella Bologna pontificia: Un'ipotesi di lavoro." *Annali dell'Istituto Storico Italo-Germanico in Trento* 8 (1982): 305-324.

Apostolides, Jean-Marie. *Le prince sacrifè.* Paris: Minuit, 1985.

———. *Le roi machine.* Paris: Minuit, 1981.

Archimedes. "On Floating Bodies." In *The Works of Archimedes*, translated by T. L. Heath, 253-300. Cambridge: Cambridge University Press, 1912.

Aretino, Pietro. *Ragionamento delle corti*. Edited by Guido Battelli. Lanciano: Carabba, n.d.

Argomento dell'apoteosi 0 consagrazione de' Santi Ignatio Loiola e Francesco Saverio rappresentata nel Collegio Romano nelle feste della loro canonizzazione. Rome: Zannetti, 1622.

Ariew, Roger. "Theory of Comets at Paris during the Seventeenth Century." *Journal of the History of Ideas* 53 (1992): 355-72.

Aricò, Denise. "Retorica barocca come comportamento: Buona creanza e civil conversazione." *Intersezioni* I (1981): 338-39, 342.

Aristotle. *On the Heavens*. Translated by W. K. C. Guthrie. London: Heinemann, 1939.

——. *Physics III*. Translated by Philip H. Wicksteed and Francis M. Cornford. Vol. 1. London: Heineman, 1980.

Arrighetti, Niccolò. *Delle lodi del Sig. Fillippo Salviati*. Florence: Giunti, 1614.

Asor Rosa, Alberto, ed. *I poeti giocosi dell'età barocca*. Bari: Laterza, 1975.

Ashworth, William. "Divine Reflections and Profane Refractions." In *Gianlorenzo Bernini*, edited by Irving Lavin, 179-95. University Park: Pennsylvania State University Press, 1985.

——. "The Habsburg Circle." In *Patronage and Institutions*, edited by Bruce Moran, 137-67. Rochester, NY: Boydell, 1991.

——. "Iconography of a New Physics." *History and Technology* 4 (1987): 267-97.

——. "Natural History and the Emblematic World View." In *Reappraisals of the Scientific Revolution*, edited by David C. Lindberg and Robert S.

Westman, 303-32. Cambridge: Cambridge University Press, 1990.

Avellini, Luisa. "Tra Umoristi e Gelati." *Studi secenteschi* 23 (1982): 109-37.

Bacon, Francis. *Novum organum*. Indianapolis: Bobbs-Merril Company, 1960.

Baldi, Bernardino. "Vita di Federico Commandino." In Filippo Ugolini and Filippo Polidori, eds., *Versi e prose scelte di Bernardino Baldi*. Florence: Le Monnier, 1859, pp. 513-37.

Baldini, Ugo. *Legem Impone Subactis: Studi su filosofia e scienza dei gesuiti in Italia, 1540-1632*. Rome: Bulzoni, 1992.

———. "Una fonte poco utilizzata per la storia intellettuale: le 'censurae librorum' e 'opinionum' nell'antica Compagnia di Gesù." *Annali dell'Istituto Storico Italo-Germanico in Trento* II (1985): 37.

———. "Additamenta galilaeana I: Galileo, la nuova astronomia e la critica all'aristotelismo nel dialogo epistolare tra Giuseppe Biancani e i revisori romani della Compagnia di Gesù." *Annali dell'Istituto e Museo di Storia della Scienza di Firenze* 9 (1984): 13-43.

———. "La nova del 1604 e i matematici e filosofi del Collegio Romano." *Annali dell'Istituto e Museo di Storia della Scienza di Firenze* 6 (1981): 63-98.

———. "La struttura della materia nel pensiero di Galileo." *De homine* 57 (1976): 91-164.

———. *Un libertino accademico del Cimento: Antonio Uliva*. Florence: Istituto e Museo di Storia della Scienza, 1977.

Baldinucci, Filippo. *Cominciamento e progresso dell'arte dell'intagliare in rame*. Florence: Stecchi, 1767.

Barberi, Ugo. *I Marchesi Bourbon del Monte Santa Maria di Petrella e di Sorbello*. Città di Castello: Tipografia Unione Arti Grafiche, 1943.

Barberini, Maffeo. *Poemata*. Paris, 1625.

Bardi, Giovanni. *Eorum quae vehuntur in aquis experimenta*. Rome:

Mascardi, 1614.

Bareggi, Cosimo di Filippo. "In nota alla politica culturale di Cosimo I: L'Accademia Fiorentina." *Quaderni storici* 23 (1973): 527-74.

Bargagli, Girolamo. *Dialogo de'giuochi*. Siena: Bonetti, 1572.

Barker, Peter, "The Optical Theory of Comets from Apian to Kepler," *Physis* 30 (1993): 1-25.

Barker, Peter, and Bernard R. Goldstein. "The Role of Comets in the Copernican Revolution." *Studies in History and Philosophy of Science* 19 (1988): 299-319.

Barocchi, Paola. "Introduzione." In Giovanni Maggi, *Bichierografia*. Florence: SPES, 1977.

——. ed. *Scritti d'arte del Cinquecento*. Vol. I. Turin: Einaudi, 1977.

Barozzi, Nicolò, and Guglielmo Berchet, eds. *Relazioni degli stati europei lette al Senato dagli ambasciatori veneti del sec. XVII*. Series 3. *Relazioni di Roma*. 10 vols. Bologna, 1856-79.

Barzman, Karen-edis. "Liberal Academicians and the New Social Elite in Grand Ducal Florence." In *World of Art: Themes of Unity and Diversity*, edited by Irving Lavin, 2:459-63. University Park: Pennsylvania State University Press, 1989.

Basile, Bruno. "Galileo e il teologo 'Copernicano' Paolo Antonio Foscarini." *Rivista di letteratura italiana I* (1983): 63-96.

Bataille, Georges. *The Accursed Share*. New York: Zone Books, 1988. [조르주 바타유 지음, 최정우 옮김, 《저주받은 몫》, 문학동네, 2022]

Bazerman, Charles. *Shaping Written Knowledge*. Madison: University of Wisconsin Press, 1988.

Becker, Marvin B. *Civility and Society in Western Europe, 1300-1600*. Bloomington: Indiana University Press, 1988.

Bentivoglio, Guido. *Memorie e lettere*, edited by Costantino Panigada. Bari: Laterza, 1934

Benzoni, Gino. "Le accademie." In *Storia della cultura veneta*, edited by G. Arnaldi and M. Pastore Stocchi, 4:131-62. Vicenza: Neri Pozza, 1983.

———. *Gli affanni della cultura*. Milan: Feltrinelli, 1978.

Bertelli, Sergio. "Egemonia linguistica come egemonia culturale e politica nella Firenze Cosimiana." *Bibliotheque d'Humanisme et Renaissance* 38 (1976): 249-83.

Bertelli, Sergio, and Giuliano Crifò, eds. *Rituale, cerimoniale, etichetta*. Milan: Bompiani, 1985.

Betti, Benedetto. *Ordine dell'apparato fatto da'Giovani della Compagnia di San Gio. Evangelista*. Florence: Giunti, 1574.

Biagioli, Mario. "Etiquette, Interdependence, and Sociability in Seventeenth-Century Science." *Critical Inquiry* 22. (1996): 192-238.

———. "The Anthropology of Incommensurability." *Studies in History and Philosophy of Science* 21 (1990): 183-209.

———. "Scientific Revolution and Aristocratic Ethos: Federico Cesi and the Accademia dei Lincei" In *Alexandre Koyre, L'avventura intellettuale* edited by Carlo Vinti, 279-95. Edizioni Scientifiche Italiane, 1994.

———. "From Relativism to Contingentism." In *The Disunity of Science*, edited by Peter Galison and David Stump. Stanford: Stanford University Press, 1996.

———. "Galileo the Emblem Maker." *Isis* 81 (1990): 230-58. [마리오 비아졸리 지음, 김명진 옮김, <갈릴레오, 상징 제작자>, 박민아/김영식 편, 《프리즘: 역사로 과학 읽기》, 서울대학교출판부, 2007, 50~60쪽]

———. "Galileo's System of Patronage." *History of Science* 28 (1990): 1-62.

———. "New Documents on Galileo." *Nuncius* 6 (1991): 157-69.

———. "Filippo Salviati: A Baroque Virtuoso." *Nuncius* 7 (1992): 81-96.

———. "Scientific Revolution, Social Bricolage, and Etiquette." In *The Scientific Revolution in National Context*, edited by Roy Porter and Mikulas Teich, 11-54. Cambridge: Cambridge University Press, 1992.

———. "The Social Status of Italian Mathematicians, 1450-1600." *History of Science* 27 (1989): 41-95.

Bianca, C. "Federico Commandino." In *Dizionario biografico degli italiani*, 26:602-6. Rome: Istituto della Enciclopedia Italiana, 1982.

Biancani, Giuseppe. *Sphaera mundi, seu cosmographia*. Bologna: Bonomi, 1620.

Billacois, François. *The Duel*. New Haven: Yale University Press, 1990.

Bjurstrom, Per. "Baroque Theater and the Jesuits." In *Baroque Art: The Jesuit Contribution*, edited by Rudolf Wittkower and Irma B. Jaffe, 99-110. New York: Fordham University Press, 1972.

Blackstone, William. *Commentaries on the Laws of England*. 4 vols. London: Strahan, 1800.

Blackwell, Richard J. *Galileo, Bellarmine, and the Bible*. Notre Dame: University of Notre Dame Press, 1991.

Bloor, David. "Polyhedra and Abominations of Leviticus: Cognitive Styles in Mathematics." *British Journal of the History of Science II* (1978): 245-72.

———. *Wittgenstein: A Social Theory of Knowledge*. New York: Columbia University Press, 1983.

Blumenthal, Arthur R. *Theater Art of The Medici*. Hanover: University Press of New England, 1980.

Boccalini, Traiano. *Ragguagli di Parnaso*. Edited by Luigi Firpo. 3 vols. Bari: Laterza, 1948.

Boissevain, J. *Friends of Friends*. Oxford: Oxford University Press, 1974.

Bortolotti, Ettore. "I cartelli di matematica disfida e la personalità psichica e morale del Cardano." In *Studi e ricerche sulla storia della matematica in Italia nei secoli XVI e XVII*. Bologna: Zanichelli, 1944.

———. "Le matematiche disfide e la importanza che esse ebbero nella storia delle scienzc." *Atti della Società Italiana per il Progresso della*

Scienze 15 (1927): 163-80.

Bourdieu, Pierre. "Delegation and Political Fetishism." In *Language and Symbolic Power*, 203-19. Cambridge, Mass.: Harvard University Press, 1991.

——. *Distinction: A Social Critique of the Judgement of Taste*. Cambridge, Mass.: Harvard University Press, 1984. [피에르 부르디외 지음, 최종철 옮김, 《구별짓기:문화와 취향의 사회학》, 새물결, 2005]

——. *The Logic of Practice*. Stanford: Stanford University Press, 1990.

——. *Outline of a Theory of Practice*. Cambridge: Cambridge University Press, 1977

——. "The Sentiment of Honour in Kabyle Society." In *Honour and Shame*, edited by J. G. Peristiany, 191-241. Chicago: University of Chicago Press, 1966.

Bourdieu, Pierre, and Jean-Claude Passeron. *La reproduction: Elèments pour une thèorie du système d'enseignement*. Paris: Minuit, 1970. [피에르 부르디외/장 클로드 파세롱 지음, 이상호 옮김, 《재생산: 교육체계 이론을 위한 요소들》, 동문선, 2000]

Brahe, Tycho. *Epistolarum astronomicarum libri*. Uraniborg, 1596. Reprinted in *Tychonis Brahe Dani Opera Omnia*, edited by I. L. E. Dreyer. Vols. 6, 7. Amsterdam: Swets and Zeitlinger, 1972.

Brannigan, Augustine. *The Social Basis of Scientific Discoveries*. Cambridge: Cambridge University Press, 1981.

Brecht, Bertolt. *Galileo*. New York: Grove Press, 1966. [베르톨트 브레히트/프리드리히 뒤렌마트/하이나어 키파르트 지음, 차경아 옮김, 《갈릴레이의 생애: 진실을 아는 자의 갈등과 선택》, 두레, 2001]

Bricarelli, Carlo S. J. "Il P. Orazio Grassi architetto della Chiesa di S. Ignazio in Roma." *Civiltà cattolica* 2 (1922): 13-25.

Brown, Harcourt. *Scientific Organizations in Seventeenth-Century France*. Baltimore: Johns Hopkins University Press, 1934.

Bryson, Frederick R. *The Point of Honor in Sixteenth-Century Italy*.

Chicago: University of Chicago Press, 1935.

——. *The Sixteenth-Century Italian Duel*. Chicago: University of Chicago Press, 1938.

Burke, Peter. *The Anthropology of Early Modern Italy*. Cambridge: Cambridge University Press, 1987.

——. *The Italian Renaissance*. Princeton: Princeton University Press, 1986.

——. *Culture and Society in Renaissance Italy 1420-1540*. New York: Scribner's, 1972.

Calligaris, Giacomina. "Viaggiatori illustri ed ambasciatori stranieri alla corte sabauda nella prima metà del Seicento: Ospitalità e regali." *Studi piemontesi* (1975): 151-63.

Campbell, Donald T. "Evolutionary Epistemology." In *The Philosophy of Karl Popper*, edited by Paul A. Schlipp, 1:413-63. La Salle: Open Court, 1974.

Cannadine, David, and Simon Price, eds. *Rituals of Royalty*. Cambridge: Cambridge University Press, 1987.

Carbone, Lodovico. *De pacificatione et dilectione inimicorum* ... Florence: Sermartelli, 1583.

Cardi, Agnolo. "La calamita della corte." In *Saggi accademici*, edited by Agostino Mascardi, 242-64. Venice: Baba, 1653.

Carducci, Alessandro. *Il mondo festeggiante, balletto a cavallo fatto nel teatro congiunto al palazzo del Sereniss. Gran Duca per le reali nozze de' Serenissimi Principi Cosimo Terzo di Toscana e Margherita Luisa d'Orleans*. Florence: Stamperia di SAS, 1661.

Carini, Isidoro, ed. "Il conclave di Urbano VIII." In *Spicilegio vaticano di documenti inediti e rari*, 1:345-46. Rome: Loescher, n.d.

Caro, Annibal. *Comedia degli straccioni*. Turin: Einaudi, 1967.

Caroti, Stefano. "Un sostenitore napolitano della mobilità della terra: Il padre Paolo Antonio Foscarini." In *Galileo e Napoli*, edited by Fabrizio Lomonaco and Maurizio Torrini, 81-121. Naples: Guida, 1987.

Carrara, Bellino, S. J. "L' 'Unicuique suum' nella scoperta delle macchie solari." *Memorie della Pontificia Accademia Romana dei Nuovi Lincei* 23 (1905): 191-287; 24 (1906): 47-127.

Carugo, Adriano, and Alistair C. Crombie. "The Jesuits' and Galileo's Ideas of Science and of Nature." *Annali dell'Istituto e Museo di Storia della Scienza di Firenze* 8 (1983): 3-67.

Carugo, Adriano, and Ludovico Geymonat. "Note." In Galileo Galilei, *Discorsi e dimostrazioni matematiche intorno a due nuovo scienze*, 724-26. Turin: Boeringhieri, 1958.

Castelli, Benedetto. *Risposta alle opposizioni del S. Lodovico delle Colombe e del S. Vincenzio di Grazia contro al trattato del Sig. Galileo Galilei* ... Florence: Giunti, 1615. Reprinted in *GO*, vol. 4.

Castiglione, Baldassare. *Book of the Courtier*. Translated by Charles Singleton. Garden City, N.Y.: Anchor Books, 1959. [발데사르 카스틸리오네 지음, 신승미 옮김, 《궁정론: 세기를 뛰어넘는 위대한 이인자론》, 북스토리, 2023]

Castro, Giovanni de. *Fulvio Testi e le corti italiane nella prima metà del secolo XVII*. Milano: Battezzati, 1875.

Catalogus universalis pro nundinis Francofurtensibus vernalibus de anno MDCX. Frankfurt: Latomi, 1610.

Cave, Terence. *The Cornucopian Text*. Oxford: Clarendon Press, 1979.

Caverni, Raffaello. *Storia del metodo sperimentale in Italia*. Vol. 4. Florence: 1900. New York: Johnson Reprint, 1972.

Cellini, Benvenuto. *The Autobiography of Benvenuto Cellini*. Trans. John Addington Symonds. New York: Doubleday, 1961.

Cerasoli, F. "Diario di cose romane degli anni 1614, 1615, 1616." *Studi e documenti di storia e diritto* 15 (1894): 280.

Cesarini, Virginio. *Carmina*. Rome: Bernabò, 1658.

Cesi, Federico, "Del natural desiderio del sapere et Institutione de' Lincei per adempimento di esso." In Gilberto Govi, "Intorno alla data di un discorso inedito pronunciato da Federico Cesi fondatore dell' Accademia de' Lincei." *Memorie della R. Accademia dei Lincei*, Classe di Scienze Morali, Storiche e Filologiche, series 3, 5 (1879-80), 249-61.

Chartier, Roger. "Social Figuration and Habitus: Reading Elias." In *Cultural History*, 71-94. Ithaca: Cornell University Press, 1988.

Chiabrera, Gabriello. *La pietà di Cosmo: Dramma musicale rappresentato all'Altezze di Toscana*. Genoa: Pavone, 1622.

———. "Sermone a Gio. Francesco Geri." In *La lirica del Seicento*, edited by Alberto Asor Rosa. Bari: Laterza, 1975.

Ciampoli, Domenico. "Un amico del Galilei: Monsignor Giovanni Ciampoli." In *Nuovi studi letterari e bibliografici, 3-169. Rocca S. Casciano: Cappelli, 1900.*

Ciampoli, Giovanni. *Lettere di Monsignor Giovanni Ciampoli*. Venice, 1676.

———. *Oratio de pontefice maximo eligendo*. Rome: Mascardi, 1623.

———. "Discorso di Monsignor Ciampoli sopra la corte di Roma." In Marziano Guglielminetti and Mariarosa Masoero, "Lettere e prose inedite (o parzialmente edite) di Giovanni Ciampoli." *Studi secenteschi* 19 (1978): 228-37.

Cicognini, Jacopo. *Amor pudico*. Viterbo: Discepolo, 1614.

Clementi, Filippo. *Il Carnevale romano nelle cronache contemporanee*. Rome: Tiberina, 1899. Reprint, Città di Castello: Unione Arti Grafiche, 1939.

Concina, Ennio. *L'Arsenale della Repubblica di Venezia*. Milan: Electa, 1984.

Collins, Harry M. *Changing Order*. London: Sage, 1985.

———. "Public Experiments and Displays of Virtuosity: The Core-Set Revisited." *Social Studies of Science* 18 (1988): 725-48.

————, ed. *Knowledge and Controversy: Studies in Modern Natural Science.* Special issue of *Social Studies of Science* II (1981).

Considerazioni di Accademico Ignoto sopra il Discorso del Sig. Galilei. Pisa: Boschetti, 1612. Reprinted in *GO*, vol. 4.

Copernicus, Nicolaus. *On the Revolutions.* In *Complete Works*, translated by Edward Rosen, edited by Jerzy Dobrzycki. Vol. 2. Warsaw-Cracow: Polish Scientific Publishers, 1978. [니콜라우스 코페르니쿠스 지음, 김희봉 옮김,《천구의 회전에 관하여》, Mid, 2024]

Coppola, Giovanni Carlo. *Cosmo, ovvero l'Italia trionfante.* Florence: Stamperia di SAS, 1650.

Coresio, Giorgio. *Operetta intorno al galleggiare di corpi solidi.* Florence: Sermartelli, 1612. Reprinted in *GO*, vol. 4.

Costantini, Claudio. *Baliani e i gesuiti.* Florence: Giunti, 1969.

Costanzo, Mario. *Critica e poetica del primo Seicento.* 2 vols. Rome: Bulzoni, 1970.

Covoni, P. F. *Don Antonio de' Medici al Casino di San Marco.* Florence: Tipografia Cooperativa, 1892.

Cox-Rearick, Janet. *Dynasty and Destiny in Medici Art.* Princeton: Princeton University Press, 1984.

Cozzi, Gaetano. *Il Doge Nicolò Contarini.* Rome-Venice: Istituto per la Collaborazione Culturale, 1958.

———. *Paolo Sarpi fra Venezia e l'Europa.* Turin: Einaudi, 1969.

Crane, Thomas Frederick. *Italian Social Customs of the Sixteenth Century.* New Haven: Yale University Press, 1920.

Crapulli, Giovanni. *Mathesis universalis.* Rome: Edizioni dell'Ateneo, 1969.

Croce, Benedetto. *Poeti e scrittori del pieno e tardo rinascimento.* Bari: Laterza, 1945.

———. *Problemi di estetica.* Bari: Laterza, 1910.

Crombie, Alistair C. "Mathematics and Platonism in the Sixteenth-Century Italian Universities and in Jesuit Educational Policy." In *Prismata*, edited by Y. Maeyama and W. G. Saltzer, 63-94. Wiesbaden: Steiner Verlag, 1977.

———. "Sources of Galileo's Early Natural Philosophy." In *Reason, Experiment and Mysticism*, edited by Maria Luisa Righini-Bonelli and William R. Shea, 157-75. New York: Science History Publications, 1975.

D'Addio, Mario. "Considerazioni sui processi di Galileo." *Rivista di storia della Chiesa in Italia 38 (1984): 64-66.*

Dallington, Sir Robert. *Descrizione dello stato del Granduca di Toscana nell'Anno di Nostro Signore 1596.* Florence: All'Insegna del Giglio, 1983. Italian translation of *A Survey of the Great Duke's State of Tuscany. In the Yeare of Our Lord 1596.* London: Blount, 1605.

Daly, Peter M. *Literature in the Light of the Emblem.* Toronto: University of Toronto Press, 1979.

Davies, J., trans. *The Ceremonies of the Vacant See or a True Relation of What Passes at Rome Upon the Pope's Death.* London: H. L. and R. B., 1671.

Davis, James C. *The Decline of the Venetian Nobility as a Ruling Class.* Baltimore: Johns Hopkins University Press, 1962.

Dear, Peter. "Jesuit Mathematical Science and the Reconstitution of Experience in the Early Seventeenth Century." *Studies in History and Philosophy of Science* 18 (1987): 133-75

———. "*Totius in Verba*: Rhetoric and Authority in the Early Royal Society." *Isis* 76 (1985): 156.

Della Casa, Giovanni. *Galateo.* Venice: 1558. Reprint, Turin: Einaudi, 1975.

Delle Colombe, Ludovico. *Discorso apologetico d'intorno al discorso di Galileo Galilei circa le cose che stanno sull'acqua o che in quella si muovono*. Florence: Pignoni, 1612. Reprinted in *GO*, vol. 4, pp. 313-69.

————. "Contro il moto della terra." Florence, 1610. Reprinted in *GO*, vol. 10, pp. 251-90.

Della Giovanna, Ildebrando. "Agostino Mascardi e il Cardinal Maurizio di Savoia." In *Raccolta di studi critici dedicati a A. Ancona*, 117-26. Florence: Barbèra, 1901.

Del Torre, Maria Assunta. *Studi su Cesare Cremonini*. Padua: Antenore, 1968.

Delumeau, Jean. *Vie èconomique et sociale de Rome dans la seconde moitiè du XVIe siècle*. Paris: De Boccard, 1959.

Descartes, René. *Le monde, ou Traité de la lumière*. Edited and translated by Michael Mahoney. New York: Abaris Books, 1979.

Diaz, Furio. *Il granducato di Toscana: I Medici*. Turin: UTET, 1976.

Dietz-Moss, Janet. "Galileo's 'Letter to Christina': Some Rhetorical Consider ations." *Renaissance Quarterly* 36 (1983): 547-76.

————. "The Rhetoric of Proof in Galileo's Writings on the Copernican System." In *Reinterpreting Galileo*, edited by Wifrtam A. Wallace, 179-204. Washington D.C.: Catholic University of America Press, 1986.

Douglas, Mary. *Cultural Bias*. London: Royal Anthropological Institute, 1978.

————. *Natural Symbols*. New York: Pantheon, 1970. [메리 더글러스 지음, 방원일 옮김, 《자연 상징: 우주론 탐구》, 이학사, 2014]

————. *Purity and Danger*. London: Routledge, 1966. [메리 더글러스 지음, 유제분, 이원상 옮김, 《순수와 위험》, 현대미학사, 1997]

Drake, Stillman. *Cause, Experiment, and Science*. Chicago: University of Chicago Press, 1981.

————. "The Dispute Over Bodies in Water." In *Galileo Studies*, 166. Ann Arbor: University of Michigan Press, 1970.

————. *Galileo at Work*. Chicago: University of Chicago Press, 1978.

———. "Galileo Gleanings III: A Kind Word for Sizzi." *Isis* 49 (1958): 155-65.

———. "Galileo Gleanings VIII: The Origin of Galileo's Book on Floating Bodies and the Question of the Unknown Academician." *Isis* 51 (i960): 56-63.

———. "Galileo, Kepler, and the Phases of Venus." *Journal of the History of Astronomy 15 (1984): 198-208.*

———. "Galileo's Steps to Full Copernicanism and Back." *Studies in History and Philosophy of Science* 18 (1987): 93-105.

———. *Telescope, Tides, and Tactics*. Chicago: University of Chicago Press, 1983.

———, ed. *Discoveries and Opinions of Galileo*. Garden City, N.J.: Doubleday, 1957.

———, trans. *Galileo Against the Philosophers*. Los Angeles: Zeitlin and VerBrugge, 1976.

Drake, Stillman, and C. D. O'Malley, translators. *The Controversy on the Comets of 1618.* Philadelphia: University of Pennsylvania Press, i960.

Duhem, Pierre. *To Save the Phenomena*. Chicago: University of Chicago Press, 1969.

Durand, Yves, ed. *Hommage à Roland Mousnier: Clientèles et fidélités en Europe a l'époque moderne.* Paris: PUF, 1981.

Ehalt, Hubert Ch. *Ausdrucksformen Absolutischer Herrschaft*. Munich: Oldenbourg, 1980.

Eisenstadt, S. N., and L. Roniger. *Patrons, clients, and friends*. Cambridge: Cambridge University Press, 1984.

Elias, Norbert. "An Essay on Sport and Violence." In *Quest for Excitement*, Norbert Elias and Eric Dunning, 150-74. Oxford: Blackwell, 1986. [노르베르트 엘리아스, <스포츠에서의 사회적 연대와 폭력성>, 노르베르트 엘리아스, 에릭 더닝 지음, 송해룡 옮김, 《스포츠와 문명화: 즐거움에 대한 탐구》, 성균관대학교출판부, 2014]

———. *The Court Society.* New York: Pantheon, 1983. [노르베르트 엘리아스 지음, 박여성 옮김, 《궁정사회》, 한길사, 2003]

———. *The History of Manners.* New York: Pantheon, 1982. [노르베르트 엘리 아스 지음, 유희수 옮김, 《매너의 역사: 문명화과정》, 신서원, 2001]

———. *Power and Civility.* New York: Pantheon, 1982.

Elliott, John H. *Richelieu and Olivares.* Cambridge: Cambridge University Press, 1984.

Engelhardt, Tristram H., and Arthur L. Caplan, eds. *Scientific Controversies.* Cambridge: Cambridge University Press, 1987.

Erspamer, Francesco. *La biblioteca di Don Ferrante: Duello e onore nella cultura del Cinquecento.* Rome: Bulzoni, 1982.

Erythraeus, Ianus Nicius. *Pinacotheca.* Leipzig: Gleditschl, 1692.

Eszer, Ambrosius. "Niccolò Riccardi, O. P. Padre Mostro." *Angelicum* 60 (1983): 428-57.

Evans, R. J. W. "Rantzau and Welser: Aspects of Later German Humanism." *History of European Ideas* 5 (1984): 257-70.

———. *Rudolph II and His World.* Oxford: Oxford University Press, 1973.

Faber, Joannes. *Praescriptiones Lynceae Academiae curante Joanne Fabro Lynceo Bambergensi.* Terni: Guerrero, 1624.

Fagiolo dell'Arco, Maurizio, and Silvia Carandini. *L'effimero barocco: Strutture della festa nella Roma del'600.* 2 vols. Rome: Bulzoni, 1978.

Fagiolo, Marcello, and Maria Luisa Madonna, eds. *Barocco romano e barocco italiano.* Rome: Gangemi, 1985.

Fantoni, Marcello. "Feticci di prestigio: Il dono alla corte medicea." In *Rituale, cerimoniale, etichetta*, edited by Sergio Bertelli and Giuliano Crifò, 141-61. Milan: Bompiani, 1985.

Favaro, Antonio. "Giovanni Ciampoli." In *Amici e corrispondenti di Galileo*, edited by Paolo Galluzzi, 1:135-89. Florence: Salimbeni, 1983.

———. "Giovanfrancesco Sagredo." In *Amici e corrispondenti di Galileo*, edited by Paolo Galluzzi, 1:208-10. Florence: Salimbeni, 1983.

———. "Oppositori di Galileo VI: Maffeo Barberini." *Atti del Reale Istituto Veneto di Scienze, Lettere ed Arti* 80 (1920-21): 1-46.

———. "Adversaria galileiana, serie quarta: Giovanfrancesco Sagredo e Guglielmo Gilbert." *Atti e memorie della R. Accademia di Scienze, Lettere ed Arti in Padova*, new series, 35 (1918-19): 12-15.

———. "Oppositori di Galileo III: Cristoforo Scheiner." *Atti del Reale Istituto Veneto di Scienze, Lettere ed Arti* 78 (1918-19): 1-107.

———. "Di una proposta per fondare in Pisa un Collegio di Lincei (1613)." *Archivio storico italiano* series 5, 42 (1908): 137-42.

———. "Serie decimottava di scampoli galileiani," *Atti e Memorie della R. Accademia di Scienze, Lettere e Arti in Padova*, new series, 24 (1907-8), 5-32.

———. "Serie decimasesta di scampoli galileiani," *Atti e Memorie della R. Accademia di Scienze, Lettere e Arti in Padova*, new series, 22 (1905-6), 5-36.

———. "Un ridotto scientifico in Venezia al tempo di Galileo Galilei." *Nuovo Archivio Veneto* 5 (1893): 199-209.

———. "Intorno ai servigi straordinari prestati da Galileo Galilei alla Repubblica Veneta," *Atti del Reale Istituto Veneto di Scienze, Lettere, e Arti*, series 7, 1 (1889-90), 91-109.

———. "Galileo Galilei e il P. Orazio Grassi." *Memorie del Reale Istituto Veneto di Scienze, Lettere e Arti* 23 (1887): 203-36.

———; ed. *Carteggio inedito di Ticone Brahe, Giovanni Keplero e di altri astronomi e matematici dei secoli XVI e XVII con Giovanni Antonio Magini*. Bologna: Zanichelli, 1886.

———. "Sulla morte di Marco Velsero e sopra alcuni particolari della vita di Galileo." *Bullettino di bibliografia e storia della scienze matematiche e fisiche* 17 (1884): 252-70.

———. "La libreria di Galileo Galilei." *Bulletino di bibliografia e storia delle scienze matematiche e fisiche* 19 (1886): 219-93.

———. *Galileo Galilei e lo Studio di Padova*. 2 vols. Florence, 1883. Reprint, Padua: Antenore, 1966.

Favoriti, Augusto. "Virginii Caesarini Vita." In Virginii Caesarini, *Carmina*. Rome: Bernabò, 1658.

Feingold, Mordechai. "Philanthropy, Pomp, and Patronage: Historical Reflections upon the Endowment of Culture." *Daedalus* 116 (1987): 155-78.

Feldhay, Rivka. "Knowledge and Salvation in Jesuit Culture." *Science in Context* I (1987): 195-213.

———. "The Discourse of Pious Science." *Science in Context* 3 (1990): 109-42.

———, and Adi Ophir. "Heresy and Hierarchy." *Stanford Humanities Review* I (1989): 118-38.

———. "Catholicism and the Emergence of Galilean Science: A Conflict Between Science and Religion." In S. N. Eisenstadt and I. Friedrich Silber, eds. *Knowledge and Society: Studies in the Sociology of Culture Past and Present*. Greenwich, Conn.: JAI Press, 1988, 139-63.

Ferrari, Giovanna. "Public Anatomy Lessons and the Carnival: The Anatomy Theater of Bologna." *Past and Present* 117 (1987): 50-106.

Feyerabend, Paul. *Against Method*. London: Verso, 1975. [파울 파이어아벤트 지음, 정병훈 옮김, 《방법에 반대한다》, 그린비, 2019]

———. "Consolations for the Specialists." In *Criticism and the Growth of Knowledge*, edited by Imre Lakatos and Alan Musgrave, 219-29. Cambridge: Cambridge University Press, 1970.

———. "Explanation, Reduction and Empiricism." *Minnesota Studies in the Philosophy of Science* 3 (1962): 28-97.

———. *Farewell to Reason*. London: Verso, 1987.

———. *Science in a Free Society.* London: Verso, 1978.

Findlen, Paula. "The Economy of Scientific Exchange in Early Modern Italy." In *Patronage and Institutions*, edited by Bruce Moran, 5-24. Rochester: Boydell, 1991.

———. *Possessing Nature: Museums, Collecting and Scientific Culture in Early Modern Italy.* Berkeley: University of California Press, 1996.

Finocchiaro, Maurice. *The Galileo Affair.* Berkeley: University of California Press, 1989.

———. *Galileo and the Art Of Reasoning.* Dordrecht: Reidel, 1980.

———. "Galileo's Copernicanism and the Acceptability of Guiding Assumptions." In *Scrutinizing Science*, edited by Arthur Donovan, Larry Laudan, and Rachel Laudan, 49-67. Dordrecht: Kluwer, 1988.

———. "The Methodological Background to Galileo's Trial." In *Reinterpreting Galileo*, edited by William A. Wallace, 241-72. Washington: Catholic University of America Press, 1986.

Fitch Lytle, Guy, and Stephen Orgel, eds. *Patronage in the Renaissance. Princeton: Princeton University Press, 1981.*

Fontenelle, Bernard de. "Eloge de Monsieur Cassini." In *Eloges des académiciens*, 1:287. La Haye: Kloot, 1740.

Foscarini, Paolo Antonio. *Lettera del R. P. M. Paolo Antonio Foscarini Carmelitano sopra l'opinione de'Pittagorici e del Copernico della mobilità della terra e stabilità del sole e del nuovo Pittagorico sistema del mondo.* Naples: Scoriggio, 1615.

Foucault, Michel. *Discipline and Punish.* New York: Vintage, 1979. [미셸 푸코 지음, 오생근 옮김, 《감시와 처벌: 감옥의 탄생, 번역 개정 2판》, 나남, 2020]

———. "Truth and Power." In *Power/Knowledge*, edited by Colin Gordon, 109-33. New York: Pantheon, 1980.

Fragnito, Gigliola. "Parenti e familiari nelle corti cardinalizie del

Rinascimento." In *"Familia" del principe e famiglia aristocratica*, edited by Cesare Mozzarelli, 2:565,570. Rome: Bulzoni, 1988.

Franchini, Dario, et al. *La scienza a corte*. Rome: Bulzoni, 1979.

Fredette, Raymond. "Galileo's 'De Motu Antiquiora.'" *Physis* 14 (1972): 321-48.

Frey, Karl, ed. *Il carteggio di Giorgio Vasari*. Munich: Muller, 1923.

Frommel, Christoph Luitpold. "Caravaggios Frühwerk und der Kardinal Francesco Maria del Monte." *Storia dell'arte 9-10 (1971): 45, 47.*

——. "Papal Policy: The Planning of Rome During the Renaissance." *Journal of Interdisciplinary History* 17 (1986): 39-65.

Fumaroli, Marc. *L'âge de l'éloquence. Rhétorique et 'res literaria' de la Renaissance au seuil de l'époque classique*. Geneva: Droz, 1980.

Fusai, Giuseppe. *Belisario Vinta*. Florence: Seeber, 1905.

Gabrieli, Giuseppe. "Il Carteggio Linceo." *Memorie della R. Accademia Nazionale dei Lincei*, Classe di Scienze morali, storiche e filologiche, series 6; part I, 7 (1938-42), 1-121; part II, section I, 122-536; section II, 537-998; part III, 999-1446.

——. "Il liceo di Napoli." *Rendiconti della Reale Accademia Nazionale dei Lincei*, Classe di Scienze morali, storiche e filologiche, series 6, 14 (1938): 499-564.

——. "Marco Welser linceo augustano." *Rendiconti della Reale Accademia Nazionale dei Lincei*, Classe di Scienze morali, storiche e filologiche, series 6, 14 (1938): 74-99.

——. "L'orizzonte intellettuale e morale di Federico Cesi illustrato da un suo zibaldone inedito." *Rendiconti della Reale Accademia Nazionale dei Lincei*, Classe di Scienze morali, storiche e filologiche, series 6, 14 (1938): 663-725.

——. "Cesi e Caetani." *Rendiconti della Reale Accademia Nazionale dei Lincei*, Classe di Scienze morali, storiche e filologiche, series 6, 13

(1937), 255-69.

——. "Una gara di precedenza accademica nel Seicento fra Umoristi e Lincei." *Rendiconti della Reale Accademia Nazionale dei Lincei,* Classe di Scienze morali, storiche e filologiche, series 6, II (1935), 235-57.

——. "Bibliografia Lincea: II, Virginio Cesarini e Giovanni Cizmpoli." *Rendiconti della Reale Accademia Nazionale dei Lincei,* Classe di Scienze morali, storiche e filologiche, series 6, 8 (1932), 422-62.

——. "Due prelati lincei in Roma alla corte di Urbano VIII: Virginio Cesarini Giovanni Ciampoli." *Atti dell'Accademia degli Arcadi* 3 (1929-30): 171-200.

——. "Memorie Tiburtmo-Gornicolane di Federico Cesi fondatore e principe dei Lincei." *Atti e Memorie della Società Tiburtina di Storia e Arte* 9-10 (1929-30): 230-47.

——. "Vita romana del 600 nel carteggio inedito di un medico tedesco in Roma." In *Atti del Primo Congresso Nazionale di Studi Romani,* 1:813-27. Rome: Istituto di Studi Romani, 1929.

——. "Il Palazzo Cesi a Tivoli." *Atti e memorie della Società Tiburtina di Storia e Arte* 8 (1928): 262-68.

——. "Relazione del Conclave di Gregorio XV." *Archivio della Reale Società Romana di Storia Patria* 50 (1927): 5-32.

——. "Verbali delle adunanze e cronaca della prima Accademia Lincea (1603-1630)." *Memorie della Reale Accademia Nazionale dei Lincei,* Classe di Scienze morali, storiche e filologiche, series 6, 2 (1927): 463-512.

——, ed. "Il carteggio della vecchia accademia di Federico Cesi." *Memorie della Reale Accademia Nazionale dei Lincei,* Classe di scienze morali storiche e filologiche, series 6, 7 (1936-41).

Galassi Paluzzi, Carlo. *Storia segreta dello stile dei gesuiti.* Rome: Mundini, 1951.

Galilei, Galileo. *Dialogo di Cecco da Ronchitti in perpuosito della Stella nova*. In *Galileo Against the Philosophers*, translated by S. Drake, 28-32. Los Angeles: Zeitlin and Ver Brugge, 1976.

——. *Dialogue Concerning the Two Chief World Systems*. Translated by Stillman Drake. Berkeley: University of California Press, 1967. [갈릴레오 갈릴레이 지음, 이무현 옮김, 《대화: 천동설과 지동설, 두 체계에 관하여》, 사이언스북스, 2016]

——. *Discourse on Bodies in Water*. Edited by Stillman Drake. Urbana: Illinois University Press, 1960.

——. *Istoria e dimostrazioni intorno alle macchie solari e loro accidenti comprese in tre lettere scritte all'illustrissimo signor Marco Velseri Linceo Duumviro d'Augusta e Consigliero di Sua Maestà Cesarea*. Rome: Mascardi, 1613.

——. *Opere*. Edited by Antonio Favaro. 20 vols. Florence: Barbera, 1890-1909.

——. *Sidereus nuncius*. Translated by Albert Van Helden. Chicago: University of Chicago Press, 1989. [갈릴레오 갈릴레이 지음, 장헌영 옮김, 《갈릴레오가 들려주는 별 이야기: 시데레우스 눈치우스》, 승산, 2009]

——. *Two New Sciences*. Translated by Stillman Drake, 27-28. Madison: University of Wisconsin Press, 1974 [갈릴레오 갈릴레이 지음, 이승준, 이경룡 옮김, 《두 새로운 과학》, GS인터비전, 2014]

Galison, Peter, *How Experiments End*. Chicago: University of Chicago Press, 1987.

——. "The Trading Zone: Coordinating Action and Belief." Paper presented at UCLA, November 1989. in *Image and Logic*, 1997. [피터 갤리슨 지음, <교역 지대: 행동과 믿음의 조정>, 피터 갤리슨 지음, 이재일/차동우 옮김, 《상과 논리 2》, 한길사, 2021]

Galluzzi, Paolo. "L'Accademia del Cimento: 'Gusti' del principe, filosofia e ideologia dell'esperimento." *Quaderni storici* 16 (1981): 788-844.

——. "Il mecenatismo mediceo e le scienze." In *Idee, istituzioni, scienza ed arti nella Firenze dei Medici*, edited by Cesare Vasoli, 189-215.

Florence: GiuntiMartello, 1980.

——. *Momento*. Rome: Edizioni dell'Ateneo, 1979.

——. "Il Platonismo del tardo Cinquecento e la filosofia di Galileo." In *Ricerche sulla cultura dell'Italia moderna*, edited by P. Zambelli, 39-79. Bari: Laterza, l973

Galluzzi, Riguccio. *Istoria del granducato di Toscana sotto il governo della Casa Medici.* Florence: Cambiagi, 1781.

Garin, Eugenio. "Galileo the Philosopher." In *Science and Civic Life in the Italian Renaissance*, 117-44. New York: Anchor, 1969.

Garuffi, G. M. *L'Italia accademica, o sia le accademie aperte a pomp a e decoro delle lettere più amene nelle città italiane.* Rimini: Dandi, 1688.

Gassendi, Pierre. *Viri illustris Nicolai Claudii Fabricii de Peiresc, senatoris Aquisextiensis vita.* The Hague: Vlacq, 1655.

Geertz, Clifford. "Deep Play: Notes on the Balienese Cockfight." In *The Interpretation of Cultures*, 412-53. New York: Basic Books, 1973. [클리퍼드 기어츠 지음, <심층 놀이: 발리의 닭싸움에 관한 기록들>, 클리퍼드 기어츠 지음, 문옥표 옮김, 《문화의 해석》, 까치, 2009]

Gellner, Ernest, and John Waterbury, eds. *Patrons and Clients in Mediterranean Societies.* London: Duckworth, 1977.

Gerboni, Luigi. *Un umanista nel Seicento.* Città di Castello: Lapi, 1899.

Giacchi, Orio. "Considerazioni giuridiche sui due processi contro Galileo." In *Nel terzo centenario della morte di Galileo Galilei*, 383-406. Milan: Società Editrice Vita e Pensiero, 1942. [A publication of the Università Cattolica del S. Cuore.]

Giacobbe, G. C. "Il *Commentarium de certitudine mathematicarum disciplinarum* di Alessandro Piccolomini." *Physis* 14 (1972): 162-93.

——. "Epigoni del Seicento della *Quaestio de certitudine mathematicarum*: Giuseppe Biancani." *Physis* 18 (1976): 5-40.

———. "Francesco Barozzi e la *Quaestio de certitudine mathematicarum*." *Physis* 14 (1972): 357-74

———. "La riflessione metamatematica di Pietro Catena." *Physis* 15 (1973): 178-96.

Gigli, Giacinto. *Diario romano (1608-1670)*. Rome: Tumminelli, 1958.

Gilbert, Neal W. "The Early Italian Humanists and Disputation." In *Renaissance Studies in Honor of Hans Baron*, edited by A. Molho and J. Tedeschi, 203-26. Florence: Sansoni, 1971.

Gingerich, Owen, and Robert Westman. "The Wittich Connection: Conflict and Priority in Late Sixteenth-Century Cosmology." *Transactions of the American Philosophical Society* 78 (1988): part 7.

Giordani, Enrico, ed. *I sei cartelli di matematica disfida di Lodovico Ferrari coi sei contro-cartelli in riposta di Nicolò Tartaglia*. Milan: Luigi Ronchi, 1876.

Giovio, Paolo. *Dialogo dell'imprese militari e amorose*. Edited by Maria Luisa Doglio. Rome: Bulzoni, 1978

Giraldi, G. *Delle lodi di D. Ferdinando G. D. di Toscana*. Florence: Giunti, 1609.

Goffman, Erving. "The Nature of Deference and Demeanor." *American Anthropologist* 58 (1956): 481.

Govi, Gilberto. "Intorno alla data di un discorso inedito pronunciato da Federico Cesi fondatore dell'Accademia de' Lincei e da esso intitolato: Del natural desiderio di sapere et Istitutione de' Lincei per adempimento di esso." *Memorie della Reale Accademia Nazionale dei Lincei*, Classe di Scienze morali, storiche e filologiche, series 3, 5 (1879-80): 244-61.

Grant, Edward. "Ways to interpret the Terms 'Aristotelian' and 'Aristotelianism' in Medieval and Renaissance Natural Philosophy." *History of Science* 25 (1987): 336-58.

Grassi, Orazio. *De iride disputatio optica*. Rome: Mascardi, 1617.

——. *De tribus cometis anni MDCXVIII disputatio astronomica.* Rome: Mascardi, 1619. Reprinted in GO, vol. 6, pp. 19-35.

——. *Libra astronomica ac philosophica.* Rome: Naccarini, 1919. Reprinted in *GO*, vol. 6, pp. 107-79.

——. *Ratio ponderum librae et simbellae* Paris: Cramoisy, 1626. Reprinted in *GO*, vol. 6, pp. 375-500.

Gravit, Francis W. "The 'Accademia degli Umoristi' and Its French Relationships." *Papers of the Michigan Academy of Science, Arts and Letters* 20 (1935): 505-21.

Grazia, Vincenzo di. *Considerezioni sopra il Discorso di Galileo Galilei.* Florence: Pignoni, 1613. Reprinted in *GO*, vol. 4.

Greenblatt, Stephen. *Renaissance Self-Fashioning.* Chicago: University of Chicago Press, 1980.

Greengrass, Mark. "Noble Affinities in Early Modern France: The Case of Henri I de Montmorency, Constable of France." *European History Quarterly* 16 (1986): 275-311.

Gregorovius, Fernando. *Urbano VIII e la sua opposizione alla Spagna e all'imperatore. Rome: Fratelli Bocca, 1879.*

Guazzo, Stefano. *La civil conversazione.* Brescia: Bozzola, 1574.

——. *Dialoghi piacevoli.* Venice: Bertano, 1585.

Guglieminetti, Marziano, and Mariarosa Masoero. "Lettere e prose inedite (o parzialmente edite) di Giovanni Ciampoli." *Studi secenteschi* 19 (1978): 131-257.

Guiducci, Mario. *Discorso delle comete.* Florence: Cecconcelli, 1619. Reprinted in *GO*, vol. 6.

Gundersheimer, Werner L. "Patronage in the Renaissance: An Exploratory Approach." In *Patronage in the Renaissance*, edited by Guy Fitch Lytle and Stephen Orgel, 3-23. Princeton: Princeton University Press, 1981.

Hagstrom, Warren. "Gift Giving as an Organizing Principle in Science." In *Science in Context*, edited by Barry Barnes and David Edge, 21-34. Cambridge, Mass.: MIT Press, 1982.

——. *The Scientific Community.* New York: Basic Books, 1965.

Hahlweg, Kai, and C. A. Hooker, eds. *Issues in Evolutionary Epistemology.* Albany: State University of New York Press, 1989

Hannaway, Owen. "Laboratory Design and the Aim of Science: Andreas Libavius versus Tycho Brahe." *Isis* 77 (1986): 585-610.

Harley, David. "Honour and Property: The Structure of Professional Disputes in Eighteenth-Century English Medicine." In *The Medical Enlightenment of the Eighteen Century*, edited by Andrew Cunnigham and Roger French, 138-64. Cambridge: Cambridge University Press, 1990.

Hartner, Willy. "Galileo's Contribution to Astronomy." In *Galileo, Man of Science*, edited by Ernan McMullin, 185. New York: Basic Books, 1967.

Haskell, Francis. *Patrons and Painters.* New Haven, Conn.: Yale University Press, 1980.

Heikamp, Detlef. "L'antica sistemazione degli strumenti scientifici nelle collezioni fiorcntmc." *Antichitd vivà* 9 (1970): 3-25.

Heilbron, John. *Physics at the Royal-Society during Newton's Presidency.* Berkeley: Office for History of Science and Technology, 1983.

Hellman, Doris C. *The Comet of 1577: Its Place in the History of Astronomy.* New York: Columbia University Press, 1944.

Herr, Richard. "Honor Versus Absolutism: Richelieu's Fight Against Dueling." *The Journal of Modern History* 27 (1955): 281-85.

Hesse, Mary. *Structure of Scientific Inference.* Berkeley: University of California Press, 1974.

Hull, David. "A Mechanism and Its Metaphysics: An Evolutionary Account of the Social and Conceptual Developement of Science." *Biology and Philosophy* 3 (1988): 123-55.

——. *Science as a Process*. Chicago: University of Chicago Press, 1988.

Hunter, Michael. *The Royal-Society and Its Fellows 1660-1700: The Morphology of an Early Scientific Institution*. Chalfont St. Giles: British Society for the History of Science, 1985.

——. *Science and Society in Restoration England*. Cambridge: Cambridge University Press, 1991.

Hutchinson, Keith. "Toward a Political Iconology of the Copernican Revolution." In *Astrology, Science and Society*, edited by Patrick Curry, 95-141. Woodbridge, Suffolk: Boydell, 1987.

Iliffe, Rob. "Author-Mongering: The 'Editor' Between Producer and Consumer." In *The Consumption of Culture 1600-1800: Image, Object, Text*, edited by Ann Bermingham, John Brewer. London: Routledge, 1997.

——. "'In the Warehouse': Privacy, Property and Priority in the Early Royal Society." *History of Science*. 30 (1992): 29-68.

Imbert, Gaetano. *La vita fiorentina nel Seicento*. Florence: Bemporad, 1906.

Jack, Mary Ann. "The Accademia del Disegno in Late Renaissance Florence." *Sixteenth Century Journal* 7 (1976): 3-20.

Jardine, Nicholas. *The Birth of History and Philosophy of Science*. Cambridge: Cambridge University Press, 1984.

——. "Epistemology of the Sciences." In *The Cambridge History of Renaissance Philosophy*, edited by Charles B. Schmitt and Quentin Skinner, 685-711. Cambridge: Cambridge University Press, 1988.

——. "The Forging of Modern Realism: Clavius and Kepler Against the Sceptics." *Studies in History and Philosophy of Science* 10 (1979): 141-73.

——. "The Significance of the Copernican Orbs." *Journal for History of Astronomy* 13 (1982): 168-94.

Jeanneret, Michel. *A Feast of Words*. Chicago: University of Chicago Press, 1991.

Jones-Schofield, Christine. *Tychonic and Semi-Tychonic World Systems*. New York: Arno, 1981.

Jonson, Ben. *Sejanus and His Fall*. Edited by W. F. Bolton. London: Benn, 1966.

Kantorowicz, Ernst. *The King's Two Bodies*. Princeton: Princeton University Press, 1957

——. "Mysteries of State: An Absolutist Concept and Its Late Medieval Origins." *The Harvard Theological Review* 48 (1955): 65-91.

Kent, F. W. *Household and Lineage in Renaissance Florence*. Princeton: Princeton University Press, 1977.

Kent, F. W., Patricia Simons, and J. C. Eade, eds. *Patronage, Art and Society in Renaissance Italy*. Oxford: Oxford University Press, 1987.

Kepler, Johannes. *Ad vitellionem paralipomena. Frankfurt: Marinum, 1604.*

——. *On the Six-Cornered Snowflake*. Oxford: Clarendon Press, 1966.

Kettering, Sharon. "Gift-Giving and Patronage in Early Modern France." *French History* 2 (1988): 131-51.

——. "The Historical Development of Political Clicntclism." *Journal of Interdisciplinary History* 3 (1988): 419-47.

——. "The Patronage Power of Early Modern French Noblewomen." *The Historical Journal* 4 (1989): 817-41.

——. *Patrons, Brokers, and Clients in Seventeenth-Century France*. Oxford: Oxford University Press, 1986.

Kiernan, V. G. *The Duel in European History*. Oxford: Oxford University Press, 1988.

Klapisch-Zuber, Christiane. "Kin, Friends, and Neighbors." In *Women, Family, and Ritual in Renaissance Italy*, 68-93. Chicago: University of

Chicago Press, 1985.

Kuhn, Thomas S. "The Road Since *Structure*." In A. Fine, M. Forbes, and L. Wessels, eds., *PSA 1990*, vol. 2, pp. 3-13. East Lansing, Mich.: Philosophy of Science Association, 1991.

———. "Possible Worlds in History of Science." In Sture Allen, ed., *Possible Worlds in Humanities, Arts, and Sciences*. Proceedings of Nobel Symposium 65, pp. 9-32. Berlin: Walter de Gruyter, 1989.

———. "The Presence of Past Science." Paper delivered for the Shearman Memorial Lectures, University College, London, 23-25 November 1987.

———. "Scientific Development and Lexical Change." Paper delivered for the Thalheimer Lectures, John Hopkins University, 12-19 November 1984.

———. "What Are Scientific revolutions?" In Lorenz Krüger, Lorraine J. Daston, and Michael Heidelberger, eds., *The Probabilistic Revolution*, vol. I: 7-22. Cambridge: MIT Press, 1987.

———. "Commensurability, Comparability, Communicability." *PSA 1982*, edited by Peter D. Asquith and Thomas Nickles, 2:669-88. East Lansing, Mich.: Philosophy of Science Association, 1983.

———. "Second Thoughts on Paradigms." In *The Essential Tension*, 293-319. Chicago: University of Chicago Press, 1977.

———. *The Structure of Scientific Revolutions*. Chicago: University of Chicago Press, 1962. [토머스 쿤 지음, 김명자, 홍성욱 옮김,《과학혁명의 구조》, 까치, 2013]

Lakatos, Imre. *Proofs and Refutations*. Cambridge: Cambridge University Press, 1976. [임레 라카토슈 지음, 우정호 옮김,《수학적 발견의 논리》, 아르케, 2001]

Lange, Klaus-Peter. *Theoretiker des Literarischen Manierismus*. Munich: Wilhelm Fink Verlag, 1968.

Langedijk, Karla. *The Portraits of the Medici*. 3 vols. Florence: SPES, 1980.

Langford, Jerome J. *Galileo, Science, and the Church*. Ann Arbor: University of Michigan Press, 1971.

Latour, Bruno. *Science in Action*. Cambridge, Mass.: Harvard University Press, 1987. [브뤼노 라투르 지음, 황희숙 옮김, 《젊은 과학의 전선: 테크노 사이언스와 행위자연결망의 구축》, 아르케, 2016]

Lefevre, Renato. "Gli sfaccendati." *Studi romani* 8 (i960): 154-65.

Lemaine, Gerard. "Social Differentiation and Social Originality." *European Journal of Social Psychology* 4 (1974): 17-52.

Leman, Auguste. *Urbain VIII et al rivalité de la France et de la Maison d'Autriche de 1631 à 1635*. Lille: Giard, 1920, and Paris: Champion, 1920.

Lévi-Strauss, Claude. *The Elementary Structures of Kinship*. Boston: Beacon Press, 1969.

——. *The Savage Mind*. Chicago: University of Chicago Press, 1966. [클로드 레비스트로스 지음, 안정남 옮김, 《야생의 사고》, 한길사, 1996]

——. "Race and Culture," in *A View from Afar*. New York: Basic Books, 1985, pp. 3-24.

Levy-Peck, Linda. "For a King not to be bountiful were a fault': Perspectives on Court Patronage in Early Stuart England." *The Journal of British Studies* 25 (1986): 48.

Liberati, Francesco. *Il perfetto Maestro di Casa*. Rome: Bernabò, 1658.

Liceti, Fortunio. *Litheosphorous, sive De lapide Bononiensi, lucem in se concept am ab ambiente claro mox in tenebris mire conservante*. Udine: Schiratti, 1640.

Litchfield, R. Burr. *Emergence of a Bureaucracy: The Florentine Patricians* 1530-1790. Princeton: Princeton University Press, 1986.

Livesey, Steven J. "William of Ockam, the Subalternate Sciences and Aristotle's Theory of 'Metabasis'." *British Journal for the History of Science* 19 (1985): 127-45

Lloyd, G. E. R. "Saving the Appearances." *Classical Quarterly* 28 (1978):

202-22.

Locke, John. *An Essay Concerning Human Understanding*. Edited by A. Fraser. 2 vols. New York: Dover, 1959. [존 로크 지음, 추영현 옮김, 《인간 지성론》, 동서문화동판, 2017]

Lumbroso, Giacomo. "Notizie sulla vita di Cassino dal Pozzo." *Miscellanea di storia italiana* 15 (1874): 136-43.

Lunadoro, Girolamo. *Relatione della corte di Roma*. Rome: Frambotto, 1635.

Lux, David. *Patronage and Royal Science in Seventeenth-Century France*. Ithaca: Cornell University Press, 1989.

Machamer, Peter. "Galileo and the Causes." In *New Perspectives on Galileo*, edited by Robert E. Butts and Joseph C. Pitt, 161-80. Dordrecht: Reidel, 1978.

Maffei, Scipione. *Della scienza chiamatacavalleresca libri tre*. Rome: Gonzaga, 1710.

Malanima, Paolo. "Concini, Cosimo." *Dizionario biografico degli italiani*, vol. 27, pp. 730-31. Rome: Istituto della Enciclopedia Italiana, 1982.

Malinowski, Bronislaw. "Kula: The Circulating Exchange of Valuables in the Archipelagoes of Eastern Guinea." *Man*, series I, 19-20 (1920): 97-105.

Manetti, Antonio. "Circa il sito, forma e misura dell'Inferno di Dante Alighieri, poeta eccellentissimo." In *Studi sulla Divina Commedia di Galileo Galilei, Vincenzo Borghini edaltri*, edited by Ottavio Gigli, 35-114. Florence: Le Monnier, 1855.

Manni, Paola. "Galileo accademico della Crusca." In *La Crusca nella tradizione letteraria e linguistica italiana*, 119-36. Florence: Accademia della Crusca, 1985.

Mannucci, Francesco Luigi. "La vita e le opere di Agostino Mascardi." *Atti della Società Ligure di Storia Patria* 42 (1908): 139-76.

Manzini, Giovanni Battista. *Della peripetia di fortuna: Overo sopra la caduta di Seiano*. 1620?

———. *Observations Upon the Fall of Seianus*. 2d ed. London: Harper, 1639.

Maravall, Jose Antonio. *Culture of the Baroque*. Minneapolis: University of Minnesota Press, 1986.

Margani, Margherita. "Sull'autenticità di una lettera attribuita a G. Galilei." *Atti della Reale Accademia delle Scienze di Torino* 57 (1921-22): 556-68.

Margolis, Howard. "Tycho's System and Galileo's Dialogue." *Studies in History and Philosophy of Science* 22 (1991): 259-75.

Marin, Louis. *Portrait of the King*. Minneapolis: Minnesota University Press, 1988.

Marino, Giambattista. *L'Adone*. Paris, 1623. Reprint. Turin: Paravia, 1922.

———. *Epistolario seguito da lettere di altri scrittori del Seicento*, edited by Angelo Borzelli and Fausto Nicolini. Bari: Laterza, 1912.

———. *Lettere*. Turin: Einaudi, 1966.

Marius, Simon. *Mundus iovialis*. Nuremberg: Laur, 1614.

Martinori, Edoardo. *I Cesi*. Rome: Tipografia Compagnia Nazionale Pubblicità, 1931.

Mascardi, Agostino. "Che la corte è vera scuola non solamente della prudenza, ma delle virtù morali." In *Prose vulgari*, 349-67. Venice: Baba, 1653.

———. "Discorso o invettiva fatta in una accademia intorno alla iniquità della fortuna." In *Prose vulgari*, 510-17. Venice: Baba, 1653.

———. "Discorso secondo: Che un cortigiano non dee dolersi, perché venga più favorito in corte l'ignorante che 'l dotto; il plebeo, che 'l nobile." In *Prose vulgari*. Venice: Baba, 1653.

———. "Per l'esequie del Signor D. Virginio Cesarino." In *Prose vulgari*. Venice: Baba, 1653.

————.*Le Pompe del Campidoglio.* Rome: Zanetti, 1624.

————. "Sopra un componimento poetico intorno alla cometa. Al Signor Conte Camillo Molza." In *Prose vulgari*, 151-67. Venice: Baba, 1653.

————, ed. *Saggi accademici.* Venice: Baba, 1653.

Matthieu, Pierre. *Unhappy Prosperity Expressed in the History of Aelius Seianus, and Philippa the Catanian. With Observations Upon the Pall of Seianus. Lastly Certain Considerations Upon the Life and Services of Monsieur Villeroy.* London: Harper, 1639.

Mauss, Marcel. *The Gift.* New York: Norton, 1967. [마르셀 모스 지음, 박세진 옮김, 《증여론》, 파이돈, 2025]

Maylender, Michele. *Storia delle accademie d'Italia.* 5 vols. Bologna: Capelli, 1926-30.

Memorie delle feste fatte in Firenze per le reali nozze de' Serenissimi Sposi Cosimo Principe di Toscana e Margherita Luisa d' Orleans. Florence: Stamperia di SAS, 1662.

Michelangelo Buonarroti il Giovane. *Elogio di Cosimo II.* Florence: 1621.

Middleton, W. Knowles. *The Experimenters.* Baltimore: Johns Hopkins University Press, 1971.

————. "Science in Rome, 1675-1700, and the Accademia Fisicomatematica of Giovanni Giustino Ciampini." *The British Journal for the History of Science* 8 (1975): 140.

Mistruzzi, Carlo. "La nobiltà nello stato pontificio." *Rassegna degli Archivi di Stato* 23 (1963): 206-44.

Molinari, Cesare. *Le nozze degli dei.* Rome: Bulzoni, 1968.

Montagu, Jennifer. "The Painted Enigma and French Seventeenth-Century Art." *Journal of the Warburg and Courtauld Institutes* 31 (1968): 307, 312.

Moore-Bergeron, David. *English Civic Pageantry 1588-1642.* London: Arnold, 1971.

Moran, Bruce. *The Alchemical World of the German Court*. Stuttgart: Franz Steiner Verlag, 1991.

———. "Privilege, Communication and Chemistry: The Hermetic-Alchemical Circle of Moritz of Hesse-Kassel." *Ambix* 32 (1985): 110-26.

———. "Science at the Court of Hesse-Kassel: Informal Communication, Collaboration, and the Role of the Prince Practioner in the Sixteenth Century." Ph.D. diss., University of California, Los Angeles, 1978.

———. "Wilhelm IV of Hesse-Kassel: Informal Communication and the Aristocratic Context of Discovery." In *Scientific Discovery: Case Studies*, edited by Thomas Nickles, 67-96. Dordrecht: Reidel, 1980.

———; ed. *Patronage and Institutions*. Rochester: Boydell Press, 1991.

Morpurgo-Tagliabue, Guido. *I processi di Galileo e l'epistemologia*. Rome: Armando, 1981.

Muir, Edward. *Civic Ritual in Renaissance Venice*. Princeton: Princeton University Press, 1981.

Nagler, Alois Maria. *Theatre Festivals of the Medici 1539-1637*. New Haven, Conn.: Yale University Press, 1964

Napolitani, Pier Daniele. "La geometrizzazione della realtà fisica: Il peso specifico in Ghetaldi e in Galileo." *Bollettino di storia della scienze matematiche 8 (1988): 139-237*.

Nelli, Giovanni Battista. *Vita e commercio letterario di Galileo Galilei*. 2 vols. Lausanne: 1793.

Neuschel, Kristen B. *Word of Honor*. Ithaca: Cornell University Press, 1989.

Nigro, Salvatore. "Dalla lingua al dialetto: La letteratura popolaresca." In *I poeti giocosi dell'età barocca*, edited by Alberto Asor Rosa. Bari: Laterza, 1975.

Nussdorfer, Laurie. "City Politics in Baroque Rome, 1623-1644." Ph.D. diss., Princeton University, 1985.

———. *Civic Politics in the Rome of Urban VIII*. Princeton: Princeton

University Press, 1992.

O'Malley, J. W. *Praise and Blame in Renaissance Rome*. Durham: Duke University Press, 1979.

Odescalchi, Baldassare. *Memorie istorico critiche dell'Accademia de' Lincei e del Principe Federico Cesi*. Rome: Salvioni, 1806.

Oestreich, Gerhard. *Neostoicism and the Early Modern State*. Cambridge: Cambridge University Press, 1982.

Olmi, Giuseppe. "'In essercitio universale di contemplatione e prattica': Federico Cesi e i Lincei." In *Università, accademie e società scientifiche in Italia e in Germania dal Cinquecento al Settecento*, edited by Laetitia Boehm and Ezio Raimondi, 169-236. Bologna: Il Mulino, 1981.

Orbaan, J. A. F. *Documenti sul barocco in Roma*. 2 vols. Rome: Società Romana di Storia Patria, 1920.

Ordine, Nuccio, et al. *Il dialogo filosofico nel '500 europeo*. Milan: Angeli, 1990.

Outram, Dorinda. "The Language of Natural Power: The 'Eloges' of Georges Cuvier and the Public Language of Nineteenth-Century Science." *History of Science* 16 (1978): 153-78.

———. *Georges Cuvier*. Manchester: Manchester University Press, 1984.

Pagano, Sergio. *I documenti del processo di Galileo Galilei*. Vatican City: Archivio Vaticano, 1984.

Palmer, Richard. "Medicine at the Papal Court in the Sixteenth Century." In *Medicine at the Courts of Europe, 1500-1837*, edited by Vivian Nutton, 49-78. London: Routledge, 1990.

Panofsky, Erwin. *Galileo as a Critic of the Arts*. The Hague: Martinus Nijoff, 1954.

Parker, Geoffrey. *Philip II*. London: Hutchinson, 1979.

Parodi, Severina. *Catalogo degli Accademici dalla Fondazione*. Florence: Sansoni, 1983.

Pastor, Ludwig von. *History of the Popes*. St. Louis, Mo.: Herder, 1938.

Patrizi, Giorgio, ed. *Stefano Guazzo e la civil conversazione*. Rome: Bulzoni, 1990.

Paul, Charles B. *Science and Immortality*. Berkeley: University of California Press, 1980.

Pellegrini, Amedeo, ed. *Relazioni inedite di ambasciatori lucchesi alle corti di Firenze, Genova, Milano, Modena, Parma, Torino*. Lucca: Marchi, 1901

———. *Relazioni inedite di ambasciatori lucchesi alle corti di Roma (sec. XVI-XVII)*. Rome: Tipografia Poliglotta, 1901.

Pellegrini, Matteo. *Che al savio è convenevole il corteggiare libri IIII*. Bologna: Tebaldini, 1624.

———. "Che il dir male non è in tutto male." In *Saggi accademici*, edited by Agostino Mascardi, 193-208. Venice: Baba, 1653.

———. *Delle acutezze*. Genoa: Ferroni, 1939

———. *Difesa del savio in corte*. Viterbo: Diotallevi, 1634.

———. *Le sage en cour*. Paris: Lancy, 1638; Rocolet, 1639.

Peristiany, J. G., and Julian Pitt-Rivers, eds. *Honor and Grace in Anthropology*. Cambridge: Cambridge University Press, 1992.

Persico, Panfilo. *Del segretario libri quattro*. Venice: Damian Zenato, 1629.

Petrioli Tofani, Annamaria. "Contributi alio studio degli apparati e delle feste medicee." In *Firenze e la Toscana nell'Europa del '500, 2:645-61. Florence: Olschki, 1983.*

Petrioli Tofani, Annamaria, and Giovanna Gaeta Bertela. *Feste e apparati medicei da Cosimo I a Cosimo II*. Florence: Olschki, 1969.

Petruccelli della Gattina. *Histoire diplomatique des conclaves*. Paris: Librairie Internationale, 1865.

Pevsner, Nikolaus. *Academies of Art*. Cambridge: Cambridge University Press, 1940.

Piccolini, Celestino. "Federico II, Principe de' Lincei, Marchese di Monticelli." *Atti e memorie della Società Tiburtina di Storia e Arte* 9-10 (1929-30): 197-207.

——. "Il Palazzo Cesi a Tivoli." *Atti e memorie della Società Tiburtina di Storia e Arte* 8 (1928): 262-68.

——. "Ricevimenti ai feudatari nel Seicento." *Atti e memorie della Società Tiburtina di Storia e Arte* 7 (1927): 217-37.

Piccolomini, Aeneas Sylvius. *De curialium miseriis epistola*. Edited by Wilfred P. Mustard. Baltimore: Johns Hopkins University Press, 1928.

Pieraccini, Gaetano. *La stirpe dei Medici di Cafaggiolo*. Vol. 2. Florence: Nardini, 1986.

Pieralisi, Sante. *Urbano VIII e Galileo Galilei*. Rome: Tipografia Poliglotta, 1875.

Pitt-Rivers, J. *Mediterranean Countrymen*. Paris: Mouton, 1963.

Pomian, Krzysztof. *Collectionneures, amateurs et curieux*. Paris: Gallimard, 1987.

Praz, Mario. *Studies in Seventeenth-Century Imagery*. Rome: Edizioni di Storia e Letteratura, 1964.

Prickard, A. O. "The Mundus Jovialis of Simon Marius." *The Observatory*, 39 (1916): 367-81, 403-12, 443-52, 498-503.

Prodi, Paolo. *The Papal Prince, One Body and Two Souls: The Papal Monarchy in Early Modern Europe*. Cambridge: Cambridge University Press, 1987.

Prosperi, Adriano, ed. *La corte e il "cortegiano": Un modello europeo*. Rome: Bulzoni, 1980.

Ptolemy. *Tetrabiblos*. Trans. F. E. Robbins. Cambridge: Harvard University Press, 1940.

Quazza, Romolo. *L'elezione di Urbano VIII nelle relazioni dei diplomatici mantovani*. Rome: Reale Società Romana di Storia Patria, 1922.

———. "Il periodo italiano della Guerra dei Trcnt'Anni." *Rivista storica italiana* 50 (1933): 64-89.

Quevedo y Villegas, Francisco de. "Como ha de ser el privado." In *Obras completas*, edited by Felicidad Buendia, 2:592-635. Madrid: 1967.

Quondam, Amedee. "L'accademia." In *Letteratura italiana*, edited by Alberto Asor Rosa, 1:864. Turin: Einaudi, 1982.

———, ed. *Le "Carte messaggiere."* Rome: Bulzoni, 1981.

Quondam, Amedeo, and Marzio Achille Romani, eds. *Le cortifarnesiane di Parma e Piacenza.* 2 vols. Rome: Bulzoni, 1978.

Quine, Willard V. O. *Word and Object*. Cambridge, Mass.: MIT Press, 1960.

Raimondi, Ezio. *Anatomie secentesche*. Pisa: Nistri-Lischi, 1966.

———. *Trattatisti e narratori del Seicento*. Milan-Naples: Ricciardi, i960.

Rapp, Richard T. *Industry and Economic Decline in Seventeenth-Century Venice*. Cambridge, Mass.: Harvard University Press, 1976.

Redondi, Pietro. *Galileo Heretic*. Princeton: Princeton University Press, 1987.

Relazioni dei Rettori Veneti di Terraferma. Vol. IV, *Podestaria e Capitanato di Padova*. Milan: Giuffré, 1975. [Published for the Istituto di Storia Economica dell'Università di Trieste.]

La Revue de Mauss 12 (1991). Special issue on "Le don perdu et retrouvé."

Ricci Riccardi, Antonio. *Galileo Galilei e Fra Tommaso Caccini*. Florence: Le Monnier, 1902.

Righini Bonelli, Maria Luisa, and William Shea. *Galileo's Florentine Residences*. Florence: Istituto e Museo di Storia della Scienza, n.d.

Ripa, Cesare. *Iconologia*. Rome: Gigliotti, 1593; Lepido Faci, 1603.

Riquius, Iustus. *De vita Virginii Caesarini*. Padua: Thuilii, 1629.

Robinson, Wade L. "Galileo on the Moons of Jupiter." *Annals of Science* 31 (1974): 165-69.

Rosa, Mario. "La Chiesa e gli stati regionali nell'età dell'assolutismo." In *Il letterato e le istituzioni*, edited by Alberto Asor Rosa, 324-25. Turin: Einaudi, 1982.

Rose, Paul L. *The Italian Renaissance of Mathematics*. Geneva: Droz, 1975.

——. "Letters Illustrating the Career of Federico Commandino." *Physis* 15 (1973): 401-10.

Rosen, Edward. "The Authenticity of Galileo's Letter to Landucci." *Modern Language Quarterly* 12 (1975): 473-86.

——. *Three Copernican Treatises*. New York: Dover, 1939.

——. *Three Imperial Mathematicians*. New York: Abaris Books, 1986.

——, ed. and trans. *Kepler's Conversation with Galileo's Sidereal Messenger*. New York: Johnson, 1965.

Rossi, Paolo. *I filosofi e le macchine, 1400-1700*. Milan: Feltrinelli, 1984.

Rudwick, Martin. *The Great Devonian Controversy*. Chicago: University of Chicago Press, 1985.

Ruffner, James Alan. "The Background and Early Developments of Newton's Theory of Comets." Ph.D. diss. Indiana University, 1966.

Russo, Piera. "L'Accademia degli Umoristi, fondazione, strutture e leggi: Il primo decennio di attività." *Esperienze letterarie* 4 (1979): 47-61.

Sahlins, Marshall. *Stone-Age Economics*. New York: Aldine de Gruyter, 1972.

Santi, Venceslao. "La storia nella *Secchia rapita*." *Memorie della Reale Accademia di Scienze, Lettere e Arti in Modena*, series 3, 6 (1906): 310-33; (1910): 247-397.

Sarasohn, Lisa T. "Nicolas-Claude Fabri de Peiresc and the Patronage of New Science in the Seventeenth Century." *Isis* 84 (1993): 70-90.

Saravia, Antonio J. *O discurso Engenhoso*. Saõ Paulo: Editora Perspectiva, 1980.

Sarpi, Paolo. "Sopra un decreto della congregazione in Roma in stampa presentato per l'Illustrissimo Signor Conte del Zaffo a 5 maggio 1616." In *Opere*, edited by Gaetano Cozzi and Luisa Cozzi. Milan-Naples: Ricciardi, 1969.

Saussure, Ferdinand de. *Cours de linguistique generale*. Paris: Payot, 1986.

Schaffer, Simon. "Scientific Discoveries and the End of Natural Philosophy." *Social Studies of Science* 16 (1986): 387-420.

——. "Wallification: Thomas Hobbes on School Divinity and Experimental Pneumatics." *Studies in History and Philosophy of Science* 19 (1988): 294-95.

[Scheiner, Christopher]. *Tres epistolae de maculis solaribus scriptae ad Marcum Velserum*. Augustae Vindelicorum, 1612. Reprinted in *GO*, vol. 5.

——. *De maculis solaribus et stellis circa Iovem errantibus, occuratior disquisitio ad Marcum Velserum*. Reprinted in *GO*, vol. 5.

Schiebinger, Londa. *The Mind Has No Sex*? Cambridge, Mass.: Harvard University Press, 1989. [론다 쉬빈저 지음, 조성숙 옮김, 《두뇌는 평등하다: 과학은 왜 여성을 배척했는가?》, 서해문집, 2007]

Schmidt, S. W., L. Guasti, C. H. Lande, and J. C. Scott. *Friends, Followers and Factions*. Berkeley: University of California Press, 1977.

Schmitt, Charles B. *The Aristotelian Tradition and Renaissance Universities*. London: Variorum, 1984.

——. *Aristotle and the Renaissance*. Cambridge, Mass.: Harvard University Press, 1983.

——. *Studies in Renaissance Philosophy and Science*. London: Variorum, 1981.

Segarizzi, Arnaldo, ed. *Relazioni degli ambasciatori veneti al Senato*. Vol. 3. Bari: Laterza, 1916.

Segre, Michael. "Galileo as a Politician." *Sudhoffs Archiv* 72 (1988): 69-82.

———. *In the Wake of Galileo*. New Brunswick: Rutgers University Press, 1991.

Settis, Salvatore. *Giorgione's Tempest*. Chicago: University of Chicago Press, 1990.

Settle, Thomas B. "Egnazio Danti and Mathematical Education in Late Sixteenth-Century Florence." In *New Perspectives on Renaissance Thought*, edited by John Henry and Sarah Hutton, 24-37. London: Duckworth, 1990.

———. "Galilean Science: Essays in the Mechanics and Dynamics of the 'Discorsi'." Ph.D. diss., Cornell University, 1966.

———. "Ostilio Ricci, a Bridge between Alberti and Galileo." In *Actes du XIIe Congrès International d'Histoire des Sciences. Paris, 1968*, 229-38. Paris: 1971.

Shapin, Steven. "The House of Experiment in Seventeenth-Century England." *Isis* 79 (1988): 373-44

———. "The Invisible Technician." *American Scientist* 77 (November-December 1989): 554-63.

———. "Of Gods and Kings: Natural Philosophy and Politics in the Leibniz-Clarke Dispute." *Isis* 72 (1981): 187-215.

———. "Pump and Circumstance: Robert Boyle's Literary Technology." *Social Studies of Science* 14 (1984): 481-520.

———. "A Scholar and a Gentleman." *History of Science*, 29 (1991): 279-327.

———. "Who Was Robert Hooke?" In *Robert Hooke: New Studies*, edited by Michael Hunter and Simon Schaffer, 253-85. Woodbridge, Suffolk: Boydell, 1989.

Shapin, Steven, and Simon Schafer. *Leviathan and the Air Pump*. Princeton: Princeton University Press, 1985.

Shea, William. "Descartes as a Critic of Galileo." In *New Perspectives on Galileo*, edited by Robert E. Butts and Joseph C. Pitt, 139-59. Dordrecht: Reidel, 1978.

———. "Galileo, Scheiner, and the Interpretation of Sunspots." *Isis* 61 (1970): 498-519.

———. "Galileo's Atomic Hypothesis." *Ambix* 17 (1970): 13-27.

———. "Galileo's Discourse on Floating Bodies: Archimedean and Aristotelian Elements." In *Actes du XIIe Congrès International d'Histoire des Sciences. Paris, 1968*, 4:149-53. Paris: 1971.

———. *Galileo's Intellectual Revolution*. New York: Science History Publications, 1972.

Shephard, Robert. "Royal Favorites in the Political Discourse of Tudor and Stuart England." Ph.D. diss., Claremont Graduate School, 1985.

Silli, Graziella. *Una corte alla fine del Cinquecento*. Florence: Alinari, 1927.

Soldani, Jacopo. "Contro i Peripatetici." In Nunzio Vaccalluzzo, *Galileo Galilei nella poesia del suo secolo*. Milan: Sandron, 1910.

Solerti, Angelo. *Musica, ballo e drammatica alla corte medicea dal 1600 al 1637*. Florence: Bemporad, 1905.

Solinas, Francesco, ed. *Cassiano dal Pozzo*. Naples: De Luca, 1989.

Solnon, Jean-Francois. *La Cour de France*. Paris: Fayard, 1987.

Spezzaferro, Luigi. "La cultura del cardinal del Monte e il primo tempo del Caravaggio." *Storia dell'arte* 9-10 (1971): 76.

Spini, Giorgio, ed. *Architettura e politica da Cosimo I a Ferdinando I*. Florence: Olschki, 1976.

Starn, Randolph, and Loren Partridge. *Arts of Power*. Berkeley: University of California Press, 1992.

Starn, Randolph. "Seeing Culture in a Room for a Renaissance Prince." In *The New Cultural History*, edited by Lynn Hunt, 205-32. Berkeley: University of California Press, 1988.

Stone, Lawrence. *The Crisis of the Aristocracy, 1558-1641*. Oxford: Oxford University Press, 1967.

Strathern, Marilyn. *The Gender of the Gift*. Berkeley: University of California Press, 1988.

Strong, Roy. *Art and Power: Renaissance Festivals 1450 -1650*. Berkeley: University of California Press, 1984.

Stroup, Alice. *A Company of Scientists*. Berkeley: University of California Press, 1990.

Stumpo, Enrico. *Il capitale finanziario a Roma fra Cinque e Seicento*. Milan: Giuffre, 1985.

Sylla Dudley, Edith. "Galileo and the Oxford Calculators." In *Reinterpreting Galileo*, edited by William A. Wallace, 53-108. Washington, D.C.: Catholic University of America Press, 1986.

Targioni Tozzetti, Giovanni. *Notizie degli aggrandimenti delle scienze fisiche accaduti in Toscana nel corso di anni LX del secolo XVII*. Florence: Bouchard, 1780. Reprint. Bologna: Forni, 1967.

Tasso, Torquato. *Il conte, o vero de l'imprese*. 1594. Reprinted in *I dialoghi di Torquato Tasso*, edited by Cesare Guasti, 3:361-444. Florence: Le Monnier, 1901.

——. *Il malpiglio, o vero de la corte*. 1582. Reprinted in *I dialoghi di Torquato Tasso*, edited by Cesare Guasti, 3:3-10, 18. Florence: Le Monnier, 1901.

Tassoni, Alessandro. *La secchia rapita*. Ronciglione, 1624. Reprinted in *I poeti giocosi dell'età barocca*, edited by Alberto Asor Rosa. Bari: Laterza, 1975.

Tenenti, Alberto. *Piracy and the Decline of Venice 1580-1615*. Berkeley: University of California Press, 1967.

Thoren, Victor E. *The Lord of Uraniborg*. Cambridge: Cambridge University Press, 1990.

Tiepolo, Francesca Maria. "Una lettera inedita di Galileo." *La cultura* 17 (1979): 60, 66.

Torrini, Maurizio. "Giovanni Ciampoli fllosofo." In *Novità celesti e crisi del sapere*, edited by Paolo Galluzzi, 267-75. Florence: Giunti Barbera, 1984.

Toulmin, Stephen. *Human Understanding*. Princeton: Princeton University Press, 1972.

Trechman, E. G., trans. *The Diary of Montaigne's Journey to Italy*. London: Hogarth Press, 1929.

Trevor-Roper, Hugh. *Princes and Artists*. London: Thames and Hudson, 1976.

Trexler, Richard. *Public Life in Renaissance Florence*. New York: Academic Press, 1980.

Tribby, Jay. "Of Conversational Dispositions and the *Saggi's* Proem." In *Documentary Culture: Florence and Rome from Grand Duke Ferdinand I to Pope Alexander VII*, edited by Elizabeth Cropper. Florence: Olschki, 1992.

———. "Body/Building: Living the Museum Life in Early Modern Europe." *Rhetorica*, 10 (1992): 139-163.

———. "Cooking (with) Clio and Cleo: Eloquence and Experiment in Seventeenth-Century Florence." *Journal of the History of Ideas* 52 (1991): 417-39.

Trinkaus, Charles Edward. *Adversity's Noblemen*. New York: Columbia University Press, 1940.

Vaccalluzzo, Nunzio. *Galileo Galilei nella poesia del suo tempo*. Milan: Sandron, 1910.

Van Helden, Albert. "The Accademia del Cimento and Saturn's Ring." *Physis* 15 (1973): 237-59.

———. "Eustaehio Divini Versus Christiaan Huygens: A Reappraisal." *Physis*

12 (1970): 36-50.

——. "Galileo and the Telescope." In *Novità celesti e crisi del sapere*, edited by Paolo Galluzzi. Florence: Giunti Barbèra, 1984

——. "The Invention of the Telescope." *Transactions of the American Philosophical Society* 67 (1977): 20-36.

——: "The Telescope and Authority from Galileo to Cassini." *Osiris* 9 (1994): 8-29.

Van Helden, Albert, and Mary Winkler. "Representing the Heavens: Galileo and Visual Astronomy." *Isis* 83 (1992): 195-217.

Van Kessel, Elisja M. R. "Joannes van Heeck (1579-?), Co-founder of the Accademia dei Lincei in Rome." *Mededelingen van het Nederlands Instituut te Rome 38 (1976): 109-34.*

Van Melsen, Andrew G. From Atomos to Atom. Pittsburgh: Duquesne University Press, 1952.

Varchi, Benedetto. *Storia Fiorentina*, edited by Gaetano Milanesi. 3 vols. Florence: La Monnier, 1857-58.

Varey, J. E. "The Audience and the Play at Court Spectacles: The Role of the King." *Bulletin of Hispanic Studies* 61 (1984): 399-406.

Vasari, Giorgio. *Le opere di Giorgio Vasari*. Edited by Gaetano Milanesi. Florence: Sansoni, 1882.

——. *Vita di Michelangelo*. Edited by Paola Barocchi. Milan-Naples: Ricciardi, 1962.

Verzellino, G. V. "Padre Orazio Grassi giesuita matematico eccellentissimo." In *Memorie degli uomini illustri di Savona*, 2:347-51. Savona, 1891.

Viala, Alain. *Naissance de l'écrivain*. Paris: Minuit, 1985.

Vickers, Brian. "Epideiectic Rhetoric in Galileo's Dialogo." *Annali dell'Istituto e Museo di Storia della Scienza di Firenze* 8 (1983): 69-101.

Villari, Rosario. *Elogio della dissimulazione: La lotta politica nel Seicento*. Bari: Laterza, 1987.

Villifranchi, Giovanni. *Descrizione della barrier a e della mascherata fatte in Firenze a XVII a XIX di Febbraio 1613* .... Florence: Sermartelli, 1613.

Wallace, William A. *Galileo and His Sources*. Princeton: Princeton University Press 1984.

Waller, R. D. "Lorenzo Magalotti in England, 1668-69." *Italian Studies* I (1937):

Wazbinski, Zygmunt. *L'Accademia medicea del Disegno a Firenze nel Cinquecento*. 2 vols. Florence: Olschki, 1987.

Weber, Max. "The Sociology of Charismatic Authority." In *From Max Weber*, edited by H. H. Gerth and C. Wright Mills, 245-52. New York: Oxford University Press, 1946.

Weisheipl, James A. "The Nature, Scope, and Classification of the Sciences." In *Science in the Middle Ages*, edited by David C. Lindberg, 461-82. Chicago: University of Chicago Press, 1978.

Weissman, Ronald. *Ritual Brotherhood in Renaissance Florence*. New York: Academic Press, 1982.

———. "Taking Patronage Seriously." In *Patronage, Art and Society in Renaissance Italy*, edited by F. W Kent, Patricia Simons, and J. C. Eade, 33. Oxford: Oxford University Press, 1987.

Westfall, Richard S. *Essays on the Trial of Galileo*. Vatican City: Vatican Observatory, 1989.

———. "Galileo and the Accademia dei Lincei." In *Novità celesti e crisi del sapere*, edited by Paolo Galluzzi, 189-200. Florence: Giunti Barbera, 1984.

———. "Galileo and the Jesuits." *Essays on the Trial of Galileo*, 31-57. Vatican City: Vatican Observatory, 1989.

———. "*Galileo Heretic*: Problems, As They Appear to Me, With Redondi's Thesis." *Essays on the Trial of Galileo*, 84-103. Vatican City: Vatican Observatory, 1989.

———. "Patronage and the Publication of the *Dialogue*." *Essays on the Trial of Galileo*, 58-83. Vatican City: Vatican Observatory, 1989.

———. "The Problem of Force in Galileo's Physics." In *Galileo Reappraised*, edited by Carlo Golino, 67-95. Berkeley: University of California Press, 1966.

———. "Science and Patronage: Galileo and the Telescope." *Isis* 76 (1985): 11-30.

Westman, Robert S. "The Astronomer's Role in the Sixteenth Century: A Preliminary Study." *History of Science* 18 (1980): 105-47.

———. "The Comet and the Cosmos: Kepler, Mastlin and the Copernican Hypothesis." In *The Reception of Copernicus' Heliocentric Theory*, edited by Jerzy Dobrzycki, 7-30. Dordrecht: Reidel, 1972.

———. "The Copernicans and the Churches." In *God and Nature*, edited by David C. Lindberg and Ronald L. Numbers, 73-113. Berkeley: University of California Press, 1986.

———. "Kepler's Theory of Hypothesis and the 'Realist Dilemma'." *Studies in History and Philosophy of Science* 3 (1972): 233-64.

———. "The Melanchthon Circle, Rheticus, and the Wittenberg Interpretation of the Copernican Theory." *Isis* 66 (1975): 165-93.

———. "Michael Mastlin's Adoption of the Copernican Theory." *Studia copernican* 13 (1975): 53-63.

———. "Proof, Poetics and Patronage: Copernicus's Preface to *De revolutionibus*." In *Reappraisals of the Scientific Revolution*, edited by David C. Lindberg and Robert S. Westman, 167-205. Cambridge: Cambridge University Press, 1990.

———. "The Reception of Galileo's Dialogue" In *Novità celesti e crisi del sapere*, edited by Paolo Galluzzi, 331-35. Florence: Giunti Barbera, 1984.

Whigham, Frank. *Ambition and Privilege: The Social Tropes of Elizabethan Courtesy Theory*. Berkeley: University of California Press, 1984.

Wilentz, Sean, ed. *Rites of Power*. Philadelphia: University of Pennsylvania Press, 1985.

Wisan, Winifred L. "The New Science of Motion: A Study of Galileo's 'De motu locali'." *Archive for History of Exact Sciences* 13 (1974): 222-29.

Wish, Barbara, and Susan Scott Munshower. *Art and Pageantry in the Renaissance and Baroque*. 2 Vols. University Park: Pennsylvania State University Press, 1990.

Wolf, C. *Histoire de l'Observatoire de Paris de sa fondation à 1793*, 19-27. Paris: Gauthier-Villars, 1902.

Yates, Frances. "The Italian Academies." In *Collected Essays*, vol. 2. London: Routledge, 1983.

Zaccagnini, Carlo. *Lo scambio dei doni nel Vicino Oriente durante i secoli XVIII-XV. Rome: Centro per le Antichità e la Storia dell'Arte del Vicino Oriente, 1973.*

Zemon-Davis, Natalie. "Beyond the Market: Books as Gifts in Sixteenth-Century France." *Transactions of the Royal Historical Society* 33 (1983): 69-88.

Zilsel, Edgar. "The Genesis of the Concept of Scientific Progress." In *Roots of Scientific Thought*, edited by Philip P. Wiener and Aaron Noland, 251-75. New York: Basic Books, 1957.

———. "Origins of Gilbert's Scientific Method." In *Roots of Scientific Thought*, edited by Philip P. Wiener and Aaron Noland, 219-50. New York: Basic Books, 1957

Zorzi, Ludovico. "Introduzione." In Ruzante, *L'anconitana*, Turin: Einaudi, 1965.

———. *Il luogo teatrale a Firenze*. Milan: Electa, 1975.

찾아보기

궁정인 갈릴레오
절대주의 문화에서의 과학적 실천

1판 1쇄 발행 2025년 10월 1일

지은이 마리오 비아졸리
옮긴이 박초월
디자인 김지선, 이차희
펴낸곳 ㈜연구소오늘
등록 2021년 3월 9일 제2021-000033호
주소 서울시 중구 을지로 157, 568호
인스타그램 soyoseoga
이메일 soyoseoga@gmail.com
ISBN 979-11-992026-4-1 (03400)
책값은 뒤표지에 있습니다.
소요서가는 ㈜연구소오늘의 인문 출판 브랜드입니다.